光学機械設計ハンドブック

Mounting Optics in Optical Instruments
2nd Edition

オプトメカニカルデザインの
実用的手法

著 | Paul R. Yoder, Jr.
訳 | 田邉 貴大
監訳 | 豊田 光紀

森北出版

Authorized Japanese-language edition

Mounting Optics in Optical Instruments, 2nd Edition
by Paul R. Yoder, Jr.

Copyright 2009 SPIE. All rights reserved. No part of this book may be repro-
duced or transmitted in any form or by any means, electronic or mechanical,
including photocopying, recording or by any information storage and retrieval
system, without permission in writing from the Publisher and SPIE.

Japanese translation rights arranged with SPIE through Japan UNI Agency,
Inc., Tokyo

●本書のサポート情報を当社 Web サイトに掲載する場合があります．下記の
URL にアクセスし，サポートの案内をご覧ください．
https://www.morikita.co.jp/support/

●本書の内容に関するご質問は下記のメールアドレスまでお願いします．なお，
電話でのご質問には応じかねますので，あらかじめご了承ください．
editor@morikita.co.jp

●本書により得られた情報の使用から生じるいかなる損害についても，当社およ
び本書の著者は責任を負わないものとします．

[JCOPY]〈(一社)出版者著作権管理機構 委託出版物〉
本書の無断複製は，著作権法上での例外を除き禁じられています．複製される
場合は，そのつど事前に上記機構（電話 03-5244-5088，FAX 03-5244-5089,
e-mail: info@jcopy.or.jp）の許諾を得てください．

献　辞

　私は本書第2版を58年間にわたるよき友であり妻であるBettyと，子供たち David，Marty，CarolとAlanに喜んで奉げる．何年にもわたって，彼らは皆，私が技術書を書き続けることと，短期の講義を行うことを勧めてくれたが，これは私がこれらの努力を本当に楽しんでいたからだ．さらに，これまで人生を捧げてきたオプトメカニクスという分野を放棄し，サンポーチや暖炉のそばのロッキングチェアにただ座って過ごすことになるのか，そして，世界中のほかの人々を喜ばせるかどうかは，私にはまだわからない．

第2版へのまえがき

Mounting Optics in Optical Instruments 第2版では，光学機械において光学素子が機械部品と接触することに関連する技術分野について，以前議論した内容の更新と拡張を行った．初版の構成の大部分は保たれているが，ある話題については，様々な章の間の内容によりよく合致させるために位置を変更した．新しく二つの章が付け加えられた．そのうち一つは金属ミラーの設計，製作，そしてマウント方法であり，もう一つは，単レンズと複数のレンズ，ミラーを組み合わせた系の調整である．

本文は多くの技術的な詳細事項を明らかにするため，初版の誤解しやすい部分を修正し，そして新しい内容を付け加えるために全面的に書き直された．初版から持ち越されたすべての数式を検算し，いくつかの修正を行い，新版の内容をよりよくするのにふさわしい数式が追加された．Jacob[1]いわく，「光学機器の機能の説明において，一部の詳細を強調することなく説明することはできない．ある場合においては，この誇張は技術的に不合理なことをもたらす」とのことだが，この種の仕事において，私は図の最も重要な目的は，もとの設計を表現することというより，わかりやすく伝えることにあると信じている．そのため，私は明確に示すという目的に適切に合致するならば，詳細図を誇張して描くこともいとわない．

第2版におけるおもな改善点は以下のとおりである．

- 第1章「序論」において，応力複屈折と放射についての有益な情報を追記した．光学素子と光学機器に関する環境の影響については，内容を追加した．さらに光学系の公差解析の基本的な手順の概要を述べ，典型的なパラメータに対する公差を厳しくすることのコストに対する影響についても示した．また，光学機器における機械部品加工についてのおもな方法を要約した．図は約4倍に増えた．

- 第2章「光学素子とマウントのインターフェース」において，光学素子のそのマウント内での芯出しについて，大幅に拡張が行われた．レンズの芯出し誤差を測定する様々な手法の追加説明を行った．光学機器を静的および動的にシールすることの基本的な方法についての説明を追加した．ページ数は約67%，図の数は33%増加した．

- 第3章「単レンズのマウント」において，レンズが径方向にほかの手段で拘束

されておらず，横方向に加速度がかかる場合に，レンズに適切な保持力がかかっているかどうか見積もる方法を新しく提案した．様々な形状のレンズ質量および重心位置を見積もる手法について，実例を用いて説明を行った．円形の光学素子に対して，輪帯状のエラストマーによりアサーマルボンドを実現する場合の輪帯の幅を決定する方法について概要を述べ，これらの計算においてエラストマーのポアソン比が重要であることを説明した．初版と図の数は変わらないが，数式は約33％増加した．

- 第4章「複数の構成要素からなるレンズアセンブリ」では，今回，新たに大口径天文用対物レンズ，ポーカーチップ方式でマウントされたレンズの組み立て，そして大きな加速度のかかる用途のハードウェア設計についての説明が加えられている．様々な写真用レンズ，全プラスチックレンズ，そしてフォーカスレンズおよび焦点距離可変（ズーム）レンズについての詳細が追加された．ページ数と図の数は，それぞれ22％および49％増加した．

- 第5章「ウインドウ，フィルタ，シェルおよびドームの保持方法」では，今回，光学素子の輪郭を薄い膜による構成に適合させるための設計についての内容が含まれている．民生航空機用のフェールセーフのための二重になったウインドウが参照されている．本文は20％増加し，図は53％増加した．

- 第6章「プリズムの設計」では，前と同じように，様々な種類のプリズムの設計が説明されており，前回挙げなかった例も含まれている．ページ数と図の数は20％以上増加した．

- 第7章「プリズムの保持方法」は，初版の対応する章と比べても，基本的には変更はない．

- 第8章「ミラーの設計」は，今回，像の向きの制御，2枚ミラーによる単純な潜望鏡のレイアウト，シリコンと金属によるフォームコアミラー，大口径双眼望遠鏡におけるアダプティブ副鏡，VLTにおけるベリリウム製副鏡とジェームズ・ウェッブ宇宙望遠鏡におけるセグメント主鏡についての追加情報が含まれている．ページ数は約45％，図は約62％，数式は約44％増加した．

- 第9章「小径非金属ミラーの保持方法」では，ミラー背面およびミラーの縁における，離散的な接着部位を用いた小径ミラーのマウント方法についての説明を加えた．円形のソリッドなミラーに対する軸方向支持のための9点のヒンドルマウントについてはすでに述べていたが，これを18点に拡張するための数式が追加された．ページ数と図の数はわずかに増加した．

iv　第2版へのまえがき

- 第10章「金属ミラーの保持方法」は，同じテーマを扱っていた初版第9章と比較して，非常に内容が拡張された．SPDT加工法について，これまでよりかなり詳しく取り扱った．ハードウェア設計に対する例の説明を追加した．これらの設計の多くは，マウントから光学面に伝わる力を遮断するはたらきをもつフレクシャを特徴として有している．さらに，金属ミラーのメッキ技術の進歩に関して，近年に発表された内容を簡潔に要約し，代表的なタイプのミラーについて温度変化が起こった際のいくつかの影響を指摘した．ページ数，図の数は非常に増加した．

- 第11章「比較的大口径の非金属ミラー保持方法」は，軸が水平の場合，軸が垂直の場合，軸が可変の場合，そして人工衛星用途といった，設計ごとのグループについて再分類され書き直された．ここで示した設計例は，天体望遠鏡における性能の大幅な向上と，大口径化を可能にするような進歩を含んでいる．こういった重要な話題について取り扱うため，ページ数と図の数は約30％増加した．

- 第12章「屈折光学系，反射光学系，そして反射屈折光学系の調整」は新たな章であり，第3章と第4章で以前取り扱われた内容を拡充したものである．ここでの新たな話題には，改良したアライメントテレスコープと点光源顕微鏡[†]を，単レンズおよび組レンズの調整に用いる，といった内容も含まれる．高性能顕微鏡対物レンズの調整と，複雑な光学系における調整工程の最終段階において，どの要素を調整要素に用いるかを決定する方法についての説明も加わった．ページ数と図の数は，それぞれ約3倍および4倍になった．

- 第13章「マウントによる応力の見積り」では，典型的なガラス製光学素子をマウントした際の限界（あるいは許容誤差）引張応力は，これまで経験則として6.89 MPaと発表されてきたが，この値について説明を加えた．この許容誤差内における，面の欠陥（スクラッチや表面下欠陥）が及ぼす影響についても指摘がなされている．これにより，光学素子の面状態が最悪の場合における光学素子の寿命を統計的に予測することができる．初版では，Roark[2]により開発された計算法（光学素子が機構部品と接触する際に発生する圧縮応力のピーク値を計算する式）が様々なタイプのマウントに対して適用されていた．第2版では，これらの計算法は，対応する引張応力を定量的に評価するため，

---

†　Optical Perspectives Group, LCC社（アリゾナ州ツーソン）により提供されている新しい装置.

TimoshenkoとGoodier[3]の理論を用いて拡張された．そして我々は，これまでの経験則における許容応力値と比較して，あるオプトメカニカルなマウント設計が適切であることを示した．第2版において，このテーマが取り扱う内容の範囲は（ページ数と図，数式においても），初版と比べてわずかに変更されている．

● 第14章「温度変化の効果」においては，初版で軸方向と横方向のマウント力に対して温度変化がもたらす影響について議論したが，その内容を拡張している．これに関連する要因のうち，初版で考慮しなかった内容も第2版では考慮されている．適用可能な理論を適用することで，全部ではないが，一部の影響について評価を行った．任意のハードウェア設計における温度の影響を定量的に評価する完璧な方法はないので，温度の影響による応力発生を最小化するために機構設計においてコンプライアンスの予想値を制御することをここで提唱する．典型的なハードウェア設計について考察が行われた．本章のページ数は36％以上，一方で図の数は46％以上拡充された．

● 第15章「ハードウェア設計例」では，本書で扱った話題を説明するため，様々なハードウェアに関するオプトメカニカル設計について議論しているが，このやり方は初版を踏襲している．初版では30例だったが，第2版では20例を扱った．しかしながら，これは本書の技術的範囲を狭めるものではない．というのも，いくつかの新しい例が本章には付け加わっており，前からの例の多くは，本書で扱った内容の関連技術の文脈で新たに議論がなされているためである．

● 第2版に対する付録AとBには，単位の変換とオプトメカニカル設計に用いられる様々な材料の特性値を収めた．初版同様，付録Cにおいて，押さえ環に対するトルクと保持力の関係を示している．これは，設計の初期段階で，光学素子，サブアセンブリあるいは装置全体に対して，最終的に不利な条件下に耐えることを証明するためにどのような試験を行うべき知るために役立つ．付録Dでは，ISO規格9022[4]を繰り返したものだが，様々な環境に対して適用される試験法を要約した．

● さらに，本書にはCD-ROMが付属しているが[†]，これにより本書に収録した約250の数式を備えたMicrosoft Excelのワークシートにアクセスでき，技術

---

† （訳注）日本語版では出版社WEBページ（https://www.morikita.co.jp/books/mid/015781）からダウンロードできる．

的な議論で用いられた数値例やここで議論されたプリズム設計，プリズムアセンブリ設計の数値例を解くのに用いることができる．ワークシートは新しい設計を行うため，あるいはパラメトリック解析を行うため，新しい数値を挿入できるようになっている．

私は，本書について新しい情報を与えてくれたり，初版でわかりにくかった箇所を指摘してくれた多くの友人や仲間に感謝している．とくに，私がオプトメカニカル設計に関連する複雑な内容を理解するのを助けてくれた Daniel Vukobratovich と Alson E. Hatheway に感謝する．編集側としては，編集面における困難を取り除き，SPIE Press 内における進捗スケジュールを管理してくれた Merry Schnell と Scott Schrum に感謝する．手伝ってくれたすべての人々は，果敢にも技術的材料を明確かつ正しく伝えようとしてくれた一方，本書における間違いについてのすべての責任は私が負っている．最後に，本書すべての読者にとって，本書が役に立つことを心から願っている．

参考文献

[1] Jacobs, D.H., *Fundamentals of Optical Engineering*, McGraw-Hill, New York, 1943. Roark, R.J., *Formulas for Stress and Strain*, 3rd ed., McGraw-Hill, New York, 1954.
[2] Timoshenko, S.P. & Goodier, J.N., *Theory of Elasticity*, 3rd ed., McGraw-Hill, New York, 1970.
[3] ISO Standard 9022, *Environmental Test methods*, International Organization for Standardization, Geneva.

Paul R. Yoder, Jr.
コネチカット州ノーウォークにて
2008 年 6 月

初版へのまえがき

　本書は，光学およびオプトメカニカル設計の実務者に対して，光学部品（レンズ，ウインドウ，フィルタ，シェル，ドーム，プリズム，および様々なサイズのミラー）を光学機器に組み込む際の，典型的なマウント方法に関する包括的な知識を提供することを意図している．本書はまた，様々なマウント方法の利点と欠点について取り扱い，異なるオプトメカニカル設計どうしを比較するための解析ツールも提供している．これらのツールのうちいくつかの理論的背景と，用いた数式の引用元も示した．各節においては，関連技術についての図による議論と，可能であれば一つあるいは複数の実際上の例も含まれている．

　第 6 章のプリズム設計と，第 8 章のミラー設計では，光学素子の設計の基本を取り扱う．これらの話題は，プリズムやミラーを最適条件でマウントするための基礎として適切な内容であり，実際に必要な事項であると考えられる．

　本書は，部分的には，SPIE より提供されているショートコース "Precision Optical Component Mounting Techniques and Principles for Mounting Optical Components"（これは私が数年にわたり教えるという恩恵を受けているのだが）を基としている．すべてではないが，本書で考察した光学素子のマウント方法のうち多くは，以前にチュートリアルテキスト "Mounting Lenses in Optical Instruments"[1] と "Design and Mounting of Prisms and Small Mirrors in Optical Instruments"[2] および "Opto-Mechanical Systems Design"[3] ですでに述べた内容である．一方で本書には，最新の光学素子のマウント方式も含まれている。これは，より広い範囲を取り扱えるようにするためと，より新しい方法を紹介するためである．またウインドウに類する光学素子と，大口径ミラーに関する取扱い内容は，以前の書物に比べて拡充された．

　可能な限り，本書での数値は SI 単位系と，米国およびカナダで慣用的に使われている単位で与えた．後者は近年のテキスト同様 "USC" と略記される．ただし，文献から引用した例については，原著者が用いた単位のみを用いて表現されている場合もある．ある単位からもう一つの単位の換算は，付録 A に示した換算係数により容易に実行できる．

　ここで議論される設計はすべて，文献，私自身の光学機器設計開発経験，そして

viii　初版へのまえがき

同僚の仕事から引用されたものである．上記 SPIE のショートコース参加者，以前の私の本の読者を含む皆様へ深く感謝すると同時に，教えていただいた内容を正確に記載し，説明できていることを心から希望する．原稿に目を通し，多くの改善点を提案していただいた Donald O'Shea と Daniel Vukobratovich に感謝する．編集に携わり，様々な提案をしていただいた Mary Haas, Rick Hermann と Sharon Streams にも感謝している．彼らは本書の内容を明確かつ正確にするのを助けてくれた．残っている間違いはひとえに私の責任である．とくに困らされた間違いの一つは，偶数ページの見出しが本書の実際のタイトルと異なっていた点である．

　第 2 章で議論したマウントによる応力は，保守的な近似であると考えられる．これは，与えられた設計が応力の観点から適切であるかどうか，あるいはこの設計がより労力を要する有限要素法や統計的方法で解析すべきかどうかの判断基準となることを意図している．これは，第 12 章で扱った，保持力に対する温度の影響についても同じことである．これらの話題は，有限要素法のようなコンピューターを使ったより正確な手法に基づいた詳細な研究調査，改善，そして（望ましくは）ほかの設計者による検証に対して有益であろう．これらの話題や本書のほかの部分に関するコメント，訂正，そして改善の提案は歓迎する．

　本書の特徴は，本書で取り扱った多くの数式を用いてオプトメカニカル設計の問題を解くことができるように，二つの Microsoft Excel のワークシートが提供されていること[†]である．これらの式の中にはかなり複雑なものもあるため，数式が利用可能なように，また，誤ったパラメータが適用されないようにワークシートが作成された．各ワークシートには 102 個のファイルが含まれており，これらは本書で扱った設計あるいは数値例に対応する．数値例にとくに関係する実際の数値がリスト化されている．Version 1 は，入力値は米国で慣用的に用いられる単位であり，Version 2 は SI 単位である．どちらの場合でも，すべての値は両方の単位で表示される，ファイルのリスト（ハイパーリンク付き）が各ワークシートに設けられており，特定の計算を行うのに適切なファイルが選べるようになっている．本文にある例題は，適用可能なファイルに対して参照番号がついている．本文の例題に類似した問題に対しての解を求めるには，その問題に適したファイルにおいて入力値を変えればよい．プログラムは，新たな入力値とテキスト中にある適切な数式を用いて，自動的に問題を解いてくれる．このツールは，鍵となるパラメータを変えて最

---

†　（訳注）p. v の訳注参照．

適な設計を導き出す際のパラメトリック解析に，非常に有用なはずである.

　私は，本書を読みワークシートを使ってくれる人に，ここで議論した技術の理解を深め，ここで示した概念，設計例，そして解析手法を実際の問題に適用し，成功することを深く望んでいる.

参考文献

[1] Yoder, P.R., Jr., *Mounting Lenses in Optical Instruments*, TT21, SPIE Press, Bellingham, 1995.

[2] Yoder, P.R., Jr., *Design and Mounting of Prisms and Small Mirrors in Optical Instruments*, TT32, SPIE Press, Bellingham, 1998.

[3] Yoder, P.R., Jr., *Opto-Mechanical Systems Design*, 2nd ed., Marcel Dekker, New York, 1993.

Paul R. Yoder, Jr.

コネチカット州ノーウォークにて

訳者まえがき

　本書は，光学機器における機構設計について重点的に述べた書籍です．光学産業は日本における最も盛んな分野の一つですが，残念ながら本書のような総合的な解説書はこれまでありませんでした．

　光学産業に関わる学術的分野は多岐にわたります．そこには，光学素子の形状を決めるためのレンズ設計，設計された光学系の性能を評価するための波動光学，光学素子を研磨するための研磨理論とそのもととなるトライボロジー，切削により光学面を創成する超精密加工，そして，最終的に完成した光学素子を保持して光学系を実現するための機械設計などが挙げられます．ただ，これらの分野はあまりに多岐にわたり，相互の関係が少なく，これらを俯瞰するような分野は（少なくとも日本では）まったく存在していませんでした．とくに光学に関する機械設計については企業にゆだねられている面もあり，これを体系的に学べるコースは見当たりません．

　それに対して，海外に目を向けると，Optomechanical Design という分野があることがわかります．これと似た言葉で，一時期，日本でもオプトメカトロニクスという造語が流行しました．オプトメカトロニクスは電気制御に主眼がおかれており，どちらかというとカメラなどの民生機器に対応する技術を指しています．一方で，Optomechanical Design は光学機械に特化した機械設計を意味し，とくに半導体用途，宇宙用途などの高精度光学系に対応する機械設計についての光学設計と機械設計，精密加工を統合した研究を指しています．

　近年の半導体に要求される光学系の高精度化に対応するためには，Optomechanical Design を避けて通ることはできません．また，宇宙用途といった過酷環境下でも，従来のカメラレンズのような機構設計では対応することすらできません．

　本書の翻訳を行う動機の一つはここにありました．本書では，実際の設計例だけではなく，環境に対する要求の理解と材料の選択方法について大きくページが割かれています．また，設計に関する様々なモデル式が提示され，これらの式を用いて理論的に設計を進める方法が具体的に説明されています．ここが，日本におけるこれまでの光学機械設計と大きく異なる点です．

　なお，本書を訳すにあたり，図表に SI 単位系と USC 単位系が混在していまし

たが，これらはすべて SI 系に統一しました．また，すべての計算例の数値を見直し，これらも SI 単位に統一しました．原著と数値が異なる場合は見直しの結果です．

　光学に携わる様々な人々が本書を手に取っていただき，各人の実際の設計作業に役立つだけではなく，本書が Optomechanical Design という分野についての紹介になることを願ってやみません．

　最後に，本書の翻訳にあたり，東京工芸大学工学部工学科の豊田光紀教授には，監訳および様々なアドバイスの点で多大なご協力をいただきました．この場を借りてお礼申し上げます．

2025 年 2 月　田邉　貴大

用語と記号

本書における用語と記号をここで示したのは，設計プロセスにおける解析と設計作業において，読者が様々な技術的内容とそれらの関係を表す数式の略記法を整理する助けとすることを意図している．著者は，本書を通じて変数に対する記号には一貫性をもたせたつもりだが，同じ記号が複数の意味をもっている場合もある．オプトメカニカル設計においては，ある程度習慣的な用語を用いるようになっている．記号 α がそのよい例である．この記号は材料の線膨張係数を表すのだが，一般的な略記法 CTE は数式では適切でないためである．添え字はしばしば特定の材料に対する特定の記号を表す（たとえば，ガラスの CTE である α_G と区別するため，金属の CTE を表す記号に α_M を用いるなど）．以下に，基本的なパラメータとその単位，しばしば用いられる接頭辞，ギリシャ文字とその用途，略語，短縮語，そして，本書に出てくる様々な用語のリストを示す．変数を表す記号は，数式内ではイタリック体で示される．

物理量とその単位

パラメータ	SI 単位系	US および Canada 単位(USC)
角度	rad	°
面積	m^2	$in.^2$
熱伝導率	W/m·K	Btu/hr·ft·°F
密度	g/m^3	$lb/in.^3$
熱拡散係数	m^2/s	$in.^2/s$
力	N	lb（ポンド）*
周波数	Hz	Hz
熱	J	Btu
長さ	m	in.
質量	kg	lb（ポンド）*
力のモーメント（トルク）	N·m	lb·ft
圧力	Pa	$lb/in.^2$
比熱	J/kg·K	Btu/lb·°F
ひずみ	μm/m	μin./in.

用語と記号　xiii

物理量とその単位（つづき）

パラメータ	SI 単位系	US および Canada 単位（USC）
応力	Pa	lb/in.^{2}
温度	K ℃	°F
時間	s	s
速度	m/s	mph
粘度	P（ポアズ）* cP（センチポアズ）*	lb·s/ft^2
体積	m^3	in.^{3}

＊読み方が特殊なものは付記している.

接頭辞

接頭辞	記号	10^n
メガ	M	10^6
キロ	k	10^3
センチ	c	$1/10^2$
ミリ	m	$1/10^3$
マイクロ	μ	$1/10^6$
ナノ	n	$1/10^9$

ギリシャ文字記号とその用途

記号	意味
α	CTE，角度
β	角度，接合光学部品におけるせん断応力
β_G	温度に対する屈折率変化（dn/dT）
γ	プリズムマウントにおける弾性パッドの形状ファクタ
γ_G	ガラスの熱光学係数
δ	エラストマー保持された光学素子のシフト，光線偏角
δ_G	熱デフォーカスに対するガラスの係数
Δ	バネの変形，有限の変化量
Δ_E	ディオプタあたりの接眼レンズ移動量
η	減衰係数
θ	角度
λ	波長，Schott カタログにおける熱伝導率
μ	Schott カタログにおけるポアソン比
μ_M，μ_G	金属とガラスの摩擦係数
ξ	矩形ミラーの短手と長手の比，rms 加速度応答
π	円周率（3.14159）

xiv   **用語と記号**

ギリシャ文字記号とその用途（つづき）

記号	意味
ρ	密度
σ	標準偏差
Σ	和記号
σ_i	接着による結合の引っ張り降伏応力
ν	ポアソン比，アッベ数（波長の添え字とともに用いた場合）
ϕ	角度，円錐の半角

ラテン記号と略記法

記号・省略法	意味
A	光学素子の開口径，プリズムの面の幅，面積
a, b, c など	大きさ
-A-, -B-, など	図面における基準面
A/R	反射防止
A_C	インターフェース面における弾性変形領域
a_G	加速度ファクター（重力加速度の g の何倍か）
ANSI	米国国家規格協会
ASME	米国機械学会
A_T	ネジにおける輪帯状の面積
AVG	（添え字として）平均
A_W	ウインドウの支持されていない面積
AWJ	アブレイシブウォータージェット（abrasive water jet） Corning 社での名称
AXAF	先端 X 線天体物理設備（現チャンドラ宇宙望遠鏡）
b	板バネの幅，シリンダパッドの長さ
C	セ氏，添え字として，円形の接着を示す，曲率半径
C, d, D, e, F, g, s	（添え字として）フラウンホーファー吸収線の波長
CA	開口
CAD，CAM	コンピュータ支援設計，コンピュータ支援製造
CCD	電荷結合素子
CG	重心
C_k	重力効果を定義するミラーマウントのタイプ別ファクター
CLAES	cryogenic limb array etalon spectrometer
CMC	炭素繊維強化炭素複合材料
CNC	コンピュータ数値制御
C_p	比熱
cP	センチポアズ（粘度の単位）
C_R, C_T	径方向および接線方向のバネ定数

略記号と省略法（つづき）

記号・省略法	意味
CRES	ステンレス鋼（本文では日本の記法に合わせて SUS と記載した）
C_S	機械的パッドにかかる圧縮応力
C_T	トロイダル面の曲率中心
CTE	線膨張係数
CVD	化学気相成長
CYL	（添え字として）円筒形状
d	ネジの内径
D	熱拡散定数，ディオプタ，ネジの外径
D_B	P.C.D.
DIEMOS	deep imaging multi-object spectrograph
D_M	機械部品（たとえばセル）の内径
$\mathrm{d}n/\mathrm{d}T$	温度に対する屈折率変化係数
DOF	自由度
D_p	弾性パッド直径
D_R	圧縮スナップリングの外径
D_T	ネジのピッチ円直径
$E,\ E_G,\ E_M,\ E_e$	ヤング率（ガラス，金属，エラストマー）
E/ρ	比剛性
ECM	電気化学加工（金属材料の形状創成）
EDM	放電加工（金属材料の形状創成）
EFL	（レンズあるいはミラーの）焦点距離
ELN	無電解ニッケルメッキ
EN	電解ニッケルメッキ
EPROM	書き換え可能な ROM
ERO	エッジの振れ
ESO	ヨーロッパ南天文台
EUV	極端紫外線
f	焦点距離
F	力
$f,\ f_e,\ f_o$	焦点距離（接眼レンズおよび対物レンズ）
FEA	有限要素解析
FIM	全振れ（TIR を参照）
FLIR	前方監視型赤外線装置
f_N	振動の固有周波数
f_S	安全率
FUSE	深紫外線スペクトル探査船

xvi **用語と記号**

略記号と省略法（つづき）

記号・省略法	意味
g	重力加速度
GAP_A, GAP_R	光学面とマウントの間の軸方向および径方向のすきま
GEO	地球同期軌道
GOES	静止気象衛星
Gy	放射線ドーズ量の略称
H	ネジ山の高さ，材料のビッカース硬さ
HeNe	ヘリウムネオンレーザー
HIP	熱間等方圧加工法
HK	材料のヌープ硬さ
HRMA	高解像度ミラーアセンブリ（カナダ宇宙望遠鏡）
HST	ハッブル宇宙望遠鏡
i	平行平板の近軸チルト角，添え字として i 番目の部品
I, I'	入射角と屈折角
I, I_o	境界前後でのビーム強度
ID	内径
IPD	眼幅
IR	赤外線
IRAS	赤外線宇宙天文台
ISO	国際標準化機構
J	接着強度
JWST	ジェームズ-ウェッブ宇宙望遠鏡
K_s	光弾性係数
k	熱伝導率
K	ケルビン
K_1, K_a など	数式における定数
KAO	カイパー空中天文台
K_C	脆性材料の破壊強度
L	自由に曲がるバネ長，接着幅あるいは直径
L1, L2	ラグランジュ点（太陽，地球，月の軌道）
LAGEOS	laser geodynamic satellite
LEO	low earth orbit
$L_{i,j}$	レンズの i 面と j 面の間の軸方向距離
LLTV	高感度カメラ
$\ln x$	自然対数
LOS	視線
lp	ラインペア（解像力の単位．lp/mm のように使用する）

用語と記号　xvii

略記号と省略法（つづき）

記号・省略法	意味
LRR	最周辺下光線
m	質量，ポアソン比の逆数
MEO	middle earth orbit
MIL-STD	米軍規格
MISR	多視野イメージングスペクトル放射計
MLI	多層断熱（多数の薄膜を重ねて断熱すること）
MMC	金属複合材
MMT	多面ミラー望遠鏡
MTF	変調伝達関数
N	ニュートン
n, n_{ABS}, n_{REL}	屈折率，絶対屈折率（真空中），相対屈折率（空気中）
$n_\parallel$, $n_\perp$	直線偏光に対して水平方向の屈折率，垂直方向の屈折率
N	バネの数，Schott ガラス名で新しいことを示す（例：N-BK7 は，従来の BK7 に対し改良されたものである）
NASA	米国航空宇宙局
n_d	d 線（587.56 nm）に対する屈折率
N_E, N_1, N_2	差動ネジにおける単位長さあたりのネジ山数
n_λ	特定の波長 λ に対する屈折率
OAO-C	コペルニクス軌道上実験室
OD	外径
OFHC	無酸素高伝導率（銅の種類）
OPD	光路長差
OTF	光学伝達関数
P	荷重，屈折力
p	ネジ山のピッチ，直線にかかる荷重
P_F, P_S	破壊確率，破壊されない確率
P_i	バネ一つあたりにかかる荷重
ppm	百万分率
PSD	パワースペクトル密度
PTFE	ポリテトラフルオロエチレン（テフロン）
p-v	山と谷の差
q	単位面積あたりの熱流
Q	トルク，接着面積
Q_{MAX}	プリズムあるいはミラー面の最大接触面積
Q_{MIN}	プリズムあるいはミラー面の最小接触面積
r	スナップリングの断面半径

xviii　用語と記号

略記号と省略法（つづき）

記号・省略法	意味
R	面の曲率半径
r_C	境界面において弾性変形する領域
RH	相対湿度
rms	2 乗平均平方根
roll	横軸周りの部品の傾き
r_S	スペーサ中心の半径
R_S	S 偏光の反射率[†]
R_T	トロイダル面の曲率半径
RT	添え字としてレーストラック形状の接着領域を示す
RTV	室温硬化型シール材
R_λ	特定の波長 λ に対する反射率
S_{AVG}	境界面での接触応力
$S_{C\,CYL}$, $S_{C\,SPH}$	円筒面または球面接触における接触応力
$S_{C\,SC}$, $S_{C\,TAN}$, $S_{C\,TOR}$	シャープコーナー接触，円筒接触，トロイダル接触における応力
SC	（添え字として）シャープコーナー接触
S_C, S_T	圧縮応力，引張応力
S_e	エラストマーのせん断弾性係数
S_f	ウインドウ材料の破壊応力
SIRTF	赤外線宇宙望遠鏡設備（現スピッツァー宇宙望遠鏡）
S_i, S_j	i 面あるいは j 面のサグ深さ
S_M	マウント壁面における接線方向の引っ張り（フープ）応力
S_{MY}	微降伏応力
SOFIA	成層圏赤外線天文台望遠鏡
S_{PAD}	パッドと光学素子境界面での平均応力
SPDT	シングルポイントダイヤモンドターニング
SPH	（添え字として）球面
S_R	光学面のマウント面の間の径方向応力
S_S	接着結合におけるせん断応力
S_T	引張応力
S_W	ウインドウの降伏応力
SXA	メーカー独自のアルミニウム複合材料
S_Y	降伏応力
T	温度
t	平面板バネにおける厚み

[†]　（訳注）P 偏光の場合は R_P.

略記号と省略法（つづき）

記号・省略法	意味
t_A	屈折部材の軸方向厚み
T_A, T_{MAX}, T_{MIN}	温度（アセンブリ全体, 最高温度, 最低温度）
TAN	添え字として接線接触を示す
tanh	双曲線正接関数
t_C	セルの壁の厚さ
T_C	アセンブリにかかる保持力がゼロになる温度
t_E	レンズまたはミラーの縁厚
TIR	内部全反射, インジケーターの全振れ（FIM を参照）
TOR	添え字としてトロイダル接触を表す
tpi	1 in. あたりの山数
T_λ	波長 λ における透過率
U, U´	最周辺光線の光軸に対する傾き角（物体側と像側）
ULE	Corning 社製の極低膨張ガラスセラミック材料
UNC, UNF	ユニファイ並目ネジ, 細目ネジ
URR	最大画角における最周辺上光線
USC	米国で慣用的に用いられる単位（インチ系）
UV	紫外線
V	体積, レンズ頂点
v_d	波長 587.56 nm に対するアッベ数
VLT	超大型望遠鏡
w	単位～あたりの荷重
W	質量
w_S	スペーサの壁の厚み
X, Y, Z	座標軸
y_C	光軸から測った光学素子の接触高さ
y_S	レンズマウントにおける（内径）/2

目　次

第1章　序　論　　1

1.1　光学部品の用途　1
1.2　主要環境に対する配慮　3
　1.2.1　温度　4
　1.2.2　圧力　5
　1.2.3　振動　6
　1.2.4　衝撃　10
　1.2.5　湿度，汚染，腐食　12
　1.2.6　高エネルギー放射線　14
　1.2.7　光学系へのレーザーダメージ　14
　1.2.8　摩耗と腐食　15
　1.2.9　カビ　15

1.3　極端な運用条件　16
　1.3.1　地表近傍　16
　1.3.2　宇宙空間　16

1.4　環境試験　17
　1.4.1　指針　18
　1.4.2　方法　18

1.5　主要な材料特性　19
　1.5.1　光学ガラス　21
　1.5.2　光学プラスチック　28
　1.5.3　光学結晶　28
　1.5.4　ミラー基板　28
　1.5.5　機械部品に用いられる材料　29
　1.5.6　接着剤とシール材　31

1.6　寸法の不安定性　32
1.7　光学・機械部品の公差設定について　33
1.8　光学系の公差を厳しくしたときのコストに関する考え方　36

目次　xxi

| 1.9 | 光学部品と機械部品の製作 | …………………… | 38 |

参考文献　…………………　42

第2章　光学素子とマウントのインターフェース　　46

2.1　機械的拘束　………………………………………………　46

  2.1.1　一般的配慮　46

  2.1.2　レンズエレメントの芯取り　48

  2.1.3　レンズのインターフェース　57

  2.1.4　プリズムのインターフェース　62

  2.1.5　ミラーのインターフェース　65

  2.1.6　ほかの光学素子のインターフェース　65

2.2　マウント力の影響　………………………………………　65

2.3　シール方法についての考察　……………………………　66

参考文献　……………………………………………………　69

第3章　単レンズのマウント　　70

3.1　保持力に関する要求事項　………………………………　70

3.2　レンズの重量と重心計算　………………………………　74

3.3　レンズやフィルタのスプリング式マウント　…………　81

3.4　カシメによるマウント　…………………………………　82

3.5　スナップ方式と締まりばめ方式　………………………　85

3.6　押さえ環による拘束　……………………………………　92

  3.6.1　ネジ式押さえ環　92

  3.6.2　クランプリング式（フランジ式）　97

3.7　複数のバネクリップによるレンズの拘束　……………　100

3.8　レンズとマウントのインターフェース面における幾何学的関係　……　104

  3.8.1　シャープコーナー接触　104

  3.8.2　接線（円錐）接触　107

  3.8.3　トロイダル接触　109

  3.8.4　球面接触　112

  3.8.5　光学部品の面取りによる接触面　113

xxii　目次

3.9　エラストマーによるマウント　………………………………………………　116

3.10　レンズのフレクシャマウント　………………………………………………　125

3.11　プラスチック部材のマウント　………………………………………………　131

参考文献　………………………………………………………………………　134

第4章　複数の構成要素からなるレンズアセンブリ　136

4.1　スペーサの設計と製作　………………………………………………………　136

4.2　投げ込み構造　…………………………………………………………………　144

4.3　旋盤加工による組み立て　……………………………………………………　145

4.4　エラストマー保持　……………………………………………………………　148

4.5　ポーカーチップ構造のアセンブリ　…………………………………………　152

4.6　過酷な振動衝撃に対するレンズアセンブリの設計　………………………　153

4.7　写真レンズ　……………………………………………………………………　156

4.8　モジュラー構成とアセンブリ　………………………………………………　162

4.9　反射光学系と反射屈折光学系　………………………………………………　167

4.10　プラスチック鏡筒とレンズアセンブリ　…………………………………　170

4.11　内部機構　……………………………………………………………………　175

　　4.11.1　フォーカス機構　175

　　4.11.2　ズーム機構　183

4.12　レンズアセンブリの封止とパージ　………………………………………　188

参考文献　………………………………………………………………………　189

第5章　ウインドウ，フィルタ，シェルおよびドームの保持方法　192

5.1　単純なウインドウの保持方法　………………………………………………　192

5.2　特殊なウインドウの保持　……………………………………………………　196

5.3　コンフォーマルウインドウ　…………………………………………………　199

5.4　圧力差がある環境下で使われるウインドウ　………………………………　204

　　5.4.1　耐性　204

　　5.4.2　光学的な効果　210

5.5	フィルタのマウント方法	211
5.6	シェルとドームのマウント方法	214
	参考文献	218

第6章　プリズムの設計　220

6.1	主要機能	220
6.2	幾何学的考察	221
	6.2.1　屈折と反射　221	
	6.2.2　内部全反射（TIR）　227	
6.3	プリズムの収差寄与	230
6.4	典型的なプリズムの設計	230

6.4.1　直角プリズム　231

6.4.2　キューブ型ビームスプリッタ　231

6.4.3　アミチプリズム　233

6.4.4　ポロプリズム　235

6.4.5　ポロの正立プリズム　235

6.4.6　アッベ型ポロプリズム　237

6.4.7　アッベの正立プリズム　237

6.4.8　ロムプリズム　238

6.4.9　ダブプリズム　238

6.4.10　ダブルダブプリズム　239

6.4.11　逆転プリズム（アッベタイプ A, アッベタイプ B）　242

6.4.12　ペシャンプリズム　244

6.4.13　ペンタプリズム　245

6.4.14　ペンタダハプリズム　246

6.4.15　アミチ・ペンタ正立系　246

6.4.16　デルタプリズム　248

6.4.17　シュミットプリズム　250

6.4.18　45°俯視プリズム（バウエルンファイントプリズム）　250

6.4.19　フランクフォード兵器廠プリズム（No.1 および No.2）　252

6.4.20　レマンプリズム　253

6.4.21　内部反射アキシコンプリズム　253

6.4.22　コーナーキューブ　256

6.4.23　合致式距離計の視野プリズム　257

xxiv　目次

6.4.24　双眼接眼プリズム系　259
6.4.25　分散プリズム　259
6.4.26　薄いウェッジプリズム　263
6.4.27　リスリーウェッジプリズム（円形ウェッジプリズム）　264
6.4.28　スライディングウェッジ　266
6.4.29　焦点調整用ウェッジ　267
6.4.30　アナモルフィックプリズム　268

参考文献 …………………………………………………………… 270

第7章　プリズムの保持方法　271

7.1　キネマティックマウント ………………………………… 271
7.2　セミキネマティックマウント ……………………………… 273
7.3　片持ちバネ，および両持ちバネにおけるパッドの使用 …… 286
7.4　機械的にクランプされたノンキネマティックな保持方法 … 291
7.5　接着によるプリズムの保持 ………………………………… 295
　　7.5.1　一般的配慮　295
　　7.5.2　接着されたプリズムの例　297
　　7.5.3　両側からプリズムを保持する方法　301
7.6　プリズムのフレクシャマウント …………………………… 306

参考文献 …………………………………………………………… 308

第8章　ミラーの設計　309

8.1　一般的配慮 ………………………………………………… 309
8.2　像の向き …………………………………………………… 310
8.3　表面鏡と裏面鏡 …………………………………………… 315
8.4　裏面鏡におけるゴースト像の形成 ………………………… 317
8.5　ミラー開口径の近似計算 …………………………………… 322
8.6　質量軽減方法 ……………………………………………… 325
　　8.6.1　背面の形状加工　326
　　8.6.2　鋳型によるリブ付き基板の設計　338

目次　xxv

　　8.6.3　ビルドアップによる構造体の配置　339

　8.7　薄い表面シートによる構造　‥‥‥‥‥‥‥‥‥‥‥‥‥　357

　8.8　金属ミラー　‥‥‥‥‥‥‥‥‥‥‥‥‥‥‥‥‥‥‥‥‥　359

　8.9　金属発泡コアミラー　‥‥‥‥‥‥‥‥‥‥‥‥‥‥‥‥‥　366

　8.10　ペリクル　‥‥‥‥‥‥‥‥‥‥‥‥‥‥‥‥‥‥‥‥‥‥　369

　参考文献　‥‥‥‥‥‥‥‥‥‥‥‥‥‥‥‥‥‥‥‥‥‥‥‥‥　372

第9章　小径非金属ミラーの保持方法　376

　9.1　機械的クランプによるマウント　‥‥‥‥‥‥‥‥‥‥‥‥　377

　9.2　接着によるミラーのマウント　‥‥‥‥‥‥‥‥‥‥‥‥‥　390

　9.3　複合ミラーマウント　‥‥‥‥‥‥‥‥‥‥‥‥‥‥‥‥‥　396

　9.4　小径ミラーのフレクシャマウント　‥‥‥‥‥‥‥‥‥‥‥　404

　9.5　中央部と周辺によるマウント　‥‥‥‥‥‥‥‥‥‥‥‥‥　412

　9.6　より小さなミラーに対する重力の影響　‥‥‥‥‥‥‥‥‥　416

　参考文献　‥‥‥‥‥‥‥‥‥‥‥‥‥‥‥‥‥‥‥‥‥‥‥‥‥　423

第10章　金属ミラーの保持方法　425

　10.1　金属ミラーのSPDT加工　‥‥‥‥‥‥‥‥‥‥‥‥‥‥‥　425

　10.2　複合マウントに関する準備　‥‥‥‥‥‥‥‥‥‥‥‥‥‥　439

　10.3　金属ミラーのためのフレクシャマウント　‥‥‥‥‥‥‥‥　441

　10.4　金属ミラーの金属メッキ　‥‥‥‥‥‥‥‥‥‥‥‥‥‥‥　449

　10.5　組み立て調整のための金属ミラーのインターフェース設計　‥‥‥‥　452

　参考文献　‥‥‥‥‥‥‥‥‥‥‥‥‥‥‥‥‥‥‥‥‥‥‥‥‥　458

第11章　大口径非金属ミラーの保持方法　460

　11.1　光軸が水平な用途における保持方法　‥‥‥‥‥‥‥‥‥‥　460

　　11.1.1　Vマウント　462

　　11.1.2　多点エッジ支持　469

xxvi　目次

11.1.3　「理想的な」径方向支持　471

11.1.4　ストラップとローラーチェインによる支持　473

11.1.5　動力学的緩和法とFEA解析との比較　477

11.1.6　水銀柱による支持法　480

11.2　光軸が垂直な用途における保持方法 ‥‥‥‥‥‥‥‥‥‥‥　481

11.2.1　一般的考察　481

11.2.2　エアバッグによる軸方向の支持　481

11.2.3　計測用マウント　486

11.3　光軸方向が変化する用途のマウント ‥‥‥‥‥‥‥‥‥‥‥　494

11.3.1　カウンターウェイトを備えたテコ形式のマウント　494

11.3.2　大口径ミラーに対するヒンドルマウント　501

11.3.3　空気圧および油圧マウント　512

11.4　人工衛星搭載用大口径ミラーの支持方法 ‥‥‥‥‥‥‥‥‥　524

11.4.1　ハッブル宇宙望遠鏡　526

11.4.2　チャンドラX線望遠鏡　530

参考文献 ‥‥‥‥‥‥‥‥‥‥‥‥‥‥‥‥‥‥‥‥‥‥‥‥‥‥‥‥　532

第12章　屈折光学系，反射光学系，反射屈折光学系の調整　536

12.1　単レンズのアライメント ‥‥‥‥‥‥‥‥‥‥‥‥‥‥‥‥　537

12.1.1　単レンズのアライメント　538

12.1.2　回転スピンドルを用いた方法　540

12.1.3　点光源顕微鏡（PSM）を用いた方法　546

12.2　組レンズアセンブリの調整 ‥‥‥‥‥‥‥‥‥‥‥‥‥‥‥　549

12.2.1　アライメントテレスコープの利用　550

12.2.2　顕微鏡対物レンズの調整　553

12.2.3　精密スピンドル上での組レンズ調整　560

12.2.4　最終組み立てにおける収差の調整　562

12.2.5　収差補正群の選択　570

12.3　反射光学系の調整 ‥‥‥‥‥‥‥‥‥‥‥‥‥‥‥‥‥‥‥　572

12.3.1　単純なニュートン望遠鏡の調整　572

12.3.2　単純なカセグレン式望遠鏡の調整　574

12.3.3　単純なシュミットカメラの調整　576

目次　xxvii

参考文献　……………………………………………………　578

第13章　マウントによる応力の見積もり　579

13.1　一般的考察　………………………………………　579

13.2　光学素子の損傷に関する統計的予測　………………　580

13.3　許容応力に関する経験則　…………………………　586

13.4　点，線，面接触における応力発生　…………………　589

13.5　円環状の接触面における最大接触応力　……………　598

13.5.1　シャープコーナー接触における応力　600

13.5.2　接線接触における応力　601

13.5.3　トロイダル接触における応力　603

13.5.4　球面接触における応力　605

13.5.5　平面面取り接触　606

13.5.6　接触タイプに対するパラメトリックな比較　606

13.6　非対称にクランプされた光学素子の曲げの効果　……………　610

13.6.1　光学素子における曲げモーメント　610

13.6.2　曲げられた光学素子のサグ変化　612

参考文献　……………………………………………………　613

第14章　温度変化の効果　615

14.1　反射光学系におけるアサーマル化の方法　……………　615

14.1.1　同一材料による設計　615

14.1.2　メータリングロッドおよびトラス　617

14.2　屈折光学系におけるアサーマル化の方法　……………　619

14.2.1　パッシブアサーマル化　621

14.2.2　アクティブアサーマル化　628

14.3　保持力に対する温度変化の効果　……………………　632

14.3.1　軸方向の寸法変化　632

14.3.2　係数 K_3 の見積もり　635

14.3.3　アサーマル化と軸方向の機械的コンプライアンスの利点　643

xxviii **目次**

14.4 リムコンタクト設計における径方向の影響 649

 14.4.1 光学素子における径方向の応力　650

 14.4.2 マウント壁面における接線方向の応力（フープ応力）　651

 14.4.3 高温時における径方向クリアランスの増加　653

 14.4.4 レンズの軸精度を保つための，径方向への機械的コンプライアンスの導入　654

14.5 温度勾配の効果 656

 14.5.1 径方向の温度勾配　660

 14.5.2 光軸方向の温度勾配　663

14.6 接合された光学素子における温度変化により引き起こされる応力 ... 664

参考文献 674

第15章 ハードウェア設計例   677

15.1 赤外線センサ用レンズアセンブリ 677

15.2 民生用中赤外線対物レンズシリーズ 678

15.3 SPDT によるポーカーチップサブアセンブリの組み立て調整 680

15.4 2視野赤外追尾光学系アセンブリ 685

15.5 2視野切り替え式赤外線カメラアセンブリ 687

15.6 パッシブに安定化された 10：1 ズームレンズアセンブリ 688

15.7 焦点距離 90 mm，F/2 投影レンズアセンブリ 690

15.8 ソリッド反射屈折光学系 691

15.9 全アルミニウム製反射屈折光学系アセンブリ 693

15.10 反射屈折型スターマッピング対物レンズアセンブリ 694

15.11 焦点距離 3.8 m，F/10 反射屈折対物レンズ 697

15.12 DEIMOS スペクトログラフのためのカメラアセンブリ 701

15.13 軍用多関節型望遠鏡に用いられるプリズムのマウント方法 704

15.14 双眼鏡のためのポロ正立プリズムモジュラー設計 706

15.15 スペクトログラフイメージャのための大口径分散プリズムのマウント 712

15.16 FUSE スペクトログラフにおける回折格子のマウンティング 717

15.17 スピッツァー宇宙望遠鏡 720

15.18 モジュール化設計によるデュアルコリメータアセンブリ 725

目次　xxix

15.19　JWST の近赤外カメラにおけるレンズマウント方法 $\cdots\cdots\cdots$ 729

15.19.1　LiF レンズに対する軸方向の拘束方法　730

15.19.2　LiF レンズの径方向拘束に関する設計概念　731

15.19.3　レンズマウントに対する解析および実験による評価　732

15.19.4　飛行モデルの設計と初期試験　732

15.19.5　長期安定性試験　734

15.19.6　さらなる開発　735

15.20　シリコンフォームコア技術を用いたダブルアーチミラー $\cdots\cdots$ 735

参考文献 $\cdots\cdots\cdots\cdots\cdots\cdots\cdots\cdots\cdots\cdots\cdots\cdots\cdots\cdots\cdots\cdots\cdots\cdots\cdots\cdots$ 739

付　録 — 743

付録 A　単位の変換係数 $\cdots\cdots\cdots\cdots\cdots\cdots\cdots\cdots\cdots\cdots\cdots\cdots\cdots\cdots\cdots\cdots$ 743

長さの変換　743

質量の変換　743

力あるいは荷重の変換　743

単位長さあたり荷重の変換　743

バネのコンプライアンスの変換　743

温度あたり荷重変化の変換　744

圧力，応力，ヤング率の変換　744

トルクあるいは曲げモーメントの変換　744

体積の変換　744

密度の変換　744

加速度の変換　744

温度の変換　744

付録 B　材料の物理的性質 $\cdots\cdots\cdots\cdots\cdots\cdots\cdots\cdots\cdots\cdots\cdots\cdots\cdots\cdots\cdots$ 745

付録 C　ネジ式押さえ環のトルクと保持力の関係 $\cdots\cdots\cdots\cdots\cdots\cdots\cdots$ 772

参考文献 $\cdots\cdots\cdots\cdots\cdots\cdots\cdots\cdots\cdots\cdots\cdots\cdots\cdots\cdots\cdots\cdots\cdots\cdots\cdots\cdots$ 774

付録 D　過酷環境下での光学素子および光学機器の試験方法要約 $\cdots\cdots$ 775

1　冷却，加熱，および湿度試験　775

2　機械的な応力試験　776

3　食塩水噴霧試験　777

4　低温低気圧試験　777

5　塵埃曝露試験　778

xxx **目次**

6 滴下，雨滴試験 778

7 高圧，低圧，浸漬試験 778

8 太陽放射 779

9 正弦波振動と乾燥高温あるいは乾燥低温試験の同時試験 779

10 カビの成長試験 780

11 腐食試験 780

12 衝撃試験，揺動試験，自由落下試験と，乾燥条件下での温度試験の組み合わせ 781

13 結露，霜，氷結試験 782

索引 ………………………………………………………………………… 783

1

序　論

　この章では，要求仕様に記載された制約条件を遵守しながら光学機器の性能を満足させるための設計開発の際，設計者やエンジニアが一般的に考慮すべき内容について取り扱う．以下の章では，様々なレンズの保持方法にもかかわる個々のテーマを掘り下げることとする．

　この章では，光学系が光学機器においてどのように使われるのか概説することから始める．光学機器において有効な設計を行うには，不利な使用条件に関して掘り下げた知識が必要である．ここで，不利な使用条件とは，その環境下で光学性能を発揮するだけでなく，より厳しい環境下でダメージを受けないということでもある．そのため，ここでは，温度，気圧，振動，衝撃，湿度，汚染，腐食，高エネルギー放射，摩耗，浸食，そしてカビが，いかにして光学性能やあるいは寿命に悪影響を及ぼすかをまとめる．また，これらの不利な条件に対し，機器に耐久性をもたせるための設計に対する一般的な提案を示す．これらの環境に対応可能かどうかの試験方法についても述べる．材料の選択は，耐環境性の最適化に重要であり，また，機器が正しく機能するために必要なので，ここではよく使われる光学・機械材料の特性について概説する．この章の最後は，光学・機械部品の公差設定と製造に関する配慮について述べることで締めくくる．

1.1　光学部品の用途

　レンズは光学機器の中で多くの機能を発揮する．一般的には，レンズは様々な距離にある様々な大きさの物体の実像や虚像を作ったり，光線を瞳[†]の方向に向けたりする．それに加えて，ほかの結像光学系で発生した収差を補正するために使われるレンズもある．

　レンズの最も一般的な形式は，対物レンズ，リレーレンズまたは正立レンズ，接

[†]　瞳とは，開口絞りの像であり，光学系を通過する光束の幅を制限するものである．

眼レンズ，フィールドレンズ，拡大鏡，そして補正板である．大部分のレンズは研磨された球面または非球面をもち，スネルの法則に従って光線を屈折させる．一部のレンズ面には回折効果をもつものもある．本書では，像形成に関する詳細よりむしろレンズ保持に興味があるため，回折レンズについては屈折レンズのみを扱うことにする．レンズの径については，高精度材料の製作限界と精密研磨の加工限界により，ϕ500 mm に制限する．

光学部品のうち，ウインドウ，フィルタ，シェル，ドームは，以下の用途のうち通常一つあるいは複数の機能を有する．

● 光学機器内部と外部をシールして分離する．
● 屈折（または反射）する光の分光特性を所望の特性にする．
● 収差補正をする（例：マクストフ望遠鏡のシェルなど）．

ここで，シェルは，メニスカス形状のウインドウのことである．ドームは，より深く，メリディオナル面に対する球心からの角度が 180°程度のシェルである．超半球ドームは，ドームであって半球を超えるものである．

続いて，ミラーについて説明する．ミラーには平面のものもあるが球面のものもある．後者は結像ミラーとよばれる．これは曲がった反射面により光学的なパワーをもっているためである．ミラーは上記の役割により，レンズに似た機能をもつ．屈折には関係していないので，ミラーによる結像には色収差はない．

ミラーはレンズよりも口径をかなり大きくすることができる．第一の理由は，レンズのように内部を光線が通らないために，光学素子全体を支えるように支持部品を配置できるからである．さらに，ミラーにおいては，光学的な必要性を考えず，機械的な要請のみで厚みを厚くできるからである．ミラーは，レンズよりも大口径の場合の特性が優れている．これは，剛性（ヤング率）や線膨張係数（CTE）といった機械的特性を重視した材料選択が可能なためである．基板の質量は大きなミラーの場合に問題となる．

パワーをもたず，結像に寄与しない素子（平面ミラー，プリズム，ビームスプリッタなど）の主な用途を以下に示す．

● 光学系の光軸を曲げる．
● 光学系の光軸を横にずらす．
● 光学系全体を曲げて，要求された形状，またはパッケージ内に収める．

- 像を正しい向きにする．
- 光路長を正しく調整する．
- （瞳内で）ビームを所望の強度，形状に分離合成する．
- 像面で像を分離合成する．
- ビーム方向をスキャンする．
- 光をスペクトルに分離する（回折格子，あるいはプリズム）．
- 光学系の収差バランスを変える．

　光学系内において，ミラーやプリズムによる反射回数は重要である．これは，とくに可視の写真やビデオ用途についていえることである．奇数回反射はいわゆる裏像になり，読めない向きになる一方，偶数回反射は読める向きの像が得られ，とくに横向きや逆さになっても読める向きである（図1.1 参照）．Walles と Hopkins[1] によりまとめられたベクトルを用いた方法は，特定の反射面の組み合わせが像の向きにどう影響するか解析する便利なツールである．

図1.1　(a)裏像，(b)正像．

1.2　主要環境に対する配慮

　光学機器を設計することは，最終製品が仕様どおり機能する環境をみいだすのと同様に，極端な環境下でも永久的なダメージを受けてしまわない環境をみいだすことでもある．考慮すべき最重要条件は，温度，気圧，振動，衝撃である．これらの条件により，静的または動的な力（あるいはその両方）が機構部品にかかり，そのことで変形や寸法変化が生じる．これらにより，位置ずれ，不利な内部応力の蓄積，複屈折，光学素子の破壊，機構部品の変形が引き起こされる．いくつかの用途では，人に危害を加えないために安全性が規定されることもある．また，ほかに留意すべき環境条件として，湿度，汚染，腐食，摩耗，浸食，高エネルギー放射，レーザーダメージ，カビが挙げられる．これらの条件は，性能に悪影響を及ぼすと同時に，装置に進行性の劣化を引き起こす．

4 第1章 序論

ユーザーおよびシステム設計者は，できるだけ早い設計段階で，装置がさらされるもっとも過酷な条件を規定すべきである．これは，設計において適切なタイミングで適切に準備することで，環境影響を最小化するためである．可能性のあるできごとは可能な限り規定すべきである．また，設計上の弱点を早めに発見し，修正する可能性のある故障モードは発見したうえで試験を行うべきである．

1.2.1 温度

本書では，温度を摂氏，絶対温度，華氏のうち，用途に応じた適切な単位で表す．これらの値は，付録 A に示した数式で換算できる．

考慮すべき重要な温度効果は，極端な高温と低温，熱衝撃，空間的や時間的に温度勾配がある場合である．軍用の光学機器は，普通−62℃〜+71℃の温度下での輸送保管に耐えられるよう設計される．一般的に民生機器は室温を中心としたより狭い範囲で設計される．衛星用センサのレンズといった特殊なものでは，絶対零度近くの温度に至るものもある．一方，炉内監視用センサなどでは，数百℃になるものもあり，これらに耐えられる範囲での設計が求められる．

次に，熱の伝わり方を説明する．熱伝導は，異なる物質間の接触面において，物質を構成する分子の振動が伝わっていくことである．対流は，熱い物質が直接移動することである．そして，放射と吸収の組み合わせでは，熱は決まった温度の物体から放射され，媒質を通り，別の物体に吸収される．すべての熱の伝わり方において，熱源と吸収体の温度は熱平衡に至るまで変化する．

光学機械設計において，以上で述べた熱の伝わり方すべてが重要である．これは，対象すべてを熱平衡にすることは事実上不可能だからである．空間的な熱勾配は，組み合わせに部品間の一様でない膨張や収縮をもたらす．最近の例としては，衛星における俗にいう「ホットドッグ効果」がある．一方の面では太陽の放射エネルギーを受け，他方では，そのエネルギーを放出する．熱くなった面は，冷たい面より大きく膨張し，なじみ深いソーセージ形状になる．空間的に一様であったとしても，温度の時間変化がある場合，異なる材料を組み合わせると膨張差が生じる．

急速な温度変化の例は，人工衛星が地球の影に出たり入ったりする場合や，アマチュア天文家が暖かい室内から2月の寒空に望遠鏡を直接出したりする場合に起きる．これらの「熱衝撃」は，光学性能をきわめて悪化させるだけでなく，光学素子損傷の原因ともなる．ここで重要になる熱拡散係数は，光学素子が温度変化に反応する速さを表す値である．大部分の非金属光学素子は，熱伝導率が低く，熱拡散係

数は小さい．大部分の高エネルギーレーザー用光学系では，銅やモリブデン製の金属ミラーが使われる．これは高い熱伝導率により，吸収されたエネルギーが速やかに拡散し，面形状が保たれるためである．

ゆっくりとした温度変化は，主に温度勾配，部材の寸法変化，アライメント誤差を生じさせることで，性能に悪影響を引き起こす．たとえば，超大口径ミラーの材料などは，線膨張係数が場所によってわずかに非一様であるので，温度変化が位置による膨張差を引き起こし，ミラーの変形が生じる．アライメント誤差は，一般的に偏心による像の劣化や像の非対称を引き起こし，測定光学系のキャリブレーション誤差や位置決め誤差の原因となる．温度勾配は透過部材の屈折率不均一を引き起こし，性能劣化の原因となる．

高速の航空機やミサイル光学系のドームやウインドウにおいて，空気による摩擦は熱バランスに悪影響を及ぼす．超高速では損傷の可能性もある．特別なコーティングと材質を用いることで，このような暴露される光学系の感度を下げ，温度の問題を最小化できる．また，周囲の空気の流れに応じて空気力学的な最良形状を選ぶことで，ドームの熱問題を小さくできる．これは 5.6 節で述べる．

1.2.2 圧力

圧力は単位面積あたりにはたらく力である．一般に，単位は $[\mathrm{Pa} = \mathrm{N/m^2}]$ が用いられる．流体の圧力はしばしば高さ 1 mm の水銀柱の与える圧力である mmHg で与えられる．後者は標準大気圧を考える際用いられる．この圧力は，0℃，760 mm の高さの水銀柱を生じさせる圧力であり，1013.2 hPa に相当する．真空環境下の圧力は 1 気圧の 1/1000 である 1 Torr（1 Torr = 1 mmHg = 0.013 atm）単位で示される．

大部分の光学機器は，周辺気圧が地球の大気圧下で使われることを想定している．一方で潜水艦のように加圧された環境や，地上の紫外分光器や宇宙用光学系などの真空環境といった例外もある．

気圧は地表面からの高さに応じて変化するため，不完全にシールされ，周期的な高度変化に晒される光学系にはポンピング現象が起きる．これは，空気，湿気，ほこりやその他空気の構成要素を吸ったり吐いたりする現象である．これは光学系を汚染し，曇り，腐食，光の散乱やほかの様々な問題を引き起こす．一部の光学系ではハウジングにシールされているが，一方で意図的に設けられたリークパスをもつものもある．これは圧力差が内部で蓄積するのを防ぐためである．このような場合

6   第1章 序論

には，リークパスに乾燥剤や粒子フィルタを設け，湿気，ゴミその他の有害な物質が入るのを防ぐ．

　圧力低下は，とくに高温下でアウトガスや脱ガスの原因となる．これは，複合材，プラスチック，塗装，接着剤，シール材で起こる．また，溶接，ガスケット，Oリング，ショックマウントに使われる素材でも起こりうる．これらの排出物は，とくにコーティングに悪影響を及ぼす．また，とくに真空や宇宙空間では，敏感な面に堆積する．一部の物質は，地上の湿気のある空間で吸湿し，真空中で放出する．これは汚染の問題を引き起こしうる．

　環境側の気圧が低いときには，様々な構造体（レンズ外部，マウント，ミラー基板の軽量化のための穴，ネジで隠された穴など）からの外気，湿気，ガスの吸入が起こる．もしこういった光学系で十分大きなシールされた空間があると，圧力差が生じた場合，光学素子や薄い機構部品の損傷につながる．また，析出した物質は汚染の原因となりうる．

　大気中，あるいは水中を動く光学系は，空気あるいは水から流体力学的な圧力を光学面に受ける．これらの面上に流れる水は，設計形状や外部環境（温度，速度，密度，外圧，粘度など）に依存して乱流または層流となる．

　集積回路を作る際に用いる半導体用途では，装置温度はほぼ ± 0.1℃にコントロールされているが，最近までは気圧のコントロールはなされていなかった．天候による気圧変動のため，光学系周囲の大気屈折率が変動する．この変動は倍率が変化することで，連続するプロセス内のオーバーレイ誤差が起こり，像質が劣化するのに十分な大きさである．圧力変化を検出して光学系を調整したり，真空中で運用することで，これらの悪影響を小さくすることが可能である．

1.2.3 振動

　振動とは，周期的またはランダムな力が機械的に光学系に加わることである．ここでは両方のタイプの擾乱について考察する．加速度のレベルはG単位（重力加速度 g に対する比）で表す．

1.2.3.1 単一周波数の周期的振動

　周期的振動は，典型的には正弦波の振幅で示される．振動により光学系全体または一部分をつり合いの位置から横にずらす力がはたらく．短時間の振動が止んだのち，横ずれした部材は復元力によりもとの位置に戻ろうとする．この力は，バネに

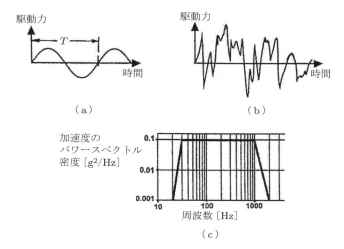

図 1.2　典型的な振動形態．(a)周期的振動（正弦波），(b)ランダム振動，(c)加速度の PSD（パワースペクトル密度）．

吊るした重りのような弾性力を含んでいる場合もある．強制周期振動の場合，部材は平行位置を中心に外乱が続く間振動を続ける．

　構造体は固有振動数をもっているが，これは特定の振動モードでその物体が振動するということである．構造体を，その固有振動数の一つに近い周波数で強制振動させると，内部または外部の減衰力で止められるか，あるいは破壊されるまで振動を続ける．次の式は，物体の固有振動数を近似的に求める式である．

$$f_N = \frac{0.5}{\pi} \left(\frac{k}{m}\right)^{\frac{1}{2}} \tag{1.1}$$

ここで，k は構造上の剛性 [N/m]，m は質量 [kg] である．この式の使用例は例題 1.1 を参照すれば理解できる．

　通常，設計者は外部的にかかる力の振幅，周波数，方向については指定できないので，可能な限り構成部品の剛性を上げ，固有振動数を外力の振動数より十分大きくすることが，採用できる唯一の是正策である．固有振動数は，外力の振動数の 2 倍以上が望ましい．

8 第1章 序論

例題 1.1 プリズムおよびそのブラケットマウントからなる系の固有振動数の式 (1.1)に従った求め方（設計と解析には File 1.1 を用いよ）.

プリズムの質量を 2.2 kg と仮定し，弾性係数 $k = 1.5 \times 10^5$ N/m でプリズムが強固に固定されているとする．このサブアセンブリの固有振動数はどうなるか．

解答

式(1.1)を用いて，

$$f_N = \frac{0.5}{\pi}\left(\frac{1.5 \times 10^5}{2.2}\right)^{\frac{1}{2}} = 41.6 \text{ Hz}$$

となる.

例題 1.1 はプリズムのブラケットの例である．これらは潜望鏡に取り付けられており，これ自体が車両に取り付けられた一体構造である．Steinberg[2]は，このような系について，結合部の共振を防ぐため，インターフェースごと（部品とブラケット，ブラケットと潜望鏡など）に基本共振周波数を倍にすることがよい設計習慣であると述べている．一部の設計では，振動減衰手段を備えるものもある．これは要素間で一緒に共振することを防ぐ.

特定の振動に対して設計を成功させるには，機器がその振動に対してどう振る舞うか知る必要がある．解析のツール（ソフトウェア）は，能力が向上しつづけており，有限要素法により時間的，空間的に振動が加わったときの挙動をモデル化できる[3-6]．一部のソフトウェアでは，不利な条件下で光学性能がどのように劣化するか直接評価できるよう，光学設計ソフトと連携できるようになっているものもある．温度変化，温度勾配，気圧変化なども同じソフトで評価できる.

光学素子の寸法や面形状の微小変化か，重力や加速度でも起こりうることは重要である．フックの法則により，応力には必ずひずみが伴う．応力は，小さい場合は一時的だが，ガラスのような脆性材料では破壊点[†1, †2]を超えるような，また，金属材料では弾性限界を超える応力が加わると破壊に至る．Engelhaupt[7]は，光学系に許容される応力は，従来の機械装置に対して1桁小さいと指摘している.

光学機器における振動起因のひずみに対する耐性を向上させるために用いられる設計手法には，破損しやすい光学素子（レンズ，ウインドウ，シェル，プリズム，

---

†1　単位長さにおいて二つの部品の歪みを引き起こす応力の千分率.

†2　一般的に用いられる材料に対しては，付録 B を参照.

ミラーなど）に対する適切な支持部材の確保も含まれる．これにより，すべての構造部材が弾性限界（または微降伏応力†）を超えて変形するリスクを最小限にできる．この手法には，支持される質量を減らすことも含まれる．

1.2.3.2　ランダム振動

振動環境は，周期的でなくランダムである場合もありうる．このことは，考慮する周波数範囲において，それぞれの周波数でいくつかの大きさの加速度が発生するということである．もし，装置の固有振動数がその範囲にあると，共振が励起される．

ランダム振動はしばしば，加速度のパワースペクトル密度（PSD）で評価される．単純な場合では，両対数グラフで，ゼロ周波数では 0，その後，数値が大きくなり，高周波数に行くにつれてまた 0 になる（図 1.2(c)）．周波数帯は 60〜1200 Hz であり，rms 応答は 0.1 である．さらに複雑な場合では，異なる周波数帯で異なる関数になる．加速度の PSD は g^2/Hz 単位である．ここで，g^2 は重力加速度の 2 乗である．

1 自由度の rms 加速度応答 ξ は次の式で近似される．

$$\xi = \left(\frac{\pi f_N \text{PSD}}{4\eta}\right)^{\frac{1}{2}} \tag{1.2}$$

ここで，PSD は特定の周波数帯で定義され，η はその領域での減衰係数を表す．Vukobratovich は，考えている構造に対し，想定する加速度より 3σ に相当する量大きな加速度がかかりうるので，試験もそれと同じ条件（3ξ）で行うべきだと指摘している．例題 1.2 はその関係を示している．

Vukobratovich[8]は，軍用と宇宙用の典型的環境における PSD の値を提示している（表 1.1）．これらの値は，1〜2000 Hz の間で 0.01〜0.17 g^2/Hz である．これらの用途，あるいはほかの用途であっても，PSD は実験により求められる．Vukobratovich[9]が指摘するところによると，ランダム振動のかかる光学系の出荷検査には，60〜1000 Hz で 0.04 g^2/Hz，1000〜2000 Hz で -6 dB/octave，2000 Hz 以上で 0 とするのが合理的とのことである．

例題 1.2　(a) 例題 1.1 で定義したプリズムとブラケットマウントからなる系の，ランダム振動に対する rms 加速度応答を見積もれ．
(b) この系は，どの程度の振動加速度に対して設計および試験されるべきか．

---

†　ippm の塑性変形（非弾性変形）を引きこす応力．

10　第1章　序論

ただし，周波数 60 Hz から 1200 Hz までのランダム振動の PSD を，図 1.2(c)に
より 0.1 g^2/Hz と仮定し，また，この系の減衰係数 η を 0.055 と仮定する．例
題 1.1 により，f_N は 41.6 Hz である（設計と解析については File 1.2 を参照）．

解答

(a) 式(1.2)により，

$$\xi = \left(\frac{\pi \times 41.6 \times 0.1}{4 \times 0.055} \right)^{\frac{1}{2}} = 7.7$$

となる．

(b) このプリズムとブラケットからなる系は，規定された周波数領域においてノ
ミナル加速度 $a_G = 3 \times 7.7 = 23.1$ で設計および試験されるべきである．

表 1.1　軍用および航空宇宙用途環境における加速度のパワースペクトル密度
（Vukobratovich[8]による）

環境	周波数 f [Hz]	パワースペクトル密度（PSD）
軍艦	1～50	0.001 g^2/Hz
典型的な航空機	15～100	0.01 g^2/Hz
	100～300	+4 dB/octave
	300～1000	0.17 g^2/Hz
	≧ 1000	−3 dB/octave
ソー・デルタ　ローンチヴィークル	20～200	0.07 g^2/Hz
タイタン　ローンチヴィークル	10～30	+6 dB/octave
	30～1500	0.13 g^2/Hz
	1500～2000	−6 dB/octave
アリアン　ローンチヴィークル	5～150	+6 dB/octave
	150～700	0.04 g^2/Hz
	700～2000	−3 dB/octave
スペースシャトルオービター（竜骨位置）	15～100	+6 dB/octave
	100～400	0.10 g^2/Hz
	400～2000	−6 dB/octave

1.2.4　衝撃

　衝撃は，光学機器全体または一部分にかかる急激かつ短時間の力である．より具
体的には，衝撃は 0.5 秒かそれ以下（システムの固有振動数 f_N に対応）の時間内
にでかかる力である．衝撃には二つの望ましくない影響がある．一つは振動が増幅
することであり，もう一つは励起によりシステムが共鳴することである．両方の望

ましくない影響は，衝撃の間隔とパルス形状，システムの固有振動数および減衰係数 η に影響される．理論的な最大増幅率は 2 である．このことは，設計でかかりうる衝撃に対して 2 倍の安全率を掛けるという知識の基礎となっている[9]．

衝撃は，構造部材に一連の力学的影響をもたらす．一般的には弾性変形（おそらく非弾性変形も）がまず起こり，不適切に支えられた部材が周囲に対して位置ずれを起こす．そして光学的なアライメントずれが一時的あるいは永久的に起こり，壊れやすい部材は過大な力を受けて壊れてしまう．光学素子においては，製造時に不適切にアニーリングされひずみが残っている場合や，あるいは製造時にダメージを受けている場合に，より破壊が起きやすくなる．後者については第 13 章で扱う．

耐衝撃仕様は，一般的には特定の方向，あるいは三つの直交する方向に対して重力加速度単位で定義されるが，ここでは，これを無次元単位で扱うことにする．一般的な取り扱い環境下で光学機器にかかる衝撃は，一般的に $a_G = 3 (3G)$ とされる．

輸送時には，光学機器はしばしば最も厳しい衝撃条件に晒される．構造体にかかる衝撃はトラック輸送のほうが鉄道輸送より大きい．エアサス車は振動を減じる効果がある．輸送時の振動が厳しくなるようなときには，コンテナやショックアブソーバーの有無を区別するのがよい．コンテナがなく，衝撃が直接製品に伝わるときには，$a_G = 25$ を超えることもある．適切に梱包設計をすることで，$a_G = 15$ を超えないようにすべきである．空輸においては，突風や着陸によって途中の加速度が大きくなる．空気の乱れでは，より持続した振動が起きる．気圧と温度変化も輸送時に起こることに注意したい．

a_G の値を決めることも必要だが，光学機器やその部分系に対する衝撃に対し備えるには十分ではない．伝統的には，耐衝撃仕様は，衝撃が加わる期間とパルス形状で定められる．たとえば，典型的な衝撃試験では，「各軸に沿った方向に，$10 \leq a_G \leq 500$ の間の 8 段階の強度で，6～16 msec の期間の半正弦波形パルスを 3 回ずつ与える」というように規定される．宇宙用途では，発射時，ステージ分離時，噴射による軌道変更時，燃料デバイスの点火時，再突入時，そしてシャトル着陸時に強い衝撃がかかる．これらの衝撃は，システムの仕様や設計が不十分な場合には非常に重大な影響を及ぼすため，近年では宇宙用装置にはより厳しい仕様が定められている．構造体を通過する衝撃パルスのピーク加速度は，擾乱が与えられた点から遠ざかれば遠ざかるほど，また結合点が増えれば増えるほど減衰する．

図 1.3 は一般的な場合を示している．ピーク加速度は 50.8 cm ごとに 50％ずつ減衰する．機械的な締結（はんだづけや溶接ではない）をされた部位では，典型的

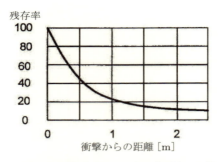

図 1.3 構造体にパルス状衝撃が加わった際の典型的な距離に応じた減衰.

には約 40%の減衰が起こる．三つ以上の結合点を通過すると減衰自体が十分に小さくなる．

耐衝撃性の向上には，以下の設計手法の採用が挙げられる．

- サブシステムを衝撃から隔離する構造（ショックマウントなど）
- 荷重の極力大きな面積への分散
- 最適な材料と加工法の選択
- 加振される質量の軽量化，および支持体全体における物理的強度と剛性確保

1.2.5 湿度，汚染，腐食

　光学機器の湿度，汚染，腐食に対する耐性を最大限に高めるためには，清浄で乾燥した環境での組み立て，リークが起きるすべての経路をシールすること，適した材料を使うことが重要である．光学機器をシールする方法については，本書の 2.3 節と 4.12 節にて手短に述べる．

　一旦シールされると，着脱可能なシールねじから湿気が入らないように，乾燥ガス（窒素，ヘリウムなど）により，バルブを通じて内部空間のパージを行う．湿気は，光学素子や感度の高い面に堆積する．内部圧力を意図的に周囲よりいくぶん高くすることもあるので，内部圧力を上げることは，必ずしも湿気の侵入を防ぐわけではないが，ほこりのような粒子による汚染を防ぐことには役立つ．光学機器への水分の浸透傾向は，水分の内外圧力差，シールや壁の浸透性，温度により定まる．光学機器を乾燥ガスでパージすると，水分が浸入してきて問題となるまでの時間を引き延ばすことができる．もし本当に乾燥した環境が必要なら，内部に乾燥剤を入れ，できる限りのシールを行い，そののちに乾燥ガス封入を行うべきである[9]．

1回真空引きしてから乾燥ガスを満たすテクニックも有効である.

McCay ら[10]は紫外で使われる光学系（たとえば157 nm で用いられるリソグラフィ用レンズ）の性能は，光路中に見かけ上ほとんど存在しないある種の汚染物質により劣化することを示した．これは，炭化水素やシリコン，あるいは周囲の水分が光学素子表面に堆積することで起こる．これらの分子と紫外線が相互作用し，汚染物質となって堆積するのである．少量の O_2 が存在することで，汚染物質が無害な物質に変換され，汚染の可能性を減らすことができる．O_2 が過剰にあると，系の透過率が低下する．光学系の性能を担保するには，内部および周囲すべての汚染物質の量をあらかじめ決められたレベル以下に制御する必要がある.

腐食は材料の周囲環境との間の化学的または電気化学的反応である．これは二つの異なる物質が水の存在で結合されている場合に最も一般的に起きる．この反応は，酸化（金属がイオン化し，電子が放出される）と還元（電子が吸収される）からなる．電子は液体中を移動する.

腐食を最小限に抑制するには，異なる金属の接触を避ける，加工中に残留する腐食原因を注意深く取り除く，保護コートをする，高湿に晒されないようにするといった方法がある．場合によっては，保護コートやメッキが施されるが，これは経時変化や機械的・熱的負荷によりその保護効果が薄れてくる.

腐食には次のような形態がある.

● フレッティング：面間の振動により酸化被膜などの保護膜が剥がれ落ちることで起こる.

● ガルバニック腐食：ある金属からより反応性の低い金属に電子が移動することで起こる.

● 応力腐食割れ：面にピットなどの欠陥があるとき，持続する引っ張り応力が湿気の存在下でかかり続けると，その欠陥が成長し脆性破壊につながる[11].

応力がかかった金属において応力腐食割れが起こるメカニズムについて，よりもっともらしい説明が Sonders と Eshbach[12]により与えられた．それによると，腐食により生じたピットやノッチは，応力の存在下で金属表面に開口を作り，その中にさびや汚染物質が溜まる．応力が開放されると，開口はこれらの物質を含んだままで閉じ，これによるくさび作用は材料内部の応力を増す方向にはたらく．これにより，よりひどいクラックが付け加わる．この状況は徐々に悪化し，ついには金属疲労や破壊に至る.

14 第1章 序論

腐食に対する内部抵抗性は金属により大きく異なる．たとえば，アルミニウムとその合金は乾燥下において腐食耐性がある．湿気，アルカリ，塩は腐食を早める．陽極酸化被膜は，かなり高い耐性を与える．チタンは，高い剛性に加えて耐腐食性が求められるときに広く使われる．マグネシウムは，空気中の汚染物質（湿気があるときの塩など）に対し，きわめて影響を受けやすい．ステンレス鋼[†]の腐食耐性は状況次第である．たとえば，SUS410 は数週間大気に晒しておくと表面に酸化膜が生じる．ほかのすべての条件が同じだとすると，SUS316 は塩分を含んだ大気中での耐性が最良である[13,14]．

1.2.6 高エネルギー放射線

ガンマ線，X線，中性子線，アルファ線，電子線といった高エネルギー放射線に対し，これらを吸収することで光学系を保護する方法は限られている．これには，合成石英（放射線に対しきわめて鈍感である）や，耐放射線ガラスを使うといった方法がある．耐放射線ガラスはセリウム酸化物を含んでおり，青〜紫外光の透過率は低下するものの，照射後でも広い範囲の透過特性は保たれる．

セリウム酸化物を含むガラスは，たとえば，Schott 社などから供給されている．これらのガラスは，対応する通常のガラスと比べて，光学・機械特性は若干異なる（Marker ら[15]を参照）．

1.2.7 光学系へのレーザーダメージ

強いコヒーレント光と光学材料の相互作用は，レーザーが発明されて以来，多くの研究や文献で扱われてきた．レーザーダメージに関する情報交換の場として，Boulder Damage Symposia という国際会議がコロラド州ボルダーにある米国国立標準技術研究所で開かれている．継続中のトピックとしては，レーザー閾値，閾値の決め方，試験方法，データ処理方法，レポートの作成，そして反応のモデル化などが挙げられる．このシンポジウムでは，口頭発表，ポスター発表に加えて，何年も重要なテーマについて小シンポジウムが開催されている．たとえば，ダイヤモンドターニングによる鏡面加工，リソグラフィ用レンズにおけるダメージ，汚染による影響，光ファイバに対するダメージ，レーザーダイオードの開発，深紫外線用

---

† （訳注）原著では，ステンレス鋼を CRES（corrosion resistant steel の略）と表記しているが，本書では日本の慣習に合わせて SUS とする．

レンズなどである.

シンポジウムの参加者の多くの協力により，基板とコートに一様性，熱伝導，面の質などの計り知れない向上がみられた．これにより，光の吸収が抑制されてレーザー閾値が向上した．また，部品損傷のメカニズムや材料評価，そして，ダメージを少なくし寿命を延ばすことも大いに進歩した．たとえば，レーザー照射テストや実使用上で面や面近傍で欠陥が生じうることが示された．これらの欠陥は，時間と共にゆっくり成長し，ある限界の大きさに至ったとき，光学素子が破損する原因となる．また，破損に至らなくとも，これらの欠陥は入射ビームの散乱を増し，光学系の性能を劣化させる．

Boulder Damage Symposia における文献は目覚ましい速さで増加している．このことは，レーザーダメージの関心の重要性と，技術の急速な進歩を示している．このテーマは複雑かつ光学素子のマウントのテーマには直接関係しないため，ここで詳細には踏み込まない．興味をもった読者はこのテーマに関する参考文献を見るとよい．

1.2.8 摩耗と腐食

摩耗と腐食は，風に乗った砂やほかの摩耗原因となる粒子がぶつかる場合や，雨滴，氷のつぶ，雪などが高速でぶつかる場合に最もよく起こる．前者は陸上車両やヘリコプターで，後者は高速で運動する航空機（> 200 m/s）で起こる．赤外を透過する結晶など，より軟らかい材質は，これらの用途に最もよく用いられるが，不運にも摩耗原因となる粒子の影響を最もよく受けてしまう[16,17]．宇宙空間では，微小な隕石や軌道上のデブリなどが保護されていない望遠鏡のミラーなどにダメージを与える．一部のケースでは，折り畳み可能な，あるいは使い捨てのカバーが一時的な保護に用いられる．

1.2.9 カビ

光学素子やコートに対するカビによるダメージは，多湿と高温が同時に加わる光学系や，熱帯で主に用いる光学系に対して非常に大きなものになりうる．コルク，皮革，天然ゴムなどの有機物を光学系そのものや運搬ケースに用いることは，とくに米国陸軍規格で禁止されている．もし，非常に環境がよくコントロールされているのでなければ，同様の規格を民生品にも適用するのがよい．たとえば，指紋に含まれる油分といった有機物は，カビの生育を助長する可能性がある．長期的には，

16   第1章　序論

カビの生育はガラスを腐食し，透過率や像質に悪影響を及ぼす．注意深くメンテナンスすることでカビによるダメージを防ぐことができる．もちろん，ガラスや結晶表面は注意深く洗浄される必要があり，これには認証を取った材料と工程が採用されるべきである．

1.3 極端な運用条件

1.3.1 地表近傍

地上用軍用機器に対する典型的な過酷運用条件は，MIL-STD-510「設計と試験のための環境に関する情報」[18]に定められている．代表的な環境条件を表1.2にまとめた．それぞれの例は，各カテゴリーにおいて装置が晒される過酷環境を表している．一般的な用途において，光学系に加わるランダム振動レベルに関連したデータを表1.1に示していた．多かれ少なかれ過酷環境に晒されるものである．これらのガイドラインは，制限内で市販品あるいは一般消費財にも適用される．

1.3.2 宇宙空間

宇宙空間における環境の過酷さは，機体が太陽，地球，月，その他天体に対してどのような位置関係にあるのかに依存する．表1.3は地球軌道に対してこれをまとめたもので，図1.4はこれを図示したものである．地球低軌道(LEO)は，観測プロー

表1.2　光学系に対する過酷環境下における典型値（Vukobratovich[8]および Yoder[16]による）

環境	通常	厳しい	極端に過酷	過酷環境に晒される装置
低温(T_{MIN})	293 K (20℃)	222 K (−51℃)	2.4 K (−271℃)	極低温人工衛星搭載装置
高温(T_{MAX})	300 K (27℃)	344 K (71℃)	423 K (150℃)	燃焼研究における分光セル
低圧	90.9 kPa (0.9 気圧)	50.5 kPa (0.5 気圧)	0 kPa (0 気圧)	宇宙望遠鏡
高圧	111.1 kPa (1.1 atm)	1 MPa (9.8 atm)	138 MPa (1361 atm)	潜水艦の窓
相対湿度(RH)	25〜75%	100%	水中	水中カメラ
加速度 a_G	3	100	11000	発射体
振動	200×10^{-6} m/s rms $f > 8$ Hz	$0.04\ g^2/$Hz $20 \leq f \leq 100$ Hz	$0.13\ g^2/$Hz $30 \leq f \leq 1500$ Hz	人工衛星の発射

表 1.3 地球軌道の分類（Shipley[20]による）

軌道	高度 [km]	周期	用途
低軌道 （low-earth, LEO）	200〜700	60〜90分	地上監視用 気象観測用 スペースシャトル ミッション
中軌道 （middle-earth, MEO）	3000〜30000	数日の軌道もある	地上監視用 気象観測用
地球同期軌道 （geosynchronous, GEO）	35800	1日	通信用 気象観測用
長楕円軌道 （highly elliptical, HEO）	近地点 < 3000 遠地点 > 30000	数時間の間で大きな幅	通信用 軍用
L1でのハロー軌道	〜1.5×10^7	80〜90日	太陽観測用 広域地球観測用
L2でのハロー軌道	〜1.5×10^7	数日〜数か月	科学観測用 広域地球観測用

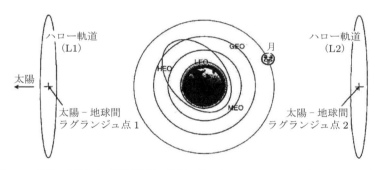

図1.4 高度に応じた人工衛星軌道の位置 注：正しいスケールではない（Shipley[20]による）．

ブや有人探査への応用でよく知られている[11,19,20]．より高高度の環境も比較的よく知られている．太陽地球間距離の地球から見て1％の点のうち，太陽に近い点をラグランジュ点1(L1)，遠い点をラグランジュ点2(L2)という．ここは非常に過酷な環境であり，材料や機構系の配置を決める荷重設計者は，ミッション終了まで十分長い間センサが耐えられるよう注意深く設計しなくてはならない．この種の問題に取り組むための光学機器設計は本書の範囲を超えている．

1.4 環境試験

ハードウェアの環境試験は，その装置単体，または組み合わせにかかわらず，寿

18　第1章　序論

命の期間にわたり環境条件に耐えられるよう設計，製作されていることの確認を意図している．可能であれば，環境試験は最終配置で支持機構をすべて取り付けて行われるべきである．部分的な試験や代表的な試作品での試験が許容される場合もある．試験は，実際に要求されるよりも厳しい条件で行うことで，比較的短時間で意味のある結果が得られる場合もある．この試験は認証試験とよばれる．これは，試験が完了すればハードウェアの設計，材料，製造プロセスに至るまで同時に認証を与えるものだからである．

1.4.1　指針

米国陸軍規格 MIL-STD-210「軍用システムと装備の設計と試験に関する環境に対する情報」[18]では，極端な，あるいは典型的な環境条件（熱帯，基準，寒冷，極寒，海面上，海岸）についての指針を提供している．ISO010109「環境条件」[21]でも類似の情報が提供される．

1.4.2　方法

軍用装置が予想される環境条件に耐えうるかどうか決定するテスト[22]の計画あるいは実行に関しては，MIL-STD-810「環境試験方法および技術指針」に記載されている．この情報は，制限付きで非軍用装置にも適用できる．ほかの試験方法についてのよい情報として，ISO9022「光学部品および光学系の試験方法」[23]が挙げられる．ここでは要求されるタイプと厳しさについて，様々な方法が規定されている．Parks[24]によりこの文献の便利な要約が提供されている．

付録 D において，本書では光学部品と完成品について，13 種の不利な環境条件についての試験方法を示している．この考察は，ISO9022 に基づく．というのも，この文献は光学機器に直接適用できるためである．多くの場合，ISO9022 は MIL 規格，あるいは他国で用いられる類似規格に近い．ISO 規格で決められた試験方法は，IEC により準備された方法を光学機器に適用できるよう改変したものである．

各試験は 10 から始まり 89 で終わる，不連続な「方法番号」に分類されており，該当する番号は付録 D に記載されている．各試験中は，資料は以下に述べる状態のうちのいずれか一つになくてはならない．

⓪輸送，保管ケース
①保護されていない動作準備状態，電源は OFF

②作動中，曝露状態での機能テスト

(ア)準備：試料は周囲±3℃以内

(イ)初期テスト：試料を仕様に沿ってテスト，悪影響を及ぼす条件に対する評価

(ウ)状態を整える：仕様上最も厳しい状態に曝露し動作状態にする

(エ)状態復帰：試料を±3℃に戻し，それ以外は最終テストに備える

(オ)最終テスト：仕様に従い，試料をテストする

(カ)評価：結果をまとめ，合格・不合格の判定をする

MIL-STD-1540「宇宙用発射装置と上段装置，および上空で用いる装置のための製品評価」[25]において，宇宙用途製品を表 1.4 に示す条件下でテストすることが推奨されている．いくつかのテストは選択制である．このような試験を行う必要があるかどうかは，設計のメリットや用途により決定される．Yoder[16]は MIL-STD-1540 のうち，光学機器用のリストにない試験も有用であることをみいだした．たとえば，熱サイクル，正弦波振動，運搬上の衝撃，圧力，リークテストなどが挙げられる．

表 1.4　MIL-STD-1540 で定められた探査機用光学装置の試験方法（環境曝露前後）（Sarafin[26]による）

試験タイプ	認証試験	受入試験	追加試験
真空中の温度試験	○	○	
正弦波振動			○
ランダム振動	○	○	
燃焼試験			○
加速度試験	○		
湿度試験			○
寿命試験			○

1.5　主要な材料特性

本書において，設計の文脈における材料の用途，特性と記号，単位は以下で示すことにする．

● 力(F)：物体に加えられ，物体を運動させたり変形させたりする作用である．

20 　第1章　序論

単位はニュートン [N].

- 応力(S)：単位面積あたりの力．内部的なものと外部的なものがあり，単位は [Pa] = [N/m²].
- ひずみ （$\Delta L/L$）：単位長さあたりの寸法変化．無単位である．しかし [μm/m] で表す場合もある．
- ヤング率(E)：弾性限界内における単位引っ張り・圧縮応力あたりの線形なひずみ率．単位は [Pa].
- 降伏強度(S_Y)：材料が線形な弾性限界を超えて特別な挙動を示す応力．一般に 0.2%の永久ひずみが表する応力に等しい．
- 微降伏強度(S_{MY})：短時間で 1 ppm の永久ひずみが生じる応力．
- 線膨張係数 （CTE または α）：1℃あたりの温度変化による単位長さの変化率．[mm/mm℃] または [ppm/℃].
- 熱伝導率(k)：1℃の温度勾配があるとき，単位面積を単位時間に通過する熱量．[W/mK].
- 熱容量(C_p)：物体を 1℃上昇させるのに必要な熱量と，同じ質量の水を 1℃上昇させるのに必要な熱量との比．[J/kgK].
- 密度(ρ)：単位体積あたりの質量．[g/cm³].
- 熱拡散係数(D)：物体内に熱が拡散するレート．これは，熱伝導率 k を，密度 ρ と熱容量 C_p の積で割った値である．
- ポアソン比(ν)：材料が一様な引っ張りまたは圧縮応力を受けるときの，横方向ひずみと縦方向ひずみの比．最大値は 0.5 である．
- 光弾性係数(K_S)：光学素子における内部応力と屈折部材における各偏光方向の OPD に関する量．単位は [m²/N] で表される．

　光学機器の設計において，最も重要な材料として，光学ガラス，プラスチック，結晶材，ミラー基板材料，セルや押さえ環，間隔環に使われる金属，複合材，レンズとプリズムのマウント，接着剤そしてシール材が挙げられる．これらのうちいくつかは，Paquin[27]により詳細に議論されている．付録 B には，選定されたいくつかの材料に対して，基本的な機械・光学特性に関する量を表として載せた．一般的なコメントを以下に記す．

1.5.1 光学ガラス

世界中のガラスメーカーは長年にわたり，数百種の光学用ガラスを生産してきた．図 1.5 に示すガラスマップは，何年か前に Schott 社で生産されたガラスの大部分を含んでいる．ほかのガラスメーカーも本質的には同じガラスを生産している．硝種は，d 線（黄色）に対する屈折率（縦軸）とアッベ数（横軸）でプロットされる．光学ガラスは化学組成により異なるグループに分けられる．図 1.6 はより近年の利用可能なガラスであり，Kumler[28] により利用可能な種類が減少したことについての議論がなされている．

図 1.7 は Schott 社の光学ガラスカタログのコピーである．これより光学設計や機構設計に必要な情報が見てとれる．興味ある光学特性としては，23 種類の波長に対する屈折率（いくつかのメルトデータの平均値），アッベ数（v_d と v_e），12 種類の波長に対する分散，分散式の係数（B_i と C_i），屈折率の温度特性係数（D_i, E_i と λ_{TK}），10 mm または 25 mm 厚に対する 250～2500 nm の複数波長に対する透過率が挙げられる．

光学機械設計における別の重要な着眼点は不均一性である．これは，カタログに記載された，屈折率やアッベ数の公称値からの変動である．ほかには脈理，泡，ブ

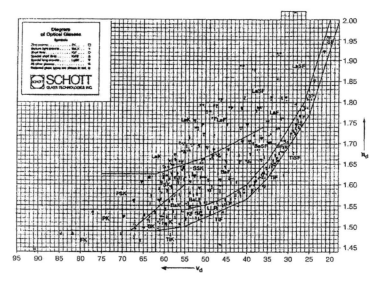

図 1.5 ガラスマップ．数年前，ガラスメーカーから提供可能であった光学ガラスを示す（Schott 社の厚意による）．

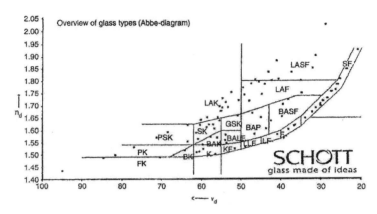

図 1.6 より最近において利用可能なガラスを図 1.5 と同様に示したもの（Schott 社の厚意による）．

ツ，残留ひずみ（おそらく応力複屈折の原因となる）などがある．これらのパラメータは各々のガラスカタログには記載されていないが，購入時に様々な品質レベル（グレード）を指定して購入されるものである．とくに指定して製造プロセスをコントロールしたもの，ないし選別したものは特別価格で購入することができる．

これらの特性はすべてガラスカタログに記載される．たとえば図 1.7 には代表的なガラスタイプである N-BK7 に対する性能表が示されている．この表は，光学機械設計に利用できる各ガラスの情報が示されている．CTE の係数 $\alpha_{-30/70}$ は装置設計において考慮する温度範囲の値である．λ（この図では k）は熱伝導率，ρ は密度，E はヤング率，μ（この図では ν）はポアソン比である．耐候性は CR というパラメータで 1（高）～4（低）である．温度に対する屈折率変化 dn/dT はアサーマルな光学を設計するときに重要である．

製造可能なガラスがすべて，設計で日常的に使われているわけではない．Walker[29] は 1993 年に 63 種のガラスが設計に非常に有用であると述べた．彼のリストは，屈折率と分散の範囲が非常に一般的であり，価格，泡，耐食性，不利な環境条件への耐性に優れたものからなっている．1995 年には，Zhang と Shannon [30] が大部分のレンズ設計に必要な最小のガラスが何種類であるかみいだすために行われた研究について述べた．ここでは，三つの一般的なレンズデータ集，CODE V リファレンスマニュアル[31]，Laikin[32]，Cox[33] のダブルガウスタイプを調べ，15 種のよく使われるガラスのリストと，そのうち 9 種のおすすめのガラスのリストを作成した．この 15 種は Walker のリストには含まれていない．こ

Data Sheet

SCHOTT

N-BK7
517642.251

$n_d = 1.51680$	$v_d = 64.17$	$n_F - n_C = 0.008054$
$n_e = 1.51872$	$v_e = 63.96$	$n_{F'} - n_{C'} = 0.008110$

Refractive Indices

	λ [nm]	
$n_{2325.4}$	2325.4	1.489210
$n_{1970.1}$	1970.1	1.494950
$n_{1529.6}$	1529.6	1.500910
$n_{1060.0}$	1060.0	1.506690
n_t	1014.0	1.507310
n_s	852.1	1.509800
n_r	706.5	1.512890
n_C	656.3	1.514320
$n_{C'}$	643.8	1.514720
$n_{632.8}$	632.8	1.515090
n_D	589.3	1.516730
n_d	587.6	1.516800
n_e	546.1	1.518720
n_F	486.1	1.522380
$n_{F'}$	480.0	1.522830
n_g	435.8	1.526680
n_h	404.7	1.530240
n_i	365.0	1.536270
$n_{334.1}$	334.1	1.542720
$n_{312.6}$	312.6	1.548620
$n_{296.7}$	296.7	
$n_{280.4}$	280.4	
$n_{248.3}$	248.3	

Constants of Dispersion Formula

B_1	1.03961212
B_2	0.231792344
B_3	1.01046945
C_1	0.00600069867
C_2	0.0200179144
C_3	103.560653

Constants of Dispersion dn/dT

D_0	$1.86 \cdot 10^{-6}$
D_1	$1.31 \cdot 10^{-8}$
D_2	$-1.37 \cdot 10^{-11}$
E_0	$4.34 \cdot 10^{-7}$
E_1	$6.27 \cdot 10^{-10}$
λ_{TK} [μm]	0.170

Temperature Coefficients of Refractive Index

	$\Delta n_{rel}/\Delta T$ [10^{-6}/K]			$\Delta n_{abs}/\Delta T$ [10^{-6}/K]		
[℃]	1060.0	e	g	1060.0	e	g
-40/ -20	2.4	2.9	3.3	0.3	0.8	1.2
+20/ +40	2.4	3.0	3.5	1.1	1.6	2.1
+60/ +80	2.5	3.1	3.7	1.5	2.1	2.7

Internal Transmittance τ_i

λ [nm]	τ_i (10mm)	τ_i (25mm)
2500	0.67	0.36
2325	0.79	0.56
1970	0.933	0.840
1530	0.992	0.980
1060	0.999	0.997
700	0.998	0.996
660	0.998	0.994
620	0.998	0.994
580	0.998	0.995
546	0.998	0.996
500	0.998	0.994
460	0.997	0.993
436	0.997	0.992
420	0.997	0.993
405	0.997	0.993
400	0.997	0.992
390	0.996	0.989
380	0.993	0.983
370	0.991	0.977
365	0.988	0.971
350	0.967	0.920
334	0.905	0.780
320	0.770	0.520
310	0.574	0.250
300	0.290	0.050
290	0.060	
280		
270		
260		
250		

Color Code

λ_{80}/λ_5	33/29
($^* = \lambda_{70}/\lambda_5$)	

Remarks

Relative Partial Dispersion

$P_{s,t}$	0.3098
$P_{C,s}$	0.5612
$P_{d,C}$	0.3076
$P_{e,d}$	0.2386
$P_{g,F}$	0.5349
$P_{i,h}$	0.7483
$P'_{s,t}$	0.3076
$P'_{C',s}$	0.6062
$P'_{d,C'}$	0.2566
$P'_{e,d}$	0.237
$P'_{g,F}$	0.4754
$P'_{i,h}$	0.7432

Deviation of Relative Partial Dispersions ΔP from the "Normal Line"

$\Delta P_{C,t}$	0.0216
$\Delta P_{C,s}$	0.0087
$\Delta P_{F,e}$	-0.0009
$\Delta P_{g,F}$	-0.0009
$\Delta P_{i,g}$	0.0035

Other Properties

$\alpha_{-30/+70℃}$ [10^{-6}/K]	7.1
$\alpha_{+20/+300℃}$ [10^{-6}/K]	8.3
T_g [℃]	557
$T_{10}13.0$ [℃]	557
$T_{10}7.6$ [℃]	719
c_p [J/(g·K)]	0.858
λ [W/(m·K)]	1.114
ρ [g/cm³]	2.51
E [10^3 N/mm²]	82
μ	0.206
K [10^{-6} mm²/N]	2.77
HK$_{0.1/20}$	610
HG	3
B	0.00
CR	2
FR	0
SR	1
AR	2
PR	2.3

図 1.7　ガラスカタログの 1 ページ．特定のガラスの光学的・機械的特性を示す（Schott 社の厚意による）．

の原因として，部分的には Walker が機械的・環境耐性的に優れていないと判断して除外していたのに対し，Zhang と Shannon は候補を決めるのに光学的特性のみ

24　第1章　序論

を考慮していたことが挙げられる.

　表 B.1 には Schott 社より供給される 49 種類の推奨硝種と,Walker と Zhang/Shannon のリスト[†]を共に示した.

　ガラスは「ガラスコード」順に並んでいる.リストに挙がったガラスは,商用・非商用を問わず新しい設計にも有用である.例外的な設計においては,ほかのものより一般的でないガラスが必要になる.多くの旧タイプのガラスが,在庫品あるいは特注品として利用可能である.

　表 B.1 で示したガラスカタログでは,ガラス名,タイプ,ガラスコード,ヤング率,ポアソン比,第 13 章で示す接触応力を評価する定数 K_G,CTE,そして密度の値が各ガラスに対し確認できる.値は USC と SI 単位両方を示した.表中において,極端に高いか低い値には「H」または「L」の記号が付けられている.これは,選択したガラスタイプにおける一般的な値に対して目立たせることを意図している.各列の下には,各パラメータに対して最大値と最小値の比が載っている.これは,制限されたサンプル内での大体の値の幅を示している.大部分の比の値は 2 であり,そのため,機械的特性はすべてのガラスで近似的に等価である.

　N の前置記号が付いたガラスは,Schott 社における新ガラスであることを示している.古いタイプのガラスと屈折率としては本質的に等価だが,機械的特性が異なる場合がある.Schott ガラスにおいて,ガラスコードの後につけられた 3 桁の数字は,密度を 10 で割った値である.表 B.1 において 10 例の新旧ガラスの対比を載せた.機械的特性の相違は明白であり,とくに密度が異なっている.これは,新ガラスでは,鉛の成分を除去したことによる.

　メルトにおける冷却（これをアニール工程という）による応力発生は,光学部品の製作において問題となることがある.典型的には,アニール不足のガラス片は,表面で圧縮応力を,内部で引っ張り応力をもっている.小片が切断されたり,片方の面から材料が削り取られると,応力が部分的に開放され,小片はわずかにひずむ.各工程でどんな反応を示すかは予見できない.製造後に永久に残ったひずみや,熱的・機械的に入った一時的なひずみは,最終性能に悪影響を及ぼす.この応力は,偏光ひずみ計により近似的に測定できる.その結果起こる屈折率変動は干渉計で測定できる.応力による問題は次に挙げる手段で大きく減少できる.まず一つ目は,材料や研磨面の応力複屈折に規定を設けること,もう一つは,部品にかかる外的な

[†]　BK ガラスの特性は表 B.1 に示されている.設計に使われる残りの特性量も存在する.

（マウント時の）力を最小限にすることである．光学設計において，複屈折効果の見積もりと公差規定について紹介されている[34-36]．

　複屈折に関する公差については，特定の波長について，水平と垂直の各偏光状態の光路長差（OPD）で表される．Kimmel と Parks[37] によると，様々な光学機器において部品の複屈折は次のようになる．偏光計や干渉計において 2 nm/cm，フォトリソグラフィ用途や天体望遠鏡で 5 nm/cm，カメラや眼視の望遠鏡，顕微鏡対物レンズでは 10 nm/cm，アイピースやビューファインダーでは 20 nm/cm を超えてはならない．より低いグレードの材料はコンデンサレンズや照明系で用いられる．すべての場合において，光弾性定数 K_S は，応力と OPD により以下で定義される．

$$\mathrm{OPD} = (n_{\parallel} - n_{\perp})t = K_S S t \tag{1.3}$$

ここで，$n_{\parallel}$ と $n_{\perp}$ はそれぞれ水平と垂直の各偏光状態における屈折率，t [mm] は光路長，S [N/mm^2] は応力である．

　表 1.5 は 589.3 nm，21℃における K_S の値である．表に挙げたガラスに対しては，すべての値が正である．表には挙げていない Schott ガラスの SF58，66，59 では負の値である．ほかに，古い Schott ガラスの SF57 はきわめて小さな K_S 値をもっており，0.02×10^{-6} mm^2/N である．後者の材料は応力複屈折をきわめて小さくする用途に用いられる．例題 1.3 は式 (1.3) の応用である．

　光学ガラスは，一般的にきわめてよい光透過特性をもっているが，すべての材料が紫外から近赤外まで等しい透過特性をもっているわけではない．クラウンガラスはフリントガラスより短い波長から透過する．一方でフリントガラスは，近赤外域まで透過する．緑から赤の波長域では，すべての一般的なガラスの透過特性はほぼ等しい．AR コートがないと，高屈折率ガラスはより高いフレネル損失を示す．単層コート（たとえば MgF$_2$ の $\lambda/4$ 膜）は，クラウンガラスより屈折率の高いフリントガラスに対してより有利である．

　一般的なガラスは，高エネルギー粒子や，X 線，γ 線が当たると失透する（ブラウニング）．10 Gy の放射線を浴びると，吸収の増大が顕著になることが知られている†．セリウムを CeO$_2$ の形で添加することで化学的に安定させたガラスは，こ

---

† 1 グレイ（Gy）は SI 単位系であり，1 kg の薄膜に吸収された放射線が 1 J のエネルギーとなるのに必要な放射線量である[38]．

26   第1章 序論

表1.5 表B.1に示す光学ガラスの光弾性係数 K_S（589.3 nm, 231℃, Schott Optical Glass catalog, CD Version 1.2, USA より）.

ガラスコード	ガラス名	光弾性係数 $(10^{-6}\,m^2/N)$	ガラスコード	ガラス名	光弾性係数 $(10^{-6}\,m^2/N)$
1	N-FK5	2.91	26	N-BaF51	2.22
2	K10	3.12	27	N-SSK5	1.90
3	N-ZK7	3.63 H	28	N-BaSF2	3.04
4	K7	2.95	29	SF5	2.28
5	N-BK7	2.77	30	N-SF5	2.99
6	BK7	2.80	31	N-SF8	2.95
7	N-K5	3.03	32	SF15	2.20
8	N-LLF6	2.93	33	N-SF15	3.04
9	N-BaK2	2.60	34	SF1	1.80
10	LLF1	3.05	35	N-SF1	2.72
11	N-PSK3	2.48	36	N-LaF3	1.53
12	N-SK11	2.45	37	SF10	1.95
13	N-BaK1	2.62	38	N-SF10	2.92
14	N-BaLF4	3.01	39	N-LaF2	1.42
15	LF5	2.83	40	LaFN7	1.77
16	N-BaF3	2.73	41	N-LaF7	2.57
17	F5	2.92	42	SF4	1.36
18	N-BaF4	2.58	43	N-SF4	2.76
19	F4	2.84	44	SF14	1.62
20	N-SSK8	2.36	45	SF11	1.33
21	F2	2.81	46	SF56A	1.10
22	N-F2	3.03	47	N-SF56	2.87
23	N-SK16	1.90	48	SF6	0.65 L
24	SF2	2.62	49	N-SF6	2.82
25	N-LaK22	1.82	50	LaSFN9	1.76

※最大値 / 最小値 = 5.58

の種の放射線が当たっても失透が防がれることがわかっている.

　CeO_2 を添加することは，透過率全域，とくに近紫外域の透過率を落とすのだが，放射線による黒化を防ぐ. 図1.8 は同じ厚みの Schott BK7 と耐放射線ガラスの BK7G18[†]の比較である.

---

† ガラス名に付け加えられた数字は，CeO_2 含有率（%）の 10 倍の値である.

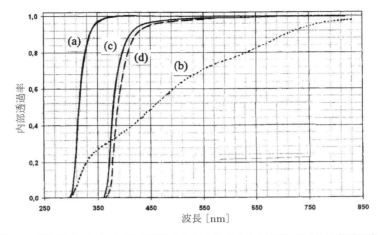

図 1.8　標準ガラスおよび耐放射線性をもたせたガラスの波長に対する内部透過率.
(a)放射線未照射の BK7，(b)100 Gy 照射後の BK7，(c)未照射の BK7G18，
(d)8,000,000 Gy 照射後の BK7G18（Schott 社[40]による）.
注：(b)と(d)は γ 線照射に対する値である.

Schott 社のようなガラスメーカーは，限定された種類ではあるが，耐放射線ガラスを提供している．Schott 社の「要問合せ」ガラスのように，特殊な用途に向けてのみ製造されるガラスもある．

表 B.2 は表 B.1 に照らし合わせた 7 種の耐放射線ガラスの例である．

光学ガラスを利用するうえでもう一つの関心事は，強い紫外光の照射により，永久に色が変わることである．この効果はしばしばソラリゼーションとよばれる．Setta[39]，Marker ら[15]などは，様々な標準ガラスと CeO_2 ドープガラスについて UV 照射の影響について述べている．いくつかの CeO_2 ドープガラスは同じ種類のドープしていないガラスと比べて照射後の透過率が劣る結果となった．

> **例題 1.3**　応力のかかった光学素子に対する複屈折の見積り（式(1.3)を利用）（設計と解析には File 1.3 を用いよ）.
>
> 厚み 2 cm の N-BK7 ウインドウが，開口径 10 cm の航空カメラをシールしているとする．使用中に開口の大部分が $3.45 \times 10^5 \text{ N/m}^2$ で圧力を受けているとすると，このときの複屈折は許容できるか．
>
> **解答**
> 　表 1.5 より

28　第1章　序論

$$K_S = 2.77 \times 10^{-6} \text{ mm}^2/\text{N}$$
$$S = 3.45 \times 10^5 \text{ N/m}^2$$

とする．式(1.3)より，

$$\text{OPD} = 2.77 \times 10^{-6} \times 3.45 \times 10^5 \times 2 \times 10^{-6} \times 10^7$$
$$= 19.11 \text{ nm}/2 \text{ cm} \quad \text{または} \quad 9.55 \text{ nm/cm}$$

本文より，カメラレンズの複屈折は 10 nm/cm 以下でなくてはならない．そのため，OPD はぎりぎり許容範囲である．

1.5.2　光学プラスチック

　市販されているプラスチックのうち，いくつかは特定の用途に対して光学部品としての使用に適している．主要なタイプを選定し，機械特性を表 B.3 に載せた．

　一般に光学プラスチックはガラスより軟らかいため，簡単に傷が付き研磨によりよい面を得ることが難しい．プラスチックの CTE と $\mathrm{d}n/\mathrm{d}T$ は，光学ガラスや結晶に比べて大きい．プラスチックには吸湿性があり，これにより屈折率がわずかに変化する．剛性はガラスより小さい．

　プラスチックの最も大きな利点は，密度が低く，低コストのモールド技術で大量生産が可能な点である．プラスチック部品（レンズ，ウインドウ，プリズム，ミラー）などに複合的なメカニカルマウントを一体成型することも，比較的低コストで可能である．これにより，部品をそのまま組み込むことができ，組み込むための部材が省略できてコスト低減になる．

1.5.3　光学結晶

　天然・合成結晶は，赤外や紫外での透過が必要な用途に用いられる．いくつかの結晶は，可視域も透過するが，光学ガラスほどではない．結晶は，特定の波長域での異常分散など，特別な光学特性が利用できるという面もある．結晶は 4 グループに分類される．アルカリおよびアルカリ土類化合物，赤外透過ガラスおよびその酸化物，半導体，カルコゲナイドである．光学に用いられる結晶の特性を表 B.4 と表 B.7 に示した．結晶は軟らかいため，大部分の結晶を光学ガラスと同じ表面の質に仕上げるのは困難である．

1.5.4　ミラー基板

　ミラーは総じて，反射面と支持材，あるいは一体成型された支持材からなる．サ

イズは数 mm から数 m にもなる．基板は，ガラス，低膨張セラミックス，金属，複合材，または稀にプラスチックが用いられる．表 B.8(a)，(b)はミラーに用いられる材料の機械的特性の表である．表 B.9 は同一の材料に対する形状による比較表である[41]．この表により，決まった用途に対して，候補となる材料を直接比較できる．たとえば，ミラー設計で一般的に用いられる指標として剛性（E/ρ）がある．この値は，与えられたミラー配置と形状に対し，どの材料が最も軽く，最も自重変形が小さいかの選定に役立つ．表 B.9 に挙げたメリット値の表は，1.5 節で述べた比較と関連している．特定の場合について，どのメリット値を用いるかは，設計からの要求と制約条件に依存する．表 B.10(a)～(d)は，アルミニウム合金，アルミニウム複合材，ベリリウムのいくつかのグレード，ミラーに用いられる主な SiC 複合材の特性をリストにしたものである．

1.5.5 機械部品に用いられる材料

　機械のハウジング，レンズ鏡筒，セル，間隔環，押さえ環，プリズムとミラーマウントに用いられる機械材料としては，金属（典型的にはアルミニウム合金，ベリリウム，青銅，インバー，ステンレス，チタン）があるが，複合材（金属マトリックス，SiC，プラスチック）も構造材の一部として用いられることがある．これらの材料のうち，いくつかはミラー基板としても用いられる．いくつかの金属と金属マトリックスについての情報を表 B.12 に載せた．光学部品の保持用途の観点から，機構材料の特性を以下に示す．

アルミニウム合金

　アルミニウム合金のうち，1100 番台の合金は強度が低く，絞り加工などで容易に成型できる．また，切削，溶接，ロウ付けが可能である．2024 番は，強度が高く，切削性もよいが溶接が困難である．6061 番は汎用の構造材であり，適度な強度と寸法安定性をもち，加工性がよい．また，溶接やロウ付けも可能である．7051 番は高い強度とよい加工性をもつが，溶接には向いていない．356 合金は適度～高い強度の構造用鋳物材で，機械加工および溶接が容易である．大部分のアルミニウム合金は，熱処理により用途に応じて異なる硬さを得る．アルミニウムの表面は迅速に酸化するが，化学的薄膜や陽極酸化被膜により保護されうる．後者は寸法が顕著に大きくなる．黒色陽極酸化処理は光の反射を減らすので，しばしば光学機器の部品に使われる．アルミニウム合金の CTE は，ガラス，セラミックス，多くの結晶

と差がある．表 B.10(a)では，ミラー基板として用いられるいくつかのアルミニウム合金の物性をまとめた．

ベリリウム

　ベリリウムは軽量で強度が高く，熱をよく通す．また，腐食や放射線に強く，寸法も安定している．材料および加工は比較的高価である．そのため，これは，低温で用いるミラーや回折格子基板など，とくに高精度な用途に第一に用いられる．また，これは宇宙用途において用いられる．表 B.10(d)はいくつかの典型的なベリリウムのグレードごとの物性を示している．Paquin は作業中に発生するベリリウムの害について述べており，微粒子になったベリリウムを適切なフィルタで集塵することと，研磨中に生じるスラリーを集めることが予防になると述べている[42]．

真鍮

　真鍮は高い耐腐食性をもっており，熱伝導がよいが重い材料である．これは，ねじ切りされた部品や船舶用に好んで用いられる．また，化学的に黒化処理が可能である．

インバー

　インバーは鉄とニッケルの合金であり，宇宙用，低温用高性能光学系，低 CTE を利用するために用いられる．この材料はきわめて高密度であり，また，機械加工によりしばしば熱的安定性が損なわれるため，アニール処理が推奨される．スーパーインバーとよばれるグレードは，ある定まった温度範囲でより低い CTE を示す．インバーは低温（−50℃以下）での使用は推奨されない．酸化を防止するため，インバーにはクロムメッキが施される．

ステンレス鋼

　ステンレスはしばしば CRES（日本では SUS）とよばれ，強度とある種のガラスに対する CTE の近さから光学マウントに用いられる．比較的密度が高く，これらの利点を利用するためには重量が犠牲になる．外部に面した表面において，クロム酸化膜の形成により腐食耐性が得られる．一般的には，ステンレスはアルミニウムより硬くて加工しにくい．SUS416 はもっとも加工性に優れ，化学的な黒色処理や黒いメッキが可能である．17-4PH はよい寸法安定性を示す．ステンレスは似た材料と溶接が可能であり，ほかの金属にロウ付けすることもできる．

チタン

　チタンは高性能レンズに用いられるが，これは CTE がクラウンガラスに近いことが本質的な理由である．フレクシャはしばしばチタンで作られるが，これは降伏応力 S_Y が大きいためである．チタンはアルミニウムより 60 ％重い．チタンは加工がいくぶん高価である．また，鋳造が可能である，はんだ付けは容易だが，溶接は難しい．EB またはレーザー溶接が最良である．耐腐食性は高い．

　このほかに，ある種のプラスチック（とくにガラスまたはカーボン繊維により強化されたエポキシやポリカーボネイト）は，様々な構造体に用いられる．たとえば，ハウジング，スペーサ，プリズムまたはミラーマウント，カメラレンズ用鏡筒，双眼鏡，OA 機その他商用の光学機器などである．これらは比較的軽く，大部分は機械加工できる（従来の加工法または SPDT）．成型可能なものもある．一般には低コストである．残念なことに，プラスチックの寸法安定性は金属よりも悪く，大気から吸湿し，また，真空中でアウトガスを放出する．CTE は多種多様であり，ある程度カスタマイズできる．

1.5.6　接着剤とシール材

　レンズの屈折面どうしやプリズムを貼り合わせる光学接着剤は，例としてダブレットやトリプレット，ビームスプリッタなどに用いられる．これは使用波長域で透明であり，よい接着性を示し，収縮も許容値内であり，湿度やその他不利な条件に耐えることが望ましい．最も一般的な接着剤は熱硬化型と紫外硬化型である．一般的な光学接着剤に対して関心のある機械特性を表 B.13 に示す．

　光学素子をマウントに保持したり，機構部品どうしを接着するために構造用接着剤が用いられる．これには，1 液または 2 液型のエポキシ，ポリウレタン，アクリルなどが含まれる．大部分は昇温により硬化し，いくぶんか（6 ％以上）の硬化収縮を示す．CTE は構造体やガラスの約 10 倍だが，剛性は 2 桁小さい．これらのうちのいくつかは，硬化中や真空，高温下で揮発物を放出する．放出された物質は，より冷たい物体（レンズやミラー）に汚染物の膜として堆積する．揮発物も少なく，収縮も小さい接着剤が数種類あることが知られている．代表的なタイプの特性を表 B.14 にまとめた．

　第二次世界大戦中，光学機器には，非常にベタベタして塗りにくい多硫化物（3M の EC-801）がシール材として用いられていた．EC-801 は今日でも購入でき，ほ

32 第1章 序論

かの用途に用いられているが，光学機器用途では現在ではRTVエラストマが用いられる．これは自由な形状で硬化し，適当な接着性を示す．典型的には，レンズとマウントの隙間や，機構部品の隙間に注入され，気体の漏れを防いだり，光学素子を振動，衝撃，温度変化などのもとで所定の位置を保つのに使われる．一部のシール材は，硬化時や真空などで酢酸やアルコールを放出する．シール材メーカーはシール材を用いる前にプライマの利用を推進している．

いくつかのシール材について，物性と機械特性を表 B.15(a), (b) に示した．これらのうち少なくとも1種(DC93-500)がNASAにより宇宙用の低粘度シール材として認められている．不運にも，これは比較的高価である．シール材の硬化時間，色，そしていくつかの物理的特性は，添加剤や触媒を加えることで，大幅に変えることができる．

1.6 寸法の不安定性

Paquin[43]は，寸法不安定性を，内部または外部からの影響により生じる変化と定義した．寸法的に安定した装置を送り出すためには，設計者は，これらの変化（歪み）を要求仕様に対して妥協のないレベルに抑えなくてはならない．通常の加工工程でいうと，歪みは10^{-3}のオーダー以下でなくてはならない．これは比較的容易に達成できる．高精度な用途では，歪みも公差も10^{-6}のオーダーでなくてはならない．より高い精度も可能ではあるが，最良でも公差が10^{-9}の程度となる．そして，このような公差で加工するためには，材料と加工法を，設計から製造まですべてのプロセスで最大限の注意を払って探す必要がある．運も非常に重要である．

ここで注目する寸法変化は，塑性変形を引き起こす外部応力，内部残留応力（これは時間と共に予測不可能な応力解放を起こす），温度変化や振動衝撃によるもの，材料内部で起きる相転移や再結晶化による微視的変化，そして材料不均一によるものである．Paquin[42,43]とJacob[44]は，これらの起こりうる問題について，ここで扱う範囲より詳細に述べている．重要なことは，光学機器の部品に対し，この問題の起こりうる可能性を認識することで，問題を避ける，あるいは少なくとも最小化する試みができるようになるということである．

1.7 光学・機械部品の公差設定について

　光学機器において，完璧な部品寸法や他部品との相対位置関係からの許容可能な誤差量には，性能に関する仕様，設計開始時の制約条件など，さまざまな段階での公差設定が密接に関係している．この誤差に関する公差設定は，その機器がいかに性能を発揮するかということ，またはライフタイムコストに影響する．これは，部品や組み立て品の検査にも関係する．厳しすぎる公差による材料や検査時間の無駄と，きわめて緩い公差で使い物にならない装置ができるバランスをどうとるかについて熟慮しなくてはならない．多くの場合，ただ単に公差を厳しくしてしまうと，きわめて高価なものになるため，公差バジェットの中には，最小限の組み立て調整を組み込むことを考慮すべきである．

　Ginsberg[45]は，公差バジェットを適切に設定するためのプロセスを提案している．図 1.9 には，仕様から出発し，機械的な制約の定義から，公差設定された製作図面に至るまでのプロセスが示されている．設計最適化と要求仕様の実現のための繰り返し計算が図 1.10 に示されている．Willey[46]は，製造，組み立て，検査そしてメンテナンス人員に関する専門知識も考慮した追加のループについても述べている．

　適切なエラーバジェットを割り当てる繰り返しプロセスのスタート地点として，以前の経験や資料の指針に従って，光学部品や機械部品に対する準備的な公差割り振りが行われる．たとえば，表 1.6 は一般的な公差設定を要する光学系に対する公差値についての典型値を示している[47]．

　寸法や特性に対し設定できる公差は，その光学系の性能レベルに大きく依存する．表 1.7 に光学素子について，典型的な「容易」「厳しい」「限界」の公差値を示した．最適な公差振り分けに至るプロセスは複雑である．Smith[47]はこの課題に取り組むための方法を示している．彼はまた，あるコストの限界を超えて公差を緩めることは，何の節約にもならないことを警告している．さらに，コストは製造できる限界に近づくにつれ急速に上昇する．

　公差バジェットはどんなものでも，一つか二つの調整箇所を設けることで緩和できる．たとえば，フォーカスを調整することは許容できるものとし，フォーカス調整機構を設けた光学系もある．Smith[47]はほかの方法を提案している．

● 設計を，ニュートン原器のある R に合わせること．

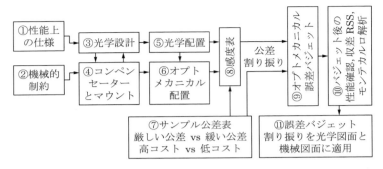

図 1.9　オプトメカニカルな公差バジェットと，許容誤差の分布の最適化ループを用いた公差設定プロセス（Ginsberg[45]による）．

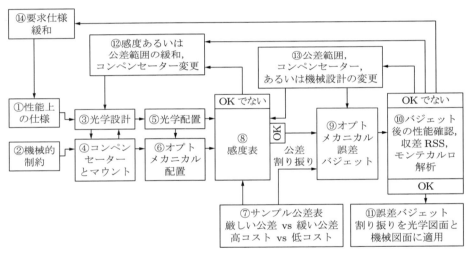

図 1.10　公差設定プロセス図 1.9 において，生産性を保証するための追加ループを加えた拡張版（Willey[46]による）．

- 設計を，レンズ中心厚の測定値を用い，性能が回復する空気間隔に合わせること．
- 設計を屈折率実測値に合わせること（ガラスメーカーのメルトデータ）．
- 収差測定を行うこと．すなわち，製作された系の OPD を測定し，最適化によりこれらの誤差をもつときの性能劣化を計算し，システム全体をこの劣化分が除去されるよう（計算された値と釣り合うよう），逆方向に寸法変化させる．

1.7 光学・機械部品の公差設定について 35

表1.6 光学機器において公差設定がなされる寸法(Smith[47]による)

面形状	曲率半径
	設計形状からの誤差
	非球面の変形
面間距離	光学素子の厚み
	軸上距離
アライメント	面チルト
	エレメントチルトあるいはシフト（またはその両方）
	部品チルトあるいはシフト（またはその両方）
	プリズムとミラー角度誤差およびチルト
物性	熱の効果（CTE および dn/dT）
	安定性
	耐性
面の仕上げ	表面欠陥（スクラッチ−ディグ）
	面の肌，散乱
屈折率	中心波長での値
	全分散値（アッベ数）
	部分分散
	均質性
透過率	光学材料
	フィルタの波長特性
	コート特性

表1.7 光学機器において公差設定がなされる寸法（一部は Ginsberg[45] と Plummer[48]による．Fisher および Tadic-Galeb[49]により更新された）.

| パラメータ | 単位 | 公差 | | おおよその |
		緩い	厳しい	限界値
屈折率	—	0.003	0.0003	0.00003 [a]
原器に対する曲率誤差	縞本数 [b]	10 本	3 本	1 本
真球度あるいは平面度	縞本数 [c]	4 本	1 本	0.1 本
エレメント外径	mm	0.5	0.075	0.005
エレメント厚み	mm	0.25	0.025	0.005
エレメントウェッジ	′	3	0.5	0.25
空気間隔	mm	0.25	0.025	0.005
機械的倒れ	′	3	0.3	0.1
プリズムの寸法誤差	mm	0.25	0.01	0.005
プリズムおよびウインドウの角度誤差	′	5	0.5	0.1

注 a）サイズによる．b）縞 0.5 本は水銀ランプ輝線 546 nm の 1 波長に対応する．縞は口径全体での値とする．c）製造工程に依存する．

36 第1章 序論

1.8 光学系の公差を厳しくしたときのコストに関する考え方

　レンズその他の光学素子のコストや，寸法その他のパラメータは公差に大きく左右される．もしあるレンズに対し，公差が十分緩く，光学工場への負担がない，もしくは製作や検査に追加の治具が必要なく，標準的な製造や検査が可能なら，コストは最小である．これが，その光学系の単位コストである．しかし，もし公差を厳しくするのであれば，同じ加工場でのコストが上がることが予想される．公差の厳しさに関するコストは線形ではない．公差の要求が厳しくなる傾向より，コスト上昇は急速である．長年，レンズの寸法や，ほかのパラメータに対し，レンズの単位コストがどう変化するか関連付ける試みが行われている[48-53]．ここでは，よりコストを考慮した設計を達成するため，Willey と Parks[54]により行われた多くの研究の一部を要約する．興味をもった読者は元文献をあたるとよい．

　図 1.11 は，ガラスに対する荒ずりと研磨コストを FR（耐酸性）に対してプロットしたグラフである．横軸は Schott 社の stain code である．スケール 0～5 のうち，低いほうの耐酸性が高く，大きくなるほど低いのだが，耐酸性が低いと研磨が困難になり，寸法公差が厳しくなる．図に示した式は，Fischer および Tadic-Galeb[49]のデータと Willey[46]のデータに FR ≦ 4 でよくフィットしている．

　図 1.12 は，レンズの曲率半径誤差をサジッタ誤差で表したときのレンズ荒ずり研磨のコストについて経験的に得られたグラフである．サジッタ誤差はスフェロメータか干渉計で測定が可能である．

　図 1.13 は，面精度公差を厳しくしたときの単位コストの上昇を示すものである．このグラフは Willey[46]のデータよりも Plummer[48]のデータに偏っている．これは，前者は一般的な加工業者，後者は高度に経験を積んだ加工業者によるものだからである．縦のエラーバーは研磨時間がブロックごとに違うために付けられている．

　図 1.14 は，コストと機構部品の公差との関係を示したものである．ここで，コストは同心度 ΔCE あるいは，レンズのための内径に対する振れ ΔLE により変化する．2 本の直線が示されている．上の線は，ある面を加工した後，部品を加工機から取り外すことを想定している．その部品は，第 2 面目を加工するときに加工機に再び取り付け再調整する（トンボ）．一方，下の線は，すべての機械加工工程が 1 回で済む場合である．二つの直線の違いは，第 2 のセットアップを完了するための追加労力を示している．このグラフから，ワンチャックで加工できる設計が望ましいことが明らかである．このことは，どんな機械加工にもあてはまる．

1.8 光学系の公差を厳しくしたときのコストに関する考え方   37

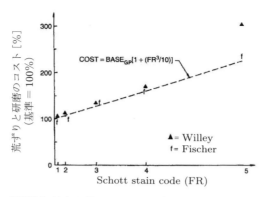

図 1.11　耐酸性に対するガラスのコスト（Willey と Parks[54]による）.

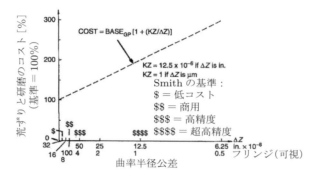

図 1.12　曲率半径誤差をサジッタ誤差として表した場合，誤差の逆数に対する相対コスト（Willey と Parks[54]による）.

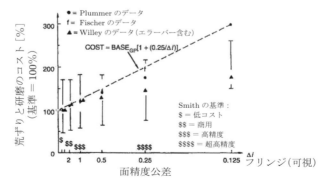

図 1.13　レンズ面のイレギュラリティについての誤差の逆数に対する相対コスト（Willey および Parks[54]による）.

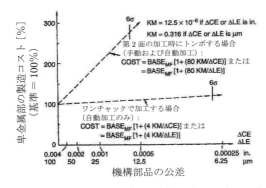

図 1.14 レンズのマウント誤差をレンズ同軸度（ΔCE）およびエッジの振れ（ΔLE）として表した場合，誤差の逆数に対する相対コスト（Willey および Parks[54]による）．

1.9 光学部品と機械部品の製作

　ある設計に対する光学機械製作プロセスは，材料入手，材料の貯蔵と移動，部品製作，部品検査，仮組と最終組，品質保証，光学系と製品の合体と試験，付随するコスト，スケジュール，加工法（プロセス）の開発とコントロール，そして人材の活用を含んでいる．設計が正しくないと正しい製造ができないので，理想的には，製造と組み立て，検査と計測，そして修理担当者も設計プロセスに加わっていればよいのだが，実際にはそうなっていない．製作，組み立て試験の容易さはハードウェアの信頼性を向上させる．大部分の機械は寿命を終えるまでの間に何度か分解される．分解がしやすいと遅れてやってくる内部的な問題に容易にアクセスできるようになるだけでなく，使用中のメンテナンスもより容易になる．

　光学部品を製作するプロセスは，形状創成，荒ずり，研磨，芯取り，コート，接合である．ある種の光学部品は，その材料に対応できれば SPDT（シングルポイントダイヤモンドターニング）が用いられる．表 1.8 は Engelhaupt[55]により作られたリストであり，この章で考察した材料の大部分を用いた光学・機械部品の加工における成型，面の仕上げ，コーティング方法をまとめたものである．適切な加工方法の組み合わせを選択するうえで，メッキやコーティングを含め，最終加工品に余分な内部応力が発生しない方法を探すことが重要である．Malacara[56]，DeVany[57]，Karow[58]と Engelhaupt[7,55]は，光学工場における材料加工法について述べている．

1.9 光学部品と機械部品の製作　39

表1.8　光学用途における材料の機械加工，仕上げ，表面処理（コート）材料（Engelhaupt による）

材料	機械加工方法	面仕上げ制御方法	コーティング
アルミニウム合金 6061，2024（最も一般的）	SPDT，SPT，CS，CM，EDM，ECM，IM	ELN＋SPDT＋PL ピッチ研磨とダイヤモンド加工	MgF_2，SiO，SiO_2，AN＋Au，ELNiP とその他大部分
アルミニウムマトリクス材 Al あるいは Al＋SiC	HIP，CS，EDM，ECM，GRPL，IM，CM，SPT（困難）	ELN＋SPDT＋PL	MgF_2，SiO，SiO_2，AN＋Au
低シリコン＋アルミ鋳造材 A-201，520	SPDT，SPT，CS，CM，EDM，ECM，IM	ELN＋SPDT＋PL ピッチ研磨とダイヤモンド加工	MgF_2，SiO，SiO_2，AN＋Au，ELNiP とその他大部分
過共晶アルミニウム–シリコン 393.2 バナジル 低シリコン A-356	CS，EDM，CE，IM，SPDT，SPT，GR，CM（Al-SiC 複合材より容易）	ELN＋SPDT＋PL	ELN あるいは ELNP ほかの処理後
ベリリウム合金	CM，EDM，ECM，EM，GR，HIP（SPDT 不可）	ELN＋SPDT＋PL オイル研磨とダイヤモンド加工	コートなし（IR 用） あるいは ELN
マグネシウム合金	SPDT，SPT，CS，CM，EDM，ECM，IM	GR，PL（オイル研磨とダイヤモンド加工）	アルミニウムあるいは ELN と類似
SiC 焼結材，CVD，RB，炭素＋Si	HIP/ 支持台＋GR，CVD/ 支持台＋GR，モールドカーボンとシランを反応させ，SiC を得る[†]	GR＋PL	真空プロセス
シリコン	HIP/ 支持台，GR，CVD/ 支持台	GR＋PL	真空プロセス
鋼材 オーステナイト系 PH-17-5，17-7 フェライト系（416）	CM，EDM，ECM，GR（SPDT 不可）	ELN あるいは ELNiP＋SPDT＋PL	ELN，ELNiP とその他大部分
チタン合金	CM，HIP，ECM，EDM，GR（SPDT 不可）	PL，IM	ELN とその他大部分，Cr/Au
ガラス，石英 低膨張 ULE，ゼロデュア	CS，GR，IM，PL，CE，SL	PL，IM，CMP，GL（レーザーあるいは火炎）	真空プロセス，Cr/Au，CR，Ti-W，Ti-W/Au，SiO，SiO_2，AgF_2，Ag/Al_2O_3

注：AN ＝ 陽極酸化，CE ＝ ケミカルエッチング，CM ＝ 従来の機械加工，CMP ＝ 化学機械研磨，CS ＝ 鋳造，CVD ＝ 化学気相成長，ECM ＝ 電解加工，EDM ＝ 放電加工，ELNiP ＝ 電解ニッケルメッキ（ELN と置換加工），ELN ＝ 無電解ニッケルメッキ（約 11 重量％のリン），GL ＝ つや出し，GR ＝ 研削，HIP ＝ 熱間等方圧加圧法，IM ＝ イオンミリング，PL ＝ 研磨，SPDT ＝ 単結晶ダイヤモンド切削，SPT ＝ ダイヤモンドツール以外による精密切削，SL ＝ 鋳型への落とし込み
†　テキサス州 POCO Graphite 社による興味深い加工プロセス

40　第1章　序論

　金属部品の加工において非常に一般的な方法として，切削加工，化学加工，放電加工，シート成型，鋳造，押し出し，SPDT が挙げられる．組み立てには，光学素子にマウントし，レンズをほかの光学部品や機械部品に対し調整することも含まれる．加工全体における各ポイントでの検査（工程検査）は，製品を成功させるために非常に重要な役割を果たす．

　表 1.9 は機械部品の加工法における基本的な方法を示している．これらすべての方法は，光学機械製作に用いられてきたが，最もよく用いられる方法として，切削，

表 1.9　基本的な金属製機構部品の製作方法（Habicht ら[59]による Springer Science and Business Media の許可を得て再掲）

加工プロセス	説明	利点	欠点
機械加工	切削または研削により材料を除去する	様々な形状，事実上任意の寸法公差および面仕上げが可能である 材料強度が劣化することはない コンピュータ制御加工により自動化が可能	高価になる可能性がある（加工時間および廃棄材料） 有害な残留応力を残す可能性がある
化学フライス加工（エッチング）	部品を溶液に浸漬し，材料を除去する	機械加工よりも薄い壁が形成できる 二つの曲率軸をもつ部品からも材料が除去できる	複雑な形状は非常に制限される 面の仕上げ状態が粗い 横方向寸法を正確に制御しづらい 平面加工は機械加工のほうが安価
板金	材料を曲げることで形状を得る 大抵はシート状材料だが，板材からの加工もある	低コスト 少量生産には経済的	延性材料にのみ適する 厚い部品は大きな曲率半径が必要となり，これにより適用可能性が制限される
鋳造	溶けた材料を型に流し込んで固める	多用途 コストの異なる多数の加工法がある	鋳造工程による
鍛造	熱した金属を型に叩き入れる	高強度，材料の結晶粒界の向きに対して高い疲労強度	結晶粒界以外の方向には強度が低い 少量生産には高価
押し出し	一様断面の製品を作るために，熱した金属を型から押し出す	経済的 面の仕上げ程度が良好 多くの標準的な形状が可能	横方向の特性が悪い

鋳造，押し出しがある．後者の二つは部品が粗加工されてから，最初に述べた切削加工を行うことも含んでいる．これは，ほかの部品とのインターフェースを形成したり，余分な部分を切り落とすためである．Yoder[16]はこれらの3方法について重要な観点を要約している．表 B.11 は複合材や機械部品の加工に適用するうえでの利点と欠点をまとめている[60]．

光学部品，機械部品共に，加工と組み立てのプロセスを完全に文書化し，確認していくことは重要である．これらの文書を実践経験に基づき改訂していくことは許可・推奨される．単に訂正するのに労力を要するとか，よりよい方法があると認めるのはいささか当惑させるものだからという理由で，誤った説明をそのままにしておくべきではない．

ハードウェアの組み立て（あるいは分解と再組み立て）の際，つねに内部汚染の可能性がある．たとえば，フラックス，はんだくず，金属くず，ほこり，装置内部の潤滑剤の残留物が，調整のためのピン穴に入り込む恐れがある．汚染物による性能劣化や機構系の故障を防ぐためには注意を払わなくてはならない．

光学機器には，しばしば従来の光源，LD，レーザー，検出器，形状や像質を測るセンサ，AD コンバータ，温度制御用サブシステム，電力供給，制御のためのサブシステムが含まれる．これらもまた，製作プロセスや適切なタイミングで製作され，試験と組み込みがなされなければならない．

検査は，製造工程上非常に重要である．クリアすべき質問のフローチャートを図1.15 に示す．加工法と各部品のアセンブリ，そして完成品を想定する必要がある．製作途中で行われる検査は，組み立てが可能かということと，機能である．検査は明らかに，工学的見地と耐環境性，そして調達性の観点から，設計の重要性を証明するために行われたものである．いくつかの場合では，解析と試験結果が異なったり，製作途中で重大な問題が明らかになった場合には，追加の解析や試験，再設計やハードウェアを現状に合わせることが行われる．設計部署の重要な責務は，これらの問題となるできごとを防止，あるいは少なくとも可能性を小さくすることにある．

42   第1章　序論

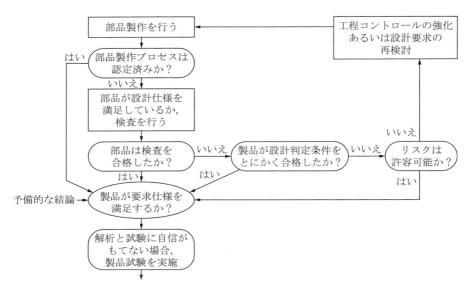

図1.15　光学機器の製造における設計・加工に関する検証のフローダイヤグラム．試験の妥当性を示す場合もある（Sarafin[26]による）．

参考文献

[1] Walles, S. and Hopkins, R.E., "The orientation of the image formed by a series of plane mirrors," *Appl. Opt.* 3, 1447, 1964.
[2] Steinberg, D.S., *Vibration Analysis for Electronic Equipment*, Wiley, New York, 1973.
[3] Genberg, V., "Structural analysis of optics," Chapter 8 in *Handbook of Optomechanical Engineering*, CRC Press, Boca Raton, 1997.
[4] Hatheway, A.E., "Review of finite element analysis techniques: capabilities and limitations," *Proceedings of SPIE* **CR43**, 367, 1992.
[5] Hatheway, A.E., "Unified thermal/elastic optical analysis of a lithographic lens," *Proceedings of SPIE* **3130**, 100, 1997.
[6] Genberg, V. and Michels, G., "Design optimization of actively controlled optics," *Proceedings of SPIE* **4198**, 158, 2000.
[7] Englehaupt, D., "Fabrication methods," Chapter 10 in *Handbook of Optomechanical Engineering*, CRC Press, Boca Raton, 1997.
[8] Vukobratovich, D., "Optomechanical design principles," Chapter 2 in *Handbook of Optomechanical Engineering*, CRC Press, Boca Raton, 1997.
[9] Vukobratovich, D., private communication, 2001.
[10] McCay, J., Fahey, T., and Lipson, M., "Challenges remain for 157-nm lithography," *Optoelectronics World, Supplement to Laser Focus World*, 23, S3, 2001.
[11] Wendt, R.G., Miliauskas, R.E., Day, G.R., MacCoun, J.L., and Sarafin, T.P. "Space mission environments," Chapter 3 in *Spacecraft Structures and Mechanisms*, T.P. Sarafin and W.J. Larson, eds., Microcosm, Torrance and Kluwer Academic

参考文献　43

Publishers, Boston, 1995.

[12] Souders, M. and Eshbach, O.W., eds., *Handbook of Engineering Fundamentals*, 3rd ed., Wiley, New York, 1975.

[13] Mantell, C. L., ed. *Engineering Materials Handbook*, McGraw-Hill, New York, 1958.

[14] Elliott, A. and Home Dickson, J. *Laboratory Instruments—Their Design and Application*, Chemical Pub. Co., New York, 1960.

[15] Marker, A.J. III, Hayden, J. S., and Speit, B., "Radiation resistant optical glasses," *Proceedings of SPIE* **1485**, 55, 1991.

[16] Yoder, P.R., Jr., *Opto-Mechanical Systems Design, $3^{rd.}$ ed*, CRC Press, Boca Raton, 2005.

[17] Harris, D.C. *Materials for Infrared Windows and Domes*, SPIE Press, Bellingham, 1999.

[18] MIL-STD-210, *Climatic Information to Determine Design and Test Requirements for Military Systems and Equipment*, U.S. Dept. of Defense, Washington.

[19] Musikant, S. and Malloy, W.J. "Environments stressful to optical materials in low earth orbit," *Proceedings of SPIE* **1330**:119, 1990.

[20] Shipley, A.F. "Optomechanics for Space Applications," *SPIE Short Course Notes SC561*, 2007.

[21] ISO 10109, *Environmental Requirements*, International Organization for Standardization, Geneva.

[22] U.S. MIL-STD-810, *Environmental Test Methods and Engineering Guidelines*, Superintendent of Documents, U.S. Government Printing Office, Washington.

[23] ISO Standard ISO 9022, *Environmental Test Methods*, International Organization for Standardization, Geneva.

[24] Parks, R.E., "ISO environmental testing and reliability standards for optics," *Proceedings of SPIE* **1993**, 32, 1993.

[25] MIL-STD-1540, *Product Verification Requirements for launch, Upper Stage, and Space Vehicles*, U. S. Dept. of Defense, Washington.

[26] Sarafin, T. P. "Developing confidence in mechanical designs and products," Chapter 11 in *Spacecraft Structures and Mechanisms*, T. P. Sarafin, ed., Microcosm, Torrance and Kluwer Academic Publishers, Boston, 1995.

[27] Paquin, R. A. "Advanced materials: an overview," *Proceedings of SPIE* **CR43**, 1997:3.

[28] Kumler, J. (2004). "Changing glass catalogs," *oemagazine* 4:30.

[29] Walker, B. H., "Select optical glasses," *The Photonics Design and Applications Handbook*, Lauren Publishing, Pittsfield: H-356, 1993.

[30] Zhang, S. and Shannon, R. R., "Lens design using a minimum number of glasses," *Opt. Eng.* 34, 1995:3536.

[31] *CodeV Reference Manual*, Optical Research Associates, Pasadena, CA.

[32] Laikin, M., *Lens Design*, Marcel Dekker, New York, 1991.

[33] Cox, A., *A System of Optical Design: The Basics of Image Assessment and of Design Techniques with a Survey of Current Lens Types*, Focal Press, Woburn, 1964.

[34] Doyle, K.B. and Bell, W.M., "Thermo-elastic wavefront and polarization error analysis of a telecommunication optical circulator," *Proceedings of SPIE* **4093**,

44　第1章　序論

2000:18.

[35] Doyle, K.B., Genberg, V.L., and Michels, G.J., "Numerical methods to compute optical errors due to stress birefringence," *Proceedings of SPIE* **4769**, 2002a:34.

[36] Doyle, K.B., Hoffman, J.M., Genberg, V.L., and Michels, G.J., "Stress birefringence modeling for lens design and photonics," *Proceedings of SPIE* **4832**, 2002b:436.

[37] Kimmel, R.K. and Parks, R.E., *ISO 10110 Optics and Optical Instruments— Preparation of drawings for optical elements and systems: A User's guide*, Optical Society of America, Washington, 1995.

[38] Curry, T.S. III, Dowdey, J. E., and Murry, R.C., *Christensen's Physics of Diagnostic Radiology*, 4th. ed., Lea and Febiger, Philadelphia, 1990.

[39] Setta, J.J., Scheller, R.J., and Marker, A.J., "Effects of UV-solarization on the transmission of cerium-doped optical glasses," *Proceedings of SPIE* **970**, 1988:179.

[40] Schott, *Technical Information, TIE-42, Radiation Resistant Glasses*, Schott Glass Technologies, Inc., Duryea, Pennsylvania, August, 2007.

[41] Paquin, R.A., "Materials for optical systems," Chap 3 in *Handbook of Optomechanical Engineering*, A. Ahmad, ed., CRC Press, Boca Raton, 1997a.

[42] Paquin, R.A., "Metal mirrors," Chap 4 in *Handbook of Optomechanical Engineering*, A. Ahmad, ed., CRC Press, Boca Raton, 1997b.

[43] Paquin, R.A., Dimensional instability of materials: how critical is it in the design of optical instruments?," *Proceedings of SPIE* **CR43**, 1992:160.

[44] Jacobs, S.F., "Variable invariables—dimensional instability with time and temperature," *Proceedings of SPIE* **1992**:181.

[45] Ginsberg, R.H., "Outline of tolerancing (from performance specification to toleranced drawings)," *Opt. Eng.* 20, 1981:175.

[46] Willey, R.R., "Economics in optical design, analysis and production," *Proceedings of SPIE* **399**, 1983:371.

[47] Smith, W. J., *Modern Lens Design*, 3rd. ed. McGraw-Hill, New York, 2005.
Plummer, J., "Tolerancing for economies in mass production of optics," *Proceedings of SPIE* **181**, 1979:90.

[48] Fischer, R.E., and Tadic-Galeb, B. *Optical System Design*, McGraw-Hill, New York, 2000.

[49] Smith, W. J., "Fundamentals of establishing an optical tolerance budget,"

[50] *Proceedings of SPIE* **531**, 1985:196.
Fischer, R. E., "Optimization of lens designer to manufacturer communications,"

[51] *Proceedings of SPIE* **1354**, 1990:506.

[52] Willey, R. R. and Durham, M. E., "Ways that designers and fabricators can help each other," *Proceedings of SPIE* **1354**, 1990:501.

[53] Willey, R. R. and Durham, M. E., "Maximizing production yield and performance in optical instruments through effective design and tolerancing," *Proceedings of SPIE* **CR43**, 1992:76.

[54] Willey, R. R. and Parks, R. E., "Optical fundamentals," Chapter 1 in *Handbook of Optomechanical Engineering*, CRC Press, Boca Raton, 1997.

[55] Englehaupt, D., private communication, 2002.

[56] Malacara, D., *Optical Shop Testing*, Wiley, New York, 1978.

[57] DeVany, A. S., *Master Optical Techniques*, Wiley, New York, 1981

[58] Karow, H. K., *Fabrication Methods for Precision Optics*, Wiley, New York, 1993.

[59] Habicht, W. F., Sarafin, T. D., Palmer, D. L., and Wendt, R. G., Jr., "Designing for producibility," Chapter 20 in *Spacecraft Structures and Mechanisms*, Sarafin, T. P., Ed., Microcosm, Inc., Torrance, and Kluwer Academic Publishers, Boston, 1995.

[60] Sarafin, T.P., Heymans, R.J., Wendt, R.G., Jr., and Sabin, R.V., "Conceptual design of structures," Chapter 15 in *Spacecraft Structures and Mechanisms*, Sarafin, T.P., ed., Microcosm Inc., Torrance and Kluwer Academic Publishers, Boston, 1995.

2 光学素子とマウントの インターフェース

光学素子-マウント間のインターフェースの主要な目的は，保管や輸送を含む製品寿命内において，装置内の光学素子（レンズ，ウインドウ，フィルタ，プリズム，ミラー）を正しい位置と向きに保つことである．これは，温度変化や機械的外乱のもとでも，機械的な拘束（構成要素が動かないようにする力）が必要であることを暗に示している．この章では，拘束の重要性，セミキネマティックマウントの有用性と，この方法が使えないときの代替方法について述べる．最初にレンズやミラーといった回転対称な光学素子に注目し，その後，プリズムやより大口径のミラーの保持方法を紹介する．装置内の環境を良好に保つための光学素子とマウントの封止方法を，章の最後で述べて締めくくることにする．

2.1 機械的拘束

2.1.1 一般的配慮

すべての運用環境下において，シフト，チルト，間隔のエラーバジェットおよび加わった応力，面変形，応力複屈折が許容値内に収まるように光学素子を拘束することが重要である．その際，横方向と軸方向の拘束がどちらも必要となる．拘束される要素が剛体のとき，機械的インターフェース面はキネマティックであることが理想だと考えられる．すなわち，6 自由度（3 方向の並進と 3 方向の回転）が冗長性なく拘束されている状態である．真のキネマティックなインターフェースでは，光学素子に曲げモーメントを加えないために，正確に 6 成分の力が 6 方向に加わっている．図 2.1 はこのような保持方法を，キューブプリズムを例に模式的に示した図である．それぞれの接触点でかかる応力（単位面積あたりの力）は，たとえ加わった力が小さくとも疑いなく大きい．というのも，力のかかる面積は無限小だからである．そのため，どんな光学素子に対しても，真にキネマティックな方法で保持することは実際的には不可能である．

セミキネマティックインターフェースとは，キネマティックインターフェースと

2.1 機械的拘束

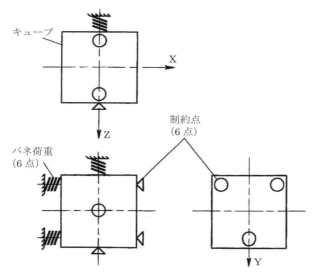

図 2.1 6点にはたらく力によりキネマティックに制約されたキューブプリズム．

同じく6方向の力をかける方法だが，それぞれの力を分散し，応力を許容可能に抑えるために力を小さな面積に加える方法である．このマウント方法は，面積を大きくとることで応力が大きくなりすぎないようにすることと，面積を小さくとることで光学素子に伝わるモーメントを抑制して光学素子の歪みを小さく抑えることの間の妥協的方法である．一般的には，加速度が加わったときに光学素子が動くことを防止するために，加える力を小さくすることは選択肢にない．一般的に，光学素子のセミキネマティック保持は，厚みがその外径の 1/5 以上あるプリズムや小径ミラーに対してのみ用いられる．

それ以外の大部分の光学系において，開口形状は回転対称であることから，レンズ，ウインドウ，大部分のミラーマウントも回転対称である．このことから，付随する機械的ハウジングも，端面を連続的に保持すればよいので，設計が単純化される場合が多い．一般的には，これは非キネマティック，あるいは過剰拘束のマウント方法とよばれる．つまり，接触が多数の点で起きているということである．もしも光学系が薄く，曲がりやすいものであれば，光学素子に大きな力が加わると光学素子は変形してしまい，性能が劣化しうる．このタイプのマウント方法について議論する前に，光学素子の円筒形端面の創成プロセスを理解しておく必要がある．

2.1.2 レンズエレメントの芯取り

　球面と，球面による収差に内在する回転対称性のため，レンズ設計者は慣習的に空間に1本の直線を定め，屈折力をもつ面（すなわち曲面）をその直線に沿って対称的に並べる．もし，構成要素の曲率中心，またはこれらの面の集合体が同一の直線に沿って並んでいるとき，この直線を光軸といい，この系は共軸系である（軸が出ている）という．図2.2(a)は，完全に軸の出た両凸レンズの図である．面R_1，R_2の各々の中心C_1，C_2は光軸を定める．このレンズの縁は円筒形状に砂ずり研削されており，円筒の軸は光軸と一致する．

　平面を有するレンズを図2.2(b)に示す．この平凸レンズは任意の方向を向いた直線A-A´（点線）に対して傾いているとする．この直線は，レンズが組み込まれているセルの機械軸としてよい．この場合，レンズの光軸は面R_1の球心C_1を通る，面R_2に対する垂線である．対称性はこの軸に対してのみ存在する．オプティカルウェッジのように意図して傾けられた面や，収差補正のため非対称性が必要とされている系は軸対称ではありえない．ここではこのような場合は考慮しないことにする．

　実用上，レンズエレメントは屈折面を研磨した後に，芯取機により縁を円筒形に

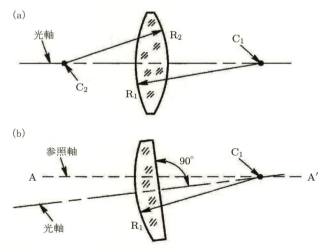

図2.2　(a)完全に芯出しされた両凸レンズ．曲率中心C_1とC_2（それぞれ球面R_1，R_2に対応）は光軸を決定する．縁の円筒面の軸はこの軸と一致する．(b)機械的参照軸に対して傾いた平凸レンズ．光軸はC_1を通り，レンズの平面に対して垂直である．

研削される．この円筒面はレンズの機械軸を規定するが，芯取りの際，光軸が向いている方向により，機械軸と光軸が一致しているかどうか決まる．図 2.3 はベルチャックというレンズ軸出し装置の一種に取り付けられた両凸レンズの例である．左の面はベル端面に押し付けられ，ワックスまたはピッチなどの接着剤で固定される．真空チャックで固定する装置もある．固定された軸はスピンドル軸に対し自動的に芯出しされる．接着剤を温めたり部分的に真空を緩めたりして，レンズの端をうまく押すことにより，作業者はレンズを回転軸に対してアライメントできる．芯取り工程の間，レンズ面がベルに一様に当たっているか注意を払う必要がある．

図 2.4(a) は，完全に芯が取れたレンズを示している．レンズの球心 C_1, C_2 はスピンドルの機械軸上に乗っており，光軸は縁の円筒面の軸とスピンドル軸にも一致する．縁の厚みは全周にわたり一様である．

図 2.4(b)～(d) には，レンズの芯取りの際に生じうる偏心誤差の 3 パターンを示した．これらの誤差はわかりやすさのために非常に誇張してある．これらの原因として，ベル端面の不均一性，端面のゴミ，接着剤を軟らかくしたときにレンズの接触を保つことに失敗した，などが挙げられる．図(b) はレンズが偏心し，両面がスピンドル軸から d 離れた位置にある図である．

図(c) は光軸が傾いており，両面が機械軸からほぼおなじ距離に，しかし反対側に位置している図である．図(d) はレンズが C_1 を中心に傾いている図である．図(d)

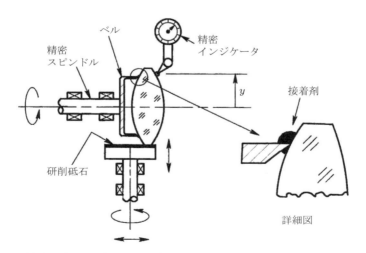

図 2.3 精密スピンドル上でのレンズの芯出しと研削（芯取り）．詳細図では，レンズを芯取り機に固定するための一つの手段を示す．

50　第2章　光学素子とマウントのインターフェース

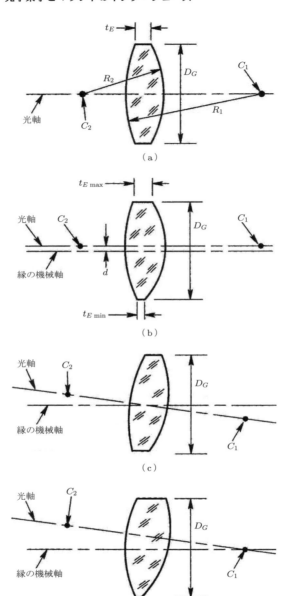

図 2.4　(a)完全に芯の出たレンズ，(b)光軸が機械軸と平行だが，d だけシフトしたレンズ，(c)C_1 と C_2 が同じだけ逆方向に機械軸からずれたレンズ（このレンズはチルトしている），(d)C_1 の軸が出ておりチルトした状態（C_2 はシフトしている）．

で面 R_1 は中心に位置しているが，面 R_2 は傾いている．(b)～(d)はすべて偏心した状態であり，むき出しになった面はスピンドル軸の回転と共に振れる．もしこの振れが測定でき，小さな値に減少させられれば，このレンズは適切に芯取りできたことになる．

図2.3においては，回転軸から y 離れた位置において，第2面の振れを機械式ダイヤルゲージで測定する例を示した．ほかのタイプのゲージ（静電容量式，空気圧式）も使用可能である．これらによる測定結果は全振れ（FIM）[†]とよばれる．このほかに，光学式測定も利用可能である．最も簡単な方法は，振れている面による光源の反射像を観察することである（図2.5）．像の移動は C_2 がスピンドル軸上にないことを示す．レンズをベル上で動かすことで誤差を減少できる．この検査方法は，目が小さな像移動を見分けることができる能力による．ルーペまたはフォーカス可能な望遠鏡（像の位置により使い分ける）により，この移動を拡大することが役立つ．

芯取機に中空軸がある場合，もう一つの光学式測定が利用できる（図2.6）．この方法では，フォーカス調整用レンズ系，被検レンズ，スピンドル軸を通じて可視レーザー光を通す．そして4分割センサーに導く．フォーカス調整用レンズ系は，ベル上の被検レンズの屈折作用を補正し，ディテクタ上で適切なサイズのスポットを結ぶよう設計されている．アライメント誤差のあるレンズは，スピンドル軸の回転に伴う像の回転の原因となる．ディテクタは2軸の並進ステージに乗っており，この軌跡の中心に位置を合わせることができる．ディテクタの周期的な X, Y 方向

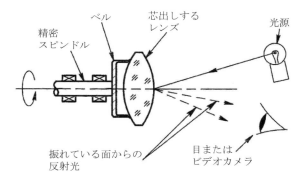

図2.5　回転するレンズの露出した面からの反射光観察による芯出し誤差の検出．

[†] FIM は，以前用いられていた TIR（total indicator runout）の置き換えであり，ANSY Y14.5 にも定められている．

信号はモニター上で芯取り誤差を示している．レンズを芯の取れた位置に動かすにつれ，このスポットの回転半径は小さくなる．レンズが正しく芯出しされると，信号はほとんど動かなくなり，スポットは静止する．

レンズの量産における芯取りには，図 2.3 を少し変えたベルクランプ法がよく用いられる．図 2.7 に一例の模式図を示す．対向するスピンドルが同一軸状に配置されており，それぞれにベルが付いている．芯取りされるレンズは両方のベルの間に置かれ，可動ベルをバネの力でもう一方に押しつけ，レンズをはさみこむ．通常，レンズには多かれ少なかれアライメント誤差があるが，面の曲率がきつく，曲面にかかる与圧の径方向成分がベルとの摩擦に打ち勝つならば，加わった保持力によりレンズは自動的に芯出しされる．Karow[1]によると，芯出しが実現するには，接点の高さ y と，各面の曲率半径 R に関する以下の式（Z 係数に対する条件式）が成り立つ必要がある．

$$\frac{2y_1}{R_1} + \frac{2y_2}{R_2} \geq 4\mu \tag{2.1}$$

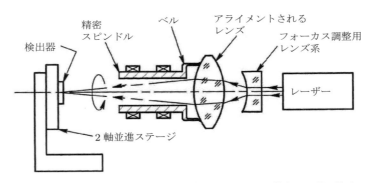

図 2.6　透過像を 4 分割センサーで受光することによる芯出し誤差の検出．

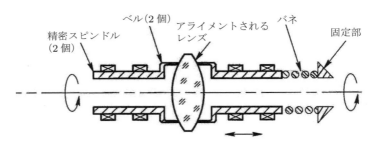

図 2.7　ダブルベル（ベルクランプ）によるレンズの芯出し．

ここで，μ は摩擦係数である．研磨された金属に密着したガラスに対する μ の値は，約 0.14 である．そのため，式 (2.1) の左辺は少なくとも 0.56 以上でなくてはならない．この μ の値は，特殊な各場合に対して適用可能なこともあれば，そうでないこともある．これゆえ，これは近似式だと考えられる．例題 2.1 は式 (2.1) を典型的な場合に適用した例である．

例題 2.1　曲率のついたレンズに対して保持力をかけることによる自動芯出し効果（設計と解析については File 2.1 を用いよ）．

以下の二つの直径 50 mm の両凸レンズを考える．(a) $R_1 = 175$ mm，$R_2 = -120$ mm，(b) $R_1 = 200$ mm，$R_2 = -200$ mm．接触点の高さ y は 24 mm とする．これらのレンズは，ベルクランプ法により自動的に芯出しされるだろうか．
注：計算において曲率半径の絶対値を用いている．

解答

(a) 式 (2.1) をレンズ (a) に適用すると

$$2 \times \frac{24}{175} + 2 \times \frac{24}{120} = 0.674$$

これは 0.56 よりも大きいため，このレンズは自動的に芯出しされる．

(b) 式 (2.1) をレンズ (b) に適用すると

$$2 \times \frac{24}{200} + 2 \times \frac{24}{200} = 0.48$$

これは 0.56 よりも小さいため，このレンズは自動的に芯出しされない．

曲率半径の大きな面は，この方法では自動的に芯出しされない．こういった場合，あるいはより高精度が必要な場合には，図 2.6 のように偏心量が測定できる手段を使う必要がある．望ましいアライメントを得る方法も必要になる．

レンズ図面の中には，レンズ外径の振れ（ERO）を規定しているものもある．この誤差は図 2.8 に模式図で示すように，機械式の精密インジケータで直接測定できる．両方の屈折面は，まずベル上で光軸がスピンドルの回転軸に一致するように芯出しされた後で，図示した方法で精密インジケータにより測定される．

また，ビームの透過偏角 δ を規定する図面もある．ビームを偏向させるディセンタまたはチルトのあるレンズは，内部ウェッジをもつといわれる．透過ビームは必ず，ウェッジの厚い方向に偏向する．このようなレンズを図 2.9(a) に示す．ウェッ

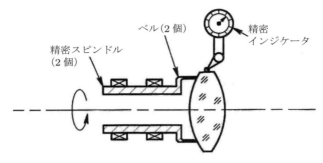

図2.8 不完全に芯出しされたレンズの縁におけるエッジ面振れ（edge runout, ERO）の測定方法に関する模式図.

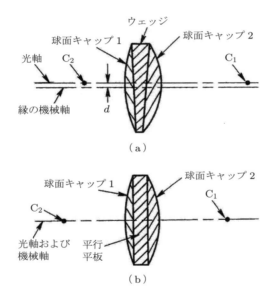

図2.9 模式図．(a)透過偏角をもたらすウェッジを含み偏芯しているレンズ，(b)透過偏角を生じないよう正しく芯出しされたレンズ．

ジは二つの球面のキャップに挟まれている．比較のため(b)を見ると，正しく芯出しされたレンズは，厚み t_A の平行平板に球面キャップが付いた形状である．

ビーム偏角の単純な試験では，幾何学的ウェッジ角 θ を規定する．高さ $\pm y$ における最大と最小の縁厚が測定できるとすると，

$$\theta = \frac{t_{E\ \mathrm{MAX}} - t_{E\ \mathrm{MIN}}}{2y} \tag{2.2}$$

$$\delta = (n-1)\theta \tag{2.3}$$

となる．ここで，角度はいずれも [rad] 単位である．角度を [′] 単位にするには，0.00029 で割ればよい．

例題 2.2　ウェッジの残ったレンズにおける偏角（設計と解析には File 2.2 を用いよ）．

あるレンズに対し．光軸からの高さ 24.800 mm におけるコバ厚をたがいに反対側で測ると，4.000 mm と 4.050 mm であった．このレンズは屈折率 1.617 のガラスでできている．ウェッジ角 θ と偏角 δ の近似を求めよ．

解答

式 (2.2) より，

$$\theta = \frac{4.050 - 4.000}{2 \times 24.8} = 0.001 \ [\text{rad}]$$

式 (2.3) より，

$$\delta = (1.617 - 1) \times 0.001 = 0.00062 \ [\text{rad}]$$

あるいは，$\dfrac{0.00062}{0.00029} = 2.313 \ [秒]$

である．

より直接的に透過偏角を測るには，次のような方法がある．レンズの光軸を中空のスピンドル軸に合わせ，レンズを回転させながらコリメート光をレンズに通す．そして，レンズの焦点位置に作られるスポットの円形の振れを，たとえば移動式顕微鏡で測定するという方法である．図 2.10(a) はこの方法を凸レンズに対して適用した図である．ビームの透過偏角 δ は，この振れの直径をレンズの焦点距離の 2 倍で割れば求められる．

凹レンズに対しても似たような方法が適用できる．図 2.10(b) はその一例である．凸レンズがコリメータと被検レンズ間に挿入され，被検レンズの左方，焦点位置に像を結ぶ．被検レンズにより再び像がコリメートされ，望遠鏡で観察される．望遠鏡には角度目盛りのついたレチクルが備わっている．被検レンズから出たビームの透過偏角は，スピンドル軸をゆっくり回すことで直接測定できる．被検レンズを動かし，この誤差を最小にする．

レンズを正しい外径に仕上げ，かつ芯出しするために縁を削り取る工程（芯取り）は，面取りのようなほかの機能面を加工する工程と組み合わされることもある．た

56　第2章　光学素子とマウントのインターフェース

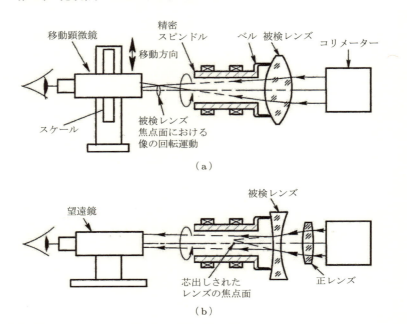

図2.10　不完全に芯出しされたレンズの透過偏角誤差を測定する方法．(a)凸レンズ，(b)凹レンズ．

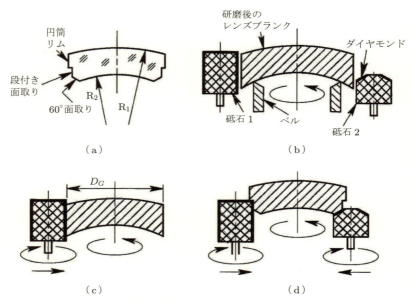

図2.11　芯取り中におけるレンズの縁に対する様々な機械面の追加工．

とえば，図 2.11 を考えてみる．望ましいレンズ形状は図(a)である．これには，通常の円筒形の縁，段付き面取り，そして凹面に 60°面取りが施されている．芯取り工程は，まず研磨の終わったレンズ基板を芯取機のベルに装着することから始まる（図(b)を参照）．図(c)に示すように，縁は研削ホイール 1 によりスピンドル軸と平行に，規定された外径まで削られる．図(d)では同じ研削ホイールが段付き加工する位置に移動したのがわかる．この工程は，面取りの円筒部外径を加工すると同時に，スピンドル軸に垂直な面を加工する工程からなる．後者の面はのちにレンズをマウント内で保持する際の基準面となりうる．続いて研削ホイール 2 が角度面取りを加工する位置に移動する．この面取りは通常それほど厳密なものではない．これは不要な材料を除去するだけであり，機械的基準ではないからである．芯取機はコンピュータ制御であることが多く，CNC 芯取機とよばれる．

レンズ芯取りの話題から離れる前に，図面上で寸法や機能を示すための規格についていくつか述べておく必要がある．以前は，米国政府が調達する光学機器は，MIL 規格や政府が発行した技術標準に基づいていた．これらの文書には，材料選択，設計と検査，そして装置試験に関して要求事項と指針が示されていた．しかし1994 年以降，米国では MIL 規格よりも国際規格（国内規格）を利用することが推奨されている．スイスジュネーブに本部をおく ISO が，ISO 技術委員会(TC)172「光学および光学機器」を通じて国際的な光学の規格作成を推進している．米国内の規格に対しては，光学および電気光学規格委員会(OEOSC)が管理しており，また，US Technical Advisory Group を通じて，ISO/TC172 に対して責任を負っている．ANSI は ASC/OP とよばれる委員会を作り，米国内の規格を国際規格と合併させる活動を行っている．

現在の議論に関する文書は，ANSI Y14.5，Y14.8 および ISO10110 である．後者(ISO)の利用法をよりよく理解するために，OSA から，Kimmel と Parks[2]による非常に便利なユーザーガイドが出版されている．

2.1.3　レンズのインターフェース

2.1.3.1　リムコンタクトのインターフェース

レンズ外径と機械的マウントの内径が非常に近い場合，リムコンタクトであるといわれる（リム＝縁，コバ）．図 2.12 はこれを模式的に示している．径方向のクリアランス Δr は 0.005 mm 程度と小さいが，それでもマウント内に注意深く組み込まなくてはならない．もし，マウントの棚†といった機械的基準面に対し，保持

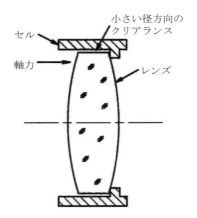

図 2.12　リムコンタクトによるレンズのマウント法.

力によりしっかり保持されていなければ，レンズは，縁がクリアランス内でマウント内径に当たるまでマウント内を動き，最大 $2\Delta r/t_E$ [rad]，角度にして $6875.52\Delta r/t_E$ [′] だけの傾きを生じる．たとえば，$\Delta r = 0.005$ mm，$t_E = 5$ mm のとき，最大の傾きは 6.88′ である．この設計が許容されるか確認するには，この角度をエレメント交差やチルト公差と比較する必要がある．明らかに，レンズの縁厚が増せば，またはクリアランスが減れば，径方向のクリアランスによるチルトは減少する．径方向のクリアランスが大きければ，大きなチルトが生じ，問題となりうる．レンズがチルトするという問題は，高温時，マウントがレンズから膨張して保持力が分散してしまい，レンズが自由に動くのを許してしまうことで生じる．この主題については，第 14 章で詳しく扱う．

　レンズをマウントに組み込む際の典型的な方法は，レンズが入る穴の軸を垂直に固定し，吸引カップに吸着されたレンズを，レンズを軸方向に位置決めするマウントやスペーサの棚に当たるまで下げるというやり方である．もし，径方向のクリアランスが 0.005 mm より小さく，レンズが少し傾いていると，レンズは軸方向の拘束に落ち着く前にかじってしまう．このことにより，レンズの縁が欠けるか，レンズ自体がダメージを受ける原因となる．こうなってしまうと，レンズをマウントから取り外すのがとても難しい場合がある．これは，とくに，ほかのレンズがすでに組み込まれている場合，傾いたレンズを上に押し上げるアクセス手段がないためである．

---

† （訳注）レンズが枠に接するインターフェースを，原著では shoulder や lens seat と呼んでいる．日本語では定まった呼称がないため，訳者の所属する会社で用いられる「棚」と訳する．

図 2.13 は，この問題が起こる可能性を最小限に抑える設計上の工夫を示している．ここでは，レンズの縁をレンズ外径の半分と等しい曲率半径の曲面に加工している．レンズの縁は穴に対して任意の方向に容易に入る球体形状の一部を切り出したものになる．理想的には，球状の縁の最も高い点はレンズの光軸に垂直で，縁の頂点における垂線はレンズの重心を含んでいなくてはならない．

球面形状の縁の設計上のバリエーションとして，膨らんだ縁形状のレンズが挙げられる．この設計では，縁の曲率半径はレンズ外径の半分より長い．このタイプの縁では，レンズがかじらないチルトの許容量は，球状の縁の場合より小さいが，それでも円筒形の縁よりもずっと大きい．高精度の組レンズ系における長いスペーサは，しばしば膨らんだ形状に加工されている．

球面状，あるいは膨らんだ形状の縁の加工には特別な製造工程が必要だが，治具あるいは労力のコスト上昇はほんのわずかである．これは，両者共に厳しい製造公差は不要だからである．これにより当然，レンズ外径とマウント内径の公差が相対的に厳しくなる．この要求に対する例外は，旋盤加工によるマウントであり，マウント内径を特定のレンズ外径に合わせて加工する場合には厳しい交差は不要になる．この方法については，4.3 節で扱う．

縁に曲率をつける手法は，用意したレンズの個数に余分がなく，交換に費用も時間もかかる場合に組み立て工程におけるダメージを防ぐのに有用である．このことは，次の場合においてはとくにあてはまる．すなわち，レンズ部品がメルトデータや，ほかの構成部品の部品実測厚みに対して最適設計されている場合や，セル内径

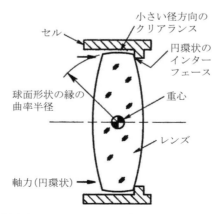

図 2.13　最小限の径方向クリアランスをもつ縁の球面形状レンズがセルに組み込まれた状態．

が組み込む特定のレンズに対して加工されている場合などである．

2.1.3.2　サーフェスコンタクトのインターフェース

リムコンタクト設計で予想される問題を軽減するため，レンズのマウントに対するインターフェース面について，マウントが縁ではなく研磨面に当たるような配置も可能である．これをサーフェスコンタクトのマウント方法と定義する．図 2.14 はこの設計の概念図である．R_1 は芯出しのために反時計周りに回転する必要がある．

後の章で述べる高精度マウント方法はこの原理を用いている．この構成での利点の一つは，二次的な面（芯取り時の縁）ではなく，レンズにおいて最も正確な面（つまり研磨面）に機械的なインターフェース面が乗っているという点である．もう一つの利点は，図 2.15 に示すように，芯取り誤差がアライメントに影響しない点である．

リムコンタクトであれ，サーフェスコンタクトであれ，レンズがほかの要素に対

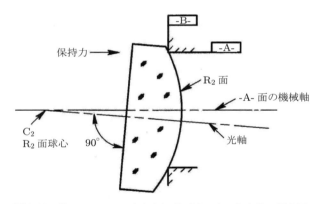

図 2.14　サーフェスコンタクトに基づくマウント方法の概念図．

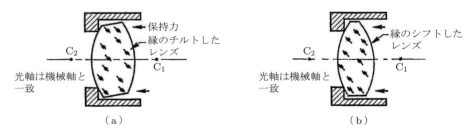

図 2.15　サーフェスコンタクト法ではレンズの芯取り誤差は要求されない．

して正しくアライメントされるには，インターフェースのためにマウントに加工される面は正確に加工されている必要がある．図 2.16 はそれが成り立っていない場合である．図(a)では穴と棚が傾いており，レンズも傾いている．図(b)ではこれらの面は芯ずれしており，レンズもまた芯がずれている．図(c)ではレンズはウェッジがついたスペーサに押し付けられており，レンズが傾いている．図(d)では，レンズは非常にきついネジまたはマウントにならった押さえ環により保持力が加えられている．芯出しされたレンズに対する接触は非対称であり，このことでレンズには非常に大きな応力集中が伴う．

2.1.3.3 平面面取り部への接触

レンズが二次的な面（研削面）によりマウントと接するとき，このような基準面の加工には非常に注意を払う必要がある．これは，その設計においてチルトを許容値内に収めるためである．高い芯出し精度を実現するには，スピンドル軸の振れの影響を抑制するためにエアスピンドルを使わなくてはならない．このような場合，つねにあるレンズエレメントについて，加工中の位置誤差を測定し，最小化するた

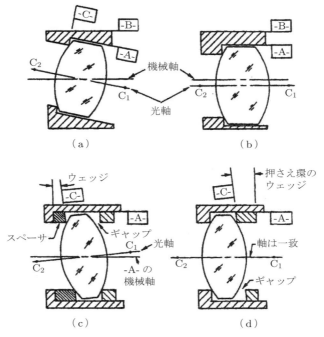

図 2.16　マウントの機械加工誤差の結果起こるリムあるいはサーフェスコンタクトにおけるレンズのアライメント誤差．

めに高精度な測定手段が用いられる．

2.1.4 プリズムのインターフェース

図2.17では，単純な立方体形状（キューブ）のプリズムにおいて必要とされる6方向の自由度を拘束する力がどのようにかけられるかを示している．図(a)において，6個の独立した球が3面の互いに直交する平面に取り付けられている．破線は球が取り付けられている対称性を示すためのものである．もしプリズムが6個の球に接触して保持されていれば，このプリズムはキネマティックに保持されている．プリズム底面はX-Z平面に平行な3点に保持されているので，プリズムにとってY方向並進とX軸，Z軸周りの回転は不可能である．Y-Z平面と平行な2点は，X方向の並進とY軸周りの回転を拘束する．X-Y平面内の一つの点はZ軸に沿った並進を拘束する．プリズムの一つの頂点において，その頂点に向いた力はプリズムの位置を保つ役割を果たす．理想的にはこの力はプリズムの重心を通っているべきではあるが，必ずしもそれが実現できるとは限らない．

プリズムの露出した面を向いており，接触点または隣接する接触点の中点に向いた3方向の力もまた，プリズムを保持する力である．不運にも，この多方向の力による配置は，プリズムの面が部分的に隠されてしまうことから，実際の光学系においてそれほど実用的ではない．球の間隔を広げることによりキネマティック条件を崩すことなく開口面を確保できる．しかし，この方法は点接触に内在する応力集中の問題にとって不利である．

図2.17(b)はプリズム面に加わる保持力を分散させるため，球の点接触を盛り上がった平面パッドの小さな面積に分散させる方法を示した図である．この設計はセ

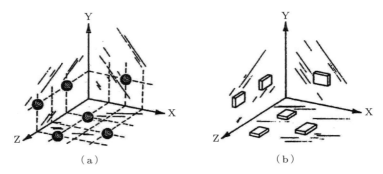

図2.17 キューブプリズム（図示せず）の位置決めを意図した面の位置拘束方法．(a)キネマティックな場合，(b)セミキネマティックな場合．

2.1 機械的拘束　63

ミキネマティックである．パッドは図示するように正方形でもよいし，円形でもよい．もし，これらのパッドが同一平面内に切削またはラッピング加工できるのであれば，完全な立方体形状のプリズムに加わる応力は最小になる．同様に歪みもまた最小になる．

　実際には，これらのパッドは，通常，波長の数分の1以上の形状誤差をもっており，研磨した光学面のように完全な平面にするのは非常に困難である（費用がかかる）．もし，各パッドの各々の位置が正確に出ていないとき，プリズムは，生じたモーメントにより歪むか，あるいは，点接触か線接触になってしまった面が，それにより加わる応力により変形してしまう．図2.18はパッドとプリズムの不一致について起こりうる二つの場合を示したものである．マウントがプリズムより硬いとすると，図に示した破線のように隣接する面は加わったモーメントのために歪む．

　プリズムの光学性能を許容可能な範囲に保つためには，パッド間の同一平面からのずれ（平面度）は，プリズムに許容される平面度と本質的に同じである．平面上で機械加工面をラッピングしたときの平面度の典型的な値は 0.5 μm である．インターフェース面をSPDT加工することにより，この誤差は 0.1 μm まで減少する．

　セミキネマティックマウントにおいて，プリズムを基準パッドにクランプする手段として，梁状のクリップや二股になったスプリングといった，様々な保持方法がある．これらの拘束方法については第7章で詳しく論じる．

　光学的なサブアセンブリ（マウントを含む）は，しばしば装置本体より取り外した後，同じ位置・姿勢に再現する必要がある．セミキネマティックマウントでは，これが高い精度で実現可能である．図2.19(a)はStrong[4]により模式的に示された一例である．これは下部プレートと上部プレートから構成されており，光学素子

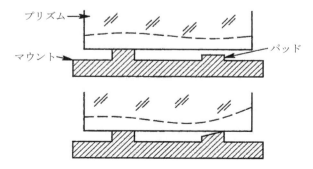

図2.18　二つの小面積位置決めパッドに強制的に押し付けられたプリズムに対する，パッドが同一平面上にないことの影響．

64   第2章 光学素子とマウントのインターフェース

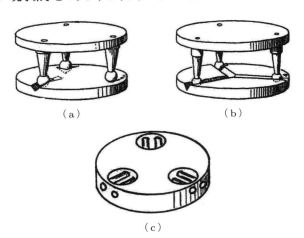

図2.19　(a), (b)分割された接触面によるゼロ自由度の概念図（Strong[4]による），
　　　 (c)多数の平行な棒によりV溝を実現する概念図（Kittel[5]による）．

は上部プレートに接している（それにより取り外しできるサブアセンブリを構成する）．また，下部プレートは装置に永久的に固定されている．上部プレートには3個の球が付いており，決められたピッチ円直径(PCD)上に配置されている．下部プレートには二つのソケット（V溝と三角錐状の穴）と平面部が設けられている．これはしばしばケルビンクランプとよばれる．この球はソケットにぴったりはまり，プレートがクランプされるときにはつねに6自由度の拘束となる．三つの球とソケットは，プレートに埋め込まれた柱と共に加工される．三角錐のソケットの代わりに円筒ソケットに置き換えることも可能だが，その際は少し精度が落ちる（点接触ではなく，線接触になるため）．

図2.19(b)は，三つの球が3本の径方向のV溝にはまるという類似のインターフェース機構である．Kittel[5]は下部プレートに開けられた3本の穴に貫通ピンを用いてV溝を形成する方法を示した．このピンは3本の平行な溝を形成する（図2.9(c)）．この成型方法はプレートに直接V溝を加工するよりも安価である．

プリズムをマウントするためにしばしば用いられる非キネマティックな方法として，薄い接着剤によりガラスと金属を接着する方法がある．この方法は，厳しい振動，衝撃，温度変化など，軍用・宇宙用途に特有な要求に十分耐える強度を有しながら，インターフェースを単純かつコンパクトに構成できる．このマウント方法は第7章で詳しく述べる．ガラスと金属の接着は，上記の用途よりも厳密でない用途にも用いられる．これは，方法そのものがもつ単純さと信頼性のためである．

2.2 マウント力の影響   65

このほかに，プリズムの無応力保持のためにプリズムとマウントの間にフレクシャを挿入する方法がある．これらのフレクシャには，様々な構成法があるが，第一の目的は光学素子を CTE の異なる金属との間の膨張・収縮差から遮断し，ガラスにモーメントが加わらないようにするためである．このマウント法も第7章で述べる．

2.1.5 ミラーのインターフェース

小さなミラー（すなわち剛性が高い）の保持には，セミキネマティックなクランプ法，または接着法が典型的に用いられる．一方で，大口径ミラーはつねに非キネマティックである．その理由は，大口径ミラーが最大径に対して薄く，曲がりやすいためである．大口径ミラーの保持には，自重による保持点間の歪みを最小にするため，径方向と軸方向に多数の支持点が必要である．このマウントは第11章で説明する．

2.1.6 ほかの光学素子のインターフェース

ウインドウ，シェル，ドームは，マウント内にエラストマーでポッティングするか，機械的マウントにクランプするなどの非キネマティックな方法でマウントされる．湿度やほこりを防ぐため，気圧シールなどがなされる場合もある．フィルタは，レンズや小径のウインドウに類似した方法でマウントされる．これらすべてのマウント方法の例は第5章で示す．

2.2 マウント力の影響

光学素子に加わった力は，光学素子を圧縮し（または引っ張り），それに対する弾性応力を材料中に生じさせる．第13章では，これらの応力の大きさを見積もる方法と，この応力が許容可能か決定する方法について述べる．すでに述べたように，狭い面積に集中した力は，強い応力の原因となる．これはプラスチックやある種の結晶のように延性材料には過大な歪みを引き起こし，ガラスやそれ以外の結晶のような脆性材料には破壊をもたらすため，とくに望ましくない．マウントにはこの応力に対する反力がはたらくが，その反力もまたマウントに影響する．応力集中は，マウントを一時的あるいは永久に変形させ，ひどいときには破壊してしまう．

加えられた力は，通常は等方的な光学材料にも複屈折（屈折率の不均質）を発生させる．複屈折は材料を通過する光について，垂直と水平の偏光成分の進行スピー

66 **第2章 光学素子とマウントのインターフェース**

ドに影響し，光学素子のもつ位相を狂わせてしまう．ある応力下で，単位長さの材料が示す複屈折は，材料の光弾性係数に依存する．光弾性係数は，光学ガラスについてはガラスメーカーのカタログに，結晶については文献に記載されている．偏光を使う光学系（偏光計，大部分の干渉計，多くのレーザー光学系，高性能カメラ）では，複屈折は非常に重要である．

　光学面に加わった力は，小さくても非対称な場合，顕著に面を変形させる．波長の数分の1という小さな変形でも，系の影響に悪影響を及ぼす．ある変形量に対する性能への影響度合いは，その面が光学系のどこに位置するかと，その面自体を含む光学系の性能要求に大きく依存する．像に近い面のほうが，瞳に近い面より理想形状からのより大きなずれが許容される．面変形の許容量に関しては，系や用途によるところが大きいため，ここでは，一般的な変形量の見積もり方法やガイドラインを示すようなことはしない．

2.3　シール方法についての考察

　軍用，航空用，そしてこれらより緩い環境で用いられる民生用においても，光学系は外部環境からの湿気や汚染物質の侵入に対し，封止されている必要がある．これは，レンズやウインドウと，機械部品の間のわずかな隙間をシールして閉じなくてはならないということである．シール材には，平面や巻き込まれたガスケット，Oリング，その部分に合わせて形成されたエラストマーのシールがある．

　図2.20はセルに入ったレンズの標準的なシール方法である．これらは移動しない前提なので，静的なシールであるといわれる．図(a)では，圧縮されたOリングがレンズの縁とセル内径の間の径方向の空間を埋めている．図(b)では，Oリングが押さえ環，セル壁面，そしてレンズの縁の角に押し付けられている．図(c)では液状ガスケットによるシールを示しており，ここではセル壁面に開けられたいくつかのアクセスホールを通じてシール材を注射器で注入し，レンズコバに隣接するセル内径に開けられた溝を埋めている．シール材注入工程において，レンズ光軸は水平に保たれ，断面図における底面から注入が開始されなくてはならない．空間が埋められた後も，空気が上面の貫通穴から抜け，シール材がすべて穴からはみ出るまで注入される．この方法のうち大部分では，充填工程を観察するため，径方向に追加の穴があけられる．ほかのスタティックなシール方法としては，セルにマウントされた光学素子を機械的な固定手段に取り付ける前に，エラストマー（シール材）

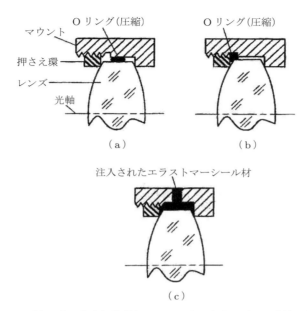

図 2.20 レンズをマウント内に安定してシールするための三つの方法．(a)Oリングをレンズの縁周囲に設ける，(b)Oリングを押さえ環，セル，そしてレンズの角の間に設ける，(c)エラストマーシール材を注入する．

を細い注射器でレンズの縁とセル内径の隙間に注入する，というものもある．このときレンズ光軸は，シール材の注入・硬化工程において垂直でなくてはならない．

図 2.20 のすべての設計において，シール材は光学素子とマウントの間の空間を，わずかに変形可能な密着性のよい材料で効果的に埋めている．一般に，これと同じ方法は，レンズ，ウインドウ，フィルタ，シェル，ドームなど，第 5 章で示すいくつかの例に適用可能である．

カメラレンズや接眼レンズのフォーカス機構に使われる移動部品は，ときに転がり移動する要素である O リングを用いて封止されることがある（図 2.21(a)参照）．図(b)に示す方法では，O リングは少なからず正方形断面をしており，軸方向に移動しても転がらないのが特徴である．ほかの動的シール機構を図(c)に示す．ここでは，二つの目的をもつゴム製の蛇腹が，フォーカスレンズを左にあるハウジング（図示せず）および最も左のレンズセルのレンズに対してシールしている．最も右の外側にあるレンズは，エラストマーにより静的にシールされている．内部の移動するサブアセンブリ（セルとレンズ）は回転ではなくスライドする．移動部材のスロットにはまった固定ピンがサブアセンブリの回転を防止している．蛇腹の一部は，

第2章 光学素子とマウントのインターフェース

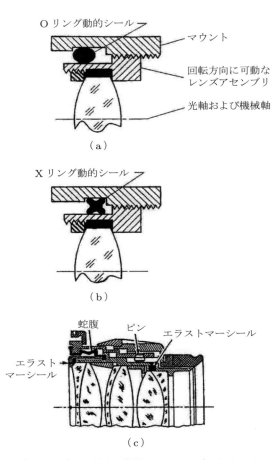

図 2.21 移動サブアセンブリに対する動的なシーリングのための三つの方法．(a)Oリングを用いた方法，(b)Xリングを用いた方法，(c)フレキシブルな蛇腹を用いた方法（(c)は Quammen[6] らによる）．

マウントのためのフランジに圧入されており，接眼レンズ全体を装置に対してシールしている[6].

　ハウジングの鋳物はしばしばポーラス状であり，リークを防ぐためにはこのポーラスを埋めてしまう必要がある．真空または加圧シール材（熱または酸素硬化型のアクリル樹脂，スチレンベースのポリエステル，エポキシ，シリカベースの混合物）が用いられる．民生用規格，あるいは軍用規格が適用と評価方法を定めている．

参考文献

[1] Karow, H.H., *Fabrication methods for Precision Optics*, Wiley, New York, 1993.
[2] Kimmel, R.K. and Parks, R.E., *ISO 10110 Optics and Optical Instruments—Preparation of drawings for optical elements and systems; A User's Guide, Second Edition*, Optical Society of America, Washington, 2002.
[3] Smith, W.J., "Optics in practice," Chapt. 15 in *Modern Optical Engineering*, 3rd. ed., McGraw-Hill, New York, 2000.
[4] Strong, J., *Procedures in Applied Optics*, Marcel Dekker, New York, 1988.
[5] Kittel, D., "Precision Mechanics," *SPIE Short Course Notes*, SPIE Press, Bellingham, 1989.
[6] Quammen, M.L., Cassidy, P.J., Jordan, F.J., and Yoder, P.R., Jr., "Telescope eyepiece assembly with static and dynamic bellows-type seal," *U. S. Patent No. 3,246,563*, issued April 19, 1966.

3

単レンズのマウント

　本章では，光学機器におけるレンズのマウント方法について，いくつかの方法を述べる．ここで述べる方法は，レンズ径が約 6～400 mm のレンズに対して適用できる．ここでの議論は，ガラスレンズが金属のマウントに接している場合について述べたものだが，光学結晶やプラスチックでできたレンズでも，一般的には同じ原理が適用できる．与えられた数式の使用例を示すため，ここでは多数の設計例を載せた．

　最初の議題は，レンズ組み立て時の適切な保持力の見積もりである．これは，すべての不利な条件（極端な温度変化と加速度，とくに後者は任意の 3 軸方向）のもとでも，レンズを機械的なインターフェースに対してしっかりと固定するためである．保持力を決めるためには，光学素子の重量を求める必要がある．そこで，標準的な計算式と数値例を重量計算について示した．また，レンズ重心を求める計算式も併せて示した．

　レンズマウントの設計についての議論は，低コストで精度の低いものから始める．ネジ式の押さえ環と弾性リングフランジをその次に扱う．そして，ガラスと金属の一般的なインターフェース（シャープコーナー，接線接触，トロイダル接触，球面接触，平面接触，平面と段付き面取りの接触）について述べる．その後，レンズのマウント方法およびエラストマー支持とフレクシャにおける非対称な光学素子について述べる．最後にプラスチックレンズのマウント方法について，留意点を簡潔に示す．マウント内でのレンズ調整に関する重要事項はすべて第 12 章で示す．

3.1　保持力に関する要求事項

　保持力は，レンズを機械的基準面に対し固定するために使う何らかの固定手段により加えられる．この値は，レンズ重量 W とレンズに加わる最大加速度から計算することができる．理論的には，後者の項は外部からかかりうる加速度の軸方向成分のベクトル和である．ここで，外部加速度として，たとえば，一定加速度，ラン

ダム振動(3σ)，共振による増幅（正弦波），音響による負荷，そして衝撃が挙げられる．簡単のため，周期的な影響は無視し，加速度を周囲の重力加速度 g の倍数で表すとする．また，インターフェース面にかかる摩擦とモーメントは考えない．一般的には，複数の外部加速度は同時にはかからないので，式のうえでは各成分の和を取る必要はない．いま，a_G を単一かつ最悪ケースの値とすると，

$$P_A = Wa_G \tag{3.1}$$

が成り立つ．もしレンズの重量が [kg] 単位（質量）であれば，式(3.1)には 9.807 を掛ける必要がある．そのとき，保持力は [N] 単位になる．添え字 A は，この保持力が光学素子の軸方向の動きであることを示す．

　レンズの径方向の拘束（パッドなど）がレンズの縁になく，レンズの横方向移動が拘束されない状況下で，アセンブリが横方向の加速度に晒されるとき，サーフェスコンタクトのレンズマウントに関しては異なる状況を考える必要がある．このときは，レンズ面に加わる保持力の径方向成分と摩擦力のみにより，偏心（ディセンタ）が防止される．ここで，最初の保持力 P は，図3.1 に示すとおり，曲率半径 R_1 の球面に対し，円環の半径 y_1 に一様に加えられているとする．この保持力は，レンズを通じて半径 y_2 の棚に伝達されるとする．加速度 a_G が，図中の重心を通る矢印で示す方向で装置に加わったとする．加速度による力は，加速度にレンズの自重を掛けた値である．その力は図の下方向を向いている．レンズの形状は，二つのインターフェースに対して有効なウェッジ形状なので，マウントはレンズ移動に対

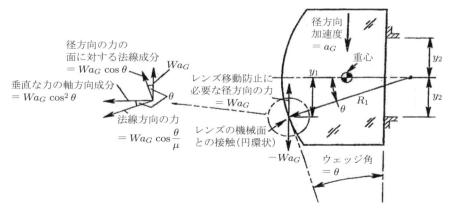

図3.1　ほかの拘束がない場合，横方向加速度によるレンズ偏心防止に必要な保持力を見積もるための幾何学的配置．

72   第3章　単レンズのマウント

して抵抗する．レンズ面とマウントのインターフェース面は，微視的には局所的圧縮を受けるが，ここではこの効果は無視して，レンズとマウントは剛体とみなす．

　図に示すように，もしレンズが下に動かないのなら，下方向の加速度による力は，上方向の力Wa_Gと釣り合っている必要がある．図3.1の左側の詳細図に示すように，レンズの接線方向にはたらく力は以下で与えられる．

$$接線方向の力 = Wa_G \cos \theta \tag{3.2}$$

レンズの法線方向の力は，接線方向に付随して以下となる．

$$法線方向の力 = \left(\frac{Wa_G}{\mu}\right) \cos \theta \tag{3.3}$$

ここで，μは面R_1におけるガラスとインターフェース面（金属）の摩擦係数である．再び図3.1の詳細図を見ると，法線方向の力の中に，光軸と平行な力の成分があり，この大きさは次で与えられる．

$$光軸と平行な力 = \left(\frac{Wa_G}{\mu}\right) \cos^2 \theta \tag{3.4}$$

ガラスと金属は両面で接しているので，レンズの横方向の移動に耐えられるだけの十分な摩擦力を生じるための保持力は，以下で近似できる．

$$P_T = \left(\frac{Wa_G}{2\mu}\right) \cos^2 \theta \tag{3.5}$$

ここで，添え字Tはレンズの横方向移動に関連していることを示している．

　上記すべての式中に現れるθは，次の式で与えられる．

$$\theta = \arcsin\left(\frac{y_1}{R_1}\right) + \arcsin\left(\frac{y_2}{R_2}\right) \tag{3.6}$$

この式は，様々なレンズ形状に対して適用できる．図3.2に代表的な四つの形状を示す．さらに，平面ウインドウ，レチクルなどの平面形状も含めなくてはならない．この場合，θはつねに0である．この結果は，二つの球面をもつレンズが平面面取りによりマウントに接しているレンズにも適用される．機械的なインターフェースが二つの球面の場合，θは光軸と垂直な中心面から測った各々の面の角度の和になる．メニスカスレンズにおいて，レンズの横方向の移動を防止するインターフェースは，光軸に対して反対側にあることに注意する（図3.2(b)）．

　例題3.1は，式(3.6)と(3.5)を順に用い，対称的な両凸レンズに対する保持力P_Tを求めた例である．基本的な方法はすべてのレンズ形状に適用できる．

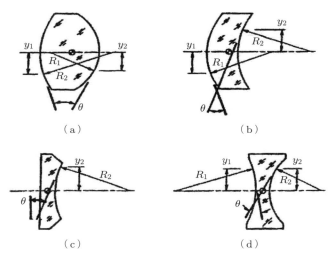

図 3.2　以下の 4 形状のレンズに対し，角度 θ を決定するための幾何学的配置．(a) 両凸レンズ，(b) メニスカスレンズ，(c) 平凹レンズ，(d) 両凹レンズ．

例題 3.1　レンズに横方向の加速度がかかった場合の，レンズを横方向に拘束するのに必要な保持力の見積もり（設計と解析には File 3.1 を用いよ）．

以下の寸法の両凸レンズを考える．直径 101.6 mm，$R_1 = R_2 = 152.4$ mm，$W = 0.31$ kg，$y_1 = y_2 = 48.26$ mm とする．加速度 $a_G = 15$，$\mu = 0.2$ と仮定し，保持力 P_T がレンズを横方向に固定する唯一の手段である場合，この保持力 P_T はどの程度か．

解答

図 3.1 の幾何学的配置と，式 (3.6) より $\theta_1 = \arcsin(48.26/152.4) = 18.461°$ である．角度 θ_2 は角度 θ_1 と同じなので，$\theta = 2 \times 18.461° = 36.923°$ となる．したがって $\cos\theta = 0.7994$ となる．

式 (3.5) を適用し，

$$P_T = \frac{0.31 \times 9.8 \times 15 \times 0.7994^2}{2 \times 0.2} = 72.81 \text{ N}$$

を得る．この場合，式 (3.1) より $P_A = 0.31 \times 15 \times 9.8 = 45.57$ N である．これは P_T より小さいため，保持力を少なくとも P_T に等しいだけ増やさないかぎり，レンズは指定された加速度に対して横方向に適切に拘束されないであろう．

74   第3章   単レンズのマウント

3.2 レンズの質量と重心計算

　一般にレンズは球の部分と円筒形部分，そして切り落とした円錐部分（ないこともある）の組み合わせとして表せる．ここではそれぞれ，球の部分をキャップ，円筒形部分をディスク，円錐の部分をコーンとよぶことにする．以下の式において，球の曲率半径は正であり，レンズ直径を D_G，密度を ρ とする．

　キャップのサグと質量は以下で与えられる．

$$S = R - \left(R^2 - \frac{D_G^2}{4}\right)^{\frac{1}{2}} \tag{3.7}$$

$$W_{\mathrm{CAP}} = \pi\rho S^2 \left(R - \frac{S}{3}\right) \tag{3.8}$$

軸方向長さ L のディスクの質量は以下で与えられる．

$$W_{\mathrm{DISK}} = \frac{\pi\rho L D_G^2}{4} \tag{3.9}$$

コーンの質量は以下で与えられる．

$$W_{\mathrm{CONE}} = \frac{\pi\rho L (D_1^2 + D_1 D_2 + D_2^2)}{12} \tag{3.10}$$

ここで，L はコーンの長さであり，D_1 は大きい側，D_2 は小さい側の直径である．通常は $D_1 = D_G$ である．

　図 3.3 は，基本的なレンズ形状 9 パターンを示したものである．図(a)に示す平凸レンズの質量を求めるためには，キャップとディスクの質量を足せばよい．平凹レンズの場合は，ディスクからキャップを引けばよい．

　より複雑な接合ダブレットの場合は，各単レンズからの寄与を足せばよい．この原理を以下の例題 3.2，3.3 で確認する．

3.2 レンズの質量と重心計算　75

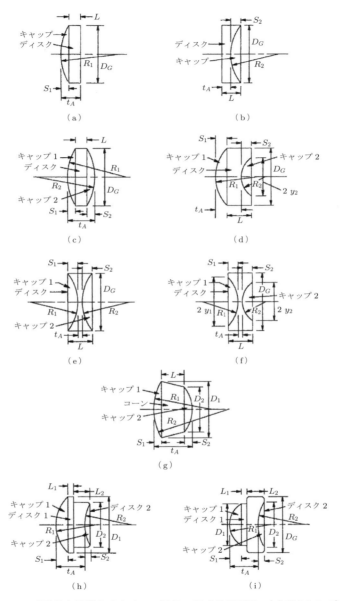

図 3.3　レンズ質量を見積もるための 9 通りの模式的断面図．(a) 平凸レンズ，(b) 平凹レンズ，(c) 両凸レンズ，(d) メニスカスレンズ，(e) 両凹レンズ，(f) 両凹で両側に平面取りを有するレンズ，(g) 円錐断面形状の両凸レンズ，(h) 接合メニスカスレンズで平凸レンズ側がより大きいもの，(i) 接合メニスカスレンズで平凹レンズ側がより大きいもの．

76　第 3 章　単レンズのマウント

例題 3.2　両凸レンズの質量（設計と解析には File 3.2 を用いよ）.

図 3.3(c) に示す両凸レンズで，$D_G = 101.6$ mm，$t_A = 25.4$ mm，$R_1 = R_2 = 152.4$ mm の場合を考える．このレンズは N-BK7 ガラス（$\rho = 2.519$ g/cm³）でできているとすると，質量はどうなるか.

解答

式(3.7) より $S_1 = S_2 = 152.4 - \sqrt{152.4^2 - 101.6^2/4} = 8.716$ mm である．図の幾何学的配置から，$L = 25.4 - 2 \times 8.716 = 7.968$ mm となる.

式(3.8) より，各キャップの質量 W_{CAP} は

$$\pi \times 0.002 = 519 \times 8.716^2 \times \left(152.4 - \frac{8.716}{3}\right) = 89.87 \, \mathrm{g} = 0.09 \, \mathrm{kg}$$

である．式(3.9) より，ディスクの質量 W_{DISK} は

$$\pi \times 0.002519 \times 7.968 \times \frac{101.6^2}{4} = 162.73 \, \mathrm{g} = 0.163 \, \mathrm{kg}$$

である．したがって，レンズの全質量は

$$W_{\mathrm{LENS}} = 0.163 + 2 \times 0.09 = 0.343 \, \mathrm{kg}$$

となる.

例題 3.3　平凸レンズ側が大きい接合メニスカスレンズの質量計算（設計と解析には File 3.3 を用いよ）.

図 3.3(h) に示す接合レンズを考える．第 1 エレメントは縁が円筒形の平凸レンズでコバ厚 $L_1 = 2.54$ mm の円筒形の縁を有し，直径 $D_1 = 29.972$ mm，そして球面の曲率半径は 46.99 mm である．この硝種は N-BK7 である（密度 $\rho = 2.519$ g/cm³）．第 2 エレメントはコバ厚 $L_2 = 8.890$ mm の円筒形の縁を有し，直径 $D_2 = 23.262$ mm，そして球面の曲率半径は 49.53 mm である．このレンズの中心厚 t_A は 12.471 mm である．この硝種は SF4 である（密度 $\rho = 4.671$ g/cm³）．質量はいくらか.

解答

式(3.7) と式(3.8), (3.9) を適用する.

$$S_1 = 46.99 - \left(46.99^2 - \frac{29.972^2}{4}\right)^{\frac{1}{2}} = 2.454 \, \mathrm{mm}$$

$$S_1 = 49.53 - \left(49.53^2 - \frac{23.622^2}{4}\right)^{\frac{1}{2}} = 1.429 \, \mathrm{mm}$$

である．キャップ1の質量は

$$\pi \times 0.002519 \times 2.454^2 \times \left(46.99 - \frac{2.454}{3}\right) = 2.2 \text{ g}$$

である．ディスク1の質量は

$$\pi \times 0.002519 \times 2.54 \times \frac{29.972^2}{4} = 4.51 \text{ g}$$

である．キャップ2の質量は

$$\pi \times 0.004761 \times 1.429^2 \times \left(49.53 - \frac{1.429}{3}\right) = 1.498 \text{ g}$$

である．レンズ2の L_2 は

$$L_2 = t_A - S_1 - L_1 + S_2 = 8.89 \text{ mm}$$

であり，ディスク2の質量は

$$\pi \times 0.004761 \times 8.89 \times \frac{23.622^2}{4} = 18.54 \text{ g}$$

となる．したがって，全体質量は

$$2.2 \text{ g} + 4.51 \text{ g} + 1.498 \text{ g} + 18.54 \text{ g} = 26.75 \text{ g}$$

となる．

　以上の計算式は，ミラー質量の見積もりにも使える．単純な凸形状のソリッドミラーは平凸レンズと同じである，一方で，凹形状のソリッドミラーは凹レンズと同じである．裏面に曲率のついたソリッドミラーについては，8.5.1項にまとめた．一体のブランク（ソリッドな基板）から裏面に多数の様々な形状の穴を穿った軽量化ミラーについては，穴がミラーと同じ材質として，ソリッドな基板から穴に相当する重量の和をすべて取り除いたものとして見積もることができる．セグメント鏡については，構造体を同じ形状・材質の部品で構成される群に分割し，それぞれの群の全体重量を求めたのちにミラー重量を集計するのが最もよい見積もり方法である．

　一般的には，非球面は，その非球面量が大きい場合（たとえば深い放物面）を除き，球面として取り扱ってよい．非球面量が大きい場合，まず非球面部の断面積を求め，対称軸からの高さと 2π を掛けることで体積を求める．この手法は軽量化のために裏面を傾斜させた，あるいはアーチ形状にしたミラーに用いられる放物面断面に適した計算式として，8.6.1項で示している．大部分の非球面はコーニック面で近似できる．放物面以外のコーニック面について，断面積と対称軸からの高さは

標準的な解の公式により，幾何学的に求めることができる．

次に，レンズと単純なミラー形状について重心位置を求める方法を説明する．図 3.4 は，光学素子を構成する三つの基本的な断面形状を示している．寸法 X は左側から測った重心位置を示す．次の式により，与えられた寸法から X を計算することができる．

$$X_{\mathrm{DISK}} = \frac{L}{2} \tag{3.11}$$

$$X_{\mathrm{CAP}} = \frac{S(4R-S)}{4(3R-S)} \tag{3.12}$$

$$X_{\mathrm{CONE}} = 2L\frac{\frac{d_1}{2}+D_2}{3(D_1+D_2)} \tag{3.13}$$

N 個の要素からなり，総質量が W_{LENS} であるレンズ（またはミラー）の重心は次の式で計算できる．

$$X_{\mathrm{LENS}} = \sum_i^N \frac{X'_i W_i}{W_{\mathrm{LENS}}} \tag{3.14}$$

式 (3.14) において X_{LENS} と各 X'_i は，レンズ光軸上の同一点から測った値である．たとえば図 3.4(a) において左側頂点を基準にとり，X_{CAP} が必ず平面からの値であることに気を付けると，

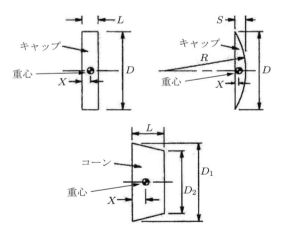

図 3.4 レンズを形成する基本的な立体形状の模式的断面図．各形状の重心位置が示されている．

$$X'_{\mathrm{CAP1}} = S_1 - X_{\mathrm{CAP1}}$$

$$X'_{\mathrm{DISK}} = S_1 + X_{\mathrm{DISK}}$$

$$X'_{\mathrm{CAP2}} = S_1 + L + X_{\mathrm{CAP2}}$$

となる．例題 3.4 にレンズの重心計算例を示した．

例題 3.4 レンズの重心位置計算（設計と解析には File 3.4 を用いよ）．

図 3.3(h)に示すレンズで以下の寸法，質量のものについて計算を行う．キャップ 1 について $S_1 = 2.4536$ mm, $R = 46.99$ mm, $W_{\mathrm{CAP1}} = 2.1792$ g, ディスク 1 について $L_1 = 2.5400$ mm, $W_{\mathrm{DISK1}} = 4.4492$ g, キャップ 2 について $S_2 = 1.4275$ mm, $R = 49.53$ mm, $W_{\mathrm{CAP2}} = 1.4982$ g, ディスク 2 について $L_2 = 8.8900$ mm, $W_{\mathrm{DISK2}} = 18.5986$ g, 全質量は $W_{\mathrm{LENS}} = 2.1792 + 4.4492 + 1.4982 + 18.5986 = 26.6952$ g である．レンズ頂点に対する重心位置はどこか．

解答

式（3.12）より，

$$X_{\mathrm{CAP1}} = \frac{2.4536(4 \times 46.99 - 2.4536)}{4(3 \times 46.99 - 2.4536)} = 0.8215 \text{ mm}$$

であり，

$$X'_{\mathrm{CAP1}} = 2.4536 - 0.8215 = 1.6321 \text{ mm}$$

である．そのため

$$(WX')_{\mathrm{CAP1}} = 0.0021792 \times 1.6321 \times 9.807 = 3.489 \times 10^{-2} \text{ N·mm}$$

となる．

式（3.11）より

$$X_{\mathrm{DISK1}} = \frac{2.54}{2} = 1.27 \text{ mm}$$

であり，

$$X'_{\mathrm{DISK1}} = S_1 + X_{\mathrm{DISK1}} = 3.7236 \text{ mm}$$

である．以上より，

$$(WX')_{\mathrm{DISK1}} = 0.004492 \times 3.7236 \times 9.807 = 1.625 \times 10^{-1} \text{ N·mm}$$

となる．

式（3.11）より

80 第3章 単レンズのマウント

$$X_{\mathrm{DISK2}} = \frac{8.89}{2} = 4.445 \text{ mm}$$

であり，

$$X'_{\mathrm{DISK2}} = S_1 + L_1 + X_{\mathrm{DISK2}} = 9.4386 \text{ mm}$$

である．以上より，

$$(WX')_{\mathrm{DISK2}} = 0.00185686 \times 9.4386 \times 9.807 = 1.7107 \text{ N·mm}$$

となる．

式(3.12)より

$$X_{\mathrm{CAP2}} = \frac{1.4275(4 \times 49.53 - 1.4275)}{4(3 \times 49.53 - 1.4275)} = 0.477 \text{ mm}$$

であり，

$$X'_{\mathrm{CAP2}} = 2.4536 + 2.54 + 8.89 - 0.477 = 13.4067 \text{ mm}$$

であることから，

$$(WX')_{\mathrm{CAP2}} = 0.0014982 \times 13.4067 \times 9.807 = 1.97218 \times 10^{-1} \text{ N·mm}$$

を得る．

式(3.14)より

$$X_{\mathrm{LENS}} = \frac{3.489 \times 10^{-2} + 1.625 \times 10^{-1} + 1.7107 + 1.97218 \times 10^{-1}}{0.02368 \times 9.807}$$
$$= 7.3946 \text{ mm}$$

となる．

　任意のレンズ形状について，重心位置の計算結果を確認するためには，各部分の重心のレンズ重心からの距離を求め（モーメントの腕），この値に各部分の重量を掛ける．この積がモーメントである．レンズ重心に対して左にある部分は反時計周りのモーメントを生じ，右にある部分は時計周りのモーメントを生じる．レンズ重心が正しく求められていれば，時計回りと反時計回りのそれぞれのモーメントの和は等しくなければならない．先ほど考案した例において，反時計回りのモーメントの和は，

$$(7.3946 - 1.6333) \times 0.00218 \times 9.81$$
$$+ (7.3946 - 3.7236) \times 0.00444 \times 9.81 = 0.2831 \text{ N·m}$$

時計回りのモーメントの和は，

$$(9.4386 - 7.3946) \times 0.00184 \times 9.81$$
$$- (13.4061 - 7.3941) \times 0.001497 \times 9.81 = 0.2834 \text{ N·mm}$$

である．これらのモーメントは等しく，レンズの重心位置は正しいことが確認できる．

3.3 レンズやフィルタのスプリング式マウント

　光学素子のうち，精密な位置決めが必要ないものや，大きな温度範囲全体を通して角に拘束される必要がないものがある．例として，スライドプロジェクターの熱源（光源）近くに置かれるコンデンサレンズや熱吸収フィルタなどが挙げられる．こういった光学素子には，しばしばスプリング式マウントが用いられる．スプリング式マウントは低コストであり，適切なアライメントを全温度範囲で保てる一方，光学面に自由に空気が流れるようになっていることで，温度上昇を最小限に抑えることができる．また，この種の設計では，振動・衝撃に対してある程度の耐性がある．[1-3]

　図 3.5 は耐熱ガラス（パイレックスなど）でできた平凸レンズの例である．これはレンズの縁において，120°等配で配置され，金属製のマウントリングに一端を支持された板バネでレンズを保持している．板バネの対称性により，レンズの芯が出る．この設計のバリエーションとしては，凸レンズどうしを近い形状のバネにより適切な空気間隔を保った複数のつり合い状態に保持する方法がある．

　図 3.6 は熱線吸収フィルタと両凸コンデンサレンズをマウントする方法を示している．これは，Kodak Ektagraphic スライドプロジェクター（モデル EF-2）に用いられた．光学素子の縁は，金属のベースプレートに開けられた切り欠きに部分的にはめ込まれており，縁の上部もバネで与圧され，切り欠きのある二重クリップにはめ込んで止められている．

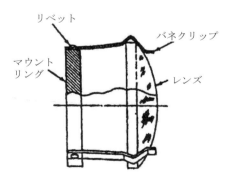

図3.5　レンズの縁の周りに3等配された板バネによる低精度のレンズマウント方法．

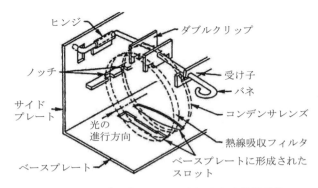

図 3.6 Kodak Ektagraphic プロジェクターに用いられた熱線吸収フィルタとコンデンサ凸レンズのバネによる保持方法の概念図．光学素子の外形は点線で示されている．

　光学素子どうしの空気間隔は，ベースプレートの切り欠きとクリップの凹部で確保される．図の左側に示した金属シートブラケットにある凹部により，光学素子が垂直方向の軸に対して回転するのを防いでいる．ベースプレートの切り欠きは，レンズ両面の曲率半径が異なるとき，とくに注意しなくても逆にはめ込めない設計が可能である．光学素子を保持するクリップを止めるバネは，保守を可能にするため，分解と締結が容易になるよう設計できる．スプリングマウント方式には様々な変形があるが，すべてに共通する目的として，設計とハードウェアのコストを最小限にしつつ，要求性能を達成すること，冷却性能をよくすること，アライメントはある程度保てること，そして交換可能であることが挙げられる．

3.4　カシメによるマウント

　カシメによるレンズ固定方式は，顕微鏡対物レンズにおける小径レンズに最も頻繁に用いられており，また医用・工業用内視鏡（ここでは，独立した押さえ環はスペースの都合上用いられず，また，分解は想定していない）の非常に小さいレンズにも用いられる．このタイプのマウント方式において，セルの材質はたとえば真鍮や未処理のアルミニウム合金といった曲げやすい金属である．セルはツメを備えており，このツメは組立時にレンズの縁に沿って機械的に変形される[1,3-4]．

　図 3.7 は典型的な例である．(a)は組み立て前の状態を示す．付属のヤトイネジによってセルを旋盤のスピンドル軸に取り付けられるようになっている．セルのツ

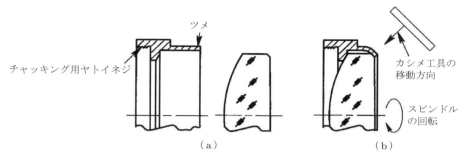

図3.7 順応性のある金属でできたセル内にカシメられたレンズ．(a)セルとレンズの配置，(b)完成したサブアセンブリ．

メがわずかにテーパー状になっており，レンズの縁における面取りとよりよく密着するようになっている設計もある．

　セルのツメは，3本以上で，硬化処理した治具または円筒形のローラーで押すことで変形が加えられる．この力はセルをゆっくりと回しながら同時かつ対称的に，また，ある傾斜角をつけて加えられる．カシメ工程において，レンズはセルの棚に対し軸方向に何らかの手段で固定されている必要がある（図示せず）．これはレンズの位置を保つためである．レンズ外径とセルの内面のはめ合いが十分きつく，レンズの縁が正確に芯取りされていれば，カシメ方式により，正確にレンズの軸が出たサブアセンブリを作ることができる．カシメられたセルのツメは，セル内面の棚あるいはスペーサにレンズを押し付けるが，金属は押す力がなくなると弾性により元に戻ろうとするため，レンズに保持力がかかっているという保証はない．カシメられた後のサブアセンブリ（図3.7(b)）は分解することはできない．金属を曲げ戻すことは困難だからだ．

　以上の説明とは少し異なるが，レンズを回転させずにカシメを行う方法もある．この方法は，レンズの縁の周囲から，凹形状の円筒状プレス型により，軸方向に一様に突起を押して変形させる方法である．図3.8(a)に模式図，(b)にその拡大図を示す．

　これらの方法の変形として，金属がガラス面に直接触れるのを防ぐため，薄くて幅の狭いワッシャーやOリング，わずかに弾力性のある材料（ナイロンやネオプレン）をレンズと金属の接触面に挿入する方法もある．これは，ガラスと金属の接触面をシールする役割を果たすと共に，高温時，金属のツメがガラスから離れても，レンズを座面に軸方向に押し付けるバネの役割を果たす．

第3章 単レンズのマウント

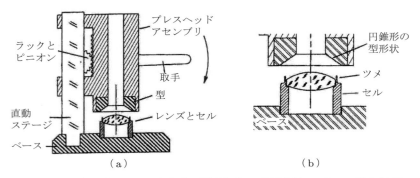

図3.8 レンズを回転させることなく，機械的プレス装置を用いてセルの壁を曲げることによりレンズを固定するもう一つのカシメ法．(a)概念図，(b)拡大図（Yoder[1]による）．

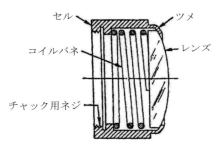

図3.9 バネにより与圧されたバージョンのカシメによるレンズマウント法（Jacobs[4]による）．

レンズと棚の間にバネを設ける設計もある．これは，より予測可能な保持力をレンズに及ぼすと共に，温度変化に対して耐性をもたせるためでもある．図3.9はその一例である．バネの一端は平面に研削されている必要があるが，これはレンズ口径全面にわたり接触するためである．Jacobs[4]は，薄い真鍮の一部に横方向のスロットを切ったものをバネとして用いる提案をしている．このタイプの設計では，バネマウントの利点と共に，カシメによるシンプルなマウント方法という利点も得られる．もしバネ力（保持力）が，振動・衝撃のもと，レンズをツメに対して固定するのに不十分ならば，バネによる跳ね返りにより研磨面が傷ついたりアライメントに悪影響を及ぼす可能性がある．

3.5 スナップ方式と締まりばめ方式

　スナップリングとは，不連続な（すなわち，切り込みを入れた）リングであり，セル内径に加工された溝に落とし込まれるものである[1,2]．名前の由来はバネのようにはたらくためである．このリングは普通，バネ鋼で作られ，そのため図3.10に示すように断面形状は円形である．断面が矩形あるいは台形のリングを用いることはあまりない．リングに入れた切り込みにより，溝に滑り込ませる際に少しだけ圧縮して入れることができる．切り込みを大きくすることで，取り外す際に治具を挿入することができる．溝の形状は矩形（最も一般的），V溝，曲線である．

　この方式では，レンズ面とリングが確実に接触していると保証するのは難しい．というのも，レンズの厚み，径，曲率半径と共に，リングの寸法，溝位置と寸法，温度変化のすべてがレンズとリングとの機械的接触に影響を及ぼすためである．以上の理由から，この方法は，レンズの位置と向きが厳しくない場合に限り用いられる．この方法ではレンズに所望の保持力をかけることはできないと考えられる．

　このタイプのレンズマウント方式の設計の助けになるよう，図3.11に誇張した模式図を示す．ここで関連する寸法として，凸面の曲率半径を R_L，直径を D_G，開口径を A，リングの断面直径を $2r$，圧縮された外径を D_R（＝セル内径 D_M）とする．以下の式は，接触高さ y_C と，レンズ頂点から測った溝の内側エッジ位置 x を与える．また幅 w と深さ d の矩形溝基準寸法も与えられるが，これは溝の両端にリングがはまったとき，ちょうどレンズに接触するようになっている．この設計は合理的ではあるが，「溝の幅の対辺がリング断面の中心線から90°をなす」といういささか勝手な仮定に基づいている．

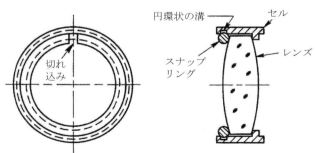

　図3.10　レンズマウント内径の溝に位置する円形断面のスナップリングに凸面を接触させる方法．

86   第3章　単レンズのマウント

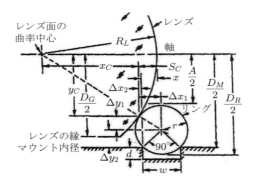

図 3.11　円形断面のスナップリングによる，凸面の拘束を設計するための幾何学的配置．

$$y_C = \frac{D_G + A}{4} \tag{3.15}$$

$$x_C = (R_L^2 - y_C^2)^{\frac{1}{2}} \tag{3.16}$$

$$S_C = R_L - x_C \tag{3.17}$$

$$\Delta y_1 = \frac{y_C r}{R_L} \tag{3.18}$$

$$\Delta x_1 = \frac{x_C r}{R_L} \tag{3.19}$$

$$\Delta y_2 = \frac{D_M}{2} - y_C - \Delta y_1 = \frac{w}{2} \tag{3.20}$$

$$\Delta x_2 = \Delta x_1 - \Delta y_2 \tag{3.21}$$

$$x = S_C - \Delta x_2 \tag{3.22}$$

$$d_{\text{MINIMUM}} = r - \Delta y_2 \tag{3.23}$$

$$d_{\text{RECOMMENDED}} = 1.25 d_{\text{MINIMUM}} \tag{3.23a}$$

$$w = 2\Delta y_2 \tag{3.24}$$

$$D_R = 2(y_C + \Delta y_1 + r) \tag{3.25}$$

ここで，$D_R - 4r$ は，レンズ開口径 A 以上でなくてはならない．そうでなければ，より小さなリング直径 $2r$ を新たにとり直し，これが満たされるまで計算をやり直

す必要がある．例題 3.5 に計算例を示す．

図 3.12 は，レンズ寸法と姿勢，溝寸法が正しいとして，リング寸法 $2r$ が正確に設計値どおりである場合と，大きい場合，小さい場合にそれぞれ何が起きるかを示している．正確な場合はリングがちょうどレンズに接触する．大きい場合は，リングは溝の外側のエッジに当たり，溝から浮き上がる傾向にある．小さい場合は，リングは溝に収まるがレンズとリングの間に隙間が空いてしまう．リングが大きい場合にのみ，レンズに対して保持力がかかる．現状では，この保持力を求める解析的方法はない．この問題は，溝に軸方向位置誤差がある場合や，幅や深さに誤差がある場合に同じことが起きる．

凹レンズ面については面接触タイプも可能だが，凹面の平面面取り部に対してスナップリングをその中点に接触させる設計がより一般的である．そのときは，図 3.13 と同じく式 (3.26)〜(3.32) が適用できる．

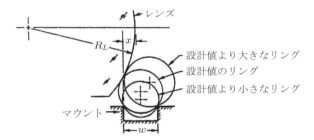

図 3.12　図 3.11 で示したマウント配置において，リングの断面直径が変化した場合の影響．

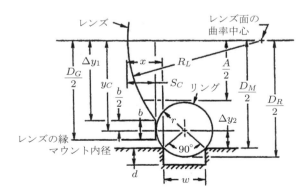

図 3.13　平面面取りを有する凹面の，円形断面のスナップリングによる拘束状態の配置図．

88   第3章　単レンズのマウント

例題3.5　凸面に対するスナップリング接触面（設計と解析には File 3.5 を用いよ）.

寸法が以下のとおりである凸面に対するスナップリングマウントを設計せよ.
$D_G = 25.4$ mm, $A = 22$ mm, $R_L = 50.8$ mm, $D_M = 25.6$ mm, $r = 1.0$ mm.

解答

式(3.15)〜(3.25)を用いて，各パラメータを以下のように計算する.

$$y_C = \frac{25.4000 + 22.0000}{4} = 11.8500 \text{ mm}$$

$$x_C = (50.8000^2 - 11.8500^2)^{\frac{1}{2}} = 49.3986 \text{ mm}$$

$$S_C = 50.8000 - 49.3986 = 1.4014 \text{ mm}$$

$$\Delta y_1 = \frac{11.8500 \times 1.0000}{50.8000} = 0.2333 \text{ mm}$$

$$\Delta x_1 = \frac{49.3986 \times 1.0000}{50.8000} = 0.9724 \text{ mm}$$

$$\Delta y_2 = \frac{25.6000}{2} - 11.8500 - 0.2333 = 0.7167 \text{ mm}$$

$$\Delta x_2 = 0.9724 - 0.7167 = 0.2557 \text{ mm}$$

$$x = 1.4014 - 0.2557 = 1.1457 \text{ mm}$$

$$d_{\text{MINIMUM}} = 1.0000 - 0.7167 = 0.2833 \text{ mm}$$

$$d_{\text{RECOMMENDED}} = 1.25 \times 0.2833 = 0.3541 \text{ mm}$$

$$w = 2 \times 0.7167 = 1.4334 \text{ mm}$$

$$D_R = 2 \times (11.8500 + 0.23330 + 1.0000) = 26.1666 \text{ mm}$$

確認：$D_R - 4r = 26.1666 - 4 \times 1.0000 = 22.1666$ mm. これは A より大きい.
よって許容可能である.

平面面取りの幅は b である. リング断面の直径 $2r$ の妥当性は，$D_R - 4r$ を計算することで確認する必要がある. つまり，この値が A 以上でなくてはならない.

$$y_C = \frac{D_G}{2} - \frac{b}{2} \tag{3.26}$$

$$\Delta y_1 = \frac{D_G}{2} - b \tag{3.27}$$

$$\Delta y_2 = \frac{d_M}{2} - y_C \tag{3.28}$$

$$S_C = R_L - (R_L^2 - \Delta y_1^2)^{\frac{1}{2}} \tag{3.29}$$

$$d_{\text{MINIMUM}} = r - \Delta y_2 \tag{3.30}$$

$$d_{\text{RECOMMENDED}} = 1.25 d_{\text{MINIMUM}} \tag{3.23a}$$

$$w = 2\Delta y_2 \tag{3.31}$$

$$x = S_C + r - \frac{w}{2} \tag{3.32}$$

$$D_R = 2(y_C + r) \tag{3.33}$$

例題 3.6 にこのタイプの設計を示す.

例題 3.6 凹面に対するスナップリング接触面 （設計と解析には File 3.6 を用いよ）.

図 3.13 に示されたような平面面取り部をもち，寸法が以下のとおりである凹面に対するスナップリングマウントを設計せよ．$D_G = 25.4$ mm，$A = 22$ mm，$R_L = 50.8$ mm，$D_M = 25.6$ mm，$r = 1.0$ mm，$b = 1$ mm.

解答

式 (3.26)〜(3.33) を用いて，各パラメータを以下のように計算する.

$$y_C = \frac{25.4000}{2} - \frac{1.0000}{2} = 12.2000 \text{ mm}$$

$$\Delta y_1 = \frac{25.4000}{2} - 1.0000 = 11.7000 \text{ mm}$$

$$\Delta y_2 = \frac{25.6000}{2} - 12.2000 = 0.6000 \text{ mm}$$

$$S_C = 50.8000 - (50.8000^2 - 11.7000^2)^{\frac{1}{2}} = 1.3657 \text{ mm}$$

$$d_{\text{MINIMUM}} = 1.0000 - 0.6000 = 0.4000 \text{ mm}$$

$$d_{\text{RECOMMENDED}} = 1.25 \times 0.4000 = 0.5000 \text{ mm}$$

$$w = 2 \times 0.6000 = 1.2000 \text{ mm}$$

$$x = 1.3657 + 1.0000 - \frac{1.2000}{2} = 1.7657 \text{ mm}$$

$$D_R = 2 \times (12.2000 + 1.0000) = 26.4000 \text{ mm}$$

確認: $D_R - 4r = 26.4000 - 4 \times 1.000 = 22.4000$ mm. これは A より大きい. よって許容可能である.

図3.14は，平面面取りのあるレンズがセル内にリングにより正しく組まれた状態の図である．溝の寸法は設計値であり，リング直径 $2r$ もまた設計値である場合は，リングはちょうどレンズに触れる．リングが大きい場合は，リングが溝の外側のエッジに触れ，溝の外に出る方向である．リングが小さい場合は，リングが溝にはまり，レンズとリングの間には隙間ができる．凸レンズの場合と同じように，リングが大きい場合にのみレンズに保持力がはたらく．この保持力を解析的に求める手段はない．

図3.15には，民生用途に用いられた，異なる形状の溝をもつスナップリング保持方式を示した．ここでは，円形断面のリングがテーパー付きの，あるいは傾斜したセル内面にはまっている．リングはプラスチックセルに圧入されているため，セル壁面は多少たわんでいる．リングはレンズ面と傾斜面との間にバネの作用により保持される．この設計は，従来の溝より寸法誤差や温度変化の影響に対する感度を小さくできる．保持力についてはやはり予見できないが，カメラレンズといった民生用ではそれほど重要なことではない．

図3.16のように，レンズを連続したリングで止める方法もある．レンズの外径は，締まりばめになるようにするために，セル内径よりごくわずかに大きい．レンズを

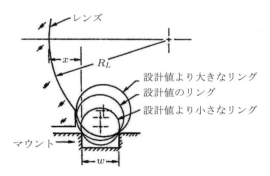

図3.14　図3.13で示したマウント配置において，リングの断面直径が変化したことによる影響.

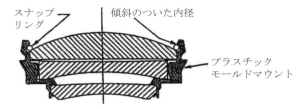

図 3.15 リングをはめ込むための傾斜のついたシートをもち，スナップリングにより与圧されたレンズマウント方法（Plummer[5]による）．

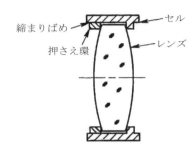

図 3.16 締まりばめにより所定の位置に固定された連続したリングにより，レンズを拘束した設計．

セルに挿入した後，リングを圧入する．レンズ面にリングが接触したかどうか決定するのは難しく，そのため，指定された保持力がかかっているかどうか，また，レンズにきちんと接触しているかどうかを保証するのは難しい．

また，組み立て方法として，セルを温める（そしてリングを冷やす）方法が望ましいかもしれない．これはリングを容易にレンズ面に触れるまで滑り込ませることができるためである．温度変化による寸法変化を計算し，温度がならされる前に，リングがレンズ面に触れているようにすることで，保持力を理論的に計算できる．このタイプの設計では，セルとリングは近い CTE の材質である必要がある．これはリングのゆるみや，極端な低温下での相対的な収縮による内部応力の蓄積を防ぐためである．文献 ANSI B4.1-1967 では，薄い断面をもつ締まりばめについて，適切な方法が定められている（class FN1）[6]．締まりばめによるアセンブリは完全に永久的なものである．すなわち，締まりばめのアセンブリは，レンズかセルを壊さない限り取り外せないと想定されている．

3.6 押さえ環による拘束

3.6.1 ネジ式押さえ環

レンズをマウントするうえで最もよく使われる方法は，レンズの縁の近くをセルの棚，ないしスペーサと押さえ環でクランプする方法である．その押さえ環はネジを有するか，または連続的なフランジ形状である．非常に大きなレンズをマウントするときは，複数の板バネを利用するのがときに有用である．これは板バネをとぎれとぎれのフランジとして用いることに相当する．

レンズとセルの軸方向の製造誤差は，これらのいずれの制約条件を使っても補償できる．ネジ式押さえ環の設計は，耐環境シール法（たとえば，個別に流し込んだエラストマーやOリングなど．図2.20参照）と組み合わせて使うことができる．このタイプの拘束は，第4章で述べる複数レンズからなるレンズシステムに容易に組み込むことができる．レンズシステムについては，第4章で述べる．

図3.17に典型的なネジ式押さえ環により両凸レンズをマウントする構造を示す．レンズとマウントは，すでに述べたとおり研磨面で接触するのが望ましい．これにより精度よくマウントできるので，芯取りや外径精度への要求を緩めることができる．レンズに曲げ応力がかからないためには，接触が起きる高さを揃える必要がある．

セルのネジによる押さえ環のネジは緩く作っておく必要がある（ANSI B1.1-1982におけるクラス1か2）．そのため必要があれば，押さえ環はウェッジ誤差のあるレンズが正しく光学的に芯出しされるために，少しだけ傾くことができる[9]．このことは，保持力がレンズ周囲に一様に分散することにも役立つ．ネジのはめ合いがちょうどよいか判断するには，レンズを入れずにリングを組み込み，耳のそばで振るとよい．ちょうどよければ，押さえ環が中でカタカタ音を立てるのが聞こえる．

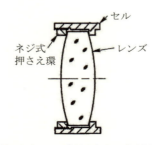

図3.17 ネジ式押さえ環によりレンズを固定する典型的配置（Yoder[7]による）．

穴，またはすりわりを押さえ環の外に出た部分に加工することで，カニ目工具や円筒レンチにより押さえ環を締め付けることができる．あるいは別の方法として，押さえ環に面で密着する工具をレンチとして用いることもできる．円筒レンチはより使いやすく，押さえ環にかけたトルクの測定にも適している．また，この方法は工具が滑ったときでも，レンズのコート面あるいは面そのものに対するダメージのリスクを極力なくするのにも役立つ．

付録 C において，ピッチ径 D_T（図 3.18 参照）のネジ式押さえ環をトルク Q で締めたときの保持力 P を求める式を示した．括弧の中の最初の項は，剛体が傾斜した面をゆっくり滑る効果を示す（すなわちネジ）．一方で第 1 項は，レンズ面と回転して止まる押さえ環端面との摩擦効果を表す．この式は以下に示すとおりである．

$$P = \frac{Q}{D_T(0.577\,\mu_M + 0.500\,\mu_G)} \tag{3.34}$$

ここで，μ_M は金属どうしの滑り摩擦係数であり，μ_G は金属とガラスの滑り摩擦係数である．

レンズと押さえ環の間に金属製の薄いスリップリングを入れ，押さえ環を回してもレンズが回転しないようにする設計もある．そのときは，μ_M を両方の項に用いる．

式(3.34)は，導出の際に微小項を無視しており，また μ_M と μ_G の不確実性もあるので，近似式に過ぎない．後者の値は，金属面の滑らかさ（これは加工仕上げ状態に部分的に依存する．また，ネジを締めたり緩めたりした回数にも依存する），面が乾いているか濡れているか，潤滑剤，指紋にまで依存する．例として，乾いたアルマイト面を同じ材質の面に置き，滑り始める角度を測定することにより求めた μ_M は約 0.19 である．同じセッティングで，今度はガラスとの間で測定すると，μ_G は約 0.15 である．これを式(3.34)に代入することで，$P = 5.42Q/D_T$ を得る．

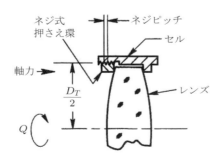

図 3.18　押さえ環にトルクが加わった場合の保持力を求める図．

94 第3章 単レンズのマウント

これは，妥当だと考えられている P と Q の関係式

$$P = \frac{5Q}{D_T} \tag{3.34a}$$

のおおよそ誤差8%以内に入っている[9-11]．例題3.7にこの式の使用例を示した．

例題 3.7　トルクをかけて締めこまれた押さえ環による保持力（設計と解析には
File 3.7 を用いよ）．

外径 53.34 mm のレンズが，ネジ式押さえ環により 55.6 N の保持力でクランプされる必要があるとする．ネジ式押さえ環のピッチ径を 55.88 mm とする．式 (3.34a) を用いると，おおよそどの程度のトルクを要するか．

解答

式 (3.34a) を変形し，

$$Q = \frac{PD_T}{5} = \frac{55.6 \times 0.05588}{5} = 0.62 \text{ N·m}$$

を得る．

ここで，類似の材料（アルミニウムとアルミニウムなど）をドライフィルムなどのある種のコーティング，メッキなどの潤滑材でネジ結合させてはならない．これをすると金属が摩耗し，かじりついてしまう可能性があるためだ．

著者の知る限りでは，光学機器の設計に関する文献において，ネジ式押さえ環の設計について，ネジの好ましい寸法と保持力によりネジ内に生じる応力の考察を回避していることがあり，疑問に思っている．直観的には，粗いネジは細かいネジより保持力に耐えると思われる．一方で，寸法や体積のうえでの制約では，壁面の厚さや全体の径を小さくするため，細かいネジが必要になるかもしれない．もちろん，細かいネジの切った押さえ環を組み立てる際，かじって部品が使えなくなることを避けるため，特別な注意が必要である．

図 3.19 は，広く使われるネジの用語であり，図 3.20 は基本的なネジの断面形状である[11]．寸法の記法は，M ネジとそれに合うナットが用いられる．in. で表したネジの断面形状も，本質的には図 3.20 と同じである．これらはユニファイネジ規格であり，それぞれ並目ネジは UNC，細目ネジは UNF で表される．

ここでの関心は，かけられた保持力が輪帯状に均一に分布しているとき，ネジにかかる平均的な応力を決定することである．ここでは，ネジ山の変形が支配的であ

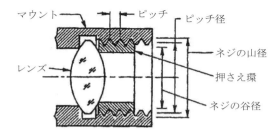

図 3.19 ネジ式押さえ環の各部の用語を説明する模式図.

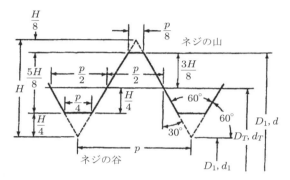

図 3.20 基本的なネジ形状. $D(d)$ = ネジの山径, $D_1(d_1)$ = ネジの谷径, $D_T(d_T)$ = ピッチ径, p = ピッチ. 大文字と小文字の記号は, それぞれ外ネジと内ネジを示す.

るため, 加わった応力と材料のひずみによる応力とを比較する. 図 3.20 の形状から, ネジ山の高さ H とピッチとの関係は次で与えられる.

$$H = 0.5 \times 3^{\frac{1}{2}} p = 0.866p \tag{3.35}$$

ネジにおいて, 接している部分の半径は $(5/8)H$ である. そのため, ネジの輪帯状の面積は

$$A_T = \pi D_T \frac{5H}{8} = 1.700 D_T p \tag{3.36}$$

である. ここで, D_T はネジのピッチ径である.

よく知られているように, ネジが締め込まれたとき, 最初の数個 (原理的には 3 個) のネジ山で, 引っ張り応力の大部分を負担する. 同じことが押さえ環でも成り立つと仮定すると, 接している全面積は $3A$ である. そのため, ネジにかかる応力を S_T とすると, 近似的に式 (3.37) が成り立つ.

96 第 3 章 単レンズのマウント

$$S_T = \frac{P}{3A_T} = \frac{0.196P}{D_T p} \tag{3.37}$$

この一般的な設計で，マウントの CTE がレンズより大きい場合，ネジにかかる応力は使用最低温度で見積もる必要があるということに注意すべきである．その理由は，最低温度で応力が最大，すなわち最悪ケースになるためである．14.3 節で，典型的なレンズマウントにおいて，最低温度になったときの保持力変化を見積もる方法を示す．

例題 3.8 で，式 (3.37) の用法を示す．

例題 3.8 保持力による押さえ環にかかる応力（設計と解析には File 3.8 を用いよ）．
（a）例題 3.7 に示した押さえ環のネジにかかる応力と，適用可能な安全係数を見積もれ．ネジピッチは 1.26 山 /mm とし，保持力は低温時に 4161 N と仮定せよ．金属部材は A6061T6（降伏応力 262 MPa）とせよ．
（b）安全係数が 2 となる最も細かいネジピッチはいくつか．

解答
（a）例題 3.7 より，$D_T = 55.8$ mm である．式 (3.37) より

$$S_T = \frac{0.196 \times 4161}{55.88 \times \dfrac{1}{1.26}} = 18.4 \text{ MPa}$$

となる．この応力は降伏応力より非常に小さいことから，破壊は考慮する必要はない．安全係数は $262/18.4 = 14.2$ である．

（b）安全係数が 2 となるためには，

$$S_T = \frac{262}{2} = 131 = \frac{0.196 \times 4161}{55.8 \times \dfrac{1}{p}}$$

したがって

$$p = \frac{131 \times 55.8}{0.196 \times 4161} = 8.96 \text{ 山 /mm}$$

であればよい．このネジは細かすぎるので，ネジのかじりを起こさずに組み立てるのは容易ではない．

3.6.2 クランプリング式（フランジ式）

図 3.21 にフランジタイプの押さえ環によるマウント方法を示す．この押さえ環は大きなレンズの場合に最もよく用いられる．このように大きなレンズにおいては，ネジ式の押さえ環の加工や組み立てが難しいためである．このフランジの機能は，すでに述べたネジ式押さえ環と非常に似ているが，フランジ式では次で述べる明確な利点がある．

図 3.21 に示したフランジにおいて，光軸方向の変形 Δx により生じる保持力は，次のように近似的に求めることができる．フランジを穴の開いた円形のプレートで，一端が固定されているとし，他方の端に一様に軸方向の力がかかることによりプレートが曲がるとする．保持力 P と内面の端の曲げは，Roark[12] により与えられた以下の式により計算できる．

$$\Delta x = (K_A - K_B)\,\frac{P}{t^3} \tag{3.38}$$

ここで，

$$K_A = \frac{3(m^2-1)\left(a^4 - b^4 - 4a^2 b^2 \ln\dfrac{a}{b}\right)}{4\pi m^2\, E_M a^2} \tag{3.39}$$

$$K_B = \frac{3(m^2-1)(m+1)\left(2\ln\dfrac{a}{b} + \dfrac{b^2}{a^2} - 1\right)\left(b^4 + 2a^2 b^2 \ln\dfrac{a}{b} - a^2 b^2\right)}{4\pi m^2\, E_M\{b^2(m+1) + a^2(m-1)\}} \tag{3.40}$$

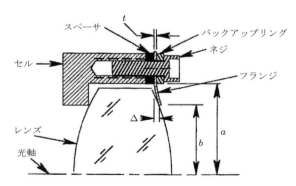

図 3.21　レンズを軸方向に拘束するフランジタイプの押さえ環の模式図．変形量 Δ は本文中 Δx に対応する．

98   第3章　単レンズのマウント

である．以上の式において，Pは全保持力，tはフランジ厚み，aとbは片持ち梁であるプレートの外径と内径，mはポアソン比の逆数であり，E_Mはフランジ材質のヤング率である．

　フランジの下のスペーサは組み立てるとき，決められた寸法まで削ってもよい．この寸法はクランプスクリューを締め付けることで金属と金属を強固に結合したとき，あらかじめ決められた変形量になる寸法である．スペーサの追加工により，レンズ中心厚の出来に合わせてフランジ位置を設定できる．フランジ材質と厚みを設計の基準値とする．このとき，内径と外径の差，すなわち円環の幅$a - b$も変えてもよいのだが，通常これらはレンズ開口や壁面の厚みなど，ほかの寸法要求によりあらかじめ決められる．

　フランジ式押さえ環を設計するにあたり重要な要素は，フランジの曲げ部にかかる応力S_Bである．この値は，材料の限界応力S_Yを超えてはならない．Roark[12]によると，これらは以下の式で与えられる．

$$S_B = \frac{K_C P}{t^2} = \frac{S_Y}{f_S} \tag{3.41}$$

ここで，

$$K_C = \frac{3}{2\pi}\left\{1 - \frac{2mb^2 - 2b^2(m + 1)\ln\dfrac{a}{b}}{a^2(m - 1) + b^2(m + 1)}\right\} \tag{3.42}$$

である．式(3.41)をtについて解くことにより，次の有用な関係式を得る．

$$t = \left(\frac{f_S K_C P}{S_Y}\right)^{\frac{1}{2}} \tag{3.43}$$

典型的な設計例を例題3.9に示す．

　フランジ取り付けの基準となるマウント，ないしセル端面にとって，光軸に対する基準面（棚部分，図3.21参照）に対する平面度と平行度は重要である．また，クランプされたフランジの円環状の領域が，取り付け面からの変形Δxに対して十分剛性が高くなくてはならない．これは，Δxの値が，ネジの位置に対する値と本質的に等しくなるためである．単純な設計では，ネジの頭とフランジの間に図3.21に示すようなバックアップリングを加える．このリングはクランプする力を一様に分散できる程度に厚くできるなら，アルミニウムで作ることもできる．チタンやステンレスのように高剛性材料を選択すればより薄くもできる．もしフランジを厚い基板から削り出しで作るのであれば，クランプリングをフランジと一体の部品とす

ることもできる.

ネジ式押さえ環に対して，フランジ式の非常に大きな利点は，フランジを特定の距離 Δx だけたわませたときの保持力をきわめて正確に測れることである．フランジのバネ定数の測定は，オフラインでロードセルなどの力を測定する方法を用いて，様々なたわみ量に対する保持力を測定することによる．この測定により，上記の式を用いた設計の精度を向上させることができる．この試験は非破壊なので，実際の使用においても実物が測定どおりに振る舞うと仮定できる．

図 3.21 において，フランジをマウント端面に固定したが，図 3.22 においては別の方法を示した．ここでは，複数のネジの代わりにネジを切ったキャップを用いる．この方法の第 1 の利点は，ネジは間欠的に保持するのに対し，キャップはフランジ周囲を一様に抑えることができる点である．キャップの基準面はネジの軸に対して垂直な平面に加工されていなくてはならない．ネジ式押さえ環と同様，キャップのネジのはめ合いは，ANSI の 1 級または 2 級でなくてはならない．これは必要に応じ，キャップがフランジと垂直になるためである．また，ここにはレンチのためスロットか穴が必要である.

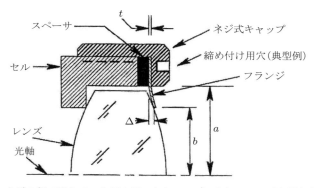

図 3.22 ネジの組ではなく，ネジを切ったキャップによりフランジを固定する方法．変形量 Δ は本文中 Δx に対応する.

例題 3.9 フランジリングのたわみ（設計と解析には File 3.9 を用いよ）.

直径 40.005 cm の望遠鏡補正板が，エッジ近傍に一様に分布した保持力 533.8 N でチタン合金製 (Ti_6Al_4V) のフランジによりマウントされているとする．このフランジは開口を 39.37 cm に制限している．補正板外径とマウント内径の間には，クリアランス 0.254 mm が設けられている．以下の値について計算を行え.

100　第3章　単レンズのマウント

(a) 安全率 $f_S = 2$ を確保するためのフランジの厚み t

(b) フランジ内径のエッジたわみ量 Δx

設計寸法と材料特性は以下のとおりである：$a = 400.5/2 + 0.254 = 200.28$ mm, $b = 393.7/2 = 196.85$ mm, $E_M = 1.14 \times 10^5$ MPa, $\nu_M = 0.34$, $S_Y = 827.364$ MPa, $m = 1/\nu_M = 2.941$.

解答

(a) 式(3.42)から,

$$K_C = \frac{3}{2\pi} \times \left\{ 1 - \frac{2 \times 2.941 \times 196.85^2 - 2 \times 196.85^2 \ln\left(\frac{200.28}{196.85}\right)}{200.28^2(2.941 - 1) + 196.85^2(2.941 + 1)} \right\}$$
$$= 0.0164$$

式(3.43)から

$$t = \left(\frac{2 \times 0.0164 \times 533.8}{827.364}\right)^{\frac{1}{2}} = 0.145 \text{ mm}$$

となる.

(b) 式(3.39),(3.40)および式(3.38)より

$$K_A = \frac{(2.941^2 - 1)(200.28^4 - 196.85^4 - 4 \times 200.28^2 \times 196.85^2 \ln \frac{200.28}{196.85}}{4\pi \times 2.941^2 \times 1.14 \times 10^5 \times 200.28^2}$$

$$= 9.86 \times 10^{-7}$$

$$K_S = \{3(2.941^2 - 1)(2.941 + 1)(2 \ln \frac{200.28}{196.85} + \frac{196.85^2}{200.28^2} - 1)$$
$$(196.85^2 + 2 \times 200.28^2 \times 196.85^2 \ln \frac{200.28}{196.85} - 200.28^2 \times 196.85^2)\} /$$
$$4\pi \times 2.941^2 \times 1.14 \times 10^5 \{196.85^2(2.941 + 1) + 200.28^2(2.941 - 1)\}$$
$$= 1.71 \times 10^{-8}$$

$$\Delta x = \frac{(9.86 \times 10^{-7} - 1.71 \times 10^{-8}) \times 533.8}{0.145^3} = 0.17 \text{ mm}$$

となる.

3.7　複数のバネクリップによるレンズの拘束

単純なレンズのマウント内における保持方法を図3.23に示す.ここでは,平凸レンズがセルの棚部分に取り付けられた3枚の薄いマイラパッドに乗っている（厚

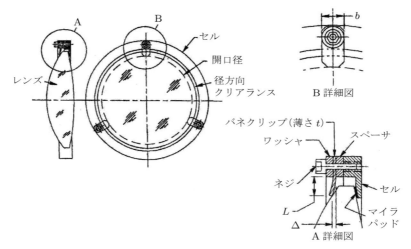

図 3.23 セルの棚に設けられたパッドに対して保持力を与えるための片持ちバネ(径方向 3 等配) によるレンズマウント方法の概念図.

みは誇張して描いた). 座面は 120°等配で, セミキネマティックな保持方法になっている. 3 個の金属性のクリップは片持ち梁のはたらきをし, レンズに保持力をかけている. クリップの外側の端面はセルにネジ止めされている. クリップとセルの間にあるスペーサは組み立て時にクリップが特定の量だけ変形し, 保持力がかけられるように加工されている. クリップは, レンズにかかる力がパッド方向を向くような位置になっている. これはレンズにかかる曲げ応力を最小にするためである. マイラパッドを使うことにより, 棚の加工精度や仕上げの状態を緩めることができる. しかしながら, 棚はレンズ光軸に垂直でなければならない. この設計方法では, 追加のクリップを用いることもある. その場合にはクリップをレンズ周囲に均等に配置する. こうすることで各クリップが負担する保持力は小さくなり, 各クリップの曲げ応力も小さくなる.

次に挙げる Roark[12] による式から, N 個のクリップがあるとき, 指定の保持力 P を与えるクリップの曲げ量 Δx と, 各クリップにかかる曲げ応力を求めることができる.

$$\Delta x = \frac{(1-\nu_M)4PL^3}{E_M bt^3 N} \tag{3.44}$$

$$S_B = \frac{6PL}{bt^2 N} \tag{3.45}$$

ここで，v_M はクリップのポアソン比，P は全保持力，L は片持ち梁の自由な長さ，E_M はクリップのヤング率，b はクリップの幅，t はクリップの厚み，N は用いられるクリップの数，S_Y はクリップの内部応力である．例題 3.10 に計算例を示す．

例題 3.10　片持ちバネによるレンズのマウント方法（設計と解析には File 3.10 を用いよ）．

レンズがマイラパッドに対して，3 個の Ti₆Al₄V 合金製バネクリップ（$L = 7.925$ mm，$b = 9.525$ mm，$t = 1.041$ mm）により保持力 267 N で押し付けられているとする．

(a) それぞれのクリップはどれだけたわむか．

(b) 安全率 f_S はいくらか．

表 B.12 により，$v = 0.34$，$E_M = 1.14 \times 10^7$ MPa，$S_Y = 827.4$ MPa である．

解答

(a) 式 (3.44) を適用することで

$$\Delta x = \frac{(1 - 0.34^2) \times 4 \times 267 \times 0.007925^3}{1.14 \times 10^{11} \times 0.009525 \times 0.001041^3 \times 3} = 0.0001279 \text{ m} = 0.128 \text{ mm}$$

となる．

(b) 式 (3.43) より

$$S_B = \frac{6 \times 267 \times 0.007925}{0.009525 \times 0.001041^2 \times 3} = 4.10 \times 10^8 \text{ Pa} = 410 \text{ MPa}$$

よって，$f_S = 827.4/410 = 2.018$（約 2）である．

従来の機械式の測定器では，変形量 Δx を約 1 μm の精度で求めることができる．式 (3.44) で示された Δx と P の線形関係より，保持力も同様の精度で求められる．そのため，例題 3.10 において，設計上の変位量が 10 μm であれば，保持力の精度は約 1/10 = 10%である．この程度の精度があれば，大部分の用途には適している．これで不足であれば，より高精度な方法を採用する必要がある．

Roark[12] により，片持ち梁式のクリップを用いることに関するもう一つの興味深い点が指摘された．それは，式 (3.45) で与えられる値より，梁にネジ穴がなく，一端が強固に固定されていると仮定すれば，曲げ応力の値を 1/3 にできるという点である．このように設計に複雑さが加わった結果，曲げ限界に至るまでであれば，より大きな変形が許容され，また，曲げ量の測定方法がそのままでも保持力の決定

精度が向上することになる．

　LD コリメータ，光信号処理光学系，アナモルフィックプロジェクター，スキャン系といった光学系では，レンズ，ウインドウ，プリズム，ミラーの自然な開口形状が，矩形，小判型，台形になるものもある．これは，視野やビーム形状の縦横比が異なるためである．これらの光学系では，シリンドリカルレンズ，トロイダルレンズ，回転非対称形状非球面レンズが用いられる．これは，ビームを成型したり，直交する2方向の倍率を変えるためである．これらのレンズは，回転非対称な形状をしており，開口も円形でない場合もある．これにより，同じ直径でもサグ量が異なるため，円形のレンズを保持するために用いられてきたネジ式押さえ環は使えない．これらのレンズには，普通，用途ごとに個別に設計されたマウント方法が用いられる．

　このようなマウント設計の簡単な例を図 3.24 に示す．このレンズは平凸シリンドリカルレンズで，開口の縦横比は 2：1 である．このレンズは 4 個のバネクリップにより，平らなプレートに形成された矩形の窪みに入れられて止められている．このプレートは円形であり，装置に対しては従来どおりの方法で組み込むことができる．プレートには切れ込みがあり，ピンやキー（図示せず）により，光学系の軸に対してアライメントできる．想定される軸方向加速度のもとでも，クリップによりレンズを窪みに対して保持する保持力がかかっている．レンズの平面側とマウントの棚部とのインターフェース面には，4 枚のマイラパッドがクリップに相対する位置に入っている．これらのパッド面は，レンズに過剰な保持力が加わったときに，クリップに過大な曲げ応力が発生しないよう，正確に一直線上になくてはならない．

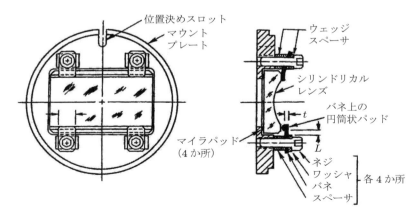

図 3.24　シリンドリカルレンズのマウント方法の概念図．

また，棚も平面に加工されていなくてはならない．小さなレンズに対しては，おそらく3枚のパッドにより適切な保持とセミキネマティック支持が可能である．クリップの設計は円形レンズの場合と同じである．

凸または凹のシリンドリカルレンズに対しては，図3.25で模式的に示したように，中心からオフセットした2本のロッドで支持することもできる．このロッドは，マウントに対して中心から等距離に離れた正確に平行な穴に圧入される．軸方向の加速度のもと，光軸方向の接触を保つには，何らかの与圧手段が必要である．これらの制約は，バネクリップや，押さえ環式フランジを適切な形状で設計することで達成される．シリンドリカル面での接触により，レンズをほかの系に対して光軸調整することが可能となる．

3.8 レンズとマウントのインターフェース面における幾何学的関係

3.8.1 シャープコーナー接触

シャープコーナーのインターフェース面は，円筒形の穴と，その穴の軸に対して垂直に加工された面が形成する円である．このインターフェース面は最も簡単であり，大部分の光学機器において長らく使われてきた．実際には，シャープコーナーはナイフエッジではない．DelgadoとHallinan[14]は，これを標準的な機械加工法に従い，バリや不規則形状を取り除くため硬化処理を施した工具でつや出しすることで定量化した．彼らは多くのレンズセルなどの図面で，シャープコーナーの指示のあるものを加工し，その結果を測定した．その結果，つや出しされた角は丸くなっており，平均で約 $R = 0.05\,\mathrm{mm}$ であった．

図3.26(a)に，この丸くなった角が凸面に高さ y で当たるとする図を示す．凹面の場合は図3.26(b)に示す．面の曲率半径を R，有効開口径を A，マウントの最も内側の面の高さを y_S とする．これは典型的には，A の約 0.5% 増である．すなわち，

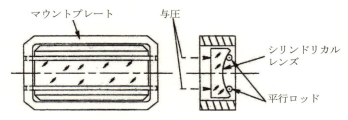

図3.25　平行なロッドを用いたシリンドリカルレンズの拘束方法．

3.8 レンズとマウントのインターフェース面における幾何学的関係

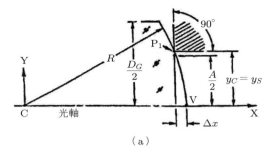

(a)

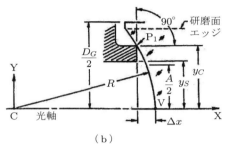

(b)

図 3.26 直角シャープコーナー接触の模式図. (a)凸レンズ面, (b)凹レンズ面.

$$y_S = 0.505A \tag{3.46}$$

である. 点 P_1 は, 面頂点から Δx にあるマウントされる点である. この値がマウントの位置を測る基本的な寸法である[15]. 図 3.27(a)と(b)はこの方式の変形であり, ガラスとのインターフェース面に傾斜が付いている (135°). 90°以上の斜面の加工は, 加工面を滑らかにできる[16].

図 3.26(a)と(b)において, Δx は高さ y_C での球面のサグである.

$$\Delta x = R - (R_2 - y_C{}^2)^{\frac{1}{2}} \tag{3.47}$$

図 3.26(a)では $y_C = y_S$ だが, 図 3.27(a), (b)では y_C は式(3.48)で与えられる.

$$y_C = \frac{y_S}{2} + \frac{D_G}{4} \tag{3.48}$$

例題 3.11 は, 式(3.46)～(3.48)を四つの場合について計算した例である.

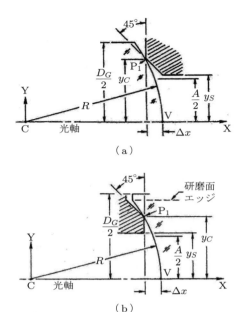

図 3.27 135°シャープコーナー接触の模式図．(a)凸レンズ面，(b)凹レンズ面．

例題 3.11 レンズ直径 $D_G = 53.34$ mm，開口径 $A = 50.8$ mm，そして面の曲率半径が 508.000 mm のレンズ面が，マウントの棚（90°のシャープコーナー）に接しているとする．以下の場合の寸法 Δx を求めよ．(a)凸面の場合，(b)凹面の場合．また，135°のシャープコーナーの場合を，(c)，(d)として同様に計算せよ．

解答
(a) 図 3.26(a) および式(3.46) から
$$y_C = y_S = 0.505 \times 50.8 = 25.654 \text{ mm}$$
であり，式(3.47)より
$$\Delta x = 508 - \sqrt{508^2 - 25.654^2} = 0.648 \text{ mm}$$
となる．

(b) 式(3.46)より $y_S = 0.505 \times 50.8 = 25.654$ mm，ここで，図 3.26(b) を適用した．

式(3.48)より，

$$y_C = \frac{25.654}{2} + \frac{53.34}{4} = 26.162 \text{ mm}$$

である．式(3.47)より，

$$\Delta x = 508 - \sqrt{508^2 - 26.162^2} = 0.674 \text{ mm}$$

となる．

(c) 式(3.46)より $y_S = 0.505 \times 50.8 = 25.654 \text{ mm}$，ここで，図3.27(a)を適用した．
式(3.48)より，

$$y_C = \frac{25.654}{2} + \frac{53.34}{4} = 26.162 \text{ mm}$$

である．式(3.47)より，

$$\Delta x = 508 - \sqrt{508^2 - 26.162^2} = 0.674 \text{ mm}$$

となる．

(d) 式(3.46)より $y_S = 0.505 \times 50.8 = 25.654 \text{ mm}$，ここで，図3.27(b)を適用した．

式(3.48)より，

$$y_C = \frac{25.654}{2} + \frac{53.34}{4} = 26.162 \text{ mm}$$

である．式(3.47)より，

$$\Delta x = 508 - \sqrt{508^2 - 26.162^2} = 0.674 \text{ mm}$$

となる．

3.8.2 接線（円錐）接触

球面レンズがマウントの円錐面に接している場合，この設計を接線接触であるという（図3.28）．接線接触のマウント法は凹面に対しては不可能だが，凸面に対しては理想に近い接触だと広く考えられている．

近年の加工技術により円錐形は容易に加工できるようになっており，これを用いることで，円錐接触はシャープコーナーよりレンズにかかる接触応力を小さくすることができる．円錐接触の特徴は13.5.2項で議論する．

円錐の接触角 ϕ は次の式で与えられる．

$$\phi = 90° - \arcsin\left(\frac{y_C}{R}\right) \tag{3.49}$$

第3章 単レンズのマウント

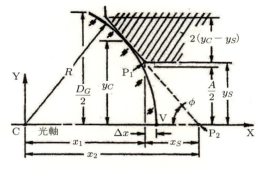

図 3.28 凸レンズ面に対する接線接触の模式図.

再定義として，y_C は y_S とレンズの縁（式(3.48)で与えられる位置）の中点と定める．接触角 ϕ に対する公差は主に次で決まる．すなわち，金属部における円錐の輪帯の望ましい幅，接触面積，そして頂点の軸方向の位置ずれに対する許容量である．普通接触角 ϕ の公差は，最も小さくて ± 1°までありうる．

式(3.46)と式(3.48)～(3.53)は，図 3.28 における $\Delta x = (P_1$ から V の軸方向長さ) の見積もりに使われる．例題 3.12 にこの式の使い方を示す．

$$y_S = x_S \tan \phi \tag{3.50}$$

$$x_2 = \frac{R}{\sin \phi} \tag{3.51}$$

$$x_1 = x_2 - x_S \tag{3.52}$$

$$\Delta x = R - x_1 \tag{3.53}$$

例題 3.12 接線接触のマウントの場合の，凸レンズの頂点に対するマウントの角部 P_1 の位置（設計と解析には File 3.12 を用いよ）．

直径 53.34 mm のレンズが，曲率半径 508.000 mm を有するとする．機械的な接触は接線接触である．開口直径 50.8 mm が要求されるとき，Δx はいくらか．

解答

式(3.46)および(3.48)より

$$y_S = 0.505 \times 50.8 = 25.654 \text{ mm}$$

$$y_c = \frac{25.654}{2} + \frac{53.34}{4} = 26.162 \text{ mm}$$

である．式(3.49)より

$$\phi = 90° - \arcsin\left(\frac{26.162}{508}\right) = 87.048°$$

$$x_S = \left(\frac{25.654 \text{ mm}}{\tan 87.048°}\right) = 1.323 \text{ mm}$$

$$x_2 = \frac{508 \text{ mm}}{\sin 87.048°} = 508.675 \text{ mm}$$

$$x_1 = 508.675 - 1.323 = 507.35 \text{ mm}$$

$$\Delta x = 508 - 507.35 = 0.65 \text{ mm}$$

である.

3.8.3 トロイダル接触

凸形状のトロイダルインターフェース面による接触(「トロイダル」＝ドーナツ形状のこと)は，凸面にも凹面にも使うことができるが，とくに接線接触の使えない凹面に有用である．これは，接触応力を極力小さくするためである．詳細は13.5.3項で説明する．図3.29(a)はトロイダルの機械面が半径Rの凸球面に，高さy_Cで接触している図である．断面曲率半径R_Tの曲率中心をC_Tとし，図3.29(b)に示す．すべての曲率半径は正なので，次の式が成り立つ．

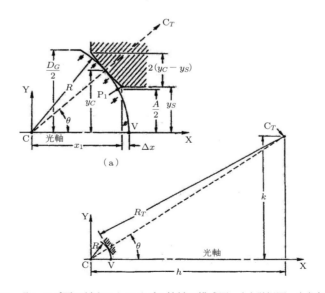

図3.29 凸レンズ面に対するトロイダル接触の模式図．(a)詳細図，(b)広域図．

110   第 3 章　単レンズのマウント

$$\theta = \arcsin \frac{y_C}{R} \tag{3.54}$$

$$h = (R \pm R_T) \cos \theta \tag{3.55}$$

$$k = (R \pm R_T) \sin \theta \tag{3.56}$$

$$x_1 = h \pm \{R_T^2 - (k - y_S)\}^{\frac{1}{2}} \tag{3.57}$$

$$\Delta x = R - x_1 \tag{3.58}$$

式 (3.55) と式 (3.56) は凸面に対して正であり，凹面に対して負である．式 (3.57) では符号は逆になる．例題 13.3 に凸面に対する典型的な場合の計算例を示す．

例題 3.13　トロイダル接触のマウントの場合，凸レンズの頂点に対するマウントの角部 P$_1$ の位置（設計と解析には File 3.13 を用いよ）．

　直径 56.388 mm のレンズが，凸の曲率半径 254 mm を有しており，$R_T = 2540$ mm のトロイダル面に接触しているとする．機開口直径は 50.8 mm である．Δx はいくらか．

解答

　式 (3.46)，(3.48) および式 (3.54)〜(3.58) において，式 (3.55) と式 (3.56) で正の符号，式 (3.57) で負の符号を使うと，以下のように計算できる．

$$y_S = 0.505 \times 50.8 = 25.654 \,\text{mm}$$

$$y_C = \frac{25.654}{2} + \frac{56.388}{4} = 26.924 \,\text{mm}$$

$$\theta = \arcsin \frac{26.924}{254} = 6.085°$$

$$h = (2540 - 254) \times \cos 6.085° = 2778.259 \,\text{mm}$$

$$k = (2540 - 254) \times \sin 6.085° = 296.164 \,\text{mm}$$

$$x_1 = 2778.259 - \sqrt{2778.259^2 - (296.164 - 25.654)^2} = 252.705 \,\text{mm}$$

以上より，

$$\Delta x = 254 - 252.705 = 1.295$$

である．

3.8 レンズとマウントのインターフェース面における幾何学的関係　　111

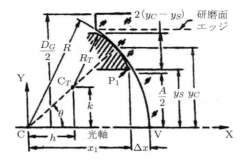

図 3.30　凹レンズ面に対するトロイダル接触の模式図.

図 3.30 に凹球面に対するトロイダル接触を示す．ここで，R_T は R より小さいことに注意しておく．式 (3.46), (3.48), (3.56)～(3.58) は Δx を求めるために使われる．例題 3.14 に計算例を示す．

例題 3.14　トロイダル接触のマウントの場合，凹レンズの頂点に対するマウントの角部 P_1 の位置（設計と解析には File 3.14 を用いよ）．

直径 56.388 mm のレンズが，凹の曲率半径 254 mm を有しており，$R_T = 127$ mm のトロイダル面に接触しているとする．機開口直径は 50.8 mm である．Δx はいくらか．

解答

式 (3.46), (3.48) および式 (3.54)～(3.58) において，式 (3.55) と式 (3.56) で正の符号，式 (3.57) で負の符号を使うと，以下のように計算できる．

$$y_S = 0.505 \times 50.8 = 25.654 \text{ mm}$$

$$y_C = \frac{25.654}{2} + \frac{56.388}{4} = 26.924 \text{ mm}$$

$$\theta = \arcsin \frac{26.924}{254} = 6.085°$$

$$h = (254 - 127) \times \cos 6.085° = 126.284 \text{ mm}$$

$$k = (254 - 127) \times \sin 6.085° = 13.462 \text{ mm}$$

$$x_1 = 126.284 + \sqrt{127^2 - (13.462 - 25.654)^2} = 252.697 \text{ mm}$$

以上より，

$$\Delta x = 254 - 252.705 = 1.295$$

である．

　レンズが接触しうるトロイダル面の径方向領域は，図 3.28, 3.29 より $2(y_C - y_S)$ であることがわかる．例題 3.12 および例題 3.13 では，この円環の幅は 1.27 mm である．この量を求めておくことは，最も内側または外側のエッジで線接触になるのを防止するための機械公差の決定に役立つ．これらの場合，シャープコーナー接触は，トロイダル接触よりも同じ保持力に対する応力が大きくなる．

　どちらの場合のトロイダル面も，CNC 旋盤や SPDT で問題なく加工できる．断面の曲率半径精度はそれほど厳しくない．合理的な公差値としては，R_T の約 ±25% である．この結論の基礎となる意味合いには，2 通りの解釈がある．設計上の単純な幾何学的関係はこの範囲で変動してよいということと，応力のとりうる幅（のちにこの本で扱う）もこの範囲で変動してよいということである．

3.8.4　球面接触

　球面によるガラスと金属の接触について，凸面と凹面の場合の図を，各々図 3.31

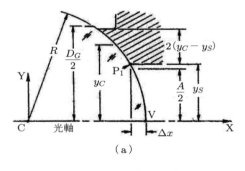

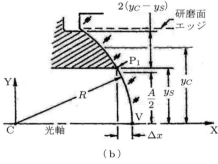

図 3.31　球面接触の模式図．(a) 凸レンズ面，(b) 凹レンズ面．

3.8 レンズとマウントのインターフェース面における幾何学的関係　　113

(a)と(b)に示した．接触高さ y_C はレンズの接触領域の中点と考えられる．しかしながら，このインターフェースが適度に機能するためには，特定の箇所だけ高かったり低かったりしてはならない．このタイプの接触の要求精度は非常に厳しく，面どうしがしっかり当たるためには，曲率精度が数波長以内でなくてはならない．

　この精度で，特定の曲率範囲をもつ機械面を創成するには，光学工場で使われる工具と同様の工具を用い，丁寧にラッピングする必要がある．実際，このような接触面は，組み込むレンズの R 面に合わせた精密研磨治具で研磨作業者が仕上げをするのが普通である．機械部品は研磨面にラップ工具が届きやすいような設計にする必要がある．

　球面接触は製作と検査に費用がかかるため，それほど多くは用いられない．この方式が使われるのは，極端な振動衝撃がかかる光学系や，ガラスと金属の熱伝達のため，ぴったりと接着するのが必要な場合に限られる．

3.8.5 光学部品の面取りによる接触面

　光学工場において，すべてのシャープな稜線（シャープエッジ）はわずかな面取りが施される．これは，部品が欠けるおそれをできるだけ小さくするためであり，そのためこれは保護面取りとよばれる．大きな面取りは，重量やサイズが重要な場合，不要な部分を削り取るためや，あるいはマウントのために施される（その両方の場合もある）．普通，このような二次的な面は，砥石を徐々に細かくしていって研削で仕上げる．レンズが強い応力に晒される場合，面取りやレンズの稜線は研磨用コンパウンドと布やフェルトでカバーされた工具に着けて油で研磨される．この研削・研磨工程は研磨面中の研削傷を消し，レンズ材料の強度が向上する．酸による研削面のエッチングも似た効果が得られる．

　図 3.32(a)～(c)は 3 通りの面取りのあるレンズである．図(a)に示す平凸レンズは，最小限の面取りが施されており，これは，「最大幅 0.5 mm の 45°面取り」または「0.4 ± 0.2 mm の面に対称な面取り」と称される．

　図(b)の両凹レンズの両面には，光軸に対して垂直，かつより大きな面取りが施されている．この種のレンズは，保持力をかけても芯が出ないので，組み込みには別の手段が必要である．レンズを横方向にずらすことで，両面の曲率中心をマウントの機械軸上にもってくる場合，面取りに対して厳しい直角度が要求される．90°に対して，± 30″の公差は高精度レンズに対して一般的な精度である．

　図 3.32(c)はメニスカスレンズである．これは，凹面が環状に 45°面取りが施さ

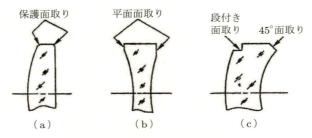

図 3.32　レンズに一般的に付けられる面取り．(a)保護面取り，(b)凹面の平面面取り，(c)段付き面取りと 45°面取り．

れており，凸面には面からへこんだ平面の段付き面取りが施されている．慣例的に，押さえ環やスペーサは段付き部に対して組み込まれる．その詳細を図 3.33 に示す．段付き面取りは，主にほかの光学素子が近接して存在する場合，スペーサや押さえ環を入れる余地を作るために用いられる．45°面取りや丸面取りは，加工中に段に丸みが付くため，機械部品が干渉しないようにしておく必要がある．

図 3.32(c)に示された角度面取りの部分に，直接保持力をかけるのは推奨できない．これは，この種の面は正確な位置が出ていないためである．凹面においてはトロイダルコンタクトが望ましい．すべての面取りのエッジには保護面取りが必要である．

接合ダブレットレンズにおいては，クラウンレンズとフリントレンズを異なる径にすることで，一方のレンズのみで保持し，他方には接触せずに保持する設計にする．図 3.34 と図 3.35 はこの設計例である．両者の設計には，エレメントが軽くなることと，接合のウェッジがマウントに影響しなくなるという，少なくとも二つの利点がある．後者においても，ウェッジは当然ながら光学性能に悪影響を及ぼす．

図 3.34 はクラウンレンズのほうが大きい設計である．凸面の機械的インターフェースは円錐接触であり，凹面は精密な保護面取りである．押さえ環は平面面取りに対して保持力をかける．フリントレンズの外径は押さえ環の内径より小さい必

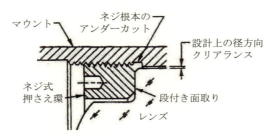

図 3.33　ネジ式押さえ環のスペースを確保するための段付き面取り詳細図．

3.8 レンズとマウントのインターフェース面における幾何学的関係

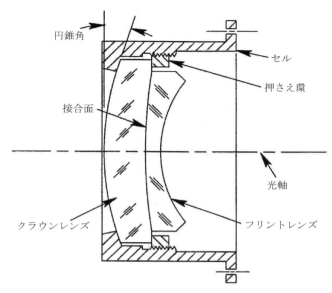

図 3.34 クラウンレンズがフリントレンズより大きい接合レンズのマウント.

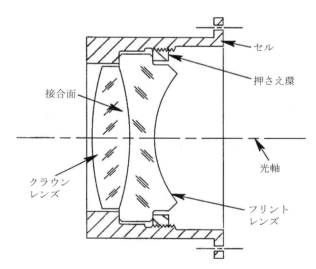

図 3.35 フリントレンズがクラウンレンズより大きい接合レンズのマウント.

要がある．そのため，フリントレンズにはセルに対してクリアランスがある．

図 3.35 はフリントレンズのほうが大きい設計である．フリントの前面に精密な平面面取り，後面には段付き面取りが施されている．フリントレンズの縁は円筒形であり，外径はセル内径よりわずかに小さくなっている．また，別の設計では，レンズの縁は半径 $D_G/2$ の球状に精密研削されている．このことにより，レンズはセル内径に芯出し時もぴったりはまり，挿入時に傾いても棚に座るまでかじることはなくなる．

レンズの縁の曲率半径は，必ずしも $D_G/2$ でなくてもよい．より長い半径（膨らんだ縁）でもほぼ同じ効果が得られ，球面の場合と比較してもより少ない削り量で済む．膨らんだ縁では，チルト許容量が若干減ってしまうのだが，普通これは問題にならない．

3.9 エラストマーによるマウント

図 3.36 に示すマウントは，レンズ，ウインドウ，フィルタ，ミラーに使われるきわめて単純な方法である．これはレンズがセル内で弾性エラストマーにより拘束されている図である（エラストマーには，典型的にはエポキシ，ウレタン，RTV ゴムが使われる）．Hopkins[16] は Dow Corning RTV732 がこの方法に適していると報告しているが，Bayer[8] によると，航空カメラでは，Dow Corning

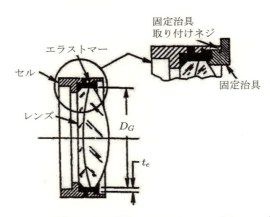

図 3.36 所定の位置で硬化させた円環状のエラストマーによりレンズを固定する方法．詳細図は，エラストマーが硬化している間治具によりレンズを所定の位置に拘束する一方法を示す．

RTV3112 がしばしば使われると指摘されている．GE の RTV88 と 8112 は，米国の MIL-S-23586E 規格に適合する代表的な材料である．3M のエポキシ EC2216 B/A はこの用途に広く使われるエラストマーである．このアウトガス放出量は十分に低く，多くの宇宙用途で使われる．エラストマーの特性を表 B.15 に，エポキシの特性を表 B.14 に示した．不運にも，ポアソン比やヤング率といった重要な性質は，これらの材料では利用できない．これらのエラストマーを使う場合，できればその特定の用途において測定を行うべきである．

円環状のエラストマーは，普通，意図的に一方が拘束されておらず，温度変化による圧縮や引っ張りに対して変形できるようになっている．一つのレンズ面をマウントの座に乗せることで，エラストマーを流し込む前に一時的なシムや固定治具を用いて調整状態を保つことができる．図 3.36 の詳細図は，レンズを固定し，エラストマーが硬化するまで拘束する一つの方法である．この固定治具は，テフロンあるいは類似のプラスチック材，または離型剤でコートされた金属でできており，エラストマー硬化後に取り除かれる．典型的には，エラストマーは径方向に開けられたアクセスホールを通じ，レンズ周りの空間が充填されるまで注射器により注入される．

円環状のエラストマー層の厚みが特定の値であるとき，このアセンブリは 1 次近似で径方向にアサーマル化される．この接着層により，温度変化に対するレンズ，セル，エラストマーの CTE 差に起因する膨張・収縮差に伴う応力を最小化できる．この厚みは，次に示す Bayer の式 [8] により計算できる．

$$t_{e\,\text{Bayer}} = \frac{D_G}{2} \frac{\alpha_M - \alpha_G}{\alpha_e - \alpha_M} \tag{3.59}$$

ここで，$\alpha_G, \alpha_M, \alpha_e$ は，それぞれ，レンズ，マウント，エラストマーの CTE であり，寸法は図 3.36 に示すとおりである．

エラストマー層の軸方向長さはレンズの縁厚にほぼ等しい．式 (3.59) はこの長さとポアソン比 ν_e，ヤング率 E_e，せん断弾性率を無視しているので，この式は近似と考えるべきである．この式を適用しても，アセンブリは軸方向にはアサーマル化されない．温度変化により，設計上同じ長さであったマウント壁面，レンズ，エラストマーが各々の異なる CTE に従い，異なる割合で変化する．その結果，エラストマーにはせん断力が生じる．

光学用に使われるエラストマーのポアソン比は 0.43〜0.499 である[†]．エポキシは低めの値に位置するが，RTV は典型的には大きな値を示す．この特性が重要で

あることは，多くの研究者により明らかにされている[17-19]．たとえば，Genberg [17]は FEM によりエラストマーの実効 CTE ($= \alpha_e^*$) がもとの値 α_e に対し，ν_e と結合アスペクト比にどのように依存するかを示した．このグラフを図3.37に再掲する．アスペクト比とは，結合部の軸方向長さと結合部の厚みの比 L/t_e である．大部分のレンズで L/t_e の値はおおよそ 250/1 のオーダーであり，関連する値はこの値の右側にくる．

Herbert[20]は，最新かつ完璧なアサーマルマウントに関する議論を行った．彼は結合部における応力ひずみの関係を使い，式(3.59)を含むすでに発表された t_e との関連についても考察した．この研究によりエラストマーの実効 CTE は次の式で与えられることがわかった．

$$\alpha_e^* = \frac{\alpha_e(1 + \nu_e)}{1 - \nu_e} \tag{3.60}$$

Herbert は，α_e^* をもとの値 α_e の代わりに Bayer の式(3.59)に用いることで，t_e のよりよい近似値が得られるとしている（Herbert の式）．

ポアソン比の影響を盛り込んだ t_e の式がもう一つあり，Muench の式とよばれている．これを式(3.61)に示す．ここでは CTE にはもともとの α_e を用いている．

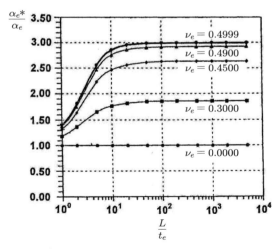

図 3.37 ポアソン比と結像部のアスペクト比に対する，エラストマーの実行 CTE とバルク CTE の比の変化（Genberg[18]による）．

---

† ポアソン比の理論的な最大値は 0.5 である．

$$t_{e\text{ Muench}} = \frac{D_G}{2} \frac{(1 - v_e)(\alpha_M - \alpha_G)}{\alpha_e - \alpha_M - v_e(\alpha_G - \alpha_e)} \tag{3.61}$$

例題 3.15 では，t_e の値について，式(3.59)と式(3.61)の結果を比較する．

例題 3.15　エラストマーリングによるレンズのマウントのためのアサーマルな厚みの計算（設計と解析には File 3.15 を用いよ）．

直径 52.095 mm のゲルマニウムレンズが，アルミニウム製セルにエラストマーリングでマウントされるとする．材料の物性は以下のとおりである：$\alpha_G = 5.8 \times 10^{-6}, \alpha_M = 23 \times 10^{-6}, \alpha_e = 248 \times 10^{-6}, v_e = 0.49$．

(a) 式(3.59)と式(3.60)を用いてリングの厚み $t_{e\text{ Bayer}}$ を求めよ．

(b) 式(3.61)を用いてリングの厚み $t_{e\text{ Muench}}$ を求めよ．

(c) 両者を比較せよ．

解答

(a) 式(3.60)より

$$\alpha_e{}^* = \frac{248 \times 10^{-6}(1 + 0.49)}{1 - 0.49} = 724.55 \times 10^{-6}$$

である．式(3.59)より

$$t_{e\text{ Bayer}} = \frac{52.095}{2} \frac{23 - 5.8}{724.55 - 23} = 0.639 \text{ mm}$$

である．

(b) 式(3.61)より

$$t_{e\text{ Muench}} = \frac{52.095}{2} \frac{(1 - 0.49)(23 - 5.8)}{248 - 23 - 0.49(5.8 - 23)} = 0.665 \text{ mm}$$

である．

(c) 両者の計算結果は本質的に同等である（差は約 4 %）．

Miller[21]は，一般的な 3 種の形のレンズについて，エラストマーマウントの FEM 解析を行った結果について説明している．ここで，レンズ形状は ϕ52 であり，図 3.38 に示すとおりメニスカス形状，両凸形状，両凹形状の 3 種である．レンズはすべてアルミニウムのセルにシリコーンゴムのリングでマウントされるとしている．ポアソン比は 0.49 とした．Miller は Bayer の式を用いて，エラストマー層の厚みを 1.956 mm と見積もった．

120   第3章 単レンズのマウント

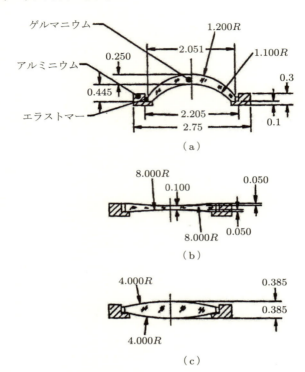

図 3.38　Miller[21] により検討が行われたレンズ配置の模式図．(a) メニスカスレンズ，(b) 両凹レンズ，(c) 両凸レンズ．

彼の検討では，t_e をノミナルのアサーマル厚さ 0.127 mm から変化させ，FEA によりレンズおよびセル内の応力を見積もった．図 3.39 に，各レンズにおいていくつかの t_e の値における 50℃での応力分布図を示す．最大応力値（最も色の濃い部分）が各場合について示されている．レンズ外径とエラストマー層はよくわかるように強調表示されている．図の忠実度は低いが，支配的な変化はよりよく理解できるようになっている．最も高い応力値は，想定どおりかもしれないが，薄いエラストマー層において生じる．ここで，高温時，エラストマーの塊はアサーマル厚さにおいて外に膨らむ（左の3例）．明らかにエラストマーは，レンズの縁とセル内径にできた隙間を，ある厚みで満たすようになっている．

図 3.40 は 3 通りすべてのレンズ形状について，各 t_e の値に対する最大応力の相違を計算した結果である．図から見てとれる興味深い事実を以下に示す．

3.9 エラストマーによるマウント　121

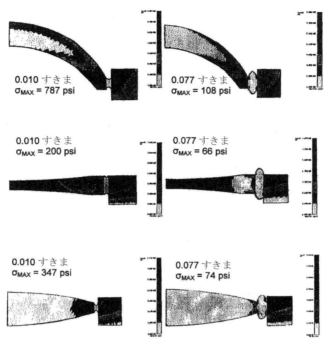

図 3.39　図 3.38 に示したレンズの応力強度分布．温度は 50℃であり，エラストマーの厚みは，径方向に 1.956 mm（アサーマルを想定）から 0.254 mm であるとする（Miller[21]による）．

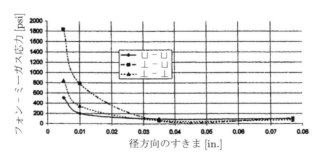

図 3.40　図 3.38 に示したレンズに対して，高温時のエラストマー層の厚みに対する最大応力の変化（Miller[21]による）．

- t_e の値を高々半分にした程度では，応力に大きな差はない．
- 式(3.59)の結果は最小応力を与えない．
- 応力値は，$t_e > 0.03$ in.（0.762 mm）においては，レンズ形状によらず一定で

122   第 3 章　単レンズのマウント

ある.

● メニスカスは，薄いエラストマー層に対し，温度上昇に対して最も敏感である.

　Miller はとくに言及していないが，t_e がアサーマルの計算値を超えて大きくなると，結合部の曲げやすさが増すことで，温度変化により誘起される応力は減少する傾向にある. 応力と歪みの観点からは，明らかにエラストマー層の厚みに大きな誤差があっても許容される.

　例題 3.16 では，Miller の例についての解析結果を示す. 計算結果では，t_e は約 0.125 in.（0.635 mm）となる. この値と，図 3.40 から読みとれる値（〜0.045 in.（1.143 mm)）とのずれの理由はよくわかっていない. Miller がポアソン比の補正なしの CTE を式(3.59)に用いて得た値の 1.956 mm という値も正しくないが，この値は FEA を用いた研究には影響しない.

例題 3.16　径方向にアサーマルマウントされたレンズの偏芯（設計および解析には File 3.16 を用いよ).

　直径 $D_G = 254$ mm，コバ厚 $t_E = 25.4$ mm，質量 $W = 3.242$ kg の BK7 レンズがエラストマー（DC3112）のリングによりチタン製セルにマウントされている. 材料の物性を以下と仮定する：$\alpha_G = 7.1 \times 10^{-6}$, $\alpha_M = 8.8 \times 10^{-6}$, $\alpha_e = 300.6 \times 10^{-6}$, $\nu_e = 0.499$, $E_e = 3.447$ MPa.

(a) 式(3.61)によると，エラストマーの厚み t_e はいくらか.

(b) 1〜250 G までの加速度がかかった場合のレンズ偏芯はどの程度か.

解答

(a) 式(3.63)より，エラストマーのせん断弾性率は

$$S_e = \frac{3.447}{2(1 + 0.499)} = 1.15 \text{ MPa}$$

となるので，式(3.61)より

$$t_e = \frac{254}{2} \frac{(1 - 0.499)(8.8 - 7.1)}{300.6 - 8.8 - 0.499(7.1 - 300.6)} = 0.753 \text{ mm}$$

である.

(b) 式(3.62)より，$a_G = 1$ に対して

$$\delta_1 = \frac{2 \times 1 \times 3.242 \times 9.8 \times 0.753}{\pi \times 254 \times 25.4 \times \left\{ \left(\dfrac{3.447}{1} - 0.499^2 \right) + 1.15 \right\}} = 4.12 \times 10^{-4} \text{ mm}$$

となる．式 (3.62) より，$a_G = 250$ に対して

$$\delta_{250} = 250 \times 4.12 \times 10^{-4} = 0.103 \text{ mm}$$

である．

　自重たわみは無視できるように思われるが，より大きな加速度による変形は，もしその加速度で完全な性能が要求されるのであれば，おそらく顕著なものになろう．

Valente と Richard[22] は，レンズがエラストマーのリングにマウントされており，径方向の重力（すなわち光軸が水平方向）がかかったときの偏心を解析的に求める方法を報告した．彼らの得た式は，加速度係数 α_G を加えることで，より一般的な横方向加速度が加わる状態の式に拡張できる．

$$\delta = \frac{2a_G W t_e}{\pi D_G t_E \left\{ \left(\dfrac{E_e}{1 - \nu_e^2} \right) + S_e \right\}} \tag{3.62}$$

ここで，W はレンズの質量，t_e はエラストマーの厚み，D_G はレンズ外径，t_E はレンズの縁厚，ν_e はエラストマーのポアソン比，E_e はエラストマーのヤング率である．また，S_e はエラストマーのせん断弾性率で，次の式で与えられる．

$$S_e = \frac{E_e}{2(1 + \nu_e)} \tag{3.63}$$

　中程度の大きさのレンズの場合，重力による偏心変化は小さいが，振動，衝撃のもとでは，偏心変化が大きくなりうる（例題 3.16 を参照）．弾性のある材料は，自然とエラストマー的な性質をもっており，加速度による力が消散すれば，レンズは応力がかかっていないときの姿勢と向きに戻る．一般的にいって，装置は衝撃や短時間に加速度がかかっているときに仕様を満たすことまで要求されていない．横方向加速度がかかっている場合でも，仕様をすべて満たさなくてはならない用途として，ミサイルに使われるシーカー光学系を挙げられる．この場合，回避する目標を追尾するときの加速度は非常に大きい．シーカー光学系において，光学部品の偏心により目標追尾が不可能なくらいに光学性能が悪化する可能性もある．

　レンズとマウントの間にあるエラストマーのリングは，しばしばシール材としても用いられる．たとえば図 2.20(c) を参照．もし，エラストマーのリングが完全に空間を埋めていれば（レンズ，マウント内径，棚，押さえ環の間を完全に埋めていれば），温度が上がると，エラストマーは空間の余裕を超えて膨張しようとする．

このときレンズは径方向に応力を受ける．これはエラストマーは近似的に非圧縮性であるためである．この問題を回避するには，エラストマーの量をシールするために必要かつ最小限な量にするとよい．

エラストマーが一方向のみ露出しており，外側に膨張することで光学素子に多大な応力をかけないことに成功した設計例が多々ある．たとえば，図3.41, 5.1, 5.9, 5.22(c)を見よ．

エラストマーによる拘束は，矩形開口のレンズやウインドウなどの非対称形状の光学素子を保持するのに適している．これは，ネジ式押さえ環や連続したリング状のクランプ方法は，非回転対称形状に適合しないことと対照的である．また，この方法は，光学面が回転対称性を欠く場合にも適している．図3.41に平凹レンズの例を示す．レンズの一端は像に対する有効光束にとって不要であるために切り落とされている．このように，不要部分を除去することで，重量およびほかの光学素子を小さくすることができる．平面側は，マウントプレート拘束のための棚に乗っており，機械的に芯出しされている．エラストマーはレンズの縁とマウント内径の隙間に注入され，硬化される．

式(3.59), (3.60)および式(3.61)は，エラストマーに対し高さまたは幅方向にアサーマル化するための厚みを評価する式としても使える．レンズの直線としての寸法（高さまたは幅）はD_Gで置き換える．すでに述べたように，この厚みは厳しく管理されなくてもよい．

この方法でマウントされるレンズは，曲面であっても，非球面であってもよい．その際，これらの面の特定の点が，アライメントのための特定の拘束点であり，これらの点に凸形状のパッドが接するようになっている必要がある．このような拘束

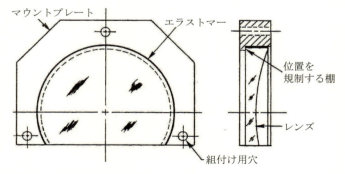

図3.41　開口が円形ではないレンズをマウント内にエラストマー層を用いてポッティングする典型的マウント法．

手段がない場合，面は光学的に芯出しされ，エラストマーが硬化するまでシムで保持しておく必要がある．

3.10 レンズのフレクシャマウント

　最適な結像性能を得るため，非常に高い性能をもつレンズは，アセンブリ内のほかのレンズ系や機械的な面などといったほかの面と比較して，間隔，チルト，ディセンタに非常に高い精度が求められる．調整された状態は，使用環境における振動，衝撃，気圧，温度変化のもと完全に保たれている必要がある．さらに，環境変化のもとで生じるアライメント誤差に対しては，環境がもとに戻ると誤差ももとに戻らなければならない．レンズのメカニカルなクランプやエラストマーによる封止では，レンズのマウントに対する誤差を必ずしも要求精度内に抑えることができるとは限らない．そこで，図 3.42 に示す方法で，レンズを対称的に接着する方法が有利である．こうすることで，温度変化が一様ならば，CTE 差があってもディセンタやチルトに影響しなくなる．フレクシャはバネに似ているが，実際は異なるものである．フレクシャは弾性要素であり，構成部材のコントロールされた小さな相対移動を可能にするものである．一方，バネは弾性変形に応じてコントロールされた力を提供するものである．Vukobratovich と Richard[23] はフレクシャのより広い応

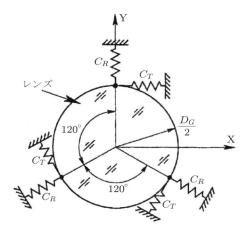

図 3.42　レンズの為の「3点」フレクシャ支持方法の模式図（D. Vukobratovich, Tucson, AZ[11]による）．

用について説明している．

　次に，光学素子に対するフレクシャマウントの概念について何点か述べる．最初の考え方を図 3.43 に示す．これは Ahmad と Huse[24] により模式的に示されたもので，レンズの縁が接着剤（エポキシなど）によりフレクシャを構成する 3 枚の薄いブレードに接着されている．これらのブレードは，径方向にはたわむが，ほかの方向には剛である．マウント（ここでは単純なセル）とレンズの相対寸法が温度により変わると，CTE のミスマッチによりフレクシャがわずかにたわむ．この作用は軸に対して対称なので，レンズの中心は保たれる．

　図 3.43 は，分割して製作されたフレクシャモジュールであり，マウントにネジ止めされている．これは，レンズに 3 個のフレクシャが接着されたサブアセンブリを，ダメージを加えることなく取り外し交換できるようにするためである．これらは分割されて構成されているので，フレクシャモジュールは用途に応じて適した材質で作ればよい．たとえば，セルは SUS で，フレクシャはチタンやベリリウム鋼で作ることもできる．レンズの縁に接するフレクシャの面は，その縁に沿った円筒形でなくてはならない．あるいは，レンズの縁に平面部を設けてもよい．どちらの場合でも，接着層は結合部で一定の厚みとなる．この論文の原著者が説明するところによると，フレクシャを止める面にフレクシャをネジ止めした後，フレクシャモジュールにエポキシを塗布している．この設計思想の別バージョンでは，フレクシャをロックするためにピンを用いている．

　Ahmad と Huse[24] は，次に示すような少々異なる構成のフレクシャマウント

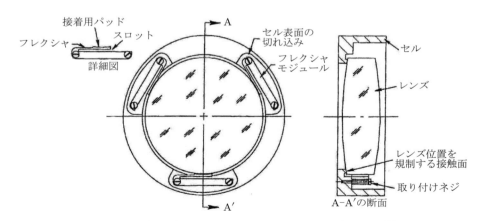

図 3.43　3 個の取り外し可能なフレクシャモジュールにレンズの縁を接着したマウント方法の概念図（Ahmad および Huse[24] による）．

3.10 レンズのフレクシャマウント

を提案した．これはフレクシャ部材の両側がセルに取り付けられ，レンズはフレクシャのブレード中央に接着されているというものである．これは，機能的には片側での取り付けと同じである．

図3.44にBacich[25]が発表したこれまでとは異なるフレクシャ構造を示す．この構造では，フレクシャはセルと一体で形成されており，組み立て後取り外したり再調整したりすることはできない．セルの材質は，機器の寿命全体にわたる温度サイクル全体にわたって，フレクシャ機能の信頼性が保てる観点から選択される．図3.43に示すように，フレクシャは指定された一様な厚みで正確に加工されていなくてはならない．曲がった溝を正確に加工するためには放電ワイヤーカットが有効である．この方法では，適切な径のワイヤーを穴に通し，セルに非常に高い電圧をかけることでアークを生じさせ，ワイヤー周辺の金属を飛散させ除去する．この軌跡はコンピュータにより電子制御される．

図3.44に基本的な2種の設計を示した．図(a)と(b)では，図3.43同様レンズの縁は一般的な方法でフレクシャに接着されているが，図(c)と(d)ではブレードの

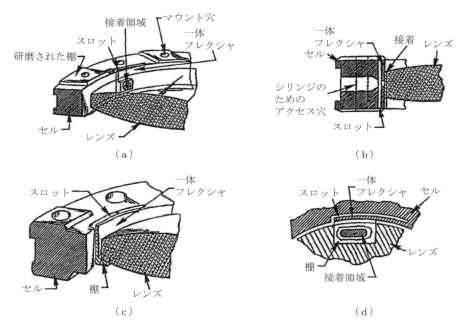

図3.44 複合フレクシャにレンズを接着したフレクシャマウント．図(a)と(b)ではレンズの縁で接着が行われているが，図(c)と(d)ではレンズ面の局所的な領域で接着がなされている（Bacich[25]による）．

穴に設けられた棚にレンズ底面が乗っている．

さらに別の構造を図 3.45 に示す．この設計は結合されたフレクシャブレードを用いる．これは，箱から上下面の縁を加工し，三つの領域にフレクシャを配置した小部屋になっている．ブレードは両端に付いたままである．Ahmad と Huse[24]，および Bacich[25] などによるフレクシャマウントでは，レンズ偏心を崩すことなく，レンズとセルの温度差による寸法差を許す機能をもっている．

Steel ら[26]によるマウント配置に関する説明では，接着箇所の対辺の角度の決定方法について説明している．この説明では FEA により 30°と 45°等配とを比較した．大きな角度を選んだ理由として，極端な温度環境下でのレンズの歪みがより小さいことと，共振周波数がより高く，レンズとセル内の結合に用いる RTV の応力がより小さいことがある．以上の設計上の特性は，用途におけるすべての誤差許容量以内であった．

Bruning ら[27]は，この技術を何通りかの方法で改良した．一つの方法は，図 3.46(a)に模式的に示すとおりである．ここでは，矩形断面形状が，3 本のリングを切り開くスロットを有し，このスロットにより外側のリングに取り付いた 3 本のフレクシャとしての内側リングを形成している．これらのフレクシャは，内側リングと外側リングを分離し，その結果，アセンブリ全体を外部構造にネジ止めしたときに生じる外部リングのわずかな歪みが内側リングに伝わらなくなっている．レンズ（図示せず）の外径は，内側リングの内径と実質等しいが，その際，内側リングの上面

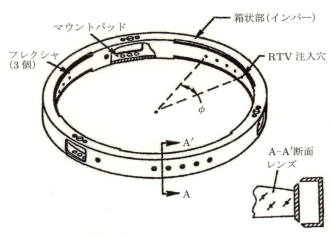

図 3.45　セル内に箱状に機械加工された 3 個のフレクシャセルに対してレンズが接着されているフレクシャマウント（Steel[26]らによる）．

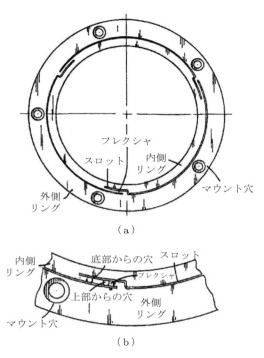

図3.46 フレクシャマウント．ここで，図示しないレンズは，内部リング（外部リングに一体加工されているがフレクシャにより機械的には絶縁されている）に接着されている（Bruningら[27]による）．

に接着剤でマウントされたレンズは，外側リングの歪みによる応力に晒されることはない．同図(b)は，図(a)における一つのフレクシャの詳細図である．フレクシャブレードには，上面と下面から各々見えない穴が開いており，図と垂直方向にブレードを柔にするよう設定している．さらに，この穴はフレクシャが少しねじれるのを許す．この機能により内側リングとレンズがマウント時の誤差に影響されないようになっている．

図3.47(a), (b)にBruningら[27]による異なるフレクシャを示した．図(a)では，リングにスロットが切ってあり，座に径方向の柔軟性を与えている．この座はリング内面からスロット中点に突き出ている．この3要素（スロット，フレクシャ，座）の構造は，120°等配で配置され，上面の3個のパッドでレンズを接着する点を形成している．長いスロットは，図3.46で示した設計に準拠しており，内側リングと外側リングを分離する役割もっている．

130　第3章　単レンズのマウント

　図 3.48 (a) は図 3.47 (a) に示したフレクシャ構造を備えたレンズマウントのサブアセンブリである．このレンズは，図 3.47 (b) の側面図に示すような三つの座に乗っ

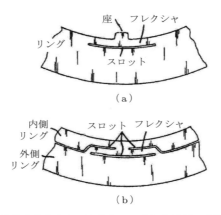

図 3.47　レンズを保持するためのフレクシャマウントの二つの設計概念（Bruning ら [27] による）．

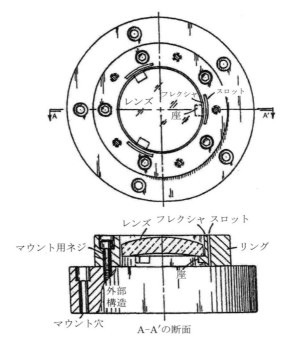

図 3.48　図 3.47 (a) に示すタイプのフレクシャを用いたマウント法の上面および側面図（Bruning ら [27] による）．

ている．リングを外部構造にネジ止めすることで生じる歪みは，複数設けられたフレクシャによりレンズに伝わらないようになっている．

3.11 プラスチック部材のマウント

　高温下でのインジェクション加圧モールド法は，プラスチック材料からレンズを作るうえで最も一般的である[28,29]．PMMA（アクリル），ポリスチレン，ポリカーボネート，スチレン，アクリロニトリル，ポリエーテルイミド，ポリシクロヘキシルメタクリレート，またはより新しい材料である環状オレフィンコポリマーが一般的に用いられる材料である[30]．ウインドウフィルタもプラスチックで作ることができる．プラスチック製のプリズムやミラーは，低精度の用途のみに用いられる．もし互換性のある材料でできるならば，SPDTにより加工も小ロットや試作時にしばしば用いられる．このようにしてできた部品は，従来からのガラス加工によるレンズと同様，円筒形の縁，面取り，そして凸面と凹面から構成される．図 3.49 は $f = 28$ mm，F/2.8 のプラスチックによるカメラレンズである[31]．それぞれのエレメントは従来方法でマウントされる．プラスチックレンズは以上で述べた特性に加えて，次のような特徴をもたせることができる．すなわち，フレネル面，回折面，非球面，複合マウント（フランジ，ダボ，穴，位置決めピン，ブラケット，スペーサ）などである．プラスチックレンズは互いに入れ子にすることができ，分離したスペーサを用いることなく芯出しも可能である．図 3.50 は正方形のスペースにモールドされたプラスチックレンズである．これは，光学面のうち，2 方向の

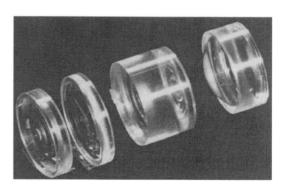

　図 3.49　従来方法のマウントにより構成された 4 枚構成プラスチック製対物レンズの写真（Lytle[31]による）．

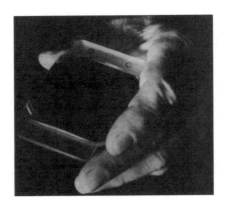

図3.50 正方形形状でマウント構造が一体加工されたプラスチックレンズ（Lytle [31]による）.

端から平面の矩形形状のタブが伸びており，機構部品が容易に組み込みできるようになっている．タブは厚みをそれぞれ変えており，間違った方向には組み込めないようになっている．こういったすべての複合機能により，アセンブリが簡略化でき，機構的なインターフェース部品の点数を削減し，設計が簡略化された．

プラスチックの光学部品は，クランプ，接着，熱カシメ，超音波による溶接といった方法で組み立てられる[28]．これらの方法は，光学的な開口の外で余裕をもって行うことができる．プラスチックレンズは接合ダブレットには適さない．光学接着剤によって，プラスチックが軟化し，面が崩れてしまうからである．レンズを作れるプラスチック材料は大きなCTEをもっており，温度変化があると，膨張・収縮差により大きな内部ひずみと面のひずみが生じる可能性がある．プラスチック材料は大気から吸湿する傾向があり，形状や屈折率が時間とともに変化する．ある種のプラスチック材料には，反射防止膜を付けることができる．

図3.51はAltmanとLytle[29]によるプラスチックモールドレンズの例の断面図であり，望ましい特徴と望ましくない特徴を示している．図3.51(a)は，従来のガラスメニスカスレンズだが，図(b)は等価なプラスチックレンズである．後者はプラスチックの屈折率がガラスより低いため，わずかに曲率半径が短くなっており，材料を加熱成型前に型に容易に流し込めるよう厚くなっている．図(d)の薄いレンズは，中央の領域に材料を流し込むのが難しいため，プラスチックレンズとしては好ましくない設計である．図(c)に示した形状は，この観点からは好ましい．図(e)

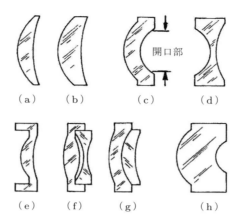

図 3.51 本文中で議論した明確な利点と欠点を有するプラスチックレンズの様々な形状（Altman と Lytle[29]による）．

と(f)は，縁が突出しており，そのへこみに相方のレンズを入れることにより，入れ子になった分離ダブレットが形成できる．硬化収縮を補正するため，型の寸法をきつくすることで，芯出しと間隔出しが保証される．図(g)と(h)は，接合ダブレット（レンズ材料と接着剤は明記されていない）と，望ましい形状のメニスカスレンズである．

プラスチックレンズでは，非球面形状も球面とほぼ同様の容易さで形成できる．所望の形状よりも型を低い面にしておくことがコツである．Plummer[32]は，特徴のあるポラロイドカメラ SX-70 において，ビューファインダーが組み込まれる補正レンズ，ミラー，アイレンズを非対称な高次多項式面で構成した例を示した．各レンズはインジェクションモールドで作られた．

鋳型はステンレス製で手仕上げ加工されており，最初は SPDT で加工した．測定精度は少なくとも 1 μm（φ0.8 mm のサファイヤ球で全面測定）の能力がある測定器により，修正箇所と修正量のマップが出力された．同じ方法は，別の用途であっても近い非球面形状であれば適用可能である．

Bauer ら[33]はインジェクションモールドによるプラスチックレンズ（シングレット）を用いた CMOS イメージセンサーの設計について説明している．これは大量生産を考慮した設計であり，その概念図を図 3.52 に示す．このレンズは両凸形状であり，円形の窪みがフィルタの入る空間に空いている．一方，このレンズ自体，センサーアセンブリに抱かれたマウントにちょうど入るようになっている．調芯機構は備わっていない．このレンズは F/2.2 であるが，この性能は 352 × 288

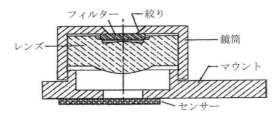

図3.52 インジェクションモールドによるプラスチックレンズと機械部品により構成された，小型の結像光学系（Bauerら[33]による）．

ピクセル（3.6 μm）と相性がよい．

参考文献

[1] Yoder, P.R., Jr., *Opto-Mechanical Systems Design*, 3rd. ed., CRC Press, Boca Raton, 2005.
[2] Smith, W.J., "Optics in practice," Chapter 15 in *Modern Optical Engineering*, 3rd ed., McGraw-Hill, New York, 2000.
[3] Horne, D.F., *Optical Production Technology*, Adam Hilger Ltd., Bristol, England, 1972.
[4] Jacobs, D.H., *Fundamentals of Optical Engineering*, McGraw-Hill, New York, 1943.
[5] Plummer, W.T., "Precision: how to achieve a little more of it, even after assembly," *Proceedings of the First World Automation Congress (WAC '94), Maui*, TST Press, Albuquerque, 1994:193.
[6] Baldo, A.F., "Machine rlements," Chapter 8.2 in *Marks' Standard Handbook for Mechanical Engineers*, E.A. Avallone and T. Baumeister III, eds., McGraw-Hill, New York,1987:8.
[7] Yoder, P.R., Jr., "Lens mounting techniques," *Proceedings of SPIE* **389**, 1983:2.
[8] Bayar, M., "Lens barrel optomechanical design principles," *Opt. Eng.* 20, 1981:181.
[9] Kowalski, B.J., "A user's guide to designing and mounting lenses and mirrors," *Digest of Papers, OSA Workshop on Optical Fabrication and Testing, North Falmouth*, 1980:98.
[10] Vukobratovich, D., "Optomechanical systems design," Chapter 3 in *The Infrared & Electro-Optical Systems Handbook*, 4, ERIM, Ann Arbor, and SPIE, Bellingham, 1993.
[11] See Chapter 8, "The Design of Screws, Fasteners, and Connections," in Shigley, J.E. and Mischke, C.R., *Mechanical Engineering Design*, 5th ed., McGraw-Hill, New York 1989.
[12] Roark, R.J., *Formulas for Stress and Strain*, 3rd ed., McGraw-Hill, New York, 1954. See also Young, W.C., *Roark's Formulas for Stress & Strain*, 6th ed., McGraw-Hill, New York, 1989.
[13] Hopkins, R.E., "Lens Mounting and Centering" Chapter 2 in *Applied Optics and Optical Engineering*, VIII, Academic Press, New York, 1980.
[14] Delgado, R.F., and Hallinan, M., "Mounting of Optical Elements," *Opt. Eng.*,14, 1975:S-11,. (Reprinted in *SPIE Milestone Series*, 770, 1988:173.)

［15］ Yoder, P.R., Jr., "Location of mechanical features in lens mounts," *Proceedings of SPIE* **2263**, 1994:386.

［16］ Hopkins, R. E. "Lens mounting and centering," Chapter 2 in *Applied Optics and Optical Engineering*, VIII, R. R. Shannon and J. C. Wyant, eds., Academic Press, New York, 1980.

［17］ Genberg, V., "Structural analysis of optics," Chapter 8 in *Handbook of Optomechanical Engineering*," CRC Press, Boca Raton, 1997.

［18］ Michels, G.J., Genberg, V.L., and Doyle, K.B., "Finite Element Modeling Of Nearly Incompressible Bonds" *Proceedings of SPIE* **4771**, 2002: 287.

［19］ Doyle, K.B., Michels, G.J., and Genberg, V.l., "Athermal design of nearly incompressible bonds" *Proceedings of SPIE* **4771**, 2002: 298.

［20］ Herbert, J.J., "Techniques for deriving optimal bondlines for athermal bonded mounts," *Proceedings of SPIE* **6288**, 6288OJ-1, 2006.

［21］ Miller, K.A., "Nonathermal potting of lenses," *Proceedings of SPIE* **3786**, 1999: 506.

［22］ Valente, T.M. and Richard, R.M., "Interference fit equations for lens cell design using elastomeric mountings," *Opt. Eng.*, 33, 1994: 1223.

［23］ Vukobratovich, D. and Richard, R.M., "Flexure mounts for high-resolution optical elements" *Proceedings of SPIE* **959**, 1988: 18.

［24］ Ahmad, A. and Huse, R.L. (1990). "Mounting for high resolution projection lenses" *U.S. Patent No. 4,929,054*, issued May 29, 1990.

［25］ Bacich, J.J. (1988). "Precision lens mounting," *U.S. Patent No. 4,733,945*, issued March 29, 1988.

［26］ Steele, J.M., Vallimont, J.F., Rice, B.S., and Gonska, G.J., "A compliant optical mount design," *Proceedings of SPIE* **1690**, 1992: 387.

［27］ Bruning, J.H., DeWitt, F.A., and Hanford, K.E. (1995). "Decoupled mount for optical Element and stacked annuli assembly," *U.S. Patent No. 5,428,482*, issued June 27, 1995.

［28］ Welham, W. (1979). "Plastic optical components," Chapter 3 in *Applied Optics and Optical Engineering*, VII, R. R. Shannon and J. C. Wyatt, eds., Academic Press, New York.

［29］ Altman, R.M. and Lytle, J.D. (1980). "Optical design techniques for polymer optics," *Proceedings of SPIE* **237:380**.

［30］ Lytle, J.D., "Polymeric optics," Chapter 34 in *OSA Handbook of Optics*, 2nd ed., Vol. II, M. Bass, E. Van Stryland, D. R. Williams, and W.L. Wolfe, eds., McGraw-Hill, Inc., New York.

［31］ Lytle, J.D., "Specifying glass and plastic optics: what's the difference?," *Proceedings of SPIE* **181:93**.

［32］ Plummer, W. T., "Unusual optics of the Polaroid SX-70 Land Camera," *Appl. Opt.*, 21, 1982:196.

［33］ Bäumer, S., Shulepova, L., Willemse, J., and Renkema, K., "Integral optical system design of injection molded optics," *Proceedings of SPIE* **5173**, 2003:38.

4 複数の構成要素からなる レンズアセンブリ

　レンズ，ウインドウ，ミラーやフィルタなどといった光学部品を複数個まとめて共通の機械部品に組み込む方法は，第3章で述べた基本的な組み込みテクニックに関連している．ここでは，複数の光学素子からなるアセンブリに特有の視点について議論する．本章のトピックは以下のとおりである：マウント内で隣接するレンズ間を分離するスペーサ，構成要素間の自由度を変えるための組み立て上のテクニック（投げ込み，玉押し，ポーカーチップ，モジュール化），完成したアセンブリの封止およびパージ，1枚あるいは多数のレンズをほかの群に対して移動させることでフォーカス調整や焦点距離変化，倍率変化を実現する機構など．実際のハードウェア設計を例にとり，様々な設計のタイプを示す．屈折部材や反射部材の組み合わせによる組レンズの調整方法や，その実装については第12章で示す．

4.1　スペーサの設計と製作

　複数のレンズの間に光軸方向の間隔を確保するためには，一般的には一つあるいは複数のスペーサが必要となる．これは，隣接する光学面の間に適切な間隔を確保することと，レンズに調整手段を割り当てるためである．あるいは，マウントと一体加工された棚の部分でも，これらの役割を果たすことができる．簡単のため，ここでは両者ともスペーサとよぶことにする．図4.1に挙げた例において，隣接する光学面の頂点間の間隔 $t_{j,k}$ はスペーサの長さ $L_{j,k}$ により決まる．ここで，スペーサは高さ y_j, y_k の点 P_j, P_k において，それぞれ光学面に接しており，それぞれの曲率半径の絶対値は $|R_j|, |R_k|$ である．各々の面のサグを S_j, S_k とすると，これらは次に示す式により計算される．ただし，接触点が面の右にある場合の符号を正，左にある場合の符号を負としている．図では，S_j は負だが，$S_k, t_{j,k}, L_{j,k}$ はいずれも正である．

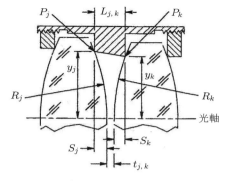

図 4.1 2 枚のレンズの間のスペーサ寸法を決めるための図.

$$S_j = |R_j| - (R_j^2 - y_j^2)^{\frac{1}{2}} \tag{4.1}$$

$$S_k = |R_k| - (R_k^2 - y_k^2)^{\frac{1}{2}} \tag{4.2}$$

$$L_{j,k} = t_{j,k} - S_j + S_k \tag{4.3}$$

例題 4.1 スペーサ長さの計算（設計と解析には File 4.1 を用いよ）.

2 枚の両凸レンズ（$R_2 = 762$ mm, $R_3 = 190.500$ mm）について，軸上間隔が $t_A = 1.905$ mm であるとする．接触高さ $y_2 = 38.100$ mm, $y_3 = 42.342$ mm の場合，スペーサに必要な長さはいくらか．

解答

式(4.1)および式(4.2)より

$$S_2 = \sqrt{762 - (762^2 - 38.1^2)} = -0.953 \text{ mm}$$

$$S_3 = \sqrt{190.5 - (190.5^2 - 42.342^2)} = 4.765 \text{ mm}$$

を得る．式(4.3)より

$$L_{2,3} = 1.905 + 0.953 + 4.765 = 7.622 \text{ mm}$$

である．

2.3.1.2 で述べたように，面接触は，レンズにディセンタやチルトがあっても，光軸に対してアライメント誤差が生じないという利点がある．これは図 4.2 に示されている．スペーサと偏心測定器によりレンズを芯出しすることで，外の面と光軸上距離を最小にすることができる．Hopkins[1]は，このようなアセンブリ内での

138　第4章　複数の構成要素からなるレンズアセンブリ

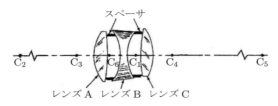

図 4.2　レンズの縁もスペーサも完全には軸が出ていないにもかかわらず，レンズは軸が完全に出ている面コンタクトタイプのトリプレットレンズ (Hopkins[1]による)．

　レンズとスペーサとの組み立て方法はもちろんのこと，調整がうまくいっているかどうかの確認をするための装置についても解説している．調整がいったん完了すれば，その調整状態を保持するために，レンズ構成要素は固定される．次にその方法をまとめる．

　図 4.2 では典型的なレンズ構成を示した．図 4.3 は，このレンズのハウジングがアライメント検出装置に組みこまれた様子を示している．なお，上下には追加のスペーサが示されている．アライメント検出装置は，Brockway と Nord の設計に基づくレーザオートコリメータである．レンズとスペーサは各々，紙面 xy 方向に動かせるようになっている．これは直交する径方向のセットスクリューにより実現できる．レーザオートコリメータからのビームは，わずかにウェッジのついた基準ウェッジ上面に対してアライメントされる．この基準ウェッジの上面はレンズハウジングの基準面である．第 1 のスペーサはビームに対し概略中心を合わせた後，プレートにクランプまたはロウ付けにて固定される．そして，第 1 レンズをこのスペーサの上に乗せる．すると，複数のリング状パターンが接眼レンズを通して確認できる．一つは参照面と各レンズ間の干渉であり，もう一つはレンズ面間の干渉である．各パターンが互いに同軸になるまで，レンズ移動機構によりレンズを動かす．そしてレンズをクランプするか，スペーサにエラストマーで接着する．次のスペーサも最初のレンズにクランプするか接着する．第 2 のレンズを追加し，そのレンズからの干渉リングが同心になるよう調整する．そしてそのレンズも固定する．この手順は 3 番目のレンズに対しても繰り返される．第 4 のスペーサを追加し，すべてのアセンブリを光軸方向にクランプする．

　正確に中心を合わせるうえで，いくつかの干渉リングが小さすぎたり大きすぎたりする場合がある．このような場合は，オートコリメータのリフォーカスとビームに対する付加レンズを，同時にあるいは片方だけ用いる．これらの方法により干渉

4.1 スペーサの設計と製作   139

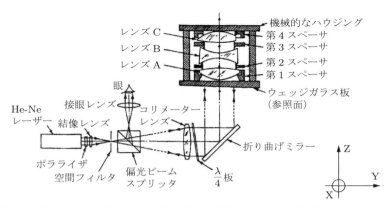

図 4.3 組んだままで組レンズの偏芯を測定し調整するための試験系（Hopkins[1]，BrockwayとNord[2]による）．

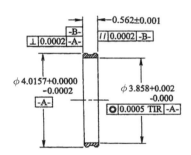

図 4.4 典型的なスペーサ．寸法は in. である（Westort[3]による）．

リングの大きさを見かけ上変えることができ，その干渉リングに対応する面がより正確に調整できるようになる．

　大部分のスペーサの幅は，外径に対して小さいため（典型例を図4.4に示す），スペーサの製造は難しいことがある．旋盤加工の際，真円度や平行度が狂う可能性がある．これらの問題をできるだけ少なくするためには，Westort[3]によって示されたような，圧力をかけない加工法を採用する必要がある．彼の方法では，正確な内・外形，真円度，端面の平行度，端面の光軸に対する直角度が，適切なバランスで設計されたいかなるスペーサに対しても保証される．

　図4.5にこの方法のおもな流れを示す．材質はSUS400系を用いる．これはレンズセルの材料としても使われており，保持されるレンズの線膨張係数に適切に合うように選択した．スペーサは，まず基板から大体の寸法まで粗加工され（図4.5(a)に点線で示す），応力を取り除くため熱処理する．スペーサは低融点はんだにより

140　第4章　複数の構成要素からなるレンズアセンブリ

（a）ステップ1：荒加工・熱処理

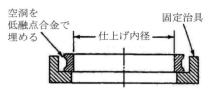

（b）ステップ2：固定治具にポッティング固定

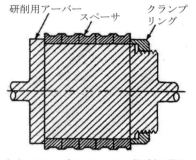

（c）ステップ3：アーバー（切削工具を取り付ける小軸）上で最終外径に加工

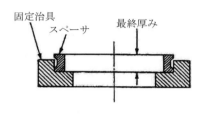

（d）ステップ4：最終厚みに加工

図4.5　精密なスペーサを製作する一つの方法におけるおもなステップの手順（本文で説明．Westort [3]による）．

治具に固定され，最終的な内径に加工される（図(b)）．丁寧に加熱して治具に固定されたスペーサを取り外した後，複数のスペーサをアーバー（切削工具を取り付ける小軸）にまとめて取り付け，最終的な外径に加工する．上面は平面研削され，エッジはつや出しされる．そして，スペーサはひっくり返され，上面を平面研削し，最終的な厚みまで加工される．各面のエッジをつや出しすれば，スペーサ加工は完了する．

　この方式では，スペーサのレンズと接する面が90°のシャープコーナーになる．方式を少し変えることで，片面あるいは両面を円筒状に研削することもできる．そのためには，スピンドルにスペーサを取り付けて面の加工を行う際，研削工具を適切な角度に設定すればよい．トロイダル状の接触面も加工可能である．そのためには，研削工具を正しい曲線に沿って動かす必要がある．この加工は最新のCNC旋盤かSPDTを使えば容易に実現可能である．

　図4.6に図4.4のスペーサにあわせて設計されたセルを示す．完成状態を図4.7に示す．上述のスペーサは最も左に示されている．スペーサ外径とセル内径の最大

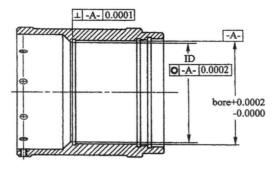

図 4.6 図 4.4 に示したスペーサが用いられるセル．寸法は in. である（Westort [3] による）．

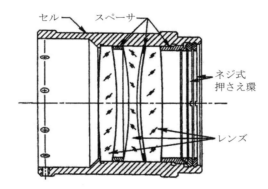

図 4.7 高性能リレーレンズアセンブリ（Westort [3] による）．

クリアランスは 20.3 μm である．組み立ての際，スペーサ挿入時に引っかかってしまわないよう注意を要する．スペーサ側面は，引っかかる可能性を防止するため，2.1.3.1 でレンズに対して述べたように，球面状あるいは凸面状に加工するのもよい．この時は図 4.5(c) のようにスペーサをまとめて加工することはできず，一個ずつ加工する必要がある．

図 4.7 に示すアセンブリのうち，ほかのスペーサについても言及する価値がある．2 番目のスペーサははっきりわかるよう強調して示している．典型的には，このようなスペーサはステンレスなどの打ち抜きで作られており，レンズ設計で要求される厚みに仕上げられている．最小の厚みは 50 μm 程度と考えられる．この種のスペーサは十分に薄く，隣接するガラス面（これらは非常に近い曲率半径をもっている）に，押さえ環によって締め付けられたときには，非常によく適合する．もちろん，スペーサは凸面の深さが凹面の深さを超える場合でも，光軸上で面どうしが接

触しないように,十分厚くする必要がある.

図4.7の第3のスペーサは二つの役割をもっている.これらは金属製のスリップリングとしてはたらき,押さえ環を締め付けたとき,レンズが引きずられてほかのレンズとの回転方向のアライメントがずれてしまうのを防止する.精密な組レンズでは,レンズを組み込むときにしばしば回転調整を行う(クロッキングまたは位相調整とよばれる).これは,レンズのもつ透過偏芯を互いに打ち消し,できる限り最高の像を得るためである.このスペーサは十分長く,作業者が押さえ環に容易にアクセスできるようになっている.ここで注意すべき点は,二つのネジ式押さえ環を用いるということである.第2の押さえ環は,第1の押さえ環が振動で緩むのを防いでいる.さらに,それらのネジは接着剤で固着する必要がある.

図4.8(a)は打ち抜きでつくられたプラスチック製のスペーサであり,三つの突起を備えている.このスペーサは狭い空気間隔を必要とする2枚のレンズ間に挿入されるものである.分離型ダブレットの間隔を確保するための,安価で製作可能なポリエステル製のスペーサについては,Addisが論じている[4].外側のリングは突起を支えており,レンズ外径より外に位置している.突起は各レンズの開口の間に突き出ている.Addisが利点として指摘した点は,レンズアセンブリを除湿するためにエアパージまたはN_2パージするとき,これらの気体が容易に通り抜けられるという点である.連続的な形状をもつシムでは,スペーサとレンズ端面に溝を切らない限り,このようなことは不可能である.

図4.8(b)は,この種の溝を切ったプラスチック製スペーサの典型例である.保持力を分散させるため,アセンブリの周囲の大部分でレンズと接触が起きるようにする.プラスチック製スペーサは,量産コストの観点から有利である.つまり,プ

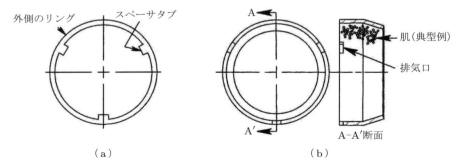

図4.8 (a)面を分離するためのタブを有する薄いプラスチック製スペーサ,(b)排気用の溝を有するプラスチック製スペーサ(Addis[4]による).

ラスチック製スペーサは，極端に高精度が要求されない用途においては十分な精度で製作可能である．スペーサが内側のざらついた黒いプラスチックで作られている場合，迷光減少に役立つ[4]．

スペーサの話題から離れる前に，スペーサをまったく使わないエッジコンタクトの是非について考えておく必要がある．図4.9に典型的な構造を示す．この例では，隣接するレンズ面の曲率はきつく，左の凸面は凹面の面取りと接している．このような設計になってしまうと，軸上の空気間隔が収差に非常に大きく影響するため，空気間隔を正確にコントロールする必要がある．以下に述べる二つの方法のいずれかを用いることで，各エレメントの空気間隔に対する寄与が決定できる．

① 各面の接触面からのサグ深さを直接測定する．この測定には，たとえば近似的に等しい径のリングをもつリングスフェロメータを使えばよい．
② あるいは，接触径（つまり凹面の面取り径）は直接測定できるので，各面の既知の曲率半径と式(4.1), (4.2)を用いて，対応するサグ深さを計算する．

いずれの場合においても，これらのサグ値の差が空気間隔になる．

この方法における現実的な問題は，設計ではなく，エッジコンタクトによる組レンズの製造にある．Price[5]はこのような設計に対し，光学メーカーの従業員が普通示すであろう反応を，以下のようにユーモアを交えて表現した．

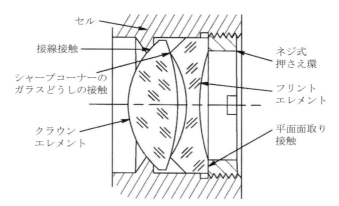

図4.9 エッジコンタクト型ダブレットレンズのマウント方法模式図．ここでクラウンエレメントは棚とフリントエレメントのシャープコーナーの間で芯出しされている（Price[5]による）．

144　第4章　複数の構成要素からなるレンズアセンブリ

　本当にフリントガラスの尖った面取りをクラウンガラスに押し付けたい
のか？　フリントガラスの名前がどこから来たのか知ってるのか（フリン
ト＝火打石）？　いいか，フリントガラスは簡単に欠ける．とくに面取り
のエッジでだ．そのうえ，もし1枚のレンズをもう1枚に対して動かし
て調整しなくてはならないとすれば，2枚目のレンズのコーティングに傷
が入ってしまうかもしれない．そうなるとどうなる？　大変な損害だ．

　これらの欠点は利点に対してのバランスを考えなくてはならない．つまり，スペー
サが不要な点と，1枚のレンズが自動的にセンタリングすることを期待できるかも
しれない点である．そのため，理論的な設計手法としては，以下の事柄を考慮する
ことで，設計上の利点を評価することである[5]．

　①隣接する面の相対的な曲率半径
　②現実的な直径で接触できるか
　③ガラスの硬度と欠けやすさ
　④接触径における曲率半径と外径の比
　⑤空気間隔とレンズチルトに対する感度
　⑥セルフセンタリングの可能性
　⑦レンズの大きさと設計結果における重量

4.2　投げ込み構造

　投げ込み構造とは，各レンズおよびレンズに接する面が決まった寸法で，かつ決
まった公差で製作されており，追加の機械加工を要さず，そして光学調整がない設
計のことである．低コストで組み立てやすく，メンテナンスが容易であることが，
この設計を選択する判定基準である．典型的には，F/4.5よりも暗く，要求性能が
それほど高くない場合にあたる．
　図4.10にその例を示す．これは軍用の望遠鏡における固定焦点の接眼レンズで
ある[6]．同一のレンズ(同一のダブレットで，クラウンを互いに向かい合わせた配置)
とスペーサは，セル内径に径方向のクリアランス0.075 mmのはめ合いで挿入され
ている．ネジ式の押さえ環により，これらの構成要素が所定の位置に固定されてい
る．調芯精度は次の二つの要素で決まる．第一に，レンズの芯取り精度がある．第
二には，レンズの縁がセル内径にあたるまで，縁厚の差（つまりウェッジ）を吸収

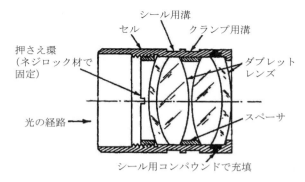

図 4.10　投げ込み構造のアセンブリの例（Yoder[6]による）.

できる保持力があるかどうかである．光軸方向のレンズ間空気間隔はスペーサ寸法に依存する．スペーサ寸法の典型的な公差値は，設計値から 0.25 mm 以内である．

多くの軍用と民生用のレンズアセンブリにおいて，性能への要求がさほど厳しくないものは投げ込み構造の考え方に従って設計される．大部分は，大量生産が想定され，それ以外にはロボットによる自動組み立てを意図して作られるものもある．コストが第一に重要である．一般的な光学・機械部品加工業者の実力に基づく注意深い公差設定が本質的に重要である．というのは，部品は普通在庫からランダムに選び出されるので，もしできたとしても，組み立て時の調整はほとんど現実的でないためである．普通は，フォーカス調整が唯一の調整である．最終製品の数％は性能上の要求を満たさない可能性がある．性能を満たさない組レンズはそれ以上調整することなく捨ててしまう．というのも，個々の悪影響を及ぼしている原因を，トラブル対策を通じて見つけ出して修正するよりも，廃棄してしまうほうがコスト的に有利だからである．

4.3　旋盤加工による組み立て

3.13.2 項で単レンズについて述べたように，「旋盤加工による組み立て」とは，特定のレンズにちょうど合うように，マウントの座面を旋盤や SPDT で個別に加工する方法である．各座面の光軸方向の位置は，通常機械加工と同時に決定される．コバが厚いものに関しては，球面状，あるいは膨らんだ端面形状が適切である．この設計の特徴は 2.1.3.1 で述べたとおり，レンズが傾いているときレンズを押し込んでしまうことがないように，レンズアセンブリをマウント内径にぴったりはまる

146   第4章　複数の構成要素からなるレンズアセンブリ

ようにすることを意図している．

図4.11は2枚玉レンズアセンブリに対する計測と合わせ加工の手順を示したものである．図(a)は分離ダブレットがセルに組み込まれた図である．実際に製作されたレンズに対して行う測定は，図(b)の①～⑤で示されている．実測値を図のコピーの中の四角欄に記入する．これはある特定のアセンブリに対して記録をとるためである．レンズ曲率半径の実測値も，ニュートン原器か干渉計による測定に基づき記録データ中に記入する必要がある．A～Eの文字で指定される面は，次の二つの目的で機械加工される．すなわち，個々のレンズ寸法測定値に合致するため

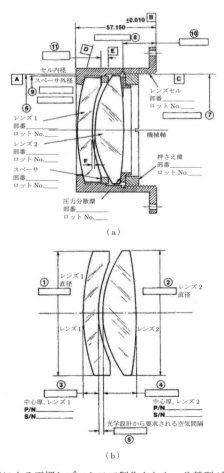

図4.11　旋盤加工による玉押しプロセスで製作された，分離型ダブレットレンズアセンブリ．(a)完成品，(b)レンズに対する測定項目（Yoder[6]による）．

と，レンズの光軸方向の位置を指定された公差内に入れるためである．D 面はレンズ 1 と接線方向で接する．この面の加工は，レンズを試しに入れては，フランジ B に対する頂点位置を測りながら繰り返し行う．光軸方向の寸法 57.150 mm を公差 ± 10 μm 内に正確に出すためである．スペーサもまた，試しに組み立ててみては全長を測りながら繰り返し加工を行う．これも全長を設計上の公差に収めるためである．

　図 4.12 は，$f = 610$ mm，F 値 3.5 の航空カメラレンズであり，旋盤加工による組み立て法に基づき設計されている[7]．チタン製の鏡筒は，レンズ 5 と 6 の間にシャッターとアイリス絞りを組み込むため，2 分割して製作される．レンズ座面の加工はレンズ外径の測定値に合わせる目的と，適切な空気間隔に加工する目的がある．この加工は小さな外径部品の加工から始め，大きい部品へと順に進める．各レンズは，それぞれに対応した押さえ環により保持されており，スペーサは不要である．前側鏡筒及び後側鏡筒は，1 回の旋盤加工でレンズに合わせ加工されており，共軸性を最適化してある．これらのオプトメカニカルなサブアセンブリははめ合いによって互いに結合されており，各々の機械中心と光軸中心が合致するようになっている（はめ合い部を加工する際にはレンズ座面の加工のときと同じセットアップにする）．鏡筒どうしの接触部において，フランジの金属どうしが接する部分の気密を保つために，O リングが用いられる．凸面と接する部分には，接線接触の保

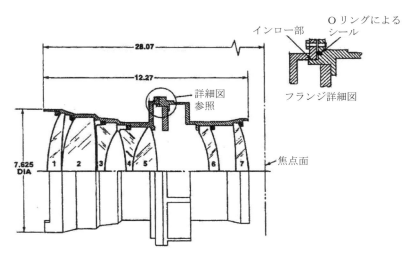

図 4.12　玉押し加工により組み立てられた航空カメラレンズアセンブリの断面図．寸法は in. 単位（Bayer[7]による）．

148　第4章　複数の構成要素からなるレンズアセンブリ

持方法が採用される．凹面は，レンズ光軸を正しく出すために，面に対して正確に
直角度を出して平面面取りされている．レンズ2-3間およびレンズ3-4間は間隔の
制約があるため，レンズコバを段付き加工することで押さえ環のための空間を確保
している．エラストマー（図示せず）を注入することにより，レンズ1，5，6，7
の面取り部を封止している．内部すべての空気間隔は，図示しない空気穴により貫
通している．これは，ドライN_2パージを可能にするためであり，低温での結露を
防ぐのが目的である．

　この手法は，軍用や宇宙用に用いられる高性能光学系にもしばしば適用される．
この種の光学系は，大部分が複数枚のレンズと，場合によってはミラーよりなる．
図4.11に示すような分離ダブレットを，反射屈折光学系に応用した例を15.10節
に示した．旋盤加工による組み立て法は，図4.12に示すように，最も小さいエレ
メントから始め，大きいエレメントへと進めていく．おそらく，顧客から要望がな
い限り，図4.11に示すような骨の折れるデータ保管はなされないだろうが，旋盤
加工による組み立て法は，レンズアセンブリが厳しい振動や衝撃に晒されると想定
される場合でも利点があるとも考えられる．というのも，振動や衝撃によるアライ
メントずれは，レンズ保持の方法を工夫することにより低減できるためである．

4.4　エラストマー保持

　エラストマーによる保持方法については3.9節で述べたが，この方法はそのまま
組レンズアセンブリにも適用できる．マウント内径とレンズ外径の間に適切な厚み
のエラストマー層を設けると，各レンズはアサーマル化（温度無依存化）される．
これにより，異なるレンズに対してマウントに同一の材料を使うことができるが，
その場合，極端な温度変動下でも大きな径方向の力は発生しない．本節では，この
ような設計方法について述べる．

　図4.13は焦点距離$f = 1.67$ m，F/8の固定絞りを備えた航空カメラであり，[7]
においてBayerにより解説がなされたものである．4枚の単レンズと1枚のダブレッ
トが，RTVゴムの円環状リングに保持されている．レンズを鏡筒内で固定するた
めの追加策として，各レンズは棚の部分でネジ式の押さえ環により軸方向に固定さ
れている．鏡筒はフランジ面にはめ合いする二つの部分より構成される．これらの
半鏡筒は，レンズが組み込まれた後，ネジで締結される（詳細図参照）．

　対物レンズの前半分は，回転テーブルに対し，軸が直交するように置かれた鏡筒

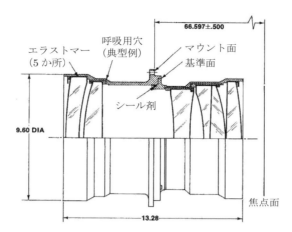

図 4.13　エラストマーによりマウントされたレンズによる航空カメラレンズ．寸法は in. 単位（Bayer[7]による）．

に組み付けられ，回転テーブルをゆっくり回しながら，レンズ座面とはめ合い部の振れが最小になるように調整される．最も内側のレンズは，組み込まれた後，機械的手段で，第 12 章で述べるような機械的／光学的手段のうち一方，あるいは両方を用いて回転軸に対する偏心が許容値内になるよう偏心調整される．押さえ環はレンズの反対側のほうに対し保持力がかかるよう締め込まれる．レンズコバと鏡筒内径の円環状の隙間は，径方向に開けられた穴（図示せず）を通して注射器で RTV コンパウンドを注入して埋められる．そして，最も外側のレンズを挿入し，回転軸の周りにアライメントする．そして，レンズを所定の位置でクランプし，ポッティング材で埋める．対物レンズの後半分の調整も同じ工程により行われる．シール材硬化後，各半鏡筒を互いに結合し，RTV コンパウンドで封止する．

　各レンズマウントにおけるレンズとセルとの隙間は，アサーマル化のため式 (3.59) を用いて個別に決定される．Bayer は，式 (3.60) で示されたポアソン比による補正を論文において適用したかどうかは明記していない．また，レンズアセンブリに使われた材料が特定できないので，低温環境下でレンズに生じる応力がどの程度低減されているかはうかがい知ることができない．同時に，この設計はオプトメカニカル設計としては成功しているので，この用途において各要素間の線膨張差の補償が適切だったと推測できる．このような設計において，エラストマーは完全に金物とガラスとに囲まれていることがわかるが，そのため RTV（エラストマー）は温度が上がった際に膨張する余地がない．そして，RTV は金属やガラスに対し

て相対的に CTE が大きいため，レンズの縁に力が生じることが予想される．

図 4.14 に示すレンズアセンブリは，5 枚構成で $f = 2.06$ m, F/10 の対物レンズである．これはアリゾナ大 Optical Science Center で米国海軍天文台の天体観測用に開発された [8]．このレンズの特色として，各レンズとフィルタがサブセルに接着されており，その円環状の接着層に約 5 mm の Dow Corning 社製エラストマー 93-500 が用いられている点が挙げられる．各セルは鏡筒に締まりばめで圧入されており，さらにネジ式の押さえ環で光軸方向に止められている．また，二つのスペーサも使われている．すべての金属部材は，ガラスとの CTE 差を小さくするため 6Al-4V チタン合金である．全体質量は 44.6 kg で，そのうち 21.9 kg がガラスである．レンズ鏡筒とその構成要素を図 4.15 に示す．

各レンズセルには，図(a)に模式的に示されるとおり，レンズの棚が片方に設けられており，レンズの芯出しの基準となる．この構成法により各レンズはサブセル内で正確に芯出しされる．そしてエラストマーを注入し，硬化される．レンズと機構部品が結合されたサブアセンブリは，光軸方向に位置決めのための棚に突き当たるようにレンズ鏡筒の所定の位置に圧入される．

Valente と Richard [9] は，組み立て途中の径方向の圧縮によるレンズ内部応力の計算方法を [9] で示した．彼らの公式と有限要素法による結果が本質的には同じであることが確認されている．図 4.16(b) に使用したモデルを示す．一度ガラス内部の応力が求まれば，屈折部材の光弾性定数と光路長から応力複屈折の評価を行うことができる．

3.9 節で議論したように，式 (3.62) を用いると，レンズエレメントにおけるエラ

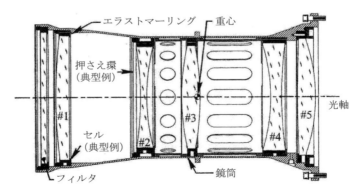

図 4.14 焦点距離 81.102 in.(2.06 m)，F/10 の天体写真用レンズのオプトメカニカル配置（Vukobratovich [8] による）．

4.4 エラストマー保持　151

図 4.15　天体写真用レンズの機構部品．(a)主チタン鏡筒，(b)鏡筒および6個のセル（一体リング），2個のスペーサ（溝切されたリング），3個の押さえ環（Vukobratovichによる）．

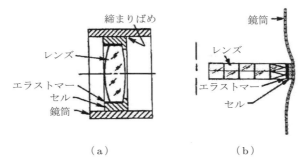

図 4.16　(a)エラストマーマウントの概念図，(b)径方向の応力を確認するため用いられたFEAモデル（ValenteとRichard[9]による）．

ストマーが通常の重力および外部加速度で弾性変形し，レンズアセンブリ中のレンズを変形させることで生ずるひずみを計算できる．この公式を用い，接着層を5.08 cm とすれば，レンズアセンブリ中の5枚のレンズのうちどのレンズでも，自重ひずみによる偏心は最悪でも 5.1 μm を超えないことがいえる．これは対応する偏心公差 25.4 μm に対して明らかに小さい．以上より，エラストマーの柔らかさに起因し，加速度によって引き起こされる偏心は，極端な横方向の加速度に晒されない光学系に対しては深刻な問題ではないことがわかる．

4.5 ポーカーチップ構造のアセンブリ

ポーカーチップ構造に関しては，多くの文献がある[1,10-15]．ポーカーチップ構造とは，各レンズを正確に調芯してマウントしたサブセルを，内径が正確に加工された鏡筒にあたかもポーカーチップを積み上げるように順に挿入していく方法である．一つの設計例を図4.17に示す．これは，低ディストーションのテレセントリック投影レンズだが，各レンズは各々ステンレス製のセルに組み込まれており，ディセンタは12.7 μm，チルトによるトータルの振れは2.5 μm以内の公差で調整した．そして，エポキシ接着剤 3M 2216A/B を 0.38 mm 厚のリング状に注入することにより，それらのレンズを固定した．このエポキシ接着剤はサブセルの径方向に開けた穴から注入される．硬化後，レンズ間の空気間隔を設計上の公差に収めるため，サブセルの光軸方向の厚みに対し最終的に機械加工を施した．そして，各サブセルは，ステンレス製の鏡筒に挿入し，押さえ環で固定した．調整は不要であった．

Vukobratovich[10]は，先に述べたレンズをサブセルに組み込む方法について，カシメあるいはエポキシ接着の例を示しつつ論じた．セルの外径は，同様に加工されたほかのセルとともに，共通の鏡筒に組み込むのに適した外径に機械加工されていた．ほかの例では，セルは厳しい外径公差で加工されていた．レンズが組み込まれた後，各外径に対して芯出しされ，リング状のエポキシ接着剤により固着される．

ポーカーチップ構造では，レンズ調整の最終段階で，精密な横方向の調整を行うことにより性能の最適化が可能である．このようなレンズアセンブリの例を図4.18

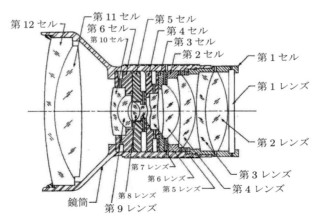

図4.17　ポーカーチップ構造による高精度投影レンズアセンブリ(Fischer[14]による)．

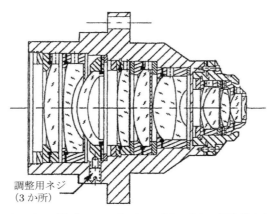

図 4.18 ポーカーチップ方式のレンズアセンブリのうち，最終組み立て後に一つのレンズを性能最適化のために調整可能な構造の断面図（Vukobratovich[10]による）．

に示す．このレンズアセンブリでは，第 3 レンズが径方向 3 か所に開けられた穴により横方向に調整できるようになっており，光学系の残存収差を補正するための調整が可能になっている．この設計法を用いるときは，可動レンズの現実的な移動量に応じて望ましい効果を得るため，特定の補正されるべき収差に対しては，そのレンズが十分な感度をもっている必要がある．しかし，移動レンズ群が，修正したい収差やほかの収差に対してあまりに感度が高すぎてはならない．感度が高すぎると，調整が非常に難しくなる．通常はレンズ設計者がどのレンズを動かすかを決める．ときには，複数の群が「コンペンセータ」として選ばれる．つまり，各々の群がほかよりもある特定の収差に効く場合である．複雑かつ高性能なポーカーチップ構造のレンズアセンブリとその応用については，第 12 章でより詳しく議論する．

4.6 過酷な振動衝撃に対するレンズアセンブリの設計

図 4.19 に比較的高性能な軍用望遠鏡に用いられる分離型対物レンズの構成を示す．このレンズは過酷な振動衝撃に耐えることを想定している．3 枚の単レンズは，厳しい公差で同じ外径に芯取りされており，SUS316 製セルに設計値で 5 μm のクリアランスではめ合いされている．すべてのレンズは右側から挿入される構造になっている．第 1 レンズは Schott 社 SF14 であり，平面側をセルの平らな棚で受けている．第 1 スペーサは厚み 0.066 ± 0.005 mm であり，ステンレスのシムであ

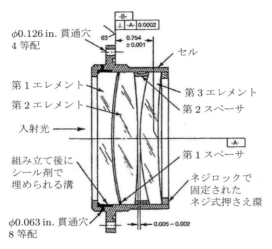

図 4.19 大きな加速度がかかる用途を意図した高性能望遠鏡対物レンズ（Yoder[6]による）．

る．第 2 レンズは Schott 社 SK16, 第 3 レンズは同じく SSK4 である．第 2 スペーサはセルと同じステンレス製で，隣接するレンズの凸面と接線接触している．押さえ環もまたステンレス製で，第 3 レンズの精密な平押し部に対し直角に加工されている．押さえ環は，第 3 章で推奨したとおり，2 級（Class 2）のネジが切ってあり，すべての金属部品は黒い不動態被膜が施されている．

各レンズとスペーサのウェッジ公差は 10" である．一方，第 3 レンズの平面面取り部の縁厚公差は 10 μm である．そこで，組み立て後，うち 2 枚のレンズをそれらの軸中心に回転させることで，第 3 の固定レンズと組み合わせたとき，軸上の空中像に対し像の対称性が最良になるように位相調整を行う．

図 4.21 は軍用のフライトモーションシミュレータの一部として設計されたコリメーターレンズの断面図である．このレンズアセンブリは，後述するデバイスの振動試験中に，前方監視型赤外線装置(FLIR)内にターゲット像を投影することを意図して作られた．このコリメータは空気間隔により隔てられた 2 群からなる．前群は口径 9 in.（23 cm）のダブレットである．一方，後群はトリプレットであり，その口径の平均値は 1.5 in.（3.8 cm）である．レンズはシリコンとゲルマニウムでできており，この光学系は 3~5 μm 帯で機能する．このレンズアセンブリの外径寸法は最大で全長 61.4 cm であり，径方向が 31.57 cm である（ただし，より大きいフランジは除外する）．質量は 356 kg である．

4.6 過酷な振動衝撃に対するレンズアセンブリの設計   155

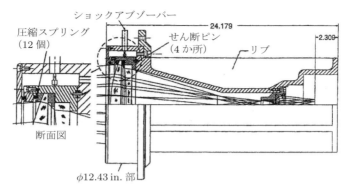

図 4.20 高い衝撃に耐えるよう設計されたコリメーターレンズアセンブリ．寸法は in.（Janos Technology 社の厚意による）．

　Palmer と Murray [16] は次のことを推奨している．このシステムのエンドユーザーにとって，大口径レンズは高コストであることから，全系が衝撃に耐えるように設計するよりもむしろ，強い衝撃でシステムの一部が故障したとしても，レンズ部品にはダメージが加わらず破損しないことを要求仕様とした．このレンズシステムは次のような思想で設計されている．すなわち，高価なレンズの支持機構は 30 G まで耐えうるように設計される．また，高価なレンズはシステムのほかの部分がダメージを受けても回収して再使用できるように安全な方法で支持する．

　また，このような過酷な衝撃は，アセンブリの光軸に対して垂直な方向に加わることが判明した．曲げ荷重に対して機械的な剛性を確保するため，主要なレンズアセンブリは T6 処理を行ったアルミニウム合金 A6061 で作られており，また全長の大部分において継ぎ目のない一体断面構造としている．この構造は図 4.21(a) のレンズアセンブリの外観図を見ればわかる．各レンズ群はハウジング中の円筒形の部分を占めている．一方で，この円筒形の外径断面は，6 本のリブを対称に配置することで，昔の蒸気船の外輪のようになっている．これは，鏡筒の中で小さなレンズ群がいったん集光して，大きいレンズ群に向かっていくビームを囲っている（図(6)参照）．リブにより重量を軽くしながら，レンズアセンブリの剛性を向上させている．鏡筒内面に溝加工することで像質を劣化させかねない迷光を減少することができる．

　大口径レンズのセルは，押さえ環のフランジでバネを押して保持するよう設計されている．このバネは複数個あり，第 1 レンズに接する押さえ板を光軸方向に押し付けている．ここで加わった荷重は，第 2 レンズに対するスペーサを押す一方，第

156　第 4 章　複数の構成要素からなるレンズアセンブリ

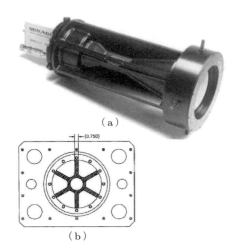

図 4.21　(a)図 4.20 に示すコリメーターレンズアセンブリの外観図，(b)アセンブリ中央部における断面図（Janos Technology の厚意による）．

2 レンズは鏡筒の棚に当たっている．ハウジング内のセルは 3 本のピンにより径方向に固定されている．このピンはレンズセルとハウジングに打ち込まれた SUS 製のインサートにはまるようになっている．このピンがないと，セルは外径のクリアランス内で横方向にスライドしてしまう．組み立てた状態では，ピンはセルとレンズに対し径方向に配置される．セルは光軸方向に向いた追加の圧縮バネによりハウジングの棚に押し付けられているが，このバネは最も外側のフランジにより圧縮されている．

　3 本のピンは，あらかじめ決まった荷重を超える衝撃がかかると破断し，セルが動いて全体の破壊を防ぐようになっている．セルの移動はショックアブソーバにより緩和されるが，このショックアブソーバはレンズアセンブリの周囲 4 か所に位置して径方向を向いている．そのうち 3 本が図 4.21(a)に図示され，さらに 1 本が図 4.20 に示されている．ショックアブソーバは非線形特性をもつ．つまりより大きな加速度がはたらくと，より硬くなる特性を示す．

4.7　写真レンズ

　図 4.22 は 16 mm 映画カメラ用の古典的な設計の F/1.9 カメラレンズである．焦点距離は 1 in.（25.4 mm）である[17]．4 枚のレンズのうち 3 枚は，ネジ式押さ

え環により固定されているが，4番目の両凹レンズはマウントにスポットでロウ付けされた金属のクリップで止まっている．最も外側のネジ（左端）はフィルタをはめるためのものである．マウントの大部分はフォーカス機構のためのものだが，これは断面図から見てとれる．

図 4.23 に医療用の 16 mm 映画レンズを示す．これは F 値が F/0.71 と非常に明るい値だが，焦点が $f = 64$ mm に固定されている．曲率の深いレンズがネジを切ったセルに保持されている．とくに興味深いのは，小径のダブレットレンズを保持するセルの配置であり，前面が円筒接触面になっていることと，押さえ環が深い構造面取りを押している点である．第 3 章では，筆者は後者のような接触構造は避けるべきだと提言した．もちろん，このレンズは民生用である．明らかにこのレンズは過酷な取り扱いや不利な外部環境に耐えることを想定していない．

図 4.24 に，35 mm フィルムカメラ用である Carl Zeiss 社製高性能カメラレンズ

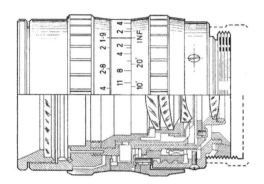

図 4.22　焦点距離 25.4 mm，F/1.9 の映画撮影用レンズアセンブリ（Horne[17]による）．

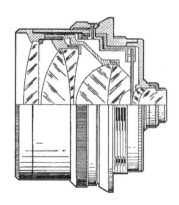

図 4.23　焦点距離 64 mm，F/0.71 の医療用カメラレンズ（Horne[17]による）．

を示す．これはプラナータイプで，焦点距離 $f = 85$ mm，F/1.4 である．このレンズは次の四つの特徴がある．すなわち，凹面のトロイダル接触，第 2 レンズと第 3 レンズのガラスコンタクト，段付きの構造面取り，そしてフォーカス機構に取り入れられた差動ネジである．これらの特徴の詳細図を図 4.25 に示す．ここで，第 3 レンズと第 4, 5 レンズ（接合ダブレット）の外径線は，はっきりわかるよう白線で強調されている．図(a)はレンズの接触面を示し，図(b)はフォーカス機構を示す．合焦するためにフォーカスリングを回すことで，中間リングが回転する．これらには各々内径と外径に粗いネジと細かいネジが切ってある．これらのネジは固定ハウジングとレンズセルの各々対応するネジに噛みあう．レンズは一体となって合焦のため移動する．差動ネジの動作原理については，4.11 節でより詳しく取り扱う．

図 4.13 にすでに示した航空カメラレンズは，$f = 1.67$ m，F/8 である．全長は 33.73 cm であり，入射面の開口径は 24.38 cm である．焦点距離が長いことで，一般的に使われるカメラレンズよりも高精細な画像が得られる．

上述したものよりも非常に大きな航空カメラの例が図 4.26 に示されている．このレンズの焦点距離は 1.8 m で，先に述べたレンズアセンブリよりも 9 %長いのみである．しかし，このレンズの F 値は F/4 であり，そのため先のレンズの 475 % の集光能力がある．この F/4 レンズアセンブリのオプトメカニカル系は，高度 10 万フィート（91 km）で −54°C から +54°C 以上の温度幅で，太陽光下でブルーカットフィルタを用いてフィルムに画像を記録するよう設計されている[10]．フィルム供給・取り出しカセットは写真の女性の左下に写っている黒いサブアセンブリで

図 4.24　35 mm カメラ用 Carl Zeiss 社製プラナー高性能カメラレンズ（焦点距離 85 mm，F/1.4）（Carl Zeiss 社の厚意による）．

4.7 写真レンズ 159

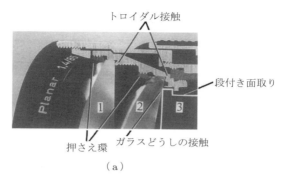

(a)

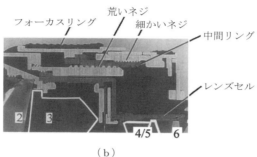

(b)

図 4.25 図 4.24 に示した Zeiss レンズの断面図.

図 4.26 焦点距離 72 in. (1.8 m), F/4 の航空カメラ (開口は口径 18 in. と大きい) (Yoder[11]による).

ある.

図 4.27 はこのレンズアセンブリ中の光学配置図である. これは, Petzval タイプであり, 3 群の分離トリプレットを含む. それらのうち, 2 群はほぼ同じ外径

(47.62 cm) であり，第3群の外径は 45.62 cm である．U字型の配置により，安定化マウント（図示せず）を中央下部にもってくることができ，この光学アセンブリの重心をマウントのジンバル軸にもってくることができる．

図 4.28 にこのレンズシステムの要求性能を満たすために必要な公差を示した．この直径のレンズを高い軸精度（典型的には 12.7 μm）で，なおかつ使用上の温度範囲で応力のない状態に保持することは容易なことではない．Scott は中央のトリプレットのサブアセンブリについて，[18]で説明している．図 4.29 はこのサブアセンブリの断面図である．2枚の凸レンズの材質は，BaLF6（CTE $= 6.7 \times 10^{-6}$/℃）であり，一方で中央の凹レンズの材質は KzSF4（CTE $= 6.7 \times 10^{-6}$/℃）である．セル材料は，BaLF6 ガラスと極力同じ CTE になるよう，A70 チタン材（CTE $= 8.1 \times 10^{-6}$/℃）とし，円筒形の鋳物から切削加工した．

組み立ての際，径方向に向いたアルミニウム製のプラグ（設計値で長さ

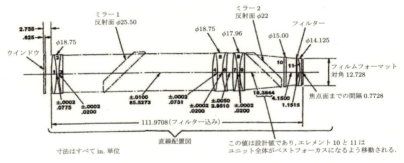

図 4.27　図 4.26 に示した大型カメラレンズの光学配置図（Yoder[11]による）．

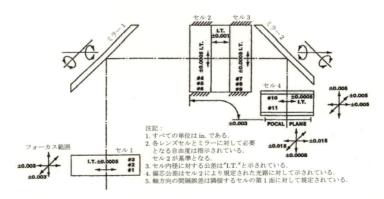

図 4.28　図 4.26 に示すレンズにおけるレンズ，レンズセル，ミラー，像面位置の許容誤差と位置調整（Yoder[11]による）．

4.7 写真レンズ 161

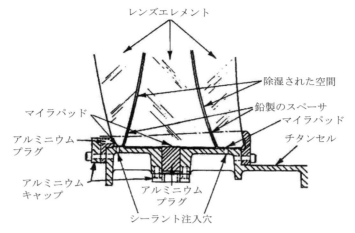

図 4.29 図 4.26 に示した口径 18 in. の大口径航空カメラレンズに対して，径方向にアサーマル化する方法（Scott[18]による）．

254 mm）を，中央のレンズの縁に対し 120°等配で挿入した．プラグの端面にあるキャップの座は，レンズセルの壁面に接している．マイラーフィルム製のシムを，レンズ端面と隣接する金物面との間に挟み，緩衝材の役割をもたせている．このように異なる寸法の異なる材料を組み合わせることにより，この保持に対してアサーマル化を実現している．また，アルミニウム製のプラグにより，このサブアセンブリは光軸方向にもアサーマル化されている．これらのプラグは第 3 レンズの右側面がこのサブアセンブリの端面という硬い保持面に突き当たるように突き出しており，左フランジ面の押さえ環にプラグ端面のキャップ座面が取付けられている．組み立て後，凸レンズの端面は加硫タイプの充填剤（3M 製 EC801）により鏡筒内面までシールされる．これはドライ N_2 パージした後の乾燥した状態を保つためである[18]．

レンズセルをハウジング内に保持する方法は，剛性を保ちながら小型軽量で，かつ温度に対して安定していなくてはならない．また，前群と後群のレンズセルは，フォーカス調整のため光軸方向の調整が可能でなくてはならない．最終的な設計結果では，各々の大きなレンズセルはカメラを支える構造物から 3 本の接線方向の腕により支えられており，各腕は厚み約 3.3 mm，幅 76.2 mm であった．より小さな後群セルの場合，腕の幅は 38 mm だった．厚みはほかの腕と同じである．各腕の端面はセルと直接ボルトで結合されている．第 2，第 3 セルの場合，固定側の端面は構造体の調整部材に取り付けられていた．第 1，第 4 セルについては，腕は調整

162 第4章 複数の構成要素からなるレンズアセンブリ

用の偏心ボルトを介して構造体に取り付けられていた.

　このアセンブリにはセミモノコック構造が採用された. 飛行機の機体の構築方法とほぼ同様に, 光軸に沿って, アルミニウムの円環状の隔壁が間隔をおいて配置され, 縦方向に弦によって結合されている. アルミニウム製の外板は, 構造上の剛性を保つため, 隔壁と弦にリベットで結合されている. 外板は弦の内部に配置されており, 断熱のための空間を形成している. また, 外部のカバーをも兼ねている. 図4.26 には断熱や外装処理される前のレンズアセンブリを示した.

　フィルム面に正しくフォーカスを結ぶため, 最終レンズの像面側の面には調整用の硬いパッドが設けられている. 4個の固定パッドは, インターフェース面のフィルムマガジン側に設けられている. 最終調整において, 実写テストとレンズセルのパッド調整を繰り返すことで, フォーカスが正しく合っていることを確認した[18].

4.8 モジュラー構成とアセンブリ

　光学機器において, 構成要素に関係する群が, あらかじめ調整された交換可能なモジュールとして設計されていれば (すなわちモジュラー設計), 組立, 調整, 保守を簡略化できる. 場合により, これらのモジュールはメンテナンスできないと考えられているが, 光学機器の修理は故障したモジュールの置き換えで済み, 普通はシステム全体の再調整を必要としない.

　モジュラー設計された機器の製作は, 同等な非モジュラー設計の製作よりいくぶん複雑である. というのも, 性能を妥協せずに交換可能にする機能を付け加えるためである. このことにより, 製造コストが上昇する傾向があるが, 組立調整コストが劇的に減少するので, 少なくとも部分的には埋め合わせできる. 多くの場合, 光軸や像面に対し特定の方向, 位置に対してマウント面を加工する. とくにモジュールの調整のため設けられた調整機構があると, 組み立ては著しく容易になる. Vukobratovich は, [19]において, モジュラー設計と製作に起因する調整精度と構造上の剛性について概説している.

　モジュラー設計の好例を図4.30 に示す. この図は, 軍用の 7 × 50 双眼鏡 (M19 双眼鏡) の分解組立図である. このオプトメカニカルな配置図は図4.31 に示されている. この双眼鏡はあらかじめ単体で調整され, 同焦調整された†まったく同じ対物レンズと接眼レンズをモジュールとして含み, 同様に左右のポロタイププリズムのハウジングもあらかじめ調整されている. 薄肉ハウジングの鋳物は最後の機械

4.8 モジュラー構成とアセンブリ　163

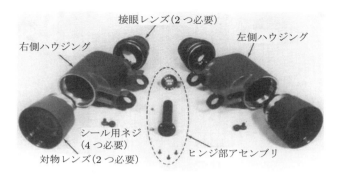

図 4.30　モジュラー設計による M19 軍用双眼鏡の分解図（US 陸軍による）.

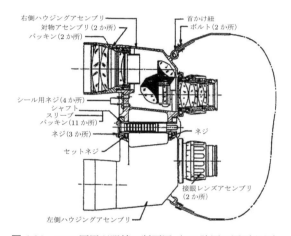

図 4.31　M19 軍用双眼鏡の断面図（US 陸軍の図面より）.

加工の段階までまったく同じである．これらのハウジングは，ヒンジ機構で結合され，眼幅調整ができるようになっている．

図 4.32 に対物レンズモジュールを示す．これはテレフォトタイプの分離トリプレットで，焦点距離 152.705 mm，口径 50 mm である．レンズ材質は S-BSL7 相当（最初の 2 枚）と S-TIM28 相当である．レンズ直径は各々 52.5 mm, 49 mm, 37 mm である．各レンズ外径の外径公差は [+0/−0.25] (mm) である．対物レンズハウジングは鍛造アルミニウム材でできている．クラウンレンズは，ハウジングの窪みに直接テーパー状の中間リングとともに組み込まれる．ネジ式の押さえ環

---

† 「同焦調整された」とは，あらかじめバックフォーカスがノミナル値に調整された光学アセンブリのことである.

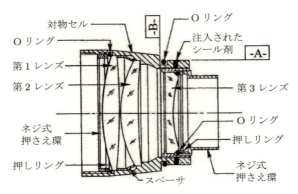

図 4.32　M19 軍用双眼鏡のモジュラー設計による対物レンズ断面図（Trsar ら[20]による）．

により，O リングを介してこれらのレンズに保持力をかけており，O リングは最外部のレンズをハウジングに対してシールしている．薄い円環状の圧力分散版により，押さえ環を締め込んだときの O リングの歪みを防止している．フリントレンズはフォーカス調整できるようセルに組み込まれており，そのセル自体はトリプレットのフォーカス調整ができるようハウジングにねじ込まれている．このセルは，ハウジングに対して焦点距離調整後にエラストマーを注入することでシールされる．フリントレンズはセルに対して O リングでシールされるが，この O リングは押さえ環により圧力分散版を介して保持力がかかっている．また，押さえ環は遮光用のバッフルも兼ねる．対物アセンブリ全体は，双眼鏡ハウジングに対し O リングでシールされており，この O リングはアセンブリ周囲に径方向に圧入されている．

　対物部のすべての部品は，外側の組付け用インターフェース面を加工する前に乾燥雰囲気中で組み立てられ，シールされる．対物部の系全体の軸に対する共軸性とフォーカス性能は，はめ合いする外径とモジュールの棚の加工により担保される（各々，図 4.32 の A 面と B 面である）．これは，本体側の対応する面も同様で，保持・搬送治具にモジュールを正確に位置決めするために厳しい公差に加工される．対物レンズセルは治具に取り付けられたまま，中空の主軸とそれに対して位置決めされたコリメータを備えた NC 旋盤で精密加工される．対物レンズによる像は，接眼レンズまたは顕微鏡により十字線とともに観察される．この十字線は主軸と同じ軸に，フランジから正しい距離に位置する．

　M19 双眼鏡の接眼レンズモジュールの全体構成は，4.11 節で光学アセンブリのフォーカスについて論じるときに議論する．

大部分の写真レンズ，ビデオカメラレンズ，顕微鏡対物レンズ，望遠鏡対物レンズは，本質的にオプトメカニカルモジュールである．たとえば，大部分の研究用顕微鏡対物レンズは，次の意味でモジュール化されているといえる．すなわち，これらの機械的なインターフェースは，フランジからあらかじめ決まった距離で軸上の光学性能が最良になるように，光学的に位置決めされているからである．写真レンズにおいては，多くの種類のモジュール化されたレンズアセンブリが，ある1種類のカメラボディに対して交換可能である．あるいは，類似の形式のカメラ間でもレンズを交換することができる．これらのレンズモジュールは無限遠に調整されたレンズの焦点面がカメラのフィルム面と一致するように同焦点化されている．

正確に位置決めされ，かつ曲率のついた形状の光学コンポーネントのインターフェース面や，組付けのための複合的な機能が，SPDTにより実現できるようになった．図4.33(a)にその一例を示す．これは複合フランジをもつ凹トロイダルミラーである．このモジュールは，フランジを用いることで，とくに位置決めのための調整をしなくてよい．このモジュールは，2チャンネル短波長赤外分光器に用いられている．この分光器は，欧州宇宙機関の赤外宇宙観測用の口径60 cm，焦点距離9 mのカセグレン望遠鏡のためのものである．この装置は，天体のスペクトルを波長 2.5〜13 μm，12〜45 μm を用いて，それぞれ別の光学系で測定することを意図して設計されている[21]．

図4.34はF/15の主焦点位置に置かれた光学系の図である．ダイクロイックビームスプリッターにより同一の機能をもつ回析格子式分光器に光が導入され，複数の

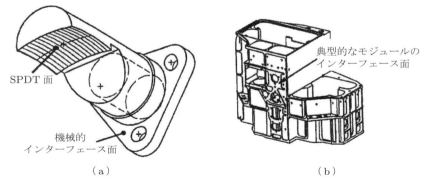

図4.33 SWSの二つの構成部品．(a)SPDT加工による精密トロイダルミラーモジュール，(b)断面および複数の光学モジュールとのインターフェース面を示したメインモジュール（VisserおよびSmorenburg[21]による）．

166　第4章　複数の構成要素からなるレンズアセンブリ

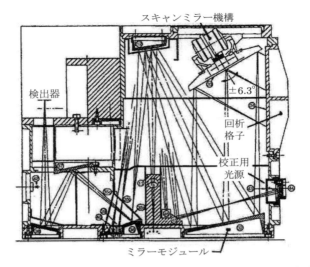

図4.34　短波長スペクトロメータ(SWS)モジュールの中の一つの光学系（VisserおよびSmorenburg[21]による）．

検出器アレイに出力される．また，長波長側のチャンネルは，二つの調整可能なファブリー–ペロー検出器に入力される．ここで用いられている多くのミラーは非球面，またはアナモルフィック面，またはその両方である．これは許容される筐体サイズに収まるサイズで，回折格子に必要なビームサイズを実現するためである．機器の校正のため，内部にはいくつかの光源を含んでいる．

　切削加工により製作された分光器のメインハウジングを図4.33(b)に示す．このハウジングは，CTEの一様性を最大限確保できるよう，アルミニウム合金A6082の一体物として削り出される．このハウジングは，人工衛星の構造体に，剛である脚と，柔らかい（つまりフレクシャ）2本の脚を介してネジで連結されている．モジュール化されたミラーの様々なサブアセンブリは，ハウジングの開口から突き出しており，ハウジングの外側からネジで固定される．モジュラー構造は組み立てを容易にし，構成要素の調整が長期にわたり保たれることを保証する．必要があればだが，ミラー交換は容易である．径全体の温度特性を均一にし，安定性を増すために，ミラーおよび回折格子と同じ材質がハウジングに使われている．ミラーは赤外域での反射率を増すために金コートが施されている．回折格子は，コートされたアルミニウム基板に直接刻印してある．

4.9 反射光学系と反射屈折光学系

　反射屈折光学系とは，屈折部材（レンズ）と反射部材（ミラー）の両方で構成される光学系である．大部分は，カセグレン式やグレゴリアン式などの古典的な全反射系の設計を改変したものである．通常は屈折部材を付け加えるが，これは性能の向上，あるいはもとの反射系が使える視野の拡大のためである．反射屈折系は，たいてい等価な反射系より明るく，物理的にも短く，視野も広い．像面近くのフィールドレンズを反射系に加えただけの系も技術的には反射屈折系だが，「反射屈折系」という用語は全口径を用いる屈折部材を含む系にしばしば用いられる．たとえば，シュミットカメラやマクストフカメラ，あるいはシュミット-カセグレン式などである．

　代表的な反射系は赤外線天文衛星 IRAS であり，これはカセグレンの変形のリッチークレティアンタイプである．図 4.35 は口径 24 in.（60.96 cm）望遠鏡に関する説明図である．この光学系は 8～120 μm で機能する．主要な機構部品と 2 枚の反射鏡はベリリウムでできている．このように単一の材料で構成されているため，この光学系はアサーマル設計になっている．このアサーマル性は，室温で製作されたミラーを約 2 K の極低温で使うことからの要求である．この使用温度では，システムの寸法は変化する．しかし，フォーカスはあったままで完璧な機能を発揮できるのである．ミラーは望遠鏡筐体にフレクシャにより支持されている．これは，光学面に力やモーメントを伝えないためである．フレクシャについては第 10 章で述べる．

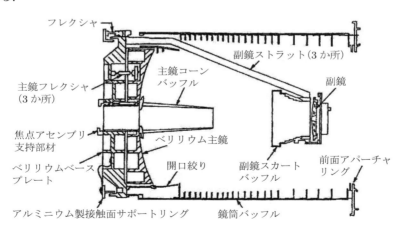

図 4.35　口径 24 in., F/1, 全ベリリウム製 IRAS 望遠鏡の光学機械構成図（Schreibman および Young[22]による）

多くの反射屈折光学系において，入射瞳に位置し口径全部を使うレンズは，しばしば補正板とよばれる．このレンズは，光学的な屈折力が通常0であり，副鏡で補正できない収差を補正することが第一の目的だからである．また，補正板は，機器内部の光学系全体を保護するウインドウとしても用いられる．

補正板は薄い反面，径が大きいため，しばしば機械的な強度が弱いことがある．そのため，大口径の補正板は，重力，加速度，温度の影響を小さなものよりも大きく受ける．大口径のネジ式押さえ環は，製作も組み込みも難しいので，補正板に保持力を加えるにはフランジタイプが用いられる．エラストマーを注入してガスケット替わりにすることが，より大口径の補正板にとって最適である．より小口径のものに対しては，Oリングが用いられる．

典型的な反射屈折系の例として，図4.36に $f = 20$ in., F/1のBaker-Nann "Satrack" カメラを挙げる．これは1950年代中頃に作られた，軌道上の人工衛星を撮影するためのカメラである．図4.37は，上記を横から見た概念図である．光学設計は，J. G. Bakerによるもので，シュミットカメラの発展形である．シュミットカメラの1枚の補正板は，ここでは，全口径を用いる分離トリプレットに置き換えられている．

図4.36　Satrackカメラの一つ．最終調整風景（Goodrich社の厚意による）．

（訳注）"Sattrack" は satellite tracking からの造語．

4.9 反射光学系と反射屈折光学系　169

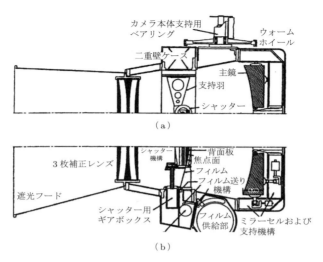

図 4.37　Satrack カメラアセンブリの断面図．(a) 平面図，(b) 高さ方向の断面
（MIL-HDBK-141 [23] より）．

この光学系に対するよい解説が，「光学設計」と称する規格 MIL-HDBK-141 [23] に記されている．以下に一部を引用する．

"この光学系の開口絞りが，主鏡の曲率中心の非常に近くに位置することは特筆すべきである．しかし，普通その位置にある 1 枚のシュミット板は，シュミット板がもっているわずかな軸上色収差を除去するために色収差補正のなされたトリプレットに分割されている．それらの内面は 4 面とも非球面である．"

"F 値が F/1 と明るいため，シュミット板が必要とする曲率は通常のものよりも極端になり，光学設計で許容される量より多くの色収差が発生すると推定される．1 枚の補正板を，中央のガラスが異なる 3 枚に分割し，シュミット板の曲率を 4 面に分配することで，この状況が軽減される傾向にある．"

"図（本書では図 4.37）を参照すると，フィルムは球面状に曲がったゲート上に送られている．この球面は湾曲した像面と一致している．移動するフィルムを複合曲面に曲げることは機械的に不可能なので，送りローラの軸方向曲率は直角から 0° でなくてはならない．そのため，この方向でカバーできる視野はわずか 5° である．一方，フィルム送り方向の視野はな

170　　第4章　複数の構成要素からなるレンズアセンブリ

んと 31°に達する．最周辺の像面は球面からわずかに離れていることがわ
かったので，フィルムの受け面は厳密な円形ではない．注意深い設計と優
れた組み立ての結果，視野のどこでも点像エネルギーの 80% が直径 2.5 µm
の円内に入るという結果を得た．この機器は米国のヴァンガード 1 号を追
跡する目的で開発が始められたと想像されているが，スプートニク 1 号の
打ち上げにちょうど間に合って製作された．"

　図 4.37 からは，オプトメカニカルな構造について，あまり多くは読み取れないが，
主鏡は径方向と軸方向にカウンターバランスのついた腕機構により支持されている
ことがわかる．この方式の支持体については第 11 章で詳しく述べる．主鏡直径は
約 79 cm あるが，これは視野周辺でのケラレを防ぐためである．

　Satrack のすべての光学系は，コネチカット州ノーウォークの Perkin Elmer 社
で組み立てられた．カリフォルニア州サウスパサデナ市の Joseph Nunn が機械設
計を提供した．やはりサウスパサデナ在住の Bolker と Chivens が機械部品を製作，
組立，試験を行った．12 台製作され，世界中の様々な場所で使用された．Satrack
は定期的なメンテナンスにより，長期間にわたって使用することができた．光学系
に対する最も重大な修理は，外部に晒される補正板平面の再研磨である．これは飛
来する鳥のフンにより汚染されていた．主鏡の Al/SiO コートもまた，時々交換を
必要とした．また，非球面のフィルム受け面も，フィルム送りによる摩耗のため，
再研磨が必要だった．これらのカメラは 1980 年代後半まで使われていた．いくつ
かはいまだ現存すると考えられている．しかし，もともとの配置を必ずしも保って
いなかったり，完全に動作する状態では必ずしもなかったりする．

4.10　プラスチック鏡筒とレンズアセンブリ

　プラスチックレンズは多くの民生用機器で使われている．たとえば，カメラの
ビューファインダー，カメラレンズ，拡大鏡，プロジェクター，CD のピックアッ
プレンズ，そして携帯電話のカメラレンズである．プラスチックレンズは，ナイト
ビジョンゴーグルや，ヘッドマウントディスプレイのような一部の軍用製品にも使
われる．非常に低コストと低〜中精度の性能を要求している機構部品も，プラスチッ
クで作ることが可能である．低コストのハウジングは，レンズ製造に使われるのと
同じ技術である，プラスチックモールドにより作られる．図 4.38 ははめ込み式ハ

4.10 プラスチック鏡筒とレンズアセンブリ   171

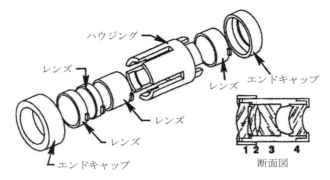

図 4.38 全プラスチック製を特徴とするレンズアセンブリ（Lytle[24]による）．

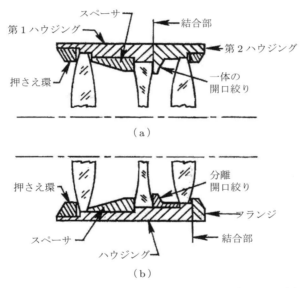

図 4.39 すべてプラスチックで同じ設計の 3 群構成のレンズの比較．(a)の設計は二つのハウジングを光軸方向に結合しており，コストが安いと考えられるが，(b)の設計は一つのハウジングとフランジを有しており，レンズの同軸精度は良好である（3M Precision Optics 社の厚意による）．

ウジングの例である．これは，4 枚のモールドレンズに付いている突起が，ハウジング側のスロットにちょうどはまる．端面キャップはハウジング端面にはめ込まれており，それによってレンズ端面に圧をかけている．このような構造のユニットを分解することは，一般には実用的ではないと考えられている．

図 4.39 は，レンズが二つの分割された円筒状のハウジングに組み込まれる二つ

の例を示している．これらのハウジングは組み立て途中で結合される．図(a)では，結合部が凹レンズの次にきている．開口絞りは中でハウジングに組み込まれている．間隔環は左の2枚のレンズを分離しており，両方の凸レンズは押さえ環により固定されている．押さえ環は接着剤か熱カシメによりハウジングと結合してもよい．図(b)においては，結合部は円筒形のハウジングと付属のフランジとの間にある．フランジは右の凸レンズの外側に位置する．ここでは，すべてのレンズは同じハウジングに組み込まれている．これにより，すべてのレンズの座は同じ部品に同時に成型されることになるので，共軸性が向上する．開口絞りは別部品になるので，(a)の設計は(b)の設計と比べていくぶん高コストかもしれない．つまり，コストと共軸性（性能）の間にはトレードオフがある．

図4.40は，すべてプラスチックでできたレンズシリーズの写真である．これらはUS Precision Lens 社（現3M Precision Optics 社）製で，リアプロジェクタ用のレンズである．いくつかの例では，フォーカス調整はレンズの入っている内側セルにより行う．この内側セルは外鏡筒に入っており，鏡筒のらせん状に切られたカム溝にピンがはまりスライドと光軸方向に移動する．また，二つのセルが光軸方向に調整可能なものもある．各セルはピンが立てられており，それ自身のカム溝に沿って動くようになっている．これら二つの動きによりフォーカスと倍率が調整できる．

すべてプラスチックでできたレンズアセンブリの例を，図4.41に示す．これはDelta20というラベルが貼ってあり，分離トリプレットがプラスチック製のセル内

図 4.40　何種類かの全プラスチック製レンズアセンブリ（3M Precision Optics 社による）．

4.10 プラスチック鏡筒とレンズアセンブリ 173

図 4.41 全プラスチック製 TV プロジェクション用レンズアセンブリ．

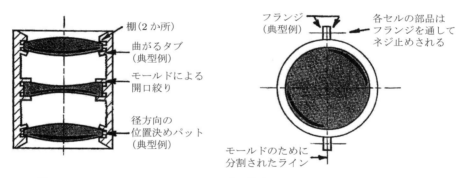

図 4.42 クラムシェルマウンティングの模式的な側面図および前面図（U.S. Precision 社の出版物 [26] による）．

に保持されている．このセルを回転させることでセルが光軸方向に動き，フォーカスを合わせることができる．このアセンブリのサイズは，フォーカス分を含めて長さが 104 ± 35 mm，マウントのためのフランジを除いた，直径が 117 mm である．重量は約 660 g である．このレンズは，基準倍率 9.3 倍，実効 F 値 F/1.2 で設計されている．

このレンズセルの内部構造は，Betensky と Wellham [25] の以前の設計に似ている（図 4.42）．レンズは縦方向に対称的に分割された半分のセルに支持されている．これは二枚貝のようなので，一般にクラムシェルマウンティングとよばれる．組み立て時，レンズは片一方のセルの窪みに挿入される．分割されたセルがそれぞれ組み合わされれば，レンズは内部の構造により定まった位置に固定される．内部の構造

としては，レンズを芯出しするための端面に触れているパッドや，レンズ周囲にいくつか配置され，前後からレンズを押す径方向に伸びた突起が挙げられる．その突起はレンズが挿入されるといくぶんしなりレンズを固定する．各セルを結合するため，セルフタッピングネジがねじ込まれるが，それによりプラスチック部品はわずかに変形する．図4.43(b)はあるセルの半分にレンズ1枚だけを組み込んだ図である．いくつかの径方向のパッド，軸方向に固定するタブ，迷光防止の溝などが見える．フランジに空いたネジ穴を通る光が影の部分に見える．

組み立てられたレンズセルはハウジング内径にぴったりはまる．2本のネジがらせん状のカムの両側を貫いており，セルの壁面にねじ込まれる．フォーカス調整をした後，蝶ナットにより締め付けて固定する．ハウジングはTVシステムの本体に図4.41で見える耳を通してネジ止めされる．

図4.44は，自動両替機のために設計されたプラスチックモジュールである．これはPMMA（アクリル）製で，2枚のレンズ（うち1枚は非球面）が付いている．レンズは機構的なハウジングと一体で成型され，さらにハウジングは2個のディテクタを取り付けるためにあらかじめ調整されたマウントを含んでいる．このタイプのモジュールは，大量生産するのならば相対コストは低くなる．調整の必要がないので，組み込みやすく，見かけ上メンテナンスフリーである．

(a)　　　　　　　　　　　　　　(b)

図4.43　図4.41に示したレンズアセンブリの内部構造の写真．(a)すべてのレンズが所定の位置にある場合，(b)二つのレンズを外した場合．レンズマウント構造の特徴と，迷光を減らすための溝が見える．

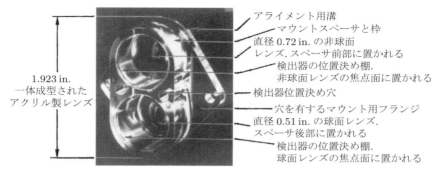

図 4.44　一体成型された二つのあらかじめ焦点調整されたレンズ，検出器に対するインターフェース，およびマウント面を備えたアクリル製レンズモジュール（3M Precision Optics 社の厚意による）．

4.11　内部機構

4.11.1　フォーカス機構

　多くの光学機器では，通常の運用上，内部での調整が必要となる．たとえば，カメラや双眼鏡のフォーカスを異なる物体距離に合わせたり，ズームレンズの焦点距離を変えたり，望遠鏡の接眼レンズを観察者の視度に合わせたりすることである．これらの調整は，ほとんどの場合，あるレンズや群を機構内部で光軸方向に動かすことで行われる．いくつかの例では，カメラの距離計や，建築写真において小さく収束する平行線をまっすぐにする場合のように，レンズをシフトさせたりチルトさせたりする場合もある．

　ある種のカメラでは，フォーカスを変える場合，対物レンズ全体をフィルム面あるいはセンサー面に対して移動させることもあるが，一方で，1 枚あるいは複数枚のレンズを残りすべてに対して移動させることもある．移動量は焦点距離や物体距離に応じて小さくも大きくもなるが，正確にレンズを移動させることと，移動群のシフトやチルトを最小限に抑えることが必要である．

　図 4.45 にカメラでよく使われるタイプのフォーカス機構を示す．これは，外周のローレットリングを通じて差動ネジを回転させることで，レンズエレメント間の間隔を変えるというものである．差動ネジは粗いピッチのネジ[†]と，より細かいネ

[†] ネジのピッチとは，山と山の間の軸方向の距離を指す．その逆数は単位長さあたりの山の数 N である（たとえば，1 in. あたり N 山）．一条ネジのリードはピッチに等しい．多条ネジのリードはピッチの n 倍である．ここで，n はネジの条数である．

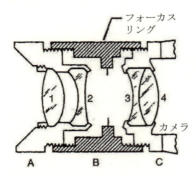

図 4.45　差動ネジによる焦点合わせ機構の模式図（Jacobs[27]による）．

ジから構成される．細かいネジのほうは円筒形のそれぞれの部材の端に結合されており，図中では「フォーカスリング」と示してある．噛みあうネジは前群セル（図中 A）と後群セル（図中 C）に位置する．リングを回すと，これらのネジは一体となってサブアセンブリを動かすが，この移動は，あたかも機構内で使われているネジより細かいネジにより駆動されているように見える．このような細目ネジは製作が難しく，高価であり，組み立ての際にうっかりかじるとダメージを受けやすい．

図 4.45 についてはいくつか補足するほうが適切だろう．レンズ 1, 2 はセル A に組み込まれており，レンズ 3, 4 はセル C に組み込まれている．このレンズタイプ（テッサータイプ）では，レンズ 1 とレンズ 2 間隔に対する要求は非常に敏感なので，正確に加工された棚で間隔を決めている．レンズ 1 はネジ式押さえ環で固定されているが，ほかのレンズはセルにカシメられている．レンズ 2, 3 間隔は前述のように，合焦のため変化させられる．移動レンズは光軸を中心に回転してはならない．よって，像はフォーカス調整の際に横ずれしないようにする必要がある．たとえば，セルにピンを立てて外部の固定鏡筒のスロットに沿ってスライドさせるという手段をとることが適切である．

数値例を挙げると，A と B を結合するネジは 32 山/in.，B と C を結合するネジは 48 山である．ネジがフォーカスリングの回転に対して減算する方向に切られていれば，送りの運動は 96 山/in. のネジと等価である．（別のレンズについて）素早いフォーカシングが必要な場合，ネジを加算する方向に切れば，19.2 山/in. のネジと等価である．式(4.4)と式(4.5)は以上の結果を得るための単純な計算式である．そして，例題 4.2 はこの式の使用例を示している．

$$N_{E\,\mathrm{FINE}} = \frac{N_1 N_2}{N_2 - N_1} \tag{4.4}$$

$$N_{E\,\mathrm{COARSE}} = \frac{N_1 N_2}{N_2 + N_1} \tag{4.5}$$

ここで，式(4.4)はネジ山の数 N_1 と N_2 のネジの組み合わせでより細かい実効ピッチ $N_{E\,\mathrm{FINE}}$ を得る式であり，式(4.5)は同じネジで逆の作用 $N_{E\,\mathrm{COARSE}}$ を得る式である．前者は両方のネジを右ネジで切り，後者は逆方向のネジを切るのである．

差動ネジのもう一つの便利な特性は，もとのネジに比べて得られるネジの作用の分解能が向上するという点が挙げられる．これは時に「利得（gain）」とよばれる．Kittel[28]はこれを以下のように定義した．

$$\mathrm{Gain} = \frac{N_2}{N_1 - N_2} \tag{4.6}$$

差動ネジに関してもう一つ有益な情報がある．それは結合されている部材（たとえば，図4.45中のフォーカスリング）が完全に1回転する間の移動量である．この係数を δ_{DIF} とすると，きわめて単純な次の式で表される．

$$\delta_{\mathrm{DIF}} = \frac{1}{N_E} \tag{4.7}$$

ここで，N_E は $N_{E\,\mathrm{FINE}}$ か $N_{E\,\mathrm{COARSE}}$ のいずれかである．

以前紹介した例で，差動ネジの原理を使っている例は，図4.25(b)の Carl Zeiss 社製85mm F/1.4 のプラナーレンズである．ローレットリング（鏡筒最外周の暗くなっている部分）により粗いネジと細かいネジが組み合わさった中間リングが回り，それによりレンズの入った内部アセンブリが回転を伴うことなく光軸方向に移動する．回転防止手段は，図中でははっきりとわからない．

Kittel[28]は普通の差動ネジ機構設計と公差設計についてのいくつかの注意点を指摘している．確かにこの機構は単一のネジで得られるより細かい移動が可能になる一方で，移動可能範囲が著しく狭くなってしまう．このように狭い範囲であっても，一方から他方に動かすためには，中間部材を単一のネジのときより大きく動かす必要がある．最後に，差動機構には，ランダムなピッチ誤差が加わる．この効果により，回転度数ごとの移動量が非線形となる．バックラッシュは，もし差動ネジが一方向にバネで与圧されていない場合，逆向きの移動に対して問題となる．これらの問題が重要でない場合，差動ネジ機構は小さな移動が必要となる光学機械において，多くの場合実用的である．

178   第4章　複数の構成要素からなるレンズアセンブリ

例題 4.2　差動ネジ（設計と解析には File 4.2 を用いよ）．

カメラレンズにおいて，二つの群が，差動ネジ機構による焦点位置調整移動のため分離されている．二つのネジは 32 tpi および 48 tpi であるとする（tpi = 山/in.）．

(a) この組み合わせの実効ピッチはいくらか．

(b) この機構の利得はいくらか．

(c) この機構の δ_{DIF} はいくらか．

解答

(a) 式(4.4)により以下となる．

$$N_{E\,\mathrm{FINE}} = \frac{32 \times 48}{48 - 32} = 96 \text{ tpi}$$

(b) 式(4.5)により以下となる．

$$\mathrm{Gain} = \frac{48}{48 - 32} = 3$$

(c) 式(4.6)により以下となる．

$$\delta_{\mathrm{DIF}} = \frac{1}{96} = 0.0104 \text{ in./ 回転}$$

大部分の軍用望遠鏡，双眼鏡，潜望鏡は遠くの物体を観察するために使われるので，伝統的に無限遠にフォーカスが固定される．その際，照準に用いられるレチクルパターンの角度方向の調整は，そのパターンに対する物体距離が対物レンズの焦点距離と等しくなるよう固定されている．接眼レンズの焦点調整は，レチクルの調整状態には影響しない．なぜなら，対象物とレチクルパターンは，接眼レンズの焦点面で光軸方向の位置が一致しているためである．もしこの種の装置において，倍率が3倍以上であれば，接眼レンズは使用者の視度に合わせるため個別にフォーカシングできるようになっていなくてはならない．

フォーカス調整（一般に視度調整とよばれる）は，軍用機器では少なくとも±4D である[†]．一方で，民生機器では少なくとも +2D ～ −3D である．接眼レンズのフォーカスリングには設定を容易にするため，1/2D または 1/4D 刻みに調整されたスケールが刻印されている．接眼レンズ全体を光軸方向に移動させることでこ

[†]　1 D（ディオプタ）は 1000 mm/ 焦点距離に等しい．これは眼鏡の屈折力を表す用語と同じである．

の調整を行おうとすると，目に入るコリメートされた光束の視度を 1D 変化させるのに必要な光軸方向の移動量は式(4.8)で与えられる．ここで，f_E は接眼レンズの焦点距離である．例題 4.3 にこの式の使用例を示す．

$$
\left.\begin{aligned}
\Delta_E &= \frac{f_E^2}{1000} \qquad (f_E \text{の単位が mm の場合}) \\[2mm]
\Delta_E &= \frac{f_E^2}{39.37} \qquad (f_E \text{の単位が in. の場合})
\end{aligned}\right\} \tag{4.8}
$$

例題 4.3　接眼レンズに対して要求される光軸方向移動（設計および解析にはFile 4.3 を用いよ）．

　焦点距離 $f_E = 39.843$ mm の接眼レンズを，± 4D 変化させなくてはならないとする．光軸方向の全移動量を求めよ．

解答

　式(4.8)より，1D の変化のためには

$$
\Delta_E = \frac{39.843^2}{1000} = 1.588 \text{ mm}
$$

が必要なので，± 4D 変化には ± 4 × 1.588 = 6.35 mm の移動量を要する．全移動量は 6.35 + 6.35 = 12.7 mm 必要である．

　この例題で決定されるネジは非常に粗い．こういった場合には，加算的な差動ネジ（右ネジと左ネジが同時に切られている）や多条ネジ（たとえば 4 条の独立した粗いネジが平行に切られている）が有利である．また，この場合では，らせん状のカムとカムフォロアも利用できるが，ここではネジ機構に集中して述べよう．

　多条ネジによる接眼レンズの例を図 4.46 に示す．ネジの条数を決めるにあたり，両端のネジが切られている領域に，何本のネジが始まっているかを数えてみる．ここでは 6 個の始点があるので，6 条ネジである．この設計では，ネジ山が 1 in. あたり 16 山あるので，16 tpi であるといえる．アセンブリにおけるこのネジ径は1.18 in.（29.972 mm）である一方，ネジの噛みあっている光軸方向の長さはわずか 7.11 mm しかない．6 山のネジが噛みあうことで小さな製造誤差やネジの不完全性をより平均化でき，その結果，使用者にとって最小限の潤滑に留めながら滑らかな動きが実現できる．

　例題 4.4 は上記の式を実際の応用例に適用した例である．

図 4.46　多条ネジの切られた接眼レンズユニットの部品．6 本の平行な溝が 1.578 in 刻みで切られており，16 tpi と等価である．

例題 4.4　接眼レンズのフォーカス調整において，1 回転以下で所期のディオプタ変化を得るネジピッチの設定（設計と解析には File 4.4 を用いよ）．

焦点距離 28.194 mm の接眼レンズについて，240°の回転により 4D の焦点を得たい．
(a) 通常の 1 条ネジではピッチはいくらになるか．
(b) 6 条ネジではピッチはいくらになるか．
(c) 単位あたりのネジは何山か．

解答

式(4.8)より

$$\Delta_E = \frac{28.194^2}{1000} = 0.794 \text{ mm}$$

である．
(a) 1 条ネジでは，

$$p = \frac{360}{240} \times 4 \times \frac{0.794}{1} = 4.77 \text{ mm}$$

となる．
(b) 多条ネジでは，

$$p = \frac{360}{240} \times 4 \times \frac{0.794}{6} = 0.795 \text{ mm}$$

となる．
(c) (a)のネジについては，単位長さあたり $1/4.77 = 0.21$ 山，(b)のネジについ

ては，単位長さあたり $1/0.795 = 1.258$ 山．

民生用の望遠鏡と双眼鏡は，異なる距離の物体にフォーカスを合わせるのに，軍用とは違った方法を利用する．フォーカスを合わせておくレチクルは普通存在しないので，接眼レンズか対物レンズのどちらかを合焦のため移動させることができる．図 4.47 に示したように，古典的な設計の双眼鏡では，ヒンジ部分にあるローレットリングを回すと，両方の接眼レンズが同時に各々の光軸に沿って移動するようになっている．1 個の接眼レンズは個別に動かせるようになっており，左右の目の調整量のバランスをとれるようになっている．この設計の接眼レンズでは，プリズムハウジングの上のカバープレートの穴の中を接眼レンズがスライドし出入りするようになっている．接眼レンズとこれらプレートの間の気密をとることは非常に難しい．大部分の民生用機器は気密構造にはなっておらず，内部は最終的には汚染される．

図 4.48 は，安価な市販の双眼鏡に用いられる，個別にフォーカス可能な接眼レンズである．ここでは，全体の内部セルが粗いネジにより回転し光軸方向に動くことでディオプタ調整できるようになっている．この回転により，視線が光学ウェッジ効果により揺れ動く．このため，長時間の使用は目の疲労を引き起こす．

また，別の単純な接眼レンズの例を図 4.49 に示す．このフォーカス機構は，軍用の双眼鏡や望遠鏡の設計に典型的である．図 4.48 との基本的な相違は，外気に触れるアイレンズがシールされており，回転面を封止するため，高粘度のグリスが塗布されている点である．これは湿気やほこりの侵入を防ぎ，移動時の感触をよくするが，低温下ではグリスが非常に硬くなるといった問題がある．

図 4.47　焦点調整可能な接眼レンズを備えた伝統的な民生用双眼鏡の設計（Carl Zeiss 社の厚意による）．

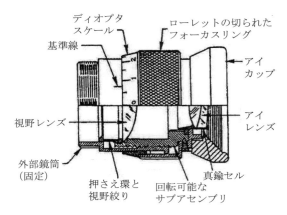

図 4.48　レンズセルが粗いネジにより回転する，単純な焦点調整機構を備えた接眼レンズ（Horne[17]による）．

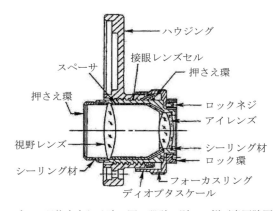

図 4.49　レンズセルが焦点合わせ時に回る設計の別の一例（米国陸軍の図面より）．

さらに複雑な接眼レンズの構造を図 4.50 に示す．これは，内部のレンズセル全体が回転することなく軸方向にスライドする．図 4.50 の配置は，セルが回転する設計と比較して，フォーカスを合わせるときの視線の軸精度が高いことや，よりよい封止が可能であるといった性能上の利点がある．この設計は，すでに議論したM19 双眼鏡に使われる．

ここで，各レンズは，セル 11 により保持されており，このセルはローレットリング 28 をネジ 29 に対して回転させることで光軸方向に動いてフォーカスを合わせる．ストップピン 34 がハウジングの溝 13 に沿って動き，ローレットリングを回したときにレンズが回転するのを防ぐ．このハウジングの典型的な組み込み方法

4.11 内部機構   183

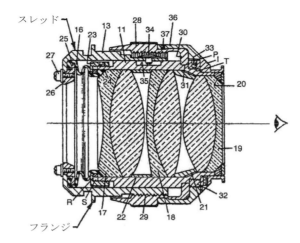

図 4.50　軍用望遠鏡のためのより複雑な設計の典型例．この設計では，レンズはフォーカス調整時に回転するのではなく，平行移動する（Quammen ら [29] による）．

は，ネジ式のクランプリング（図示せず）による方法である．このクランプリングは，ローレットリング 28 を組み込む前に接眼レンズを覆うように組み込まれる．このリングは，双眼鏡ハウジングの対応するネジに組付けられたとき，ハウジング 13 の右側の面に押し付けられ，接眼レンズを定位置に固定するようになっている．機械的な基準がないので，この設計においては，接眼レンズが光軸周りに回転できるように注意を払わなくてはならない．これは締め付ける前に，双眼鏡の使用上の基準位置でディオプタ調整スケールが見える位置にくるようにするためである．フランジに隣接した溝にはまった O リングにより接眼レンズがシールされる．

図 4.51 は，民生用の双眼鏡において，駆動部のシールを損なわずにフォーカス機構を実現した設計例である．ヒンジ部のフォーカスリングを回すと，リフォーカスのため各望遠鏡内部のフォーカスレンズが動かせる．フォーカスリングの隣のもう一つのローレットリングを回すと，片方の望遠鏡のフォーカスレンズをずらすことができ，視度調整が可能である．外気に晒されるレンズは，すべて静的にハウジングに対してシールされる．回転機構のシールはフォーカスリングを内蔵するシャフト部のみである．

4.11.2　ズーム機構

民生用およびプロ写真用，そしてテレビ用ズームレンズは，軍用のそれらと同様

図 4.51　内部フォーカス機構を備えた市販の 8 × 20 小型双眼鏡（Swarovski Optik 社の厚意による）.

様々な工夫の結果，次のようなことが実現されている．すなわち，ピントを一定に保ったまま焦点距離を広角から望遠に変化させるために，移動レンズ群を滑らか・正確かつ素早く光軸に沿って移動させる機構が実現できているのである．レンズ設計は，大きなズーム範囲全体にわたり，適切な F 値で適切な像質を保てるようになっている．この種のレンズは大部分が可視域で用いられるが，軍用またはセキュリティ用の前方監視型赤外線装置に組み込まれる赤外ズーム望遠鏡も開発されている．その他のズーム系については第 15 章で述べる．

Ashton は 35 mm 映画用の古典的ズームレンズ（図 4.52，[30]）について記事を書いている．この F/3.6，ズーム比 10 倍（$f = 25 \sim 250$ mm）のレンズは，水平方向に最大 45° の視野角を有し，1.2 m の距離にある物体まで寄ることができる．このレンズアセンブリの大体の大きさは鏡筒長 300 mm で外径 150 mm である．最も外部（左側）のダブレットは固定である．また，次の分離ダブレットはフォーカスのため外部モータにより駆動される．大部分のズームレンズにおいては，ズーム機能は二つのレンズ群を動かすことで実現される．単レンズとトリプレットレンズよりなる 1 群レンズは，図に示すテレフォトポジションから，レンズを前に出したワイドポジションまで比較的長い範囲を移動する．ダブレットである 2 群は，図に示したテレフォトポジションから逆方向に移動し，途中で反転してワイドポジションに戻る．残りの構成要素はレンズ系内で固定されており，像をフィルム面に形成する役割をもっている．

図 4.53 はズーム機構の展開図である．ここでは三つの構成要素がある．二つの

4.11 内部機構   185

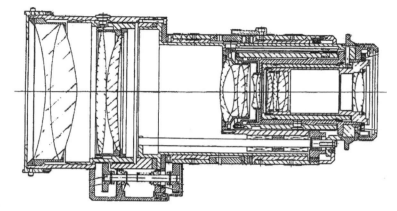

図 4.52　焦点距離 25 mm から 250 mm まで変化する F/3.6 のズームレンズアセンブリ断面図（Ashton[30]による）．

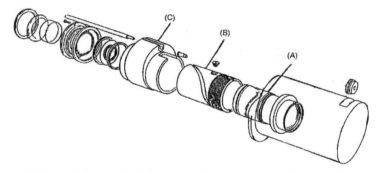

図 4.53　図 4.52 に示すズームレンズの展開図（Ashton[30]による）．

スリーブ（A と B）および移動体(C)である．ズーム機構をなす二つの群のうち，前方の群は移動体前部に取り付けられている．移動体は光軸に平行にレンズハウジングにぴったり合ったロッドに沿って，ボールブッシュがはまっている．このボールブッシュは，ズーミング中の像の走りを減少させるよう，バネで与圧されており，ハウジングに固定されたキーは移動体の溝にはまって動き，移動体の回転を防いでいる．2 群（ダブレット）は，スリーブ B の前部に取り付けられている．このスリーブは外部にリングギアを有しており，外周にらせん状のカム溝が切ってある．移動体に取り付けられたカムフォロア（図示せず）はこのカムに乗っており，外部モータ（図示せず）によりスリーブが回転するとともにダブレットが所定の軌跡を描くよう駆動する．スリーブ A はレンズハウジングに固定されており，もう一つのカム溝が切ってある．スリーブ B に取り付けられたカムフォロアはこの溝にはまっ

ており，回転するとともにスリーブ B を移動させる．スリーブ B 上のリングギアは，十分な長さをもっており，軸方向の移動範囲全体にわたり，駆動ギアが噛みあうようになっている．移動体の軌跡は，これら二つのカム形状の和になっていると考えられる．

スリーブ A と B は合わせによるサブアセンブリである．スリーブ A の外部に生えているリングは，スリーブ B の内径に対してズーミング移動中の摺動面になる．両方の摺動面は硬く陽極酸化処理されており，摩耗に対して良好な特性をもっている．また，スリーブ A のリングは，研磨されたスリーブ B の内径にぴったり滑らかに入るように SPDT 加工されている．これらの摺動面の間に許容されるクリアランスは 7～10 μm である．クリアランスが小さすぎると過大なトルクが必要になり，摩耗性悪化につながる．クリアランスが大きすぎると，ズーム軌跡が逆転するとき像のジャンプと焦点外れが生じる．カム溝はマスター型を複製するよう SPDT 加工される．カムフォロアはポリウレタン製であり，カム溝にガタなくはまり，バックラッシュを防いでいる．各レンズはアルミニウムセルで保持されており，ネジ式押さえ環で固定されている．一方，各セルはアルミニウムのスリーブと移動体に組付けられる．

新しい思想に基づくズーム系設計[31]について，5:1 アフォーカルズームアタッチメントを例にとって説明する．このズーム系は，8～12 μm の波長帯で使われる軍用の赤外線前方監視装置向けのものである．このオプトメカニカル設計を図 4.54(a)および(b)に示す．最初の群は固定であり，右にある小さい群も同様に固定されている．移動群は 1 群（分離ダブレット）と 2 群（単レンズ）である．これらレンズはすべてゲルマニウム製である．また，小径レンズのうち第 2 レンズもまた同様である．それ以外の小径レンズは ZnSe 製である．この設計では，4 枚の非球面レンズを用いている．これは，指定された温度と物体距離範囲にわたりレンズ群間を最適化したとき，結像性能が規格に入るようにするためである．これは，レンズを一つまたは二つのカムで動かすという普通の方法ではあまりに変数が多いため実現不可能だった．

この設計におけるアサーマル化は，移動レンズ群をガイドロッドに対してスライドするリニアブッシュに取り付けることによりなされた．2 個のステッピングモータが適切なギアトレーンを通じて，これらの群を独立に駆動する．図 4.55(a)を参照のこと．各モータは局所的にマイクロプロセッサにより制御されている．オペレーターはあらかじめ与えられた倍率と物体範囲の指令を与える．電気系により

4.11 内部機構   187

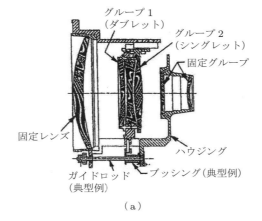

図 4.54 アサーマル化されたズームレンズ系のオプトメカニカル配置図.（a)広角ポジション，(b)望遠ポジション（Fischer ら[31]による).

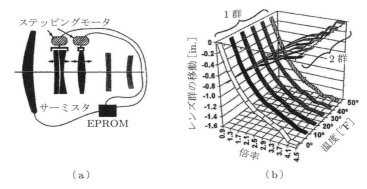

図 4.55 (a)図 4.54 に示すズームレンズ系の制御システム，(b)物体距離が一定の場合の温度と倍率に対するレンズ移動の関数（Fischer ら[31]による).

188 第4章 複数の構成要素からなるレンズアセンブリ

EPROM に記録された参照テーブルから，室温における移動レンズ群の最適位置を決める値を読み出す．レンズ筐体に取り付けたサーミスタによりアセンブリ全体の温度を計測する．これらの信号に基づき，電気系が EPROM の第2の参照テーブルから，光学系のフォーカスに対する温度の影響を補正するためのレンズ位置の微修正値を選択する．補正された信号により，測定温度における像が最良になるようにモータを駆動する．図(b)に示すように，レンズ群の移動は倍率と温度の関数になる．似たような関係が，温度一定のもとでの倍率と物体距離の間にも存在する[31]．

4.12 レンズアセンブリの封止とパージ

　光学系の封止は，光学機器を設計するうえで重要な視点である．第一の目的は，湿気，ほこり，ほかの汚染物質が侵入するのを防ぎ，光学面や電気系，精密な機構部に堆積するのを防ぐことである．特定の用途では，過酷な環境から保護する必要も生じる．軍用や宇宙用の光学系は，非常に厳しい環境に晒される．一方で，科学用，医療実験用あるいは民生用の機器，たとえば，干渉計，分光器，顕微鏡，カメラ，測量機，双眼鏡，レーザーコピー機，プリンター，CD プレイヤーなどは，たいていの場合かなり穏やかな環境で使われる．低コストの機器には，封止に関する規定はほとんどない．

　外気に触れるウインドウやレンズを，その場で硬化する弾性ガスケットや O リング（図 2.20 参照）で封止することで，通常の温度と気圧下での静的安定性が得られる．高真空用途においては，弾性のある金属，たとえば鉛や金，インジウム，金メッキしたインコネル[32,33]などの材質で，あらかじめ成形したガスケットが用いられる．ウインドウのシール方法の例をいくつか第5章に示した．レンズ鏡筒とハウジングにはポーラス構造のない材料が望ましい．鋳物は通常，ポーラスを埋めるために熱硬化性樹脂を含侵させて用いられる．フッ素ゴム（バイトン）製のOリングが長期安定性に最適だと思われる．

　外部に晒されるスライドしたり回転したりする部分は，装置の固定された部分に対して可動シールにより封止される．それには，たとえばOリングや成型したベロをもつ窪み（たとえばXリングなど），回転する絞り，伸び縮みするゴムや金属でできた蛇腹などが挙げられる（図 2.21 参照）．図 4.50 に示した M19 双眼鏡の接眼レンズモジュールでは，二つの役割をもつゴム製の蛇腹が用いられている．この

蛇腹は図示していない左側の固定ハウジングに対してフォーカスレンズ群を封止するとともに，セル左側の最も内側のレンズも封止している．一方，最も外側のレンズは樹脂により静的に封止されている．内部の移動するサブアセンブリ（セルとレンズ）は，フォーカスリングを回すと回転ではなくスライドする．溝にはまって動く固定ピンが移動群の回転を防いでいる[29]．

　前述した多くの機器や一部のサブアセンブリには，封止後に乾燥ガス（純粋なN_2や He など）を流し込んで，周囲よりおよそ 3.4×10^4 Pa 高い圧力差をつくることにより外部汚染の侵入を防ぐことがしばしば行われる．この場合，機器の外壁を通じて内部に気体を出入りさせるために，バネで与圧されたバルブが用いられるが，これは基本的には自動車のタイヤで用いられるものと類似している．与圧していない機器に気体を出入りさせるためには，ネジを切った貫通穴が用いられる．この貫通穴は，気体を流し込んだ後，シールネジで封止してしまう（シールネジはたいてい丸先か平先の切削加工されたネジで，頭に O リングが付いている）．シールネジ，O リング，注入された樹脂を封止に用いることを軍用双眼鏡に用いた実例は，図 4.31 に示されている．

　たとえば，航空カメラのハウジングのような機器において，部分的な副空洞は，空気を吹き付ける工程で確実に空気が通るように主空洞と空気抜き穴でつながっていなくてはならない（空気抜き穴はドリル加工やあらかじめ鋳込まれたハウジング内の穴やレンズコバを通る溝，つまみや弁のついたスペーサである）．4.4 節でその一例について述べ，図 4.13 に図示している．

　この補助的な空洞から，空気，湿気，アウトガスからの生成物を取り除くには，機器を真空引きして乾燥したガスで満たす操作を 2, 3 回繰り返せばよい．わずかに高い温度環境下で，機器を数時間ベーキングすることもまた，湿気を蒸発させ，揮発性材料からのアウトガス放出を促進する．頑丈な壁をもたない機器がシールされている場合，温度変化に伴う圧力変化が有害な影響を及ぼす可能性がある．その際，光学系は吸湿剤とダストフィルタを介して「呼吸」するように設計してもよい．後者の構造については 15.11 節で議論する．

参考文献

[1]　Hopkins, R.E., "Some thoughts on lens mounting," *Opt. Eng.* 15, 1976:428.

[2]　Brockway, E.M., and Nord, D.D., "Lens axial alignment method and apparatus," *U.S. Patent No. 3,507,597*, issued April 21, 1970.

[3]　Westort, K.S., "Design and fabrication of high-performance relay lenses," *Proceedings*

190　第 4 章　複数の構成要素からなるレンズアセンブリ

of SPIE **518**, 1984:21.

[4] Addis, E.C., "Value engineering additives in optical sighting devices," *Proceedings of SPIE* **389**, 1983:36.

[5] Price, W.H., "Resolving optical design/manufacturing hang-ups," *Proceedings of SPIE* **237**, 1980: 466.

[6] Yoder, P. R., Jr., "Lens mounting techniques," *Proceedings of SPIE* **389**, 1983:2.

[7] Bayar, M., "Lens barrel optomechanical design principles," *Opt. Eng.* 20, 1981:181.

[8] Vukobratovich, D., "Design and construction of an astrometric astrograph," *Proceedings of SPIE* **1752**, 1992, 245.

[9] Valente, T.M. and Richard, R.M., "Interference fit equations for lens cell design using elastomeric lens mountings," *Opt. Eng.*, 33, 1994: 1223.

[10] Vukobratovich, D., Valente, T.M., Shannon, R.R., Hooker, R. and Sumner, R.E., "Optomechanical Systems Design," Chapt. 3 in *The Infrared & Electro-Optical Systems Handbook*, Vol. 4, ERIM, Ann Arbor and SPIE Press, Bellingham, WA, 1993.

[11] Yoder, P.R., Jr., *Opto-Mechanical Systems Design*, 3rd ed., CRC Press, Boca Raton, 2005.

[12] Hopkins, R.E., "Lens Mounting and Centering," Chapt. 2 in *Applied Optics and Optical Engineering*, Vol VIII, Academic Press, New York, 1980.

[13] Carnell, K.H., Kidger, M.J., Overill, M.J., Reader, A.J., Reavell, F.C., Welford, W.T., and Wynne, C.G., "Some experiments on precision lens centering and mounting," *Optica Acta*, 21, 1974: 615. (Reprinted in *Proceedings of SPIE* **770**, 1988: 207.

[14] Fischer, R.E., "Case study of elastomeric lens mounts," *Proceedings of SPIE* **1533**, 27, 1991.

[15] Bacich, J.J., "Precision lens mounting," *U.S. Patent No. 4,733,945*, issued March 29, 1988.

[16] Palmer, T.A. and Murray, D.A., personal communication, 2001.

[17] Horne, D.F., *Optical Production Technology*, Adam Hilger, England, 1972.

[18] Scott, R.M., "Optical Engineering," *Appl. Opt.*, 1, 1962:387.

[19] Vukobratovich, D., "Modular optical alignment," *Proceedings of SPIE* **376**, 1999:427.

[20] Trsar, W.J., Benjamin, R.J., and Casper, J.F., "Production engineering and implementation of a modular military binocular," *Opt. Eng.* 20, 1981:201.

[21] Visser, H. and Smorenburg, C., "All reflective spectrometer design for Infrared Space Observatory" *Proceedings of SPIE* **1113**, 1989:65.

[22] Schreibman, M. and Young, P. "Design of Infrared Astronomical Satellite (IRAS) primary mirror mounts," *Proceedings of SPIE* **250**, 1980:50.

[23] MIL-HDBK-141, *Optical Design*, Section 19.5.1, Defense Supply Agency, Washington, D.C., 1962.

[24] Lytle, J.D., "Polymeric optics," Chap. 34 in *OSA Handbook of Optics* Vol. II, Optical Society of America, Washington, 1995:34.1.

[25] Betinsky, E.I. and Welham, B.H., "Optical design and evaluation of large aspherical-surface plastic lenses," *Proceedings of SPIE* **193**, 1979:78.

[26] U.S. Precision Lens, Inc., *The Handbook of Plastic Optics*, 2nd. Ed., Cincinnati, OH, 1983.

[27] Jacobs, D.H., *Fundamentals of Optical Engineering*, McGraw-Hill, New York, 1943.

[28] Kittell, D., *Precision Mechanics*, SPIE Short Course, 1989.

[29] Quammen, M.L., Cassidy, P.J., Jordan, F.J., and Yoder, P.R., Jr., "Telescope eyepiece assembly with static and dynamic bellows-type seal," *U.S. Patent No. 3,246,563*, issued April 19, 1966.

参考文献 191

[30] Ashton, A., "Zoom lens systems," *Proceedings of SPIE* **163**, 1979:92.

[31] Fischer, R.E., and Kampe, T.U., "Actively controlled 5:1 afocal zoom attachment for common module FLIR," *Proceedings of SPIE*, 1690, 1992:137.

[32] Manuccia, T.J., Peele, J.R., and Geosling, C.E., "High temperature ultrahigh vacuum infrared window seal," *Rev. Sci. Instr.* 52, 1981, 1857.

[33] Kampe, T.U., Johnson, C.W., Healy, D.B., and Oschmann, J.M., "Optomechanical design considerations in the development of the DDLT laser diode collimator," *Proceedings of SPIE* **1044**, 1989:46

5

ウインドウ，フィルタ，シェルおよびドームの保持方法

　本章で取り扱う光学素子は像を形成しない．これらは，外部環境と機器の内部を隔てる透明な隔壁として想定されている．あるいは，フィルタの場合，透過光（あるいは反射光）の分光特性を変化させるためのものである．典型的には，これらは平行平板か，あるいはシェルやドームの場合メニスカス形状の光学素子である．特別な場合，等角形状をしている．つまり，周囲の装置外径形状と近似的に等しい形状である．これらすべての光学素子の材料候補として，光学ガラス，石英，光学結晶，そしてプラスチックが挙げられる．フィルタは例外だが，これらの第一の目的は，ゴミ，湿気，そしてほかの汚染物質が入ってこないようにすること，あるいは，外気圧と内部圧力の差を保つためである．こういった光学素子のマウントに重要な観点として，シーリングはもちろん，機械的，熱的に引き起こされるひずみが挙げられる．大部分のフィルタは平面なので，その保持方法は平面ウインドウと同じである．面ひずみといった欠陥，波面のチルト，そして屈折率均一性に関する公差は，像面よりも瞳近辺でより厳しいため，光学系内におけるウインドウやフィルタの位置は重要である．光学素子の清浄度，インクルージョン，外観（スクラッチ−ディグ）は瞳よりも像面に近い方が厳しい．本章では，関心のある光学素子の様々な保持方法について議論する．

5.1　単純なウインドウの保持方法

　光学系内部を外部からシールする，小さい円形開口のウインドウの典型的な保持方法を図 5.1 に示す．このウインドウは $\phi 20$，厚み 4 mm のフィルタガラスである．これは，ビーム径 F/10 である軍用望遠鏡において，レチクル投影系に使われることを想定している．光源はメインの装置筐体外部に置かれているが，これは整備を容易にし，熱が望遠鏡光学系に及ぼす影響を減らすためである．光学系に要求される性能は低い．面精度は，可視で 10λ p-v 程度でよく，平行度は $30'$ でよい．

　ウインドウは，SUS303 のセルに RTV ゴムでシールされる．この材料は室温で

5.1 単純なウインドウの保持方法

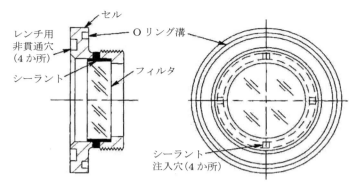

図 5.1 エラストマーのシールにより固定された，光学性能の低いガラスウインドウ．

硬化することでウインドウを所定位置に固定し，シールを形成する．ここで，ガラスは平面の円環状の棚に対して軸方向に位置決めされ，シール材は棚周囲に掘り込まれた小さな円環状の溝，あるいはウインドウのコバとセル内径の間のわずかな隙間を満たしていることに注意すべきである．この設計では，径方向のガラスと金属の隙間の設計値は 1.270 ± 0.127 mm である．接着層の径方向厚みを均一にするには，接着剤を流し込む前にガラスと金属の間に一時的なシムを挿入することで達成できる．シムによって残った泡は，シール材を再度充填することで塞がれる．この用途では，想定される大気圧差は非常に小さく，シール材の結合部には過大なせん断応力はかからないとされる[1]．

図 5.1 に示す例の設計はシールにピンホールが生じる可能性が多分にあるため，信頼性が低い．この変形としてシール材注入穴がない設計もある．シール材は二つの異なる方法のどちらかで注入される．一つ目は，組み込む前にウインドウのコバ，あるいはセルの内径に注意深くシール材を塗布し，芯出ししたのちに，棚に押し付ける．二つ目は，芯出しされ，棚にしっかりと押し付けられたウインドウの隙間に対して注射器で注入する方法である[2]．どちらの方法においても，余分なシール材は硬化前に拭き取られる[†]．シールが適切になされているかどうかは，ウインドウのコバの周囲におけるシール材に含まれるビーズの均一性テストで推測できるが，耐圧試験で確認する必要がある．セル外部に切られたネジは，装置内部のネジと噛みあう．セルのフランジ面とハウジングとの気密を保つため，O リングが用いられる．

[†] 端面を点または丸くした，ポリウレタン製の綿棒が清掃に用いられる．

図 5.2 に示したサブアセンブリは,直径 50.8 mm,厚み 8.8 mm の BK7 ウインドウが,SUS416 でできたセルに組み込まれており,ステンレスでできた押さえ環で固定されている.このサブアセンブリは,セルの壁に開けられた穴から注入された RTV シール材でシールされている.このウインドウは,10 倍望遠鏡の対物レンズ全面の外部環境に対するシールになっている.このウインドウに対するビームはつねに平行光で,ほとんど口径全面を満たすことから,このウインドウの規格は透過波面収差(緑の光に対し,パワーで 0.25λ p-v,イレギュラリティで 0.05λ p-v)およびウェッジ角(30′)で規定される.

このセルは,セル自身と装置ハウジングとの間をシールするための O リングのための輪環状の溝が掘られている.溝の寸法は詳細図に示した.マウント用の穴はシールの外にあることに注意しておく.このサブアセンブリを装置ハウジングに固定するうえでは,止まり穴でネジ止めが使われることもある.この望遠鏡は,組み立て後に 3.45×10^4 Pa の圧力をかけてドライ N_2 でパージされる.押さえ環は内面にあるため,このウインドウは棚に押し付けられる.また,シールが完全かどうかを確認するために圧力テストが行われるべきである.

二重デュワー壁を用いた極低温研究のための用途で,真空に耐えるウインドウのサブアセンブリが Haycock ら[3]により開発された.これは図 5.3 に模式的に示されている.このウインドウはゲルマニウム製であり,開口が約 133.3×33 mm の

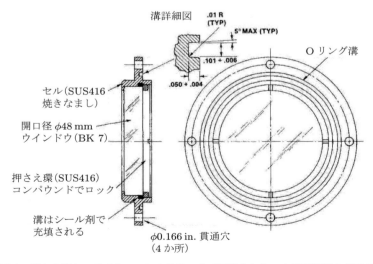

図 5.2 押さえ環とエラストマーによるシールで固定された,より高精度のガラスウインドウ.単位は in. である.

5.1 単純なウインドウの保持方法　195

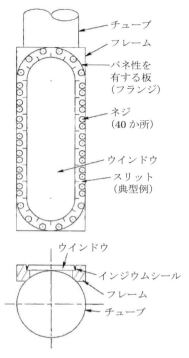

図5.3　インジウムを圧入することでシールされた低温用ウインドウアセンブリの平面図および正面図（Haycockら[3]による）．

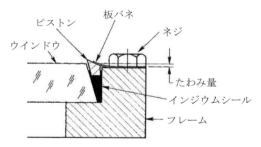

図5.4　図5.3に示した，圧入インジウムによりシールされたウインドウの詳細図（Haycockら[3]による）．

楕円（レーストラック型）である．気密シールが必要なので，インジウム製ガスケットワイヤーが，図5.4に示したウインドウの大きな面取りとセル内面の斜面の間に，バネで与圧されたピストンで圧入される．Haycockらは，ウインドウを固定するための全与圧（2350 N）と，温度変化77〜373 Kにより，バネ板が変形し，イン

ジウムワイヤーに最大 8.27 MPa の圧力がかかることを指摘している.

バネ板は，内径周囲にわたり径方向にスリットが切られており，力をウインドウの縁全面に平均的に分散させる．バネにはチタンが使われるが，これは，CTE が小さいこと，ヤング率が大きいこと，また，降伏応力が大きいためである．この板の機能は 3.7 節で述べたレンズ保持のための円環フランジと同じである．このウインドウ枠はニロ 42（Ni 42%，Fe 58%の合金）製であり，CTE がゲルマニウムに近い．ピストンはアルミニウム製であるが，これは困難な形状を容易に加工できるからである．

重要な設計パラメータとして，インジウムが圧入される三角形のギャップの狭い側（底）の幅が挙げられる．シール内部で要求される圧力を保つために底は小さい必要があるが，もし小さすぎた場合，シールするためのインジウムをその体積に圧入することができなくなる．この用途には幅 0.254 mm が十分であることがわかった．もう一つの重要な寸法として，バネで与圧されるピストンの両端のすき間がある．25 μm が，高温時のインジウムの押し出しを最小限にし，1 週間にわたって気密が保たれるために最適な寸法であることがわかった．極低温におけるこのアセンブリの試験により，試験装置（10^{-10} std atm·cc/s）の精度で，温度幅 293〜77 K における 200 サイクル以上の繰り返しに対してリークがないことが確認できた．

5.2 特殊なウインドウの保持

ここでいう「特殊」なウインドウには，航空宇宙監視用，地図作成用，および潜水艇に用いられる軍用の光電センサ（FLIR システム，LLLTV システム，レーザー距離計および標的追尾システム）が含まれる．ここでは，高エネルギーレーザーシステムに用いられるウインドウについては考慮しない．これは，設計の複雑さと，マウントに伴う特殊な問題を適切に述べるためには，非常に長い説明が必要になるからである．この種のウインドウに興味のある読者は，Holmes と Avizonis[4]，Loomis[5]，Klein[6-8]，Palmer[9]，Weilder[10]らによる，レーザー起因で起こる光学材料への影響についての膨大な資料や，Boulder Damage Conference の資料を参考にするとよい．後者の資料は，ウインドウのマウントについては取り扱っていないが，材料のダメージと熱効果について扱っている．

大部分の航空機搭載用の光電センサとカメラは，機体あるいは翼に設けられたマウント用ポッド内の環境がコントロールされた装置ハウジングに据え付けられる．

典型的には，光学ウインドウは，ポッドと筐体の間が空気力学的に連続であるよう設計される．過酷な環境にもかかわらず，高い品質と長い期間の安定性が求められる．1枚，あるいは2枚のガラス板による配置が，温度を一定に保つという要求から用いられる．両方のタイプについて，ここで議論する．

図 5.5 は，波長 0.45～0.90 μm を用いる典型的な LLLTV カメラ（低光量テレビカメラシステム）のためのウインドウサブアセンブリである．2 枚のクラウンガラスによる平行平板ガラスが貼り合わされ，厚み 19 mm，大きさ約 25 × 38 cm の楕円形のはめ板ガラスを形成している．これは，アルミニウム鋳物で機械加工仕上げしたフレームにはめ込まれる．フレームのインターフェースはカメラポッドの曲面に取り付けられており，図に示すとおり 12 本のネジでねじ止めされている．このサブアセンブリの内部構造を，図 5.6 の分解図に模式的に示す．ワイヤーはガラス板を貼り合わせる前に施された電気伝導コートに接続される．このコートは，運用上，凍結したり曇ったりするのを防ぐための熱を，口径全体にわたって供給するためのものである．これはまた，電磁気的な放射を減衰させる．このような露出したウインドウは，粒子状物質，雨，氷による摩耗の影響を受けやすいので，もしダメージを受けた場合，交換できるように想定しておかねばならない．組み立てられたサブアセンブリは，海抜気圧に対して 5.2×10^4 Pa 高く与圧したときでも，シールにより空気のリーク量はたかだか 1 分あたり 6900 Pa に抑えられる．この設計は，

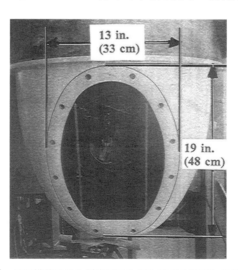

図 5.5 航空機ポッドに搭載された低光量テレビシステムに用いられた，楕円形状のガラスウインドウ（Goodrich 社による）．

198　第5章　ウインドウ，フィルタ，シェルおよびドームの保持方法

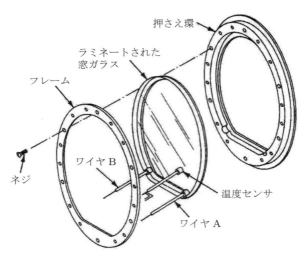

図5.6　図5.5に示すウインドウサブアセンブリの展開図（Goodrich社の厚意による）．

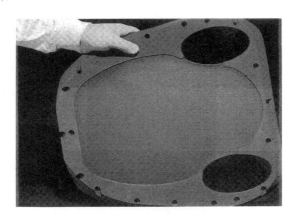

図5.7　マルチアパーチャウインドウサブアセンブリ．大きなウインドウはIR透過ZnS材であり，小さいウインドウはBK7光学ガラスである（Goodrich社の厚意による）．

各方向の圧力差 7.6×10^4 Pa に対しても，ダメージなく耐えられる能力をもっている．外部に晒される面は，広帯域反射防止膜が施されている．

図5.7に示した，多くの開口をもつウインドウは，軍用の航空カメラで8～12 μm の波長帯で用いられるFLIRセンサと，1.06 μm で用いられるレーザー距離計・照準システムに用いられる．大きいウインドウはFLIRシステム用のものであり，ZnSが約1.6 cm の厚さで形成された1枚の平行平板である．この設計上の開

口は 30 × 43 cm である．これに類似した小さな開口は 9 × 17 cm の楕円開口である．これらは，レーザー照射・受光用に用いられ，BK7 でできた 1.6 cm のガラス基板である．すべての面は入射角 47 ± 5°で，使用波長に対して最大の透過率をもつ反射防止膜が施されている．Robinson ら[11]は，このコートは一時間あたり 2.5 cm，速度 224 m/s にも至る雨滴の衝撃に少なくとも 20 分耐えうるということを示した．要求される透過波面精度は，FLIR システムについて瞬時視野に対する 2.5 cm の開口すべてに対して 0.1λ p-v(@10.6 μm)を満たし，レーザーウインドウに対しては，0.1λ p-v(@0.633 μm)を満たす必要がある．

この設計において使われる CVD による ZnS は，加工が容易ではない．幸運なことに，この材料は可視光を十分に透過するため，大きめに作ったブランク材から，最悪のブツと泡を除いて材料が取れる位置を検査員が決定できる．Stoll ら[12]が指摘するように，前の工程でできたサブアパーチャーの欠陥を徐々に細かい研磨材で除去することにより，つや出しされた ZnS と BK7 の機械的強度を最大化するよう制御される．この工程は「コントロールされた荒ずり」とよばれ，各工程に先立つ研磨砥粒の 3 倍の深さを除去することを規定している．各荒ずり工程において，平行度は規定値内に収められる．すべてのウインドウのエッジは砂ずりされ，研磨クロスでつや出しされるが，これは第一に強度を最大にするためである．このように段階的に荒ずりと研磨を行うことで，組み込み，振動衝撃，あるいは温度変化に伴う応力による破壊リスクを最小限にしている．この 3 枚のはめ板ガラスは，A6061-T651 の軽量化されたアルミニウムフレームにはめ込まれる．このアルミニウムフレームは図 5.7 に示す複雑な形状に成形されたのち，陽極酸化処理を施されている．この接着によるサブアセンブリは，航空機のポッドに，フレームのエッジに数か所開けられた窪みを用いてねじ止めされる．このフレームと接触するポッドの面や取り付け穴は，組み込み中や過酷な条件下において，光学素子を歪ませないように，フレーム側とぴったり接触しなくてはならない．

5.3 コンフォーマルウインドウ

図 5.8 はウインドウの模式図である．これは，航空機の針路に対して横方向に，水平から反対側の水平までの写真が撮れるようなパノラマカメラに用いられる．これに必要なウインドウのサイズは，カメラレンズの入射瞳径と，瞬時視野により一義的に決定される．ここで示したウインドウの外形形状は，一般的には周囲構造の

200   第5章　ウインドウ，フィルタ，シェルおよびドームの保持方法

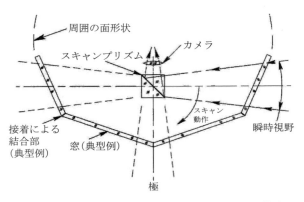

図 5.8　水平面から水平面までの写真を撮影するためのパノラマ航空カメラにおける，セグメント化されたコンフォーマルウインドウの用いられ方の概念図．

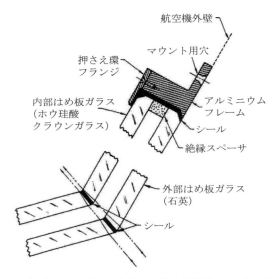

図 5.9　図 5.8 に示したウインドウのうち，二重はめ板ガラスによるセグメントウインドウの模式図．傾けられたはめ板ガラスによる屈折のため，接合部の遮蔽は最小限に抑えられており，視野のケラレがない（Yoder[1]による）．

外壁に対して合致する形状であり，そのため，これはコンフォーマルウインドウとよばれる（conformal = 同一形状の）．

　図 5.8 の一例を示す．この例では外側に合成石英，内側に BK7 の二重はめ板ガラス構成である（図 5.9 も参照）．航空機の速度は非常に大きいため，おもに熱が問題となる．高速度では，境界層効果により外側のウインドウが熱せられる．部材

放射率 0.9 の黒体として，通常は部材からカメラおよび周囲装置に熱を放射する．この悪影響に対処するため，外側ガラスの内面は金の薄膜がコートされており，放射熱を下げつつ高い可視光透過率を得ている．ほかのウインドウ面は従来どおりの AR コートが施され，フィルムあるいは検知器の感度を有する波長域にて最大の透過率を得ている．

このアセンブリにおける中央のはめ板ガラスは，大きさが約 32 × 33 cm であり，厚み 1 cm である．横のはめ板ガラスは一方向に若干小さくなっており，各はめ板ガラスの間には数 mm の間隔がある．飛行中は，カメラのある領域を安定化させるため，航空機内部で空調された空気が循環する．ウインドウは内部と外部のはめ板ガラスに分割されているが，それぞれの隣接するエッジは面取りされ研磨されている．これらのエッジはセミフレキシブルな接着剤で接着されている．はめ板ガラスは，アルミニウムフレームに形成されたへこみの中に RTV シール剤でシールされ，金属の押さえフランジで固定されている．このサブアセンブリの形状とマウント用穴の形状は，航空機側にインターフェースに対して，特殊な合わせ工具と固定具で，ぴったりとはめ合わされている．

ほかのコンフォーマルウインドウの応用として，車両に組み込まれる光電センサや，ミサイルの誘導システムを挙げることができる．図 5.10 は，前者の例として，2 種類の組み込まれ方を示す．図(a)は航空機の翼の最先端面に組み込まれる円筒

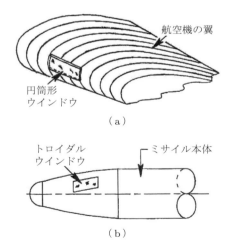

図 5.10 コンフォーマルウインドウの構成．(a)航空機の翼に組み込まれた円筒形のウインドウ，(b)円筒形のミサイル外壁に埋め込まれたトロイダルウインドウ．

形ウインドウであり，一方，図(b)はミサイルの湾曲した表面に組み込まれる，トロイダルかつメニスカス形状のウインドウである．これらのウインドウは普通メニスカス形状である．光線はウインドウで屈折されるため，ウインドウに続く光学系には，斜めのビーム経路に対する収差補正光学素子が必要となる[13]．これらのウインドウでは，以前考慮したレンズ組み込みに関する問題は起こらない．

ミサイル先端への用途としては，初期には，三角形の平面を並べて，表面形状と同じ形状にするような試みが行われた．この設計手法は，空気力学的にはよい設計とはいえない．高速度による点での温度上昇により，ウインドウが破壊される可能性があるからである．図 5.11(a)に示すように，平面が合わさった頂点にモリブデン(TZM)の小片を組み込むことで，ウインドウをいくらか保護できるが，完璧な解決策ではない．各平面を接合することは，接着剤は高温に耐えられないために，問題になる可能性がある[14]．初期のモデルでは，半球のドームが用いられたが，図 5.11(b)に示した回転楕円体のほうが，ミサイルの表面形状のよりよい近似になることがわかった．これにより，飛行速度を上げつつミサイルに対する抗力を減らすことができ，対応できる標的の範囲が広がった．

光学系の入射瞳が半球の球心に置かれている場合，半球ドームを通じて光学系が外部を観察する際の結像性能は，スキャン角により変化しない．しかし，回転楕円体のドームの場合には，同じ状況でも結像性能が劣化する．この理由が図 5.12(a)

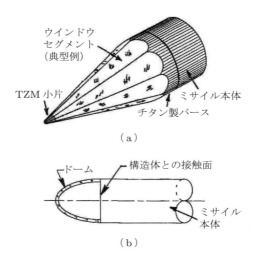

図 5.11　ミサイル用のコンフォーマルウインドウ．(a)三角形の平板（Fraser および Hemingway[14]による），(b)回転楕円体ドーム．

5.3 コンフォーマルウインドウ　203

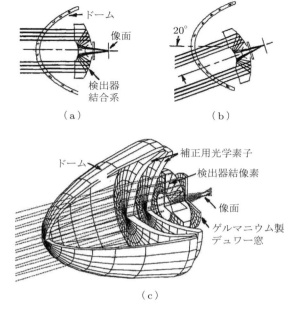

図 5.12　回転楕円体ドームを用いた検出器の配置．(a)スキャン角 0°，(b)スキャン角−10°（Knapp ら[16]および Trotta[17]による）．

および(b)に示されている．正面を見ているとき，回転楕円体はセンサの光学軸に対して回転対称である．軸対称な光学素子が結像性能を最適化するための補正光学系として用いることができる．しかしながら，図(b)のように斜めの視野を見る場合，屈折は非対称に起こり，そのため性能に妥協が必要である．中でも非点収差が最悪であり，球面収差とコマがそれに続くが，非点収差の影響より小さく目立たない[15]．図 5.12(c)に結像性能を回復させるための一つの方法を示す．ここでは，ディテクタとウインドウを含むセンサ光学系が視野ラインをスキャンできるよう，2 枚の補正光学素子が 2 軸ジンバルに固定されている[16,17]．

　回転楕円面のドームをミサイルに組み込む方法は，一般に複雑である．これは，空気力学と高温環境が関係するためである．このテーマは 5.6 節で簡単に述べる．半球面と回転楕円面の製造法については，Harris[18]が説明している．

5.4 圧力差がある環境下で使われるウインドウ

5.4.1 耐性

円形開口の平行平板に対し，圧力差 ΔP が支持されていない開口 A_W にかかっている場合，安全係数 f_S，破壊強度 S_F に対する最低限の厚み t_W は，式(5.1)で与えられる[18]．

$$t_W = 0.5 A_W \left(\frac{K_W f_S \Delta P}{S_F} \right)^{\frac{1}{2}} \tag{5.1}$$

ここで，K_W は保持条件であり，クランプされていない場合は 1.25，クランプされている場合は 0.75 である．

図 5.13 はこの二つの条件を示す図である．クランプされていない条件は，3.10 節で述べたようなエラストマーの輪環で保持された場合に近似的に適用できる．最大応力はウインドウ中心で発生する．クランプされた条件は，ネジ式押さえ環かフランジで保持する場合に適用される．この場合，最大応力はクランプされた領域のエッジで起きる．習慣的に安全係数は $f_S = 4$ ととる（安全性を高く見積もった値）．赤外用ウインドウとして一般的に用いられる数種の材料の，室温における破壊強度 S_F は，Harris[18]により述べられており，その値を表 B.16 に示した．例題 5.1 はこの計算例である．

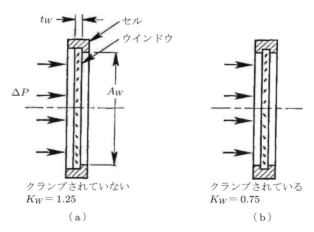

図 5.13 (a) クランプされていない円形の窓，(b) クランプされた円形の窓（Harris[18]による）．

5.4 圧力差がある環境下で使われるウインドウ　205

例題 5.1　十分な安全率をもって，与えられた圧力差に対して耐えうる平行平板円形ウインドウの厚み計算（設計と解析には File 5.1 を用いよ）．

開口直径 14 cm のサファイヤウインドウを，圧力差 10 atm（1.013 MPa）の条件下で用いる．安全率 f_S を 4 と仮定する．

（a）ウインドウがマウントにポッティングされている（つまりクランプされていない）場合，厚みはいくらであるべきか．

（b）クランプされた場合の厚みはいくらであるべきか．

解答

表 B.16 より，サファイヤの S_F は約 300 MPa である．

（a）クランプされていない場合，式(5.1)より

$$t_W = 0.5 \times 14 \times \left(\frac{1.25 \times 4 \times 1.013}{300} \right)^{\frac{1}{2}} = 0.909 \text{ cm}$$

であるべきである．

（b）クランプされている場合，式(5.1)より

$$t_W = 0.5 \times 14 \times \left(\frac{0.75 \times 4 \times 1.013}{300} \right)^{\frac{1}{2}} = 0.704 \text{ cm}$$

である．ここで，式(5.1)を調べることにより

$$\frac{t_{W\,\text{CLAMPLED}}}{t_{W\,\text{UNCLAMPLED}}} = \left(\frac{0.75}{1.25} \right)^{\frac{1}{2}} = 0.775$$

であることに注意しておく．これから(b)の解は

$$0.909 \times 0.775 = 0.704$$

となる．

Dunn と Stachiw[19]は，比較的大きな厚みをもち，円錐形に面取りされたウインドウ（これは大きな圧力差に晒される深海用潜水艇に用いられる）について，厚みと支持されていない径の比 t_W/A_W について検討した．彼らが検討した材料は，Rohm & Harris のグレード B プレクシガラス（ポリメチルメタクリレート）である．変数は，直径，厚み，圧力差，保持フランジの配置と円錐形に面取りされている場合，その面取り角（30〜150°）である．試験において，破壊に至るまで，圧力を 1 分あたり 4.13〜4.83 MPa の割合で増加させながら加えた．ウインドウが低圧側に押し出される量の測定も行われた．円錐形のウインドウの場合，円錐角に対して非

線形に強度が増すことがわかり,とくに最も小さい角度の領域でその改善が大きかった.平面と 90°面取りの場合,同じ比 t_W/A_W であれば,ほぼ同じ応力で破壊に至ることがわかった.典型的には,開口径 2.5 cm,90°面取りの場合,$t_W/A_W = 0.5$ であれば,1.10 MPa で破壊に至る.彼らは実験により,比 t_W/A_W の値に応じて破壊に至る圧力差が大きくなることを結論づけた.

典型的な高圧下のウインドウ設計を,図 5.14 に示す.図(a)に示す頂角 90°の円錐形のウインドウは,コバ全体で支持されており,内面は円錐形のマウント面と同一平面上にある.低い圧力差の場合でもウインドウを拘束するため,押さえ環がネオプレン製のガスケットを与圧している.図(b)に示す平面ウインドウの場合では,コバの中間点の O リングでシールされており,圧力差 0 の場合であっても押さえ環が脱落しないようになっている.どちらのウインドウも,組み立てに先立って真空グリスを塗布される.実際の設計について詳細は述べられていないが,試験段階で報告された公差を適用できる可能性がある.それによると,円錐角の誤差は± 30′ 以内,円錐形ウインドウの小さい側開口の径は± 25 μm,ウインドウのコバとそれに接触する金属面は 32 μm となろう.平面ウインドウの場合,径方向のクリアランスは,典型的には,0.13～0.25 mm でなくてはならない.

このパラメトリックスタディにより,ウインドウ径 $A_W = 10.2$ cm の場合,ウイ

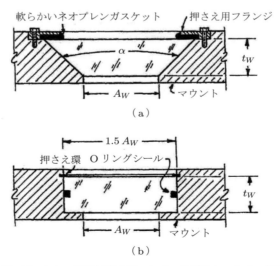

図 5.14 高圧で用いられる深海用潜水艇における典型的なアクリル樹脂の平行平板によるウインドウ構成.(a) 90°の円錐形の縁,(b) 円筒形の縁(Dunn および Stachiw[19]による).

ンドウの厚みは約5.1 cm でなくてはならない．破壊は 27 MPa で起こると見積もられる．ウインドウ材料は，破壊の瞬間，開口から 1.3 cm 押し出される．彼らは賢明にも，人が関連する用途の場合，すべてのウインドウは信頼性試験が行われるべきだとしている．理論上，試験においてかけられる圧力は運用上想定される値を超えてはならない．さらに，安全係数を見積もるため，代表的なサンプルを破壊に至るまで試験する必要がある．

薄いシェルあるいはドームが圧力差に耐える能力があるかどうかというテーマは，Harris[18] により取り扱われた．関連する寸法関係を図 5.15 に示す．光学素子の厚みを t_W，球面の曲率を R_W，直径を D_G，そして，望む角度を 2θ とする．平行平板の場合と同じように，ドームは単純に支持されているかクランプされているとする．外面から一様な圧力により光学素子にかかる応力 S_W は，ウインドウが単純に支持されている時には圧縮応力であり，クランプされている時には引っ張り応力になる．ガラスは引っ張り応力がかかる場合により小さい応力で破壊されるため，ここでは後者のクランプされている場合のみ考える．Harris[18]，Pickles と Field[20] によると，以下の式が適用できる．

$$S_W = \frac{R_W \Delta P}{2 t_W} \left[\cos\theta \left\{ 1.6 + 2.44 \sin\theta \times \left(\frac{R_W}{t_W}\right)^{\frac{1}{2}} \right\} - 1 \right] \quad (5.2)$$

例題 5.2 により，この式を用いた設計が理解できる．

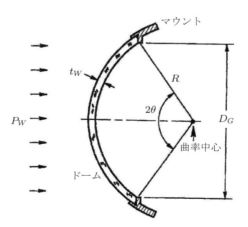

図 5.15　圧力差がある場合の，単純にベースに支えられたドームの配置（Harris[15] による）．

208 第 5 章 ウインドウ，フィルタ，シェルおよびドームの保持方法

例題 5.2　与えられた圧力差に安全に耐えうるドームに要求される厚さの計算（設計と解析には File 5.2 を用いよ）.

$R = 50$ mm の ZnS ドームが，一様な圧縮圧力差 $\Delta P = 1.42$ MPa のもとで用いられるとする．角度 θ は 30° であり，安全率を 4 と仮定すると，ドームの厚みはどの程度でなくてはならないか.

解答

表 B.16 によると，破壊応力 S_F は 100 MPa である．したがって，許容される S_W は $100/4 = 25$ MPa である. 式(5.2)を繰り返し解かねばならないことがわかっているので，S_W を最初に解くための初期の t_W の値を仮定する．この計算を，応力 S_W が許容される応力と等しくなるまで繰り返す．繰り返し計算には線形補間を用いる.

$t_W = 5.00$ mm に対して計算すると，

$$S_W = \frac{50.0 \times 1.42}{2 \times 5.000}\left[\cos 30°\left\{1.6 + 2.44 \sin 30° \times \left(\frac{50.0}{5.000}\right)^{\frac{1}{2}} - 1\right\}\right]$$

$$= 26.460 \text{ MPa}$$

となる．$t_W = 5.10$ mm に対して計算すると，

$$S_W = \frac{50.0 \times 1.42}{2 \times 5.100}\left[\cos 30°\left\{1.6 + 2.44 \sin 30° \times \left(\frac{50.0}{5.100}\right)^{\frac{1}{2}} - 1\right\}\right]$$

$$= 25.712 \text{ MPa}$$

となる.

次に，

$$t_W = 5.00 + \frac{(26.460 - 25.000)(5.00 - 5.100)}{26.460 - 25.712} = 5.195 \text{ mm}$$

に対して計算すると，

$$S_W = \frac{50.0 \times 1.42}{2 \times 5.195}\left[\cos 30°\left\{1.6 + 2.44 \sin 30° \times \left(\frac{50.0}{5.195}\right)^{\frac{1}{2}} - 1\right\}\right]$$

$$= 25.034 \text{ MPa}$$

を得る.

次に，

$$t_W = 5.195 + \frac{(25.034 - 25.000)(5.100 - 5.195)}{25.034 - 25.712} = 5.200 \text{ mm}$$

に対して計算すると，

$$S_W = \frac{50.0 \times 1.42}{2 \times 5.200}\left[\cos 30° \left\{1.6 + 2.44 \sin 30° \times \left(\frac{50.0}{5.200}\right)^{\frac{1}{2}} - 1\right\}\right]$$

$$= 24.999 \, \text{MPa}$$

を得る.

そのため，5.2 mm が応力の制限を満足する最小の t_W の値である.

　ウインドウが加えられた応力に耐えうるかどうかは，条件に大きく左右される．つまり，スクラッチ–ディグや隠れたキズがあるかどうかである．光学素子が誤って加工された（つまり残留内部応力をもつ）り，誤って取り扱われた場合，あるいはほこり，砂，雨滴，雹により衝撃を受けた場合は，手付かずの光学素子に比べてより容易に破壊に至る．大きなウインドウは，単純に面積が大きいため，欠陥がある確率が小さなウインドウに比べて大きい．そのため，大きなウインドウは，同じくらいの欠陥レベルであっても，小さなウインドウに比べてより小さい応力で，あるいは，より早く破壊に至る．これは，欠陥は最初の段階では問題とならず，時間とともに欠陥が成長することにより破壊が起こるためである．一つの原因として，欠陥の成長速度が周囲大気中の湿度に依存することがあげられる．大気がより多く湿気を含んでいると，欠陥の成長速度が速くなる．ある特定の光学素子について，十分情報があれば，統計的な手法を用いて与えられた応力のもと破壊に至る確率を予見できる．多くの著者がこの方法について説明している．Vukobratovich[21]，Fuller ら[22]，Harris[18]，Pepi[23]らが有名である.

　この設計法の使用例として，民間の航空機に搭載される高性能写真レンズに用いられる，BK7 の 2 枚合わせ板ガラスの設計と評価が，Fuller ら[22]により述べられている．図 5.16 にはこのウインドウとマウントフレームの断面の一部が示されている．米国民間連邦航空規則では，ウインドウについてすべての条件を満たす使用状態で，少なくとも 10000 時間（417 日）の飛行時間において 95％の信頼性と 99％破壊されないことを要求している．Pepi[23]はこの要求に合致する設計について，詳細に説明している．彼は，設計を支える解析や試験のための複雑なプログラムについても説明している．この設計は，次の点でフェールセーフを満たすことが示された．すなわち，もし外壁のガラスが破壊的な状況に至っても，破壊後少なくとも 8 時間にわたり，要求された圧力差において，内部のガラスは破壊を免れる.

　Pepi やその他により適用された方法については，周囲のオプトメカニカル構造（これは妥当性を判断したうえで決定する必要がある）から加えられる光学素子へ

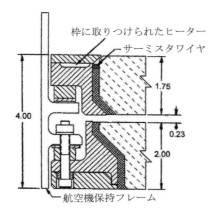

図 5.16 二重ばめガラスによる航空機ウインドウの断面図．外側のガラスが破損した場合でも，高い光学性能に対して高い信頼性と安全率を確保するためのマウント設計も示されている．寸法は in. 単位（Pepi[23]による）．

の応力の許容量について，適切な割り当てが必要になるため，この内容について述べるのは 13.2 節に先送りする．

5.4.2 光学的な効果

次に述べる式は，圧力差 ΔP_W のもと，円形にマウントされた平行平板に発生する光路長差(OPD)であり，Vukobratovich[25]を通じて Sparks と Cottis[24]により与えられた．

$$\mathrm{OPD} = 0.00889(n-1)\frac{\Delta P_W^2 A_W^6}{E_G^2 t_W^5} \tag{5.3}$$

ここで，A_W はウインドウの開口径，t_W は厚み，E_G はヤング率，n は屈折率である．

Roark[26]は，圧力差 ΔP_W があるとき，円形平行平板の中央部における変形量 Δx の関係式を導出した．ここでは，わずかに変形した同じ形状に適用できる式(5.4)を示す．

$$\Delta x = 0.0117(1-\nu^2)\frac{\Delta P_W A_W^4}{E_G t_W^3} \tag{5.4}$$

ここで，ν はポアソン比であり，E_G はヤング率，P_W はウインドウ全面積にかかる荷重である．そのほかの記号はすでに定義している．この Δx の値は，光学設計の観点から受容可能かどうか決められる面の変形量と比較することができる．

例題 5.3　圧力差がある場合のウインドウのたわみと光学性能の試算（設計と解析には File 5.3 を用いよ）.

（a）以下の条件で，N-BK7 製円形平行平板ウインドウに必要な厚みを計算せよ．

条件：圧力差 $\Delta P = 0.5\,\mathrm{atm}$ が，開口直径 76.2 mm に一様にかかっている場合，中心部の変形量が 1λ（$\lambda = 0.633\,\mathrm{\mu m}$）以内である．ウインドウは有効開口外でクランプされているとする．

（b）同じ波長において生じる OPD はどの程度か．

解答

（a）表 B.1 より $\nu_G = 0.206$ であり，$E_G = 8.2 \times 10^4\,\mathrm{MPa}$ である．図 1.7 より $n = 1.51509\,\mathrm{\mu m}$（@0.633 μm）である．$\Delta P = 0.5\,\mathrm{atm} = 0.051\,\mathrm{MPa}$ である．

式(5.4)より

$$t_W^3 = \frac{0.0117 \times (1 - 0.206^2) \times 0.051 \times 76.2^2}{(8.2 \times 10^4) \times (0.633 \times 10^{-3})}$$

となり，これを解くと，$t_W = 7.19\,\mathrm{mm}$ となる．

（b）式(5.3)より

$$\mathrm{OPD} = \frac{0.00889 \times (1.5151 - 1) \times 0.051^2 \times 75.2^6}{(8.2 \times 10^4)^2 \times 7.19^5} = 1.79 \times 10^{-8}\,\mathrm{mm}$$

となり，$\lambda = 0.633 \times 10^{-3}\,\mathrm{mm}$ では

$$\mathrm{OPD} = \frac{1.79 \times 10^{-8}}{0.633 \times 10^{-3}} = 2.8 \times 10^{-5}\,\mathrm{wave}$$

となる．

5.5　フィルタのマウント方法

　ガラス，あるいは比較的高品質のプラスチックでできた吸収フィルタは，カメラや照度計，化学分析機器などの用途に広く用いられる．ガラスの干渉フィルタは単体，あるいは吸収（ブロック）フィルタと組み合わせることにより，レーザーを用いる光学系において特定の狭い波長を取り出すのに便利に用いられる．一般にこれらには温度制御が必要である．ゼラチンフィルタは，コストが低いことと，種類が多いことで特筆されるべきであるが，光学的品質が一様でないこと，厚みのばらつき，面形状誤差，機械的強度が弱いことと低い信頼性により，どちらかというと低

品質の用途に用いられる．これらは普通，保護された環境下で用いられる．ゼラチンフィルタがより信頼性の高い透過部材（たとえばガラス）でサンドイッチされるならば，物理的強度と信頼性は大いに向上する．ガラスフィルタにはこのような制限はない．

　光学フィルタの用途の大部分において，フィルタはビームがほぼ中心を通るようにビームに対してほぼ垂直に置かれていればよい．フィルタの保持には，第3章で示したほかの用途に用いられるセルマウント式設計（スナップリング，エラストマー，押さえ環）がしばしば用いられる．図5.17には，フィルタホイールにおいて，複数のフィルタを簡単なスナップ方式でマウントした例を示した．このホイールは，次の位置に移動するまでは選択した位置に留まることのできる4段階のゼネバ機構で駆動される．

　プロジェクタにおける熱線吸収フィルタなど，高温に晒される用途では，熱膨張を許容することができるスナップ式が用いられる．干渉フィルタは，ビームに対して高い角度精度が必要なので，この観点から保持構造の設計には特別な注意を払う必要がある．

　ある種の薄いフィルタはサブアセンブリに対して，機械的剛性をもたせるよう屈折部材（ウインドウ）と接着されることもある．この例を図5.18に示す．この場合には，通常の光学接着により中心厚7.5 mmのBK7ウインドウと1.2 mmの赤色フィルタガラスが接着されている．このサブアセンブリは直径88 mmであり，二つの役割をもつ．すなわち，フィルタ特性の波長範囲を適切に透過することと，

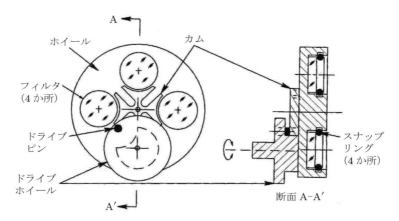

図5.17　4枚のフィルタを有する単純なフィルタホイールの模式図．フィルタはスナップリングで固定され，ゼネバ機構で駆動される．

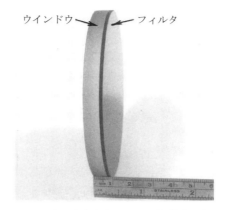

図 5.18 ラミネートされたフィルタと耐圧ウインドウ.

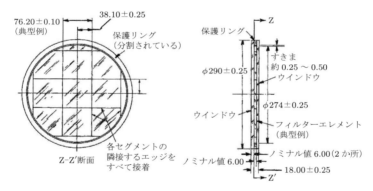

図 5.19 ラミネートおよび加熱された干渉フィルタを，モザイク状に並べることによる複合フィルタ設計（Goodrich 社の厚意による）.

シールウインドウとしての十分な強度をもっていることである.

　もう一つのラミネートされたフィルタを図 5.19 に示す．これは，直径 290 mm のクラウンガラスの間に，モザイク状に組み込まれた狭帯域バンドパス干渉フィルタからなる．プレートとフィルタの厚み設計値は 6 mm であり，0.1 mm 以内で同じ厚みをもっている．各フィルタエレメントに対し，極端に厳しいウェッジ公差を制御するのではなく，「合理的な」ウェッジ公差で製作されたフィルタを製作し，組み込み時に偏差を最小にするよう向きを調整している．フィルタは像を形成する光学系ではないため，このような方法は許容できる．モザイク状のフィルタは，ウインドウの外形より若干小さくなっている．これは，クラウンガラスでできた「保護リング」をプレートの間に挟み，干渉フィルタを外部環境から保護するためであ

る．このアセンブリの外形は，接着後丸められる．

狭帯域バンドパスフィルタは温度に対して敏感なので，コーティングは45℃で機能するように設計されている．この温度は運用環境よりも高い．帯状のヒーターがマウントに組み込まれており，コバからフィルタを加熱する．一つのウインドウには，サーミスタが外径の外に設けられている．つまり，このサーミスタで装置のどこか別の場所に設けられていた電気回路で温度制御される．このフィルタは，近赤外域のレーザー波長に対し，半値全幅30Åの透過帯域をもっている．透過帯域以外の光は，従来設計にある別に設けられた吸収カットオン・カットオフフィルタでシステムのどこかでブロックされる．

この接着フィルタアセンブリは，アルミニウムのセルに組み込まれ，エッジをいくつかの固定ネジがある押さえフランジでセルにクランプされる．二つのOリングと平面ガスケットによりこのアセンブリが封止される．図5.20はこのマウントの断面図である．このマウントは，大きな圧力差に晒されることは意図されていない．このセルは，G10ファイバガラスエポキシでできた光学装置の筐体から熱的に絶縁されている．

5.6 シェルとドームのマウント方法

メニスカス形状のウインドウは，普通，「シェル」あるいは「ドーム」とよばれる．これらは一般に，大きな円錐形状の空間を広視野でラインスキャンすることを要す

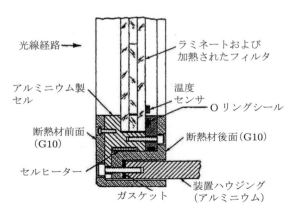

図5.20 図5.19に示したフィルタサブアセンブリに用いられるマウントの模式的断面図（Goodrich社の厚意による）．

5.6 シェルとドームのマウント方法　215

図 5.21　クラウンガラス製の超半球ドーム．エラストマーにより金属製のフランジにポッティングされている．寸法は本文中に示してある．

る光電センサや，広い視野の天体望遠鏡（たとえば，バワーズ型，マクストフ型，ガボール型など．これらについては Kingslake[27] を参照せよ）に用いられる．また，これらは潜水艇の保護ウインドウとしても用いられる．例を図 5.21 に示す．この光学系の直径は 127 mm であり，厚みは 5 mm である．また角度方向の開口は 210°である．このドームはクラウンガラスでできているが，多くのドームは赤外線を透過する材料でできている（たとえば，石英，Ge，ZnS，ZnSe，Si，MgF_2，サファイヤ，スピネル，あるいは CVD により製作されたダイヤモンド）．耐久性が比較的高い石英やダイヤモンドは例外として，ここで挙げた材料は，高速で運動する場合，大気中の雨滴，氷，ほこり，砂により摩耗やダメージを受けるおそれがある．

　ドームは通常，エラストマーによるポッティング，あるいは軟らかいガスケットを介して円環状のフランジにクランプすることにより，装置筐体にマウントされる．図 5.22 は，これらの固定法のうち 3 種類を示している．これらの光学素子を機械的なインターフェースに剛にマウントし，機械的な押さえ環で固定することは，通常行われない．

　高速度で運動するミサイル先端や航空機のセンサに用いられた場合，ドームが空気力学的に受ける圧力に耐える設計方法について，Harris[18] が解説している．彼はまた，ドームが飛行中に高い温度に晒される理由についても説明している．

　後者の問題を解決するため，いくつかの非常に洗練された方法が考案された．Sunne ら [30-32] の文献より引用した図 5.23 は，セラミックスドーム（典型的にはサファイヤ）に関する二つの固定法である．このドームは，4Al-4V でできた空対

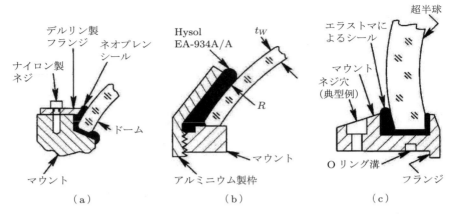

図5.22 シェルあるいはドームのマウント法3種．(a)軟らかいガスケットを介してフランジに機械的にクランプされたシェル（Vukobratovich[28]による），(b)内側にネジ切りされた押さえ環による拘束（SpeareおよびBelloli[29]による），(c)エラストマーによりマウントにポッティングされた超半球．

空ミサイルの円筒形ハウジングにロウ付けされている．図(a)では，ドーム底面が，Incusil-ABA[†1]によりNi: 99%，Zn: 1%の合金でできた円筒形の輪に座面をロウ付けされている．この合金はCTEが$4 \times 10^{-6} \sim 4.5 \times 10^{-6}$/℃であり，サファイヤのCTEと非常にマッチする．結晶のc軸はドーム底面に対しほぼ垂直である．4本の位置決めタブが左面と円筒形に環に加工されており，ロウ付け作業中にドームを位置決めできるようになっている．円筒形の輪の右端面は，チタン製のミサイルノーズに対し，チタンを温め，ニオブを冷やすことで締まりばめにより固定されている．周囲温度に戻ると金属どうしはつかみあう．そして，結合部はGapasil-9[†2]によりロウ付けされる．ロウ付けは8×10^{-5} Torr以下の真空で，2段階に分けて行われる．これは，二つの合金の融解温度が大きく異なるためである．金属と金属の結合が最初に，金属とセラミックスの結合が後で行われる．ミサイルのハウジングは二つ目のロウ付け結合面まで軸方向に伸びており，ミサイル外壁の空気力学的連続性が保たれるようになっている．図(a)では，ポリスルフィドによるシールが，ドームと先端の隙間を埋めているのが見てとれる．この設計において，遷移部分のリングは十分に薄く，径方向にわずかに弾性をもっている．このことにより，サファイヤとチタンの間のCTE差（前者は5.3×10^{-6}/℃，後者は8.8×10^{-6}/℃と大

[†1] Cu: 27.25%，In: 12.5%，Ti: 1.25%，残りがAgの合金で，700℃で融解する．
[†2] Ag: 82%，Pd: 9%，Ga: 9%の合金で，930℃で融解する．

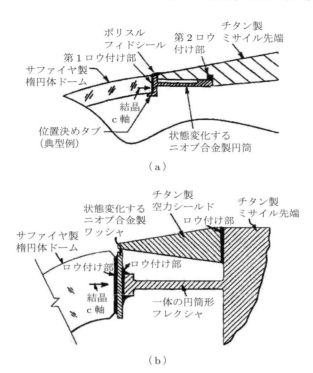

図 5.23 金属製マウントにロウ付けされた楕円体ドームのマウント方法模式図.(a) 状態変化する分割された円筒形リングを有する構造(Sunneら[30]による),(b)一体の円筒形リングを有する構造(Sunneら[31]による).

きく異なる)を吸収し,ドームが破壊される可能性を最小限に抑えている.

図 5.23(b)では,改善されたロウ付け方法が図示されている.ここでは,円筒形のフレクシャがチタンでできたミサイルのハウジングに一体成形されており,それにより,分割して精密加工が必要な遷移部分のリングと,それをミサイルノーズの穴に締まりばめで固定する必要をなくしている.これは,上に述べたことと同じ理由で,薄く,径方向に弾性をもっている.二つのロウ付け結合部が,ドーム底面とリングの平面に設けられている.Nb: 99%,Zr: 1%の合金でできた平面ワッシャは,厚みが 0.2 mm であり,ドームのベースに Incusil-ABA 合金でロウ付けされている.一方,このワッシャの反対面は,Incusil-15 合金により遷移部分のリングにロウ付けされている.この材料は Incusil-ABA と本質的に同じだが,チタンを含んでいない.両者のロウ付け材料は,実質上同じ約 700℃で融解する.チタン製の空気力学的シールドは,棚の部分を Incusil-15 合金でノーズ部にロウ付けされる.これら

218　第5章　ウインドウ，フィルタ，シェルおよびドームの保持方法

三つの結合部は，真空中で同時にロウ付けされ，図(a)に示した設計よりも製造が容易である．

　上述したロウ付けドームの設計は，耐性をもつドームとミサイルの結合部を実際の生産においても実現することができた．強度と結合が完全かどうか評価するため，圧力差 6.2×10^5 Pa でこれらの信頼性試験が行われた．Sunne[32] は ALON などのほかのセラミックスに対しても，上述した方法によりロウ付けが可能であると説明している．

参考文献

[1]　Yoder, P.R., Jr., "Nonimage forming optical components," *Proceedings of SPIE* **531**, 1985: 206.

[2]　Yoder, P.R., Jr., *Opto-Mechanical Systems Design*, 3rd ed., CRC Press, Boca Raton, 2005.

[3]　Haycock, R.H., Tritchew, S., and Jennison, P., "A compact indium seal for cryogenic optical windows." *Proceedings of SPIE* **1340**, 165, 1990.

[4]　Holmes, D.A. and Avizonis, P.V. (1976). "Approximate optical system model," *Appl. Opt.* 15, 1976:1075.

[5]　Loomis, J.S., "Optical quality of laser windows," *Proceedings 4th Conference on Infrared Laser Window Materials*, Air Force Material Labs, Wright Patterson AFB, 1976.

[6]　Klein, C.A. "Thermally induced optical distortion in high energy laser systems", *Opt. Eng.* 18, 1979:591.

[7]　Klein, C.A. "Mirrors and windows in power optics," *Proceedings of SPIE* **216**, 1980:204.

[8]　Klein, C. A. "Optical distortion coefficients of laser windows—one more time," *Proceedings of SPIE* **1047**, 1989:58.

[9]　Palmer, J.R., "Thermal shock: catastrophic damage to transmissive optical components in high power CW and pulsed laser environments," *Proceedings of SPIE* **1047**, 1989:87.

[10]　Weidler, D.E., "Large exit windows for high power beam directors," *Proceedings of SPIE* **1047**, 1989:153.

[11]　Robinson, B., Eastman, D.R., Bacevic, J., Jr., "Infrared window manufacturing technology," *Proceedings of SPIE* **430**, 1983:302.

[12]　Stoll, R., Forman, P.F., and Edleman, J., The effect of different grinding procedures on the strength of scratched and unscratched fused silica," *Proceedings of Symposium on the Strength of Glass and Ways to Improve It*," Union Scientifique Continentale du Verre, Charleroi, Belgium, 1961:1.

[13]　Marushin, P.H., Sasian, J.M., Lin, J.E., Greivenkamp, J.E., Lerner, S.A., Robinson, B., and Askinazi, J., "Demonstration of a conformal window imaging system: design, fabrication, and testing," *Proceedings of SPIE* **4375**, 2001:154.

[14]　Fraser, B.S. and Hemingway, A., "High performance faceted domes for tactical and strategic missiles," *Proceedings of SPIE* **2286**, 1994:485.

[15]　Shannon, R.R., Mills, J.P., Trotta, P.A., and Durvasula, L.N., "Conformal optics

technology enables window shapes that conform to an application, not to optical limitations," *Photonics Spectra*, 35, 2001:86.

[16] Knapp, D.J. Mills, J.P., Trotta, P.A., and Smith, C.B., "Conformal optics risk reduction demonstration," *Proceedings of SPIE* **4375**, 2001:146.

[17] Trotta, P.A., "Precision conformal optics technology program," *Proceedings of SPIE* **4375**, 2001:96.

[18] Harris, D.C., *Materials for Infrared Windows and Domes, Properties and Performance*, SPIE Press, Bellingham, WA, 1999.

[19] Dunn, G. and Stachiw, J., "Acrylic windows for underwater structures," *Proceedings of SPIE* 7, 1966: D-XX-1.

[20] Pickles, C.S.J. and Field, J.E., "The dependence of the strength of zinc sulfide on temperature and environment," *J. Mater. Sci.*, 29, 1994:1115.

[21] Vukobratovich, D. "Optomechanical system design," Chapter 3 in *The Infrared & Electro-Optical Systems Handbook*, Vol. 4, ERIM, Ann Arbor and SPIE Press, Bellingham.

[22] Fuller, E.R., Freiman, S.W., Quinn, J.B., Quinn, G.D., and Carter, W.C., "Fracture mechanics approach to the design of glass aircraft windows: a case study," *Proceedings of SPIE* **2286**, 1994:419.

[23] Pepi, J.W., "Failsafe design of an all BK-7 glass aircraft window," *Proceedings of SPIE* **2286**, 1994:431.

[24] Sparks M. and Cottis, M., "Pressure-induced optical distortion in laser windows," *J. Appl. Phys.*, 44, 1973:787.

[25] Vukobratovich, D., "Principles of optomechanical design," Chapter 5 in *Applied Optics and Optical Engineering*, XI, R.R. Shannon and J.C. Wyant, Eds., Academic Press, New York, 1992.

[26] Roark, R.J., *Formulas for Stress and Strain*, 3rd. ed., McGraw-Hill, New York, 1954.

[27] Kingslake, R., *Lens Design Fundamentals*, Academic Press, New York, 1978:311.

[28] Vukobratovich, D., "Introduction to optomechanical design," *SPIE Short Course Notes SC114*, 2003.

[29] Speare, J. and Belioni, A., "Structural mechanics of a mortar launched IR dome," *Proceedings of SPIE* **450**, 1983:182.

[30] Sunne, W.L., Nagy, P.A., and Liquori, E., "Vehicle having a ceramic radome affixed thereto by a compliant metallic 'T-fixture' element," *U.S. Patent 5,941,479*, 1999.

[31] Sunne, W., Ohanian, O., Liguori, E., Kevershan, M., Samonte, J., and Dolan, J., "Vehicle having a ceramic dome affixed thereto by a compliant metallic transmission element," *U.S. Patent No. 5,884,864*, 1999.

[32] Sunne, W., "Dome attachment with brazing for increased aperture and strength," *Proceedings of SPIE* **5078**, 2003:121.

6

プリズムの設計

　多様な光学機器に用いるために，多くの種類のプリズムが設計されてきた．反射や屈折の要求で決まる光線の配置と，製造性，軽量化に関する配慮，保持の要求により，大部分のプリズムは独自の形状をもつ．プリズムがどうやって保持されるか考察する前に，プリズムがどのように設計されるかを理解しなくてはならない．本章の最初のテーマは，プリズムの機能とそれを規定する幾何学的関係，屈折の効果，内部全反射，そしてトンネルダイヤグラムの利用である．その後，開口の決定法と，プリズムによる3次収差への寄与を解析的に計算する方法を見ていく．本章の最後で，30種のプリズムについてそれぞれの設計情報を提供し，光学機器でよく用いられるプリズムの組み合わせについて述べて締めくくる．

6.1　主要機能

プリズム，あるいはある種のミラーの主要機能は以下のとおりである[1]．

- ● 光学面で光線を曲げる（方向を変える）
- ● 光学系を与えられた形状または容積に折りたたむ
- ● 正しい像位置を与える
- ● 光軸を偏心させる
- ● 光路長を合わせる
- ● 光束を強度，あるいは瞳の開口分割により分岐または合成する
- ● 像面において像を分岐あるいは合成する
- ● 物理的に光束をスキャンする
- ● 波長により光を分散させる
- ● 部分系ごとの収差バランスを変化させる

プリズムの中には，これらの複数の機能を同時に果たすものもある．

6.2 幾何学的考察
6.2.1 屈折と反射

プリズムとミラーを通過する光線は，屈折と反射の法則に従う．図 6.1 は，レンズと反射鏡（ミラー）を通って物体から像に至る光路を比較したものである．図(a)では，反射鏡は平面鏡であるが，図(b)では，反射が直角プリズムの内部の面で起きる．光線経路の変化の最も大きな違いは，プリズムがもつ屈折効果により，空気とガラスの光路長の相違が生じて，光軸方向の像移動が起こる点である．プリズムによる屈折は，当然のことながら，以下で示されるスネルの法則に従う．

$$n_j \sin I_j = n'_j \sin I'_j \tag{6.1}$$

ここで，n_j と n'_j は j 面における物体側と像側の屈折率であり，I_j と I'_j はそれぞれ入射角と屈折角である．

反射は同様の関係式

$$I'_j = I_j \tag{6.2}$$

に従う．ここで，I_j と I'_j は j 面の入射角と反射角である．以上の方程式において，

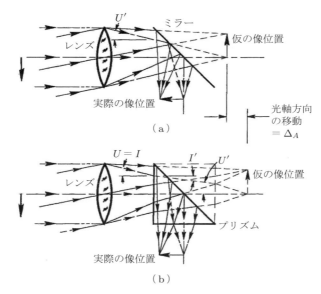

図 6.1 光線の反射による 90°偏向．(a) 45°ミラーによる．(b) 直角プリズムによる．図(b)において，角 U, U', I, I' はプリズムの第1面に対する値である．

222　第 6 章　プリズムの設計

これらの角は入射点における面法線と光線のなす角として測られる. 代数的な符号
変化は反射において生じる. 符号変化は以上のどちらの式においても示されていな
い.

大部分のプリズムにおいて, 入射面と射出面は, 光学系の光軸に対して垂直であ
る. この配置により, 対称性が向上し, コリメートされていない光束に関する収差
を減少させることができる. この例外のうち有名なものとして, ダブプリズム, ダ
ブルダブプリズム, ウェッジプリズム, そしてモノクロメータや分光計に用いられ
る分散プリズムを挙げることができる.

光軸に対して垂直な面をもつプリズムは, 光軸に対して垂直に置かれた平行平板
とまったく同じように光線を屈折させる. プリズムを光軸方向に測った幾何学的な
長さ t_A は, 平行平板の厚みとまったく同じである. プリズム内部で起こるいかな
る反射も, この挙動に影響を及ぼさない. 光軸方向の結像点のずれ Δ_A (図 6.1 参照)
は次の式で与えられる.

$$\Delta_A = t_A \left(1 - \frac{\tan U'}{\tan U} \right) = \frac{t_A}{n} \left\{ n - \left(\frac{\cos U}{\cos U'} \right) \right\} \tag{6.3}$$

小さな角度の場合, この式は次に示す近軸式になる.

$$\Delta_A = \frac{(n-1) t_A}{n} \tag{6.4}$$

例題 6.1　プリズムの挿入による光軸方向の像移動（解析と設計には File 6.1 を
用いよ）.

遠方の物体の像が, F/4 の光束として収束しているとする. N-F2 製で, 厚み
が $t_A = 38\,\mathrm{mm}$ のプリズムが挿入された場合, 光軸方向の像移動量は以下それぞ
れの場合でいくらか.　(a) 厳密な場合, (b) 近軸の場合.

解答

(a) F/4 の光束に対するマージナル光線の傾き角は,

$$\sin U' = \frac{0.5}{\text{F 値}} = \frac{0.5}{4} = 0.1250$$

なので, $U' = 7.1808°$ である.
表 B.2 より, N-F2 ガラスの屈折率は 1.621 である. プリズム入射面は光軸に垂
直なので, $I = U'$ であり, 式 (6.1) から,

$$\sin I' = \frac{0.1250}{1.621} = 0.07711$$

なので，$I' = 4.4226°$ である．

式 (6.3) より，光軸方向の像移動量は，

$$\Delta_A = \frac{38.1}{1.621}\left(1.621 - \frac{\cos 7.1808°}{\cos 4.4226°}\right) = 14.711 \text{ mm}$$

となる．

(b) 式 (6.4) より，この移動量の近軸近似は，

$$\Delta_A = \frac{(1.621 - 1) \times 38.1}{1.621} = 14.596 \text{ mm}$$

となる．

　プリズムにおける反射は光路を曲げる．図 6.1(b) において，レンズにより結像された物体（矢印）がプリズムを通った後，見かけの像を結ぶ．反射後，実際の像が図示する位置に結像される．もし，このページが反射面を表す直線で折り曲げられたとすると，実際の像と実線で示す光線は，見かけの像と点線で示す光線に完全に一致する．図 6.2 において，もとのプリズム（ABC）と，折り曲げられた対応部分（ABC′）は，トンネルダイヤグラムとよばれる．光線 a-a′ と b-b′ は実際の反射された光線経路を示す．一方で，光線 a-a″ と b-b″ は折り曲げられたプリズム中を，屈折の法則に従って通過するが，反射の法則は無視している．この折り曲げ操作を繰り返すことで複数回の反射を表現できる．この種の図解法は，どんなプリズムに対しても適用でき，プリズムを用いた光学機器の設計にとくに有用である．この方法により，必要な口径と，それによるプリズムの大きさの見積もりを簡略化できる．

　トンネルダイヤグラムの使用法を示すため，図 6.3 に示す望遠鏡光学系について考察する．これはスポッティングテレスコープ，あるいは双眼鏡の片方と考えることができる．図中の様々な位置に示されている交差した十字線は，像の向きを示しており，ポロプリズムにより最終的に正立像が得られている．図 6.4(a) は，トンネルダイヤグラムで示されたポロプリズムの前半部分である．対角線は光路の折り曲げを示している．ここで，プリズムの開口径を A とすると，それぞれのプリズムの光軸上長さは $2A$ である．図 (b) では，プリズムの光路を $2A/n$ で示している．これらは，物理的な長さと等価な光学的長さである．この空気長と等価な長さは，しばしば「換算長」とよばれる．換算長を用いた図解では，軸上像点に収束する光

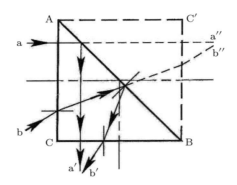

図 6.2　直角プリズムに対するトンネルダイヤグラムの説明.

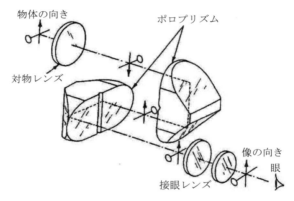

図 6.3　ポロプリズムを備えた典型的な望遠鏡の光学系（Yoder[1]による）.

は直線で描かれる（すなわち屈折しない）．プリズム各面における光線高さは（反射面における高さも同様），実光線追跡によって得られる光線高さの近軸値である．近軸的には，$\sin\theta$ はラジアンで測った角度 θ に置き換わる．たとえば，角度にして $7°$ は，$0.12217\,\text{rad}$ だが，この正弦値は 0.12187 である．この差はプリズム設計においてはそれほど顕著ではないため，$0.12217\,\text{rad}$ をそのまま用いる．

　Warren Smith は，トンネルダイヤグラムを用いて典型的なポロプリズム型正立望遠鏡における，ポロプリズムの最小寸法を決定する方法を示した[2]．図(b)に似たダイヤグラムを用いて，幅 A_i をもつ面が，縮小比を $A_i : 2A_i/n_i$ に縮小できることに注意すべきである．そして A_1 と A_2 の最小値を求めるため，ダイヤグラムが描き直された．プリズムの最前面の角から反対の頂点に至る点線には傾斜 m があり，この値は先ほど求めた値の半分，すなわち $n/4$ である．この線は，対にな

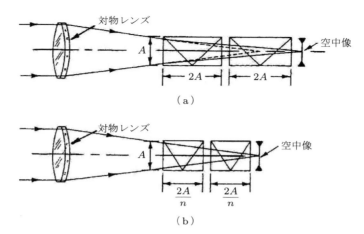

図6.4 図6.3に示したレンズとポロプリズム．(a)プリズムを従来のトンネルダイヤグラムで示した場合，(b)プリズムを縮小した（空気換算）長さで示した場合（Smith[2]による）．

る正しい比率をもったプリズムの頂点が描く軌跡である．これら二つの点線と，最外視野の最周辺光線（しばしば最外上光線(URR)とよばれる）の交点は二つのポロプリズムの角に位置している．ここで，光学素子の間の空気間隔は，この手続きがうまくいくように決める必要があることに注意しておく．

図6.5より，最外上光線の傾きは次の式で求められることが容易にわかる．

$$\tan U'_{\mathrm{URR}} = \frac{\frac{D}{2} - H'}{\mathrm{EFL}_{\mathrm{OBJ}}} \tag{6.5}$$

そして，第2のプリズムの開口半径は，$A_2/2 = H' + (t_4 + t_5)\tan U'$ と求められる．この開口半径は，$A_2/2 = mt_4 = n_j t_4/4$ としても求められる．これらの式を等しいとして，第2のプリズムの厚みと開口径は次のようになる．

$$t_4 = \frac{t_5 \tan U'_{\mathrm{URR}} + H'}{\frac{n_i}{4} - \tan U'_{\mathrm{URR}}} \tag{6.6}$$

$$A_2 = \frac{n_i\, t_4}{2} \tag{6.7}$$

第1のポロプリズムの厚みと開口は次のように書ける．

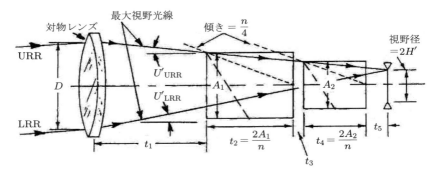

図 6.5 最大視野の最上光線がケラレないように，プリズムに必要な最小有効径を決定する幾何学的配置．対応する最小視野の光線は，プリズム内部で全反射が起きるかどうかを決定するために用いられる．

$$t_2 = \frac{(t_3 + t_4 + t_5)\tan U'_{\text{URR}} + H'}{\dfrac{n_i}{4} - \tan U'_{\text{URR}}} \tag{6.8}$$

$$A_1 = \frac{n_i\, t_2}{2} \tag{6.9}$$

例題 6.2 はこの方法について述べている．

これらの計算で求めた開口径については，とくに周辺視野の収差コントロールにビネッティングを用いる場合，より正確な方法，たとえば三角光線追跡で確認する必要がある．保護面取りや寸法公差を許すためには，両方のプリズムの寸法をわずかに（たとえば数％）大きくしておく必要があろう．

ほかのプリズムおよびプリズムアセンブリに対しても，収束・発散光線が用いられる場合の必要な開口径を，同様の一般化された方法により計算できる．寸法の制約により，ここで考察した内容が排除されることがある．いかなる場合でも，プリズムの開口径がわかった後には，次は実際の光束により，反射・屈折面において用いられる領域について考えることになる．これは「光束径」とよばれる．8.4 節で説明する方法により，ミラーで用いられる方法が簡単にプリズムにも適用できる．この解析における二つの反射面の取り扱いのおもな相違点は，内部の光線経路には屈折された光線角を用いることである．

6.2 幾何学的考察　227

例題 6.2　プリズムのサイズの計算（設計と解析には File 6.2 を用いよ）.

図 6.5 に示す両方のプリズムについて, 対物レンズの焦点距離 EFL_{OBJ} が 177.8 mm, 対物レンズ開口直径 50 mm, 像直径 15.875 mm, $t_3 = 3.175$ mm, $t_5 = 12.7$ mm, プリズム屈折率が 1.500 の場合に, 最小開口径 A_1 および A_2 を求めよ.

解答

式 (6.5) より

$$\tan U'_{\text{URR}} = \frac{\dfrac{50.000}{2} - \dfrac{15.875}{2}}{177.8} = 0.09596$$

となる. したがって, $U'_{\text{URR}} = 5.481°$ である.

式 (6.6) より

$$t_4 = \frac{12.7 \times 0.09596 + \dfrac{15.875}{2}}{\dfrac{1.500}{4} - 0.09596} = 32.813 \text{ mm}$$

であり, したがって式 (6.7) より

$$A_2 = \frac{1.5 \times 32.813}{2} = 24.61 \text{ mm}$$

, 式 (6.8) より

$$t_2 = \frac{(3.175 + 32.813 + 12.7) \times 0.09596 + \dfrac{15.875}{2}}{\dfrac{1.500}{4} - 0.09596} = 45.189 \text{ mm}$$

, 式 (6.9) より

$$A_1 = \frac{1.5 \times 45.189}{2} = 33.891 \text{ mm}$$

となる.

6.2.2　内部全反射（TIR）

たとえば直角プリズム内部における斜面（面 2）のように, 屈折率 n が n' より大きな面に光線が入射するとき, 屈折の特別な状況が起こる. そこで前節では, 面に銀やアルミニウムの反射コーティングが施されており, 光線は反射すると仮定し

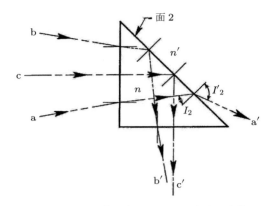

図6.6 一般的な低屈折率の直角プリズムを通過する光線．光線 a-a′ の入射角 I_2 は I_C よりも小さいため，光線はこの面から漏れ出す一方で，光線 b-b′ および c-c′ の入射角 I_2 は I_C を超えているため，これらは内部で全反射する．

た．一方，もし面がコートされていなければ，スネルの法則によると光線の入射角が小さく，かつプリズムの屈折率が小さい場合，光線は空気側に屈折してしまう（図6.6における光線 a-a′）．この光線はケラレてしまい，プリズム下部の光線は結像に寄与しない[†]．光線角度 I_2 が増加すれば，角度 I'_2 も増加する．角度 I_2 のある値に対し，I'_2 は 90° に達する．このとき，$\sin I'_2$ は1である．sin は1を超えることはできないため，これよりも大きな I_2 の値に対しては，面にあたかも金属コートがなされているかのように光線は反射する．角度 $I'_2 = 90°$ に対する I_2 の特別な値は臨界角とよばれ，I_C と書かれる．この角度は次の式で計算できる．

$$\sin I_C = \frac{n'_2}{n_2} \tag{6.10}$$

通常，面2の向こう側の媒質は空気であり，n_1 は1である．そのため，$\sin I_C = 1/n_2$ となる．

考えている面において，反射してほしい光線の入射角が臨界角を超えるように，プリズム屈折角を十分高く選ぶことで，プリズムにおける全反射(TIR)を利用することができる．この場合，光量の損失なく反射が起こり，その面の反射コートは不要になる．ここで，内部全反射はきれいな面のみで起こるため，面が結露，指紋，あるいは外部空間の屈折率を変えてしまう外部物質で汚染されないよう，特別な注意を払う必要がある．

[†] （訳注）厳密には，わずかな反射光線もある．

図 6.5 の両方のプリズムにおいて，最外下光線(LRR)の反射面（対角線）に対する入射角は，最外下光線と最外上光線の間にあるどの光線よりも小さい．よって，屈折率が内部全反射を起こすほどに高くなくても，ほかの光線に対しては全反射を起こしうると思われる．そのためこの光線は，光学系においてケラレを起こさない視野の大きさを決める．例題 6.3 では，ポロプリズムを用いた望遠鏡において，ケラレのない視野をどうやって決められるかを示している．

例題 6.3　正立望遠鏡のプリズムで全反射が起こるためのケラレない視野（設計と解析には File 6.3 を用いよ）．

例題 6.2 のプリズムが，反射膜を施していない F2 ガラス（屈折率 1.620）であると仮定し，EFL_{OBJ} を 177.8 mm，レンズの開口直径 D を 50 mm とする．全反射ロスによるケラレのない視野を求めよ．

解答

式(6.1)より

$$\sin I_C = \frac{1}{1.620} = 0.61728$$

である．したがって，$I_C = 31.1181°$ である．図 6.6 の幾何学的配置により，プリズムにおける最周辺下光線(LRR)の入射面での I' は

$$45° - I_C = 6.8819°$$

である．式(6.1)より

$$\sin I_{\text{LRR}} = 1.62 \times \sin 6.8819° = 0.19411$$

となり，$I_{\text{LRR}} = 11.930°$ となる．

この光線傾角は，レンズ開口の最下部を通り，最大像高に至る光線の傾角に等しい．そのため，$U'_{\text{LRR}} = 11.930°$ であり，$\tan U'_{\text{LRR}} = 0.19788$ である．式(6.5)を LRR に適用するために変形する（分子のマイナスをプラスにする）．

$$\tan U'_{\text{LRR}} = \frac{\dfrac{D}{2} + H'}{\text{EFL}_{\text{OBJ}}} = \frac{\dfrac{50}{2} + H'}{177.8} = 0.19788$$

この式を像高について解くと

$$H' = 0.19788 \times 177.8 - \frac{50}{2} = 10.183 \text{ mm}$$

230　第6章　プリズムの設計

となる．主光線(PR)は，開口絞りの中心を通り，像面で最周辺像高の高さ H' の点を通る光線として定義される．今回の光学系では，開口絞りは対物レンズに位置する．以下の関係式が適用される．

$$\tan U'_{\mathrm{PR}} = \frac{H'}{\mathrm{EFL_{OBJ}}} = \frac{10.183}{177.8} = 0.0573$$

それゆえ，$U'_{\mathrm{PR}} = 3.28°$ である．

ケラレのない全視野は $\pm\,3.28°$，あるいは直径で $6.56°$ となる．

6.3　プリズムの収差寄与

前に述べたように，プリズムは入射面と射出面が透過光線の光軸に対して垂直である．この光線が平行である場合，収差は発生しない．光線が平行でない場合，収差が発生する．収束あるいは発散光において，プリズムにより横収差（コマ，歪曲，倍率色収差）だけでなく縦収差（球面収差，色収差，そして非点収差）が発生する．平行平板あるいはそれと等価なプリズムが寄与する収差について，厳密な3次の収差式が Smith により与えられた[2]．光線追跡プログラムにより，シーケンシャルに与えられた設計に対して収差寄与が計算できる．

6.4　典型的なプリズムの設計

MIL-HDBK-141「光学設計」[3]の第13章において，多くのよく用いられるプリズムの一般的な寸法，光軸長，そしてトンネルダイヤグラムが示されている．これらの設計の大部分は，フランクフォード武器貯蔵庫において長年レンズ設計主任の職にあった Otto K. Kaspereit により書かれ，1953年に米国陸軍により発行された，望遠鏡設計に関する2巻の ORDM 2-1「Design of Fire Control Optics」[4]においてもすでに記されているが，後者の本は見つけるのが困難である．両方の本，および後の[2, 3, 5]でもそうであるが，プリズムマウント設計に必要なすべての情報が必ずしも載っていない．そこで，本節では，33のプリズムタイプ（一部はこれらの参考文献のどれにも載っていない）を取り上げ，その設計データと機能について収録する．投影図，プリズム寸法，光軸長，そして大部分の場合において，アイソメトリック図とトンネルダイヤグラム，プリズムの概算体積と接着できる領域（7.5節で議論する）を含む．以下のパラメータの定義を適用する．

- A：プリズムの面の幅
- B, C, D など：ほかの直線の寸法
- a, b, c など：典型的な面取り幅
- δ, θ, ϕ など：角度
- t_A：光軸長
- V：プリズム体積（小さな面取りを除く）
- ρ：ガラスの密度
- W：プリズム質量
- a_G：加速度（G単位）
- Q_{MIN}：安全率 f_S, 接着強度 J に対する最小接着領域
- Q_{MAX}：プリズムの保持領域として使える最大の円形(C), あるいはレーストラック形状(RT)領域[†]

　大部分の設計に対する図において注釈で示すように，各パラメータは $A = 1.5$ in.（38.1 mm），ガラスは BK7（$n = 1.5170$），密度 $\rho = 2.510\ \mathrm{g/cm^3}$, $a_G = 15$, $J = 13.79$ MPa，そして安全率 $f_S = 4$ とする．出版社ウェブページに掲載された設計と解析のためのファイルについての関連情報も与えられている．図の注釈における値と，ダウンロードファイルで計算される値のわずかな相違は，計算で用いた有効数字の相違によるものである．

6.4.1　直角プリズム

　図 6.7 (b) に，直角プリズムの最も一般的なはたらきである，光線を 90° 曲げる機能を示す．一方，トンネルダイヤグラムを図 6.2 に示した．三角形の一面を接着面とした直角プリズムの投影図を図 6.7 に示す．

6.4.2　キューブ型ビームスプリッタ

　部分反射コーティングが施された斜面で二つの直角プリズムを接着することで，キューブ型ビームスプリッタ（ビームコンバイナ）が構成される．この種のプリズムを図 6.8 に示す．

[†]　14.6 節で説明するように，接着領域の最大サイズは温度変化で生じる応力により制限を受ける．この限界は接着状態の設計において何よりも優先される．

232　第6章　プリズムの設計

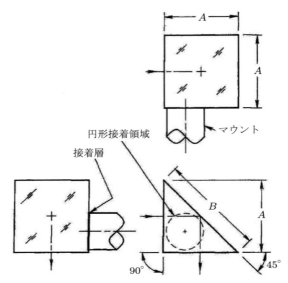

図 6.7　直角プリズム（設計と解析には File 6.4 を用いよ）.
$t_A = A = 1.500$ in. $(38.100$ mm$)$,　$B = 1.414\,A = 2.121$ in. $(53.881$ mm$)$,
$V = 0.500\,A^3 = 1.688$ in.^{3} $(27.661$ mm$^3)$,　$W = V\rho = 0.154$ lb $(0.070$ kg$)$,
$Q_{\text{MIN}} = V\rho a_G f_S/J = 0.0046$ in.^{2} $(2.968$ mm$^2)$,　$Q_{\text{MAX }C} = 0.230\,A^2 = 0.517$ in.^{2}
$(333.870$ mm$^2)$.

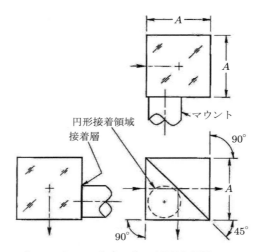

図 6.8　ビームスプリッタキューブプリズム（設計と解析には File 6.5 を用いよ）.
$t_A = A = 1.500$ in. $(38.100$ mm$)$,　$V = A^3 = 3.375$ in.^{3} $(55.306$ cm$^3)$,
$W = V\rho = 0.307$ lb $(0.139$ kg$)$, $Q_{\text{MIN}} = V\rho a_G f_S/J = 0.0092$ in.^{2} $(5.935$ mm$^2)$,
$Q_{\text{MAX }C} = 0.230\,A^2 = 0.517$ in.^{2} $(333.870$ mm$^2)$.

もし，このプリズム（あるいはいかなる接合プリズムでも）を機械的なマウントに接着する場合，接着による結合は一つの構成要素のみに留めておかねばならない．つまり，機械的な接着は，光学的に接着された要素をまたいではならない．これは，ガラスの二つの面が正確に同一平面上にない場合，接着剤の厚みが異なることで，接着強度が劣化するためである．もし，隣接する面を接着後に同時に研削加工するなら，二つの接着プリズムをまたぐ機械的接着は許容される．

ビームスプリッタキューブに対する大部分の設計計算式は，高速度カメラにおける回転プリズムなどに用いられる一体型キューブにも適用できる．一体型キューブの接着領域は，最大 $Q_{MAX} = 0.785\ A^2$ である．

6.4.3 アミチプリズム

アミチプリズム（図 6.9）は，本質的には直角プリズムであり，透過光線を 1 回ではなく 2 回反射させるために，斜面が 90°のダハ面になっている．これにより正しい向きの像が作られる．このプリズムは，透過光線がダハ面の稜線で分割される

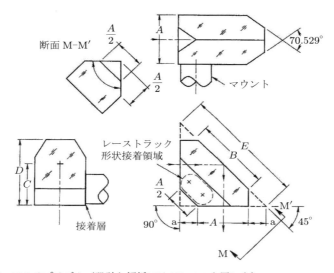

図 6.9　アミチプリズム（設計と解析には File 6.6 を用いよ）．
$t_A = 2.707\ A = 4.061$ in. $(103.140$ mm$), a = 0.354\ A = 0.530$ in. $(13.472$ mm$)$,
$B = 1.414\ A = 2.121$ in. $(53.881$ mm$), C = 0.854\ A = 1.280$ in. $(32.522$ mm$)$,
$D = 1.354\ A = 2.031$ in. $(51.587$ mm$), E = 2.415\ A = 3.621$ in. $(91.981$ mm$)$,
$V = 0.888\ A^3 = 2.997$ in.^{3} $(49.118$ cm$^3)$, $W = V\rho = 0.273$ lb $(0.124$ kg$)$,
$Q_{MIN} = V\rho a_G f_S/J = 0.008$ in.^{2} $(5.264$ mm$^2)$, $Q_{MAX\ C} = 0.164\ A^2 = 0.369$ in.^{2}
$(238.064$ mm$^2)$, $Q_{MAX\ RT} = 0.306\ A^2 = 0.689$ in.^{2} $(444.338$ mm$^2)$.

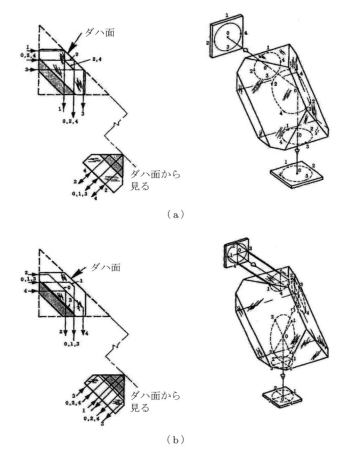

図 6.10 アミチプリズム．(a)対称的なビームを分割して反射するプリズムとして使用，(b)中心を外して全光束を反射するプリズムとして使用（MIL-HDBK-141[3]より）．

ように，あるいは（一定の光束径に対してより大きなプリズムを用いる場合）光線がダハ面で順に反射されるように用いることができる．これらの可能性については，図 6.10(a)と(b)にそれぞれ図示した．前者の場合，顕著な二重像になってしまわないよう，2面角は正確に 90°（つまり誤差が数″以内）に収めなくてはならない．これは，光学部品が小さくなるほどコストが上昇する．というのは，追加の労力，備品，そして正確なダハ角を測定するための検査が必要になるためである．図 6.10 では各プリズムが同じ大きさで示されているが，図(b)の光束径は $A/2$ を超えることはできない．この場合，光束の光軸は $A/2$ だけ横にずれる．図(a)において，光

束の大きさは A と同程度にとることができ，中心がダハ面のエッジと一致する．

6.4.4 ポロプリズム

図 6.11(a)に示すような，光束が斜面に入射し，斜面から射出するような直角プリズムの配置は「ポロプリズム」とよばれる．光線 a-a′ は光軸と平行に通過するが，光線 b-b′ と c-c′ は異なる視野角で入射する．ここで，a-a′ と b-b′ は回転し，入射光線と平行に射出するが，これは，プリズムが屈折面に対して逆向きの反射をすることを示している．経路 c-c′ はプリズムのエッジ近辺に入射する周辺視野の光線を示している．これは，斜辺 A-C に内部で交わり，そのために 3 回の反射を起こし，逆向きの像を作る．このような光線は「ゴースト」光線とよばれるが，それは主となる像に対する有用な情報にならないためである．この光線は迷光になるので，除去されるべきである．斜辺の中心部に切った溝は，迷光を除去するという役目を果たすため，一般的なポロプリズムはこの溝を備えている．図(b)のトンネルダイヤグラムには，これらすべての光線と溝が示されている．プリズム設計は図 6.12 に与えられている．

このプリズム（と数種類のプリズム）のもう一つの便利な特徴は，屈折面に直角な軸に対してプリズムが回転しても，等しい偏角（ポロプリズムの場合 180°）を与えることである．このようなプリズムは「等偏角プリズム」とよばれる．ここで，ポロプリズムの場合，等偏角が得られるのは，ここで示した 1 平面だけであることに注意しておく．

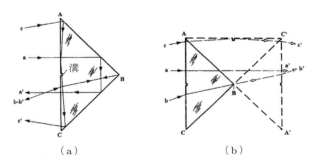

図 6.11 (a)ポロプリズムを通過する典型的な光路，(b)そのトンネルダイヤグラム．

6.4.5 ポロの正立プリズム

図 6.13 のように，二つのポロプリズムが直角に組み合わさった場合，ポロの正

236　第6章　プリズムの設計

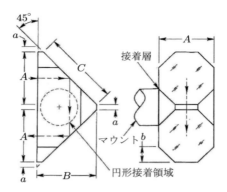

図 6.12　ポロプリズム（設計と解析には File 6.7 を用いよ）．
$t_A = 2.3\ A = 3.450$ in. $(87.630$ mm$)$, $a = 0.1\ A$（想定値）$= 0.150$ in. $(3.810$ mm$)$, $b = 0.293\ A = 0.439$ in. $(11.163$ mm$)$, $B = 1.1\ A = 1.650$ in. $(41.910$ mm$)$, $C = 1.414\ A = 2.121$ in. $(53.881$ mm$)$, $V = 1.286\ A^3 = 4.340$ in.$^3 (71.124$ cm$^3)$, $W = V\rho = 0.395$ lb$(0.179$ kg$)$, $Q_{\text{MIN}} = V\rho a_G f_S / J = 0.012$ in.$^2(7.644$ mm$^2)$, $Q_{\text{MAX}\ C} = 0.608\ A^2 = 1.368$ in.^{2} $(882.579$ mm$^2)$.

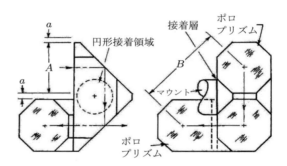

図 6.13　ポロの正立プリズム（設計と解析には File 6.8 を用いよ）．
$t_A = 4.6\ A = 6.900$ in. $(175.260$ mm$)$, $a = 0.1\ A$（想定値）$= 0.150$ in. $(3.810$ mm$)$, $B = 1.556\ A = 2.334$ in. $(59.284$ mm$)$, $V = 2.573\ A^3 = 8.634$ in.$^3 (142.303$ cm$^3)$, $W = V\rho = 0.790$ lb$(0.358$ kg$)$, $Q_{\text{MIN}} = V\rho a_G f_S / J = 0.024$ in.$^2 (15.295$ mm$^2)$, $Q_{\text{MAX}\ C} = 0.459\ A^2 = 1.033$ in.$^2(666.289$ mm$^2)$.

立プリズムをなす．光軸は各方向に $2A +$（頂点の面取り幅）だけ横方向にずれる．この光学系は，正立像の得られる双眼鏡や望遠鏡に非常によく用いられる．図 6.13 には，プリズムが接着された設計を示している．プリズムの間に空気間隔があってもこの機能に変化はない．この配置は等偏角の配置ではない．

6.4.6 アッベ型ポロプリズム

Ernst Abbe は，プリズムの半分をもう一つの半分に対し光軸について 90°回転させるように，ポロプリズムの設計を変形した．図 6.14 はこの設計を示しており，注釈に設計の式を与えた．与えられた開口径 A では，このプリズムは標準的なポロプリズムに対して少し大きくなる．これは，大きな面取りを含むためである．面取りの有無と大きさは，設計上任意である．

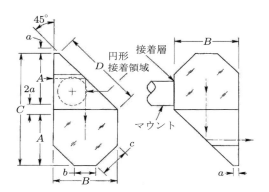

図 6.14　アッベ型ポロプリズム（設計と解析には File 6.9 を用いよ）．
$t_A = 2.400\ A = 3.600$ in.（91.440 mm），$a = 0.1\ A$（想定値）$= 0.150$ in.（3.810 mm），$b = 0.414\ A = 0.621$ in.（15.773 mm），$B = 1.200\ A = 1.800$ in.（45.720 mm），$C = 2.200\ A = 3.300$ in.（83.820 mm），$D = 1.556\ A = 2.334$ in.（59.284 mm），$V = 1.832\ A^3 = 6.183$ in.^{3}（101.321 cm^3），$W = V\rho = 0.561$ lb（0.254 kg），$Q_{\mathrm{MIN}} = V\rho a_G f_S/J = 0.017$ in.^{2}（10.967 mm^2），$Q_{\mathrm{MAX}\ C} = 0.388\ A^2 = 0.873$ in.^{2}（563.225 mm^2）.

6.4.7 アッベの正立プリズム

アッベ型ポロプリズムを，その入射面と射出面で接着したプリズムは，ポロの正立プリズムと同様の機能をもつ正立プリズムを構成する．この型のプリズムは，通常，二つの直角プリズムで逆に向いたものを，ポロプリズムの斜面に接着することにより作られる（図 6.15 参照）．この構成法は，二つのアッベ型プリズムを接合するよりいくぶん安価である．より大きな面接着可能面がポロプリズムにあるため，マウントはより容易である．

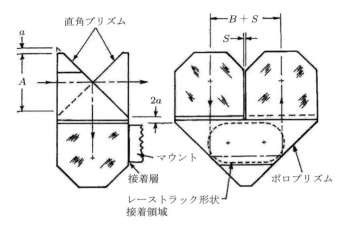

図 6.15 アッベの正立プリズム（設計と解析には File 6.10 を用いよ）.
$t_A = 4.450$ $A = 6.675$ in.(169.545 mm), $a = 0.1 A$(想定値) $= 0.150$ in. (3.810 mm), $S = 0.050 A$(想定値) $= 0.075$ in.（1.905 mm）, $B = 2.250 A = 3.375$ in.（85.725 mm）, $V = 3.808 A^3 = 12.852$ in.^{3} (210.606 cm^3), $W = V\rho = 1.169$ lb (0.530 kg), $Q_{\text{MIN}} = V\rho a_G f_S/J = 0.035$ in.^{2} (22.636 mm^2), $Q_{\text{MAX C}} = 0.459 A^2 = 1.033$ in.^{2}(666.289 mm^2), $Q_{\text{MAX RT}} = 0.841 A^2 = 1.892$ in.^{2} (1220.643 mm^2).

6.4.8 ロム[†1]プリズム

普通，プリズムは一つのガラスの塊で構成されるが，図 6.16 に示すロムプリズムは，機能的には二つの直角プリズムの反射面を平行に配置し，厚み 0 からある値に至る軸上厚み（図中 B）をもつ平行平板を組み合わせたものである．これは，ある値の光軸の横ずれを与える．このプリズムは反射面における倒れに対しては鈍感であるので，この面における等偏角プリズムとなる．

6.4.9 ダブ[†2]プリズム

ダブプリズムは，上部を切り落とした直角プリズムであり，光軸は図 6.17 に示すように斜面と平行になっているプリズムである．この 1 回反射のプリズムは，屈折面においてのみ像を反転させる．このプリズムは，光軸周りにプリズムを回転させることで像を回転させる用途に最も一般的に用いられる．像の回転角はプリズムの回転角の 2 倍である．入射面と射出面において，光軸が斜めに入るため，このプ

---

† 1　（訳注）Rhomboid ＝ 偏菱形の略．
† 2　（訳注）Dove ＝ 発明者の名前．日本では慣用的に「ダブ」と書かれるが，正確な発音は「ドーフェ」．

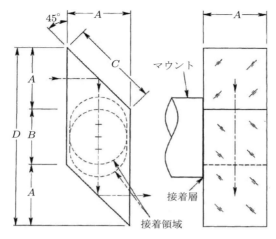

図 6.16　ロムプリズム（設計と解析には File 6.11 を用いよ）．
B (想定値) $= 0.500$ in. $(12.700$ mm$)$, $t_A = 2A + B = 3.500$ in. $(88.900$ mm$)$,
$C = 1.414\,A = 2.121$ in. $(53.881$ mm$)$, $D = 2A + B = 3.500$ in. $(88.900$ mm$)$,
$V = A^2(A + B) = 4.500$ in^3 $(73.742$ cm$^3)$, $W = V\rho = 0.408$ lb $(0.185$ kg$)$,
$Q_{\text{MIN}} = V\rho a_G f_S/J = 0.012$ in^2 $(7.900$ mm$^2)$.
$B = 0$ のとき，$Q_{\text{MAX C}} = 0.393\,A^2 = 0.884$ in^2 $(570.483$ mm$^2)$, $Q_{\text{MAX RT}} = 0.686\,A^2 = 1.543$ in. $(995.804$ mm$^2)$.
$B > 0.414\,A$ のとき，$Q_{\text{MAX C}} = 0.785\,A^2 = 1.767$ in^2 $(1140.094$ mm$^2)$,
$Q_{\text{MAX RT}} = 0.578\,A^2 + 0.500\,AB = 1.676$ in^2 $(1081.401$ mm$^2)$.

リズムは平行光束中でのみ用いられる．プリズム面の傾き角が別の角度の場合もあるが，ここでは最も一般的な 45°の場合のみに考察を限定する．
　プリズムの屈折率により斜面における光軸の屈折角が変わるため，プリズムの寸法はプリズムの屈折率に依存する．**表 6.1** は典型的なダブプリズムについて，屈折率変化により寸法がどう変化するかを示したものである．ここでの値は，図 6.17 の注釈に挙げた式で計算した．

6.4.10　ダブルダブプリズム

　このプリズムは，それぞれの斜面を合わせた開口 $A/2$ の二つのダブプリズムよりなる．図 6.18 はこの配置を示す．これは一般にイメージローテータとして用いられる．このプリズムは，微小な空気間隔をもたせて，機械的に保持することができる．この場合，全反射が起こる．また，両者を接着することもできる．この場合，接合する前に，一つのプリズム面にアルミニウムまたは銀の反射コートを施し，光

第6章 プリズムの設計

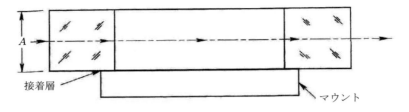

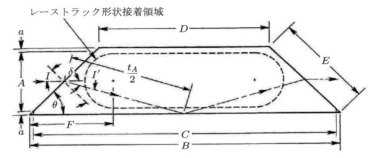

図 6.17 ダブプリズム（設計と解析には File 6.12 を用いよ）.

$n = 1.5170$, $\theta = 45°$, $I = 90° - \theta = 45°$, $I' = \arcsin(\sin I/n) = 27.783°$, $\delta = I - I' = 17.217°$, $a = 0.050\,A$(想定値) $= 0.075$ in. $(1.905$ mm$)$, $t_A = (A + 2a)/\sin\delta = 5.574$ in. $(14.580$ mm$)$, $B = (A + 2a)(1/\tan\delta) + (1/\tan\theta) = 6.975$ in.$(177.156$ mm$)$, $C = B - 2a = 6.825$ in.$(173.355$ mm$)$, $D = B - 2(A + 2a) = 3.675$ in.$(93.345$ mm$)$, $E = (A + a)/\cos\theta = 2.227$ in.$(56.566$ mm$)$, $F = (A + 2a)/2\tan(\theta/2) = 1.992$ in.$(50.590$ mm$)$, $V = AB(A + 2a) - A(A + 2a)^2 - Aa^2 = 13.170$ in.^{3} $(215.819$ cm$^2)$, $W = V\rho = 1.198$ lb $(0.542$ kg$)$, $Q_{\text{MIN}} = V\rho a_G f_S/J = 0.036$ in.^{2} $(23.226$ mm$^2)$, $Q_{\text{MAX }C} = \pi\{(A + a)/2\}^2 = 2.138$ in.^{2} $(1379.511$ mm$^2)$, $Q_{\text{MAX RT}} = Q_{\text{MAX }C}(A + 2a)(B - 2F) = 7.074$ in.^{2} $(4563.678$ mm$^2)$.

表 6.1 各屈折率に対するダブプリズムの各寸法

屈折率(n)	1.5170	1.6170	1.7215	1.8052
A [mm]	38.100	38.100	38.100	38.100
B [mm]	177.156	163.154	152.541	145.959
C [mm]	173.346	159.344	148.731	142.148
D [mm]	93.336	79.334	68.721	62.138
E [mm]	56.576	56.576	56.576	56.576
t_A [mm]	141.590	128.283	118.303	112.171

線が通過できるようにする．与えられた開口径 A に対するダブルダブプリズムの長さは，同じ開口径に対応するダブプリズムの半分である．入射面と射出面の保護

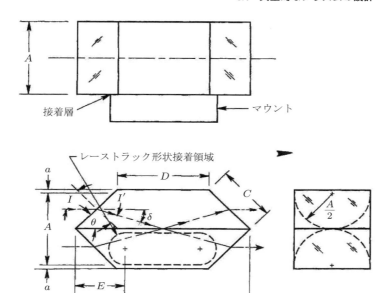

図6.18　ダブルダブプリズム（設計と解析には File 6.13 を用いよ）．
$n = 1.5170$, $\theta = 45°$, $I = 90° - \theta = 45°$, I' arcsin$((\sin I)/n) = 27.783°$, $\delta = I - I' = 17.217°$, $a = 0.05 A = 0.075$ in. (1.905 mm), $t_A = (A/2 + a)/\sin \delta = 2.787$ in. (70.795 mm), $B = (A + 2a)(1/\tan \delta + 1/\tan \theta)/2 = 3.487$ in. (88.578 mm), $C = (A/2 + a)/\cos \theta = 1.167$ in. (29.635 mm), $D = B - (A + 2a) = 1.837$ in. (46.668 mm), $E = (A/2 + a)/2 \tan(\theta/2) = 0.996$ in. (25.295 mm), $V = AB(A + 2a) - 2A(A/2 + a)^2 = 6.589$ in^3 (107.979 mm^3), $W = V\rho = 0.598$ lb (0.271 kg), $Q_{MIN} = V\rho a_G f_S/J = 0.018$ in^2 (11.548 mm^2), $Q_{MAX\ C} = (\pi/4)(A/2 + a)^2 = 0.535$ in^2 (344.878 mm^2), $Q_{MAX\ RT} = Q_{MAX\ C} + (A/2 + a)(B - 2E) = 1.768$ in^2 (1140.919 mm^2).

面取りを最小にすることで，光束の遮蔽を防ぐことができる．

　図6.18の最後に示すように，ダブルダブプリズム左面に円形の光束が入射すると，その光束はD型をした対となる光束どうしが隣接した形状に変換される．ケラレを防ぐためには，これに続く光学系が，光束径1.414 Aを満足できるよう十分大きくする必要がある．このプリズムを用いた光学系のMTFは，この分割された開口のため，多少なりとも劣化する．二重像を防ぐためには，プリズムの45°の角度は非常に正確である必要がある．

　ダブルダブプリズムのキューブ版（インターフェース面に反射コート付）は，スキャン光学系(LOS)の屈折面でしばしば用いられる．このようなプリズムでは，

図 6.18 において寸法 C と書かれた面の長さが D と書かれた面とほぼ同じ長さになるように伸ばされる．このプリズムは，図に対して垂直で，プリズム重心を通る軸（斜面に対して平行）周りに回転させられる．このプリズムが，カメラや潜望鏡などの，対物レンズに平行光が入射する光学機器の前に位置していると，このプリズムにより LOS 光学系のスキャン軸を 180° を十分に超えてスキャンできる．このプリズムはシングルダブプリズムの LOS 光学系のスキャンに用いられる．このタイプの機構の実例は図 7.15 に示した．このタイプは，ダブルダブプリズムアセンブリよりもスキャン角が小さい（図 7.16 参照）．

6.4.11 逆転プリズム（アッベタイプ A，アッベタイプ B）

図 6.19 に，二つの要素からなる（接着）イメージローテータプリズムが示されている．これは 3 面の反射面があり，逆転プリズムとよばれる．機能的には，ダブプリズムやダブルダブプリズムとは異なり，収束発散光中でも用いることができる．中央の反射面（図中寸法 C）には，この面での屈折透過を防ぐため，反射コーティングが必要である．この面は普通，反射コートを施した後，銅メッキが施され，黒

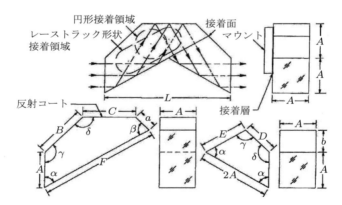

図 6.19　逆転プリズム（設計と解析には File 6.14 を用いよ）．
$\alpha = 30°$, $\beta = 60°$, $\gamma = 45°$, $\delta = 135°$, $a = 0.707\ A = 1.060$ in. (26.937 mm),
$b = 0.577\ A = 0.865$ in. (21.984 mm), $c = 0.500\ A = 0.750$ in. (19.050 mm),
$t_A = 5.196\ A = 7.794$ in. (197.968 mm), $B = 1.414\ A = 2.121$ in. (53.881 mm),
$C = 1.464\ A = 2.196$ in. (55.778 mm), $D = 0.867\ A = 1.300$ in. (33.020 mm),
$E = 1.268\ A = 1.902$ in. (48.311 mm), $L = 3.464\ A = 5.196$ in. (131.978 mm),
$V = 4.196\ A^3 = 14.161$ in.^{3} (232.065 cm^3), $W = V\rho = 1.289$ lb (0.585 kg),
$Q_{\text{MIN}} = V\rho a_G f_S/J = 0.039$ in.^{2} (25.161 mm^2), $Q_{\text{MAX C}} = 1.108\ A^2 = 2.493$ in.^{2}
(1608.384 mm^2), $Q_{\text{MAX RT}} = 2.037\ A^2 = 4.583$ in.^{2} (2956.930 mm^2).

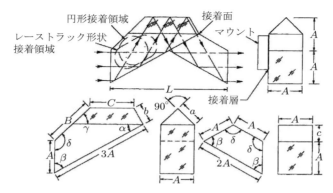

図 6.20 アッベプリズム タイプ A（設計と解析には File 6.15 を用いよ）.
$\alpha = 30°, \beta = 60°, \gamma = 45°, \delta = 135°, a = 0.707\,A = 1.060$ in. $(26.937$ mm$)$,
$b = 0.577\,A = 0.866$ in. $(21.996$ mm$)$, $c = 0.500\,A = 0.750$ in. $(19.050$ mm$)$,
$t_A = 5.196\,A = 7.794$ in. $(197.968$ mm$)$, $B = 1.414\,A = 2.121$ in. $(53.873$ mm$)$,
$C = 1.309\,A = 1.963$ in. $(49.860$ mm$)$, $L = 3.464\,A = 5.196$ in. $(131.978$ mm$)$,
$V = 3.719\,A^3 = 12.552$ in^3 $(205.684$ cm$^3)$, $W = V\rho = 1.138$ lb $(0.516$ kg$)$,
$Q_{\text{MIN}} = V\rho a_G f_S / J = 0.034$ in^2 $(21.935$ mm$^2)$, $Q_{\text{MAX }C} = 0.802\,A^2 = 1.805$ in^2
$(1164.514$ mm$^2)$, $Q_{\text{MAX RT}} = 1.116\,A^2 = 2.512$ in^2 $(1620.642$ mm$^2)$.

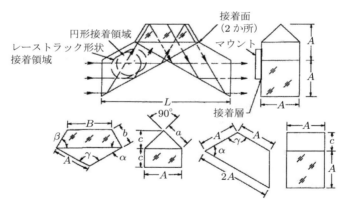

図 6.21 アッベプリズム タイプ B（設計と解析には File 6.16 を用いよ）.
$\alpha = 30°, \beta = 60°, \gamma = 45°, \delta = 135°, a = 0.707\,A = 1.060$ in. $(26.937$ mm$)$,
$b = 0.577\,A = 0.865$ in. $(21.984$ mm$)$, $c = 0.500\,A = 0.750$ in. $(19.050$ mm$)$,
$t_A = 5.196\,A = 7.794$ in. $(197.968$ mm$)$, $B = 1.155\,A = 1.733$ in. $(44.018$ mm$)$,
$L = 3.464\,A = 5.196$ in. $(131.978$ mm$)$, $V = 3.849\,A^3 = 12.991$ in^3 $(212.880$ cm$^3)$,
$W = V\rho = 1.182$ lb $(0.536$ kg$)$, $Q_{\text{MIN}} = V\rho a_G f_S / J = 0.035$ in^2 $(22.880$ mm$^2)$,
$Q_{\text{MAX }C} = 0.589\,A^2 = 1.325$ in^2 $(854.998$ mm$^2)$, $Q_{\text{MAX RT}} = 1.039\,A^2 = 2.338$ in^2
$(1508.223$ mm$^2)$.

色塗料で塗装される（8.2節を参照）．

アッベタイプAとアッベタイプB（図6.20，図6.21参照）は，反転プリズムと同じ機能をもっているが，これらは中央の反射面がダハ面に変更されており，2面角のエッジを横断する面に対して像を反転させる．偶数回反射のため，これらは正立系として用いることができるが，イメージローテータとして用いることはできない．AとBは，接合されるプリズムの数が異なる．タイプAは2個のプリズムを，タイプBは3個のプリズムよりなる．

6.4.12　ペシャンプリズム

ペシャンプリズムは，奇数（5面）の反射面をもっており，収束発散光でも用いることができるため，小型のイメージローテータとして，ダブプリズムやダブルダブプリズムの代わりに用いられる．設計例を図6.22に示す．基準の設計において，中央の空気間隔のため光軸はわずかにずれるが，偏角はない．内部の反射面は全反射面なので，コートが施されない一方，外にある二つの反射面は，反射コートが施され，保護コートあるいは塗装が施される．

二つのプリズムは，普通，共通のマウントプレートに，それぞれの間の微小な空

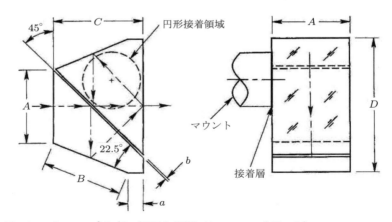

図6.22　ペシャンプリズム（設計と解析にはFile 6.17を用いよ）．
$a = 0.207\ A = 0.310$ in. $(7.887$ mm$)$, $b = 0.004$ in. $(0.100$ mm$)$（想定値），
$B = 1.082\ A = 1.623$ in. $(41.224$ mm$)$, $C = 1.207\ A = 1.810$ in. $(45.987$ mm$)$,
$D = 1.707\ A = 2.560$ in. $(65.037$ mm$)$, $t_A = 4.621\ A = 6.931$ in. $(176.060$ mm$)$,
$V = 1.801\ A^3 = 6.078$ in.^{3} $(99.601$ cm$^3)$, $W = V\rho = 0.551$ lb $(0.250$ kg$)$,
$Q_{\text{MIN}} = V\rho a_G f_S/J = 0.017$ in.^{2} $(10.968$ mm$^2)$, $Q_{\text{MAX }C} = 0.599\ A^2 = 1.348$ in.^{2} $(869.514$ mm$^2)$.

気間隔（図中寸法 b）を確保するために，機械的あるいは接着により固定される．この空気間隔は 0.1 mm のオーダーが典型的である．クランプでマウントする場合，正しい空気間隔を確保するために，反射面のエッジ近くにシムを用いることもできる．湿度あるいはほこりの侵入を防ぐため，空気間隔のエッジは，RTV などによる薄いリボン状のシール剤で覆わなくてはならない．

6.4.13 ペンタプリズム

ペンタプリズムは，どちらの方向に対しても像を反転させることなく，光軸を 90°曲げる．そのため，このプリズムは屈折面上において等偏角のプリズムとなる．反射面の法線方向においては，プリズムの傾き角の2倍，ビームを偏向させるミラーとしてはたらく．このプリズムは光学式距離計，測量機，アライメント光学系，そして，90°の正確性が本質的な測定機器に最もよく用いられる．二つの反射面には反射コートを施す必要がある．この設計例を図 6.23 に示す．

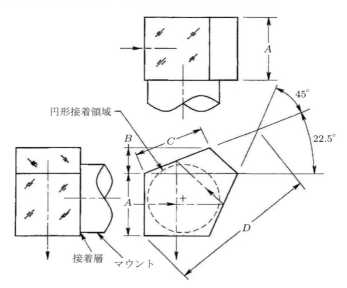

図 6.23 ペンタプリズム（設計と解析には File 6.18 を用いよ）．
$t_A = 3.414\ A = 5.121$ in. (130.073 mm)，$B = 0.414\ A = 0.621$ in. (15.773 mm)，$C = 1.082\ A = 1.623$ in. (41.224 mm)，$D = 2.414\ A = 3.621$ in. (91.973 mm)，$V = 1.500\ A^3 = 5.062$ in.^{3} (82.951 cm^3)，$W = V\rho = 0.459$ lb (0.208 kg)，$Q_{\text{MIN}} = V\rho a_G f_S/J = 0.014$ in.^{2} (9.032 mm^2)，$Q_{\text{MAX }C} = 1.129\ A^2 = 2.540$ in.^{2} (1638.868 mm^2)．

6.4.14 ペンタダハプリズム

ペンタプリズムにおいて，一つの反射面が 90°のダハ面であるとき，このプリズムは反射面の法線において像を反転させる（図 6.24 参照）．これは，カメラの視線を 90°偏向させる．開口径とガラスが決まっているとき，ペンタダハプリズムはペンタプリズムより 17％大きく，19％重い．二重像を防ぐために，ダハ角の精度は数″以内でなくてはならない．

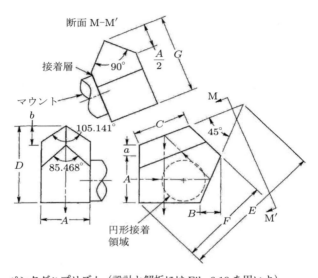

図 6.24 ペンタダハプリズム（設計と解析には File 6.19 を用いよ）．
$t_A = 4.223\ A = 6.334$ in. $(160.896$ mm$)$, $a = 0.237\ A = 0.355$ in. $(9.030$ mm$)$,
$b = 0.383\ A = 0.574$ in. $(14.592$ mm$)$, $B = 0.414\ A = 0.621$ in. $(15.773$ mm$)$,
$C = 1.082\ A = 1.623$ in. $(41.224$ mm$)$, $D = 1.651\ A = 2.476$ in. $(62.903$ mm$)$,
$E = 2.986\ A = 4.479$ in. $(113.767$ mm$)$, $F = 1.874\ A = 2.811$ in. $(71.399$ mm$)$,
$G = 1.621\ A = 2.431$ in. $(61.760$ mm$)$, $V = 1.795\ A^3 = 6.058$ in^3 $(99.275$ cm$^3)$,
$W = V\rho = 0.552$ lb $(0.250$ kg$)$, $Q_{\text{MIN}} = V\rho a_G f_S/J = 0.017$ in^2 $(10.670$ mm$^2)$,
$Q_{\text{MAX }C} = 0.824\ A^2 = 1.854$ in^2 $(1196.126$ mm$^2)$.

6.4.15 アミチ・ペンタ正立系

アミチプリズムとペンタプリズムを組み合わせたものは，光軸と垂直な方向に対して 2 回反射となり，そのため，この光学系は正立系として用いることができる．このタイプは普通，図 6.25(a)に示すように接着される．この設計は，いくつかの双眼鏡で用いられた．類似した機能をもつプリズムは，直角プリズムとペンタダハ

プリズムを組み合わせて得られる（図(b)）．決まった開口径 A に対し，高さ寸法は約 4% 異なる．この光学系は最初，軍用の潜望鏡に用いられた．製造が容易な変形タイプは，小型軍用双眼鏡に実験的に用いられた[6]．このプリズムは図 6.26 に示されている．このプリズムの 90°ダハ面は，ペンタプリズムのダハ面より容易に検査できる．というのも，接着前において，この面に垂直にアクセスできるからである．ダハ面では全反射が起きるが，ほかの反射面には反射コートが必要である．

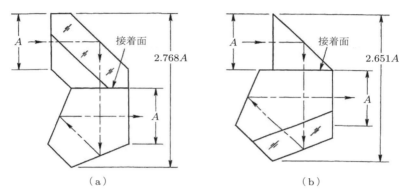

図 6.25　他の正立プリズムアセンブリ．(a)アミチ + ペンタ系，(b)直角プリズム + ペンタダハ系．

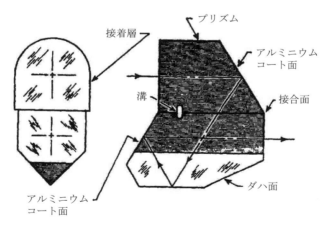

図 6.26　軍用双眼鏡に試験的に用いられた，コンパクトな正立プリズムアセンブリ（Yoder[6]による）．

6.4.16 デルタプリズム

図 6.27 は，三角形のプリズムを通過する軸上光線を示したものである．内部全反射が射出面と入射面で順に起きる．中間面は，銀かアルミニウムコートにより反射面にしなくてはならない．適切な屈折率を選ぶことにより，頂角，プリズム高さ，内部の光線経路がプリズム頂角に対して対称になるようにできる．つまり，このとき射出光線の軸が入射光線の軸と一直線になる．奇数回（3 回）反射により，デルタプリズムはイメージローテータとして用いることができる．入射面と射出面が軸に対して傾いているため，平行光束でしか用いることができない．決まった開口径に対し，デルタプリズムはダブプリズムよりも小さい[7]．反射回数が少ないことと，軸上長さ t_A が短いことから，このプリズムはダブプリズムよりもよい透過率を示す．

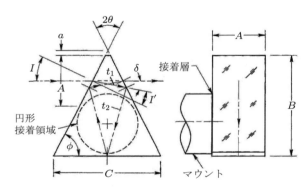

図 6.27 デルタプリズム（設計と解析には File 6.20 を用いよ）．本文で説明したとおり，式(6.11)と式(6.12)が I_1' に対して同じ値を与えるようになるまで，n と θ に対して繰り返し計算を行い，全反射するか確認すること．全反射しない場合は，屈折率のより高いガラスを選択して計算を繰り返すこと．たとえば，以下のとおり：
$n = 1.85025$ および $\theta = 25.916°$, $\phi = 90° - \theta = 64.084°$, $I_1 = \theta = 25.916°$, $I_1' = \arcsin(\sin I/n) = 13.663°$, $\delta = I_1 - I_1' = 12.253°$, I_C (第 2 面において) $= \arcsin(1/n) = 32.715°$, $I_2 = \delta + \theta = 38.168°$ ($I_2 > I_C$ のため TIR が起こる), $a = 0.1$ $A = 0.150$ in. (3.810 mm), $B = \{(A + 2a)(\sin(180° - 4\theta)/(2\cos\theta\sin\theta)\} - a = 2.225$ in. (56.508 mm), $C = 2(B + A)\tan\theta = 3.620$ in. (91.958 mm), $t_1 = \{(A/2 + a)\sin 2\theta/\cos\theta\}\sin(90° - 2\theta + I')$ $= 1.001$ in. (25.420 mm), $t_2 = (B - A/2 - a - t_1\sin\delta)/\cos\theta = 1.237$ in. (31.413 mm), $t_A = 2(t_1 + t_2) = 4.475$ in. (113.658 mm), $V = A\{(B + a)^2 - a^2\}\tan\theta = 4.094$ in.^{3} (67.087 mm^3), $W = V\rho = 0.371$ lb (0.168 kg), $Q_\mathrm{MIN} = V\rho a_G f_S/J = 0.011$ in.^{2} (7.211 mm^2), $Q_\mathrm{MAX} = \pi\{(C^2/4)\tan^2(\phi/2)\}$ $= 4.131$ in.^{2} (2665.156 mm^2).

デルタプリズムの設計は，屈折率 n の選択から始める．頂角の半分として，ある角度 θ を仮定する．最初の面の入射角 I_1 は θ に等しい．屈折率 n と θ を変化させ，次の式で決まる I_1' が I_1 と同じ値になるようにする．

$$I_1' = \arcsin\left(\frac{\sin I_1}{n}\right) \tag{6.11}$$

または

$$I_1' = 4\theta - 90° \tag{6.12}$$

そして，I_2 を次で計算する．

$$I_2 = 2\theta - I_1' \tag{6.13}$$

この値を，全反射が起こるかどうか判定するため，式(6.10)の I_C と比較する．つまり，2番目の面で $I_2 > I_C$ となるかどうか判定する．そうでない場合，屈折率をより高い値に選びなおす．実用上，屈折率は使用可能なガラスから選ぶ必要がある．典型的には，屈折率1.7以上で全反射が起こる．図6.28は，5種類のSchottガラス（うち4種類は表B.1にある）について，θ と n_d の間の，近似的に線形な関係を示したものである．

図6.27の注釈に示した数値例では，Schott社のLaSFN$_9$（屈折率1.85025）が仮定されており，光線が軸上にくるようになっている．すべての視野の光線が内部全反射するには，光軸に対する最周辺下光線が，光軸に対して次の式で与えられる角 U_{LRR} である必要がある．

$$I_1' = 2\theta - I_C \tag{6.14}$$

$$I_1 = \arcsin\left(n \sin I_1'\right) \tag{6.15}$$

$$U_{\text{LRR}} = I_1 - \theta \tag{6.16}$$

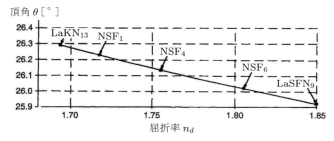

図6.28 デルタプリズムにおいて，全反射が起きるための屈折率と，そのときの頂角．

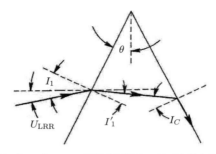

図 6.29　デルタプリズムにおいて，視野を制限する最下光線を決定するための配置．

図 6.27 の設計では，$I_C = 32.715°$，$I'_1 = 19.116°$，$I_1 = 37.295°$ であり，$U_{LRR} = 11.379°$ である．この光線より小さな角度でプリズムに入射する光線は，すべて内部で全反射する（図 6.29 参照）．

6.4.17　シュミットプリズム

シュミットプリズムは，像を反転あるいはもとに戻すため，普通，望遠鏡の正立系に用いられる．これは，光軸を 45° 偏向させるが，これにより，視線が平行な用途において，接眼レンズを対物レンズ軸に対して 45° 方向に上向きにすることができる．入射面と射出面は光軸に平行なので，これは収束光でも使うことができる（図 6.30 参照）．プリズムの屈折率は，射出面と入射面の順で全反射が起きるよう，十分高い必要がある．

デルタプリズムにダハ面を付け加えると，入射と射出光軸が同じ軸にある正立系が得られる．このプリズムはシュミットプリズムに似ているが，入射面と射出面が光軸に対して傾いているので，平行光束中でしか使うことができない．

6.4.18　45°俯視プリズム（バウエルンファイントプリズム）

俯視プリズムは，2 回の内部反射を用いて 45° の光軸の偏向を得るプリズムである．1 回目の反射は全反射だが，2 回目の反射は反射コートによるものである．ペシャンプリズムの小さいエレメントはこのプリズムである．図 6.31 にこの設計を示す．俯角が 60° の設計も，多くの用途に用いられる．

シュミットプリズムと 45° 俯視プリズムは，コンパクトに設計できるため，双眼鏡で広く使われている．これはしばしば，シュミット–ペシャンプリズムとよばれる．

6.4 典型的なプリズムの設計　251

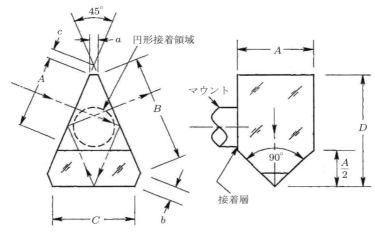

図 6.30　シュミットダハプリズム（設計と解析には File 6.21 を用いよ）.
$a = 0.1\ A = 0.150$ in. $(3.810$ mm$)$, $b = 0.185\ A = 0.277$ in. $(7.041$ mm$)$,
$c = 0.131\ A = 0.196$ in. $(4.980$ mm$)$, $B = 1.468\ A = 2.202$ in. $(55.942$ mm$)$,
$C = 1.082\ A = 1.624$ in. $(41.239$ mm$)$, $D = 1.527\ A = 2.291$ in. $(58.194$ mm$)$,
$t_A = 3.045\ A = 4.568$ in. $(116.022$ mm$)$, $V = 0.863\ A^3 = 2.913$ in^3 $(47.729$ mm$^3)$,
$W = V\rho = 0.265$ lb $(0.120$ kg$)$, $Q_{MIN} = V\rho a_G f_S/J = 0.008$ in^2 $(5.161$ mm$^2)$,
$Q_{MAX\ C} = 0.318\ A^2 = 0.715$ in^2 $(461.612$ mm$^2)$.

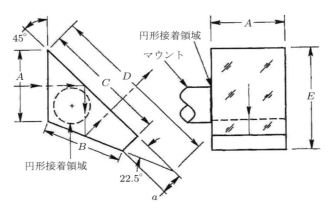

図 6.31　45°俯視プリズム（設計と解析には File 6.22 を用いよ）.
$\alpha = 22.5°$, $\beta = 45°$, $\delta = 45°$, $a = 0.293$, $A = 0.439$ in. $(11.163$ mm$)$,
$B = 1.082\ A = 1.623$ in. $(41.224$ mm$)$, $C = 1.707\ A = 2.561$ in. $(65.040$ mm$)$,
$D = 2.414\ A = 3.621$ in. $(91.981$ mm$)$, $E = 1.414\ A = 2.121$ in. $(53.873$ mm$)$,
$t_A = 1.707\ A = 2.561$ in. $(65.040$ mm$)$, $V = 0.750\ A^3 = 2.531$ in^3 $(41.480$ cm$^3)$,
$W = V\rho = 0.229$ lb $(0104$ kg$)$, $Q_{MIN} = V\rho a_G f_S/J = 0.007$ in. $(4.458$ mm$^2)$,
$Q_{MAX\ C} = 0.331\ A^2 = 0.745$ in^2 $(480.483$ mm$^2)$.

6.4.19 フランクフォード兵器廠プリズム（No.1 および No.2）

米国陸軍フランクフォード兵器廠の Otto K. Kaspereit[4]により，様々な用途の軍用望遠鏡において，それぞれの特殊な用途にあわせて光束を変更させるための7組のプリズムの説明がなされた．プリズムは慣習的に発明者の名前でよばれるが，この場合は，発明者の名前ではなく，発明された場所の名前でよばれている．図6.32と図6.33に，上記の二つのプリズムを示す．どちらのプリズムも，両方の方向に像を反転させるため，対物レンズおよび接眼レンズと組み合わせて，正立像を作るのに用いられる．これらはアミチプリズムの変形であり，アミチプリズムは90°であるのに対し，No.1プリズムは視線の変化が115°のもの，No.2プリズムは60°のものと考えられる．これらのプリズムのおもな用途は，垂直方向下向きにオフセットした望遠鏡である．どのプリズムを使うかは，水平面から接眼レンズまでの視線の角度による．観察者は，No.2プリズムでは30°上向きに，アミチプリズムでは水平に，No.1プリズムでは30°下向きにそれぞれの方向で見ることができる．

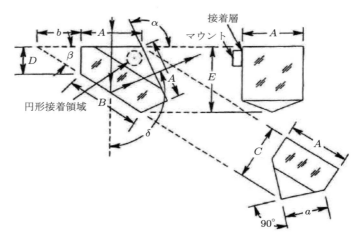

図6.32　フランクフォードプリズム No.1（設計と解析には File 6.23 を用いよ）．
$\alpha = \delta = 115°$, $\beta = 32.5°$, $a = 0.707\,A = 1.061$ in.(26.941 mm), $b = 0.732\,A = 1.098$ in. (27.889 mm), $B = 1.186\,A = 1.779$ in. (45.187 mm), $C = 0.931\,A = 1.396$ in. (35.471 mm), $D = 0.461\,A = 0.691$ in. (17.564 mm), $E = 1.104\,A = 1.656$ in.(42.062 mm), $t_A = 1.570\,A = 2.355$ in.(59.817 mm), $Q_{\text{MAX }C} = 0.119\,A^2 = 0.268$ in.^{2} (172.875 mm^2)（Kaspereit[4]による）．

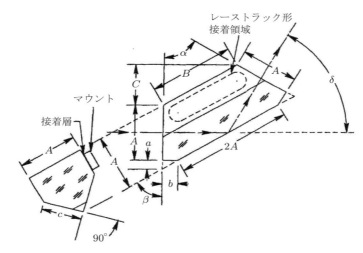

図 6.33 フランクフォードプリズム No.2 (設計と解析には File 6.24 を用いよ).
$\alpha = \beta = \delta = 60°$, $a = 0.155\,A = 0.232$ in. (5.893 mm), $b = 0.268\,A = 0.402$ in. (10.211 mm), $c = 0.707\,A = 1.061$ in. (26.949 mm), $B = 1.464\,A = 2.196$ in. (55.778 mm), $C = 0.732\,A = 1.098$ in. (27.889 mm), $t_A = 2.269\,A = 3.403$ in. (86.436 mm), $Q_{\text{MAX RT}} = 0.776\,A^2 = 1.746$ in^2 (1126.449 mm^2) (Kaspereit[4] による).

6.4.20 レマンプリズム

図 6.34 に示したレマンプリズムは，双眼鏡に最もよく使われる．その理由は，このプリズムは光軸を大きくオフセットさせているので，対物レンズをより大きく離すことができ，それによってほかの双眼鏡の設計よりも，立体視の範囲を深くとれるからである（図 6.35 参照）．最大眼幅(IPD)は普通 72 mm であるが，それぞれのレマンプリズムは光軸を $3A$ だけオフセットさせるので，対物レンズ間距離は $6A + 72$ mm となる．最大眼幅が小さい（可能性として 52 mm 以下の）場合には，レマンプリズムの立体視に関する利点は減少する．対物と接眼が一直線上にあるダハ双眼鏡は，対物レンズ間距離と接眼レンズ間距離が等しいため，立体視の深度増大は起こらない．

6.4.21 内部反射アキシコンプリズム

円錐形の有効な光学面により，アキシコンプリズムは，小さな円形のレーザービームを，より大きな外径をもつ円環状のビームに変換するのにしばしば用いられる．

254　第6章　プリズムの設計

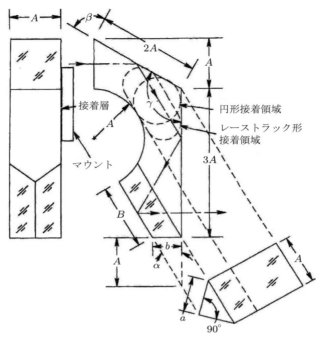

図 6.34　レマンプリズム（設計と解析には File 6.25 を用いよ）．
　　　$\alpha = 30°$, $\beta = 60°$, $\gamma = 120°$, $a = 0.707\,A = 1.061$ in. $(26.949$ mm$)$,
　　　$b = 0.577\,A = 0.866$ in. $(21.966$ mm$)$, $B = 1.310\,A = 1.965$ in. $(49.911$ mm$)$,
　　　$C = 0.732\,A = 1.098$ in.$(27.889$ mm$)$, $t_A = 5.196\,A = 7.794$ in.$(197.968$ mm$)$,
　　　$Q_{\text{MAX }C} = 0.676\,A^2 = 1.522$ in.^{2} $(981.829$ mm$^2)$, $Q_{\text{MAX RT}} = 0.977\,A^2$
　　　$= 2.198$ in.^{2} $(1418.393$ mm$^2)$.

図 6.36 に，光束を再帰反射させるために反射コートされた面をもった設計を示した．アキシコンプリズムは回転対称形なので，円形断面をもっており，普通は筒に接着剤を用いて固定される．頂点はエッジかあるいは非常に小さな保護面取りが施される．45°穴あきミラーをこのプリズムの前に配置することで，同軸のビームの分割が便利に行える．

両面に等しい円錐形をもつ，屈折タイプのアキシコンプリズムも，このプリズムと同じ機能をもっているが，ビームの再帰反射の機能はない．このプリズムは2倍の長さをもち，追加分の円錐面のため，製造コストもより多く必要である．

6.4 典型的なプリズムの設計

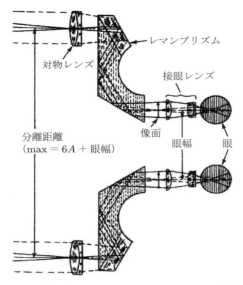

図 6.35 レマンプリズムの双眼鏡への応用（Kaspereit[10]による）．

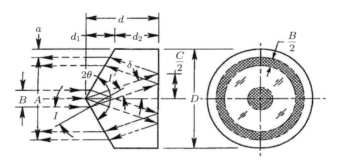

図 6.36 内部全反射アキシコンプリズム（設計と解析には File 6.26 を用いよ）．

$A =$ 環状 OD $= 1.500$ in. $(38.100$ mm$)$, $B =$ 入射光 OD（想定値）$= 0.118$ in. $(3.000$ mm$)$, 円環部幅 $= B/2 = 0.059$ in. $(1.500$ mm$)$, $a = 0.100\, A = 0.150$ in. $(3.810$ mm$)$, $\theta = 60°$, $I_1 = 90° - \theta = 30°$, $I_1' = \arcsin(\sin I_1/n) = 19.247°$, $\delta = I_1 - I_1' = 10.753°$, $d = (A/4)(1/\tan\theta + 1/\tan\delta) = 2.191$ in. $(55.642$ mm$)$, $d_1 = (A/2 + a)/\tan\theta = 0.520$ in. $(13.198$ mm$)$, $d_2 = d - d_1 = 1.671$ in. $(42.444$ mm$)$, $C = 2d\tan\delta = 0.832$ in. $(21.139$ mm$)$, $D = A + 2a = 1.800$ in. $(45.720$ mm$)$, $t_A = A/(2\sin\delta) = 4.019$ in. $(102.079$ mm$)$, $V = (0.785\, d_2 + 0.262\, d_1)A^2 = 3.258$ in.^{3} $(53.385$ mm$^3)$, $W = V\rho = 0.296$ lb $(0.134$ kg$)$.

6.4.22 コーナーキューブ

ガラスの立方体から対称な対角方向にコーナーを切り出すと，四面体のプリズムが得られる．これは，キューブコーナー，コーナーキューブ，もしくは四面体プリズムとよばれる．対角面から入射した光は，ほかの3面に内部的に反射され，対角面から射出する．普通に用いられる屈折率において，内部全反射が起こるようになっている．図 6.36 に示すように，戻っていく光束は，円形外径をもつ六つのパイ形状の部分に分けられる．四面体のうち隣接する3面の角度が 90° に等しい場合，このプリズムは入射光束に対し大きく傾いていても再帰反射プリズムとなる．再帰反射性より，このプリズムは，たとえば宇宙から地球上のターゲットを追尾する用途などに用いられる．

図 6.37 に示す一般的なコーナーキューブは，三角形をしており，2面角はシャープエッジである．1面あるいはそれ以上の2面角が 90° から角度誤差 ε をもっているとき，ビーム偏角は 180° からせいぜい 3.26ε だけの誤差をもち，反射光は発散する[8]．この事実は，ある種の用途において複合ビームを広げることができ，これにより受光器が同軸でない透過光線を受光することが可能になる．

普通，コーナーキューブの縁は，内接する開口（点線）で丸く研削される．図 6.38 はその例である．これは 426 合成石英でできたプリズムであり，NASA により

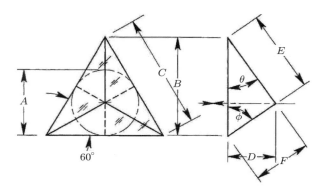

図 6.37 コーナーキューブプリズム（設計と解析には File 6.27 を用いよ）．
$\theta = 35.264°$, $\phi = 54.736°$, $A =$ 開口部 $= 1.500$ in.(38.100 mm), $B = (A/2)/\sin 30° + A/2 = 1.500 A = 2.250$ in. (57.150 mm), $C = 2B\tan 30° = 1.732 A = 2.598$ in. (65.989 mm), $D = 0.707 A = 1.060$ in. (26.937 mm), $E = 1.225 A = 1.837$ in. (46.672 mm), $F = 0.866 A = 1.299$ in. (32.995 mm), $t_A = 2D = 1.414 A = 2.121$ in. (53.873 mm).

6.4 典型的なプリズムの設計

図 6.38　直径 1.5 in.（3.81 cm）の円形開口を有する合成石英製精密コーナーキューブプリズムの写真（Goodrich 社の厚意による）．

1976 年に打ち上げられた LAGEOS[†] で用いられた．この人工衛星は，科学者に非常に正確な地殻の移動に関する測定結果を提供し，地震，大陸移動，極の移動といった現象の理解の助けとなる目的で作られた．このプリズムの 2 面角は 90°より 1.25″ だけ大きかった．この人工衛星を通過する光は，衛星の運動が非常に大きいにもかかわらず，受光望遠鏡に届くだけの十分な広がり角があった．

　コーナーキューブとしてのもう一つ代表的な設計形状は，円形開口に外接する六角形で縁を切り落とすものである．この設計により，多くのプリズムをモザイク状に集合して並べ，大きな再帰反射プリズムを作ることができ，それによって有効開口を増やすことができる．通常の屈折部材の透過範囲外の光を用いる場合には，ミラー型のコーナーキューブも用いられる（9.3 節参照）．この，いわゆる「中空コーナーキューブ」は，同じ開口でも重量が軽減される[9]．

6.4.23　合致式距離計の視野プリズム

　このプリズムについて説明するため，まず，視野合致式距離計の用途について説明する（図 6.39 を参照のこと）．目標からの光が両端にあるウインドウ（図示せず）を通じて距離計に入射すると，これらの光束は，ペンタプリズムにより装置中央に向けて折り曲げられる．光束は二つの対物レンズを通過するが，これにより目標の像が二つ作られる．視野プリズムアセンブリは，この二つの像を合成し，観測者が接眼レンズを通して両方の像を観察できるようにする．目標は有限距離にあるので，

[†]（訳注）軌道上でレーザー測距のベンチマークとするために設計された一連の人工衛星．

第6章 プリズムの設計

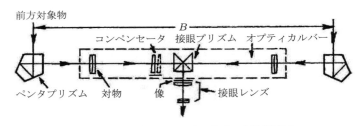

図 6.39　典型的な像合致式距離計の光学配置図.

距離計に入射する光はわずかに異なる角度で入射し，像面では一致することはない．観測者が補正光学系により，像が合わさるように光束の角度を調整する．これを，像が合致するという．

　図中の長方形で囲った部分は，「オプティカルバー」とよばれる一体の高剛性部材にマウントされており，すべての内部の光学系のアライメントを保つ．この部品は，温度が変わっても部品の形状や寸法がそれほど変わらないように，CTE の小さい材料で作られる．ペンタプリズムは通常このバーに取り付けられるが，これは必須ではない．というのも，図に示す面内で，ペンタプリズムは等偏角だからである．目標の像を合致させるためには，様々なコンペンセータが用いられる．図 6.39 には光軸方向にスライドするウェッジプリズムを示した（6.3.28 項で説明する）．像を合致させるために必要なウェッジの移動量は，目標に対する距離に対して数学的に関係づけられているので，スケールに取り付けられた非線形に校正されたスケールにより，目標までの距離の情報を得ることができる．

　図 6.40 に示す視野プリズムは，Carl Zeiss 社で設計されたものである．これは，接合された 4 個のプリズムからなる．屈折角 P_2，P_3 と P_4 はすべて 22.5°である．接眼レンズは上向きに 45°方向を向いている．右側の対物レンズより入射した光は，ロムプリズム P_1 に入射した後，P_1 と P_2 における 5 回反射を経て P_4 を通過し，像面に結像する．この光束は，合成像のうち上半分をなす．左側の対物レンズより入射した光は，P_3 で 2 回反射した後，P_4 を通り像面に至る．これは，P_2 の反射領域を通らず，合成像の下半分をなす．この距離計の配置は，視野分離合致式とよばれる．というのも，観測者により観察される像は，水平軸で 2 分割されており，光学系の異なる部分からくる像だからである．像が一致したとき，観測者はスケールにより目標までの距離を読むことができる．

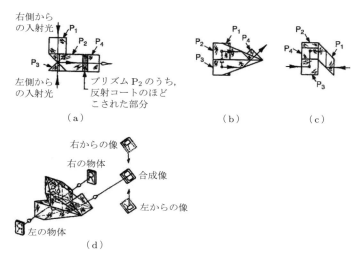

図 6.40 Zeiss により設計された像合致式距離計の接眼プリズム．(a)上面図，(b)側面図，(c)背面図，(d)アイソメトリック図（MIL-HDBK-141[3]による）．

6.4.24 双眼接眼プリズム系

図 6.41 に示したプリズムは，望遠鏡と顕微鏡において，対物レンズによる像を双眼で観察する場合に用いられる．これは立体視を与えるものではない．そのため「双接眼(biocular)」とよばれる．図(a)において，このプリズム系は 4 個のプリズムよりなる．ロムプリズム P_2，それに接合されている直角プリズム P_1，それと光路長を揃える役割をもつ P_3 と第 2 のロムプリズム P_4 である．P_2 は対角面に部分反射コートが施されている．観察者の眼幅は IPD と示されている．図(b)のように，プリズムを入射光軸に対して反対方向に回転させると，IPD を観察者の眼幅に合わせることができる．この調整により像の向きは変わらない．

6.4.25 分散プリズム

プリズムは，分光器あるいはモノクロメータといった装置において，白色光を構成する単色光に分離するために用いられる．硝材屈折率 n は波長により異なり，入射・射出角が垂直とは異なるすべての場合において，プリズムを通過する光の偏角は，プリズム屈折率 n_λ，入射面における入射角，そしてプリズムの頂角 θ に依存する．

図 6.42 は，典型的な二つの分散プリズムを示している．それぞれの場合において，

260　第6章　プリズムの設計

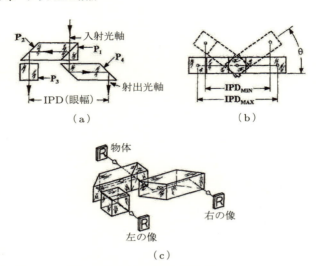

図6.41　双眼プリズム系．(a)上面図，(b)背面図，(c)アイソメトリック図．IPDは眼幅距離を意味する．対象物の立体視効果は得られない．

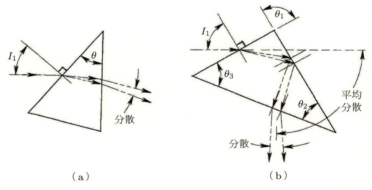

図6.42　白色光の分散．(a)単純なプリズム，(b)内部全反射を用いる定偏角プリズム．

白色光は点 I_1 に入射し，この光は様々な色をもつスペクトルに分割される．わかりやすくするため，光線ごとの角度は，図中では強調されている．射出面における屈折の後，青，黄色そして赤の波長は異なる分散角 δ_λ で射出する．青の光線が最も大きく分散されるが，これは波長に対する屈折率の関係が $n_{\text{BLUE}} > n_{\text{RED}}$ だからである．もし，射出光線がレンズによりフィルムやスクリーン上に投影されると，異なる色の像が，横方向にわずかに異なった位置で形成される．ここでは，色を青，黄色，赤で示したが，これはすべての波長における分散現象として理解すべきであ

る．よって，この記載は，それぞれの用途において「短波長」「中間波長」「長波長」という意味である．図(b)で示した設計において，屈折面に対して垂直な軸周りにプリズムを回転させても偏角は変わらない．このことから，これは「等偏角」であるという．

波長λの平行光が，$I_1 = I_2'$，$I_1' = I_2$ となるようにプリズムを通過するとき，この波長に対する偏角は最小になり，$\delta_{\text{MIN}} = 2I_1 - \theta$ である．この条件は，等価部材の屈折率を最小偏角 δ_{MIN} により実験的に測定する一つの方法の基礎となる．屈折率は，次の式を繰り返し近似に適用することで求めることができる．

$$n_{\text{PRISM}} = \frac{\sin\dfrac{\theta + \delta}{2}}{\sin\dfrac{\theta}{2}} \tag{6.17}$$

もし，異なる波長の光をプリズムから互いに平行に射出させたい場合，少なくとも二つの異なる材質からなるプリズムが必要である．通常，これらのプリズムは接合される．このようなプリズムは「アクロマティックプリズム」とよばれる．図6.43は，アクロマティックプリズムの設計のうち一つを示す．このプリズムの設計法として，まず二つの屈折率と第1のプリズムの頂角を選ぶ．そして，スネルの法則を繰り返し適用することで，選択した波長に対する適切な偏角と，ほかの2波長に対して選択した波長を挟む望ましい分散を与えるように，適切な入射角と第2のプリズムの頂角を決定する．最も長い波長と，最も短い波長の射出角度の差は「1次の色収差」とよばれるが，ここでは0でなくてはならない．この二つの波長に挟まれた中間波長の角度差はプリズムの「2次の色収差」とよばれる．

典型的な設計方法を説明するため，図6.43に示す二つのプリズムを用いたタイプにおいて，プリズムを空気中に置いた場合，黄色の光が入射角 I_1 で入射すると

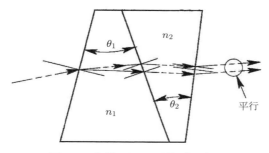

図6.43 色消しされた分散プリズム．

262 第6章 プリズムの設計

きに最小偏角になるとする．このとき青と赤の光は分散される．θ_1' の値を仮定し，
$I_1' = I_2 = \theta_1$ と計算し，I_1 の値をスネルの法則（式(6.1)）で計算する．二つ目のプ
リズムを加え，I_2' の値を再度決定する．角度 θ_2 を決めるのに次の式が使える．

$$\cotan \theta_2 = \tan I_2' - \frac{\Delta n_2}{2\Delta n_1 \sin \dfrac{\theta_1}{2} \cos I_2'} \tag{6.18}$$

　望ましい色収差の性質を得るために要求されるプリズムの材質，あるいは角度以
外にも注意することがある．プリズムの1次設計には，分散した任意の光がケラレ
ないようにプリズムの開口径を十分大きくとらなければならない．分散プリズムに
は非常に多くの種類があり，それらの開口径を計算するのに関連した式を完全にリ
スト化するためのスペースはここにはない．ここで述べた代表的なプリズムにおけ
る方法は，これらの式を導出するための指針となりうる．この作業は読者の創意工
夫にゆだねる．

┃ 例題6.4　一つのプリズムにおける光の分散（設計と解析には File 6.28 を用い
よ）．
頂角 θ が $30°$ の BK7 製プリズムが，図 6.42(a)のとおりに白色平行光を分散させ
るとする．入射角を $I_1 = 15°$ とする．
(a) スネルの法則である式(6.1)を用いて，青（F線），黄色（d線），赤（C線）
に対する射出光線の分散角を求めよ．
(b) 焦点距離 105 mm の無収差レンズによりスクリーンに投影した場合，青，黄
色，赤の像の間の像高差を求めよ．

6.4 典型的なプリズムの設計   263

解答

(a) 以下の表を参照.

波長 [μm]		0.486 (F 線)	0.588 (d 線)	0.656 (C 線)
頂角, θ	[deg]	30	30	30
I_1	[deg]	15	15	15
$\sin I_1$		0.25882	0.25882	0.25882
n_λ		1.52238	1.51680	1.51432
$\sin I_1'$		0.17001	0.17063	0.17091
I_1'	[deg]	9.7884	9.8247	9.8410
$I_2 = I_1' - \theta$	[deg]	20.2116	20.1753	20.1590
$\sin I_2$		0.34549	0.34489	0.34463
$\sin I_2'$		0.52597	0.52313	0.52188
I_2'	[deg]	31.7332	31.5427	31.4581
$\delta = I_1 - I_1' - \theta$	[deg]	16.7332	16.5427	16.4581

角度方向の分散は

青線および黄線の分散角 $= 16.7332° - 16.5427° = 0.1905°$,

黄線および赤線の分散角 $= 16.5427° - 16.4581° = 0.0846°$,

赤線および青線の分散角 $= 16.7332° - 16.4581° = 0.2751°$.

(b) 像高差は EFL tan(分散角) なので,

青と黄色の像高差 $= 105\ \tan 0.1905° = 0.3491$ mm,

黄色と赤の像高差 $= 105\ \tan 0.0846° = 0.1550$ mm,

赤と青の像高差 $= 105\ \tan 0.2751° = 0.5041$ mm.

6.4.26 薄いウェッジプリズム

開口径に比べて, 小さな頂角と (通常) 薄い軸上厚みをもつプリズムは「オプティカルウェッジ」とよばれる. このようなウェッジを図 6.44 に示す. この頂角は小さく, このようなラジアン単位の小さな角度はそのまま正弦に等しいと考えられるため, この近似を用いて式(6.17)を書きなおすと, ウェッジ角の偏角は次の式となる.

$$\delta = (n - 1)\theta \tag{6.19}$$

この式を微分することで, ウェッジの角度分散 (つまり色収差) の式を得る.

$$d\delta_\lambda = dn_\lambda\ \theta \tag{6.20}$$

これらの式において, 角度はラジアンである. 小さい角度においては, 角度の単

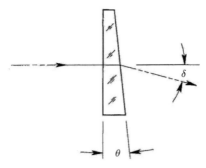

図 6.44 典型的な薄いウェッジ.

位[″][′][°]により,通常十分な精度が得られる.

このように設計されたウェッジは,最小偏角プリズムの一種である.光学機器において,一般的には,入射面に対して入射光束が垂直になるようウェッジは配置される.そのとき,$I_2 = \theta$,$I_2' = \arcsin(n \sin I_2)$,そして $\delta = I_2' - \theta$ である.とくにそのほかのことが規定されていない場合,n は中心波長での値が適用される.例題6.5 を参照のこと.

例題 6.5　光学ウェッジの偏角計算（設計と解析には File 6.29 を用いよ）.

頂角 $1.9458°$ の薄いウェッジプリズムを仮定する.
(a) ガラスの屈折率が 1.51680 の場合の偏角を求めよ.
(b) 屈折率 1.51432 と 1.52238 に対応する波長の色収差を求めよ.

解答
(a) 式(6.19)より
$$\delta = (1.51680 - 1)(1.9458) = 1.0056°$$
が得られる.
(b) 式(6.20)より
$$d\delta = (1.52238 - 1.51432)(1.9458) = 0.0157°$$
が得られる.

6.4.27　リスリーウェッジプリズム（円形ウェッジプリズム）

順番に配置され,光軸周りに同じ角度だけ逆向きに回るようになっている二つの等しいウェッジプリズムは,調整可能なウェッジをなす.これらは平行光束中に置

6.4 典型的なプリズムの設計　265

かれ，レーザービームの方向を変化させる役割をもつ．これは，ある種の光学式距離計などにおいて，光学系の一部の角度を別の部分に対してアライメントするためである．これらはしばしば，リスリーウェッジプリズムとよばれる．また，この系の別名は「ディアスポロメーター」である．

図6.45により，リスリーウェッジプリズムの作用を理解できる．通常，これらのウェッジは円形であるが，ここではわかりやすいように小さな矩形開口で描いている．図(a)と(c)において，プリズムは最も偏角が大きい位置に示されている．頂点は隣接しており，$\delta_{SYSTEM} = \pm 2\delta$ である．ここで，δ は一つのウェッジの偏角である．ウェッジが最大偏角の位置からそれぞれ反対方向に β だけ回転したとき（図(d)参照），系の偏角は $\delta_{SYSTEM} = \pm 2\delta \cos\beta$ となり，最大偏角の位置からの偏角の

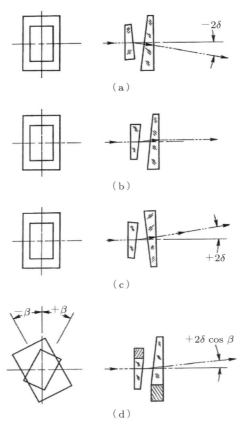

図 6.45　Risleyのウェッジプリズム系．(a)下向き，(b)両者逆方向＝偏向なし，(c)上向き，(d)ウェッジを逆方向に角度 β 回転させた場合．

変化量は $2\delta(1-\cos\beta)$ となる．ウェッジを $\beta=90°$ まで回転させると，頂点が逆向きの方向にある図(b)の状態になり，系は平行平板，すなわち偏角 0 としてはたらく．

ウェッジを逆向きに回転させることにより，リスリーウェッジプリズム系のある軸周りの可変偏角が得られているため，直交するもう 1 軸に対して最初のウェッジプリズム系と同じものが加えられるのが普通である．二つの光学系から得られる偏角は，直交座標系でベクトル的に加えられる．もう一つの配置は，単一のリスリープリズム系であって，それぞれが逆向きに回転するようになっているのはもちろん，両方のウェッジが光学系に対して一緒に回転するようになっている配置である．この配置により極座標における可変偏角が得られる．

6.4.28 スライディングウェッジ

収束光束中に置かれたウェッジプリズムで偏向されたビームにより，ウェッジ角とウェッジから像面までの距離に比例した横方向の像ずれが得られる．図 6.46 の色消し光学系を参照のこと．プリズムが光軸上を D_2-D_1 だけ動くとき，像位置は $D_1\delta$ から $D_2\delta$ だけ移動する．これは，レーザー距離計が出現するまで用いられていた，軍用の光学式距離計に最もよく用いられている．この原理は，像をわずかに横方向に移動する必要のあるほかの現代的な用途にも用いることができる．焦点

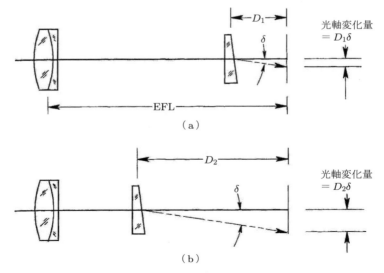

図 6.46　スライディングウェッジプリズムによる光路偏向光学系．

距離の長いレンズとともに用いる場合，プリズムは色消しでなくてはならない．

6.4.29 焦点調整用ウェッジ

　二つの等しいウェッジプリズムであって，それぞれのベースが逆向きになっており，光学系に対して等しい量だけ光軸に対して横方向に移動できるようになっているプリズムは，ガラスを通した光路長を可変にできる．図 6.47 はこの装置の動作原理を示している．すべての状態で，この二つのウェッジは平行平板としてはたらく．収束光中に置かれた場合，この光学系は像位置を変えることができるので，異なる距離の物体の像を固定した像面にもってくることができる．この種の焦点調節光学系は，大口径の航空カメラや，ミサイルトラッキングシステム，ロケット発射装置などにしばしば用いられる．こういった用途において，目標までの距離は発射後急速に変化するが，重い光学系ではフォーカス調整のための素早く正確な移動ができないためである．1 次近似では $t_i = t_0 \pm \tan \theta$ であり，フォーカス変化量は $\pm 2t_i(n-1)/n$ である．ここで t_0 は，それぞれのウェッジの中央部の厚みである．

　図 6.48 は，焦点調整用ウェッジが組み込まれた典型的なカメラ用途の光学配置を示している．ウェッジ移動によるガラス長の変化は，収差バランスを変化させる可能性がある．これは，高性能光学系において，焦点調整範囲を制限する原因となりうる．

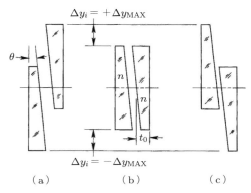

図 6.47　ウェッジプリズム系における焦点調整．(a)最小光路長，(b)基準の光路長，(c)最大光路長．

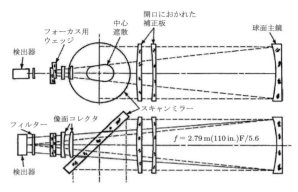

図 6.48 焦点距離 2.79 m, F/5.6 航空カメラレンズ用のウェッジプリズム系を用いた焦点調整機構の上面図および側面図（Ulmes[11]による）.

6.4.30 アナモルフィックプリズム

屈折型のプリズムが最小偏角の条件以外で用いられる場合，このプリズムは透過平行光束の幅を屈折面内で変化させる（図 6.49(a)参照）．直交方向の光束の幅は変化しないので，アナモルフィック倍率が生じ，結果として光束の偏角と色収差が生じる．図(b)に示すように同じプリズムが逆向きに配置されていれば，これらの欠陥は打ち消される．このとき，光軸の横方向ずれが起こるが，偏角と色収差は 0 である．光束の圧縮率はプリズム頂角，屈折率，そして双方のプリズムの入力光軸に対する向きで決まる．図(b)は，図の垂直方向においては倍率 1 倍の望遠鏡である．

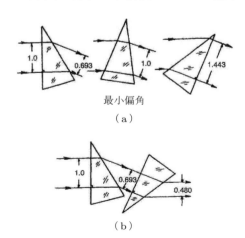

図 6.49 アナモルフィックプリズムの機能．(a)様々な入射角の単一プリズム，(b)アナモルフィックテレスコープ（Kingslake[12]による）．

6.4 典型的なプリズムの設計　269

　これは，その断面内を光束が通過しても，光束の幅もコリメーション角度も変化しないためである．

　Kingslake[12]によると，二つのプリズムによるアナモルフィック望遠鏡は，Brewster が 1835 年にシリンドリカルレンズの置き換えとして考案したとされている．アナモルフィックプリズムは，今日，レーザーダイオードのビームサイズおよび，直交方向により差異のある広がり角を変えるのに用いられている．図 6.50(a)に示すアナモルフィック望遠鏡は，広い波長範囲に対応するために色消しがなされている[13]．多くのプリズムを重ねた高い倍率をもつアナモルフィックプリズムの説明がなされている[14,15]．図(b)には，10 個のプリズムを重ねた極端な例が

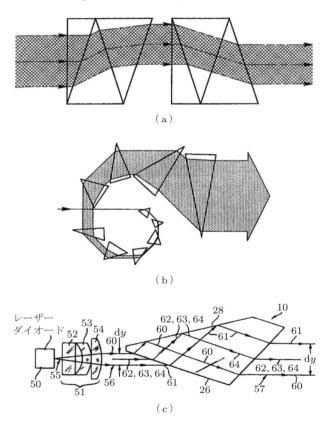

図 6.50　3 種類のアナモルフィックテレスコープ．(a)アナモルフィックプリズムアセンブリ（Lohmann と Stork[13]による），(b)直列配置のアセンブリ（Trebino[15]による），(c)単プリズムテレスコープ（Forkner[16]による）．

270　第6章　プリズムの設計

示されている．この配置は，単一硝材の中倍率色消しエキスパンダーとして最適で
あると報告されている[15]．これに対して，ただ一つのプリズムよりなるアナモ
ルフィック望遠鏡が図(c)に示されている[16]．これは，3面の有効面をもち，そ
のうち一つは全反射を用いる．入射および射出面はブリュースター角をなし，偏光
したビームに対して面の（フレネル）反射による損失をなくすことができる．

　単一硝材（石英）によるアナモルフィックプリズムアセンブリは，矩形形状のエ
キシマレーザーを，レーザー加工やレーザー治療により適した正方形形状のビーム
に変換するのに用いられている[17]．

参考文献

[1]　Yoder, P.R., Jr., *Opto-Mechanical Systems Design*, 3rd ed., CRC Press, Boca Raton, 2005.

[2]　Smith, W.J., *Modern Optical Engineering*, 3rd ed., McGraw-Hill, New York, 2000.

[3]　*MIL-HDBK-141, Optical Design*, U.S. Defense Supply Agency, Washington, 1962.

[4]　Kaspereit, O.K., *Design of Fire Control Optics*, ORDM 2-1, Vol. I, U.S. Army, 1953.

[5]　Smith, W.J., Sect. 2 in *Handbook of Optics*, Optical Society of America, Washington, 1978.

[6]　Yoder, P.R., Jr., "Two new lightweight military binoculars," *J. Opt. Soc. Am.* 50, 1960:49.

[7]　Durie, D.S.L., "A compact derotator design," *Opt. Eng.* 13, 1974:19.

[8]　Yoder, P.R., Jr., "Study of light deviation errors in triple mirrors and tetrahedral prisms," *J. Opt. Soc. Am.* 48, 1958:496.

[9]　PLX, Inc. sales literature, *Hard-Mounted Hollow Retroreflector*, PLX, Deer Park, NY.

[10]　Kaspereit, O.K., *Designing of Optical Systems for Telescopes*, Ordnance Technical Notes No. 14, U.S. Army, Washington, 1933.

[11]　Ulmes, J.J., "Design of a catadioptric lens for long-range oblique aerial reconnaissance," *Proceedings of SPIE* **1113**, 1989:116.

[12]　Kingslake, R., *Optical System Design*, Academic Press, Orlando, 1983.

[13]　Lohmann, A.W., and Stork, W., "Modified Brewster telescopes," *Appl. Opt.* 28, 1989:1318.

[14]　Trebino, R., "Achromatic N-prism beam expanders: optimal configurations," *Appl. Opt.* 24, 1985:1130.

[15]　Trebino, R., Barker, C.E., and Siegman, A.E., "Achromatic N-prism beam expanders: optimal configurations II," *Proceedings of SPIE* **540**, 1985:104.

[16]　Forkner, J.F., "Anamorphic prism for beam shaping," *U.S. Patent No. 4,623,225*, 1986.

[17]　Yoder, P.R., Jr., "Optical engineering of an excimer laser ophthalmic surgery system," *Proceedings of SPIE* **1442**, 1990:162.

7

プリズムの保持方法

　本章では，個々のプリズムを保持する方法として，機構部品に接着する方法はもちろん，キネマティック，セミキネマティック，そしてノンキネマティックなクランプ方法についても考察する．また，大きなプリズムをフレクシャにマウントする方法も説明する．大部分の議論は，金属製のマウントに固定されるガラスプリズムについて扱っているが，これらの設計は，結晶でできたプリズムを非金属のセル，ブラケット，ハウジングにマウントする際にも一般的に適用可能である．本章は重要な設計原理を説明するため，多くの数値例を含んでいる．

7.1　キネマティックマウント

　位置の3自由度，すなわち3軸方向の並進と，3方向の回転自由度すなわちチルトは，プリズムの組み立て時に拘束されていなくてはならず，また，光学系において光学素子の位置と機能に依存して，公差値で制御されねばならない．それぞれの自由度のうち，並進運動は各方向に対して直交しており，一般的に光学系の軸に対して定義される．理想的なキネマティックマウントにおいて，すべての6自由度は，機械部品により生じるプリズムのインターフェース面に対する六つの拘束条件により一意的に設定される．同時にこの六つの力は，プリズムを拘束条件に対して固定している．可能であれば，光学部材はすべての温度条件下で，マウント力により圧縮応力がはたらいているべきである．もし六つの拘束条件（または力）がかかると，この保持方法は過剰拘束，すなわちノンキネマティックとなる．その際，光学面のひずみとプリズム内での応力蓄積が結果として生じる可能性がある．

　図2.17はキューブプリズムに対する理想化されたキネマティックマウントの図であった．これを図7.1に再掲する．左の図は，単純なキューブプリズムに対し，六つの拘束条件がどのように要求されるかを示す．等しい直径をもつ六つの球の組が，三つの互いに直交する平面に取り付けられている．物体がこの六つの球に接している場合，この物体は一意的に，あるいはキネマティックに拘束されているだろ

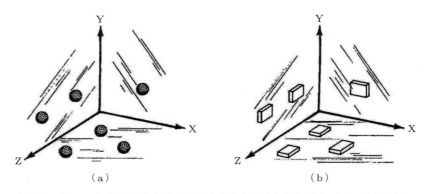

図 7.1 キューブプリズムに対して位置と向きを決定する参照面. (a) 6 個の球上に点接触するキネマティックマウント法, (b) 小さな面積に接触するセミキネマティックマウント法 (Smith[1] による).

う. X-Z 平面の 3 点は物体の下面が固定される平面を規定し, Y 方向の並進と X, Z 軸周りの回転を拘束する. Y-Z 平面の二つの点は X 方向の並進と Y 軸周りの回転を拘束する. X-Y 平面の一つの点は最後の自由度 (Z 方向の並進) を拘束する. 六つの力 (それぞれが一つの平面と直交し, 一つの球の中心を向く) は, プリズムを固定する. 一方, プリズムの最も外側の頂角に加えられ, 原点を向いた 1 成分の力は, この剛体を六つの球に対して固定する. 理想的には, この力は剛体の重心を通っているべきである. この力の各成分は, 前述した六つの力の各成分となる. もしこの加えられた力あるいは 6 成分の力が小さく, 重力が無視できるならば, 接している面は歪まず, キネマティックな設計が得られる.

加速度 a_G がかかったとき, プリズムが浮き上がらないように保持力 P を加える. そのための P を決める式(3.1)を再掲する.

$$P = Wa_G \tag{3.1}$$

ここで, W は質量である. 質量が kg 単位の場合, 力 P を N 単位で示すには, ここに係数 9.8066 を掛ける必要がある.

球における接触点は無限小の面積をもつので, プリズムの接触点にかかる応力 (単位面積あたりの力) は大きく, 破損の原因となりうる. プリズム面は, 接触点で非常に大きく変形する可能性があり, 光学性能を劣化させうる.

7.2 セミキネマティックマウント

図 7.1(b) は，より合理的な設計を得るために，キネマティックマウントの概念を緩めた一つの設計例である．図(a) で点接触だった箇所は，小さな面積をもつ正方形のパッドに置き換えられている．X-Z と Y-Z 平面の複数のパッドは，非常に正確に同一平面上にくるよう注意深く機械加工されている．パッドの参照平面は，正確な角度関係で厳密に互いに直交するようになっており，完全なキューブプリズムに対する面接触が線接触にならないようになっている．これにより，プリズム面とパッドの間の密着が得られる．これはセミキネマティックマウントとよばれる．

光学的な有効面における接触は，面のひずみの可能性に加え，遮蔽の原因となるためこのような接触は避けなければならない．反射面は屈折面に比べてひずみに対して敏感なので，このことはとくに重要である．ここで，内部全反射(TIR)面は，内部全反射を起こすための屈折率差を乱してしまうような物体と接してはならないことに注意する．内部全反射面を定期的に清掃することが推奨されている場合，面へのアクセスが容易な設計にしておく必要がある．

図 2.1 の発想，あるいは Lipshutz[2] の説明と関連して，キューブ型ビームスプリッタのセミキネマティックな保持方法が図 7.2(a) に模式的に示されている．ここで，"K_i" と記号をつけられた 6 個のバネが，同一平面上にある（ラップされた）"K_∞" とつけられたパッドに接合されたプリズムに対して保持力をかけている．いくつかの接触は屈折面上の点で起こる．これらは光学的な有効開口の外に位置し，それによって遮蔽を防ぎ，開口内での面のひずみの影響を最小限にしている．この上面図の Z 方向において，バネと拘束領域はプリズムの中心軸から離れているため，インターフェース面は完全に接合プリズムの片側のみにある．これは，接合後に砂ずり面が必ずしも同一平面上にこないという問題を回避するためである．ここで，すべての固定点とバネは剛体であると仮定している．

図 7.2(b) に示すように，このビームスプリッタは像面に対して収束する光を分割するのに用いられる．そして，各ビームは分割されたディテクタ上に像を結ぶ．各像がお互いに対して，またディテクタと構造部品に対して，温度が変わったときにも正しい位置にくるアライメントを保つため，プリズムは図中の X-Y 平面内での平行移動も，任意の 3 方向まわりの回転も起こしてはならない．Z 方向の平行移動は，光学的には何の効果もないが，制御されている．いったんアライメントされると，バネはつねにプリズムを 6 個のパッドに対して押し付けることを保証してい

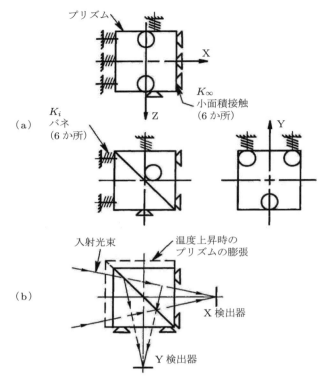

図7.2 (a)キューブ型ビームスプリッタプリズムに対するセミキネマティックマウント法の3面図，(b)温度上昇があった場合の反射面としての機能についての模式図（Lipshutz[2]による）．

る．破線で描いた輪郭は，温度が上がった場合のプリズムの膨張を示す．プリズム面のパッドに対する位置は変わらず，ディテクタに入射する光は偏向しない．このことは温度が下がっても同じである．

ここで述べたプリズムの保持において，バネにかかる保持力 P_i は式(7.1)により計算できる．この式は式(3.1)のわずかな変更である．

$$P_i = \frac{Wa_G}{N} \tag{7.1}$$

ここで，N は，保持力がかかっている方向に有効なバネの個数である．もしプリズム質量が kg 単位であらわされている質量のとき，式(7.1)において，保持力を N 単位で表し直すには 9.8066 という係数が掛けられる．この式には，接触点における摩擦力とモーメントは考慮していない．例題7.1は典型的な場合を考察している．

7.2 セミキネマティックマウント　275

**例題 7.1　キューブ型ビームスプリッタプリズムをセミキネマティックに保持す
るために必要な拘束力**（設計と解析には File 7.1 を用いよ）.

　質量 0.235 kg のキューブ型ビームスプリッタプリズムが，図 7.2 に示す方法で
保持されており，任意の方向に $a_G = 25$ の加速度に耐えなくてはならない．各バ
ネによりもたらされる力はいくらであるべきか．

解答

　式 (7.1) をそれぞれの場合にあてはめる．

　3 面で接触する場合，

$$バネ一つあたりの力 = \frac{0.235 \times 9.8066 \times 25}{3} = 19.203 \text{ N}$$

を要する．

　2 面で接触する場合，

$$バネ一つあたりの力 = \frac{0.235 \times 9.8066 \times 25}{2} = 28.805 \text{ N}$$

を要する．

　1 面で接触する場合，

$$バネ一つあたりの力 = \frac{0.235 \times 9.8066 \times 25}{1} = 57.61 \text{ N}$$

を要する．

　プリズムがキューブ型以外の場合，セミキネマティック設計はより複雑になる可
能性がある．たとえば，支持パッドに対して反対方向に力をかけることは困難，あ
るいはおそらくは不可能になる．Durie[3] に従い，図 7.3 にこのような二つの場合
を示す．図 (a) では，二つの正方形の屈折面と，三角形の砂ずり面の拘束により，
直角プリズムがセミキネマティックに保持されている．ベースプレートにある三つ
の同一平面上にあるパッドが，Y 方向の拘束を与えている一方，プレートに計算さ
れて打ち込まれた 3 本のピンが，追加の 3 拘束条件（X, Z 方向の並進と Y 軸周り
の回転）を与えている．理想的には，すべてのパッドとピンは，プリズムの光学的
な有効面でない箇所（図示せず）に触れていなくてはならない．図 (b) では，この
プリズムの側面図を示す．光をさえぎらないために必要な開口は，図 (a) でも図 (b)
でも図示されていないことに注意する．保持力 F_1 と F_2 は対角面に垂直であり，
対角面の長い側のエッジ近くで，プリズム面に触れている．F_1 は最も近いパッド

276　第7章　プリズムの保持方法

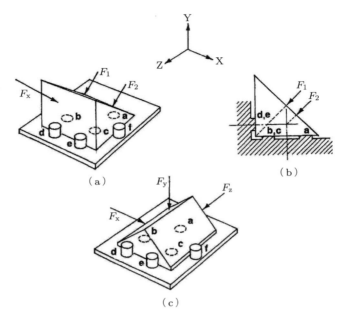

図 7.3　セミキネマティックマウント法の模式図．(a)および(b)は直角プリズムにおいて屈折面2面と砂ずり面1面を参照面とする場合，(c)はポロプリズムにおいて斜面と砂ずり面1面および面取り1か所を参照面とする場合（Durie [3]による）．

bとピン d の間に対称的に向いており，F_2 はパッド a, c とピン e の間を対称的に向いている．水平な力 F_x はピン f に対してプリズムを保持しているのに対し，力 F_1, F_2 の垂直成分はプリズムを同一平面内の三つのパッドと残り一つのピンに対して保持している．これらの力はパッドに向いていないため，プリズムを曲げる力（すなわちモーメント）という観点からは最適ではない．ただしプリズムが剛体であるため，この配置は適切である．

図 7.3(c)では，ポロプリズムの斜面はベースプレートから生えている三つの同一平面上のパッドに向いており，一方で，砂ずり面の1面は二つの位置決めピンに触れており，面取りされたエッジは第3のピンに触れている．力 F_z は，ベースプレートに平行に，そしてベースプレートよりわずかに上に向いており，プリズムをピン d と e に対して保持している．一方で，力 F_x はベースプレートよりわずかに上で，プリズムをピン f に対して保持している．第3の力 F_y は，プリズムを三つのパッド a, b そして c に対して保持している．この力は，プリズムの2面角のエッジに

7.2 セミキネマティックマウント　277

対し，プリズム中心にかかっている．プリズムの剛性は十分大きく，面のひずみは最小限である．例題 7.2 は，この特別な例に対して，必要な力を決める方法を示す．

例題 7.2　ポロプリズムをセミキネマティックに保持するために必要な拘束力（設計と解析には File 7.2 を用いよ）．

ポロプリズムが図 7.3(c) に示す方法で拘束されているとする．これは N-SF8 ガラスでできており，開口径 A が 2.875 cm であるとする．保持方法はすべての方向に対する加速度 $a_G = 10$ に耐える必要がある．各方向の与圧 P_X, P_Y, P_Z はいくつであるべきか？　摩擦は無視せよ．

解答

図 6.12 より，プリズムの体積は $1.286A^3 = 30.56\,\mathrm{cm}^3$ である．

表 B.1 より，ガラスの密度 ρ は $2.9\,\mathrm{g/cm}^3$ である．

よって，$W = 30.56 \times 2.9 = 0.089\,\mathrm{kg}$ となる．

式 (7.1) より，

$$P_X = P_Y = P_Z = 0.089 \times 9.8066 \times 10 = 8.727\,\mathrm{N}$$

となる．

図 7.4 は，直角プリズムにおいて，一つの三角形の砂ずり面と三つの位置決めピンを基準にしたセミキネマティックな設計である．ピンはプリズムの屈折面において，有効開口外でプリズムに触れている．このプリズムは，ベース面から生えている同一平面上の三つのパッドに対して下に押し付けられている．押さえ板は，弾性（エラストマーの）パッドで，長いネジにより加えられた引っ張り力により，プリズムを押さえつけている．両側から生えた板バネ（両持ちバネ）は，プリズムをすべての 3 本の位置決めピンに対して押さえつけている．もちろん，ほかのタイプのバネも同じ用途に用いることができる．このマウント方法の魅力的な点は，光学的に有効な面の開口が遮蔽されずに，また，加えられた力により，歪まないと思われるような設計が容易にできるという点である．

3 本のネジが剛体だとしたとき，振動衝撃のもと，弾性パッドがプリズムを保持するために十分な保持力を与える．このサブアセンブリの設計は，弾性パッドの物性が明らかなときのみ可能である．関係する物性は，バネ定数 C_P であり，これは，変形量 Δy を生み出すためパッドに対して垂直に加えられた力 P_i により，次のように定義される．

278   第 7 章　プリズムの保持方法

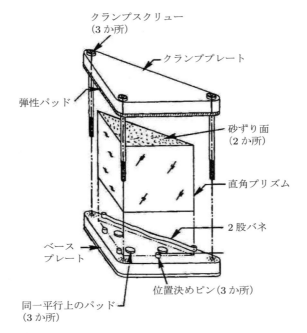

図 7.4　直角プリズムに対して圧縮されたエラストマー製パッドにより圧力を加える
マウント法（Vukobratovich[4]による）．

$$C_P = \frac{P_i}{\Delta y} \tag{7.3}{}^{\dagger 1}$$

　ほとんどの弾性的な材質は，弾性限界の範囲が限られており，時間経過によりクリープ現象を起こし，典型的には高い圧縮応力（つまり，材料が弾性体としてはたらく応力を超える力）を持続的にかけることで永久ひずみを起こす．これらの理由から，これらの弾性部材は，ここで考えている使用法に対しては信頼がおけないと考えられるかもしれない．しかしながら，弾性材料はときに用いられるので，使われる可能性のある典型的な材料の種類について考察する．
　粘弾性をもち，熱硬化するポリエーテルベースのポリウレタンである「ソルボセイン」[†2] は図 7.5 に示すような 30〜75 程度のデュロメータ硬度をもっており，パッドの厚みに対して，3％の変形量をもつ．ここで示した材料は，振動の遮断に一般的に用いられ，全厚みの変化量 10〜25％の間で，弾性部材として振る舞う[5]．明

---

†1（訳注）式(7.2)は原著で欠落している．
†2（訳注）靴の中敷きなどに使われる．

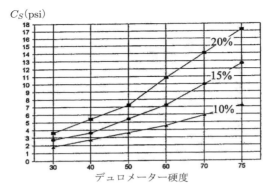

図 7.5 粘弾性体に対して，変形量が厚みに対して様々な値をとった場合の圧縮応力 (C_S) とデュロメータ硬度との関係．1 psi = 0.006894 MPa（Sorbothane 社の厚意による）．

らかに，より柔らかい材料は，単位荷重に対してより大きく変形する．ここでは，最大保持力（おそらく最大加速度で生じる）に対するインターフェースを設計するため，図 7.5 における 20％カーブを選択する．これは，より小さな加速度においては，材料を弾性範囲に収めるためである．製造者の資料によると，変形量 Δy は荷重 P_i と次の関係にある．

$$\Delta y = \frac{0.15 P_i t_P}{C_S A_P (1 + 2\gamma^2)} \tag{7.4}$$

ただし，各文字は以下のとおり：

$P_i =$ パッド一つあたりに必要な力 [N]

$t_P =$ 圧縮前のパッド厚さ [mm]

$$\gamma = \frac{D_P}{4 t_P} \quad \text{円形パッドの形状ファクタ} \tag{7.5}$$

$D_P =$ パッドの幅あるいは直径 [mm]

$$A_P = D_P^2 \quad \text{正方形のパッドの場合 [mm}^2\text{]} \tag{7.6a}$$

$$= \pi \frac{D_P^2}{4} \quad \text{円形のパッドの場合 [mm}^2\text{]} \tag{7.6b}$$

$C_S =$ 図 7.5 によるパッドの圧縮応力 [N/mm^2]

例題 7.3 は，弾性マウントの典型的な設計例を示している．ほかの弾性材料につ

280   第7章　プリズムの保持方法

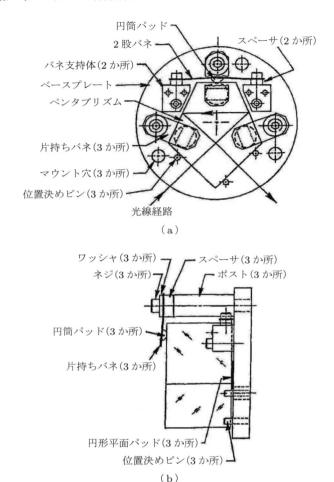

図7.6　ペンタプリズムを片持ちバネと両持ちバネで拘束するセミキネマティック法．(a)平面図，(b)側面図．

いて，もしその物資の弾性特性が利用可能で，変形量と力との関係が，合理的な変形量の範囲で適切ならば，その材料にも同様な計算を適用することができる．

　もう一つのセミキネマティックなマウント方法が，図7.6に示されている．ここでは，ペンタプリズムがベースプレートの同一平面上にある三つのパッドに押し付けられている．三つの片持ちバネが，必要な保持力をパッドに対してプリズムを通じ直接かけている．これは三つの拘束条件を与える．すなわち，1方向の並進と2方向のチルトである．残りの並進と1成分のチルトは，3本の位置決めピンと，プ

リズムをピンに対して固定する力を与える両持ちバネにより拘束される.

式(3.42)と式(3.43)は,この用途の片持ちバネの設計に使われ,3.8節の設計で述べたような,レンズに加える力と同様の力が各クリップにかかっているかの確認にも使われる.読者の利便性を考え,Δx に替えて,ここでの図7.6(b)の座標系において座標 Δy で書き直した式を再掲する.

$$\Delta y = \frac{(1 - \nu_M^2)4PL^3}{E_M bt^3 N} \tag{3.42}$$

$$S_B = \frac{6PL}{bt^2 N} \tag{3.43}$$

ここで,E_M はヤング率であり,ν_M はバネ材料のポアソン比である.P は荷重,L はクリップの自由長である.b と t はクリップの幅と厚みであり,N は用いられるクリップの数である.レンズをクリップで固定する場合と同様,曲げ応力 S_B は降伏応力の 50% を超えてはならない.

例題 7.3　円形の弾性パッドでクランプされたペンタプリズム（設計と解析には File 7.3 を用いよ）.

　開口径が $A = 50.8\,\mathrm{mm}$ の SF6 ガラスでできたペンタプリズムが,ベースプレート上の 3 個のパッドに対して,図 7.4 に示すような方法で剛体の板にクランプされる必要がある.クランプ板とプリズムの間には,図 7.5 で特徴づけられる円形パッドで,厚み 9.525 mm のものが配置される.

(a) デュロメータ硬度が 30 の材料に対しては,最大加速度が 10 G の場合,どういったサイズにすれば 20% の変形量となるか.

(b) このパッドに対する C_P はいくらか.

解答

(a) 図 6.23 より,ペンタプリズムの体積は $1.5A^3$ であり,表 B.1 より,SF6 ガラスの密度は $5.18\,\mathrm{g/cm^3}$ である.これより,プリズムの質量は $1.5 \times 50.8^3 \times 5.18 = 1.019\,\mathrm{kg}$ である.式(7.1)より必要な保持力は $P_i = (1.019 \times 9.8066 \times 10)/1 = 100\,\mathrm{N}$ である.図 7.5 より,デュロメーター硬度 30 のパッドが 20% の変形量を起こすのに必要な圧縮応力 C_S は,$3.7\,\mathrm{psi} = 2.55 \times 10^4\,\mathrm{Pa} = 2.55\,\mathrm{N/cm^2}$ である.

　式(7.5)より

282   第7章　プリズムの保持方法

$$\gamma = \frac{D_P}{4t_P} = \frac{D_P}{4 \times 0.9525} = 0.2624 D_P$$

式 (7.6b) より

$$A_P = \frac{\pi D_P^2}{4} = 0.785 D_P^2$$

式 (7.4) より

$$\Delta y = \frac{0.15 \times 100 \text{ N} \times 0.9525 \text{ cm}}{2.55 \text{ N/cm}^2 \times 0.785 D_P^2 \times \{1 + 2 \times (0.2624 \, D_P)^2\}}$$

変形量は 0.9525 cm の 20 %, すなわち 0.1905 cm でなくてはならない. これを上式に等しいとおいて変形すると, 4 次方程式 $0.0523 D_P^4 + 0.38 D_P^2 = 14.287$ を得る. これを D_P^2 について解き, 平方根を取ると $D_P = 3.64$ cm を得る.

ここで, パッドがプリズム側面にぴったり合うかを確認する必要がある. 図 6.23 によると, このプリズムの五角形の面に刻まれた最大の円形領域の面積は $Q_{\text{MAX } C} = 1.13 A^2 = 29.16$ cm^2 である. これより次を得る.

$$D_{\text{MAX } P} = \sqrt{\frac{4 \times 29.16}{\pi}} = 6.094 \text{ cm}$$

したがって, パッドは容易にプリズム面にぴったりと接触する.

(b) パッドのバネ定数は $C_P = 100/0.9525 = 104.95$ N/cm である.
より硬い材料 (たとえばデュロメータ硬度 70 の材質), あるいはより小さな t_P のパッドを用いることで, より小さなパッドを使うことができる.

片持ちバネの保持方法に関するもう一つの有用だと思われる式は, 曲げ角についての式である. これは, 片持ちバネにおいて固定端に対する自由端の角度である. この式は, Roark[6] により次のように示された.

$$\phi = \frac{(1 - \nu_M^2)(6L^2 P)}{E_M b t^3 N} \tag{7.7}$$

例題 7.4 はこの式の使用例である.

例題 7.4　プリズムを保持するための片持ちバネの設計 (設計と解析には File 7.4 を用いよ).

図 7.6 (b) による BeCu 製バネクリップを用いたプリズムのマウント方法において, 以下の寸法と材料を仮定する: $W = 0.121$ kg, $a_G = 12$, $N = 3$, $S_Y = 1.069 \times$

10^3 MPa, $E_M = 1.27 \times 10^5$ MPa, $\nu_M = 0.35$, $L = 9.525$ mm, $b = 6.35$ mm, $t = 0.508$ mm.

(a) 各バネのたわみ量はいくらか.

(b) クリップにはどの程度の曲げ応力が発生するか.

(c) 安全率はいくらか.

(d) 各バネは何度まで曲がるか.

解答

(a) 式(3.1)より,$P = 0.121 \times 9.8 \times 12 = 14.22$ N である.式(3.44)から

$$\Delta y = \frac{(1 - 0.35^2) \times 4 \times 9.525^3 \times 14.22}{1.27 \times 6.35 \times 0.508^3 \times 3} = 0.135 \text{ mm}$$

である.

(b) 式(3.45)より

$$S_B = \frac{6 \times 14.22 \times 9.525}{6.35 \times 0.508^2 \times 3} = 165.7 \text{ MPa}$$

の曲げ応力が発生する.

(c) 安全率は

$$f_S = \frac{1069}{165.7} = 6.45$$

である.

(d) 曲げ角は

$$\phi = \frac{(1 - 0.35^2) \times 6 \times 9.525^2 \times 14.22}{1.27 \times 6.35 \times 0.508^3 \times 3} = 0.021 \text{ rad} = 1.22°$$

までなる.

　この例における Δy は実際に測定される値より小さく,f_S は必要以上に大きい.より合理的な設計のためには,厚み t の値を減らすこともできる.これをより簡単に行うためには,S_Y/f_S の値をバネ材料として選択された材料に対する値におき直すことで,片持ちバネに対して最適な式を次のように得ることができる.

$$t = \left(\frac{6P_i L f_S}{b S_Y}\right)^{\frac{1}{2}} \tag{7.8}$$

　この式におけるすべてのパラメータはすでに定義してある.例題 7.4 で考察したのと同じ設計例に対して,例題 7.5 ではこの式を使って最適なバネの厚みを決定し

284　第 7 章　プリズムの保持方法

ている.

例題 7.5　例題 7.4 で考察したものと同じ問題に対して式(7.8)を適用し，片持ちバネクリップの厚みを最適化する（設計と解析には File 7.5 を用いよ）.

図 7.6(b) による BeCu 製バネクリップを用いたプリズムのマウント方法において，以下の寸法と材料を仮定する：$W = 0.121$ kg, $a_G = 12$, $N = 3$, $S_Y = 1.069 \times 10^3$ MPa, $E_M = 1.27 \times 10^5$ MPa, $\nu_M = 0.35$, $L = 9.525$ mm, $b = 6.35$ mm, $t = 0.508$ mm.

(a) 安全率 $f_S = 2$ に対するクリップの厚みを求めよ.

(b) クリップの曲げを求めよ.

(c) 曲げ量は適切か.

(d) 曲げに対する安全率を検算せよ.

解答

(a) 式(7.8)より

$$t = \left(\frac{6 \times 9.525 \times \dfrac{14.22}{3} \times 2}{6.35 \times 1.069 \times 10^3} \right)^2 = 0.28 \text{ mm}$$

となる.

(b) 式(3.1)より $P = 0.121 \times 9.8 \times 12 = 14.22$ N, 式(3.44)から

$$\Delta y = \frac{(1 - 0.35^2) \times 4 \times 9.525^3 \times 14.22}{1.27 \times 6.35 \times 0.28^3 \times 3} = 0.812 \text{ mm}$$

となる.

(c) クリップの曲げ量を測定する装置は 0.0127 mm を分解できるとすると，変形量と分解能の比は 64 である．本文中でこの比は 10 より大きいことが推奨されているので，この曲げ量は適切である.

(d) 式(3.45)より

$$S_B = \frac{6 \times 14.22 \times 9.525}{6.35 \times 0.28^2 \times 3} = 544 \text{ MPa}$$

である.

ここで，安全率を 1.96 にするため，降伏応力 $S_Y = 1069$ MPa とする．本来この安全率は 2.0 であるべき数字だが，バネの材料特性と寸法がこの精度では不明であるので，この合致度合いはきわめて合理的である.

図 7.6(a)に示した両持ちバネにおいて，プリズムの保持力を三つのピンに与えるための全保持力 P は，次の式(7.9)のように決定できる．

$$\Delta x = \frac{0.0625\,(1 - v_M^2)\,PL^3}{E_M b t^3} \tag{7.9}$$

このバネの曲げ応力は，次の式である．

$$S_B = \frac{0.75 P_i L}{b t^2} \tag{7.10}$$

図 7.6(a)に示されたマウント設計を行ううえで，以上で述べた式の使用法について，例題 7.6 に示した．

例題 7.6　プリズムを保持するための両持ちバネの設計（設計と解析には File 7.6 を用いよ）

図 7.6(a)に示すプリズムを考える．寸法と材料特性は次のとおりである．$W = 0.121$ kg, $a_G = 12$, $N = 1$, $S_Y = 1.069 \times 10^3$ MPa, $E_M = 1.27 \times 10^5$ MPa, $v_M = 0.35$, $L = 26.416$ mm, $b = 6.35$ mm, $t = 0.292$ mm.

(a) バネの変形量はいくらであるべきか．

(b) クリップに発生する曲げ応力を求めよ．

(c) 安全率を求めよ．

解答

(a) 必要な保持力は $P = 0.121 \times 9.8 \times 12 = 14.22$ N である．式(7.9)より

$$\Delta x = \frac{0.0625 \times (1 - 0.35^2) \times 14.22 \times 26.416^3}{1.27 \times 10^6 \times 0.635 \times 0.292^3} = 0.716\ \text{mm}$$

となる．

(b) 式(7.10)より

$$S_B = \frac{0.75 \times 14.22 \times 26.416^3}{6.35 \times 0.292^2} = 521.2\ \text{MPa}$$

となる．

(c) 安全率は

$$f_S = \frac{1069}{521.2} = 2.05$$

であるため，これらの結果は許容できる．

7.3 片持ちバネ，および両持ちバネにおけるパッドの使用

図7.6(a)(b)の設計において，バネとプリズムの間に円筒形のパッドを用いることにより，各接触面において予見できる状態にて線接触が起きることが保証される．パッドがない場合，図7.7(a)に示すように，曲げられた片持ちバネはプリズムの保護面取りのエッジで接触する．これは非常に望ましくない．というのは，このエッジは非常にシャープであり，プリズムはバネから加えられた力で破損するほど脆弱だからである．また，もう一つのパッドのない接触方法を図(b)に示した．ここでは，曲げられたバネがバネを固定するポストの上下に設けられたウェッジ状のワッシャのおかげで，設計上はプリズムの上面に平らに横たわっている．このウェッジ角は式(7.7)で決まる．プリズムにおいて望ましい領域でぴったりバネが当たっている場合には，この設計は応力の観点から望ましいが，一方でこの設計には問題が生じる可能性がある．望ましくない小さな製造誤差の累積により，バネの端面がプリズム面に当たる（角度があまりに大きい場合），あるいは面取りに当たる（角度があ

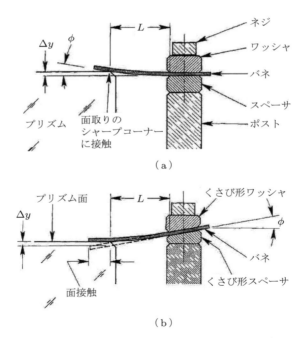

図7.7 バネによるプリズム保持の二つの方法．(a)プリズム面取り部に接触するバネ，(b)プリズム平面に接触するバネ．

7.3 片持ちバネ，および両持ちバネにおけるパッドの使用   287

まりに小さい場合）といった問題である．どちらの場合でも，プリズムの損傷や，応力の蓄積による局所的な変形をもたらす．

　図7.7(b)における面接触の別の場合が図7.8に示されている．ここでは，バネの端面に取り付けられたウェッジのついたパッドの平面部が，プリズムにぴったり接触するよう調整できるようなっている．この設計もまた，角度誤差に対して影響を受けやすく，パッドの内部または外部端面における線接触になってしまうと，望ましくない応力をもたらす．

　バネが凸の円筒形状に曲げられた場合，図7.9(a)に示すように，バネの丸くなった部分における線接触が起きる．バネを滑らかでかつ決まった曲率半径の円筒形に成型するのは難しいので，図(b)に示すようにパッドをバネと一体に機械加工することで望ましい結果が得られる．ここで，機械加工したパッドをバネにネジ，溶接，あるいは接着といった，同じ機能をもたらす方法で取り付けることも可能である．どの場合でも，接触面における凸の円筒面とプリズム平面の間に生じる応力を見積もることができ，注意深く設計することで許容範囲内に調整することが可能である．この設計方法については13.4節で述べる．

　図7.10は，プリズムを保持するうえで3本の片持ちバネを両持ちバネに置き換える方法を示す図である．図(a)において，小さな領域に力を分散させる方法として用いられる小さなパッドが示されている．もし，バネの作用が対称的であり，パッドがプリズム平面上に来るのであれば，この設計は許容できる．寸法誤差，あるいは加工公差の積み上げにより，パッドは誤った角度に傾き，パッド端面に応力集中

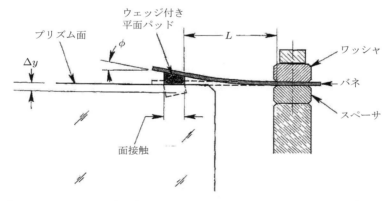

図7.8　平面パッドをプリズム平面に押し付ける方法による片持ちバネとプリズムの接触面．

288　第 7 章　プリズムの保持方法

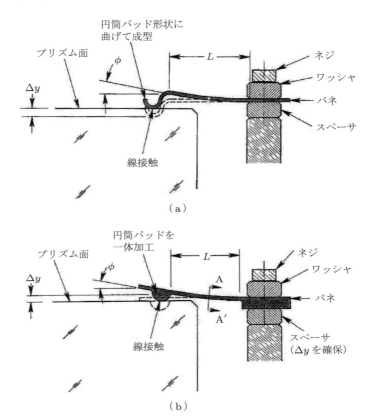

図 7.9　片持ちバネとプリズムの接触面の構造．(a)凸の円筒面に成型したバネによる方法，(b)一体加工された円筒パッドを有するバネによる方法．

が起きる可能性がある．図(b)のようにパッドを曲がった形状にすることで，この可能性を除くことができる．一つのバネで要求される保持力をかけることや，各接触面での応力を減少させるのに不十分な場合は，追加でバネを設けることもできる．

　両持ちバネによりプリズムを保持する方法を説明するため，図 7.11 に示したような，商用の双眼鏡におけるポロプリズムの保持機構設計について考察する．バネによりプリズムの頂点がハウジングの基準面に対して押し付けられて固定されている．各バネの一つの端面はバネに固定されており，もう一つの端面は，ハウジングに切られたスロットに単に差し込まれている．バネにはパッドは用いられていない．

　もう一つの両持ちバネによる保持方法が図 7.12 に示されている．ここでは，小さな軍用望遠鏡において，アミチプリズムがハウジング内でパッドに対して曲げら

7.3 片持ちバネ，および両持ちバネにおけるパッドの使用　289

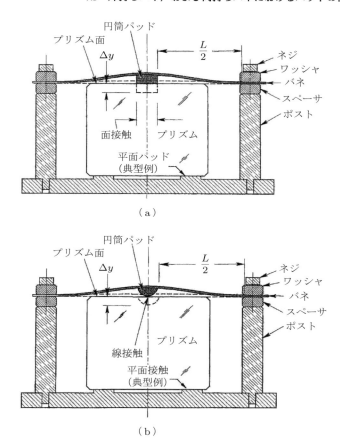

図 7.10　プリズムの両持ちバネによる拘束．(a)バネが平面パッドを有する場合，(b)バネが円筒パッドを有する場合．

れたバネにより押し付けられている．プリズムにおいて，バネによりかかる力の中心をネジが逆向きに押している．ネジは，バネがプリズムのダハ面に触ってしまわないように，ハウジングを大きく貫通していないことが重要である．振動衝撃や温度変化によるアセンブリの損傷を防ぐには，正しいネジの長さを決めるよう正しく設計すること，製造工程において実際のクリアランスの確認を規定することが必要である．図の垂直方向においては，三角形のカバー内面に取り付けられた弾性体のパッドにより拘束される．このカバーは，鋳物で作られ機械加工されたハウジングに両面で取り付けられている．

　この種の望遠鏡の調査により，バネとプリズムの鋭利な接触面でプリズムが損傷

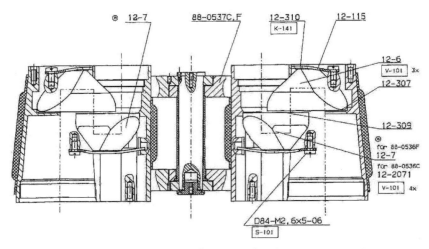

図 7.11 現代の商用双眼鏡におけるポロの正立プリズムのマウント法（Swarovski Optik 社の厚意による）.

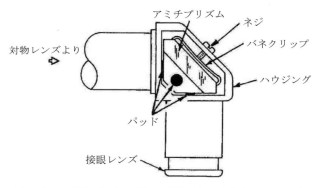

図 7.12 バネによって基準パッドに対して保持が加えられた，アミチプリズムを有する軍用小型エルボ型望遠鏡の模式図（Yoder[7]による）.

することがみいだされた．これは，装置使用中の過度な応力による結果だと信じられている．この結果から，将来この簡単な方法を用いることは推奨されないといえる．許容できる可能性のある改善設計は，バネの各端面に円筒形のパッドを加えることであり，このパッドがプリズムのダハ面から遠くで当たるようにバネを成型することである.

片持ちバネ，あるいは両持ちバネにおけるパッドの設計には，曲がった面の広がりを考慮することも含まれるべきである．図 7.13 は関連する幾何学的関係を示す．R_{CYL} はパッドの曲率半径，d_p はパッドの幅，α は円筒面の曲率中心から測った広

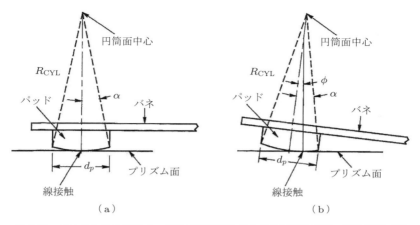

図7.13 バネのための円筒パッドの設計に適用される幾何学的関係．同じ断面寸法は球面パッドにも適用される．

がり半角である．図7.13(a)では，バネが曲がる前であり，パッドはプリズム面に対称に配置されている．図(b)では，保持力 P_i によりバネが曲げられることで，パッドが式(7.7)に示す角度 ϕ だけ曲げられる．もし，角度 α の最悪の場合の値が ϕ より大きければ，シャープエッジコンタクトは起こらない．いったん α が決定されると，d_p の最小値を以下の式により求めることができる．

$$d_{p\,\text{MIN}} = 2R_{\text{CYL}} \sin \alpha \tag{7.11}$$

7.4 機械的にクランプされたノンキネマティックな保持方法

バネあるいはストラップは，光学機器に設けられた平面に対してプリズムを固定するのにしばしば用いられる．この方法はキネマティックではない．一つの例は，図7.14に示したポロの正立プリズムアセンブリである．これは，多くの軍用・民生用の双眼鏡や望遠鏡における，典型的なプリズムの保持方法である[8]．バネによるストラップ（多くはバネ鋼により作られる）は，穴の開いたアルミニウム製のマウントに各プリズムを押し付けるが，一方で，このマウントはネジと位置決めピンにより本体のハウジングに締結されている．このストラップはすでに述べた両持ちバネの変形である．

棚と反対側のへこみにより横方向の拘束が与えられる一方で，円環領域における面接触は，レーストラック形状のプリズム斜辺で起こる．図ですでに述べたように，

292　第7章　プリズムの保持方法

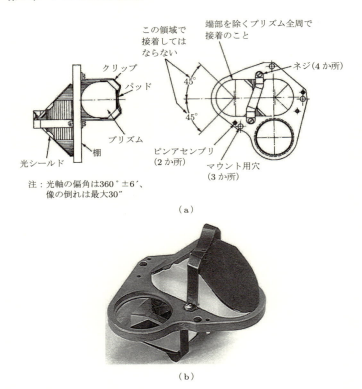

図 7.14　典型的なポロの正立プリズムサブアセンブリについての(a)模式図，(b)写真（Yoder[8]による）．

エラストマーによる接着（かつてはゴムで接着）により，十分なクリアランスをもってプリズムがへこみの中で横ずれすることが防止される．この設計では，4面の反射面で内部全反射を起こすために，プリズムは高屈折率（フリント）ガラスで作られている．薄いアルミニウム製の遮光板により，迷光が像面に達するのを防止している．この遮光板は曲げられたタブをもっており，遮光板を反射面からわずかな距離離すために，タブがプリズム面のエッジに接触している．銀またはアルミニウムコートされた反射面をもつプリズムには，この遮光板は不要である．

図 7.15 は，軍用潜望鏡におけるスキャンヘッドアセンブリである．これには，35°，35°，110°の角度をもつダブプリズムに似たプリズムが一つだけ組み込まれている．このプリズムは水平面における横軸の周りに傾き，天頂から水平面から20°下の面まで，潜望鏡の視線を高度方向にスキャンする．このプリズムは，アルミニウム鋳物のハウジングに四つのバネクリップで止められており，それぞれのク

7.4 機械的にクランプされたノンキネマティックな保持方法

図 7.15 緯度方向にスキャンする軍用潜望鏡ヘッドサブアセンブリに用いられる、機械的にクランプされたダブプリズム（Yoder[9]による．著作権は Taylor and Francis Group に帰属するが許可を得て再掲）．

リップは，プリズムの入射面と射出面に隣接するネジで固定されている．プリズムの反射面（斜面）は，鋳物に機械加工され，研磨仕上げされた狭い棚に乗っている．この棚は，光学的有効面まで伸びていてはならない．クリップがぴったりくっついているときに保持力が得られるように，プリズム面はわずかに（約 0.5 mm）マウントからはみ出している．いったん芯出しされると，プリズムは斜面の長手方向にスライドすることはできないが，これは，クランプ力が集中するためである．これらのクランプ力のベクトル和はマウント面に対して設計上垂直方向の力であり，接線方向の力は互いにキャンセルする．横方向の移動は，摩擦力により保持され，マウントの狭いはめ合いにより制限される．

図 7.16(a) は図 7.15 で示したプリズムのスキャン機能を示したものである．この運動は，光学的には屈折した光線の最上面あるいは最下面でのケラレにより制限される．限界点でのケラレがその用途に対して許容できる範囲内に抑えるため，メカストップが物理的な運動を制限するよう組み込まれている．図(b)は，ダブプリズムを用いることでスキャン範囲を拡大したものである．

回転防止プリズムにおいて最も一般的なタイプは，ダブプリズム，ダブルダブプリズム，ペシャンプリズム，そしてデルタプリズムである．うまく機能するためには，これらすべてのプリズムはしっかりと固定されねばならないが，一方で，使用中の像の回転を最小限におさえるためには，組み立て時に調整が可能でなければならない．調整可能な回転防止プリズムに対する一つの設計解は次で議論する．

図 7.17 は，代表的なペシャンプリズム[10]の断面図である．これが平行光束中で用いられるのであれば，回転軸に対する光軸の角度方向の調整だけでよい．ここ

294　第7章　プリズムの保持方法

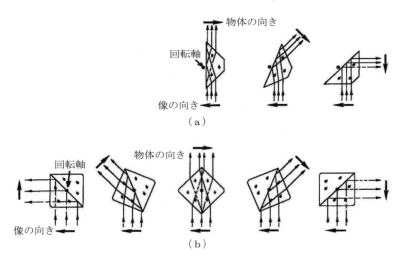

図 7.16　(a) ダブプリズムによる典型的な緯度方向スキャン機能，(b) ダブルダブプリズムによるスキャン．(b) ではスキャン範囲が拡大されていることを注意しておく．

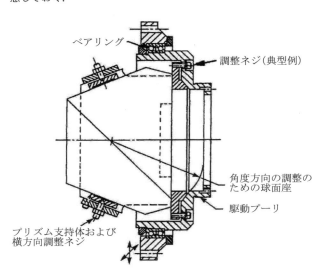

図 7.17　ペシャンプリズムによる回転防止アセンブリ（Delgado[10]による）．

で，非平行光束中で用いられる場合，角度と横方向の調整が必要である．ベアリングの振れが角度方向の誤差の原因となる．今考えている設計においてこれを最小限にするためには，背面どうしでマウントされた5級のアンギュラ玉軸受（ベアリング）を，工場の最も優れた技術で位置調整したのちに，拘束力を加えることが必要

である．180°回転における振れは約 7.6 μm であった．ベアリング軸は横方向の細目ネジ（図示せず）により調整されているが，このネジにより，光軸に対して 12.7 μm 以内の軸出しが可能であった．押さえパッドを通じて力を加える細目ネジにより，垂直方向の基準平面に対してプリズムをスライドさせることで，屈折面内で，ベアリングのハウジング内でプリズムを調整できる．その回転中心が斜面と光軸との交点にくるよう(軸の不一致を最小限にするため)，球面座が設けられており，これによって角度調整が可能になっている．この移動は，図示されたネジによって制御される．

　最後の四つの各プリズム設計例（ポロプリズム，アミチプリズム，ダブプリズムそしてペシャンプリズム）は，マウントの機械加工面にプリズムを組み込む設計である．実際は，機械加工面は相対するガラス面と同程度に平滑な平面に加工することはできないため，最も突き出た 3 点で最初に接触が起きる．通常，この 3 点は，プリズムを固定するバネの反対側には位置しない．そのため，ガラスにモーメントが加わり，面のひずみが発生する可能性は捨てきれない．もし，バネの力が強ければ，金属あるいはガラスが 3 点以上の点で接触するよう曲げられる．その場合は，制御不能な過剰拘束状態となる．ただしプリズムの剛性は高く，これらのサブアセンブリが組み込まれる装置は，不利な環境条件で十分長い運用寿命を保っているので，これらの問題は通常は許容可能であるといえる．図 7.2，図 7.3，図 7.6 の設計で行われたのと同様に，同一面上に平面ラップされ，保持力をかける点にほぼ対応する点にパッドを加えることで，拘束力によるプリズムのひずみの可能性を減少させることができる．

　振動衝撃が加わり，プリズムが接触面における位置決め基準（ラップされたパッド）から離れてしまった場合，保持力がなくなって，プリズムの姿勢がずれてしまうという問題が起こる．再度擾乱が加わるまで，プリズムはそのままの位置にいる．この運動により，光学素子の位置と向きに対して不確定性が生じ，光学性能に影響する．バネにより加わる保持力が十分に大きく，光学素子がつねに基準面に接触している状態を保てる場合，極端な温度変化においても，この問題は発生しない．

7.5　接着によるプリズムの保持

7.5.1　一般的配慮

　多くのプリズムは，砂ずり面を機械的なパッドに向けて，エポキシ，あるいはそ

296　第7章　プリズムの保持方法

れに類する接着剤により接着されることで筐体に組み込まれる．特段複雑な設計をしなくても，通常，強固な接着を与えるための接触面積は得られる．注意深く設計され，製作された接着構造は，軍用や航空用途の厳しい環境条件はもちろん，厳しい振動衝撃にも耐えられる十分な強度をもつ．この設計法は，より厳密でない用途にも用いることができる．これは，構造そのものがもつ単純性と信頼性のためである．

　この設計の重要な点は，接着剤の物性と保管期間（指定された保管期間内に使用する必要がある），接着層の厚みと面積，接着されるべき面の清浄度，線膨張係数の不一致，晒される環境条件の変化，そして，部品を組み立てる際の注意である．この目的に使われる数種の接着剤を表 B.14 に示した．接着剤メーカーが推奨する内容は考慮に入れる必要があるが，設計の適切さ，用いられる材料，塗布方法そして効果時間と耐性などを実験により評価することは，厳密さが要求される用途において推奨される．

　適切な接着面積を決める指針が，[11]に示されている．一般に，接着のための最小面積 Q_{MIN} は次の式で決定される．

$$Q_{\mathrm{MIN}} = \frac{Wa_G f_S}{J} \tag{7.9}^{\dagger}$$

ここで，W はプリズムの質量，a_G は加わる可能性のある最大加速度，f_S は安全率，J は接着剤のせん断強度，あるいは引っ張り強度である（普通は近似的に等しい）．

　安全率は最低 2 以上であり，想定外の最適でない条件（たとえば製造工程で適切に清掃されていないなど）を含む場合には，できれば 4～5 に設定することが望ましい．接触面の設計を単純にするためには，第 6 章で考察した大部分のプリズムについて示された最小の接着面積（円形あるいはレーストラック形状）と，最大の接着面積（$Q_{\mathrm{MAX}\,C}$ あるいは $Q_{\mathrm{MAX\,RT}}$ が適切）の式を用いるとよい．

　ガラスと金属の最大接着力を得るためには，接着層は特定の厚みでなくてはならない．たとえば，3M の EC2216-B/A エポキシを用いる際，経験上は，0.075～0.125 mm の厚みが最適である．ある接着剤メーカーは，自社製品に対して 0.4 mm もの厚みが最良と推奨している．薄い接着層は厚い接着層より剛性が高いが，これは，有効ヤング率 E^* は，接着層の横方向の大きさ，径，そして接着層厚み t_e に依存するためである．Genberg によると，E^* は材料そのもののヤング率よりも，ポアソン比に依存して 10 倍～数百倍も大きくなる [12]．

---

† （訳注）式(7.9)は原著では二つある．

接着層の厚みを特定の厚みにするための一つの方法として，指定された厚みをもつ3枚の薄いスペーサを，接着面（ガラスと金属の間）に配置することが挙げられる．可能であれば，これらは三角形に，接着領域外に配置すべきである．ガラス，マウントと，スペーサは，接着を確実にするために，また，硬化時の横方向あるいは回転方向の移動を防ぐために，ともにしっかりと固定されている必要がある．この目的のため，固定具が設計され用いられている．接着剤は，このスペーサの上に乗ってはならない．もう一つの厚みを保つ方法は，接着剤を塗布する前に，接着剤中に数％の小さなガラスビーズを混ぜておくことである．面どうしが押されたときには，このビーズがガラスと金属面を分離する．厳密に直径が制御されたビーズが購入可能である[†]．ガラスビーズは本質的には接着強度に影響しない．

接着剤と金属は，一般にはガラスより大きな CTE をもっているので，温度による寸法差は大きくなる可能性がある．さらに，接着剤は硬化中に数％横方向に収縮する．接着領域が小さければ，これらの影響で発生する応力はより小さくなる．保持方法の設計の多くでは，小さな3点あるいは多点の分割された接着領域が必要となる．これらは，三角形に配置されていることが望ましい．このことにより，寸法差を小さくし，安定性を高めることができる．

7.5.2 接着されたプリズムの例

図 7.18 に，アルミニウム製のブラケットに突き出た円形パッドに接着された，ペンタダハプリズムを示す．これは，軍用潜望鏡への使用が想定されており，反射面は設計上垂直であるが，すべての方向の振動衝撃に晒される．例題 7.7 はこの設

図 7.18 典型的なペンタダハプリズムの金属ブラケットへの接着マウント法（Yoder [8] による）．

[†] たとえば，ビーズのサイズが保証された製品については，Duke Scientific 社の web サイト（www.dukescientific.com）を参照．（以下訳注）現在は ThermoFisher 社の web サイト（https://www.thermofisher.com/order/catalog/product/jp/ja/2005ATS）から確認できる．

例題 7.7　ペンタダハプリズムの接着保持の設計（設計と解析には File 7.7 を用いよ）．

図 7.18 のプリズムにおいて，面の幅 A が 2.8 cm であるとし，材質は密度 2.511 g/cm^3 の BK7 であるとする．これが，3M のエポキシ接着剤 EC2216-B/A（接着強度 $J = 17.21$ MPa）で接着されていると仮定せよ．最大加速度 $a_G = 250$ で安全率 $f_S = 4$ の場合，円形接着領域はどの程度の大きさであるべきか．

解答

図 6.24 より，プリズムの質量は $1.795 \times 2.8^3 \times 2.511 - 1000 = 0.099$ kg である．式 (7.9) より

$$Q_{\text{MIN}} = \frac{0.099 \times 250 \times 9.8 \times 4}{17.21} = 56.37 \text{ mm}^2$$

したがって，一つの円形接着領域の直径は

$$2 \times \left(\frac{56.37}{\pi}\right)^{\frac{1}{2}} = 8.47 \text{ mm}$$

以上であればよい．図では，接着領域は最小接着領域の大きさより大きく見える．

計について，ある仮定のもとで解析したものである．

図 7.19 には，三角形に分割された接着領域をもつペシャンプリズムが，模式的に示されている．この接着方法は，より大きな側のプリズムにしか使えないことに注意する．その理由は，接着された二つのプリズムの砂ずりされた底面は，接合後には必ずしも同一平面にない可能性があるためである．これらは，ねじれていたり，段差がある場合がある．どちらの欠陥も，（もし二つのプリズムに接着領域がまたがっていると），接着層の厚みの差が生じ，接着強度が弱くなる．毛細管現象により接着剤が狭い空気層に流れ込むことを防ぐには，接着領域を隣接するプリズムの

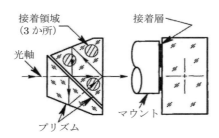

図 7.19　ペシャンプリズムサブアセンブリの一つに対する，三角形に分布した接着箇所．

エッジから十分離れた場所にする必要がある．

　一般に，ガラスと金属のエッジにおける接着剤のはみ出しは避けるべきである．この理由は，低温における斜面に沿ったはみ出した層の収縮は，ガラスと金属の間の接着層の収縮率より大きいためである（図 7.20 を参照）．このような収縮は，場合によってはガラスの破壊につながることが知られている．

　図 7.21 は，キューブ型の石英のプリズム（ビームスプリッター）であり，$A = 35$ mm の面全面にわたって，チタン製のマウントにエポキシで接着されたも

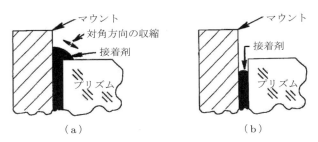

図 7.20　(a)結合部のエッジにおける余分なエポキシが望ましくないフィレット形状となった状態，(b)フィレットのない望ましい接着形状．

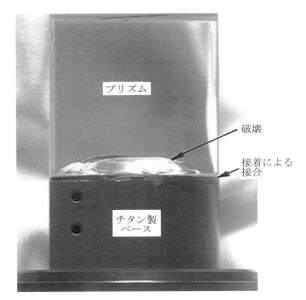

図 7.21　チタン製ベースにエポキシにより接着された合成石英製のプリズム．これは低温において，線膨張係数差による収縮のため破壊される．

のである．このプリズムマウントは，接着後にすべての段差を除くため研削されている．このユニットを − 30℃に冷却すると，金属と接着剤がガラスに対して両方とも収縮し，それによってガラスにせん断力が加わり，プリズムが破壊された．14.6 節において，このような接着における応力や，設計を解析するための式を示す．

ガラス−金属接着の信頼性を増すための一つの設計の特徴として，ガラス部材の接着面側を細かく研削すること，そして，その研削を徐々に細かい砥粒で行うことが挙げられる．各工程で除去される材料の深さは，一つ前の工程における砥粒サイズの少なくとも 3 倍である．この工程により，一つ前の工程における表面下の欠陥が除去される．これは，一般には「制御された研削工程」とよばれており，13.2 節でより詳しく説明するが，面から見えない傷を除くことができ，研削面における材料の引っ張り応力を大きく緩和する[13]．経験上，研磨されたガラス面の接着は，細かく研削されたガラス面の接着よりうまくいかない可能性がある．

図 7.22 は，ポロプリズムのマウント設計であり，1200 G においても耐えうる設計であることが知られている．このサブアセンブリは例題 7.8 の題材である．

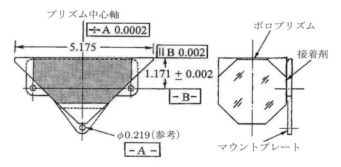

図 7.22 片持ち梁に適用するために 1 面が接着されたポロプリズムのマウント方法．寸法は in. 単位である．接着領域は灰色の部分で示す（Yoder[8]による）．

例題 7.8 片持ちで接着されたポロプリズムの耐加速度性の計算（設計と解析には File 7.8 を用いよ）．

図 7.22 に示すポロプリズムが，SK16 ガラスでできており，3M のエポキシ接着剤 EC2216-B/A で，SUS416 製ブラケットに接着されているとする．実際の接着面積は 36.129 cm^2 であるとし，プリズムの質量は 0.998 kg とする．

(a) 安全率 f_S が 2 の場合，アセンブリが耐えられる加速度 a_G を求めよ．接着強度は接着強度 $J = 17.21$ MPa とする．

(b) 加速度 $a_G = 1200$ の衝撃が加わった場合の安全率を求めよ．

解答

(a) 式(7.9)を書き換え，以下を得る．

$$a_G = \frac{17.21 \times 3612.9}{0.998 \times 9.8 \times 2} = 3178$$

(b) プリズムは任意の方向に対して，1200 G の加速度に安全率 2.7 で耐えるはずである．

7.5.3 両側からプリズムを保持する方法

どのようなプリズムアセンブリのマウント面も，出荷および使用中に，重力およびほかに加わる力に対してどのような向きにもなりうるため，片持ちのプリズム保持構造は極端な条件下では適切ではなく，支持構造を追加するのが望ましい．このことにより，次で述べるような両側保持も含む，様々なプリズム保持構造が考えられる．

プリズムの保持方法の一つとして，プリズムと構造体の間に複数の接着剤結合を用いるものがある．図 7.23 の設計例では，金属の棒に接着することで，直角プリズムに対して，接着面積をより大きくとることと，両側からの支持がなされている．精密な固定具により，これらの棒は一直線上に調整されている．これらは，従来の分割設計では，二つの精密加工された座に置かれ，強固にクランプされていた．横軸に対する回転方向に容易に調整できることは，この設計における大きな特徴であ

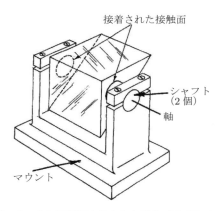

図 7.23　U 字型マウントに両側が支持された直角プリズム（Durie[3]による）．

る．横軸に沿った方向への調整もわずかながら可能である．このプリズムのマウントされる面は，製作中に平行に研削されていなくてはならない．

さらに，固定具と装置における棒に対する摺動面の真直度と同軸度は非常に高精度でなくてはならない．そうでないと，組み立て時のクランプや，振動，衝撃，温度変化などにより加わる力のため，接着を劣化させ，おそらくはダメージの原因となる．

図7.23の設計において，極端な温度変化におけるガラスと金属の線膨張差は，両持ちの支持体のうち一つを弾性部材とし，曲げられるようにすることで回避できる．この機能を実現する設計の一例を図7.24に示す．弾性部材がない最初の設計では，低温においてアルミニウム製マウントがプリズムよりも大きく縮み，腕にプリズム底面に対して回転する力がはたらき，そしてプリズムを接着部上面から引きはがす現象が起き，損傷が生じた．一つの腕をわずかに曲がるようにすることで，このような損傷を防止できた[14]．それぞれの支持腕に対して，プリズムとマウント面の間の空間に調整後エポキシが注入できるように穴が設けられている．これらの穴は図中に"P"と示されている．

Beckmann[15]によると，プリズムとマウントの間の空間にエポキシが流し込める穴を有する設計では，どんな設計であっても，低温においては穴の中にできるプラグ状の接着剤が非常に大きく収縮し，ガラスを歪めるくらい，あるいは破壊する

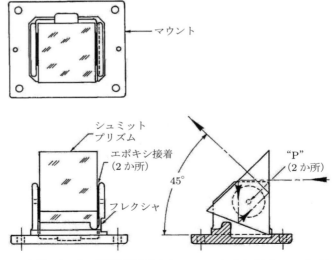

図7.24 U字型マウントに両側が接着されたシュミットプリズム(Willey[14]による)．

くらいに引っ張るといった問題が起こりうる．穴の長さを最小限にすることにより，この問題は回避できる．外側から逆方向に接着することは，この長さを短くすることに役立つ．また，接着後に余計な接着剤を除去することも役立つであろう．

キューブ型プリズムを両側から保持するのに，U字型のマウントを使った保持方法の二つの例が，図7.25に示されている．図(a)では，クラウンガラスのプリズムは，二つの円筒形のステンレスでできたプラグに接着されており，これらのプラグは，腕の中の穴を貫通している．マウントと両方のプラグは，ガラスとマウントの線膨張係数差を少なくするためステンレスでできている．プリズムは腕で支持され，接着前と接着中を通じて，マウントに対してアライメントされる．

図(a)右図に示すように，最初の二つの接着剤が硬化した後，プラグはエポキシにより腕に対して接着される．この方法によると，接着される面の位置と傾きの公差は緩和される．これは，プラグはそれ自体プリズムに対して，穴の中で腕に対する接着前の調整がなされるためである．ここで，アライメントと接着層の厚み変動において，金属どうしの接着は，ガラスと金属の接着よりも非常に要求精度が低くてよいことに注意しておく．

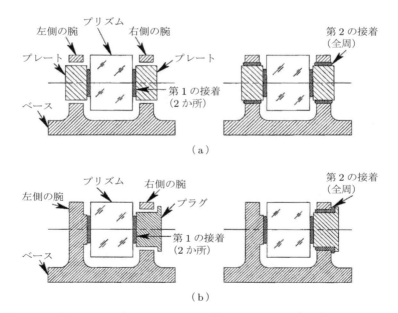

図7.25 U字マウントに組み込むために両側から接着されたプリズムの保持方法についての二つの概念図（(a)はBeckmann[15]による）．

図 7.25(b) 左において，プリズムはまずマウントに対してアライメントされてから，支持腕上（左側）から伸びたパッドに接着される．この金属のプラグは，右側の腕を貫通しているが，その上に乗っておらず，プリズムの右側に接着される．これらの接着が硬化した後で，プラグは右側の腕に両側支持を実現できるよう接着される（図(b)右側参照）．さらに，接着面の方向と向きの公差は相対的に緩いことに注意しておく．ここで提示した，順繰りに光学素子を拘束していくというアイデアの利点は，部品を精密に合わせていく必要がないことと，さらには接着前に，光学的あるいは固定具によって得られたアライメントが接着後も保たれるという点である．

図 7.26 にプリズムの両側支持に関する異なる機構設計が示されている．ここでは，商用の双眼鏡において，シュミット-ペシャンダハプリズムのサブアセンブリが，充填プラスチックにより出来たきつい座の中に組み込まれている．このプリズムサブアセンブリは，UV 硬化樹脂をハウジングの壁に注入することで作られたダボに対して，暫定的に固定されている[16,17]．精密調整が得られたのち，このプリズムは，同じ壁の開口から注入されたポリウレタン接着剤により固定される．ハウジングと接着剤におけるわずかな弾性により，隣接する材料どうしの線膨張係数の差が吸収される．精密に成型された構造部材と，それに組み込まれた基準面により，調整は不要である．図 7.27 にこのようなプリズムの内部構造が示されている．

図 7.28 はポロの正立系とロムプリズムからなるサブアセンブリの写真であり，これらのプリズムは，これまでに説明したダハプリズムを拘束する方法と同じ方法で保持されている．この設計では，ポロプリズムはプラスチック製のブラケットに取り付けられている．このブラケットは，光学系のフォーカス調整のため，2 本の

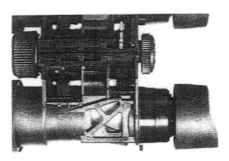

図 7.26 プラスチック製双眼鏡ハウジングに組み込まれた，シュミット-ペシャン正立プリズムサブアセンブリ（Seil[16]による）．

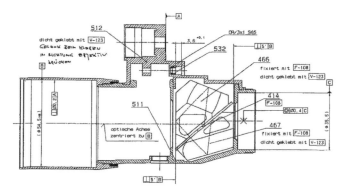

図 7.27　図 7.19 に示す方法で組み込まれたダハプリズム（Seil[17]による）．

図 7.28　市販望遠鏡において光学機械サブアセンブリとして，接着によるマウント方法でプラスチック製の構造部材に組み込まれた，ポロの正立プリズム系とロムプリズムの写真（Seil[17]による）．

金属製の棒に沿って，第 2 のポロプリズムに対して軸方向にスライドする．図 7.29 では，接着剤の塊がよりはっきりわかる．構成要素数が最小限になることと，組み立てが容易になることが，この設計の第一の特徴である．この方法による製品は顧客に受け入れられていることから，この種の設計によるサブアセンブリが適切であることと，信頼性が高いことがわかる．

　プリズムの接着による組み込みについての追加例は，15.13 節において，装甲車の照準用関節望遠鏡の議論の中で取り扱う．

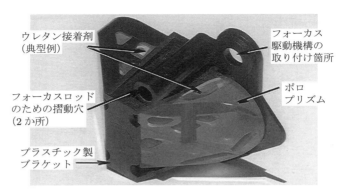

図 7.29　図 7.28 における可動ポロプリズムの拡大写真．このプリズムはプラスチック製構造部材のブラケットに接着固定されている（Seil[17]による）．

7.6　プリズムのフレクシャマウント

　一部のプリズム（とくに大きいもの，あるいは，非常に位置精度が厳しいもの）は，フレクシャを用いてマウントされる．一般的な例を図 7.30 に示す．三つのフレクシャ構造体がプリズムベースに直接接着されており，図示されないベースプレートにネジ止めされている．プリズム材料とベースプレートの間の温度差による線膨張係数差に起因するひずみを最小限にするためには，三つのフレクシャはすべていくつかの方向に曲がるように設計されなくてはならない．しかしながら，これらは軸方向には非常に剛性が高い．また，フレクシャの頂上にはユニバーサルジョイント

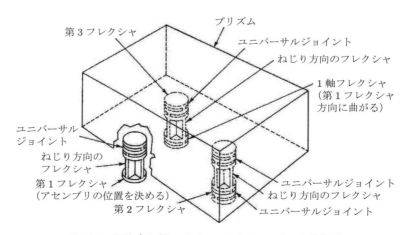

図 7.30　大型プリズムのためのフレクシャマウント概念図．

7.6 プリズムのフレクシャマウント　307

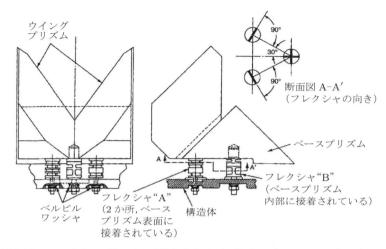

図 7.31　フレクシャポストに固定された大型プリズムアセンブリ（ASML Lithography 社の厚意による）．

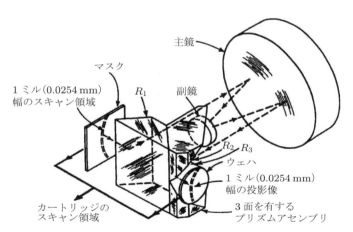

図 7.32　図 7.31 に示すプリズムアセンブリを用いた，マイクロリソグラフィ用マスク投影系の概念図（ASML Lithography 社の厚意による）．

が設けられており，接着による結合の角度誤差を取り除ける．第 2 フレクシャは，固定点（第 1 フレクシャ）周りの回転を拘束するが，第 1 と第 2 フレクシャを結ぶ直線の相対膨張差は許容される．これは，頂上と底面のユニバーサルジョイントが，相対寸法差がある場合に S 形状に変形するのを許すためである．第 3 フレクシャは頂上にユニバーサルジョイントが付いており，底面には一つのフレクシャが付い

308   第7章　プリズムの保持方法

ている．これは，プリズムの重量の一部を支え，ほかのフレクシャを結ぶ直線周り
の回転を防止する．第3フレクシャは，プリズムを横方向に拘束しない．すべての
三つのフレクシャは，ねじれ方向に弾性をもっている．フレクシャの長さの微小な
差，あるいは，頂上面の平行度は，三つのユニバーサルジョイントの弾性により吸
収される．フレクシャにより，仮に極端な温度変化があり，プリズムとマウント部
材の間に寸法差が生じても，歪んだり，取り付けてある構造が乱れたりすることな
く，プリズムはもとの位置に留まり続ける[9]．

参考文献

[1] Smith, W.J., *Modern Optical Engineering*, 3rd. ed., McGraw-Hill, New York, 2000.
[2] Lipshutz, M.L., "Optomechanical considerations for optical beam splitters," *Appl. Opt.* 7, 1968:2326.
[3] Durie, D.S.L., "Stability of optical mounts," *Machine Des.* 40, 1968:184.
[4] Vukobratovich, D., "Optomechanical Systems Design," Chapt. 3 in *The Infrared & Electro-Optical Systems Handbook*, Vol. 4, ERIM, Ann Arbor and SPIE, Bellingham, 1993.
[5] Sorbothane, Inc., *Engineering Design Guide*, Kent, OH.
[6] Roark, R.J., *Formulas for Stress and Strain*, 3rd ed., McGraw-Hill, New York, 1954. See also Young, W.C., *Roark's Formulas for Stress & Strain*, 6th ed., McGraw-Hill, New York, 1989.
[7] Yoder, P.R., Jr., "Optical Mounts: Lenses, Windows, Small Mirrors, and Prisms," Chapt. 6 in *Handbook of Optomechanical Engineering*, CRC Press, Boca Raton, 1997.
[8] Yoder, P.R., Jr., "Non-image-forming optical components," *Proceedings of SPIE* **531**, 1985:206.
[9] Yoder, P.R., Jr., *Opto-Mechanical Systems Design*, 3rd. ed., CRC Press, Boca Raton, 2005.
[10] Delgado, R.F., "The multidiscipline demands of a high performance dual channel projector," *Proceedings of SPIE* **389**, 1983:75.
[11] Yoder, P.R., Jr., "Design guidelines for bonding prisms to mounts," *Proceedings of SPIE* **1013**, 1988:112.
[12] Genberg, V.L., "Thermal and Thermoelastic Analysis of Optics," Chapt. 9 in *Handbook of Optomechanical Engineering*, CR Press, Boca Raton, 1997.
[13] Stoll, R., Forman, P.F., and Edleman, J. "The effect of different grinding procedures on the strength of scratched and unscratched fused silica," *Proceedings of Symposium on the Strength of Glass and Ways to Improve It*, Union Scientifique Continentale du Verre, Charleroi, Belgium, 1, 1961.
[14] Willey, R., private communication, 1991.
[15] Beckmann, L.H.J.F., private communication, 1990.
[16] Seil, K., "Progress in binocular design," *Proceedings of SPIE* **1533**, 1991:48.
[17] Seil, K., private communication, 1997.

8

ミラーの設計

　プリズムの場合と同様, ミラー設計についてはっきり理解しておくことは, ミラーの保持方法について考慮するのに必要なことである. 本章では, 異なるタイプのミラーについての幾何学的な配置や, 機能, そして, なぜそのように設計されているのかについて幅広く取り扱う. ミラーの材質は, 材料の選択についての鍵となる要因なので, 数 mm といった小さいミラーから, 0.5 m といった大きいもの, あるいは 8.4 m にも至る天体望遠鏡のミラーなど, 幅広いミラーについて考察する. 本章を通じて, 意図された製造方法がどのように設計に反映されるかについて考察する. ミラーの用途, 像の方向の制御, そして表面鏡と裏面鏡のどちらが優れているかを決めることで設計を行う. 次に, 平行光または非平行光中に傾けて置かれたミラーの有効径を近似する方法を考察する. そして, ミラーの重量およびそれによるミラーの変形を最小化するための, 基板の配置について説明する. 近年開発された, 薄い基板によるアダプティブミラーについても, 簡単に要約する. 金属鏡を使う限定された用途についても考慮する. 本章は, 最後にいくつかのペリクルの設計と用法について考察することで締めくくられる.

8.1　一般的配慮

　小さいミラーは, 通常, 正円形状の円筒形か, 矩形形状の平行六面体の基板で作られる. これらは典型的には, 平面, 球面, 円筒面, 非球面あるいはトロイダルといった光学面である. 曲率のついた面は, 凸面でも凹面のどちらにもなりうる. 通常, 小さなミラーの裏面は平面であるが, メニスカス形状を取りうる場合もある. 伝統的に基板の厚みは, 最も大きな面の寸法の 1/5～1/6 に選択される. この寸法より薄い, あるいはより厚い基板は, 許容される場合, あるいは必要がある場合に用いられる. 非金属基板としては, ホウ珪酸クラウンガラス, 石英, あるいは低膨張の材料が選ばれる (たとえば ULE やゼロデュア). 金属ミラーは, 用途により特別な要求 (ベリリウム, 銅, モリブデン, シリコン, グラファイトエポキシや

310　第8章　ミラーの設計

SiC といった複合材），あるいは SXA といった金属基複合材が要求されない限り，通常はアルミニウムで作られる．

　光学機器に用いられる大部分のミラーは，表面鏡タイプであり，薄い金属膜コート（アルミニウム，銀，金コート）がほどこされた上に，保護用の誘電体コート（MgF_2，SiO）が施されている．裏面鏡は，ミラーの裏面に反射コートがなされている．すなわち，この面は屈折面として振る舞う．裏面鏡の屈折面には，この面からのゴースト像を抑えるために，MgF_2 などの反射防止コートが施されている．特別なミラーとして，プレート型のビームスプリッタがあるが，これは一つの面に入射光の一部を反射させ，残りの大部分を透過させる部分反射コートが施されている．

　平面鏡は，単体あるいは2枚以上を組み合わせて，光学機器において便利な機能を果たすが，屈折力には寄与しないため，それ自体では像を形成しない．これらのミラーのおもな用途は以下のとおりである．

- 光を曲げる．
- 光学系を要求された形状あるいは全体サイズに収める．
- 像を正しい向きにする．
- 光軸を横方向にずらす．
- （瞳において）光束を強度あるいは開口分割により分割・合成する．
- 像面において像を合成・分割する．
- 光束を動的にスキャンする．
- グレーディングを用いて光をスペクトルに分散させる．

　これらの機能は，第6章においてプリズムについて述べたことと同様である．曲率のついたミラーは，これらの機能のうちのいくつかを果たすことができるが，最も主要な用途は，天体望遠鏡における機能のような像の形成である．

8.2　像の向き

　1枚のミラーによる反射により，像の向きは反転する．図8.1は矢状の物体 A-B と，その反転された像を示している．これをミラー面と平行に見た図として考察してみる．観察者の目が図示された場所にあり，直接物体を見ている場合（点線），点 B は向かって右側にくる．反射像 A′-B′ においては，これは左にあるように見える（破線）．これは1.1節で定義したとおり，左手像，あるいは逆像とよばれる．

8.2 像の向き 311

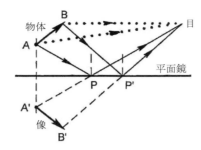

図 8.1 「目」の位置の観察者から見た,矢印形状をした物体の平面鏡による反射像.像は実際の像を直接見たものに対して反転する.

もし物体が単語であった場合,もとの単語に比べて読みにくくなる.ここで,実際に像を形成するミラーの領域は点 P から点 P′ の範囲である.もし目,あるいは物体が移動した場合,ミラーの異なる領域が用いられることになる.大きな物体を観察する際には大きなミラーが必要である.

多数のミラーを用いると,像の向きはより複雑になる.像は各反射において反転する.奇数回反射は左手像を作り,偶数回反射は右手像を作る.バードウォッチング用のフィールドスコープのように,正立かつ正しい向きの像[†]が必要な場合,各方向での反射回数について注意深く考えなくてはならない.直行しないミラーによる複数の反射の場合,像は光軸周りに回転して見えることがある.像の向きの問題を補正するには,図 6.22 で示したペシャンプリズムのようなイメージローテータ/デローテータが必要となるかもしれない.

斜入射における反射により,光線はある角度に向きを変える.この角度を δ_i とする.同一平面内で複数の反射が起こる場合,これらの角度は代数的に足し合わされる.図 8.2 に 2 枚のミラーにおける様子を示す.偏向角の総和は $\delta_1 + \delta_2$ である.

この原理は,図 8.3 に示す二つの潜望鏡に適用される.図(a)では,ミラー M_1 と M_2 は平行であり,X 軸に対して 45°傾いている.反射面の法線は逆向きなので,偏向角度は逆符号であることがわかる.よって,$\delta = \delta_1 + \delta_2 = 0$ であり,射出光線は,入射光線と平行である.二つのミラーの間の光線は垂直(Y 軸)であるので,ミラーに入射する点の X 方向の距離は 0 である.

図(b)では,より一般的な場合の潜望鏡を示しており,二つのミラーの間の光線

[†] 裏像(reverted image)とは,一方向に対してのみ反転した像である.正像(unreverted image)とは,そうなっていない像を指す.

312 第8章 ミラーの設計

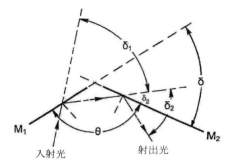

図 8.2 互いに角度 θ をなす 2 枚の平面鏡により光線が反射されたときの光の偏角．全体の偏角は δ_1 と δ_2 との和になる．

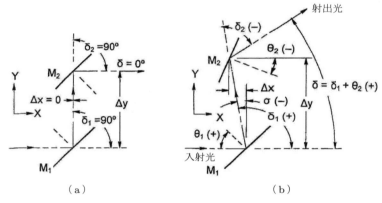

図 8.3 互いに角度 θ をなす 2 枚の平面鏡により光線が反射されたときの光の偏角．全体の偏角は δ_1 と δ_2 との和になる．

は Y 軸に対して σ 傾いた方向に進み，射出光線は入射光線とは異なる方向に射出する．ここでは，入射する点の X 方向と Y 方向の距離が離れている（ここでは Δx, Δy とよぶ）．さらに，全偏向角度は，それぞれのミラーの偏向角の和なので，上記で述べた理由により，第 2 のミラーの偏向角は負になるよう選ばれる．逆符号の角度は図に記載してある．ここで，次のことに注意しておくことは重要である．すなわち，射出光線の後ろにいる観察者にとっては，潜望鏡のミラー（あるいはプリズム）の配置により像が正立像になる．

このような潜望鏡を設計するには，垂直，水平方向のオフセット Δx, Δy と，望ましい偏向角 δ から始めるのがよい．そのほかのパラメータを決定する式は，以下のとおりである．

8.2 像の向き　313

$$\tan \sigma = \frac{\Delta x}{\Delta y} \tag{8.1}$$

$$\theta_1 = \frac{\sigma + 90^\circ}{2} \tag{8.2}$$

$$\theta_2 = \frac{\delta - \sigma - 90^\circ}{2} \tag{8.3}$$

$$\delta_1 = 180^\circ - 2\theta \tag{8.4}$$

$$\delta_2 = \delta + \sigma - 90^\circ \tag{8.5}$$

潜望鏡の設計におけるこれらの式の利用法を例題 8.1 に示す.

例題 8.1　2枚鏡ペリスコープの幾何学的配置（設計と解析には File 8.1 を用いよ）.

　核反応炉内における位置調整確認用治具として，2枚の大口径ペリスコープを設計する必要がある．高さ方向のオフセットは 3.048 m であり，光軸のミラーによる切片は，水平方向に -0.508 m だけずれた位置になくてはならない．符号規約は図 8.3 を適用する.

(a) ミラーのチルト角は何度が適切か.

(b) 各ミラーでの光束の変更角度は何度か.

解答

(a) 式 (8.1) より

$$\sigma = \arctan\left(\frac{-0.508}{3.048}\right) = -9.462^\circ$$

を得る．式 (8.2) より

$$\theta_1 = \frac{-9.462^\circ + 90^\circ}{2} = 40.269^\circ$$

，式 (8.3) より

$$\theta_2 = \frac{30^\circ - (-9.462^\circ) - 90^\circ}{2} = -25.569^\circ$$

が適切である.

(b) 式 (8.4) より

$$\delta_1 = 180^\circ - 2 \times 40.269^\circ = 99.462^\circ$$

314   第8章 ミラーの設計

式(8.5)より
$$\delta_2 = 30° + (-9.462°) - 90° = -69.462°$$
である．確認：$\delta_1 + \delta_2 = 30°$．

　3次元空間内に複数のミラー，あるいはプリズムを配置する場合，とくに光軸がある平面から離れるように反射するミラーを含んでいる場合には，これまで説明した内容よりもかなり複雑になる．このような設計を行うためには，レンズ設計プログラムにおいて，面ごとの光線追跡，あるいは，Hopkins[1]によって示されたようなベクトルによる解析方法に頼ればよい．このような方法により，多数回の反射を含む光学系を詰め込むような設計を効率よくおこなえる．このような畳み込まれた光路のレイアウトを行うことは，ときに「光学系の配管」とよばれる．

　複数のミラー系のレイアウトにおける重要な観点としては，中間像と最終像の向きを決めることが挙げられる．多くの設計者が用いている簡単な方法は，光学系のアイソメトリック図を描き，物体面に置かれた「鉛筆」が，各反射でどのような向きの変化を起こすかを図解で示す方法である．図8.4はこの方法を示している．図(a)は1断面における反射であり，図(b)は各断面での変化を示している．解析に

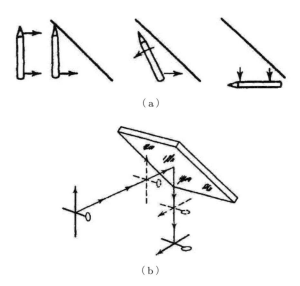

図8.4 (a)傾いた平面鏡による反射により面内の像の向きがどうなるかを，「鉛筆」を反射させることで図示した図，(b)2次元内での像の向きを「矢印」とそれに交差する「太鼓のばち」として示した図（Smith[2]による）．

は3次元空間において,「鉛筆」と「太鼓のばち」を用いる.この場合「太鼓のばち」は向きを変えない.

この方法なら,対物レンズ,あるいはリレーレンズにおいて,自然と起こる倒立像も考慮に入れることが可能である(図8.5(a)).この図では,物体がスクリーンSに投影されている.像の中心はレンズから Δx, Δy は離れた位置で,図に示す向きでなくてはならないとする.この系を実現する設計には多くのミラー系が可能だが,そのうちの一つを図8.5(b)に示す.各位置で結像したとした場合の像の向きが図に示されている.

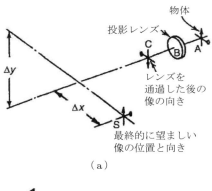

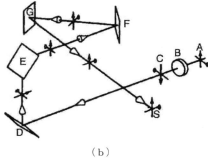

図8.5 (a)物体AをスクリーンSに特定の向きで結像するという設計上の問題を示す図,(b)この目的を満たすための,数多くあるミラーの配置のうちの一つの配置(Smith[2]による).

8.3 表面鏡と裏面鏡

光学機器に用いられる大部分のミラーには,金属または非金属の薄膜による反射コートが,第1の研磨面に施されている.これは,非常に明確に「表面鏡」とよば

れる．反射コートに用いられる金属としては，アルミニウム，銀，そして金が使われる．これは，紫外，可視，そして近赤外の反射率が高いためである．SiO あるいは MgF_2 による保護コートが，金属ミラーの耐久性を高めるために用いられる．非金属の薄膜は，誘電体の単層あるいは多層膜によりなる．これらは，高屈折率と低屈折率の材料を組み合わせて積み重ねたものである．誘電体反射膜は，金属膜よりも狭い波長域で機能し，特定の波長で非常に高い反射率をもっている．これらは，レーザーを用いる単色の光学系において非常に有用である．誘電体多層膜，あるいは誘電体保護膜は，入射光線の入射角が 0 ではない場合，反射光の偏光状態を変える．異なるタイプの反射コート表面鏡について，0°と 45°入射角における波長に対する反射特性を，図 8.6 と図 8.7 に示す．

図 8.8(a) は，典型的な誘電体多層膜における波長に対する反射特性を示したものであり，図 (b) は，銀の裏面鏡の波長に対する反射特性を示したものである．後者のタイプは，ミラーまたはプリズムの裏面鏡に用いられる．耐久性の観点から利点があるが，その理由は，薄膜が外部環境と取り扱いおよび使用中におけるダメージから保護されているためである．典型的には，銅の電着とエナメルを施すことに

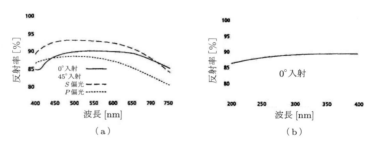

図 8.6 金属コートされた表面鏡の反射特性．(a) 保護膜付きアルミニウムコート，(b) UV 増反射アルミニウムコート．

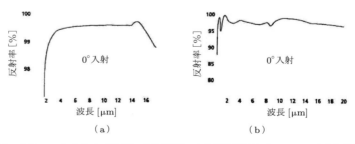

図 8.7 金属コートされた表面鏡の反射特性．(a) 保護膜付き金コート，(b) 保護膜付き銀コート．

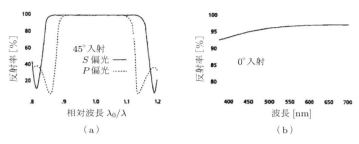

図 8.8 波長に対する反射特性．(a)誘電体多層膜，(b)銀裏面鏡．

より薄膜が保護される．

8.4 裏面鏡におけるゴースト像の形成

凹面裏面鏡（マンジャン鏡）が離れた物体に対して通常の像を形成する機能が，図 8.9 に示されている．このタイプのミラーは，表面鏡の設計と比較して，光学設計の観点から非常に優れた利点をもっている．その理由は，マンジャン鏡は収差補正のために多くの設計変数を有しているためである（ガラスの厚み，屈折率，そして追加された 1 面の曲率）．しかし，この方式には欠点が一つある．裏面鏡で反射される光線は，反射面に至るまでに第 1 の研磨面を通過しなくてはならないため，第 1 面でゴースト像が発生する．このゴースト像は，迷光として正常な像に重なり，正常な像のコントラストを下げる．この二つの像の軸上位置は，ミラーの曲率半径と厚みを注意深く選択することにより増減させることができる．

ゴースト像の強度は，フレネルの式 [2,4] を使って基板屈折率から計算することができる．直入射において，二つの媒質（屈折率 n_1 および n_2）の界面で起こる反

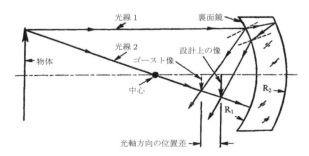

図 8.9 同心状の球面裏面鏡における，第 1 面でのゴースト反射像の形成（Kaspereit [3]による）．

318 第8章 ミラーの設計

射の反射率 R_λ は，コートしていない場合，次のようになる．

$$R_\lambda = \frac{(n_2 - n_1)^2}{(n_2 + n_1)^2} \tag{8.6}$$

この界面での透過率は，同様にコートしていない場合には次のようになる．

$$T_\lambda = 1 - R_\lambda \tag{8.7}$$

例題 8.2 にこの式の利用法を示す．

例題 8.2　ノンコートの表面鏡と裏面鏡によるゴースト光の強度（設計と解析には File 8.2 を用いよ）．

　裏面が銀コートされた裏面鏡が BAK2 ガラス（屈折率 $n = 1.542$, $\lambda = 0.5461\,\mu\text{m}$）で作られているとする．空気屈折率は 1.000 と仮定する．もし第 1 面がノンコートの場合，通常の像に対するゴースト像の強度は何%か．入射光強度は単位強度とし，吸収は無視せよ．

解答

　式(8.6)を適用し

$$R_1 = \frac{(1.542 - 1.000)^2}{(1.542 + 1.000)^2} = 0.045$$

を得る．この係数を入射光強度 1.0 に掛けることで，ゴースト光束の強度 I_G が 0.045 と求められる．式(8.7)を適用し

$$T_1 = 1 - 0.045 = 0.955$$

を得る．図 8.3(b)より，緑色の光に対する銀コートの反射率は約 97% である．裏面ミラーに反射された光は，前面を 2 回通過する．そのため射出光強度は入射光強度 1.0 の $0.955^2 \times 0.97 = 0.885$ 倍，すなわち 0.885 である．

　以上より，ミラー裏面に反射された光に対するゴースト光強度は $0.045/0.885 = 0.051$ すなわち 5.1% である．

　ノンコート面からの反射光強度を減らすには，単層コートあるいはマルチコート（これらは AR コートとよばれる）をこの面に施す．最も簡単な場合のコート（単層コート）の基本的な目的は，空気と薄膜界面からの反射と，薄膜とガラス界面からの反射の打ち消しをもたらすことである．この干渉は，空気と薄膜界面からの反射と，薄膜とガラス界面からの反射の位相差が，正確に 180° あるいは $\lambda/2$ の場合

に起こる．第2のビームは薄膜を2回通過するので，薄膜の光学厚さ（$= n \times d$）が$\lambda/4$に等しい場合に望ましい位相変化が起こる．二つの反射光の和が0になるのは，これらの強度が互いに引き算になる場合である．このときの反射光振幅は，$\sqrt{R_\lambda}$である．

特定の波長において，反射光の振幅が等しい場合に，干渉による完全な打ち消し合いが起こることに注意しておく．この条件は，次の関係式が満たされる場合に起きる．

$$n_2 = (n_1 n_3)^{\frac{1}{2}} \tag{8.8}$$

ここで，n_2は波長λにおける薄膜の屈折率，n_1は周囲の屈折率（典型的には，空気で$n_1 = 1$），n_3は波長λにおけるガラスの屈折率である．

薄膜の屈折率が，与えられたガラスに対して正しくARコートになる屈折率でない場合，二つの反射光の不完全な打ち消し合いが起きる．この結果として得られる反射率R_Sは，以下の式で与えられる．

$$R_S = \left(R_{1,2}^{\frac{1}{2}} - R_{2,3}^{\frac{1}{2}} \right)^2 \tag{8.9}$$

ここで，$R_{1,2}$は空気と薄膜の界面の反射率，$R_{2,3}$は薄膜とガラスの界面の反射率である．例題8.3において，この種のコートの利点を評価する．

例題8.3　表面がARコートされた裏面鏡におけるゴースト光の相対強度（設計と解析にはFile 8.3を用いよ）．

例題8.2のマンジャンミラーにおいて，第1面にMgF_2（$n_2 = 1.380$）単層コートが施されているとする．この緑色に対する光学膜厚は，$\lambda/4 = 0.5461/4 = 0.136\,\mu m$であるとする．

(a) コート面からのゴースト光の，正常な像に対する相対強度は何％か．

(b) このコートによる効果について，どのような結論が得られるか．

解答

(a) 式(8.8)より，理想的な反射防止膜の屈折率は$\sqrt{1 \times 1.542} = 1.242$でなくてはならない．今回これは満たされないので，コートは不完全である．

式(8.6)より，空気と薄膜界面の反射率$R_{1,2}$は

$$R_{1,2} = \frac{(1.380 - 1.000)^2}{(1.380 + 1.000)^2} = 0.0255$$

320　第8章　ミラーの設計

である．薄膜とガラス界面の反射率 $R_{2,3}$ は

$$R_{2,3} = \frac{(1.542 - 1.380)^2}{(1.542 + 1.380)^2} = 0.0031$$

となる．式(8.9)より，ゴースト光強度は

$$R_S = (0.0255^{\frac{1}{2}} - 0.0031^{\frac{1}{2}})^2 = 0.0108$$

であり，式(8.7)より

$$T_S = 1 - 0.0108 = 0.9892$$

となる．裏面で反射された正常光の強度は

$$0.9892^2 \times 0.97 = 0.9492$$

である．したがって，ゴースト光の相対強度は

$$\frac{0.0108}{0.9492} = 0.0114 = 1.1\%$$

となる．

（b）薄膜材料の屈折率は，与えられたミラー基板材料に対して最適ではないにもかかわらず，ゴースト光の相対強度はノンコートの場合の約 $1/5$ に減少する（例題 8.2 によると，これは 5.1% である）．

図 8.10 は，厚み t，レンズに対して $45°$ 配置された平面裏面鏡におけるゴースト発生を示した図である．$45°$ 配置のミラーにより，ゴースト像が，正常な像に対して，光軸方向に $d_A = 2t(n-1)/n$ の場所にできる．また，ゴースト像は横方向に $d_L = 2t/\sqrt{2(2n^2-1)}$ 離れている．さらに，繰り返しになるが，ゴースト像が第2面による正常な像に重ね合わせられることで，正常像のコントラストを下げる傾向にある．AR コートを施すことにより，先に見積もったようにゴースト光の強度を下げることができる．フレネルの式(8.6)は，ゴーストを形成する面への斜入射に合致するように変形する必要がある[2,4]．

高透過率のマルチ AR コートは，特定の波長で反射率 0 となるか，あるいは，波長により反射率を減らすように設計される．図 8.11 は波長に対する反射率を，MgF_2 シングルコート，可視全域の「ブロードバンド」マルチコート，そして，$\lambda = 550\,nm$ でゼロ反射率を達成する2層マルチコートに対してプロットしたものである．これらすべてのコートはクラウンガラスについているとする．V1, V2 コートは「V コート」とよばれるが，これはグラフが下に向いた三角形形状をしている

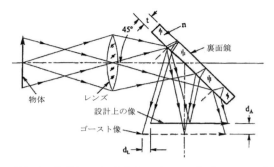

図 8.10 45°傾いた裏面鏡により発生するゴースト像（Kaspereit[3]による）．

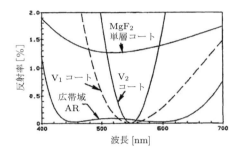

図 8.11 本文中に出てくるいくつかの多層反射防止膜の波長に対する反射率特性．

ためである．

　表面鏡と裏面鏡の明確な差異は，後者には透過部材が必要となるが，前者では必要ない点である．表 B.8, B.9 では，一般的な非金属と金属ミラー基板材料について，機械的物性と利点の表を示している．これらの中では，石英が透過部材としてよい特性をもっている．よって，裏面鏡は，石英，光学ガラスの一つ（表 B.1 と B.2），結晶材（表 B.4 から B.7），あるいは，要求性能が低いのであれば，おそらくは光学プラスチック（表 B.3）で作ることも可能である．すでに述べたように，裏面鏡の利点は，追加の曲率半径と非球面，軸上厚み，そして屈折率を変化させることにより，ゴースト像位置はもちろんのこと，収差のコントロールも可能な点である．裏面鏡は，写真レンズや中くらいの大きさの天体望遠鏡における，主鏡あるいは副鏡としてのマンジャンミラーに最もよく用いられている．裏面鏡は，傾斜のついたミラー，掘り込みのある面のついたミラー，あるいは積層基板によるミラーとしては明らかに用いることはできない．

322　第8章　ミラーの設計

8.5　ミラー開口径の近似計算

　ミラーの大きさは，第一に反射面にぶつかる光束のサイズと形状，そして，組み込み規格と誤差に対するクリアランス，そして，運用中のビーム移動によって決定される．いわゆる「光束範囲」は，光束の少なくとも直交する2方向の最外光線を描いた光路図により近似できる．この方法は，実際に使うには時間がかかりすぎ，描画誤差により正確でない場合もある．近年のコンピュータを用いた設計法では，とくに任意スケールと任意方向からの描画が可能となる光線追跡能力をもつプログラムにより，これらはそれほど問題ではなくなっている．こういった利点にもかかわらず，設計者の中には，非常に初期の段階において，手計算に信頼をおく者もいる．ここでは，Schubert[5]によって示された，円形ビームが傾いたミラーに当たる場合の楕円の光束範囲を示す一連の方程式を示すことにしよう．この幾何学的配置は図8.12に示されている．楕円は，ミラーの短軸方向の中心にあると仮定している．

$$W = D + 2L \tan \alpha \tag{8.10}$$

$$E = \frac{W \cos \alpha}{2 \sin(\theta - \alpha)} \tag{8.11}$$

$$F = \frac{W \cos \alpha}{2 \sin(\theta + \alpha)} \tag{8.12}$$

$$A = E + F \tag{8.13}$$

$$G = \frac{A}{2} - F \tag{8.14}$$

$$G = \frac{AW}{\left(A^2 - 4G^2\right)^{\frac{1}{2}}} \tag{8.15}$$

ここで，Wはミラーと軸の交点における光束径，Dは軸に対して垂直な平面であって，ミラー交点からの距離がL離れた基準平面における光束径，αは反射された最外光線の広がり角（対称な光束を仮定），Eはビーム範囲の最上端からミラー–光軸交点までの距離，θは光軸に対するミラー傾き角（＝90°－（ミラー法線傾き角)，Fは光束の最下端からミラー–光軸交点までの距離，Aは光束の長軸径，Gは光束中心のミラー–光軸交点からのオフセット，そしてBは光束の短軸径である．

　これらの式は，基準面が$D < W$を満たすように配置されている限り，光束の進

8.5 ミラー開口径の近似計算　323

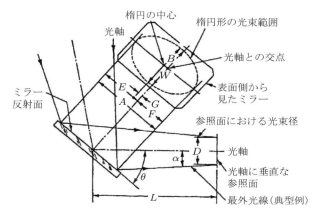

図 8.12　傾いた平面鏡における，回転対称な光束の光束範囲を見積もるための幾何学的配置図（Schubert[5]による）．

行方向によらず適用できる．光軸と平行な平行光束においては，α と G は 0 であり，上記の方程式は対称的な場合に帰着する．すなわち

$$B = W = D \tag{8.15a}$$

$$E = F = \frac{D}{2 \sin \theta} \tag{8.11a}$$

$$A = \frac{D}{\sin \theta} \tag{8.13a}$$

となる．これらの式の使用例を例題 8.4 に示す．

　反射面の大きさは，式(8.10)～(8.15)，あるいは式(8.11a)，(8.13a)，(8.15a)で示されたものよりいくぶんか大きくする必要がある．これは，すでに述べた理由（機械的保持のためのクリアランス，ビーム移動など）と，すべての寸法に関する合理的な製造誤差を許容するためである．すべてのミラーは保護面取りを施されなくてはならない．不要な材料を除去するために，大きく面取りする場合もある．非常に小さいミラーは，保持のためには相対的に非常に大きい厚みをもっている場合もある．

例題 8.4　傾いたミラーにおける光束のフットプリント（設計と解析には File 8.4 を用いよ）．

　直径 $D = 25.4$ mm の円形光束が，光軸から $L = 50$ mm の高さで，角度 $\theta = 30°$ だけ傾いた平面鏡に入射しているとする．光束の広がり角は，軸対称に以下のように広がっていると仮定する．(a) 0.5°，(b) 0°（すなわちコリメート光）．この

324　第 8 章　ミラーの設計

ときのフットプリント $A \sim G$ を求めよ.

解答

(a) 式 (8.10) より, $W = 25.4 + 2 \times 50 \times \tan 0.5° = 26.273\ \mathrm{mm}$ である.

式 (8.11) より

$$E = \frac{26.273 \times \cos 0.5°}{2 \sin (30° - 0.5°)} = 26.676\ \mathrm{mm}$$

式 (8.12) より

$$F = \frac{26.273 \times \cos 0.5°}{2 \sin (30° + 0.5°)} = 26.882\ \mathrm{mm}$$

式 (8.13) より

$$A = 26.676 + 26.882 = 52.558\ \mathrm{mm}$$

式 (8.14) より

$$G = \frac{52.558}{2} - 25.882 = 0.398\ \mathrm{mm}$$

式 (8.15) より

$$B = \frac{52.558 \times 26.273}{(52.558^2 - 4 \times 0.397^2)^{\frac{1}{2}}} = 26.276\ \mathrm{mm}$$

となる.

(b) 式 (8.15a) より

$$B = W = D = 25.4\ \mathrm{mm}$$

式 (8.11a) より

$$E = F = \frac{25.4}{2 \sin 30°} = 25.4\ \mathrm{mm}$$

式 (8.13a) より

$$A = \frac{25.4}{\sin 30°} = 50.8\ \mathrm{mm}$$

となる.

すでに説明したかもしれないが, (a) における楕円状の光束範囲は, 反射面内において光束に対してわずかに上方向に偏心しているが, 直交する平面内においては軸対称である. (b) においては光束はどちらの方向においても対称的である.

8.6 質量軽減方法

大口径ミラーはもちろん，小径あるいは中程度の径のミラーであっても，質量を最小限にすることは利点がある．あるいは，絶対的に必要なことである場合もある．材料が与えられているならば，通常のソリッドミラーから質量を軽くすることは，設計を変えることによってのみ可能である．最もよく用いられる方法は，不要な材料をソリッドミラーから除去することや，いくつかの部品を組み合わせることで，多くの空間を内部にもつミラーを組み上げることである．ミラー質量軽減のためにどのような方法が用いられようとも，製品は高品質でなくてはならず，製造と検査は経済的でなくてはならない．RodkevichとRobachevskaya[6]は精密ミラーと，軽量化版に求められる基本的な要求事項を正確にまとめている．その内容を以下で列挙する．

- ミラー材料は外部の機械と温度の影響に対して高い耐性が必要である．すなわち，材料は等方的であり，寸法が安定していなくてはならない．
- ミラー材料は高精度研磨が可能であり，要求された反射率をもつコートが可能でなくてはならない．
- ミラーの構成は，規定された光学面形状に成型が可能であり，使用中の条件下で形状が保たれなくてはならない．
- 軽量化ミラーは，従来設計よりも質量が軽くなくてはならないが，一方で，十分な剛性と物性の一様性を保たなくてはならない．
- 従来のミラーも，軽量化ミラーも，同様の加工法が可能でなければならない．
- 可能であれば，検査と使用時には，保持応力と荷重軽減は従来方法によらなくてはならない．また，これらはミラーの質量増や機構が複雑になることを招いてはならない．

これらの理想化された原理は，どんな大きさのミラーに対する設計に対しても，有用な指針となりうる．材料選択，加工方法，寸法安定性，そして配置の設計は，これらの指針を満足するための鍵となる．表 B.8a と表 B.8b は，線膨張係数，熱伝導係数，ヤング率といった環境条件が変わったときの材料自体の挙動を示す物性を表にしたものである．これらの内容についてのより詳しい情報は，Engelhaupt[7]と Paquin[8]などによるほかの文献で扱われている．とくにミラー設計に関連した材料の機械特性，熱特性については，表 B.9 にまとめられている．表 B.10a は，

326　第8章　ミラーの設計

金属ミラーの候補となる様々なアルミニウム合金の性質をまとめている．様々な材料よりなるミラーの典型的な製作方法，面の仕上げ，そしてコートについては，表B.11にある．小径ミラーの保持方法は，本書の第9章で考察する．一方，金属ミラーと大口径ミラーについては，それぞれ第9章と第10章で議論する．以下の節では，ミラー質量を軽減する方法（軽量化ミラー）について取り扱う．

8.6.1　背面の形状加工

　まず，円形開口で，裏面が平面のソリッドミラーを軽量化するための様々な設計法から始める．反射は第1面で起こり，この面は，平面，凹面，そして凸面の場合がある．一般に，以下の議論は矩形あるいは非対称形のミラーにあてはめることができる．基板を薄くすることは，明らかに質量軽減になるが，これはまた剛性を低下させ，自重たわみを増大させる．そのため，この方法には限界内でしか使えない．最も単純な軽量化は，R_2 面に曲率をつけることである．図8.13は，凹面鏡で，同じ材質，同じ外径 D_G，そして同じ第1面の曲率半径をもった6種類の設計について，この方法を示した図である．製作の複雑さは，左の図(a)から右の図(f)に行くにつれて増大する．図(g)は両凹形状だが，これは軽量化になっていない．この設計が含まれている理由は，ある用途にとっては実現可能な候補であり，過去に成功したためである．

　ミラー形状の種類について順番に説明し，その体積の計算方法を示す．この計算に，適切な密度を掛けることによりミラー質量を与える．典型例について議論をするので，ここでは，ミラー径，反射面の曲率半径，材料の種類，そして軸上厚みは同じとする．しかし，背面（R_2 面）は様々な形状である．これにより，ミラー質量を直接比較することができる．

　図(a)は裏面が平面の凹面鏡であり，比較の基準となるものである．この軸上とエッジ厚みはそれぞれ t_A と t_E である．ミラーのサグ深さ S_1 は式(8.16)で与えられ，体積は式(8.17)で与えられる．

$$S_1 = R_1 - \left\{ R_1^2 - \left(\frac{D_G}{2} \right)^2 \right\}^{\frac{1}{2}} \tag{8.16}$$

$$t_E = t_A + S_1 \tag{8.17}$$

$$V_{\text{BASELINE}} = \pi R_1^2 t_E - \frac{\pi}{3} S_1^2 (3R_1 - S_1) \tag{8.18}$$

例題8.5では，ミラーの体積を計算し，材質をDow Corning社ULEと仮定（以下すべての例題で同じ）した場合の質量を求める．

最も簡単な背面を加工した形状は，図8.13(b)に示すテーパー形状（円錐形状）である．厚みは，ある半径r_1から縁に行くにつれ線形に変化する．式(8.19)はテーパー領域の軸方向厚みであり，式(8.20)はミラーの体積である．

$$t_1 = t_A + S_1 - t_E \tag{8.19}$$

$$V_{\text{TAPERED}} = V_{\text{BASELINE}} - \left(\pi \frac{t_1}{2}\right)(r_2^2 - r_1^2) \tag{8.20}$$

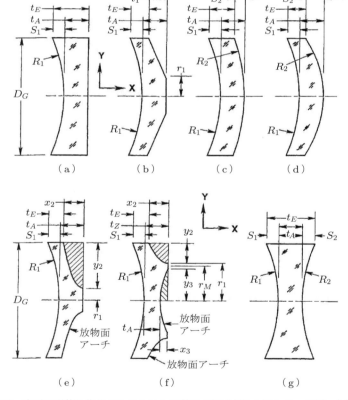

図8.13 裏面に形状を作りこむことにより質量が軽減された凹ミラーの例．(a)裏面が平面の基準となる設計，(b)円錐状に傾斜のついた裏面，(b)裏面が表面と同心な球面$R_2 = R_1 + t_A$, (d)球面$R_2 < R_1$, (e)シングルアーチ配置, (f)ダブルアーチ配置, (g)両凹形状(軽量化になっていないが比較のため掲載)．

328   第 8 章　ミラーの設計

例題 8.5　基準となるソリッドな裏面平面形状の凹ミラーの体積（設計と解析には File 8.5 を用いよ）.

図 8.13(a) に示すような ULE 製凹ミラーについて，直径 $D_G = 457.2$ mm，中心厚 $t_A = 76.2$ mm であるとする．このミラーの曲率半径は $R_1 = 1828.8$ mm であるとする．

(a) 体積を求めよ.

(b) 質量を求めよ.

解答

(a) 式 (8.16) より

$$S_1 = 1828.8 - \left\{ 1828.8^2 - \left(\frac{457.2}{2} \right)^2 \right\}^{\frac{1}{2}} = 14.344 \text{ mm}$$

式 (8.17) より

$$t_E = 76.2 + 14.344 = 90.544 \text{ mm}$$

式 (8.18) より（cm 単位で計算する），体積は

$$V_{\text{BASELINE}} = \pi \times \left(\frac{45.72}{2} \right)^2 \times 9.0544 - \frac{\pi}{3} \times 1.5344^2$$
$$\times (3 \times 182.88 - 1.5344)$$
$$= 13685.88 \text{ cm}^3$$

である.

(b) 表 B.8a より，ULE の密度は $\rho = 2.205$ g/cm^3 である.

したがって，質量は

$$W_{\text{BASELINE}} = V\rho = 13685.88 \times 2.205 = 30.18 \text{ kg}$$

である.

注：この質量は例題 8.6〜8.12 に対しての基準となる.

例題 8.6 において，テーパー状のミラーにこれらの式をあてはめた結果を示す.

例題 8.6　ソリッドな裏面テーパー付き凹ミラー（設計と解析には File 8.6 を用いよ）.

図 8.13(b) のような形状をもつ ULE 製凹ミラーにおいて，直径 D_G が 457.2 mm，中心厚 t_A が 76.2 mm とする．この曲率半径 R_1 は 1828.8 mm であ

るとし，裏面において内半径 $r_1 = 38.1$ mm の箇所から，縁厚 t_E が 12.7 mm の円錐形になっているとする．

（a）ミラー質量を求めよ．

（b）基準となるミラー質量 30.18 kg と比較してどうか．

注：基準となるミラーの体積は 13685.88 cm^3 である．

解答

（a）式(8.16)より

$$S_1 = 1828.8 - \left\{ 1828.8^2 - \left(\frac{457.2}{2} \right)^2 \right\}^{\frac{1}{2}} = 14.344 \text{ mm}$$

式(8.19)より，質量は

$$t_1 = t_A + S_1 - t_E = 76.2 + 14.344 - 12.7 = 77.844 \text{ mm}$$

式(8.13)より，質量は

$$V_{\text{TAPERED}} = 13685.88 - \pi \times \frac{7.7844}{2} \times \left\{ \left(\frac{45.72}{2} \right)^2 - 3.81^2 \right\} = 7473 \text{ cm}^3$$

である．表 B.8a より，ULE の ρ は 2.205 g/cm^3 なので，ミラーの質量は $V_{\text{TAPERED}} \times \rho_{\text{ULE}} = 16.48$ kg となる．

（b）ミラーの相対的な質量は，基準となるミラー質量に対して，16.48/30.18 = 55% となる．

　図8.13(c)と図(d)は，それぞれ同心と $R_2 < R_1$ の場合のメニスカス形状のミラーを示している．最初の場合は，開口全体にわたって均一な厚みである．そのため，平凹形状ミラー（図(a)）と比較して，それほど体積を減少させることはできない．2番目の場合は，より大きく体積を減少させることができる．これは，縁の厚みがかなり大きく減少できるためである．式(8.21)から式(8.24)は同心ミラーの第2の曲率半径を計算する式，各ミラーのサグ深さを計算する式，エッジ厚みを計算する式，そして体積を計算する式である．これらの質量および質量比は容易に求められる．

$$R_2 = R_1 + t_A \tag{8.21}$$

$$S_2 = R_2 - \left\{ R_2^2 - \left(\frac{D_G}{2} \right)^2 \right\}^{\frac{1}{2}} \tag{8.22}$$

$$t_E = t_A + S_1 - S_2 \tag{8.23}$$

330　第8章　ミラーの設計

$$V_{\text{MENISCUS}} = V_{\text{BASELINE}} - \pi \left(\frac{D_G}{2}\right)^2 S_2 + \frac{\pi}{3} S_2^2 (3R_2 - S_2) \qquad (8.24)$$

例題 8.7 と例題 8.8 は，同心および非同心メニスカスミラーに関係する内容である．

例題8.7　ソリッドな同心メニスカス凹ミラー（設計と解析には File 8.7 を用いよ）．
　図 8.13(c) のような形状をもつ ULE 製凹ミラーにおいて，直径 D_G が 457.2 mm，中心厚 t_A が 76.2 mm とする．この曲率半径 R_1 は 1828.8 mm であるとし，裏面が R_1 と同心の球面形状になっているとする．

(a)　ミラーの R_2 および縁厚を求めよ．

(b)　ミラー質量を求めよ．

(c)　基準となるミラー質量 30.18 kg と比較してどうか．

注：基準となるミラーの体積は 13685.88 cm^3 である．

解答

(a)　式 (8.21) より，$R_2 = 1828.8 + 76.2 = 1905$ mm，

式 (8.22) より，$S_2 = 1905 - \left\{ 1905^2 - \left(\frac{457.2}{2}\right)^2 \right\}^{\frac{1}{2}} = 13.767$ mm，

式 (8.16) より，$S_1 = 1828.8 - \left\{ 1828.8^2 - \left(\frac{457.2}{2}\right)^2 \right\}^{\frac{1}{2}} = 14.344$ mm，

式 (8.23) より，$t_E = 76.2 + 14.344 - 13.767 = 76.78$ mm である．

(b)　式 (8.24) より

$$V_{\text{TAPERED}} = 13685.88 - \pi \times \left(\frac{45.72}{2}\right)^2 \times 1.377$$

$$+ \frac{\pi}{3} \times 1.377^2 (3 \times 190.5 - 13.767)$$

$$= 13685.88 - 2260.665 + 1106.964 = 12532 \text{ cm}^3$$

表 B.8a より，ULE の ρ は 2.205 g/cm^3 なので，ミラーの質量は

$$V_{\text{TAPERED}} \times \rho_{\text{ULE}} = 27.63 \text{ kg}$$

となる．

(c)　ミラーの相対的な質量は，基準となるミラー質量に対して，27.63/30.18 ＝ 92％となる．

例題 8.8 $R_2 < R_1$ を満たすソリッドなメニスカス凹ミラー（設計と解析には File 8.8 を用いよ）.

図 8.13(d) のような形状をもつ ULE 製凹ミラーにおいて，直径 D_G が 457.2 mm，中心厚 t_A が 76.2 mm とする．この曲率半径 R_1 は 1828.8 mm，R_2 は 374.548 mm とする.

(a) ミラーの縁厚を求めよ.

(b) ミラー質量を求めよ.

(c) 基準となるミラー質量 30.18 kg と比較してどうか.

注：基準となるミラーの体積は 13685.88 cm^3 である.

解答

(a) 式 (8.22) より，$S_2 = 1905 - \left\{1905^2 - \left(\dfrac{457.2}{2}\right)^2\right\}^{\frac{1}{2}} = 77.85$ mm,

式 (8.16) より，$S_1 = 1828.8 - \left\{1828.8^2 - \left(\dfrac{457.2}{2}\right)^2\right\}^{\frac{1}{2}} = 14.344$ mm,

式 (8.23) より，$t_E = 76.2 + 14.344 - 77.85 = 12.7$ mm である.

(b) 式 (8.24) より

$$V_{R_2 < R_1} = 13685.88 - \pi \times \left(\frac{45.72}{2}\right)^2 \times 7.785$$

$$+ \frac{\pi}{3} \times 7.785^2 (3 \times 37.548 - 7.785)$$

$$= 13685.88 - 12780.88 + 6655 = 7560 \text{ cm}^3$$

表 B.8a より，ULE の ρ は 2.205 g/cm^3 なので，

$$(ミラーの質量) = V_{R_2 < R_1} \times \rho_{\text{ULE}} = 16.67 \text{ kg}$$

となる.

(c) ミラーの相対質量は，基準となるミラー質量と比較して，16.67/30.18 = 55 % である.

図 8.13(e) は「シングルアーチ」とよばれる．凹形状の裏面は，放物線あるいは円形断面をもつ．前者の場合，放物線の軸はミラー軸（X 軸）に平行であり，頂点がミラーの縁の P_1 までオフセットしている．これは X 軸放物線とよばれる．一方，放物線はミラー裏面の点 P_2 に頂点がくるように径方向に向いていてもよい．これを Y 軸放物線とよぶ．これらの 3 本の曲線は P_1 と P_2 を通っている必要がある.

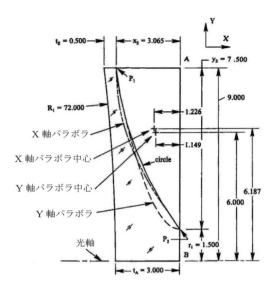

図 8.14 シングルアーチミラーに対して考えられる形状（X 軸放物面，Y 軸放物面，および球面）を同じ縮尺で描いた図．寸法は in. 単位であり，例題 8.9 と例題 8.10 が適用される．

円の半径は設計変数である．例題で取り扱うミラーについて，図 8.14 に三つの可能性を挙げた．ここで示された円は，ミラーの縁において反射面と平行に選んだ．裏面に傾斜をつけることによって除去される体積は，放物線形状であっても，円形状であっても，図 8.14 における選択された曲線と，垂線 A-B によって決まる断面積を計算することによって求められる．そして，この面積を，ミラー軸周りに，ミラー中心の回転半径において除去する．図 8.14 において，円形の傾斜に対する断面積は，いずれの放物線形状の傾斜の場合よりも小さいことが見てとれる．このことから，放物線形状の傾斜による質量減は，円形形状の傾斜による質量減よりも大きいことがわかる．

両方の場合の放物線に対して，その半分に対する面積 A_p を式(8.25)に示した．ここで，x_2 と y_2 は図 8.14 に示されたとおりである．除去する体積が最も大きいのは X 軸放物線である．これは，Y 軸放物線よりわずかに大きい回転半径をもっているためである．X 軸と Y 軸放物線の各場合の体積を式(8.26)に与える．

$$A_p = \frac{2}{3} x_2 y_2 \tag{8.25}$$

$$V_{\text{S-ARCH}} = V_{\text{BASELINE}} - A_p \times 2\pi\, y_{\text{CENTROID}} \tag{8.26}$$

ただし，

$$y_{\text{CENTROID Y}} = r_1 + \frac{3}{5}\,y_2 \tag{8.27}$$

$$y_{\text{CENTROID X}} = r_1 + y_2 - \frac{3}{8}\,y_2 \tag{8.28}$$

である．寸法 x_2 は以下で与えられる．

$$x_2 = t_{\text{A}} + S_1 - t_{\text{E}} \tag{8.29}$$

$$y_2 = \frac{D_{\text{G}}}{2} - r_1 \tag{8.30}$$

　設計者には，おそらく Y 軸放物線が好まれると思われる．これは，ミラーの厚みが軸からの距離が増加するにつれ単調に減少するためである．これは，X 軸放物線では必ずしもそうではない．図 8.14 で見てとれるように，縁より中に入ったところでミラー厚みが最小となる．

　Cho[9]らは，天頂と水平をそれぞれ向いた場合の自重たわみについて，Y 軸放物線が最もよい妥協点であることを示した．

　例題 8.9 と例題 8.10 では，シングルアーチミラーについて，Y 軸と X 軸放物線傾斜それぞれについて相対質量を計算する．

例題 8.9　裏面が Y 軸放物面のソリッドなメニスカスシングルアーチミラー（設計と解析には File 8.9 を用いよ）．

　図 8.13(e) のような形状をもつ ULE 製凹ミラーにおいて，直径 D_G が 457.2 mm，中心厚 t_A が 76.2 mm とする．この曲率半径 R_1 は 1828.8 mm であり，裏面形状が頂点曲率半径 $r_1 = 38.1$ mm の Y 軸放物面シングルアーチになっているとする．このミラーの縁圧は 12.7 mm であるとする．

（a）ミラーの質量を求めよ．

（b）基準となるミラー質量 30.18 kg と比較してどうか．

注：基準となるミラーの体積は 13685.88 cm^3 である．

解答

（a）式(8.16)より，$S_1 = 1828.8 - \left\{1828.8^2 - \left(\dfrac{457.2}{2}\right)^2\right\}^{\frac{1}{2}} = 14.344$ mm，

式(8.29)より，$x_2 = 76.2 + 14.351 - 12.7 = 77.851$ mm，

334 第 8 章 ミラーの設計

式 (8.30) より，$y_2 = \dfrac{457.2}{2} - 38.1 = 190.5 \text{ mm},$

式 (8.25) より，$A_P = \dfrac{2}{3} \times 190.5 \times 77.851 = 9887 \text{ mm}^2,$

式 (8.28) より，$y_{\text{CENTROID X}} = 38.1 + \dfrac{3}{5} \times 190.5 = 152.4 \text{ mm},$

式 (8.26) より，$V_{\text{S-ARCH}} = 13685.88 - 98.87 \times 2\pi \times 15.2$
$$= 13685.88 - 9442.52 = 4243 \text{ cm}^3 \text{ である.}$$

　表 B.8a より，ULE の ρ は 2.205 g/cm^3 なので，

　　（ミラーの質量）$= V_{\text{S-ARCH}} \times \rho_{\text{ULE}} = 9.356 \text{ kg}$

となる.

(b) 相対質量は，基準となるミラー質量と比較して 9.356/30.18 = 31％である.

例題 8.10　裏面が X 軸放物面のソリッドなメニスカスシングルアーチミラー（設計と解析には File 8.10 を用いよ）.

　図 8.13(e) のような形状をもつ ULE 製凹ミラーにおいて，直径 D_G が 457.2 mm，中心厚 t_A が 76.2 mm とする. この曲率半径 R_1 は 1828.8 mm であり，裏面形状が X 軸放物面（頂点が図 8.14 の P_1 に示すようにミラーの右側のエッジを通り，$r_1 = 38.1$ mm に位置する P_2 を通る）のシングルアーチになっているとする. このミラーの縁厚は 12.7 mm であるとする.

(a) ミラーの質量を求めよ.

(b) 基準となるミラー質量 30.18 kg と比較してどうか.

注：基準となるミラーの体積は 13685.88 cm^3 である.

解答

(a) 式 (8.16) より，$S_1 = 1828.8 - \left\{ 1828.8^2 - \left(\dfrac{457.2}{2} \right)^2 \right\}^{\frac{1}{2}} = 14.344 \text{ mm},$

式 (8.29) より，$x_2 = 76.2 + 14.344 - 12.7 = 77.844 \text{ mm},$

式 (8.30) より，$y_2 = \dfrac{457.2}{2} - 38.1 = 190.5 \text{ mm},$

式 (8.25) より，$A_p = \dfrac{2}{3} \times 77.851 \times 190.5 = 9887 \text{ mm}^2,$

式 (8.28) より，$y_{\text{CENTROID X}} = 38.1 + 190.5 - \dfrac{3}{8} \times 190.5 = 157.162 \text{ mm},$

式 (8.26) より，$V_{\text{S-ARCH}} = 13685.88 - 98.87 \times 2\pi \times 15.7$

$$= 13685.88 - 9753.13 = 3933 \text{ cm}^3,$$

表 B.8a より，ULE の ρ は 2.205 g/cm^3 なので，

（ミラーの質量）$= V_{\text{S-ARCH}} \times \rho_{\text{ULE}} = 8.67 \text{ kg}$

となる．

(b) 相対質量は，基準となるミラー質量と比較して，$8.67/30.18 = 29\%$ である．

図 8.13(f) に示すダブルアーチミラーは，普通，直径 55% の輪帯で厚みが最大になるように選択される [9]．典型的には，この輪帯の 3 点でミラーを支持する．外側のアーチはおそらく Y 軸放物線がよく，一方で内側のアーチは X 軸放物線がよい．後者は，内側のアーチにおいて，軸上に変曲点がこないように設計される．いずれのアーチに対しても，式 (8.25) を断面積の計算に用いることができる．外側については，図 8.14 に示すように x_2 と y_2 とを用い，内側については x_3 と y_3 とを用いる．

ミラーの外側のアーチと，その断面に対する回転半径（$y_{\text{CENTROID Y}}$）は，それぞれ式 (8.27) と式 (8.25) で与えられる．式 (8.31) は，外側アーチの体積を与える．内側アーチに対する対応したパラメータは式 (8.32) と式 (8.33) で与えられる．

$$V_{\text{OUTER ARCH}} = A_{p\text{-OUTER}} \times 2\pi \times y_{\text{CENTROID Y}} \tag{8.31}$$

$$y_{\text{CENTROID X}} = \frac{3}{8} y_3 \tag{8.32}$$

$$V_{\text{INNER ARCH}} = A_{p\text{-INNER}} \times 2\pi \times y_{\text{CENTROID X}} \tag{8.33}$$

$$V_{\text{D-ARCH}} = V_{\text{BASELINE}} - V_{\text{OUTER ARCH}} - V_{\text{INNER ARCH}} \tag{8.34}$$

例題 8.11　ソリッドなダブルアーチミラー（設計と解析には File 8.11 を用いよ）．
図 8.13(f) のような形状をもつ ULE 製凹ミラーにおいて，直径 D_G が 457.2 mm，中心厚 t_A が 76.2 mm とする．この曲率半径 R_1 は 1828.8 mm であり，裏面形状が外側 Y 軸放物面，内側 X 軸放物面のダブルアーチになっているとする．各パラメータを，$t_E = t_A = 12.7 \text{ mm}$，$t_Z = 76.2 \text{ mm}$，$r_M = 0.55(D_G/2)$，ミラー裏面の円環状の領域の幅を 15.24 mm と仮定する．

(a) ミラーの質量を求めよ．

(b) 基準となるミラー質量 30.18 kg と比較してどうか．

336　第 8 章　ミラーの設計

注：基準となるミラーの体積は $13685.88\ \mathrm{cm}^3$ である．

解答

(a) $r_M = 0.55(D_G/2) = 125.73\ \mathrm{mm}$. 図 8.13(f) を確認することにより，

$$y_3 = r_M - \frac{15.24}{2} = 118.11\ \mathrm{mm}$$

$$r_1 = r_M + \frac{15.24}{2} = 133.35\ \mathrm{mm}$$

$$y_2 = \frac{D_G}{2} - r_1 = 95.25\ \mathrm{mm}$$

式 (8.16) より

$$S_1 = 1828.8 - \left\{ 1828.8^2 - \left(\frac{457.2}{2} \right)^2 \right\}^{\frac{1}{2}} = 14.344\ \mathrm{mm}$$

図 8.13(f) を確認すると

$$x_2 = t_Z + S_1 - t_E = 77.843\ \mathrm{mm}$$

$$x_3 = t_Z - t_A = 63.5\ \mathrm{mm}$$

式 (8.25) より

$$A_{p\text{-OUTER}} = \frac{2}{3}\, x_2 y_2 = 49.43\ \mathrm{cm}^2$$

$$A_{p\text{-INNER}} = \frac{2}{3}\, x_3 y_3 = 50.00\ \mathrm{cm}^2$$

式 (8.27) より，$y_{\text{CENTROID Y}} = 133.35 + \dfrac{3}{5} \times 95.25 = 190.5\ \mathrm{mm}$

式 (8.32) より，$y_{\text{CENTROID X}} = \dfrac{3}{8} \times 118.11 = 44.291\ \mathrm{mm}$

式 (8.31) より，$V_{\text{OUTER ARCH}} = 49.43 \times 2\pi \times 19.05 = 5916.5\ \mathrm{cm}^3$

式 (8.33) より，$V_{\text{INNER ARCH}} = 50 \times 2\pi \times 4.4291 = 1391.4\ \mathrm{cm}^3$

式 (8.34) より，$V_{\text{D-ARCH}} = 13685.88 - 5916.5 - 1391.4 = 6377.92\ \mathrm{cm}^3$ である．

　表 B.8a より，ULE の ρ は $2.205\ \mathrm{g/cm}^3$ なので，

$$(\text{ミラーの質量}) = V_{\text{D-ARCH}} \times \rho_{\text{ULE}} = 14.06\ \mathrm{kg}$$

となる．

(b) 相対質量は，基準となるミラー質量と比較して，$14.06/30.18 = 46\%$ である．

図 8.13(g)に示す対称的な両凹形状のミラー配置（double-concave, DCC）では，基板重量を減らすことはできないが，ここでは比較のために含めた．これは普通，光軸が水平，あるいはそれに近い場合にのみ用いられる．その理由は，重力による変形が中点に対して対称であり，非対称な設計に対して小さいためである．軸が垂直になった場合，非常に大きな変形が起きる [9]．

このタイプのエッジ厚みと体積は以下のようになる．

$$t_E = t_A + S_1 + S_2 \tag{8.35}$$

$$V_{\mathrm{DCC}} = \pi r_2^2 t_E - \frac{\pi}{3} S_1^2 (3R_1 - S_1) - \frac{\pi}{3} S_2^2 (3R_2 - S_2) \tag{8.36}$$

例題 8.12 は，この式を比較のため，対称形状の両凹ミラーに適用する．

例題 8.12 ソリッドな両凹ミラー（設計と解析には File 8.12 を用いよ）．

図 8.13(g)のような形状をもつ ULE 製凹ミラーにおいて，直径 D_G が 457.2 mm，中心厚 t_A が 76.2 mm とする．このミラーは両方の光学面が $R_1 = 1828.8$ mm であるとする．

（a）ミラーの質量を求めよ．

（b）基準となるミラー質量 30.18 kg と比較してどうか．

注：基準となるミラーの体積は 13685.88 cm^3 である．

解答

（a）式(8.16)より，$S_1 = 1828.8 - \left\{ 1828.8^2 - \left(\dfrac{457.2}{2} \right)^2 \right\}^{\frac{1}{2}} = 14.344$ mm

式(8.22)より，$S_2 = 1828.8 - \left\{ 1828.8^2 - \left(\dfrac{457.2}{2} \right)^2 \right\}^{\frac{1}{2}} = 14.344$ mm

式(8.35)より，$t_E = 76.2 + 14.344 + 14.344 = 104.9$ mm

式(8.36)より，

$$\begin{aligned}
V_{\mathrm{DCC}} &= \pi \times \left(\frac{457.2}{2} \right)^2 \times 10.49 - 2 \times \frac{\pi}{3} \times 1.4351^2 (3 \times 182.8 - 1.4351) \\
&= 14862 \text{ cm}^3
\end{aligned}$$

表 B.8a より，ULE の ρ は 2.205 g/cm^3 なので，

（ミラーの質量）$= V_{\mathrm{DCC}} \times \rho_{\mathrm{ULE}} = 32.77$ kg

となる．

338　第8章　ミラーの設計

| (b) 相対質量は，基準となるミラー質量と比較して 32.77/30.18 = 109％である．

8.6.2　鋳型によるリブ付き基板の設計

　歴史的には，かつて天体望遠鏡の大口径ミラーの質量軽減のために，基板の裏面に鋳型によってポケットを作っていた．このポケットは材料を削減するが，ミラー強度や剛性にはほとんど，あるいはまったく影響を与えない．初期の顕著な努力として，Corning Glass Works 社による，ヘール望遠鏡（これはカリフォルニア州パロマー山において 1949 年から運用されている）のための二つの 5.1 m 基板の例が挙げられる．これらの基板は，第二次世界大戦の前に鋳込まれたものであり，そのときの新しい種類のホウ珪酸ガラス（パイレックス，CTE = 2.5 × 10^{-6}/℃）で作られている．温度安定性を向上するため，基板に鋳込まれた構造は，最大およそ 10.2 cm のリブをもっている．このミラーの全エッジ厚みは約 61 cm であり，中央部の光が通るための穴は，直径 102 cm である．このミラーの質量は約 20 t（1.8 × 10^4 kg）であり，自重たわみが同程度のソリッドな円盤に比べて，50％以上の質量削減になっている[10,11]．

　ヘール望遠鏡の主鏡である F/3.3 放物面に成型するまで，非常に多くの材料が基板から削り取られた．より大きな鋳込みミラーの製作法としては，多くの六角形形状のセラミックスによる泡形成体（コア）を，望ましい形状に対する反対形状になるよう並べた鋳型中で，回転しながら成型することである．この鋳型は炉内に置かれ，鉛直軸周りにゆっくり回転する．ガラス材料がコア上面で溶けた後，遠心力により大体の放物面形状が形成され，それによってその後の材料の除去を最小限にできる．いくつかの大口径ミラーが，ここで述べた基本的な方法で作られている（たとえば，アリゾナの Steward Mirror Laboratory 社によるオハラ E6 ガラスの加工，および，マインツの Schott Glawerke 社によるゼロデュアの加工）．

　二つのとくに大きな鋳込みミラー基板で，外径 8.41 m，中心の穴径 0.889 m，エッジ厚み 0.894 m，そして，質量 16000 kg というものがある．これらの基板は，アリゾナ州南東部にあるグラハム山国際観測所における大口径双眼望遠鏡（LBT，large binocular telescope）に用いられた．図 8.15 は，その最初の基板を示しており，図 8.16 はモールドと炉を通した部分的な断面図である[12,13]．ガラスはゆっくりと加熱され，1180℃で溶解した．冷却とアニールがその後 1 か月かけて行われた．ある基板には小さな欠陥が一つあったが，これは，鋳型からうっかりリークしたためである．この欠陥は，追加のガラスを基板上に融着し，再度アニールする

図 8.15　巨大双眼望遠鏡のための直径 8.4 m の鋳物ミラー基板（Hill ら [12] による）．

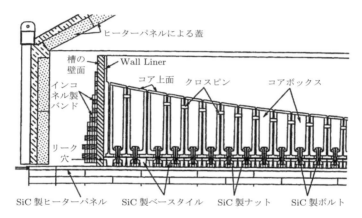

図 8.16　図 8.15 に示したミラー基板の型と炉の部分断面図（Hill ら [12] による）．

ことでうまく修正できた．

8.6.3　ビルドアップによる構造体の配置

図 8.17 は，機械加工とビルドアップによる様々な軽量化ミラーの設計例である [14]．これには，対称形あるいは非対称形のサンドイッチ構造，部分的あるいは全体が空洞の（ワッフル形状の）背面設計，そして，泡が充填されたサンドイッチ構造が含まれる．これらの例はそれぞれ特徴的な面積密度を有し，材料の種類，材料の分布，構造体の厚み（表面のシート，背面のシートと網状のコア）などによって決定される．ある設計では，コアは構造体における表面と背面のシートと一体化されているが，また別の設計では，これらは分離されており，部分的に取り付けられている．取り付け手段としては，熱による融着，接着剤およびフリット接着，そして，金属ミラーについては，ロウ付けあるいは溶接が挙げられる．コア中の小胞（セル）の形状は，ミラーの質量および合成に大きな影響をもっている．三角形，

340　第8章　ミラーの設計

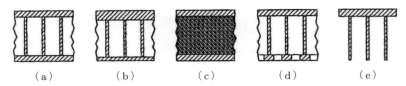

図8.17　機械加工されたビルドアップミラー基板の断面図．(a)対称サンドイッチ形状，(b)非対称サンドイッチ形状，(c)泡充填あるいは合成ファイバコアをサンドイッチした形状，(d)裏面が部分的に開口となった形状，(e)裏面が完全に開口となった形状（Seibert[14]による）．

正方形，円形，そして六角形形状が最もよく用いられるセル形状である．

すでに述べたように，基板から重要でない材料を除くことで軽量化されたミラーは，同じサイズのソリッドミラーよりも構造的に有利である．中立軸[†]近傍の材料は，曲げ剛性にほとんど寄与しないので，安全に取り除くことができるためである．これは質量を軽減し，高い剛性比を実現する．また，せん断強度もある程度向上する．ミラーの支持方法は，重力や外部加速度の影響に強く寄与する．

8.6.3.1　エッグクレート（卵仕切り板）構造

図8.18は，古典的なビルドアップ構造を示しており，「エッグクレート（卵仕切り板）」構造とよばれる．コアは，小胞（セル）による網目によってつくられており，この網目は，互いに連結されているが，結合されていない切り欠きのある帯で形成される．表と裏面のフェースシートは，コアの上下端面で融着されており，ミラー基板を形成する．この種のミラーの外径と厚みの比は，典型的には7:1である．そのため，直径50.8 cm（20 in.）ミラーの厚みは約7.239 cmである．コアの各部品はすべてが結合されているわけではないので，溶融モノリシック構造のようなより新しい設計よりも剛性は低い．

この設計による実際のミラーが図8.19に示されている．これは，1972年にNASAにより打ち上げられたコペルニクス軌道上実験室（OAO-C）で用いられている．質量は48 kgである．同等なミラーでソリッドのものは，おそらく164 kgになる[15]．

[†]　ミラーの中立軸とは，水平の場合において，表面と裏面の重力による曲げモーメントが等しく逆符号になる軸である．

8.6 質量軽減方法　341

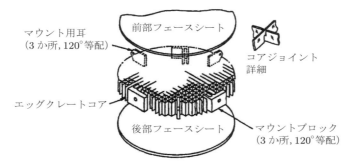

図 8.18　接着前における，直径 81 cm のエッグクレートミラーの構造詳細図（Goodrich 社の厚意による）．

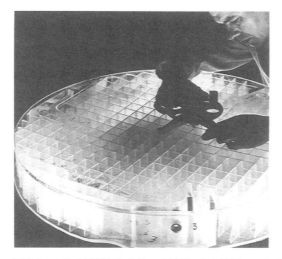

図 8.19　コート前の OAO-C 用軽量化ミラーの写真．これは図 8.18 に示すエッグクレート構造により作られている（Goodrich 社の厚意による）．

8.6.3.2　モノリシック構造

1960 年代，Corning Glass Works 社はよりせん断強度の強いモノリシックなミラーを製作する方法を開発した．この構造は，エッグクレート構造のコアを作るのと同様に，L 型の部材を融合し，そして，順に表裏面のシートを融合することで実現される．図 8.20 は，あらかじめ機械加工された L 材が同時にトーチで融合されることで，二つの 90°の結合部を作る方法を模式的に示している[16]．ある設計では，円筒形のリングがコア外周に融合されているが，これはコアを囲い込み，剛性を高めるためである．穴あきミラーの場合は，同じ理由により，リングが中心の穴

に対しても融合される（たとえば図 8.21 を参照）．

　コア全体が形成された後，上下両端は普通平面かつ平行に研削される．どちらの場合にも，シートをコアに乗せ，炉内に置き，一体に融合されるまで加熱する．その後，ゆっくりと冷却される．外側のシートも同様に融合される．アセンブリを支持台上で軟化させたのち，構造体は，光学面を成型するためのガラス除去が最小限になるためのメニスカス形状になるように掘り込まれる．こうしてできた基板は，モノリシックであり，一体で成型された材料の特性を示す．

　融合工程中，柔らかくなった材料は通常ゆがみ，それによって図 8.22(a) に模式的に示される形状欠陥になる．組み立てられたミラー基材は，表面のシートの最表面に近い領域の内部欠陥（泡，不純物のブツ）を探すために注意深く検査される．その後，図(b)に示すように余分な材料を削り落とす工程に進み，その後，精密に研磨される．裏面もまた，十分に平滑な形状となるよう研削される．

　典型的なモノリシック基板が図 8.23 に示されている．これは 1.52 m (60 in.) 直径のメニスカス形状基板であり，望遠鏡の主鏡に用いることが想定されている．このミラーのマウント方法は第 9 章で述べる．詳細図において，組み込み用のブロッ

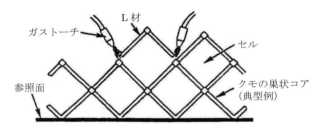

図 8.20　融合ミラーコアを形成するために，90°の L 材をトーチ溶接する Corning 社の方法（Lewis[16]による）．

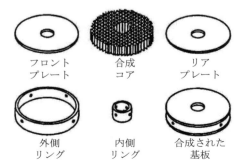

図 8.21　典型的な穴あき融合モノリシックミラーの基礎部品（Lewis[16]による）．

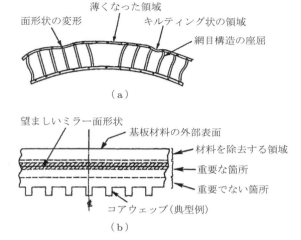

図 8.22 モノリシックな融合ミラー基板の詳細図．(a)部品を結合する際に軟化する点を加熱するが，それによって生じる典型的欠陥，(b)フロントシートの最良な領域中でのミラー面位置．

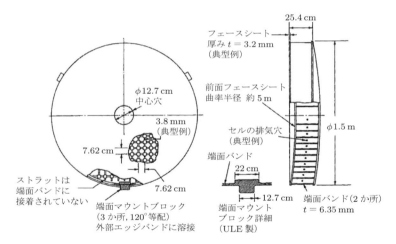

図 8.23 直径 1.52 m のモノリシックな ULE ミラー基板（合成後落とし込み加工されている）．

クが，構造体の縁の部分に溶接されている．このようなブロックは 3 個取り付けられており，ミラーをフレクシャによってセルに取り付ける際の「強度のある点」となっている．

　融合されたモノリシック構造は，線膨張係数が本質的に 0 である材料でしか用い

ることができない．そうでないと，融合時に急速に熱せられたり，冷却されたりするときに生じる温度勾配で破壊されてしまうためである．Corning 社 ULE セラミックガラス（92.5％の SiO_2 と 7.5％の TiO_2 よりなる）は，この材料に非常に適している．この線膨張係数は，5〜35℃の範囲において 0 近辺であると予想される．さらに，この実際の線膨張係数は，材料を破壊することなく，超音波の速度を測定する方法によって精密に計測できる[17]．この材料の物性は表 B.8(a) に示されている．合成石英は融合によって溶接することができるが，この工程はより高い温度を必要とするため，困難であると Hobbs ら[18]は報告している．

8.6.3.3 フリット融着構造

ミラー基材をビルドアップする工程におけるコアの製作と，表裏面の取り付けにおいて，溶接と似た方法で作ることが可能である．それは，すべての部材を「フリット」で融着する方法である．これは有機物を媒質とした，粉末状のガラスでできた「接着剤」である．これは基板，あるいは引き続いて実際に用いられる場合における過剰な応力を発生させないよう，線膨張係数をコントロールすることができる．その結果としてできた基板は，図 8.22(a) に示したような欠陥を含んでいない．これは，ミラーのあらかじめアニールされた部材は，フリットが溶解する温度では，決して軟化点に達しないからである．図 8.24 は典型的な構成を示している．この工程によるミラー基材は，モノリシック構造より薄いウェブとより大きな「直径/厚み比」をもっている．フリット融着構造では，より厳しい寸法公差を満たすことができるが，これは，構造体を構成する部材がひずまないためである．フリット融

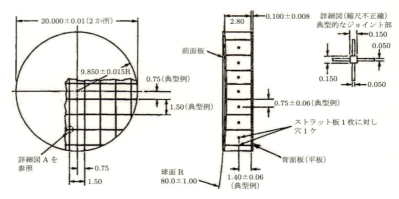

図 8.24 フリット融着によるアセンブリに適したミラー構造（Fitzmmons および Crowe[19]による）．

着ミラーは，モノリシック構造より軽く，より剛性が高い．両者の比較については表 8.1 を参照せよ．

表 8.1 融合法とフリット融着法によるミラーの特性

特性	融合法	フリット融着法
コア最小密度	10%	3%
平均接着強度	17.2 MPa	34.5 MPa
マウンティングブロック	融合	融合あるいはフリット融着
最大セルサイズ	10.2 cm	15.2 cm
最小リブ厚み	3.81 mm	1.27 mm

与えられたミラー直径 D に対する平均ミラー厚み

$D < 30$ in.（0.76 m）	4.06 mm	2.54 mm
30 in. $< D <$ 90 in.（2.3 m）	9.65 mm	7.62 mm
$D > 90$ in.	15.24 mm	10.16 mm

8.6.3.4 Hextek 構造

軽量化ミラーを構成するために，合成部材や分割された部材を用いるもう一つの方法が，アリゾナ州ツーソンの Hextek 社により開発された[20-22]．この方法では，同じような長さの円形断面のガラスチューブが，一端を揃えてガラスのフェースシートに挟まれて配置されており，図 8.25 に示すようなサンドイッチ構造を形成している．裏面シートは小さな穴を有しており，それぞれが 1 本のチューブに対応する．このアセンブリは，炉内でシールされる．フェースシートは自重で下にかぶさっており，重力のかかったフェースシートを支えるため，チューブの中に空気やほかのガスを通して，十分な圧力をかけている．炉は，チューブと両方のシートが溶接されるのに十分な温度に熱せられる．そして，軟化したチューブが外側に膨らみ，隣接するチューブと接触，溶接されるまで圧力を上昇させる．このアセンブリはモノリシック構造であり，各チューブ断面が正方形（図 8.25(a)），六角形（図(b)）をしたコアのセルパターンとなる．合成された外壁形状もまた，膨張したチューブによって形成される．アニールと冷却を行った後，完成した基板は，一般的には図 8.26 に示す形状となる．大きな基板では直径 1 m，厚み 17 cm のものもあり，2 回目の火入れで F/0.5 の球面形状に成型された．

この方法は，次の点で特徴的である．すなわち，溶融中に空気圧による支持を行うことで，空気圧を用いない場合より高い温度にすることが可能である．チューブの壁で形成されたリブ間において，フェースシートが大きくたるむことなく，チュー

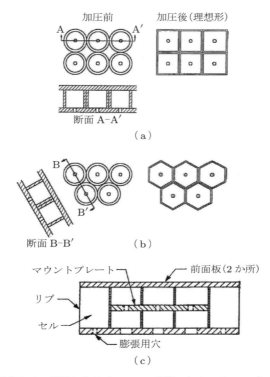

図 8.25 軽量化ミラー製造における Hextek 工程のためのチューブの配置パターンと，その結果得られるコアセルの構造（Hextek 社の厚意による）．

ブどうしをより優れた状態に接合できる．Hextek 工程の典型的なセルサイズは 6.4 cm であり，フェースシートの厚みは 1 cm のオーダーである [21]．チューブの壁を薄く，より離して設置し，きわめて薄いフェースシートを用いることで，リブ配置が適切に一様になるように配置した非常に軽量な構造が可能である．たとえば，図 8.26 に示すより小さい基板は直径 0.45 m であり，10 cm の厚みである．この面積あたりの密度は 31.8 kg/m^2 である．

Hextek 工程は，時間がかからず，なおかつ相対的に安価に実現が可能であり，材料を有効に使うことができ，なおかつ 100%の溶融による接合が可能であると報告されている．材料としては，バイコアや溶融石英も用いられるが，ホウ珪酸ガラスである Corning 社のパイレックス 7740, Schott 社のテンパックス（CTE＝3.2 ppm/℃）や，Schott 社のフロートガラスも用いられる．各ガラス部材を酸によりエッチングすることで，材料の製造中に生じた不純物を除去することは，見かけ

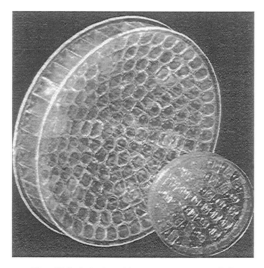

図 8.26　Hextek 工程で製作された 2 種のモノリシック融合ミラー基板の写真（Hextek 社の厚意による）．

上は望ましいのだが，基板に関する技術的な品質に本質的には関与しない[21]．基板中央に空洞を開けることと，基板の中立面上にマウント用の穴を開けることで，フェースシートの形状を凹面にも凸面にも形成することができる．

Voedodsky ら[22]は，この技術を用いて，平面鏡，あるいは曲率のついた（凸面あるいは凹面）基板で，開口 2.0 m において F/0.5 の明るさが可能であると指摘している．さらに，この著者らにより，面積密度を 15 kg/m^2 まで小さくしたものが可能であることが報告されている．

8.6.3.5　機械的なコア構造

図 8.27 に，ソリッドな円盤から機械加工された，コアをもつ合成石英の軽量化ミラー基板が示されている．このミラーは対称形の凹面形状をしている．コアは，ソリッドな円盤から，様々な形状のスルーホールを開け，両面を凹面形状に研削することで機械加工される．その後，あらかじめ成型されたメニスカス形状のフェースシートが溶接される．直径 50.8 cm のミラー質量は 7.3 kg であった．図 8.28 は円環状のダイヤモンドツールとエンドミルによって，穴あけと研削加工された穴パターンを示す．穴あけ加工後に穴に残ったバリは研削により除去される．機械加工後の壁の厚みは 1～3 mm であった．溶融後，基板はモノリシックになる．この形

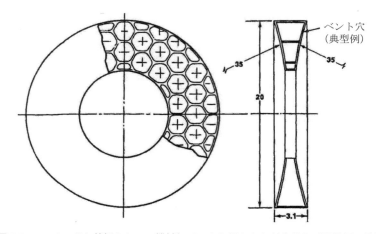

図 8.27 ソリッドな基板からコア機械加工により得られた対称的な両凹基板の構造．表面および裏面板はメニスカス形状にプリフォーム加工され，コアに融合されている．寸法は in. 単位（Pepi および Wollensak[23]による）．

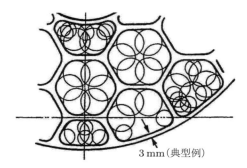

図 8.28 図 8.27 に示すようなミラーにおける，典型的なコア機械加工の穴パターン（Pepi および Wollensak[23]による）．

状のミラーは，光軸が水平の場合，最良形状となる．光軸が垂直になった場合には，きわめて大きい自重たわみが生じる．

　機械加工によりソリッドな円盤から構成される軽量化ミラーの加工方法について，より近年では，ウォータージェット（abrasive water jet, AWJ）による切削加工が Corning Glass Works 社により開発された．Edwards[24]は，この加工法と加工装置を以下のように説明している（図 8.29 参照）．

　このシステムは，油圧によって駆動され，60000 psi もの水圧を発生する二つの 250 馬力のモーターを備えている．直径 1.02 mm のサファイヤ

図 8.29　軽量化ミラー基板のコア材加工のための Corning 社のウォータージェット研磨除去加工(AWJ)装置（Edwards[24]による）.

でできたオリフィスを通じ，このウォータージェットは真空を作り出し，研磨材であるガーネットを流れの中に引き込む．混合チューブ内で研磨材を完全に混合させたのち，水はマッハ 2 の速度でノズルから噴射される．これは 30 cm の厚みのガラスを切断することができる．加工機の調整位置では，アライメントとプロセスパラメータのキャリブレーションを行うことができる．5 軸をもつ加工ヘッドは，切断形状のわずかな変化(これは，被加工物のわずかな移動はもちろん，研磨材や混合チューブの摩耗によって起きる) の補正が可能である．ステージによりノズル位置を 3.8 × 6.35 × 1.22 m の範囲にもってくることができる．毎日，オペレータはテスト切削を行うが，これは，ジェットの健全性と形状を測定し，決定するためである．ウォータージェット加工中につねに評価を行うことにより，軽量化ミラーの加工において厳しい寸法公差が担保できる．

　図 8.30 は，この Corning 社の AWJ プロセスで作られた典型的な製品である．これは，直径 1.1 m のコアであり，口径 6.5 m マゼラン望遠鏡における 3 枚鏡の一つに組み込まれるものである．この特別な設計は，外周におけるより厚いウェブと中心のマウント用ハブおよび，楕円形状の基板に重ね合わされた六角形パターン，そして中心の丸い貫通穴を有している[24]．図 8.29 に示した加工機は，直径 3 m までの基板を取り扱うことができる．

350　第8章　ミラーの設計

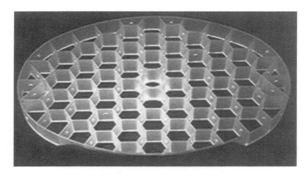

図 8.30　コーニングの AWJ プロセスによって製作された軽量化ミラーのコアの例（Edwards[24]による）．

8.6.3.6　発泡コア構造

　これまでに述べた従来の軽量化ミラーには，ウェブ厚みを小さくするうえでの基本的な制限がある．これは，薄くした結果生じる柔軟性と，構造部材とミラー部材を融着する際に高温に晒されることによる，ひずみの生じやすさに起因する．質量をできるだけ軽減しようとすると，ウェブを厚みに比べて大きく離す必要があり，それによって，ミラーのフェースシートがウェブ間に，重力や研磨力によって垂れ下がるようになる．これはプリントスルー（磁気テープなどの媒体に記録された情報が接近して置かれた場合に前後に転写される現象）やキルティングとよばれる．発泡によるコアを有するミラーは，これらの問題に対してきわめて有効である．というのもこの場合，フェースシートは mm よりむしろ μm のオーダーで均一に支持されるためである．フェースシートを貼り付ける所に，コアが大体の形状に成型されていれば，加工中の熱ひずみの問題は解決される．軽量化は，構造に空洞が多いことに第一に起因する（典型的には＞90％）．Goodman と Jacoby[25]はこれらの，およびそのほかの特徴を，従来型のウェブ構造と発泡構造のミラーについて比較している．

　米国の光学業界では，1960年代の間溶融石英による発泡構造が非常に広く知られていたが，この材料をフェースシートに挟まれる構造体のコアとして，軽量化ミラーを製作する試みは不成功に終わった．というのも，このコアは，成型，シートの溶接，また，マウントへの取り付けが難しかったためである[26,27]．セル構造の金属（たとえばアルミニウム）をこの用途に用いることが1980年代初頭に検討され，いくぶんかの成功を収めた．金属の発泡体をミラーのコアに用いることは8.9

節で議論する．ここでは金属以外（とくにシリコン）に着目する．

1999 年に，Fortini は穴の開いたセル構造のシリコンを，シリコン単結晶をフェースシートとして構成する超軽量化ミラーのコアとして用いる研究について発表した[29]．図 8.31(a) を参照のこと．室温において，シリコンは密度 $2.3\,\mathrm{g/cm^3}$，線膨張係数 $\mathrm{CTE} = 2.6 \times 10^{-6}/\mathrm{K}$，熱伝導率 $k = 150\,\mathrm{W/mK}$ である．図 8.32(a) と (b) は，シリコンの温度に対する CTE と k の変化を，同一条件でのベリリウムと比較した図である（図(a)のデータは Paquin[32] による）．極低温用途では，シリコンの非常に小さい CTE と高い k はミラー材料として望ましい．シリコンミラーにおける単結晶シリコンの反射面は，光学面形状として，p-v $< \lambda/10$ ($\lambda = 0.633\,\mathrm{\mu m}$)，

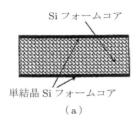

(a)

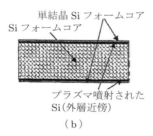

(b)

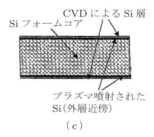

(c)

図 8.31　シリコン製フェースシートとフォームコアを用いたミラーの模式的断面図．(a) 当初の設計 (Fortini[29] による)，(b) プラズマスプレー層を用いた設計 (Jacoby ら[30] による)，(c) CVD シリコン層を用いた設計 (Jacoby ら[31] による)．

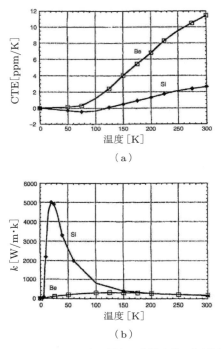

図 8.32 ベリリウムとシリコンの温度に対する物性変化．(a)熱膨張係数，(b)熱伝導率（Fortini[29]による）．

表面粗さ＜5Årms まで典型的には研磨が可能である．

図 8.33 は，典型的なシリコンの開放された微細セル構造の SEM 画像である．典型的には，この材料は 65 本/in. のセルをもっている．Fortini は 9.45 cm のミラー基板において，5％の密度の泡と厚み 0.889 mm のフェースシートを組み合わせることで面積密度 15 kg/m^2 の軽量化ミラーができることを指摘している[29]．その結果できる基板の剛性率は，厚み 3.81 cm の単結晶シリコンの 1 枚板（直径/厚み ＝ 2.48）と等価である．しかしながら，後者の面積密度は，泡構造の 6 倍に達する．Fortini によって行われた接着実験[29]によると，フェースシートとコアの接着を確認するために行った，室温と液体窒素温度の間を往復する温度サイクル試験において，光学面形状に顕著な効果はないと指摘されている．同様に，フェースシートのエッジにおける接着状態は，同じ温度変化において，面形状に影響を及ぼさないようである．この結果，非常に大口径のミラーの開発が進んだ．

Jacoby ら[33]は，−183℃程度の低温での，シリコン泡構造のミラーの試験を

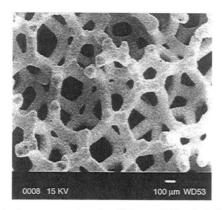

図 8.33　典型的なシリコンフォームによる開放セル構造の走査型電子顕微鏡(SEM)写真（Fortini[29]による）.

報告している．このミラーは 65 ppi のセルをもっており，図 8.31(b)に示す構造である．これは，シリコンを浸潤させるのに先立ち，シリコンコアを精密支持台に挟むことで，おおよその形状に正確に加工しているという点で，図 8.31(a)の構造とはわずかに異なる．また，シリコンコアの表面は，多結晶シリコンを 0.635〜0.762 mm の厚みでプラズマにより噴射することで，開放構造を部分的に閉鎖している．アニール後，これはフェースシート接着前に研磨される．この研磨工程は，プラズマにより噴射されて形成された面に対して，よい接着状態を保証するためになされる．

さらに進化したシリコン泡構造のミラー構成（図 8.31(c)）が，Jacoby ら[31]によって報告された．この工程は以下の段階を踏む．

①開放構造あるいは網目ガラス状炭素(RVC)の泡を，CNC 機械加工によりおおよその形に仕上げる．
②粒子間結合あるいは焼結反応により，プラズマ噴射された多結晶シリコン層を 0.635〜0.762 mm の厚みに成長させる．
③平面研削し，干渉計でテストする．
④CVD プロセスにより，高密度多結晶シリコン層を，コアの合計の厚み（噴射と CVD による層の厚み）が 1 mm になるまで成長させる．
⑤一面，（表面粗さ）＜ 3 nm rms，（形状精度）＜ 70 nm p-v となるように，超精密研磨する．
⑥適切なコーティングを施す．

354   第8章 ミラーの設計

各工程が完了するごとに当然検査が行われる．著者らは，口径より小さな結晶材を貼り付けて大きなフェースシートを作るうえで可能性のある問題と同様，大口径の単結晶によるフェースシートの作成において，特段のコストや技術的な問題は，この方法により避けられることを示した．

古典的な解析やFEA解析を用いて，ここで述べた方法により，少なくとも口径0.5 m，面積密度7 kg/m²のミラーが製作可能であると予想された[25]．さらに，これらのミラー構造は，基本共振周波数が447 Hzという高い周波数をもっているはずである．シリコン泡構造のミラーは，シリコンカーバイドにより補強されたカーボンファイバー構造へのマウントにとくに適している[25]．特殊な宇宙実験用途に向けたシリコン泡構造ミラーの開発が，Jacobyら[33]とGoodmanら[34]により報告されている．これらの文献において，極低温（177 K）と真空（10^{-5} Torr）での直径6 in. ミラーの試験結果が報告されている．温度サイクル試験（300 K ⇒ 177 K ⇒ 300 K）における光学面形状の安定性は非常に優れていた．

JacobyとGoodman[36]により，シリコンおよびシリコンカーバイドによる泡材料について，異なる密度（8～30％の幅）での物性が，中身の詰まった材料と比較して要約されている．ヤング率，ポアソン比，圧縮強度，そして引っ張り応力は密度にほぼ比例する．温度25 Kから300 Kの幅における基本周波数（つまりヤング率）の変動と，ダンピングファクターの変動は小さいことがわかった．シリコンの塊と泡材料では，CTEについては120～280 Kの範囲でほぼ等しいことがわかった．

直径55 cm，開口F/1の放物面ミラーで，ダブルアーチ状のサブアセンブリが，高エネルギーレーザー用途に，2005シリコンフォームテクノロジー[37]により製作された．これは15.21節で説明する．

8.6.3.7 内部が機械加工された構造

軽量化ミラーを実現するための基本的な方法としては，ソリッドな円盤の裏面を機械加工で掘り込むことが挙げられる．この方法で作られたミラーは，回転鋳込み方法で作られたヘール望遠鏡に似ており，計算されて配置されたコアの周りに，ガラスを鋳込むことでできる空洞を有している．同様な掘り込みは，ウォータージェットによる除去加工や，ダイヤモンドを埋め込んだCNCドリル加工によっても作ることができる．一般的に，このタイプのミラーは裏面のシート付の設計よりも剛性が低い．

ソリッドな円盤の裏面に開けた小さなアクセス穴を通じて，ドリルツールを差し込むことで穴加工すれば，同様の剛性をもつミラーが実現できる．小さなアクセス穴の基板の剛性に対する影響は小さい．この技術は新しいものではない．図 8.34 と図 8.35 に示されている Simons [38] により図示された設計は，外径 $\phi 1.62$ m，厚み 6.4 cm のソリッドな円盤に，裏から $\phi 6.4$ cm のアクセス穴を多数開け，三角形形状の空洞を研削ツールで加工したものである．空洞の間にあるリブの厚みは 5.1 mm である．リブの互いの交点にあり，表面と裏面の板の間にある面取りは，半径 19 mm である．これは，6 個の三角形の交点において，大きな材料の柱を形成している．剛性をある程度犠牲にし，これらの柱の中央を $\phi 3.8$ の円筒形の空洞に掘り込むことにより，質量が軽減できる．これらの穴の中央間距離は 18.5 cm である．各正三角形の高さは 13.3 cm である．

この基板は，138 個の大きな三角形形状の空洞と，55 個の小さな円筒形の空洞を有している．加工完了後，基板質量は 470 kg であった．もしソリッドな基板で

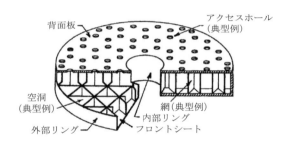

図 8.34 内部に三角形の空洞構造（セル）を有する軽量化ミラーの断面概念図．裏面から多数のアクセス穴があけられている（Simmons [38] による）．

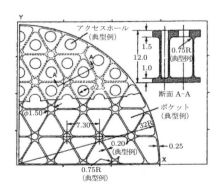

図 8.35 図 8.34 に示す方法で機械加工された，直径 1.62 m のセルビット製ミラー構造図．寸法は in. 単位（Simmons [38] による）．

あれば，質量は約 1580 kg になっていたであろう．つまり，質量は 70% 軽減されたことになる．この方法で作られた内部の面の寸法制御は，同様の金属加工で得られるものと等価である．空洞部分から期待された質量を取り除いた後，このミラーの最終外径を加工する．その後，酸によるエッチングで，面のキズやブツと面の局所応力を除去した．

図 8.36 に，このタイプを用いた最新の例が示されている[39,40]．これは NASA のカイパー空中天文台（KAO，kuiper airborne observatory）に置き換わるものである，$\phi 2.7$ m の成層圏赤外線天文台望遠鏡（SOFIA，stratospheric observatory for infrared astronomy）の主鏡である．SOFIA のミラー設計は，大きく面取りした縁を「飛び梁（flying buttress）」として横方向のサポートに用い，中央に円形の穴の開いた平凹形状である．ダイヤモンドツールを用いて，平凹のゼロデュア基板に対してこれらの間に薄いウェブのついた六角形のセル（本質的には塞がれた穴）がほぼ完全な裏面板の形状になるよう加工された．

この軽量化構造の関係する寸法は次のとおりである：外径 270.5 cm，内径 42.0 cm，六角形のポケットサイズ 18.5 cm，表面板の厚み 1.5 cm，全体の厚み 35.0 cm，裏面の外形 230.0 cm，典型的なウェブの厚み 0.7 cm，そして裏面板の平均厚みが 2.5 cm である．最終形状の質量は 850 kg であったが，ソリッド基板の最初の質量は 3400 kg であった．これは，初期質量の 25% まで軽量化できたことを示す[39]．

機械加工後，基板は酸によるエッチングで，さらなる質量軽減と，研削加工中に生じた微視的なクラックの除去が行われた．このミラーの保持方法については 11.3.2 項で説明する．

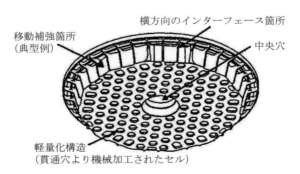

図 8.36　裏面に開けられた穴から機械加工されたポケットにより軽量化された，SOFIA 主鏡の裏面（Erdman[39]らによる）．

8.7 薄い表面シートによる構造

ミラー基板の厚みを外径に比べて極端に減少させると，それ自体で剛性を保つことは不可能になる．このような基板を加工中に支えるため，使用中に高い性能（すなわち光学面形状）を保つため，そして，厳しい振動衝撃でも損傷しないためには，このようなミラーをつねに適切に支える付随構造がなければならない．使用中には，この構造はミラー形状を制御するのに重要な役割を果たす．ここでいう構造とは，全体システムがミラーの形状誤差を検知し，ミラーの表面シートに適切な力をかけることでミラー形状を制御する複雑なシステムであり，この場合，光学素子はその一部分にすぎなくなる．この「アダプティブオプティクス」技術は，地上に設置される大口径望遠鏡の性能を飛躍的に向上させた．このような大口径望遠鏡は，質量とコストが合理的な上限を超えているため，上記の技術がないと構成することが不可能である．このような薄いアダプティブミラーを用いるもう一つの動機は，大気の「シーイング」効果を補償する能力があるためである．さらにこの技術により，宇宙空間にきわめて大きな光学系を持ち込み運用することが可能になった．

概念的には，大口径反射望遠鏡におけるアダプティブ光学素子は，主鏡，副鏡，そして，より小さい光学素子で，開口絞りの像（すなわち光学系の瞳）に置かれるものに適用可能である．大部分の天体望遠鏡の瞳は主鏡に置かれる．大口径双眼望遠鏡（LBT, large binocular telescope）の設計において，開口は副鏡に置かれている．そのため，副鏡が波面収差の補正に用いられている．ここでは，LBT のアダプティブ副鏡の設計思想のいくつかについて要約する．

LBT の副鏡は 91.1 cm のゼロデュアでできたメニスカスシェルであり，厚みは1.52 mm である．加工は 150 mm 厚みのシェル上に凹面の非球面（楕円面）の，研削，研磨，仕上げ加工を行うことから始める．このシェルの光学面は，合致する凸面の保持部材に，ピッチにより接着される．研削と研磨によりシェルの厚みを，最終的な値まで削る．シェルの外形を加工し，中央の穴を開け，縁は面取りされたのち研磨される．その後，シェルは保持部材から取り外される．凸面側は，磁石の取り付け部を保護するためにマスクされ，アルミニウムコートが施される．各望遠鏡のための副鏡に加えて，一つの予備が製作された[41]．

LBT のアダプティブな副鏡の設計は，これに先立つ新しい成功した MMT 望遠鏡の設計に大きく基づいている[42]．両者のシステムの基本的概念が図 8.37(a) に模式的に示されている．部材 1 はフランジであり，6 自由度のヘキサポッド機構を

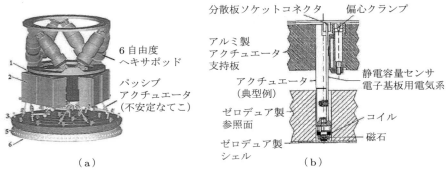

図 8.37 (a)LBT アダプティブ副鏡のアセンブリ．番号の付けられた部品は本文中の記述と対応している．(b)薄いシェルの副鏡裏面近傍における，参照板を貫通する断熱アクチュエータ（Riccardi ら[43]による）．

通じて副鏡保持機構（最上部）に取り付けられている．部材2は電気系統およびコンピュータを収める三つの箱である．部材3は厚いアルミニウム製の支持部材と冷却板である．部材4は，672個のアクチュエータであり，そのうち一つを図(b)に示す．各アクチュエータは部材3に取り付けられている．部材5は，厚いメニスカス形状のゼロデュア製の参照板である．フランジ1と参照板5の間には，運用中に参照面の面形状を 100 nm rms 以内に抑えるためのパッシブアクチュエータ，あるいは無定位レバーが設けられている．

シェルには中央に穴が設けられており，この穴には，横方向と面内回転を拘束するためのメンブレンが取り付けられている．このメンブレンは望遠鏡構造に結合されている．この機能を実験的に作ったプロトタイプを図 8.38 に示す．シェルが光学系における副鏡に追随しない場合，シェルの内径および外径に設けられたメカニカルストップにより，シェルは軸方向に拘束される．運用中において，薄いシェルはアクチュエータ端面に取り付けられたワイヤーコイルと永久磁石（シェル背面に接着されている）の間にはたらく磁力により吊り下げられている．シェル内面（凸の球面）と力のはたらく物体外面（凹の球面）の間の，設計上の距離は 50 μm である．運用中において，これらの面の間隔は 672 個の分解能 2～3 nm が可能な静電容量センサにより，アルミニウムコートされたシェル裏面と力がはたらく物体との間隔がリアルタイムに監視されている．位置検知と制御システムは，望遠鏡の反射波面誤差に基づいた誤差補正システムを，少なくとも 1 kHz の応答周波数において駆動させる[44-46]．アクチュエータは副鏡に対して十分な動作範囲（～

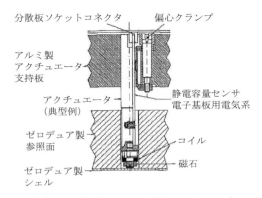

図 8.38 LBT のアダプティブな薄いシェル副鏡の中央メンブレン保持方法の模式図．寸法は mm 単位（Riccardi ら[43]による）．

0.1 mm）を有している．これは，chopping capability を提供するのに加えて，大気や風の影響で生じる低次のチルト液面を補正するためである．

8.8 金属ミラー

　ミラーを構成するために広く用いられている金属材料を，それらの重要な機械特性とともに，表 B.8(b) にリストアップした．最もよく用いられている材料は鍛造アルミニウムとベリリウムであり，後者はとくに極低温宇宙空間での用途で広く用いられる．高出力レーザー用途や，高出力光源で用いられるミラーは冷却が必要である．冷却方法としては，ミラー基板に機械加工により流体の通り道を作り，冷却液を循環させる方法がしばしば用いられる．この構造は通常，無酸素銅，TZM（チタン，ジルコニウム，モリブデンの合金）などで作られる．

　金属ミラーの加工は，基材の形成，幾何学的な形状の成型，残留応力除去，メッキ（通常は無電解ニッケルメッキ），光学的仕上げ加工，そしてコーティングなどを経て製作される．大部分の材料は鋳物が可能であり，また溶接やロウ付けが可能なものもある．SPDT は，アルミニウム，真鍮，銅，金，銀，無電解ニッケルメッキ面，ベリリウム銅などの材料において，光学表面を高精度に仕上げるのにきわめて有効であることがわかった．材料の純度は非常に重要である[45]．金属面の仕上げ状態はガラスと比較して劣っているが，赤外線用途や，可視の一部の用途には適している．図 8.39 は様々な小径ミラーの例であり，ある製造業者により SPDT で製作されたものである．

図 8.39　SPDT 加工による光学部品[†].
(1)アルミニウム製望遠鏡ミラー，(2)銅製アキシコンミラー，(3)ZnSe 非球面回折光学素子，(4)銅製放物面ミラー，(5)銅製波長板（リターダー），(6)銅製ミラー，(7)圧力により曲率が可変な 45°ミラー，(8)銅製 W アキシコン，(9)水冷銅製ミラー，(10)同心状の位相ステップを持つ ZnSe レンズ，(11)S 反射 P 吸収特性をもつ銅製偏光ミラー，(12)アルミニウム製放物面ミラー，(13)銅製ルーフビームスプリッタ，(14)アルミニウム製軸外し放物面，(15)アルミニウムミラー，(16)レプリカ放物面ミラー，(17)ゲルマニウム製非球面，(18)多波長 ZnS 非球面負メニスカスレンズ，(19)多波長 ZnS 非球面メニスカスレンズ，(20)4 個の銅製ボタンミラー，(21)二つの ZnSe 製透過ビーム合成素子，(22)銅製反射ビーム合成素子，(23)銅製トロイダル反射鏡，(24)銅製水冷トップハット形状ミラー（II-VI Inc. の厚意による）．

　図 8.40 は典型的な金属ミラーの背面を示すものである．これは，NASA のカイパー空中天文台の赤外望遠鏡[46]における，直径 18.5 cm，厚み 1.78 cm の副鏡である．軽量，低慣性であることは，この装置が成功するのに本質的に重要であった．というのも，このミラーは，キャリブレーションを行うため，目標と空（バックグラウンド）の視野を高速に，間欠的周期で機械的に切り替えるからである．
　このミラーは，直径-厚み比が 7:1 であり，アルミニウム合金 A5083-O でできている．この基板の軽量化はソリッドな母材から，開口の開いたポケットを機械加工により開けることでなされた．最終的な質量は 0.5 kg であり，ソリッドな母材から 70％の軽量化がされている．SPDT 機械加工により，凸の双曲面（無電解ニッ

[†]（訳注）図 8.39 は図中の記号とキャプションの記号が対応していない．

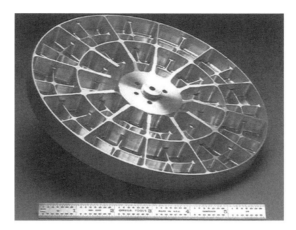

図 8.40　Kuiper 空中望遠鏡に用いられる軽量化アルミニウム製スキャニング副鏡の写真（Downey ら[46]による）.

ケルメッキは施されていなかった）の最終形状が成型された．面精度は，有効径の90％以上において，p-v 0.67 λ（λ = 633 nm）であった．最終的な面には，アルミニウムと SiO コートが施された．ミラー中央にあるマウント面は，のちに母材を裏返して光学面を精密に加工できるよう，SPDT で加工された．−40℃の運用温度にて，λ/2（λ = 633 nm）の面精度が得られた．

このミラーが駆動機構にマウントされた状態を図 8.41 に示す．このミラーをビームチルト角 23′ まで駆動させるための矩形応答速度は，40 Hz であった．このミラーは，背面に対称的に設けられた 4 個の電磁アクチュエータにより直角方向に傾けられる．駆動機構（質量約 4.4 kg）は，2 軸の伸縮可能な支点を有するジンバル機構上で，重心を中心として傾くようになっている．アクチュエータのコイルは安定し

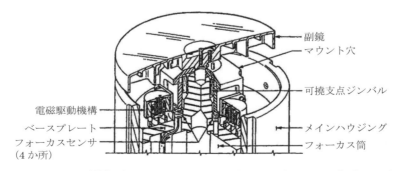

図 8.41　スキャン機構に組み込まれた，図 8.40 に示すミラー（Downey ら[46]による）.

たベースプレート（これは温度制御のための熱伝導経路となる）にマウントされている．全体のアセンブリは，飛行中のフォーカス調整のため，光軸方向にモーター駆動のボールネジにより±1.3 cm動くようになっている．

多くの軽量化ベリリウムミラーが，ここで述べたのと類似した方法により製造されてきた．いくつか高速度でスキャンする用途（これは，遠心力による面ひずみを防止するため，高い剛性と最小限の質量が要求される）で用いられたものもあるが，通常，宇宙用途に用いられる．約3 μmを超える赤外用では，研磨されたベリリウムが高い反射率を示すため，無電解ニッケルメッキは不要である．これによりCTEミスマッチによるバイメタル効果に基づく，温度変化による不具合を回避できる[47]．

ベリリウムミラーを製作するのに成功した方法として，Gould[48]により特許化され，Paquinら[49,50]により詳しく説明がなされている金属冶金による方法が挙げられる．この方法では，高純度のベリリウム粉末が，精密加工された金属（たとえば低炭素鋼）製の望ましい寸法と形状のコンテナに入れられ，670℃以上で脱ガスが行われる．そして，圧力約103 MPa，温度850～1000℃において，オートクレーブ処理される．このプロセスは熱間等方加圧加工法（hot isostatic pressing, HIP）である．周囲温度および圧力に戻した後，コンテナが開けられる．これにより，気孔やブツの少ないベリリウムミラーの母材を得ることができる．Gouldによる工程の改善版として，ミラー母材内部に軽量化のためのポケットを形成する方法がある．このポケットは，圧縮後に除去可能な，モネル（ニッケルと銅の合金）や銅と

図8.42 HIPプロセスで製作された，直径24.1 cmのモノリシックな閉サンドイッチ構造のベリリウム製ミラー（Paquin[50]による）．

いった溶出可能な材料でできた泡形成体の周りで圧縮することにより形成できる．図 8.42 はこのようなミラーの二つの例である．これらは，直径が 24.1 × 2.8 cm のモノリシックな，閉じたサンドイッチ構造をしており，0.98 kg である．これらのミラーには 2.5 cm 大の六角形形状のセルと，1.3 mm のウェブが形成されている．図の前景には，一つのミラーの裏面が示されており，そこには，泡形成体を支え，後にそれを取り出すためのアクセス穴が見てとれる．研磨後，表面シートの面精度は p-v $\lambda/25$ ($\lambda = 633$ nm) であった．これらの試作ミラーはきわめて剛性が高く，基本共振周波数は 8700 Hz であった．ここでの製造方法は，より大きなミラーにもスケーリング可能であり，今日のベリリウムミラー製作における基礎となった．

Geyl と Cayrel による報告[51]によると，ESO の VLT のための 4 枚の副鏡母材は，HIP プロセスにより，I-220-H Be 粉末から平凸の一体材として製作された．これらは，裏面に開口のある軽量化構造におおよそ機械加工された．この構造は，内接円の直径が 70 mm，リブ厚み 3 mm，表面板が 7 mm であった．このミラーが要求する仕様は，全体の直径 1.12 m，中心厚 130 mm，曲率半径 4553.57 ± 10 mm，質量は ELN コート時約 42 kg，双曲面形状である．機械加工された母材は，製造工程中において面の応力を除去するため，適切な回数だけ熱処理され，酸でエッチングされた．典型的なミラー仕様は，波面誤差 349 nm rms, p-v 1770 nm, スロープ誤差 0.22′，表面粗さ 15 Å 以下であった．

Cayrel の文献[52]による図 8.43 は，チタン製サポートフレームが取り付けられたミラーの裏面を示した図である．バヨネットタイプの取り付け面が，一時的なアライメント，校正，観察機器のためミラー中央に設けられている．6 個のマウント

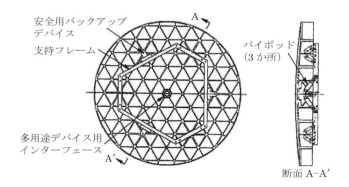

図 8.43 VLT のためのベリリウム製副鏡を，サポートフレームが見えるように裏面から模式的に示した図（Cayrel[52]による）．

用の取り付け面がミラー母材に機械加工されている．これらのインターフェースのうちの三つには，ミラーを自然な位置に支持するためのバイポッドがある．残る三つのマウントは，マウントが壊れた場合にミラーが落ちることを防ぐための安全装置である．

このミラーサポートフレームは，図 8.44 に示すように多用途駆動機構に取り付けられている（Barho ら[53]参照）．このユニットは 5 自由度の調整機構（望遠鏡光軸に沿ったフォーカス調整，観測中の重力変動に対する調芯機構，視野安定化のためのチルト，背景信号に対するキャリブレーションのための周期的な視野移動を含む）の機能を果たす．この駆動機構は，Stanghellini ら[54]により詳細に説明されている．

ジェームズ・ウェッブ宇宙望遠鏡(JWST)の主鏡は，18 枚の六角形のベリリウム製セグメントミラー(幅の寸法が 1.32 m)からなっている．これらは一体となり，$25\,\mathrm{m}^2$ の連続した幅の距離 6.6 m の光学面となる（図 8.45 参照）．ベリリウムは，Brush Wellman O-30 グレード材である．各セグメントミラーは，600 個の三角形形状を背面に掘り込むことで軽量化がなされている（図 8.46 参照）．図に示された英数字は，この集合が 6 個のセグメント鏡で，それぞれが三つの異なる形状に研磨されたものから構成されることを示す．これは，三つのグループが光軸から異なる

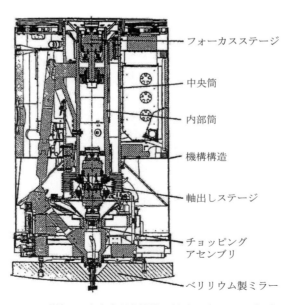

図 8.44　VLT 副鏡の 5 自由度駆動機構の断面図（Barho ら[53]による）．

8.8 金属ミラー   365

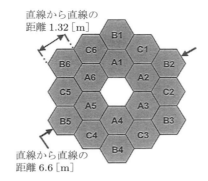

図 8.45　JWST 主鏡における六角形セグメントミラー（Wells ら[55]による）．

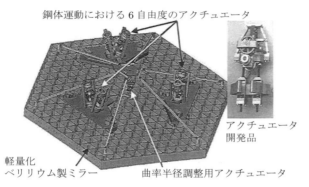

図 8.46　JWST 主鏡の一つのセグメント鏡の裏面図．詳細図は前期型のアクチュエータ（Wells ら[55]による）．

距離に配置されているため必要なことである．

　各セグメントは，カリフォルニア州リッチモンドの Tinslay 研究所にある，専用の CNC 加工機により研磨，成型された．作業者の安全にとくに注意が払われた[55]．面の形状評価は，いくつかの段階を経て実施された．最初に座標測定器を用い，その後，スキャニングシャックハルトマン測定器が用いられ，最後に可視光による干渉計が用いられた．厳しい温度コントロール(20 ± 2℃)と，HEPA フィルタを通した水平面内の空気の層流フローのもと，成型と測定が行われた．

　各セグメントに求められる仕様は，頂点曲率 15899.915 ± 1 mm，各セグメント間の合わせ ± 0.100 mm，コーニック定数 -0.99666 ± 0.0005，面形状誤差 ≤ 20 nm rms（≥ 222 mm/cycle，開口は縁から 5 mm 以下）である．最大 rms 形状誤差は，動機 222 mm/cycle 以上の中間周波数帯で 20 nm，周期が 222 mm

未満，0.080 mm 以上で 7 mm，表面粗さ（周期 80 μm 未満）は 4 nm であった．
機械加工業者から到着した時点で，この軽量化ミラーブランクの形状誤差は，真の
非球面形状から 0.101 mm p-v 以内の精度に収まっていた．基板寿命内において，
ベリリウムの微降伏応力を超えないように，ハンドリング，運搬，加工における衝
撃は ag＜5 に抑えられていた．これは，ミラーの長期安定性に影響する経時変化
によるクリープや塑性変形を防止する[56]．特殊なハンドリング装置が設計・製
作され，この要求に応えることが確認された．

　図 8.46 において留意すべき点として，各セグメントミラーには，3 個のバイポッ
ドアクチュエータが取り付けられている．これらは，セグメントミラーに対し 6 自
由度の剛体運動を可能にする．基板中央に取り付けられた 7 番目のアクチュエータ
は，曲率調整のためのものである．このアクチュエータは，軌道上ですべてのセグ
メントが厳しい公差内で，同じ曲率半径にあるよう制御するためなのはもちろん，
調整と検査用にも用いられ，さらに，6 自由度アクチュエータによる角度制御と協
調して，連続する非球面形状を作り出すためのものである．曲率半径を変えるため
に，中心のアクチュエータは，アクチュエータの外側とミラーの縁に取り付けられ
た 6 本のストラット（図中白い線で描かれている）により機械的トラス構造として
はたらく．曲率半径の変化は，剛体のアライメントとは独立である．このミラーア
ライメント法は第 12 章で取り扱う．

8.9　金属発泡コアミラー

　金属発泡コアミラーの開発は，泡状アルミニウム材が熱交換用に使用可能になっ
た後すぐに開始された．この材料は，もとの材料の密度の 4％にも下げることがで
き，コストも安く，簡単に製作でき，アルミニウムシートにひずみなく溶接できる．
これらの望ましい性質を受け，Pollard と共同研究者らにより，軽量化ミラーの設
計と解析が進められた[57]．彼らの解析モデルは直径 30.5 cm のミラーであり，
3.05 mm 厚の凹形状の表面板と，もとの材料の 10％の密度のコア材よりなる．有
限要素解析と実験の間には，期待される相関はなかった．つまり，これは部分的に
は実際と期待された密度との間の差に起因し，また材料のほかの機械特性の変化に
起因することを示している．

　Stone ら[58]は，泡材料のせん断応力に関する研究の結果を発表している．
ASTM 技術標準が定めるこの種の測定法は適切ではなかったため，新たな技術が

必要であることがわかった．セラミックス（Amporox T と Amporox P），ニッケル，そしてアルミニウム-シリコンカーバイドの泡材料が試験された．セル密度の異なる材料に対し，比重，もとの材料に対する相対密度，せん断強度，そしてもとの材料に対するせん断強度比を含む物性の計測が行われた．直径約 1 m の泡材料を用いたミラー基板に関する有限要素解析では，様々な材料物性に関する設計の敏感性が示された．解析においてはポアソン比が 0 と仮定された．Vukobratovich[59]は，セル構造に関する Ashby[60]の関係は，アリゾナ大の実験に従わないことを指摘している．

Vukobratovich[59]により説明されたアルミニウム発泡コアおよび表面シート構造ミラー設計を図 8.47 に示す．アルミニウム-シリコンカーバイドによる金属複合材料(MMC)による表面シートとニッケルコア，および MMC 表面シートと MMC 発泡コアが，アルミニウム板設計に対する，可能性のある改善設計として提案されている．

Mohn と Vukobratovich[61]は，開口径 0.3 m の MMC 望遠鏡の設計について

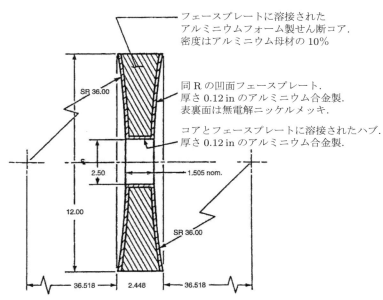

1. 計量質量 4.3 lb
2. 一面は F/1.5 の放物面，もう一面は F/1.5 の球面に加工

図 8.47　アルミニウム製フェースプレートとアルミニウム製フォームコアを用いた軽量化ミラー設計．寸法は in. 単位（Vukobratovich[59]による）．

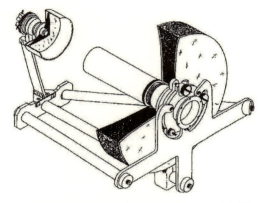

図 8.48　図 8.47 に示すミラーを用いた開口 30 cm，F/5 のカセグレン望遠鏡の模式図（Mohn および Vukobratovich[61]による）．

説明している．図 8.48 はこの設計を模式的に示したものである．主鏡と副鏡を支えるトラス構造は，直径 25 mm，壁厚み 1.25 mm の構造体用 MMC 管により構成されている．副鏡の支持体は構造体用 MMC の棒材で作られている．副鏡は光学グレード MMC を機械加工したのち，ELN メッキを施し，研磨されている．両凹形状の主鏡は MMC コアと MMC 表面シートにより作られている．これは，両面に ELN メッキが施され，安定性のため熱サイクルがかけられ，可視光に対して縞 1 本に研磨仕上げされている．望遠鏡全体の質量は 4.5 kg である．

　全体が MMC で構成され，シングルアーチ形状の主鏡を有する 0.4 m 口径のカセグレン望遠鏡の解説が Vukobratovich ら[62]により与えられている．この主鏡質量は 3.2 kg であり，同一形状のソリッドミラーの質量の 43% である．この全体の厚みは 83.57 mm である．

　Hadjimichael ら[64]をはじめ，McClelland と Content[63]により，極低温用途におけるアルミニウム発泡コアおよび表面シートミラーの設計の最適化方法が説明されている．彼らは純アルミニウム材料の超精密研磨（マイクロラフネスが約 0.6 nm rms に達する）の有用性を引用している．これは，無電解ニッケル（Lyons および Zaniewski[65]を参照）のような研磨可能なメッキを不要にするとともに，室温での研磨，試験のため，熱によるひずみを最小限にする目的のアサーマル化が不要になるという利点がある．開口径 127 mm，有効径 101.6 mm の，剛性が高く，軽量かつ内部構造起因のプリントスルーを最小限に抑えた凹面ミラーサンプルが製作され試験された．コアは，40 ppi（pore per inch）の開放構造のセルをもつ発泡

アルミニウムで，ソリッドなアルミニウムの約 8% の密度であった．図 8.49 にこれらのミラーの断面構造を示す．外側のリングは，横方向の剛性を増すために取り付けられている．マウントは単に裏側の表面シートに取り付けられている．コアは専用の工程で，表面シートおよびリングとロウ付けされている．ロウ付けされたアセンブリは，応力を開放するためゆっくりとアニールされる．ミラーの面積密度は，$20\,\mathrm{kg/m^2}$ より小さかった．光学面形状はアニール後，要求された形状になるように，ダイヤモンドターニングが施された．

8.10　ペリクル

ニトロセルロース，ポリエステル，ポリエチレンといったフィルム材料から，非常に薄いミラー，ビームスプリッタおよびビームコンバイナを作ることができる．これらは，2 μm から 20 μm の厚みが可能であるが，典型的には 5 μm ± 10% である．標準的な仕様では，光学面の品質は，スクラッチ-ディグ 40-20 で，面形状が 1 in. あたり 0.5～2λ である．基材透過率は 0.35～2.4 μm まで良好（> 90%）だが，2.4 μm を超えると大きな吸収帯がある[66]．図 8.50 に，典型的なペリクルの透過

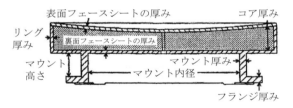

図 8.49　マウントが一体化されたアルミニウム製フォームコア，およびアルミニウム製フェースプレート構造の模式的断面図（McClelland および Content [63]による）．

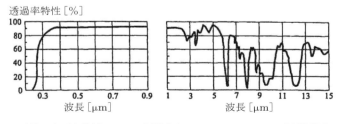

図 8.50　可視および赤外域における標準的なニトロセルロースの透過特性（National Photocolor 社の厚意による）．

率特性を単純化して示す．ペリクルには，可視から近赤外までの反射コート，ビームスプリッタコートが，従来のコート設計あるいは専用コート設計として可能である．標準的な AR コートが薄膜裏面に施される．

ペリクルの最も重要な特徴は，ゴースト像が発生しないことである．これは，45°入射の表裏面反射が非常に近く，重なっているように見えるためである．しばしば両面からの干渉が生じることが観察される．表面ノンコート，裏面 AR コートのペリクルは，4%のビームサンプラーとして用いることができる．もし両面ノンコートなら，可視域において反射率 8%，透過率約 $0.92 \times 0.9 = 83\%$ となる．

またペリクルは非常に薄いため，従来の平行平板より壊れやすい．ペリクルは，隣接する空気の振動を受けやすいが，真空では問題なく機能する．厚いもの（とくにポリエステルフィルムでできたもの）は，水中で用いられる．使用可能な温度範囲は -40℃から $+90$℃である．相対湿度 95%環境下でも耐性がある．

ペリクルは，フレームがたわまないようにマウントされる必要がある．フレームのたわみは光学面のひずみにつながるためである．典型的には，円形，正方形，矩形のフレームで面取りされ，ペリクルの貼られる表面がラップされたものが用いられる．これらのフレームは陽極黒化アルミニウムでできており，マウントのためのねじ穴が切られている．ステンレス製，あるいはセラミックス製の特別なホルダも製作可能である．図 8.51 と図 8.52 には，あるメーカーの特注マウントと標準マウントがそれぞれ示されている．

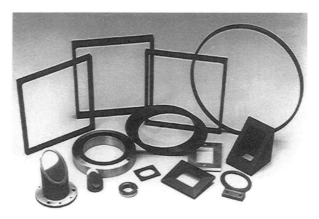

図 8.51　ペリクルメーカーにより供給される枠付きペリクル膜（National Photocolor 社の厚意による）．

8.10 ペリクル 371

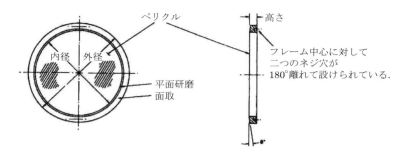

サイズ (in.)	内径	外径	高さ	マウント穴
1″	1″ (25.4mm)	1³/₈″ (34.9mm)	³/₁₆″ (4.8mm)	#2-56 thd. x ¹/₈″ dp.
2″	2″ (50.8mm)	2³/₈″ (60.3mm)	³/₁₆″ (4.8mm)	#2-56 thd. x ¹/₈″ dp.
3″	3″ (76.2mm)	3¹/₂″ (88.9mm)	¹/₄″ (6.4mm)	#6-32 thd. x ¹/₈″ dp.
4″	4″ (101.6mm)	4¹/₂″ (114.3mm)	¹/₄″ (6.4mm)	#6-32 thd. x ¹/₈″ dp.
5″	5″ (127.0mm)	5¹/₂″ (139.7mm)	⁵/₁₆″ (7.9mm)	#6-32 thd. x ¹/₈″ dp.
6″	6″ (152.4mm)	6¹/₂″ (165.1mm)	³/₈″ (9.5mm)	#6-32 thd. x ³/₁₆″ dp.

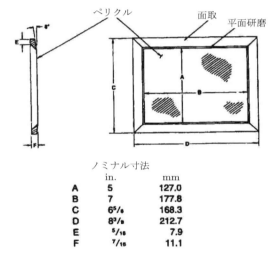

ノミナル寸法

	in.	mm
A	5	127.0
B	7	177.8
C	6⁵/₈	168.3
D	8³/₈	212.7
E	⁵/₁₆	7.9
F	⁷/₁₆	11.1

図 8.52 標準的なペリクル枠の設計形状と寸法（National Photocolor 社の厚意による）

372   第8章　ミラーの設計

参考文献

[1] Hopkins, R.E., "Mirrors and prism systems," Chapt. 7 in *Applied Optics and Optical Engineering*, III, Academic Press, New York, 1965.

[2] Smith, W.J., *Modern Optical Engineering*, 3rd ed., McGraw-Hill, New York, 2000.

[3] Kaspereit, O.K., *ORDM 2-1, Design of Fire Control Optics*, U.S. Army Ordnance, Washington. 1952.

[4] Jenkins, F.A., and White, H.E., *Fundamentals of Optics*, McGraw-Hill, New York, 1957.

[5] Schubert, F., "Determining optical mirror size," *Machine Des.* 51, 1979:128.

[6] Rodkevich, G.V., and Robachevskaya, V.I., "Possibilities of reducing the mass of large precision mirrors," *Sov. J. Opt. Technol.* 44, 1977:515.

[7] Englehaupt, D., Chapt. 10 in *Handbook of Optomechanical Engineering*, CRC Press, Boca Raton, 1997.

[8] Paquin, R., Chapt. 3 in *Handbook of Optomechanical Engineering*, CRC Press, Boca Raton, FL, 1997.

[9] Cho, M.K., Richard, R., and Vukobratovich, D., "Optimum mirror shapes and supports for light weight mirrors subjected to self-weight," *Proceedings of SPIE* **1167**, 1989:2.

[10] Florence, R., *Perfect machine: Building the Palomar Telescope*

[11] Loytty, E.Y., and DeVoe, C.F., "Ultralightweight mirror blanks," *IEEE Trans. Aerospace Electron. Syst.*, AES-5, 1969:300.

[12] Hill, J.M., Angel, J.R.P., Lutz, R.D., Olbert, B.H., and Strittmatter, P.A., "Casting the first 8.4 meter borosilicate honeycomb mirror for the Large Binocular Telescope," *Proceedings of SPIE* **3352**, 172, 1998.

[13] Hill, J.M. and Salinari, P., "The Large Binocular Telescope Project," *Proceedings of SPIE* **3352**, 1998:23.

[14] Seibert, G.E., "Design of Lightweight Mirrors," *SPIE Short Course Notes*, SPIE, Bellingham, 1990.

[15] Yoder, P.R., Jr., *Opto-Mechanical Systems Design*, 3rd ed., CRC Press, Boca Raton, 2005.

[16] Lewis, W.C., "Space telescope mirror substrate," *OSA Optical Fabrication and Testing Workshop, Tucson*, Optical Society of America, Washington, 1979.

[17] Hagy, H.E. and Shirkey, W.D., "Determining Absolute Thermal Expansion of Titania-Silica Glasses: A Refined Ultrasonic Method," *Appl. Opt.* 14, 1975:2099.

[18] Hobbs, T.W., Edwards, M., and VanBrocklin, R., "Current fabrication techniques for ULE and fused silica lightweight mirrors," *Proceedings of SPIE* **5179**, 2003:1.

[19] Fitzsimmons, T.C., and Crowe, D.A., "Ultra-lightweight mirror manufacturing and radiation response study," *RADC-TR-81-226*, Rome Air Development Ctr., Rome, 1981.

[20] Angel, J.R.P. and Wagsness, P.A.A., *U.S. Patent 4,606,960*, 1986.

[21] Parks, R.E., Wortley, R.W., and Cannon, J.E., "Engineering with lightweight mirrors," *Proceedings of SPIE* **1236**, 1990:735.

[22] Voevodsky, M. and Wortley, R.W., "Ultra-lightweight borosilicate Gas-Fusion™ mirror for cryogenic testing," *Proceedings of SPIE* **5179**, 2003:12.

[23] Pepi, J.W., and Wollensak, R.J., "Ultra-lightweight fused silica mirrors for cryogenic space optical system," *Proceedings of SPIE* **183**, 1979:131.

[24] Edwards, M.J., "Current fabrication techniques for ULE^{TM} and fused silica

lightweight mirrors," *Proceedings of SPIE* **3356**, 1998:702.

[25] Goodman, W.A. and Jacoby, M.T., "Dimensionally stable ultra-lightweight silicon optics for both cryogenic and high-energy laser applications," *Proceedings of SPIE* **4198**, 2001:260.

[26] Noble, R.H., "Lightweight mirrors for secondaries," *Proc. Symposium on Support and Testing of Large Astronomical Mirrors, Tucson, AZ 4-6 Dec. 1966*, Kitt Peak National Observatory and Univ. of Arizona, Tucson, 1966:186.

[27] Angele, W., "Main mirror for a 3-meter spaceborne optical telescope," *Optical Telescope Technology, NASA SP-233, 1969*:281

[28] Catura, R. and Vieira, J., "Lightweight aluminum optics," *Proc. ESA Workshop: Cosmic X-Ray Spectroscopy Mission, Lyngby, Denmark, 24-26 June, 1985, ESA SP-2*, 1985:173.

[29] Fortini, A.J., "Open-cell silicon foam for ultralight mirrors," *Proceedings of SPIE* **3786**, 1999:440.

[30] Jacoby, M.T., Montgomery, E. E., Fortini, A. J., and Goodman, W. A., "Design, fabrication, and testing of lightweight silicon mirrors," *Proceedings of SPIE* **3786**, 1999:460.

[31] Jacoby, M.T., Goodman, W.A., and Content, D.A., "Results for silicon lightweight mirrors (SLMS)," *Proceedings of SPIE* **4451**, 2001:67.

[32] Paquin, R.A., "Properties of Metals," Chapt. 35 in *Handbook of Optics*, Optical Society of America, Washington, 1994.

[33] Jacoby, M.T., Goodman, W.A., and Content, D.A., "Results for silicon lightweight mirrors (SLMS)," *Proceedings of SPIE* **4451**, 2001:67.

[34] Goodman, W.A., Müller, C.E., Jacoby, M.T., and Wells, J.D. (2001). "Thermo-mechanical performance of precision C/SiC mounts," *Proceedings of SPIE* **4451**:468.

[35] Goodman, W.A., Jacoby, M.T., Krödel, M., and Content, D.A., "Lightweight athermal optical system using silicon lightweight mirrors (SLMS) and carbon fiber reinforced silicon carbide (Cesic) mounts," *Proceedings of SPIE* **4822**, 2002:12.

[36] Jacoby, M.T. and Goodman, W.A., "Material properties of silicon and silicon carbide foams, *Proceedings of SPIE* **5868**, 2005: 58680J.

[37] Goodman, W.A. and Jacoby, M.T., "SLMS athermal technology for high-quality wavefront control," Proceedings of SPIE **6666**, 2007: 66660Q.

[38] Simmons, G.A. (1970). "The design of lightweight Cer-Vit mirror blanks, in *Optical Telescope Technology, MSFC Workshop, April 1969, NASA Report SP-233*: 219.

[39] Erdman, M., Bittner, H., and Haberler, P., "Development and construction of the optical system for the airborne observatory SOFIA," *Proceedings of SPIE* **4014**, 2000:309.

[40] Espiard, J., Tarreau, M., Bernier, J., Billet, J., and Paseri, J., "S.O.F.I.A. lightweighted primary mirror," *Proceedings of SPIE* **3352**, 1998:354.

[41] Martin, H.M., Zappellini, G.B., Cuerden, B., Miller, S.M., Riccardi, A., and Smith, B. K., "Deformable secondary mirrors for the LBT adaptive optics system," *Proceedings of SPIE* **6272**, 2006:62720U.

[42] Brusa, G. Riccardi, A., Salinari, P., Wildi, F.P., Lloyd-Hart, M., Martin, H.M., Allen, R., Fisher, D., Miller, D.L., Biasi, R., Gallieni, D., and Zocchi, F., "MMT adaptive secondary: performance evaluation and field testing," *Proceedings of SPIE* **4839**, 2003:691.

[43] Riccardi, A., Brusa, G., Salinari, P., Gallieni, D., Biasi, R., Andrighettoni, M., and

374　第8章　ミラーの設計

Martin, H.M., "Adaptive secondary mirrors for the Large Binocular Telescope," *Proceedings of SPIE* **4839**, 2003:721.

[44] Gallieni, D., Anaclerio, E., Lazzarini, P.G., Ripamonti, A., Spairani, R., DelVecchio, C., Salinari, P., Riccardi, A., Stefanini, P., and Biasi, R., "LBT adaptive secondary units final design and construction, *Proceedings of SPIE* **4839**, 2003:765.

[45] Dahlgren, R., and Gerchman, M., "The use of aluminum alloy castings as diamond machining substrates for optical surfaces," *Proceedings of SPIE* **890**, 1988:68.

[46] Downey, C.H., Abbott, R.S., Arter, P.I., Hope, D.A., Payne, D.A., Roybal, E.A., Lester, D.F., and McClenahan, J.O., "The chopping secondary mirror for the Kuiper airborne observatory," *Proceedings of SPIE* **1167**, 1989:329.

[47] Vukobratovich, D., Gerzoff, A., and Cho, M.K., "Therm-optic analysis of bi-metallic mirrors," *Proceedings of SPIE* **3132**, 1997:12.

[48] Gould, G., "Method and means for making a beryllium mirror," *U.S. Patent No. 4,492,669*, 1985.

[49] Paquin, R.A., Levenstein, H., Altadonna, L., and Gould, G., "Advanced lightweight beryllium optics," *Opt. Eng.* 23, 1984: 157.

[50] Paquin, R.A., "Hot isostatic pressed beryllium for large optics," *Opt. Eng.* 25, 1986: 2003.

[51] Geyl, R. and Cayrel, M. "The VLT secondary mirror - a report," *Proceedings of SPIE* **CR67**, 1997:327.

[52] Cayrel, M. "VLT beryllium secondary mirror No. 1 - performance review," *Proceedings of SPIE* **3352**, 1998 721.

[53] Barho, R., Stanghellini, S., and Jander, G., "VLT secondary mirror unit performance and test results," *Proceedings of SPIE* **3352**, 1998 675.

[54] Stanghellini, S., Manil, E., Schmid, M., and Dost, K., Design and preliminary tests of the VLT secondary mirror unit," *Proceedings of SPIE* **2871**, 1996:105.

[55] Wells, C., Whitman, T., Hannon, J., and Jensen, A., "Assembly integration and ambient testing of the James Webb Space Telescope primary mirror," *Proceedings of SPIE* **5487**, 2004:859.

[56] Cole, G.C., Garfield, R., Peters, T., Wolff, W., Johnson, K., Bernier, R., Kiikka, C., Nassar, T., Wong, H.A., Kincade, J., Hull, T., Gallagher, B., Chaney, D., Brown, R.J., McKay, A., and Cohen, L.M., "An overview of optical fabrication of the JWST mirror segments at Tinsley," *Proceedings of SPIE* **6265**, 2006:62650V.

[57] Pollard, W., Vukobratovich, D., and Richard, R., "The structural analysis of a lightweight aluminum foam core mirror," *Proceedings of SPIE* 748, 1987:180.

[58] Stone, R., Vukobratovich, D., and Richard, R., "Shear moduli for cellular foam materials and its influence on light-weight mirrors," *Proceedings of SPIE* **1167**, 1989:37.

[59] Vukobratovich, D., "Lightweight laser communications mirrors made with metal foam cores," *Proceedings of SPIE* **1044**, 1989:216.

[60] Gibson, L.J. and Ashby, M.F., *Cellular Solids*, Pergamon Press, England, 1988.

[61] Mohn, W.R. and Vukobratovich, D., "Recent applications of metal matrix composites in precision instruments and optical systems," *Opt. Eng.* 27, 1988:90.

[62] Vukobratovich, D., Valente, T., and Ma, G. (1990). "Design and construction of a metal matrix composite ultra-lightweight optical system," *Proceedings of SPIE* **2542**, 1995:142.

[63] McClelland, R.S. and Content, D.A., "Design, manufacture, and test of a cryo-stable Offner relay using aluminum foam core optics," *Proceedings of SPIE* **4451**, 2001:77.

参考文献 375

[64] Hadjimichael, T., Content, D., and Frohlich, C., "Athermal lightweight aluminum mirrors and structures," *Proceedings of SPIE* **4849**, 2002:396.

[65] Lyons, J.J. III and Zaniewski, J.J., "High quality optically polished aluminum mirror and process for producing," *U. S. Patent 6,350,176 B1*, 2002.

[66] Stern, A.K., private communication, 1998.

9
小径非金属ミラーの保持方法

　ミラーの機械的保持方法が適切かどうかは，次に述べる各項目を含む，様々な要因に依存する．

- 光学系固有の剛性
- 反射面の移動量，およびひずみ量の許容幅
- 運用中に，光学素子をマウントのインターフェース面に固定するための力（保持力）の大きさ，位置，方向
- 極端な振動衝撃に晒されたときに，光学素子に対してはたらく圧縮力，あるいは引張力や，マウント面に対して横方向にはたらく力
- 安定状態の温度，および遷移中の温度
- 光学素子をマウントに保持するためのインターフェースの数，形状，向き
- マウントの剛性と長期安定性
- 組立，調整，メンテナンス，全体サイズ，重量，配置制約条件
- 装置全体のコストを考えたときに安価かどうか

　この章では，約 1.27 cm から 89 cm までの大きさのミラーについて，一般的に用いられる様々な保持方法について述べる．この範囲のうち最も小さいものでは，マウントは非常にシンプルになる傾向にあり，レンズをマウントしていたのと同様の方法が使える．これからわかるように，ミラーの大きさが増すにつれ，マウントの複雑さも増していく．ここで考察する一般的な方法は，機械的クランプ，エラストマーによる接着，オプティカルコンタクト，そしてフレクシャによるマウントといった方法を含んでいる．ここには非金属ミラーおよび金属ミラー基板に適したマウント方法が含まれている．概して，小さいミラーから大きいミラーへと議論を進める．天文用ミラーの保持方法については，次章で取り扱う．しばしばきわめて大きいミラーのみに存在すると考えられる多くの問題は，小さいミラーにも起こることを指摘しておく．つまり，違いはスケールの違いのみである．小さくても高性能なミラーの保持に対する現代的な設計では，これらの問題が特殊な配慮を要するの

に十分な大きさとなる.

9.1 機械的クランプによるマウント

図 9.1 は，ガラスでできた平行平板ミラーを金属面に取り付けるための非常に単純な構造を示している．三つの同一平面上にあるラップされた平らなパッドに対し，反射面が三つの板バネで取り付けられている．曲げモーメントを最小にするため，バネの接触点はパッドに対して正反対の位置にくるようにしている．これは，1 方向の平行移動と 2 方向のチルトをセミキネマティックに拘束する設計である．クリップを支持する柱は，クリップが，ミラーに対して垂直に，適切なクランプ力（保持力）をかけられるように，適切な高さに機械加工されている．もし必要であれば，ポスト先端に特別に用意されたスペーサを用いることもできる．クリップの端面は，ガラスに対して線接触するよう，円筒形に丸められている．球面パッドもクリップに用いることができるが，13.4 節で述べるように，その場合にはより高い接触応力が発生する．

7.2 節のプリズムに用いられる類似のマウント方法の場合と同様，バネクリップは，装置に対して想定される最悪の衝撃と振動の加速度に対しても，ミラーを保持するのに十分な強さでなくてはならない．これらのクリップは，拘束点（図 9.1 のネジ）からミラーへの接触点に最も近い点までの長さをもつ片持ち梁として設計される．式(7.1)が各バネに要求される保持力を計算する式である．

$$P_i = \frac{W a_G}{N} \tag{7.1}$$

ここで，W はミラー質量，a_G はパッドの法線方向にはたらく最大加速度，N はバネの数である．W を質量と考えるのであれば，分子に 9.8066 が掛かる.

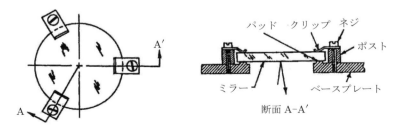

図 9.1　単純な構造のバネクランプ式ミラーマウント（Durie[1]による）.

378　第 9 章　小径非金属ミラーの保持方法

例題 9.1　ミラーを拘束するためのクランプ力（設計と解析には File 9.1 を用いよ）．

質量 0.041 kg の円形平面ミラーを図 9.1 に示す方法で，参照パッド面に対して加速度 15 G がかかった場合の安全率 2 で拘束する．三つの各バネに必要な保持力を求めよ．

解答

式(7.1)より

$$P_i = \frac{0.041 \times 9.8066 \times 15 \times 2}{3} = 4.021 \text{ N}$$

が必要となる．

与えられた保持力に対して，各バネクリップの曲げ量を次の式で決定することができる[2]．

$$\Delta x = \frac{(1 - \nu_M^2)(4P_i L^3)}{E_M b t^3} \tag{3.42}$$

ここで，ν_M はバネ材料のポアソン比，L は片持ち梁として考えたときのバネの長さ，E_M はバネ材料のヤング率，b はバネの幅，t はバネの厚み，そして N はバネの個数である．

バネによって発生する曲げ応力 S_B は，式(3.43)で計算できる[2]．

$$S_B = \frac{6PL}{b t^2 N} \tag{3.43}$$

ここで，すべてのパラメータはすでに定義されている．

応力は，決まった安全率 f_S を降伏応力に掛けた値より小さい必要がある．このとき厚み t の下限値は，式(7.8)で決定される．

$$t = \left(\frac{6P_i L f_S}{b S_Y} \right)^{\frac{1}{2}} \tag{7.8}$$

典型的には，安全率 f_S は 2 以上である．ここで，バネがマウントに対してなんらかの方法により穴を開けずに固定できるならば，曲げ応力は式(3.43)で与えられる値の 1/3 になることに注意しておく[2]．

図 9.1 に示した設計では，摩擦力以外に，パッド上での 2 方向の面内移動および面内の回転を拘束するものはない．平面ミラーの性能は，これらの運動に関して感

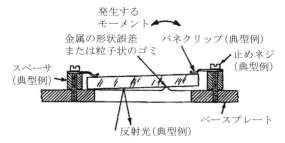

図 9.2 パッドの形状誤差，またはミラーとマウント面の間のゴミの影響の説明図（Durie[1]による）．

度をもたないため，拘束されていないことは許容できる．メカニカルストップを取り付けること，あるいは，ミラーが円形の場合には，支持体のミラーに対するクリアランスを小さくすることで，極端な光学素子の移動を防ぐことができる．

図 9.2 は，ミラーの縁が直接，機械加工されたマウント上の平面に乗っている，より望ましくない設計を示している[1]．バネクリップは，図 9.1 と同じように保持力を生み出すが，支持する面がミラー面と同様に平坦でないのであれば形状誤差が支持面のどの場所にも起こりうる．そのため，高い点で曲げモーメントが発生し，反射面の変形が起こる．似たような面の変形が，外部要因（ごみなど）がミラーとマウント面に挟み込まれることでも起こりうる．この現象の起きる可能性は，光学素子と面の連続接触よりも，小さいパッドのほうがずっと小さい．もし，インターフェース面に複数の形状誤差がある場合，振動でミラーが平行移動したときのミラーの向きも不安定になる．

例題 9.2 平面ミラーを拘束するための片持ちバネによるクランプ（設計と解析には File 9.2 を用いよ）．

円形の平面ミラーが図 9.1 に示す方法で拘束されていると仮定する．ただし，このミラーは 6 個のパッド（同一平面に研磨）に押し付けられ，6 個の片持ちバネでパッドに対して反対側から保持力がかけられているとする．ミラーの質量は 0.862 kg であるとし，パッド面に対する法線方向の加速度を 25 G とする．各バネについて自由長が $L = 15.875$ mm，幅が $b = 6.35$ mm とする．バネが A6061-T6 アルミニウム合金製で，曲げ応力に対する安全率が 2 の場合の曲げ量はいくらであるべきか．

380 **第9章 小径非金属ミラーの保持方法**

解答

表 B.12 より，A6061-T6 アルミニウム合金について

$$E_M = 6.82 \times 10^4 \, \text{MPa}, \qquad \nu_M = 0.332, \qquad S_Y = 270 \, \text{MPa}$$

式 (7.1) より

$$P_i = \frac{0.862 \times 9.8066 \times 25}{6} = 35.22 \, \text{N}$$

である．式 (7.8) より

$$t = \left(\frac{6 \times 35.22 \times 15.875 \times 2}{6.35 \times 270} \right)^{\frac{1}{2}} = 2 \, \text{mm}$$

式 (3.42) より

$$\Delta x = \frac{(1 - 0.332^2) \times 4 \times 35.22 \times 15.875^3}{6.82 \times 10^4 \times 6.35 \times 2^3} = 0.145 \, \text{mm}$$

を得る．このとき式 (3.44) より

$$S_B = \frac{6 \times 35.22 \times 15.875}{6.35 \times 2^3} = 132 \, \text{MPa}$$

したがって

$$f_S = \frac{270}{132} = 2.04$$

となり，この値は許容可能である．

ミラー第 1 面の平面をマウントする一つの方法として，へこみをつけたベースプレートにマウントする方法がしばしば使われる．これを**図 9.3** に示す．ここで，クリップはソリッドであり曲がらない．これは，ベースプレートと一体加工されることもありうる．マウント側に 3 個の小さく柔らかい素材でできたパッドを，ミラーを挟んでクリップの下にくるよう配置することで柔軟性が得られる．

パッドは圧縮されることにより，ミラーの厚み変化を吸収する．この設計において，ミラー基板のウェッジを考慮に入れる必要がある．パッド材料の選択は，時間とともにパッドが永久に変形したり，硬くなってしまうという点を鑑みると重要である．どちらの場合においても，保持力は変化する．7.2 節で概要を述べた，ソルボセイン（靴などに用いられる柔軟材料）や類似の材料を，パッドの設計に用いる設計方法が許容可能である．

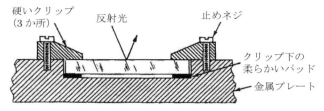

図 9.3 弾性パッドをバネとして用いるミラーの拘束方法（Yoder[3]による．著作権は Informa 社の一部門である Taylor and Francis Group 社に帰属．許可を得て再掲）．

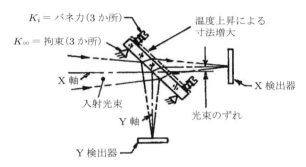

図 9.4 プレート型ビームスプリッタのためのセミキネマティックマウント（Lipshutz[4]による）．

　プレート型ビームスプリッタとしての部分反射ミラーを，セミキネマティックにマウントする方法を図 9.4 に示す．このプレートは 3 点の固定された「点（実際には小さな領域）」に対して接しており，バネによりこれらの点の反対側から与圧されている．この設計も含め，ミラー反射面にハードコンタクトが起こるすべての設計において，この面の位置と向きは温度変化によって変わらない．もちろん，温度変化によるマウント点の位置変動によっては，この平面の位置と向きが変わる可能性がある．

　図 9.5 には，ミラー面に対して垂直方向とその面内におけるバネ荷重を用いたミラーマウント設計の概念が示されている．ここでは，圧縮型のコイルバネが示されているが，片持ち梁式の板バネも利用可能である．このマウント方法は，6 自由度がバネおよび点の代わりとなる小さな面積で拘束されているため，セミキネマティックである．ここで，次のことに注意する．すなわち，ミラー裏面とコバ面に接触するパッドはガラス面に沿うことができ，それによってパッドの縁における応力集中を防止することができる．あるいは，このパッドを長い曲率半径をもつ球面

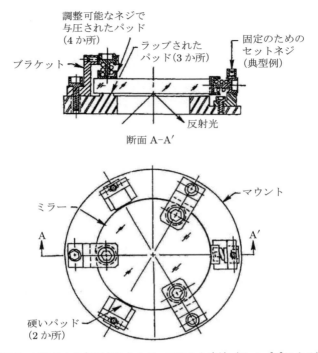

図 9.5　バネにより与圧されたミラーマウント方法（Yoder[5]による）．

の一部とすることもできる．万一パッドが傾いても，曲線のどこかで接触が起こる．

　いくつかのメーカーから市販されているある種の小径ミラーでは，ミラー外径より大きい内径の円筒形マウントが使われている．このようなマウントを図 9.6 に模式的に示す．ミラーの縁は，マウント底部に埋め込まれた二つのプラスチック（ナイロンあるいはデルリン）の棒に接している．この棒は，設計上は，空洞の中心軸および互いに平行である．このマウント配置は，「V 溝マウント」として知られている．この方法は 11.1.1 項でより詳しく考察する．

　マウント頂部のナイロン製のセットネジにより，弱い保持力をかけることができる．過大な圧力はミラーを変形させる．ミラーを平らな棚に押し付けるために押さえ環を締め込んだ場合，径方向の力がミラーを過剰拘束し歪ませないように，このネジは緩めておかなければならない．ナイロンがもつわずかな柔軟性により，温度変化が起こったときのミラーのひずみや破壊が防止される．しかしながら，極端な温度環境下で不測の事態が起こることを防ぐためには，その環境下での性能は確認しておくべきである．

9.1 機械的クランプによるマウント　383

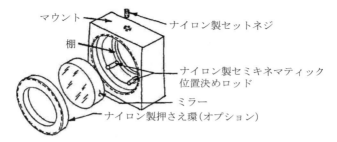

図 9.6　市販品で利用可能な小径ミラーマウント方法模式図．ミラーは二つのプラスチック製のロッドで支えられている（Vukobratovich[6]による）．

　NASA の GOES（静止気象衛星）に用いられたカセグレン望遠鏡における副鏡が図 9.7 に示されている．このミラー開口径は 3.9 cm である．インバー製のセルに組み込まれた ULE 製の副鏡は，径方向と軸方向に RTV566 でできたパッドに支持され，ミラー開口周囲が均等に配置された 0.05 mm 厚のマイラパッドに接していることが，Hookman[7] により報告された．パッドは動かないように，エポキシにより所定の位置に接着されていた．径方向の RTV パッドは直径 5.1 mm，0.25 mm 厚である一方，軸方向のパッドは同じ直径で厚みが 0.064 mm である．インバー製の押さえ環は，セル裏面に 3 本のネジで締結されている．その図を図 9.8 に示す．セルをひっくり返すと，硬化した軸方向のパッドは，ノミナル重量 9.6 N により 0.05 mm の厚みまで圧縮される．径方向のパッドの軸は，ミラーの中立線上に一致している．

　インバーミラーセルとアルミ製のマウントプレートの間の CTE 不一致により引き起こされる温度効果を最小限にするため，セルはプレートに機械加工された 3 本のフレクシャ板で支持されている．このフレクシャ板は長さ 12.7 mm，幅 8.1 mm，0.5 mm 厚である．対称性からミラーの径方向の位置とチルトは，温度変化により乱されない．

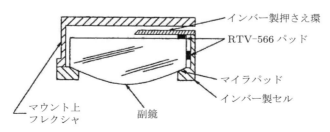

図 9.7　GOES 用宇宙望遠鏡副鏡の部分的断面図（Hookman[7]による）．

384　第 9 章　小径非金属ミラーの保持方法

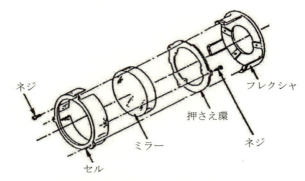

図 9.8　GOES 用宇宙望遠鏡副鏡マウントの分解図（Hookman[7]による）．

　シュミット望遠鏡に用いられた，直径 40.6 cm の石英製球面主鏡の（John Strong が用いた）ノンキネマティックな保持方法が，図 9.9 に示されている[8]．ミラーの縁は球面形状に,円の中心がミラー中心軸と一致するよう研削されており，組み込みや，再コートの際のチッピングを防いでいる．狭い（6.35 mm 幅の）円環平面面取りがミラー表面に施されており，これがインバー製のセル内部にある三つの鋼製のパッド（図中には突起と示されている）に押し付けられている．パッドは，あらかじめ同一平面上に配置され，かつ望遠鏡光軸と垂直な面をもつよう加工されている．セルは穴の開いたインバー製の望遠鏡鏡筒に取り付けられていた．

　厚みが約 2.3 mm の 3 枚のシムが，ミラーの球面に加工された縁とセル内径に挿入された．各シムの厚みは,セルを非常にわずかにもとの形状からたわませるため，径方向のクリアランスよりわずかに大きく設定されていた．シムの厚みと位置の調整を繰り返すことにより，ミラーの中心基準位置を望遠鏡光軸と一致するよう調整がなされた．

　このミラーは，軸方向には 3 枚の押さえバネクリップで拘束されていた．このクリップによりミラーは軸方向の基準となる三つのパッドに押し付けられていた．摩擦力により,望遠鏡光軸周りに回転しないようになっていた.薄いプラスチックテープ層（スコッチテープ）により，ミラーはパッドから分離されていた．このことにより，マウントは機械的衝撃に対して抵抗力をもっており，また，温度の影響を受けないことにいくらかは役立っていた．

　Vukobratovich[6]は図 9.10 に示した，長方形ミラーを縁でマウントするためのキネマティックな配置を提案した．このミラーの裏面は，底辺の角と上部の辺の中点の 3 点で保持されている．垂直方向には，ミラーは端点から $0.22a$ の位置にある

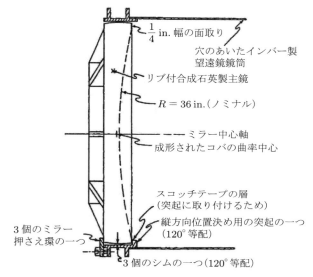

図9.9 シュミット望遠鏡主鏡のノンキネマティックマウント方法（Strong [8] による．著作権は Informa 社の一部門である Taylor and Francis Group 社に帰属する．許可を得て再掲）．

2点で保持されている．この位置はミラーの自重による変形を最小限にする位置である．ただし，a はミラーの長手（水平）方向の長さである．ここで，ミラーは裏面の支持手段に対しては荷重がかかっておらず，垂直方向のただ一つの荷重は自重のみであることに注意する．もし底面の支持手段がミラー重心を含む平面よりわずかに前に出ているとすると，ミラーをひっくり返すモーメントがかかる．このモーメントは，ミラーを上部の支持手段に押し付けるようにはたらく．摩擦がない場合には，このミラーは，裏面の下部支持手段に接するまで底辺の支持手段上を滑る．セミキネマティックマウントにするために点接触を小さな面接触に変更すると，摩擦力の影響が無視できなくなり，ミラーが裏面下部支持手段に接する保証はなくなる．もしミラーが意図して水平方向の力を受けて移動させられるのであれば，これらの支持手段に対して期待されるよう接触させることができる．この場合，外乱がなければ摩擦力によってミラーは固定される．

　円形，矩形あるいは非対称形のミラーは，しばしばレンズと同じ方法でマウントされる．4 in.（10.2 cm）までの大きさのミラーは，ネジ式押さえ環で保持できる．また，円形あるいは非円形のミラーはフランジあるいは片持ちバネで保持することもできる．ネジ式マウントの外径に対する制約は，一義的には，薄い押さえ環を大

386　第9章　小径非金属ミラーの保持方法

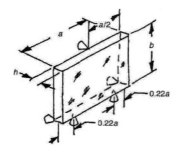

図 9.10　エッジで支持された長方形ミラーのキネマティックマウント概念図（Vukobratovich[6]による）．

きな外径に対して十分な真円度で加工できるかどうかの難しさに依存する．

　図 9.11 は，ミラーに対して押さえ環方式を適用したものの図である．ミラーは非球面あるいは凹面であっても同様に保持は可能だが，図に示しているのは光学素子凸球面である．反射面は，マウントに設けられた円筒形の棚に対して押さえ環を締め込むことによる保持力によって位置決めされている．このリングは，マウントのネジ加工された内径に対して緩いはめ合い（ANSI B1.1-1982 の 1 級または 2 級）である．接触はミラーの研磨面に対して起こるが，これは，径方向の保持力のバランスによって，マウントの正確な機械軸に対して曲面を芯出しするためである．詳細は 3.1 節を参照せよ．

　合わせ加工されたスペーサを径方向の位置決めパッドとして用いる場合，ミラー外径の正確な芯取りあるいは厳しい外径公差は不要である．図には示されていないが，ミラーの曲げ変形を防止するためには，平面接触側の軸からの高さと同じ高さで，凸面と接触していなくてはならない．研磨面に対してシャープコーナーコンタクトが示されている．ミラーの接触応力を小さくするためには（13.8 節を参照），接線接触（円筒接触）あるいは，トロイダル接触（ドーナツ型）のインターフェースが望ましい．3.9 節にはレンズに対する様々なインターフェース形状が示されている．これらは，小径ミラーのマウントに対しても同様に適用できる．

　レンズ押さえ環と同様，押さえ環の露出した面は，二つあるいはそれ以上の穴が開けられており，シリンダー形状のレンチ端面のピンによって押さえ環を締め込めるようになっている．あるいは，同じ用途に使えるように，一つあるいは二つの径方向のスロットが切られている．後者の場合には，押さえ環と同等の大きさの板がレンチとして用いられる．保持力がミラー裏面に加えられ,固定するインターフェース面が表面である場合には，押さえ環を締め込む際のひっかくような運動によって

9.1 機械的クランプによるマウント　387

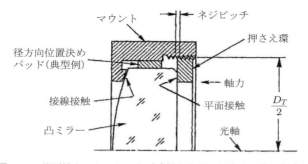

図 9.11　凸面鏡をマウントにネジ式押さえ環で固定する際の概念図.

反射面が傷つけられる可能性が減少する.

　レンズ組み込みの場合と同じように，押さえ環にトルク Q がかけられている場合，温度が一定だとすると，全体の保持力 P は次の式で見積もることができる.

$$P = \frac{5Q}{D_T} \tag{3.34a}$$

なお，D_T は図 9.1 に示すネジのピッチ径である.

　ここで，この式の正確性は，付録 C で議論した制限の対象となり，そもそもネジ結合の摩擦係数（実物ではまったく不明確な値である）に依存することに注意する必要がある.このことは，ネジ式押さえ環によりかけられたトルクが指定された保持力を発生させるかどうかは，まったく信頼がおけないことを意味する.

　小さな円形ミラーのもう一つのマウント方法を図 9.12 に示す（この場合は裏面鏡である）.ここで，ミラー表面の平面面取りは押さえ環のトロイダル面に接しており，ミラー面は接線接触のインターフェースで位置決めされている.接触は両面の同じ高さで生じる.これらのインターフェース形状，寸法，そして押さえ環の「緩い」はめ合いは，マウントによるミラーを曲げようとするモーメントを最小限にするのはもちろん，接触による応力も最小限になることを保証する.

　図 9.13 には，典型的な円形ミラーを，フランジにより保持する設計を示す.このタイプの押さえ環は，ミラーが押さえ環で保持できるサイズより大きい場合，あるいは，より保持力を精密に制御する必要のある用途に用いられる.いくつかのきつい位置決めパッドを縁に配置することで，ミラーをマウントの機械中心に調整できる.棚に設けられた円環状に盛り上がった部分が，ミラーの平面部に直接，クランプ力に向きあう形で当たり，その位置のみ力がはたらくようになっている.この盛り上がった面は，ミラーの反射面を過剰拘束して面を歪ませてしまうことがない

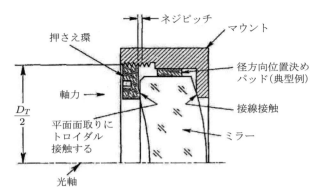

図9.12 裏面鏡をマウントにネジ式押さえ環で固定する際の概念図.

ように，平面に研磨される．また，これはレンズの軸に対して正確に直角でなくてはならない．

フランジとミラーの平面面取りはトロイダル形状になっており，接触応力を最小限に抑えている．フランジ上の平面は，面取りに対して正確に芯出しされていればうまく機能する．しかし，機械加工誤差や温度変化によって，シャープコーナーでの接触と，それによる光学素子にかかる大きな応力が生じる可能性がある．

光学素子とマウントの間の線膨張係数差のため，温度変化によって，径方向の位置決めパッドに関する問題や，保持力の安定性に関する問題，そして，ここで述べたミラーマウントに関するそのほかの問題が生じる可能性がある．この話題に関する考察と，是正策の概要は，第14章で述べる．

図9.13で述べたクランプフランジの機能は，すでに述べたネジ式押さえ環の機能と同じである．この方法による保持力は，式(3.38)〜(3.40)に非常に類似した式で求めることができる．これらの式はRoark[2]によって示されたものであり，穴の開いた円形の板であって，外側の縁が固定されており，内側の縁に対して，その縁を曲げるように軸方向に向いた一様の力がかかっているものに適用される式である．

$$\Delta x = (K_A - K_B)\frac{P}{t^3} \tag{3.38}$$

ここで，

$$K_A = \frac{3(m^2-1)\left(a^4 - b^4 - 4a^2b^2\ln\frac{a}{b}\right)}{4\pi m^2 E_M a^2} \tag{3.39}$$

9.1 機械的クランプによるマウント

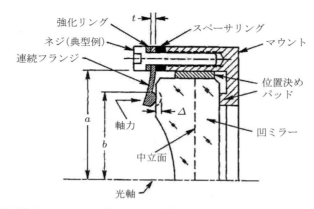

図 9.13 凹面鏡をマウントに円形のフランジ式押さえ環で軸方向に固定する際の概念図.

$$K_B = \frac{3(m^2-1)(m+1)\left(2\ln\dfrac{a}{b}+\dfrac{a^2}{b^2}-1\right)\left(b^4+2a^2b^2\ln\dfrac{a}{b}-a^2b^2\right)}{4\pi m^2 E_M\left\{b^2(m+1)+a^2(m-1)\right\}} \quad (3.40)$$

ここで，P は保持力，t はフランジ厚み，a と b は片持ちバネにおける外側と内側の半径，m はポアソン比の逆数，そして E_M はフランジ材質のヤング率である.

このフランジの下にあるスペーサは，組み込み時において，ある軸方向の厚みに研磨してもよい．この厚みは，クランプするためのネジによって，強固な金属と金属の接触が実現されたときに，フランジのたわみ量をあらかじめ決まった値にするための値である．様々な厚みのスペーサを用意することで，ミラーの厚みのばらつきに対応できる．フランジの材質と厚みは第 1 の設計変数である．寸法 a と b は変更可能であり，円環の幅 $a-b$ もまた変更可能であるが，これらはミラー開口径，マウントの壁の厚み，そして全体の寸法制約から，普通はあらかじめ決まっている.

応力 S_B は，フランジのたわんだ部分の積み上げで決まるが，これは降伏応力を超えてはならない．以下の式が適用できる.

$$S_B = K_C \frac{P}{t^2} = \frac{S_Y}{f_S} \quad (3.41)$$

ここで，

$$K_C = \frac{3}{2\pi}\left\{1-\frac{2mb^2-2b^2(m+1)\ln\dfrac{a}{b}}{a^2(m-1)+b^2(m+1)}\right\} \quad (3.42)$$

である．P は全保持力であり，t はフランジ厚み，寸法 a と b は片持ちバネにおける外側と内側の半径，m はポアソン比の逆数，そして E_M はフランジ材質のヤング率である．

これらの式の使用法に関する議論，および実際の数値例については，3.6.2 項を参照せよ．

屈折光学素子におけるフランジの制約についてすでに考察したように，取り付け位置（ネジ）との間の変形量 Δ は，これらの点における変形量と同じでなくてはならない．これにより，光軸から望ましい高さで一様な接触が起こることが保証される．これは，フランジにおいてたわむ部分を，より厚いリング中の薄く加工した部分として機械加工を施すことにより実現でき，またそれによって，フランジのクランプされる輪帯領域に厚みが加えられる．これはまた，図 9.13 に模式的に示したように，硬いバックアップリングによってフランジを補強することによっても達成できる．

ネジの個数を増やせば，ミラーの縁において非一様な力が発生する可能性を減らすことができる．Shingy と Mischke[9] によって，高圧チャンバにおけるガスケットフランジをネジで拘束する場合の配置についての提案がなされている．これを，ミラーをマウントする今回の場合の設計に受け入れるならば，ネジの個数 N は以下の式を満たす値でなくてはならない．

$$3 \le \frac{\pi D_B}{Nd} \le 6 \tag{9.1}$$

ここで，D_B はネジの中心を通るピッチ円直径（P.C.D）であり，d はネジの頭の直径に等しい．この判定条件は，光学系への利用においては，とくに硬いバックアップリングによってクランプする領域が補強されているならば，おそらく過剰に保守的になる．ここでは，工学的な判定および，おそらくは実験を適用するのがよい．

9.2 接着によるミラーのマウント

表面ミラーであって，直径がおよそ 15.2 cm 以下のミラーは，すでにプリズムで述べたような方法と同様に，機械的な支持体に直接接着することができる．硬化時の接着剤の寸法変化，あるいは温度変化がミラー面を歪ませないためには，最も大きな面と厚みの比が 10：1 以下，もっと言えば 6：1 以下であることが望ましい．図 9.14 はこのような設計を示している．要求される全接着面積 Q_{MIN} は，7.5 節で

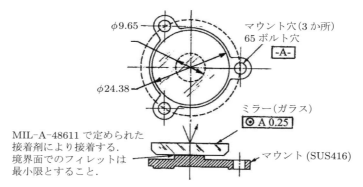

図 9.14 典型的な接着で保持された表面鏡アセンブリ．寸法は mm 単位（米国陸軍の図面より）．

すでに説明した式(7.9)に従う．

$$Q_{\text{MIN}} = \frac{W a_G f_S}{J} \tag{7.9}$$

ここで，W はミラー重量，a_G はミラーにかかる最大加速度，f_S は望ましい安全係数（典型的には 2 から 5），そして J は接着剤のせん断あるいは引っ張り強度である（これらは普通大体等しい）．例題 9.3 はこの計算例を示す．

> **例題 9.3 裏面をマウントに接着されたミラー**（設計と解析には File 9.3 を用いよ）．
> N-BK7 製で，直径 101.6 mm，中心厚 19.050 mm（比 5.33:1）のミラーを考える．マウントベースは SUS416 であるとする．接着パッドは EC-2216B/A エポキシの円形パッドであるとする．加速度 15 G がかかる．
> (a) 安全率 f_S が 4 の場合の最小接着面積を求めよ．
> (b) 最小接着直径を求めよ．
>
> **解答**
> 表 B.1 より，ガラスの密度は 2.51 g/cm³ である．
> 表 B.14 より，接着剤のせん断強度は $J = 17.2$ MPa である．
> ミラーの質量は
> $$\pi \times \left(\frac{10.16}{2}\right)^2 \times 1.905 \times \frac{2.51}{1000} = 0.388 \text{ kg}$$
> である．

392　第9章　小径非金属ミラーの保持方法

(a) 式(7.9)より

$$Q_{\mathrm{MIN}} = \frac{0.388 \times 15 \times 9.8066 \times 4}{17.2} = 13.27\ \mathrm{mm}^2$$

である.

(b) 最小接着面積は $Q_{\mathrm{MIN}} = \pi \times (D/2)^2$，ここで D は接着領域の直径なので，

$$D = \left(\frac{2^2 \times 13.27}{\pi} \right)^{\frac{1}{2}} = 4.11\ \mathrm{mm}$$

である.

　プリズム接着のところで議論したように，ガラスと金属の最大接着強度は，接着層が特定の値のとき最大となる. 経験上, 3M 社のエポキシ接着剤 EC2216-B/A は，厚み 0.075～0.125 mm でなくてはならない. 接着剤メーカーによっては，実際のユーザーは 0.05 mm でうまくいくのを発見しているにもかかわらず，0.4 mm の厚みを推奨しているところもある. 薄い接着層は厚い接着層よりも剛である. 薄い接着層のほうが，厚い接着層よりも共振周波数が高くなる.

　正しい接着層の厚みを得るためには，接着剤を塗布する前に，指定された厚みのスペーサ（ワイヤー，プラスチック製の釣り糸，平面シム）を，接着される面の一に，等間隔に 3 か所に置くことが役立つ. 組み立てと硬化の際には，ガラス部品をこれらのスペーサに固定するよう注意をはらう必要がある. 接着剤は，スペーサと接着される部品の間に入ってはならないが，その理由は接着剤の厚みに影響するためである. ガラスと金属の間に，エポキシ接着剤の一様な薄い接着層を得るもう一つの方法として，接着される面に接着剤を塗布する前に，小さなガラスビーズを接着剤に混ぜるという方法もある[11]. 部品どうしをしっかりとクランプしたとき，最も大きなビーズが両面に接触し，その直径だけ両者の距離が保たれる. このようなビーズは，径が揃った状態で調達されるため，特定の厚みをもった接着層を得るのは比較的容易である. ガラスビーズは，本質的には接着強度に影響しない.

　図9.14 は典型的な軍用に用いられる接着アセンブリである. これは，式(7.9)ができるはるか以前に設計されたものである. この接着領域の直径は，類似のアセンブリが運用中や試験中の振動衝撃で破壊されない値として実験的に決められた値だと考えられる. 当時この設計は示されたとおり均整がとれていたように見えた可能性がある. これは製図者にとっては「正しく見える」設計だからである. どのような場合でも，寸法が与えられれば，接着面積とミラー面積の比は約 0.4 である. 例

題 9.3 では，式(7.9)に基づくこの比は 0.16/4.00 = 0.04 になっている．これらの設計で比が 10 倍も違うのは，古い設計はきわめて保守的な設計思想に基づいているということである．

　接着剤と金属は，典型的には，ガラスやほかのミラー基板よりも大きな線膨張係数(CTE)をもっているため，極端な温度変化のもとでは，温度による寸法差が顕著になる．適切な接着強度が得られるならば，接着面積は極力小さいことが望ましい．プリズム接着の場合と同様，接着剤は可能ならば小さな分割した面積に分散させておくことが望ましい．この面積の総和は，予想される振動衝撃に耐えうる最小の値以上でなくてはならない．この方法は，熱膨張の影響を最小限に抑え，また，キネマティックなマウント方式に近づく助けになる．三つの小さい接着面積を正三角形に配置したパターンはうまく機能することが発見された．円形の光学素子に対しては，リング状の配置パターンがよい．この直径はミラー外径の 70% でなくてはならない．図 9.15 を参照のこと．

　プリズム接着あるいはミラー接着にも関連する内容で強調すべきことは，接着剤が接着領域の縁からはみ出すべきでないことである．これは図 7.20(a)を参照せよ．硬化前に結合部より流れ出した接着剤は除去しておかねばならない．図 7.20(b)に望ましい接着剤の状態が示されている．これは，塗布する接着剤の量を調整することで得られる．

　小さいミラーをマウントに組み込むもう一つの方法として，3.9 節で小径レンズの場合に述べた円環状のエラストマーによる方法が挙げられる．図 9.16 はその例である．前の節で述べた設計理念が適用できる．この設計は，式(3.59)，(3.60)あ

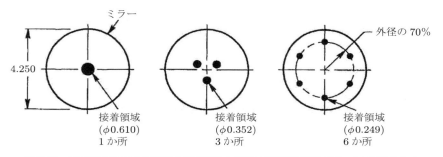

図 9.15　表面鏡の裏面を接着する際の等しい面積の接着箇所模式図．(a)中央のみ 1 か所，(b)3 等配パターン，(c)7 割輪帯における 6 等配接着．寸法は in.(Yoder [3] による．著作権は Informa, plc の一部門である Taylor and Francis Group, LLC に帰属する．許可を得て再掲)

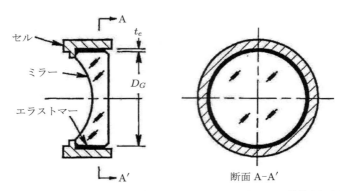

図9.16 図3.36と同様の方法で，全周エラストマーによりセルに接着された凹面表面鏡の模式図（Yoder [3] による．著作権は Informa, plc の一部門である Taylor and Francis Group, LLC に帰属する．許可を得て再掲）．

るいは式(3.61)により，径方向にアサーマルにすることもできる．円形でないミラーもこの方法により固定できる．

　図9.17(a)は，エラストマーによりミラーをマウントにポッティングするもう一つの方法である[12]．円形のミラーの寸法が図示されている．このミラーはマウントに，12個の領域に分割されたエラストマーのパッド（これらはミラー外径とセル内径の間に挟まっている）に取り付けられている．この場合，ミラーは石英 ($\alpha_G = 0.5 \times 10^{-6}/℃$) であり，セルはコバール ($\alpha_M = 5.2 \times 10^{-6}/℃$)，エラストマーは，Dow Corning 6-1104 シリコーン ($\alpha_e = 387 \times 10^{-6}/℃$) である．ポアソン比を $\nu_e = 0.499$ と仮定すると，式(3.60)より $\alpha_e^* = 6.435 \times 10^{-6}/℃$ となる．式(3.59)より，ノミナルの「アサーマル」厚みは 0.914 mm となる．パッドの1辺の長さ（正方形の場合），あるいは直径（円形の場合）は d_e である．この寸法は設計上のパラメータである．

　この設計に対する振動モードの有限要素解析により，ピストンおよび倒れに対する基本モード周波数は t_e に依存することが Mammini ら[12]によって報告された．図9.17(b)は，この論文で示された値の間をスプライン補完したグラフである．ここで述べられた用途に対するこれらの周波数は，300 Hz 以上でなければならない．破線のグラフによると，d_e は 7.11 mm 以上である必要がある．熱解析により，10℃の温度変化は，ミラー面形状に対して，633 nm において $\lambda/300$ 以下の変形量となるとわかった．

　Vukobratovich[6]は，円形のレンズあるいはミラーを，光学素子外径とセル内

径の間に挟まれた薄いマイラ帯により径方向に拘束する方法について説明している（図9.18を参照）．このシムには穴が開いており，その穴がセル壁面に径方向に開けられた穴と一直線上に並ぶようになっている．RTVコンパウンドはその穴より注入され，ミラーの縁面に達するようになっている．RTVにより形成されたパッドは，硬化後，ミラーが軸中心に回転（クロッキング）しないようにし，かつ径方向の移動を拘束する．

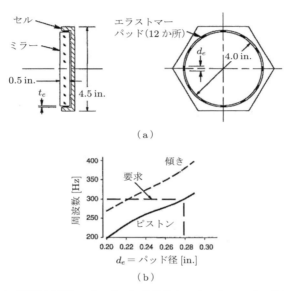

図9.17 (a)平面鏡が複数の（12点の）離散的なエラストマーパッドによりマウントされた状態．エラストマーの寸法はd_e，厚みはt_eとする．(b)FEAによって求められた傾き方向とピストン方向の振動モードの基本周波数．各モードに対して要求される周波数が示されている（Mamminiら[12]による）．

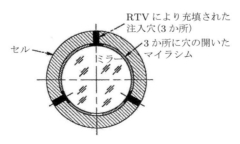

図9.18 3か所のエラストマーパッド（セルの壁面に開けられた穴より，マイラシム帯の間に注入）によるミラーマウント概念図（Vukobratovich[6]による）．

9.3 複合ミラーマウント

単一のミラーでは実現できない機能を果たすために，2枚あるいはそれ以上のミラーどうしを接合，あるいは共通のマウントに組み付けることにより，オプトメカニカルなサブアセンブリを形成する場合がある．たとえば，2枚の平面ミラーを互いに45°をなすよう向かい合わせると，光線を90°曲げることができる．もし，これらのミラーが強固に取り付けられるとすると，このペンタミラー系はペンタプリズムと同じ機能を果たすことができ，プリズムのようにガラス内部の吸収の影響を受けることもない．もちろん，特定の波長領域での反射ミラーにより，光を反射させる必要はある．このペンタミラー系は，等価なペンタプリズム系より一般的には軽量である．

複合ミラーマウントの設計と製造における大きな問題点は，ミラーを正しい相対位置関係に，長期にわたって，なおかつ光学面を歪ませないように安定した保持をどうやって保つかという点である．これまで用いられてきたアプローチの一つは，ミラーそれぞれを精密機械加工されたブロック，あるいは面どうしの正確な位置と角度が出るよう積み上げられた構造体にクランプするという方法である．ほかの方法としては，ガラスとガラスの接着，ガラスと金属部品の接着，そしてガラス部品どうしのオプティカルコンタクトが挙げられる．これらの例を説明する．

図9.19は機械的なクランプで構成されたペンタミラー系である．ここで，2枚の金コートされた表面鏡は，周囲を丸く面取りされた矩形であり，それぞれは3面の同一平面にラップされたパッドにネジ止めされている．これらのパッドは，挟角45°が正確に出たアルミ鋳物上に設けられている．ネジはミラーに開けられた貫通穴を抜けている．これらのネジはベルビルワッシャ（皿ワッシャ）を圧縮し，ミラーをパッドに押し付ける保持力を作り出している．Mrus[13]らは，サターンVロケットの打ち上げ前の方位角アライメント調整用の自動セオドライトに，この装置がどうやって用いられたかを説明している．これは，ケネディ宇宙センターのコンクリート製の掩体壕内の，通常は安定した環境条件下で用いられた．

ペンタミラーサブアセンブリを作る際，軍用光学式測距儀への組み込みに接着を用いて成功した例がPatrick[14]により報告されている．この方式は，ミラーのエッジをガラスのベース板に光学的に接着する方法であり，図9.20に模式的に示されている．このサブアセンブリは測距儀の光学バーに取り付けられている．この例のベース板は金属である．使用可能な開口は，50 mmをわずかに超えた値である．

9.3 複合ミラーマウント　397

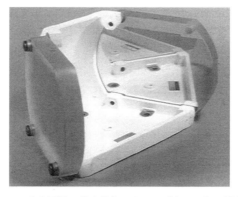

図9.19　2枚のミラーを金属製の精密鋳物にクランプすることで構成されたペンタミラーサブアセンブリ（NASA Marshall Space Flight Center の厚意による）．

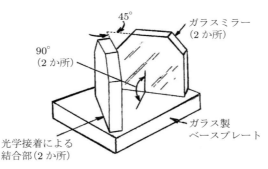

図9.20　ミラーの縁をガラス製ベースプレートに接着し，正確に45°と90°を出すことにより構成されたペンタミラーサブアセンブリ．

　図9.22は，セルビット製の2枚の平面ミラーが，45°±1″以内に研削，研磨されたセルビット製のアングルブロックに，オプティカルコンタクトで接合されたペンタミラーアセンブリである[15]．このアングルブロックは，強度を損なうことなく軽量化するために穴があけられている．そして，三角形のセルビット製のカバープレートが，光学接着剤で背面全面にわたってアセンブリの上面および下面に取り付けられている．これらの3枚のプレートは，機械的なブラケットとしてだけではなく，コンタクト面の露出したエッジをシールする役割も果たす．ミラーはおよそ11×16×1.3 cmであり，このサブアセンブリの開口は10 cmである．図9.22において左のミラー前面に見える白い点は，望遠鏡に組み込む際に基準となる接着された小さなミラーである．ペンタダハミラーで似たような構成，大きさのもの（図9.23）が，参考文献[15]で説明されている．

図 9.21　ミラーの縁を金属製ベースプレートに接着することで構成されたペンタミラーサブアセンブリ（PLX 社の厚意による）.

図 9.22　セルビット部品をオプティカルコンタクトで結合することで構成された，直径 10 cm のペンタミラーサブアセンブリ（Yoder[15]による）.

図 9.23　セルビット部品をオプティカルコンタクトで結合することで構成された，直径 10 cm のルーフペンタミラーサブアセンブリ（Yoder[15]による）.

これらのオプティカルコンタクトによる設計を評価するため，ペンタミラーアセンブリをハウジングに組み込んだ（図 9.24）．そして，不利な温度，振動衝撃環境試験を行なった．最初に，何回かの温度サイクル試験（−2～68℃）が干渉計で反射波面を測りながら行われた．テスト系で検出可能だった変化は$\lambda/30$であり，本来の誤差は$\lambda/15$以下であった（$\lambda = 0.63\ \mu m$）．ペンタミラーにもたらされた最大の熱ひずみは$\lambda/4$ p-v であった．この誤差は，想定される用途に対して許容可能であった．このアセンブリは，5 G の加速度で各直交方向に周波数 5～500 Hz で振動試験を行っても破壊されることはなかった．2 軸方向でより高い周波数で共振が確認された．衝撃試験は，ピーク加速度 28 G で，周期 8 msec のパルス波形を 2 方向に加えられたが，永久的な性能劣化はなかった（これは試験後の干渉計評価でわかった）．これらの不利な環境条件は，輸送および組み込み時に想定される極端な条件として代表的な値であった．

　ペンタダハミラーと同じ形であって，ポロプリズムとして機能するものが図 9.25 に示されている．このアセンブリの開口は，44.4 × 102 mm をわずかに超えるものである．ミラーは厚さ 12.7 mm のパイレックスでできている．これらのミラーは，パイレックス製の竜骨にそれぞれの長いエッジで接着されており，一方でこの竜骨は 3.2 mm 厚のステンレス製マウントプレートに接着されている．ステンレスのエンドプレートは 90°に正確に加工されている．各エンドプレートは，ミラー上面と

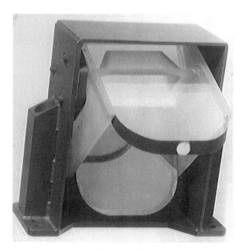

図 9.24　図 9.22 のペンタミラーサブアセンブリをインバー製ハウジングに組み込んだ写真（Yoder[15]による）．

図9.25 2枚の平面鏡を90°の角度で接着することで構成されたポロミラーサブアセンブリ（PLX社の厚意による）．

もう一方のミラー端面に接着されている．これらのミラーは0.5″以内に正確に直角が出される．ミラーの形状誤差公差は0.1λ以下（$\lambda = 0.63\,\mu m$）である．

図9.26は中空コーナーリフレクタ（HCR）の前から見た図と後ろから見た図である．これはコーナーキューブプリズムのミラー版である（6.4.22項参照）．このサブアセンブリは3枚の，設計上は正方形のパイレックスミラーで構成される．このユニットの開口は約44 mmである．ミラーのエッジは各々接着されており，サブアセンブリとしてアルミのハウジングに，エラストマー（白色）とゴム製インサート（灰色）によって保持されている．このサブアセンブリは光偏向角度が180°だが，その誤差は典型的には0.25～5″である．反射波面誤差は可視光に対して0.08λ程度に小さく，実際の値は開口径に依存する．開口径12.7 cmを超えるものも実現可能である．

 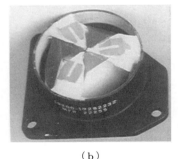

(a) (b)

図9.26 3枚の正方形ミラーを互いに直角に接着することによって構成された中空コーナーキューブミラー．(a)正面図，(b)背面図（PLX社の厚意による）．

図 9.27 はもう一つの市販の HCR の前面を模式的に示したものである．Lyons [16]によると，各 3 枚のミラーは一方のエッジに切られた狭い 90°の溝にはめ込まれている．隣接するミラーどうしはこれらの溝の中で互いに接着されている．この設計は，ミラー面の継ぎ目が非常に狭い（25 μm）．図に示す寸法は，装置の前面外径に対する開口径に関係している．

図 9.28 に示す HCR のサブアセンブリにおいて，ガラスプレートは図 9.27 で示したタイプにおける一つのミラーの裏面に接合されている．もう一方の端は，金属製のベースプレートに機械加工された切れ込みに接着されている．用途によっては，このベースプレートには取り付けのためのネジが切られている．図中には，開口径 6.35 cm と 10.16 cm が指示されている．用いられる温度範囲，あるいはコストの

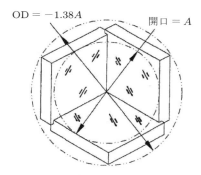

図 9.27 別の中空コーナーキューブミラーの正面図（PROSystems 社の厚意による）．

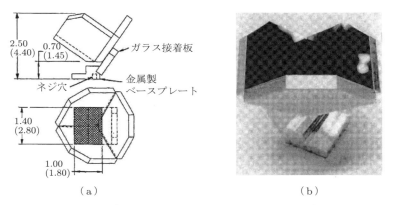

図 9.28 金属製ベースプレートに接着された中空コーナーキューブミラー．(a)概念図，(b)実際の写真．寸法は外径 2.5 in. と 4.0 in.（PROSystems 社の厚意による）．

ため，パイレックスにはアルミニウムの，あるいは，ゼロデュアにはインバーのベースが用いられる．200℃までの温度範囲にわたって，光学的，機械的に安定した性能が保てることがわかっているモデルもある．あるいは，−100℃で問題なく動作するモデルもある．

図9.29は，3枚のミラーにより作られる仮想的な頂点が，金属球の中心から2.54〜12.7 μmの公差をもって作られている特別なHCRである．このタイプは，「球面にマウントされたレトロリフレクタ(SMR)」とよばれる．SMRの寸法は，それぞれ球の直径0.500, 0.875, 1.500 [in.] に対し，$A = 0.30, 0.50, 1.00$ [in.]，$B = 0.37, 0.60, 1.15$ [in.]，$C = 0.42, 0.73, 1.25$ [in.]，$D = 0.52, 0.92, 1.51$ [in.] である．

SMRは，3次元座標測定器(CMM)によって精密測定を行う分野のターゲットの追尾および距離測定のトラッカーとして，あるいはレーザーによるトラッカーとして用いられる．BridgesとHagan[17]は，あるトラッキング装置について説明している．図9.30はこのような測定系の図式化したダイヤグラムである．この著者らは，この測定装置が，約35 m離れた対象物を，5 mの範囲にわたって±25 μmの精度で測定できることを報告した．このような装置が成功する鍵は，変調された赤外光が往復する絶対距離を測るのに，SMRと同軸でトラッキング光が通過することである．このことにより，ビームが運用中一時的に遮蔽されたとしても，測定は再キャリブレーションしなくても再開できる．また，このことにより，ゆっくりとしたアライメントずれをシステムにより観測することができる．

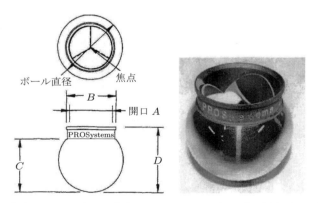

図9.29 球面にマウントされた中空レトロリフレクタ(SMR)の概念図と写真．本文中に与えた寸法に対して，0.5 in. と 1.5 in. が適用される（PROSystems社の厚意による）．

9.3 複合ミラーマウント 403

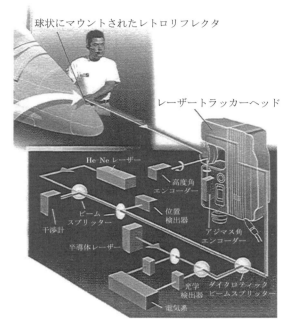

図9.30 離れた対象物の選択された点の座標を，SMRを用いて測定するためのレーザートラッカーの機能（BridgesおよびHagan[17]による．著作権は米国物理学会に帰属．許可を得て再掲）．

球面SMRターゲットの筐体は，耐食性と磁性を有するSUS420で作られる．ターゲット面はCNCで切削加工され，手作業で研削され，精密に球面研磨がなされる（典型的には，真球から0.64 μm以内である）．

図9.30の応用例では，システム校正のため，これらのSMRのうち一つが，磁力により，トラッキング装置に設けられた3面の（キネマティックな）ポケットに取り付けられている．運用中において，このターゲットは，面や測定すべき特徴点に対して取り付けられているか，あるいは手で固定される．ターゲットを面の上の選択された点に移動させると，トラッキング装置は面におけるその座標点を決定する．付随するコンピューターにより，面形状や特徴点の相対位置が，多くの測定点により決定される．計測システムにより自動的に球の曲率半径が校正される．

この用途において，2面角の誤差や，目標値に対する角度誤差が小さいことが重要である．Yoder[18]によると，コーナーキューブプリズム，あるいはHCRの90°に対する角度誤差が，180°のビーム偏向角度に対する絶対精度を決定する．戻り

404　第9章　小径非金属ミラーの保持方法

光は，実際には6本のビームよりなり，そのうちの2本は各ミラーからくる．任意のHCRにおいて，最悪の場合の誤差δは次の式で与えられる．

$$\delta = 3.26\varepsilon \tag{9.2}$$

ここで，εは2面角の誤差であり，すべての誤差の大きさは等しく，同じ符号であるとする．レーザートラッキング装置への応用では，偏向角度があまりに大きい場合，トラッキング装置は，ある戻り光から別の戻り光へと長い距離をジャンプする．6本すべてのビームがトラッキング装置に取り込まれているわけではないためである．角度誤差と角度のばらつきは，式(9.2)の定数部分を決める．典型的なSMRは3～10″の角度誤差と，2～10″の角度のばらつきをもっている．頂点の同心度誤差は5.1 μm以下である．

　HCRの重要な特性は，ミラーに施されるコーティングである．通常，表面鏡はトラッキング装置から射出する偏光した光に対して，位相シフトを引き起こす可能性がある．これはシステムの性能を劣化させる．しかし特殊なコーティングにより，この問題の影響を最小限に抑えることができる．この種のコートの一つに，ムーアズタウンにあるDenton Vacuum社の「ゼロ位相銀コート」がある．N. J. BridgesとHagan[17]は，多くのミラーに対して，実際の位相シフト量を測り，一つのSMRユニットには近似したシフト量のミラーを用いるべきだと指摘している．これにより，特定のターゲットに対して，トラッキング装置が追尾できる範囲を最大限にすることができ，うまくトラッキングできるようになる．

　HCRの有用な応用として，横方向にシフトさせるレトロリフレクタ(LTR)が挙げられる．この装置の一例を図9.31に示す．これは，長い箱の一端に，1枚の平面ミラーが付いており，もう一端にはダハミラーが付いている．このダハ面は45°配置されており，アミチプリズムのように機能する．このミラーは互いに直角に配置されているので，この装置はHCRを非常に大きな開口で「スライス」するようにはたらく．横方向のオフセットは76 cm，開口は5 cmまで大きくしたものが，少なくとも1社より購入することができる．

9.4　小径ミラーのフレクシャマウント

　光学機器への応用において，フレクシャは，機械的，熱的な誤差により引き起こされる力が光学素子に加わらないようにするための構造である．フレクシャは，光学面に生じるひずみはもちろん，光学素子の位置と姿勢を変化させる力を最小限に

9.4 小径ミラーのフレクシャマウント

図 9.31 部分的に分解された LTR（PLX 社の厚意による）．

抑える．フレクシャは，光学機器において，球体結合やヒンジを用いるうえで邪魔になる貼り付きや摩擦の効果からは自由である．多くの場合，フレクシャはある1方向に対しては柔だが，それと直交する2方向に対しては剛になるよう設計される．

図 9.32 はミラーに対するある一つのフレクシャマウントの，根幹となる原理を図示したものである．このミラーは円形であり，セルにマウントされている．セルは3枚のフレクシャブレードにより支えられている．曲がった矢印は，各フレクシャが単独で動いた場合に許される一つの移動方向を示している．たわみ量が小さい場合，曲線運動はほぼ直線運動で近似できる．理想的には，これらの自由運動の矢印は1点で交わり，この点はミラーの重心にくるべきである．フレクシャは同じ材質で作られており，自由な場合の長さは等しくなくてはならない．つまり，三つのフレクシャの固定端は正三角形をなす．このフレクシャの機能は次のように説明できる．すなわち，フレクシャ C がない場合，フレクシャ A と B は点 O 周りの回転のみを許す．この点 O はフレクシャ B とフレクシャ A の延長線が交わる点である．フレクシャ C が設置されると，点 O 周りの回転は拘束されるが，これは C がこの方向に剛だからである．図では明らかではないが，フレクシャは十分な剛性をもつためにミラー面に対して十分な厚みがあり，ミラーの光軸方向への移動を拘束している．

温度変化が，フレクシャがミラーとセルに対して相対的に取り付けられている構造体の線膨張差を引き起こす場合，ミラーに応力がかかることなくミラーが径方向に運動することを防止できる．膨張収縮による運動のうち，許される運動は自由度の方向の交点を通り，面に垂直な軸周りの小さな回転である．これは，フレクシャの長さの微小変化のために起きる．この回転量 θ [rad] は，次の式で近似できる．

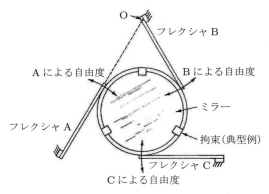

図9.32 円形ミラーのフレクシャマウント概念図.

$$\theta = \sqrt{3}\alpha\Delta T \tag{9.3}$$

ここで，α はフレクシャ材料の CTE であり，ΔT は温度変化である．

例題 9.4　フレクシャマウントされたミラーの温度による回転（設計と解析にはFile 9.4 を用いよ）．

図 9.32 に示したフレクシャがベリリウム銅でできているとし，ΔT が 5.5℃である場合，回転角 θ を求めよ．

解答

表 B.12 より，BeCu の CTE は 17.8×10^{-6}/℃ である．

式(9.3)より，

$$\theta = 3^{\frac{1}{2}} \times 17.8 \times 10^{-6} \times 5.5 = 0.000017 \text{ rad} = 0.59'$$

が得られる．この回転角は，大部分の用途において重要ではない値である．

図 9.33 は上記フレクシャによるマウントの概念の一例である．この例では，円形ミラーの縁，そこに接している 3 本のフレクシャ，それによって支えられるミラーの縁が同心円状に配置され接着されており，フレクシャの端面が構造体に結合されている．概念的にはこれは 3.9 節で議論したレンズに対するフレクシャマウントに従う．図 3.43〜図 3.48 に示されたフレクシャにとくに類似している．フレクシャがマウントと異なる材料で作られているか一体で作られていない場合には，温度変化によりわずかなお辞儀方向の姿勢変化が起こる．すべての場合において，接着時のフレクシャとミラーの位置調整は，設計と適切な固定治具を使用することで可能

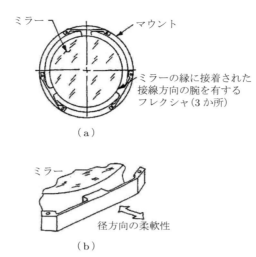

図 9.33 (a)両端面で支持されたフレクシャマウントを用いた円形ミラーのマウント方法，(b)詳細図（Vukobratovich および Richard[19]による）．

になる．

図 9.34 は，片持ち梁方式の接線フレクシャとミラーの縁の間のインターフェースとして可能性のある配置を模式的に示したものである．フレクシャの自由端はボスに接着されている．製造および製作誤差に起因するボスと座のアライメント誤差に対応するため，各フレクシャには 4 個のサブフレクシャが設けられている．ボスに接着するためのインターフェースは，サブフレクシャの矩形にカットされた端面である．

図 9.35 は，直径 38.1 cm のミラーの縁に接着されたボスの機械設計例を示したものである．このようなボスの材料はミラー CTE とできる限り近くなるよう選ば

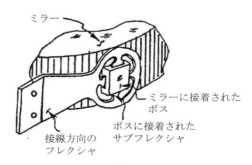

図 9.34 片持ちの接線方向フレクシャブレードと円形ミラーの縁に接着されたボスの間の接触面に関する概念図（Vukobratovich および Richard[19]による）．

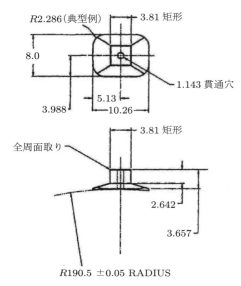

図 9.35 図 9.34 で示した方法によりマウントされた，直径 38.1 cm のミラーの縁に接着するのに適したボスの設計（単位 mm）．

なくてはならない．たとえば，36 インバー材によるボスは，ULE あるいはゼロデュアとともに使うのが適している．これらの材料の間を接着するには，EC2216B/Aといった接着剤が選ばれる．この接着剤は，各ボスの中央部に開けられた直径1.14 mm のアクセス穴から注入される．接着層の厚みは，シム，あるいは接着剤に混入されたビーズ球により制御される．図 9.34 に示すフレクシャが，この種のボスに対して使われる．

　図 9.35 のボスに対して用いられるもう一つのフレクシャ設計を模式的に示したものが図 9.36 である．フレクシャは 6Al-4V チタンでできている．左側にあるスルーホールにより，フレクシャを円筒形の構造体（ミラーセル）に結合できるようになっている．この穴周りの微小回転が，正方形のへこみとボスの間の位置調整のために必要である．正方形のへこみは，ボスよりもわずかに大きい必要があるが，これは，接着剤（エポキシ）のための適切な厚みを確保するためのものである．ボスと穴の寸法は厳しく公差設定されていなくてはならない．位置決めピンが，一時的にボスに開いた穴と正方形のへこみの中心に通されるが，これは，はめ合う部品の調整を行うためと，ボスの周囲すべての辺に対して等しい空隙を確保するためである．ボスがフレクシャに対して固定された後，このピンは除去され，接着剤がミラーとの

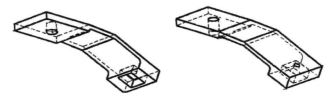

図9.36 図9.35に示したボスと,円形ミラーの円筒面を保持するための片持ちフレクシャ模式図.

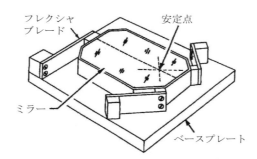

図9.37 外部フレクシャ構造により保持された,セルに組み込まれた矩形ミラーフレクシャマウントの概念図.

結合面に注入される.

　セルにより保持された矩形ミラーは,図9.37に示すように深い片持ち梁によりフレクシャブレードが取り付けられる.点線は自由度の方向である(直線で近似してある).この場合,これらの直線の交点は安定ではあるものの,ミラーの幾何学的中心,あるいはミラーとセルの特定の組み合わせの重心とは一致していない.角の面取り角度の変更とフレクシャの位置変更により,交点を中心にもってくることができ,力学的な観点からの改善が可能である.マウントと構造体のインターフェース面における線膨張係数差があっても,ミラーに余計な応力はかからない.フレクシャブレードがこの方向に剛性をもっているため,軸方向の運動は制限される.

　矩形ミラーがセルなしにマウントすべき場合,図9.35の配置の平面接着面をもっているボスが,ミラーの縁の面に直接取り付けられる.これは,円形ミラーに対するボスと同様に取り付けられる.その場合,図9.36に示した直線タイプの3本のフレクシャが,ミラーと構造体の間に用いられる.

　以上で述べた以外のいくつかのタイプのボス,ネジ式スタッド,そしてフレクシャで,ミラーの縁に接着されることで,光学機器への取り付けができるようになっている.これを,図9.38に模式的に示す.図(b)はミラー面に外部的に取り付けられ

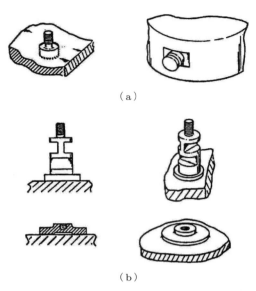

図 9.38 いくつかのボス，ネジの切ったスタッド，フレクシャの図．これらはミラーを構造物に取り付ける際，ミラーの縁や裏面に接着されうる．

るものである一方，図(a)はミラー基板に掘り込まれたへこみ，あるいはノッチに接着される．

別の例として，円形のミラーを片持ちの接線フレクシャで保持するという方法を示したものが，図 9.39 に示されている．ここで，フレクシャは円環形状のマウントと一体になっている．このフレクシャは，典型的には，放電加工により狭いスロットを加工することで得られる．このミラーマウントは，3.9 節で議論したレンズマウントの設計思想を拡張したものである．繰り返しではあるが，フレクシャは接線方向と軸方向には剛性が高く，径方向には剛性が低くなっており，温度変化による偏心を防止するのに適している．

中程度の大きさのミラー（たとえば，直径 38～61 cm），あるいは，より小さなミラーだが，高精度で高性能な用途に用いられるものについては，図 9.40 のようなマウント方法に利点がある．この構造において，3個の接着箇所によりボスに接着された円形のミラーが接線方向に向いており，2対のユニバーサルジョイントよりなる腕に取り付けられている．軸方向を向いている，フレクシャを含む3本のメータリングロッド（調整用ロッド）タイプの支持体もまたボスに取り付けられている．このようなマウント方法は，接線方向の腕のフレクシャにより，温度変化に対して，

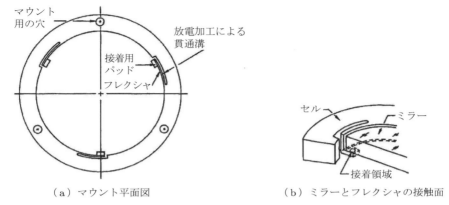

(a) マウント平面図　　　　　　　　（b）ミラーとフレクシャの接触面

図9.39　複合フレクシャによるミラーマウント（Bacich[20]による）．

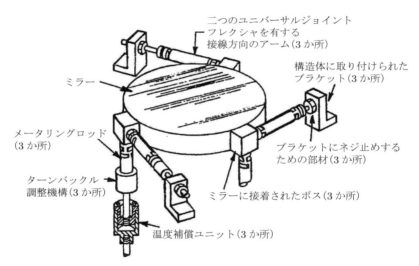

図9.40　中程度の大きさのミラーに対して，温度変化とマウント応力によるレンズ移動および(または)レンズひずみを最小化するフレクシャシステム．また，このマウントは6自由度すべての調整も可能である．

径方向の感度が低い．軸方向の支持体における温度補償機構により，温度変化に対して軸方向にも感度が低くなっている．後者の機構は，異なる金属を特定の長さに入れ子に組み合わせたものよりなる．この種のアサーマル機構は14.1節で説明する．ある用途では，ブラケットに対する接線方向の腕の固定端の取り付け手段として，差動ネジを使う利点がある．メータリングロッド中に図示されたターンバックル型の機構により，軸方向の調整が可能になる．これもまた，差動ネジであっても

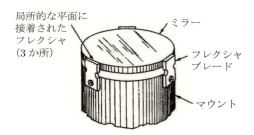

図 9.41 軸方向には直結，径方向には柔軟性を有する円形ミラーマウントのスケッチ（Høg[21]による）．

よい．2軸方向チルトが，3本の軸方向調整機構により調整できる．

図 9.41 にミラーを支持体にマウントするうえでまったく異なる方法が示されている．ここで，円形のミラーは3本のフレクシャブレードに接着されており，一方で，これらのフレクシャブレードはミラーと本質的には等しい径の円形のマウントに，ネジ，リベット，あるいは接着剤で固定されている．フレクシャは平面形状であり，径方向にたわむことで，温度による膨張差を吸収する．これらは，同じ自由長を有し，同じ材質でできており，対称的に配置されることで，温度により誘起されたミラーのチルトとシフトを最小限に抑える．フレクシャが取り付けられるミラーとマウント両方の接続領域は平面に加工されているが，これは接着のために適切な接触面積を確保するためであり，また，バネがカップ状にたわむことを防止する．フレクシャブレードは，振動衝撃に対する要求を満足するに十分な程度に軽く，曲げやすくするべきである．Høg[21]によりこのタイプの設計の説明がなされた．

9.5 中央部と周辺によるマウント

一部の軽量ミラーには，ミラー基板の中央に開けた穴を貫通するハブにマウントされるものもある．一例を図 9.42 に示す．これは，焦点距離 3.81 m，F値 10 の反射屈折対物レンズの後半部分であり，ミサイル追尾画像に用いられたものである．この光学系については 15.11 節で議論する．直径約 40.6 cm の主鏡の両面は球面形状であり，第1面は凹形状の球面反射面である一方で，第2面は軽量化のために，第1面の曲率半径よりも小さな凸形状の球面になっている．図 8.14(d) が適用されている．

このマウント設計において，第1ミラー面は，ハブと一体化したほうの上にある凸球面形状の座に取り付けられている．この座の曲率半径は，図 3.31(b) に図示し

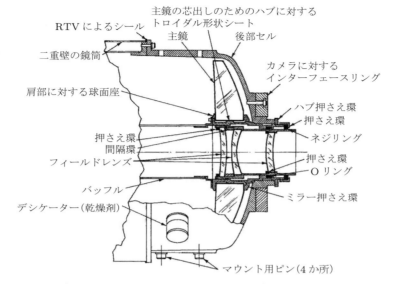

図 9.42 ハブマウント主鏡を特徴とするカタディオプトリック系後半部の断面図 (Yoder[3] による．著作権は Informa, plc. の一部門である Taylor and Francis Group, LLC に帰属する．許可を得て再掲).

たような方法で，ミラーに合致するよう研削されている．輪帯トロイダル形状の領域が，円筒形のハブに設けられている．この領域の外形は，室温においてミラーの穴内径とぴったりはめ合うようにラップ加工される．ネジ式押さえ環がミラー裏面における平面面取りに対して締め込まれており，保持力を与える．この装置のもとの設計では，マイラでできたシムが，軸方向のすべてのガラスと金属の接触面に挿入されていたが，これは，光学面と，それより不完全な機械加工面との間の接触の確保を助けるためである．15.18 節では，ミラーとマウントのインターフェースに対する別の方法について説明する．

また，比較的小さいシングルアーチ形状の軽量化ミラーは，ハブに対して中央部でマウントされる．このようなミラーの縁は非常に薄く，ミラーを支えるために適した強度をもたないためである．典型的な設計は図 9.42 に示したマウント方法の線に沿う．より洗練されたハブマウント方法が，0.6～1 m のミラーに対して用いられるが，その理由としては，一般的にはこのサイズのミラーはよりたわみやすく，重力の影響を受けやすいためである．この上限を超えたミラーは，一般的には中央部によるマウントは適さない．

Vukobratovich[23]は，重心が光学面の頂点より前に出る場合，シングルアーチ形状のミラーのハブマウントにおいて非常に顕著な問題が起こりうることを報告している．この場合，ハブマウントはもはや光学面に対して支持力を与えることができなくなり，軸が水平に近い場合に非点収差を生じさせてしまう．

図 9.43 にシングルアーチ形状のガラスミラーを，ハブに対して球面クランプによりミラーの円筒形インターフェースにマウントする方法を示す．これは，SIRTF（赤外線宇宙望遠鏡設備，現在のスピッツァー宇宙望遠鏡である）における，直径 85 cm の主鏡のマウント方法として提案されたものの一つである．同時に，金属ミラーと非金属ミラーのどちらを使うか検討が行われた．実際にこの望遠鏡に用いられたのはベリリウムミラーである．これは第 10 章で考察する．

クランプによる重心近辺の 6 方向すべての拘束は，最も厚く，強度の高い部分で大きな接触面積をもって行われ，それによって面を歪ませる応力を減らしている．平面部がミラー裏面に設けられており，その面に対して円錐軸は垂直であり，円錐の頂点はその面上にある．外部の円錐形のインサートをもつ金属部材と球状の内面が，基板の円錐面に対してはめ合っている．ハブは凸球面であり，インサートに対して球面座になっている．この球面座は円錐に確実に接触するためのものである．円錐面の間のわずかな滑りはあるが，マウントの膨張収縮では円錐頂点とミラーの裏面との合致は崩れない．

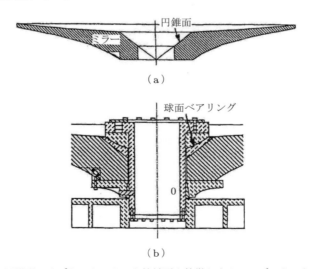

図 9.43　円錐形のオプトメカニカルな接触面を特徴とする，ハブマウントされたシングルアーチミラー（Sarver ら[22]による）．

ダブルアーチ形状のミラーは，典型的には，ミラー裏面の基板が最も厚くなった部分において，3点かそれ以上の点でマウントされる．図9.44 は一つの設計概念を示したものである．このミラーはリングと点の組み合わせによる支持機構により支持されている．天頂を見る位置においては三つに分割されたエアバッグ支持リングが，ミラー裏面の基板の最も厚い部分にはミラー本体が乗っている．水平方向に向かってミラーの光軸角度が減少していくと，ミラー重量は三つあるいはそれ以上の径方向のサポート（ミラー基板のソケットに挿入されている）によって支えられるようになる．ミラーが水平位置にくると，ミラー重量は完全に径方向の支持体により支えられる．これら支持体は，ミラー変形を最小限に抑えるため，ミラー重心を含む面内で力を及ぼす．ここで示した径方向の支持方法の一般的なタイプは，11.1 節でより詳しく議論する．エアバッグ支持リングは，11.4.3 項で議論する例に類似している．

ダブルアーチ形状ミラーのより洗練されたマウント方法を図 9.45 に示す．この設計は，直径 50.8 cm のダブルアーチ形状ミラーを支持するため，3 等配されたクランプとフレクシャのアセンブリにより設計されたものである（フレクシャは径方向に柔らかく，ほかの方向に剛であるような方向に向いている）．この設計により，アルミニウムによるマウントプレートと石英のミラーの温度収縮の速さが異なっても，温度を 10 K まで下げることができる．各クランプは，T 形状の 36 インバー材であり，ミラー裏面の輪帯形状の面に開けられた円錐形の穴に結合されている．このツインパラレルフレクシャは長さ 91 mm，幅 15 mm，厚み 1 mm のチタン合

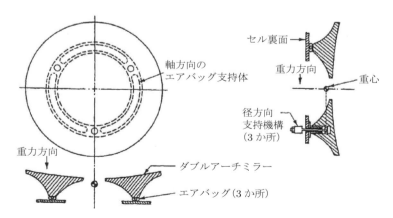

図 9.44 エアバッグによる軸方向および 3 か所の径方向の支持体を組み合わせた，ダブルアーチミラー保持機構の概念図（Vukobratovich[6]による）．

第9章 小径非金属ミラーの保持方法

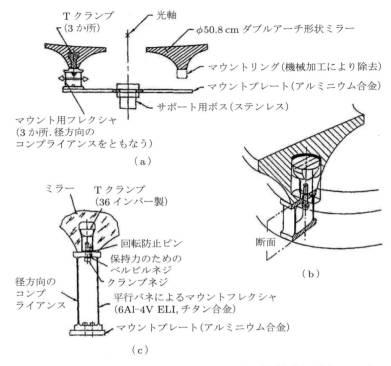

図 9.45 ダブルアーチミラーのためのマウント設計．(a)断面図，(b)一つのクランプ部とフレクシャ機構に対するアイソメトリック図，(c)フレクシャ部断面図（Iraninejad ら[24]による）．

金（6Al-4V ELI チタン）でできていた．ブレードは 25 mm 間隔であった．このマウント設計は，許容可能な温度性能を満たすとともに，スペースシャトルの激しい着陸（いくばくかの損傷をともなう）はもちろんのこと，典型的な発射時にかかる荷重にも耐えうるように，幅広い解の解析が行われた[23]．

9.6 より小さなミラーに対する重力の影響

本章ではこれまで，ミラー表面形状に対する重力や運用上の加速度などの外力による影響について，あまり注意を払ってこなかった．開口径が中程度であり，厚みと材料の選択が剛性に対して十分であり，性能への要求があまり高くない場合，光学素子は剛体とみなすことができ，性能に過大な影響を及ぼすことなくセミキネマティック，あるいはノンキネマティックにマウントできる．しかしそうでない場合

には，外力の影響を考慮しなくてはならない．重力は最も普通に考慮すべきものであり，ここでの議論は重力に限ることにする．これはしばしば「自重たわみ」とよばれる．特別な場合は，宇宙空間において重力が開放される場合であり，これに関する問題として，ノミナルの重力がなくなった場合にミラーがひずまないようにミラーを製作，マウントしなければならない点が挙げられる．この観点における問題については11.4節で考察する．

最も重力の影響が大きい場合は，ミラー軸が垂直方向を向く場合である．この場合，ミラーの保持方法は，面のひずみおよびそれによる面形状の変化量に影響する．円形ミラーが単純に縁で保持されている場合と，矩形ミラーが単純に縁で保持されている場合の二つについて考察する．ミラー面に対して垂直に一様な重力がかかっており，板がクランプされていないタイプのフレクシャに関するRoarkの理論[2]を用いることで，変形量に対して以下の式が得られる．

$$\Delta y_{\mathrm{CIRC}} = \frac{3W(m-1)(5m+2)a^2}{16\pi E_G m^2 t_A^3} \tag{9.4}$$

$$\Delta y_{\mathrm{RECT}} = \frac{0.1442wb^4}{E_G t_A^3(1 + 2.21\xi^3)} \tag{9.5}$$

ここで，W はミラーの全質量，w は単位面積あたりの質量，m はポアソン比の逆数，E_G はヤング率，a は長手寸法，b は短手寸法，t_A は厚み，$\xi = b/a$ であり，ミラー面積は円形の場合 πa^2，矩形の場合は ab である．

重力の影響でひきおこされたサグ変化 Δy_i は，ミラー中心から測った値であり，ミラーが平面でない場合の光学面のサグ深さ変化を表したものである．**図 9.46** に寸法関係を示す．例題9.5と例題9.6により，特定の応用例における典型的なミラーの自重変形を評価することができる．

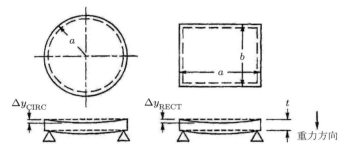

図 9.46　縁で支えられた円形および矩形ミラー．

例題 9.5　軸が垂直方向を向いた円形ミラーの重力による変形（設計と解析には File 9.5 を用いよ）．

直径 D_G が 50.8 cm の合成石英製平行平板が，その縁を一様に軸が垂直方向を向いて支持されているとする．直径／中心厚を 6 と仮定する．自重によるたわみ量を，赤色光の単位で求めよ ($\lambda = 0.6328\ \mu\mathrm{m}$)．

解答

表 B.5 より，合成石英について，$\rho = 2.202\ \mathrm{g/cm^3}$，$E_G = 7.3 \times 10^4\ \mathrm{MPa}$，$\nu_G = 0.17$ である．よって，

$$m = \frac{1}{0.17} = 5.882, \quad a = \frac{50.8}{2} = 25.4, \quad t_A = \frac{50.8}{6} = 8.467\ \mathrm{cm}$$

$$W = \pi \times 25.4^2 \times 8.467 \times \frac{2.202}{1000} = 37.78\ \mathrm{kg}$$

が得られる．式 (9.4) より

$$\Delta y_{\mathrm{CIRC}} = \frac{3 \times 37.78 \times 9.8 \times (5.882 - 1) \times (5 \times 5.882 + 1) \times 254^2}{16\pi \times 7.3 \times 10^4 \times 5.882^2 \times 84.67^3}$$

$$= 1.38 \times 10^{-4}\ \mathrm{mm} = 0.138\ \mu\mathrm{m} = 0.22\lambda$$

となる．

例題 9.6　軸が垂直方向を向いた矩形ミラーの重力による変形（設計と解析には File 9.6 を用いよ）．

寸法 $a = 50.8\ \mathrm{cm}$，$b = 31.75\ \mathrm{cm}$ の合成石英製平行平板が，その縁を一様に軸が垂直方向を向いて支持されているとする．最大寸法／中心厚を 6 と仮定する．自重によるたわみ量を，赤色光の単位で求めよ ($\lambda = 0.6328\ \mu\mathrm{m}$)．

9.6 より小さなミラーに対する重力の影響 419

解答

表 B.5 より，合成石英について，$\rho = 2.202\,\mathrm{g/cm^3}$, $E_G = 7.3 \times 10^4\,\mathrm{MPa}$, $\nu_G = 0.17$ である．よって，

$$m = \frac{1}{0.17} = 5.882, \qquad a = \frac{50.8}{2} = 25.4, \qquad t_A = \frac{50.8}{6} = 8.467\,\mathrm{cm}$$

$$\xi = \frac{31.75}{50.8} = 0.625, \qquad t_A = \frac{50.8}{6} = 8.467\,\mathrm{cm}$$

$$W = 50.8 \times 31.75 \times 8.467 \times \frac{2.202}{1000} = 30.071\,\mathrm{kg}$$

$$w = \frac{30.071 \times 9.8}{508 \times 317.5} = 1.827 \times 10^{-3}\,\mathrm{N/mm^2}$$

が得られる．式 (9.5) より

$$\Delta y_{\mathrm{RECT}} = \frac{0.1442 \times 1.827 \times 10^{-3} \times 317.5^4}{(7.3 \times 10^4) \times 84.67 \times (1 + 2.21 \times 0.625^3)} = 3.92 \times 10^{-5}\,\mathrm{mm}$$

$$= 0.039\,\mathrm{\mu m} = 0.06\lambda$$

となる．

　もし，ミラーのノミナル形状が平面の場合，変形した矩形ミラーに対してサグ変化量の等しい等高線を引けば楕円形状となり，円形ミラーに対しては同心円状であることが期待される．もし，円形ミラーが縁全周ではなく 3 点で保持されており，これらの点がミラー開口の異なる半径の輪帯上にあるならば，面形状は本質的には図 9.47 のようになる．十字線は支持点を示している．これらはもともと，大口径の穴開きミラーについて描かれた図であるが，より小さいミラーでも同様のパターンが見られることが期待される．つまり，スケールのみ異なる．ミラーが矩形の場合でも，同じような一般的効果が起こることが期待される．この場合，面の歪み形状の等高線は楕円形状となる．

　ある厚み t のミラーに対して，ひずみ量が最小となる最適な輪帯位置が存在する．Vukobratovich[25] により与えられた式を少し変形することで，この変形量を近似する式 (9.6) が得られる．彼は，この条件が $R_E = 0.68 \times$（ミラー半径 R_{MAX}）で起こることを示した．上を向いたミラーをある半径の円で保持すると，重力により「穴と縁が下に回転する」効果が発生する．このとき，面は図 (b) に示すように 6 葉形状となる．

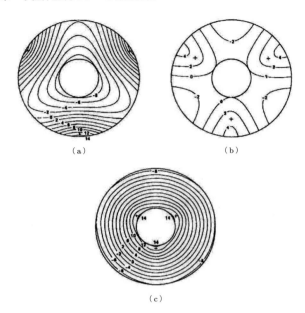

図9.47 異なる輪帯で3点支持された円形ミラーの等高線パターン．(a)96%輪帯，(b)73%輪帯，(c)38%輪帯．等高線は直径4mのソリッドミラーに対する値（MalvickおよびPearson[26]による）．

$$\Delta y_{\text{MIN}} = 0.343 \rho R_{\text{MAX}}^4 \frac{1-\nu^2}{E_G t^2} \tag{9.6}$$

ここで，ρ は密度，R_{MAX} はミラー半径，ν はポアソン比，E_G はヤング率，t は厚みである．例題9.7はこの式の使用例である．

例題9.7 輪帯で3点支持された円形ミラー表面形状（設計と解析にはFile 9.7を用いよ）．

直径 D_G が 50.8 cm の平行平板が，$0.68 R_{\text{MAX}}$ 輪帯で3等配支持されているとする．直径と中心厚の比を5と仮定する．もしこの材質がULEだとした場合，中心におけるミラーのサグ量を求めよ．その結果を波長単位で表せ（$\lambda = 0.6328\,\mu\text{m}$）．

解答

表B.8aより，ULEについて，$\rho = 2.205\,\text{g/cm}^3$，$E_G = 6.76 \times 10^4\,\text{MPa}$，$\nu_G = 0.17$ である．

$$t = \frac{50.8}{5} = 10.16\,\text{cm}$$

であるので，式(9.6)より

$$\Delta y_{\mathrm{MIN}} = \frac{0.343 \times 2.205/1000 \times 9.8 \times (50.8/2)^4 \times (1 - 0.17^2)}{6.76 \times 10^4 \times 10.16^2} = 0.43\,\mu\mathrm{m}$$

$$= 0.68\lambda$$

となる．

　もし，3 等配された輪帯状の支持点をミラーの縁に移動したとすると，式(9.6) で得られるミラー中心の最小変形量から 3.9 倍された変形量となる．ノミナルで平面のミラー形状は皿形状になる，つまり，縁で高く，中央で低い．図 9.47(a) に示すように，縁は支持点の間で非常に大きく垂れ下がる．

　もし，3 等配された輪帯状の支持点をミラーの中心に寄せると，縁は図 9.47(c) に示すようにほぼ均等に垂れ下がる．このように，ほぼ回転対称な変形パターンを示すため，光学系をリフォーカスすることで，少なくとも部分的には重力の影響を補正して，像が改善する確信がもてる．ここで，円形ミラーに対する重力の影響は，局所的な重力方向とミラーの対称軸のなす角度のコサインにより近似的に変化するということに注意しておく．

　どんなミラーに対しても，軸方向の支持点を付け加えることにより，面の変形量を減らすことができる．9 点，18 点，36 点などの多点支持で，3 個あるいはより多くの対称に配置されたレバー機構が用いられる．こういったマウント方法はヒンドルマウントとして知られており，これは，1945 年の J.H.Hindle[27] の貢献として知られている．彼は均一な厚みをもつ円板表面を，1/3 の面積をもつ中央の円盤と，等しい面積をもつ二つの円環領域に分割した．構造体から生えた 3 本の支持体を，インターフェース面の近くに配置した．9 点によるマウント方法では，3 個の点が内側の，6 個の点が外側の円（半径 R_I および R_O）にそれぞれ配置される．その場合，式(9.7)～(9.9)および式(9.10a)が適用される．各支持体における 3 点の支持点は，ベースからの高さの 1/3 において一つの点で支持された三角形の板で結合されている．その場合，各接触点は全重量を均等にもっている．式(9.7)～(9.9) と式(9.10b)は，図 9.48(b) の 18 点マウントに適用される．いずれの場合でも，$D_G = 2R_{\mathrm{MAX}}$ である．Hindle の式は 1996 年に少しだけ洗練された形に変形された [28]．Mehta[29] も参照せよ．この 18 点マウントに使われる機構は，whiffletree 機構とよばれるが，これは，一つの荷物を 2 頭の牛馬に引かせる装置(whiffletree)の配置に似ているためである．図 9.49 を参照せよ．

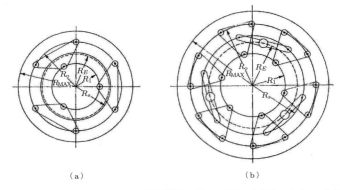

図 9.48　軸方向の多点(Hindle)支持機構の配置．(a)9 点支持，(b)18 点支持．

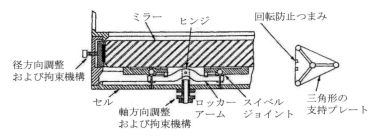

図 9.49　18 点ヒンドルマウントに用いられる whiffletree 機構のスケッチ（Hindle [27] [28] による．著作権は Jeremy Graham Ingalls および Wendy Margaret Brwon に帰属）．

$$R_E = \frac{1}{6} \times 3^{\frac{1}{2}} D_G = 0.2887 D_G \tag{9.7}$$

$$R_I = \frac{1}{2} \times \left(\frac{1}{6}\right)^{\frac{1}{2}} D_G = 0.2041 D_G \tag{9.8}$$

$$R_o = \frac{1}{2} \times \left(\frac{2}{3}\right)^{\frac{1}{2}} D_G = 0.4082 D_G \tag{9.9}$$

$$R_{s9} = \frac{1}{6} \times \left(\frac{1}{6}\right)^{\frac{1}{2}} D_G + \frac{2 R_o \cos 30°}{3} = 0.3037 D_G \tag{9.10a}$$

$$R_{s18} = \frac{1}{6} \times \left(\frac{1}{6}\right)^{\frac{1}{2}} D_G + \frac{2 R_o \cos 15°}{3} = 0.3309 D_G \tag{9.10b}$$

36 点のヒンドルマウントは，ケック望遠鏡のセグメントミラーと SOFIA 望遠鏡の主鏡に使われている．これらの光学系は 11.2 節で説明する．

参考文献

[1] Durie, D.S.L., "Stability of optical mounts," *Machine Des.* 40, 1968:184.

[2] Roark, R.J., *Formulas for Stress and Strain*, 3rd ed., McGraw-Hill, New York, 1954. See also Young, W.C., *Roark's Formulas for Stress & Strain,* 6th ed., McGraw-Hill, New York, 1989.

[3] Yoder, P.R., Jr., *Opto-Mechanical Systems Design*, 3rd ed., CRC Press, Boca Raton, 2005.

[4] Lipshutz, M.L., "Optomechanical considerations for optical beamsplitters," *Appl. Opt.* 7, 1968:2326.

[5] Yoder, P.R., Jr., Chapt. 6 in *Handbook of Optomechanical Engineering*, CRC Press, Boca Raton, 1997.

[6] Vukobratovich, D., *Introduction to Optomechanical Design*, SPIE Short Course SC014, 2003.

[7] Hookman, R., "Design of the GOES telescope secondary mirror mounting," *Proceedings of SPIE* **1167**, 1989:368.

[8] Strong, J., *Procedures in Applied Optics*, Marcel Dekker, New York, 1989.

[9] Shigley, J.E. and Mischke, C.R., "The design of screws, fasteners, and connections," Chapter 8, in *Mechanical Engineering Design,* 5th ed., McGraw-Hill, New York, 1989.

[10] Yoder, P.R., Jr., "Nonimage-forming optical components," *Proceedings of SPIE* **531**, 1985:206.

[11] See, for example, certified particle products made by Duke Scientific Corp. (www.dukescientific.com).

[12] Mammini, P., Holmes, B., Nordt, A., and Stubbs, D., "Sensitivity evaluation of mounting optics using elastomer and bipod flexures," *Proceedings of SPIE* **5176**, 2003:26.

[13] Mrus, G.J., Zukowski, W.S., Kokot, W., Yoder, P.R., Jr., and Wood, J.T., "An automatic theodolite for pre-launch azimuth alignment of the Saturn space vehicles," *Appl. Opt.* 10, 1971: 504.

[14] Patrick, F.B., "Military optical instruments," Chapter 7 in *Applied Optical and Optical Engineering* V, Academic Press, New York, 1969.

[15] Yoder, P.R., Jr., "High precision 10-cm aperture penta and roof-penta mirror assemblies," *Appl. Opt.* 10, 1971:2231.

[16] Lyons P.A. and Lyons, J.J., private communication, 2004.

[17] Bridges, R. and Hagan, K., "Laser tracker maps three-dimensional features," *The Industrial Physicist* 28, 2001:200.

[18] Yoder, P.R., Jr., "Study of light deviation errors in triple mirrors and tetrahedral prisms, *J. Opt. Soc. Am.* 48, 1958:496.

[19] Vukobratovich, D. and Richard, R., "Flexure mounts for high-resolution optical elements," *Proceedings of SPIE* **959**, 1988: 18.

[20] Bacich, J.J., Precision Lens Mounting, *U.S. Patent 4,733,945*, 1988.

[21] Høg, E., "A kinematic mounting," *Astrom. Astrophys.* 4, 1975:107.

[22] Sarver, G., Maa, G., and Chang, L., "SIRTF primary mirror design, analysis, and testing," *Proceedings of SPIE* **1340**, 1990:35.

[23] Vukobratovich, D., private communication, 2004.

[24] Iraninjad, B., Vukobratovich, D., Richard, R., and Melugin, R., "A mirror mount for cryogenic environments," *Proceedings of SPIE* **450**, 1983:34.

424 **第9章 小径非金属ミラーの保持方法**

[25] Vukobratovich, D., "Lightweight Mirror Design," Chapter 5 in *Handbook of Optomechanical Engineering*, CRC Press, Boca Raton, 1997.

[26] Malvick, A.J. and Pearson, E.T., "Theoretical elastic deformations of a 4-m diameter optical mirror using dynamic relaxation," *Appl. Opt.* 7, 1968:1207.

[27] Hindle, J.H., "Mechanical flotation of mirrors," in *Amateur Telescope Making, Book One*, Scientific American, New York, 1945.

[28] The three volume *Amateur Telescope Making* series was rearranged, discretely clarified, and republished in 1996 by Willmann-Bell, Inc., Richmond, VA.
Mehta, P.K., "Flat circular optical elements on a 9-point Hindle mount in a 1-g force field," *Proceedings of SPIE* **450**, 1983:118.

10

金属ミラーの保持方法

金属ミラーの設計に関しては，本書の 8.8 節で議論した．多くの場合，ミラー自体の設計とミラーマウントの設計は互いに関連しているので，8.8 節でマウント方法についてもいくつかの例を示したことになる．たとえば，図 8.41 は，カイパー空中天文台において，アルミニウム製の副鏡が，どのように傾き調整機構のハブに取り付けられているかを示している．ミラーとハブの間に正しいインターフェース面を設けることと，構造全体が大きな加速度レートで運動するために，高剛性を得つつ重量を最小限に抑えることが，このミラー設計の鍵である．同様に，ジェームズ・ウェッブ宇宙望遠鏡では，図 8.45 との関連で説明したとおり，ベリリウム製のセグメント主鏡のマウント方法がミラー設計と深く結びついている．

本章では，より深く金属ミラーの特徴について取り組む．まず，金属ミラーインターフェースを含むマウントが，SPDT により正確な形状に加工できることを示す．そして，一体化マウント（ミラー基板の形状が直接機械的な支持体に取り付けられる）について考察する．そして，より大きな金属ミラーに対しては，マウント機構に対するフレクシャが準備されることを説明する．これらのフレクシャはマウント力による面のひずみを最小限に抑える．研磨や SPDT 加工に適した材料にするためミラー面に施されたメッキが，いかにミラーの光学的，熱的挙動に影響を与えるかを考察する．このような場合には，機械的なインターフェースにおける熱伝導性が主要な役割を果たす．最後に，金属ミラーとそのマウントが，組み立て調整のためどのように配置されるかを説明する．

10.1　金属ミラーの SPDT 加工

単結晶ダイヤモンドと切削工具（ツール）を備えた特殊な精密加工機は，様々な材料の表面から薄い加工層を取り去り，平面または曲面を作り出すのに用いられる．この工程は，シングルポイントダイヤモンドターニング，精密機械加工，精密ダイヤモンドターニングなどと色々なよび方がなされる．ここでは，最初のよび方を縮

426　　第 10 章　金属ミラーの保持方法

めて SPDT とよぶ．この加工方法は，1960 年代に，原理実験から完全に認定された製造工程へと開発された．たとえば，Saito と Simmons[1]，Saito[2]，Singer[3]，そして Rhorer および Evans[4]の文献を参照せよ．

SPDT 工程には，一般的には以下の工程が含まれる．

①プリフォームあるいは従来の機械加工法により，加工部品の加工される面に対して，おおよそ 0.1 mm を残して粗加工を行う．

②加工部品に対して応力を緩和するため熱処理を行う．

③加工部品を SPDT のチャックあるいは固定治具に，固定による応力が最小限になるように取り付ける．

④装置に対し，ダイヤモンドツールの選択，取り付け，調整を行う．

⑤ CNC 制御による微量な機械加工を繰り返すことで，部品を最終形状，すなわち求められる面の肌に仕上げる．

⑥部品検査を行う（可能であれば固定された状態で）．

⑦部品を加工油および溶剤を除去するため洗浄する．

一部の用途では，②の工程に続き，加工される面として非晶質の層を備えるためにメッキ工程が必要である．また，⑦の工程の後に光学面を平滑にするために研磨が続くこともある．そして，用途によっては，適切な光学コートが施される場合もある．

SPDT は「加工機」として定義されうる．これは，次に述べる Whitehead[5]による古典的な定義に間違いなく合致しているためである．つまり，「その機能が直接に構成部品が要求する性能を実現できる精度に依存する機構として定義される装置」である．今回の場合，その精度は，それ自体の機械的剛性，および自分自身や外部からの振動と熱的影響がないという点において，部分的には満たされる．繰り返し再現性と，回転・直動機構における高分解能，および機構の長寿命は，よい SPDT の設計における固有の特徴である．

SPDT 工程は，入射光に対する散乱と吸収の原因となる，周期的な溝を作り出す．図 10.1(a)は，加工中の装置における切削加工された面における局所的形状を非常に拡大して模式的に示した図である．図 10.2 はその動作を示す．SPDT 加工前の部品固有の表面粗さは，図 10.1(a)の左側に示されている．ダイヤモンドツールは小さなノーズ R をもっている．ツールの面を通じての運動により，図右側に示すような平行な溝が作り出される．それによってできる尖点の理論的な p-v 高さは，

10.1 金属ミラーのSPDT加工　427

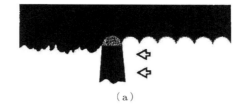

(a)

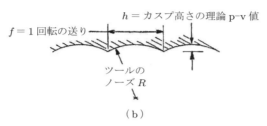

(b)

図10.1 模式図. (a)右から左に基板表面を進行するSPDTツール, (b)SPDTツールが進んでいく方向, つまり加工前 (左側) から加工後 (右側) に対する形状.

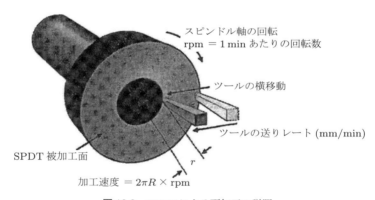

図10.2 SPDTによる面加工の説明.

図10.1(b)におけるパラメータによる単純な式で表される.

$$h = \frac{f^2}{8R} \tag{10.1}$$

ここで, f は面1回転あたりの横方向のツール送り量である. たとえば, スピンドルの速度が360 rpm, 送りレートが8.0 mm/minであり, ツールRが6 mmである場合, この値は $f = 8.0/360 = 0.0222$ mm/回転である. したがって, $h = 0.0222^2/(8 \times 6) = 1.0 \times 10^{-5}$ mm, あるいは 1.03 Å である. 各尖点の幅は f に等しい.

428　第 10 章　金属ミラーの保持方法

SPDT 加工機のツールは，工程全体において，加工される面に対してきわめて正確な軌跡に従う必要がある．Rhorer と Evans[4]は，以上で述べた溝状の加工面を超えた加工面上の形状誤差の要因について，以下のように列挙している．

①ツール軌跡による波状の軌跡の誤差

②スピンドル回転に対する軸方向，径方向，そして傾き角の再現性がないこと

③外部あるいはそれ自体の振動

④加工される材料において，隣接する粒および不純物により，弾性変形が部分ごとに異なって戻ろうとする効果が起こり，加工形状に「段差」や「オレンジピール」形状が生まれること

⑤ツールの切削面における形状誤差により，尖点の形状誤差が生まれること

SPDT は，最初期に赤外光学系に対して適用された．これは，赤外光学素子は，より短い波長に対するものより，より粗く，より不正確な形状であってもよかったためである．近年の SPDT 技術の発展により，可視あるいは低性能の UV 光学系で用いるのに十分な滑らかさをもつ光学素子も加工できるようになってきた．Vukobratovich[6]は，6061 アルミニウム母材からの量産において，マイクロラフネス 80〜120 Å rms が可能であり，また一方で，非晶質のメッキを施すことで 40 Å rms が可能であることを指摘している．

SPDT 加工が多かれ少なかれ可能な材料を表 10.1 に列挙した．加工可能性は，しばしば実用性と同義である．鉄系材料，電解ニッケル，そしてシリコンには，SPDT 加工ができる．しかし，切削工具の摩耗は速い．SPDT プロセスは，これらの材料を加工するうえで，一般的には経済的ではないとされる．一般的に挙げた合金の中には，SPDT によりよく加工できるものもあるが，そうでないものもある．たとえば，6061 アルミニウム合金では，よい面の切削加工ができるが，2024 アルミニウム合金では一般にはよい面は得られない．延性材料（研磨は困難である）は SPDT には向いている一方で，脆性材料においては，（研磨は容易であるが）SPDT には適さない．ある場合においては，脆性材料の加工において，ダイヤモンドカッターを細かい研磨ヘッドに交換することで，高精度な面加工が SPDT で可能となる場合もある．

Dahlgren と Gerchman[8]は，金属について，板材，ロール材，押し出し材，鍛造材が，一般的に SPDT に用いることができる材料ではあるものの，注意深く最終形状に近い形に鋳造された 201-T7，713-T5，771-T52 アルミニウム合金も，

表10.1　SPDT加工可能な材料

アルミニウム	CaF_2	テルル化カドミウム水銀
真鍮	MgF_2	カルコゲナイドガラス
銅	CdF_2	シリコン（?）
ベリリウム銅	ZnSe	アクリル樹脂
青銅	ZnS	ポリカーボネート樹脂
金	GaAs	ナイロン
銀	NaCl	ポリプロピレン
鉛	$CaCl_2$	ポリスチレン
白金	ゲルマニウム	ポリスルホン
スズ	SrF_2	ポリアミド
亜鉛	NaF	鉄系金属（?）
ELN（K > 10%）	KDP	
EN（?）	KTP	

注：（?）のついた材料は，ダイヤモンドツールが急速に摩耗する

SPDTによりきわめてよく加工できることを報告している．彼らはまた，次のようにも指摘している．鋳造でSPDT用の均一な材料を得るためには，鋳物は，初回の使用で，冶金学的に純粋（不純物 < 0.1%）で，水素含有量が < 0.3 ppmを満たす材料であり，鋳物の流し込みにおける材料運搬システムおよび鋳物のゲートは材料の不純物レベルを上げず，冷却は光学面から内部に一様に起こるように注意深く制御されていなくてはならない．Oglozaら[9]は，SPDTでアルミニウム合金を加工する際の同様のプロセスについて述べている．後者の論文にはSPDT加工機に対して，複数のアルミニウム合金で，異なるセットアップで加工を行った場合の比較も含まれている．

　多結晶構造の材料は，機械加工には向いていない．これは，結晶粒界がツールによる切削で強調されてしまうためである．GerchmanとMcLain[10]は，単結晶と多結晶ゲルマニウムのSPDT加工結果についての調査を発表している．IR用途においては，顕著な相違はなく，結晶粒界は面の脆性破壊につながらないように見えた．

　Gerchman[7]はSPDTによる光学素子の仕様と加工について，きわめて詳しい要約を示している．これには，材料特性の選択と仕様設定，光学設計による面形状の指定をSPDT加工機で用いられる指定に翻訳する方法，面の特徴（ツールマーク）の形状と向きの制御，面形状の測定誤差の測定とそれを抑える方法，そして，それらの誤差の測定に，どのMIL規格を適用するのがよいかといったガイドラインも

430　第10章　金属ミラーの保持方法

含まれている.

　Sanger[3]は，SPDT開発の歴史と技術についての非常に詳しいレビューを発表した．そこには，装置設計の特徴と加工能力，ワークの支持方法，ダイヤモンドツールの特徴，数値（コンピュータ）制御システム，環境のコントロール，ワークの準備，装置運用のガイドライン（切り込み量，加工速度と送り量，ツールの摩耗），そして最終加工面を試験する方法が含まれている.

　SPDTには二つの基本的なタイプがある．一つは旋盤タイプである．ここでは，ワークが回転し，ダイヤモンドツールが送られる．もう一つは，フライカッタータイプである．ここでは，ツールが回転し，ワークが送られる．Parks[11]は，円筒，円錐（外面と内面），平面，球面，トロイダル面，そして非球面を創成できる14種の異なるSPDTの幾何学的配置を示した.

　図10.3(a)には，旋盤タイプのSPDT装置であり，スピンドル軸と平行に線形に移動するツール軸を有するものを示す．これは，従来の金属加工を行うための旋盤に似ている．ワークは，図示するようにちょうど中心でマウントされるか，あるいはスピンドル軸のフェースプレートに片持ちにマウントされる．適切な固定具により，ダイヤモンドツールは，中空の円筒内面を加工できるような位置決めもできる．もし，ツールのリニアスライドが垂直軸中心にスピンドル軸と平行になるように回転されれば，この装置によって円錐の外面と内面を加工できるようになる.

　図10.3(b)は，フライカッタータイプのSPDTの一つの形態を示した図である．ここで，ワークは平面であり，一つあるいは複数の平行かつカーブしたツールにより切削加工されている．もし，スピンドル軸が，線形な送り方向から正確に垂直が出ていないならば，面は円筒形状になる．多面スキャンミラーはこの配置の1種で加工されるが，ここでは，ワークはスピンドル軸およびリニアな送り方向から傾いた軸に対してインデックス送りされる．SPDT技術による，精密ポリゴンスキャナの設計と加工については，Colquhounら[12]により深く議論されている．わずかな隙間しかなく，平面の反射面をもつスキャナミラーを直接基板に加工する実用的な方法としては，SPDT加工しかない.

　もう一つのフライカッタータイプのSPDT（これは球面を加工するために設計された）が，図10.4に示されている．ここでは，同一平面状であって交わる2軸周りに，ワークとツールが回転運動する．創成される曲率半径 R は，$r/\sin\theta$ に等しく，これらのパラメータは図示するとおりである．この機能は，機械工場や光学工場における，ダイヤモンドカップによるカーブジェネレーター加工機の機能に似

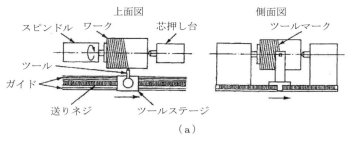

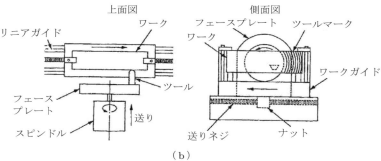

図 10.3 以下の模式図(a)シリンドリカル面の切削に用いられる旋盤タイプのSPDT，(b)平面加工の切削に用いられるフライカッタータイプのSPDT（Parks[11]による）．

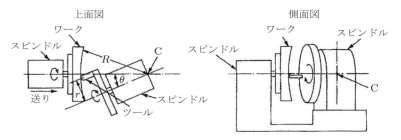

図 10.4 凹球面の切削用に用いられる二つの回転軸を有するSPDTの模式図（Parks[11]による）．

ている．図示されているのは凹面の創成であるが，凸面は，2軸の交点Cをワークの後ろ（すなわち左）にもっていくことで加工できる．これは，ワーク両面を貫通する腕をもつヨークでワークを支えることで可能である．ツールが直線送りステージであって，図中C点周りに回転できるようになっていれば，これはいわゆる「R-θ」装置となる．この装置は，球面はもちろんのこと非球面も加工できる．

　Gerchman[13]は4軸（3方向のXZZ'並進と回転エンコーダを備えたワーク回

転軸) システムの可能性について説明している. Z′軸は範囲が限定されているが高速なツールの線形移動である. ワークの回転位置に対してツール移動量を位置決めすることで, 非回転対称な形状が加工できる. Gerchman[13]はこの種の装置により, 軸外し非球面をいかにして加工できるかについても説明している.

図10.5は4軸加工機である. 回転方向2軸と並進方向2軸を備えており, 後者の2軸は垂直方向にスタックされている. ツールの回転は, 円形の切り込みエッジの中心周りで, ステッピングモーターにより行われる. このモーターは, ワークのスピンドルに対して個別に, あるいはわずかな回転角に対して割り出しされている. このことにより, ツールはワークに対して垂直に保たれ, 曲率半径や硬さの変化, そしてツールマークに沿った仕上げにより生じる誤差を除去している. また, このことにより, より小さなノーズ R のツールを使うことができ, これによって, より大きな局所 R をもつ加工面の加工が可能になる. この移動自由度の数により, 凸と凹の非球面が機械加工できる.

図10.6は, SPDT装置において, 5軸加工がどのように実装されるかを示した図である. X軸とY軸は, 図10.5ではスタックされていたが, ここでは分離されている.

異なるワークサイズや面形状に対応する能力をもった多くの1軸あるいは多軸のSPDT加工機が, 世界中の様々なメーカーから購入可能である. たとえば図10.7は, 3軸あるいは5軸のSPDT加工機であり, Moore Nanotechnology Systems 社より販売されている. この超精密自由曲面SPDT/研削盤 NANOTECH 350FG についての, 重要な仕様と加工能力を表10.2に示す.

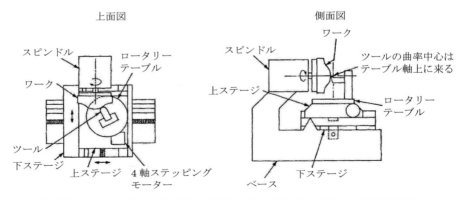

図10.5 スタックされた4軸のリニアステージとダイヤモンドツールの向きをステップ的に変更できる機能をもつSPDT加工機の模式図 (Parks[11]による).

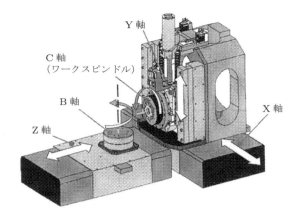

図 10.6　5 軸 SPDT 加工機.

図 10.7　Moore Nanotechnology Systems 社の超精密自由曲面 SPDT/ 研削盤 NANOTECH 350FG の写真（Moore Nanotechnology Systems 社の厚意による）．

この装置は，軸対称あるいは非対称なワークに対して，SPDT 動作を行うことができる．オプション装置を付けることで，SPDT に適さない材料に対しても精密研削できる．図 10.8 は研削スピンドルを実際に使っているところの拡大写真である．これは，B 軸テーブルにマウントされている．SPDT による典型的な光学面精度と面粗さは，表 10.2 に含まれている．これらの面は，赤外用途といくつかの可視用途には適している．加工後の研磨により，面は可視用途に使える標準的なレベルにもっていくことができる．

SPDT のツールである単結晶のダイヤモンドチップは，SPDT 用途に理想的な，

第 10 章 金属ミラーの保持方法

表 10.2 図 10.7 に示した超精密自由曲面 SPDT/研削盤 NANOTECH 350FG のおもな特徴（Moore Nanotechnology Systems 社による）

一般的特徴	
モノリシックなエポキシグラナイト鋳物で，3点の振動絶縁機能を有する	
NEMA12 キャビネットにマウントされている	
Delta Tau PC を基本とする CNC モーションコントロール，ウインドウベースの制御	
リニア軸移動量 X = 350 mm，Y = 150 mm，Z = 300 mm	
レーザーホログラフィックによるリニアエンコーダ，アサーマルマウント	
0.9℃以内に制御されたクローズドループ流体冷却システム	
性能	
移動精度	≦ 25 nm（軸方向および径方向）
プログラム上の分解能	1 nm（線形移動），0.00001°（回転方向）
形状精度	≦ 0.15 μm p-v/75 mm（直径 250 mm のアルミニウム製球面において）
面仕上げ	≦ 3.0 nm（典型値）

図 10.8 図 10.7 に示す装置を脆性材料の精密研削に用いる場合における，研削スピンドルとホイール（Moore Nanotechnology Systems 社の厚意による）．

ほかにはない特徴をもっている．正確に方位を決めれば，これは非常に硬く，接触による摩擦力は低く，機械的剛性は非常に高く，熱的な性質もよい．そして，エッジを原子レベルまで細くもっていくことができる．摩耗が限界を超えれば，再度研ぎなおすこともできる．ノーズ R は，平面から 0.76 m まで，用途に応じて変更できる．最大の欠陥深さは，正確に研がれたダイヤモンドツールにおいて，SEM で

の測定結果で 8×10^{-3} μm である．曲率半径は，特定の短いものにあっては，1.5 μm で一定である．ダイヤモンドチップは，標準的な旋盤のツール取り付け具を物理的な支持体として，図 10.9 に示すようにロウ付けされる．このようにマウントされれば，このツールは，取り扱いや，SPDT 加工機への取り付けが簡単になる．立方晶窒化ホウ素によるツールが，未処理ベリリウム基板の加工に適していることが判明している[15]．

図 10.10 は 3 本のダイヤモンドツールが取り付けられたフライカッターツールヘッドであり，それによって，面を仕上げるために必要な加工経路を削減するため，ワークの異なる位置を，異なる深さで，あるいは異なる形状のツールで加工できるようになっているものである．

ワークを SPDT 加工機上に応力を発生させることなくマウントすることは，正

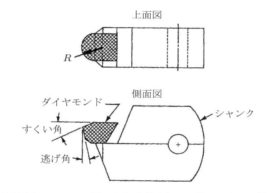

図 10.9　SPDT で用いられるダイヤモンドツールの一種．

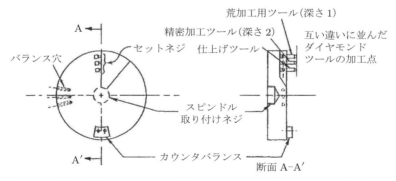

図 10.10　3 個のダイヤモンドツールを有するマルチフライカッターヘッドの模式図 (Sanger[3] による)．

確な面形状と，正確な機械加工寸法を得るうえで非常に重要である．応力を最小限に抑えるために用いられる方法としては，チャッキング，エラストマーによるポッティング，フレクシャマウントなどが含まれる．図 10.11(a)は薄いゲルマニウムレンズの真空チャックの例を示しており，また一方で図(b)では，アキシコンミラー基板をフレクシャによりチャックする例を示している．結晶性の材料，あるいはオプトメカニカルなアセンブリを SPDT で加工することを可能にするためのセンタリングチャックの利用（Erickson ら[17]，Arriola[18]参照）については，12.1 節で議論する予定である．

SPDT および精密研削についてのここでの議論は，光学面形状の創成に注目し

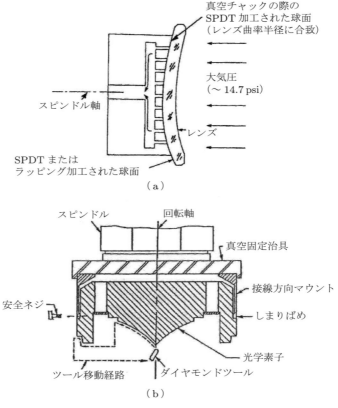

図 10.11　模式図．(a)薄いゲルマニウムレンズを支持するために用いられる真空チャック（Hedges および Parker[16]による），(b)アキシコンミラーを SPDT 加工する際に用いられたフレクシャマウント（Sanger[3]による）．

ていたが，一方で，機械加工面の光学面あるいはほかの機械部品とのインターフェース面の創成にも同じ方法が適用できる．たとえば，図 10.12 に示した金属ミラー上の 3 個のマウント用パッドは，ミラー面に対して正確な位置と向きになるよう，SPDT 加工により作られている．実際，これらの面は加工機上における基板のセットアップを乱すことなく，すべて機械加工されている．そのため，取り外しと再取り付けによるアライメントエラーに起因する誤差はまったくない．その後，ミラーが装置に組み込まれる際，残存する加工誤差の範囲内で，光学面は基準面に対して自動的に芯出しされる．

金属製光学素子と，それを SPDT に取り付けるためのマウントの間のインターフェースをどのように設計すれば最もよいかが，図 10.13 に示されている．一つの部品をもう一方に対して芯出しする方法は，内側の部材に SPDT により加工されたトロイダル面により制御されている．この面は，外側の円筒面に対してきついがスライドするようになっている．軸方向の位置は，内側のフランジ底面に SPDT 加工された平面により制御されるが，この面はこの部品の軸に対して垂直である．この面は，外側の部品のフランジ面に部分的に凹凸のある平面にぴったり取り付く．後者の面は外側の部品の軸に対して垂直である．この二つの部材がフランジを通したボルトで締結されれば，二つの軸の相対的な位置合わせおよび軸方向の位置が，厳しい公差内で得られる．

この設計理念の一例が図 10.14 に示されている．図(a)はアルミニウムミラーで

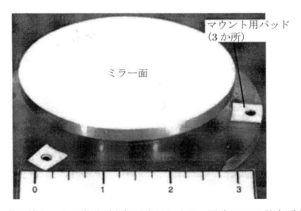

図 10.12　金属鏡と，その光学面を加工するための，同時 SPDT 仕上げされた金属パッド．これによりマウント面の精度を最適化できる（Zimmerman[19]による）．

438   第10章　金属ミラーの保持方法

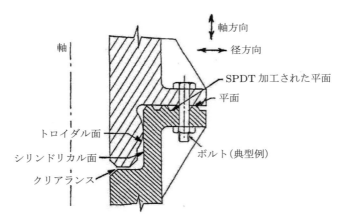

図 10.13　軸方向と径方向のアライメント精度を保証するための，二つのSPDT加工された部品の間の接触面（Sanger[3]による）.

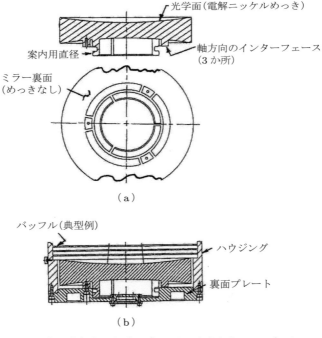

図 10.14　SPDT加工されたハウジングにマウントされたSPDT加工ミラーのオプトメカニカル配置（Vukobratovichら[20]による）.

あり，光学面，案内面直径，そして軸方向インターフェース面（これらはすべてSPDT加工による）を有しているものの図である．三つの軸方向の位置決めパッ

ドは，円筒形の突起の外に設けられており，案内面直径をなしている．これらのパッドは同一平面上に，光軸に垂直に形成されている．図(b)に示すように，これらはマウントの背面板の上面にぴったりと合致する．案内面直径は，マウントに開けられたへこみにぴったりと滑り込む．この設計により，ミラーとマウントは組み立てられたときに，**調整なしで正確に芯出しされる**．

10.2 複合マウントに関する準備

用途によって特段の要求（極低温のような極端な温度環境，レーザーやソーラーシミュレーターのような高い熱エネルギー放射への曝露，極端な振動衝撃）がない場合，小径あるいは中程度の口径をもつ金属ミラーは，非金属ミラーについて議論したマウント方法と同じ方法でマウントすることがしばしば可能である．金属と非金属ミラーの間の主要な相違点は，重要な機械特性の相違（密度，ヤング率，ポアソン比，熱伝導率，CTE，および比熱）にどう対処するかである．性能，重量，耐環境性を大いに向上させる特別な特性をもつ金属を用いることで，これらの相違点を活用することができる．

これらの金属ミラーを保持するうえで望ましい方法として，ミラーそれ自体にマウントのための対応策を組み込むことが挙げられる．図 10.15 には簡単な場合を示したが，ここでは，マウントのための突起をミラー本体から分離するスロットがミラーに切られている．こうして，図の下部からミラーを取り付ける際の力が，光学面に伝達しないようになっている[19]．

図 10.16 は，今述べたようなマウントのためのインターフェース面をもつ矩形ミラーを，裏から見た拡大写真である．ここでは，深く面取りされたミラー裏面に平行な切れ込みをミラーコアに入れるような形で，マウントのための突起が機械加工されている．各突起には，マウント用のネジのためにネジ切りがなされている．ミ

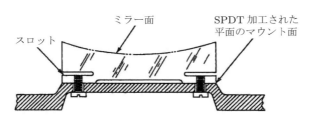

図 10.15　応力フリーな小径金属ミラーの図（Zimmerman[19]による）．

440   第10章　金属ミラーの保持方法

図 10.16　金属ミラーに作りこまれたマウント用フレクシャの拡大写真（Zimmerman [19]による）．

ラー裏面に3か所同じ形が設けられている．これがラップあるいはSPDT加工された面に取り付けられた場合，ミラーにはほとんど光学面をゆがませる歪みが発生しない．これは，わずかにたわむ突起により，ミラー本体が機械的に遮断されているためである．

図10.17に示す円形ミラーのSPDT加工は，以下のような工程で精度よく加工できる．

① ミラー面をミラー基盤の表面に加工する
② 切れ込みを加工する
③ Oリングのためのスロットと軸出しの案内面の外形を加工する
④ フランジ内面（左面）をマウントのためのインターフェース面として加工する

これらすべての工程は，部品のスピンドル軸に対するアライメントを乱すことな

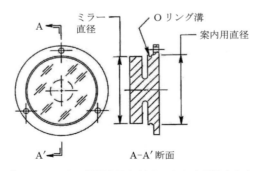

図 10.17　加工時にSPDTから部品を取り外すことなく製作された，光学インターフェースと機械的インターフェースを有する小径ミラー（Addis[21]による）．

く行われる．したがって，これらの面はすべて相対誤差が最小限に抑えられている．案内用外径はミラー外径よりわずかに大きく仕上がっている．このことにより，ミラー部分はマウントのはめ合いする内径を通じて注意深く挿入すれば，ミラー上の案内用外径を通じて，ミラーをマウントにぶつからずに締結することができるようになっている．組み立て前に，部品を所定の位置にシールするためにOリングが溝に挿入される．この設計はしばしば「きのこ」ミラーとよばれるが，これは，細くなっている茎の部分がフレクシャとしてはたらき，マウントに伴う力からミラー面を分離できるためである．

10.3　金属ミラーのためのフレクシャマウント

図10.18に示した，フレクシャアームが組み込まれたミラーマウントは，剛体の金属ミラーに対して応力のはたらかない支持方法を実現するために設計された．この概念は，いくつかのベリリウムミラーに対して用いられ，成功している[15]．3本のアームのはめ合い面およびこれらが取り付けられる面は，所定の位置にクランプされたときに，ミラー面の歪みを最小限に抑えられるよう精密ラップ加工されている．ミラー支持体は，ミラーの前加工および研削を通じて，十分な剛性なくミラーを保持する．加工中，基板はミラー裏面に円筒状のリングを取り付けることで保持される．これは，後ほど最終仕上げ（かかる力は小さくなる）の段階でフレクシャアームに取り換えられる．

　図10.19(a)および(b)は，二つの金属ミラー裏面に機械加工されたマウント用フ

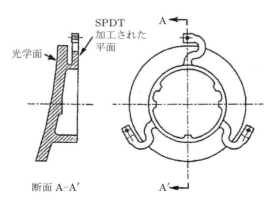

図10.18　外部マウントに取り付けられる際の支持部となる複合フレクシャを有するベリリウム製ミラー（Sweeney[15]による）．

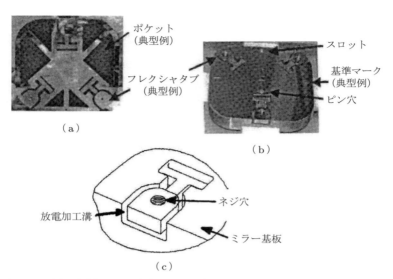

図 10.19 (a), (b)組み込み応力による面変形を最小限に抑えた二つのアルミニウム製非球面ミラー, (c)取り付け用ネジ穴を有するフレクシャの模式図 (Ohl ら[22]による).

レクシャタブである．これらは，キットピーク国立天文台の 3.8 m メイヨール望遠鏡の設備として開発された赤外線分光器(IRMOS)に用いることが想定されている[22]．図(a)に示したミラーは，長球楕円体凹面ミラーの軸外し部分（サイズ 264 × 284 mm）である．ミラー裏面には重量軽減のためにポケット部が加工されている．図(b)のミラーは扁球凸面ミラーの軸外し部分（サイズ 90 × 104 mm）である．これは軽量化加工はなされていない．どちらのミラーも 6061-T651 アルミニウム材でできており，径と厚みの比は 6:1 である．これらは 175℃のエージングおよび，数回の温度サイクル −190.15℃～23℃～150℃により応力が開放されている．どちらのミラーも，すべてのマウント面および光学面は SPDT 加工により最終仕上げがなされた．

組み立て調整を容易に行うため，図 10.19(c)に示した形状にするうえで，放電加工によりマウント面にフレクシャタブが加工されている．これらのフレクシャは，± 0.025 mm の並進と ± 0.1°の傾き調整によって生じる基板を曲げる力が引き起こす面の歪みを最小限に抑える．各タブには，取り付けネジのためにネジ切りされた穴が設けられている．

分光器は，80 K で運用されることが想定されている．構造体は，アサーマルな

アセンブリを構成するため，ミラーと同じ材質（Al6061-T651）で作られている．光学系のアセンブリは，SPDT 加工中に設けられた，ミラー裏面と側面のいくつかの基準十字線マークによって行えるようになっている．これらのうち一つは，図 10.19(b) に示されている．同じ図のスロットとピンホールは，基板を SPDT 加工機に取り付けたときの調整の基準となる．

熱間等方圧加圧法により成形された，ソリッドなベリリウム円筒ミラーにおけるフレクシャマウント法，およびこの基板裏面に設けられたドリル穴によるポケットが，Altenhof[23]により説明されている．このミラーの最終形状は図 10.20 に示されている．このミラーを設計および製作するうえで，次に述べる要因で大きな困難があった．その要因とは，大口径（165 × 102 cm），重量制約（54 kg），光学面形状（$\lambda/12$ rms@$\lambda = 0.63$ μm），使用温度範囲（300〜150 K），振動（15 G），そして共振周波数が 50 Hz より大きいことである．正方形形状の軽量化ポケットパターンは，重量最小化の要求と製造の簡単さ，地上テストの際の重力による歪みのトレードオフ解析より選択された．

製作においてもいくつかの問題が起きた．この問題には，粗加工の各段階における連続的な熱処理と，最終面仕上げにあたって，0.25 mm 深さにおいて表面下の欠陥層を除去する必要性が含まれる．表面下の欠陥層は 0.5 mm まで化学エッチングにより除去がなされた．最も厳しい面は，軽い化学エッチング（0.13 mm）により残存する欠陥層を除去してから，機械加工がなされた．基板加工工程の最終段階において，高温と低温のサイクルを繰り返すことで，熱的な安定化がなされた．

このミラーは図 10.21(a) に示す運動の自由度をもって，セミキネマティックに

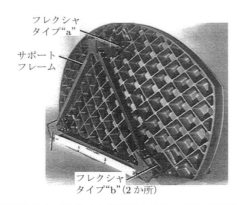

図 10.20　HIP 処理されたベリリウム製軽量化ミラー裏面の写真（Altenhof[23]による）．

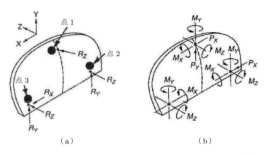

図 10.21　図 10.20 に示すミラーの支持方法．(a) かかる力の反力，(b) かかる単位モーメント（Altenhof[23] による）．

保持されるよう設計がなされた．点 2 に取り付けられたサポートは，軸方向と縦方向（±Z，±Y）の荷重を支えるようになっている一方で，点 1 に取り付けられたサポートは軸方向（±Z）荷重のみ支えるようになっている．点 3 に取り付けられたサポートは，3 軸すべての方向（±X，±Y，±Z）を支える．この配置により，どのサポートの組み合わせでも，各サポートの中心を結ぶ直線上ではミラーを抑制せず，（理論的には）ミラーの歪みは引き起こされない．サポートはミラーの中立平面上になくてはならない．外部のサポート機構に対して，摩擦のない接続と無限大の自由度のあるリンク構造が求められる．

　この用途のために，図 10.22 に示すような十字断面形状のフレクシャが開発された．各フレクシャリンクは 10 × 10 × 8.9 cm のポケットに収まり，ベリリウムと，異なる熱的特性をもつ構造材（ステンレスとチタン）により局所的に生じる変形に追随するように想定されている．

　ここで提案されたフレクシャ構造と各種材料の FEA 解析により，この構造には 6Al-4V チタン合金が最適であることがわかった．これは，バネ性に関する大きな利点があり（降伏応力/弾性係数），ベリリウムミラーと熱的特性が近く，密度が低いためである．考察が行われた後除外されたものとしては，ステンレス鋼，ベリリウム，アルミニウム，そしてベリリウム銅があった．図 10.23 は用いられた 3 個のフレクシャのうち一つの写真である．

　3 個のミラーサポートを用いることにより生じる冗長な力およびモーメントが許容可能かどうかを決定するためには，有限要素法を以下のようにして用いられた．

①単位力 P と単位モーメント M を，図 10.21(a) の支持点に，図 10.21(b) の方向に単体で加える．これらの外部荷重は，バネ定数の誤差やアライメント誤差

10.3 金属ミラーのためのフレクシャマウント

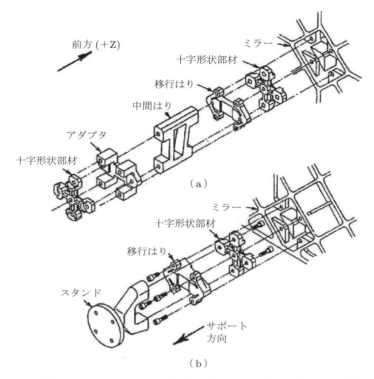

図 10.22 図 10.20 に示すミラーの支持構造の散布図.(a)点1に用いられる構造,(b)点2および3に用いられる構造(Altenhof[23]による).

を原因とする入力である.

② 以上の結果により,単位力,単位モーメント,重力によって生じる最悪の変形量が決定される.

これは,どの節が最悪であるかがわかるように表 10.3 に示されている.変形の許容量は,自重変形試験を設計結果に加えている間,どの部分的サブアパチャーに対しても 0.33 μm 以内である.表の右側の列は対応する計算値を示している.すべての変形量は,許容値内に十分収まっている.この許容変形量に対応するモーメントと力は,それぞれ 0.056 N·m と 0.2 kg であると決定された.これらの入力は各支持点に同時に存在すると仮定した.

もう一つの,古典的なフレクシャマウントされた金属ミラーとしては,重量 12.6 kg,直径 61 cm,F/2 のベリリウム製主鏡をもち,1983 年に NASA により軌道に投入された赤外線宇宙天文台(IRAS)に用いられたものが挙げられる.この光

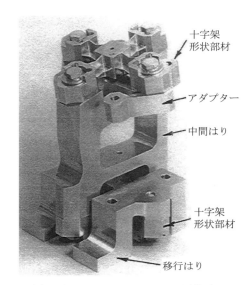

図 10.23 図 10.22(a)に示したフレクシャリンクの写真（Altenhof[23]による）.

表 10.3 図 10.22 に示す支持点に単位力がかかった場合の，ミラー変形量の最悪予想値（Altenhof[23]による）.

支持点の番号	モーメントによるたわみ [μin.]	力によるたわみ [μin.]	重力によるたわみ [μin.]
9*	7.24	14.2	4.8
56*	−1.71	−7.0	4.6
31	1.33	3.9	1.9
1	1.89	6.3	−2.3
60	0.56	1.3	2.0
4	4.88	15.7	2.0
66	0.73	−0.50	2.9

注＊：これらの点はたわみが最大となる.

学系は，リッチー−クレチアンタイプである．図 10.24 はこの望遠鏡のオプトメカニカルな構成図を示す．これは，高度 900 km，温度 2 K において，8〜120 μm の波長範囲で用いられる．二つのミラーに結合するすべての構造材とミラーそれ自体は，同じ CTE をもつベリリウム製である．したがって，この光学系はアサーマルであり，温度変化による性能劣化は起こらない．

このミラー材質は，Kawacki-Berylco HP-81 ベリリウム鍛造材であり，CTE の非均一性は 7.6×10^{-5} m/m・K 程度の仕様である．これは，裏面にポケットを機

10.3 金属ミラーのためのフレクシャマウント　447

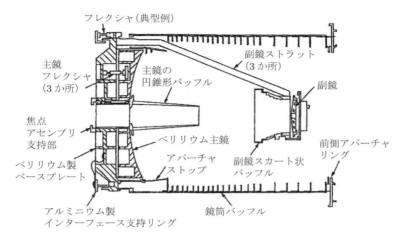

図 10.24　IRAS に用いられた開口直径 61 cm のオールベリリウム製望遠鏡のオプトメカニカル配置（Schreibman および Young[24]による）．

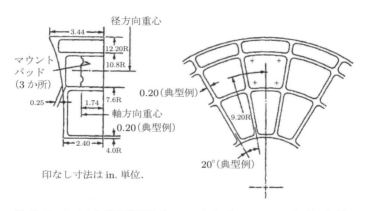

図 10.25　IRAS 主鏡の詳細図（Young および Schreibman[25]による）．

械加工することで軽量化がなされている（図 10.25 を参照）．機械加工後に残る構造材としては，20°間隔で配置された四つの同心円状のリング形状のリブがある．表面のシート厚みは，最薄部で 6.35 mm である．この設計は，マウント応力による歪みと，重力が開放されたときに生じる歪みを最小化するように有限要素法により得られた．この設計における制約としては，40 K での低温試験を，ミラーを水平方向に置いたときだけに使えるチャンバー内でしか行えないという条件があった．このために，重力による非対称な歪みが顕著であった．解析モデルは，276 本の梁（径方向と同心円のリブ）によって支えられたミラー表面を表現する 336 個

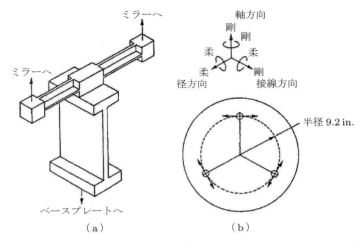

図 10.26 (a) IRAS 主鏡を望遠鏡ベースプレートから支えるフレクシャリンクの模式図，(b) リンクの向きを示すためのミラー正面図．各リンクの剛な接線方向が示されている（Schreibman および Young [24] による）．

の節点と，252 か所の微小領域を含んでいた．重力により生じるミラーの変形量のデフォーカス，シフト，チルト成分を除いた計算値は，0.020λ rms（$\lambda = 0.633\,\mu m$）であった．光学系の誤差許容量は，面変形量に対しては 0.1λ であった．室温下で，低温試験でわかった面形状誤差の修正加工を行った．ミラー形状が許容できるとわかるまで，この低温試験～形状補正のサイクルが繰り返し行われた．

このミラーは，図 10.26(a) に示されたように，3 本の T 形状のフレクシャリンクにより，望遠鏡構造体の大きなベリリウム製バックプレートから片持ち支持されている．各フレクシャリンクの断面形状は，ミラー径方向に取り付けられた同心円状である．このリンク部材は，リンク上とミラー上におけるパッドの平面度誤差を吸収する．リンク内の刃形状の部材は，ミラーとベースプレートとの相対的な回転運動を許す向きに取り付けられている．これらのリンクは図 (b) に示すように，120°おきに，半径 23.4 cm の円周上に取り付けられている．リンクの硬い方向と柔らかい方向は，後者の図に示すとおりである．フレクシャ取り付け部の点は，ベースプレートとミラーの中立面上にある．ミラーの場合，それは裏面から 4.42 cm に位置する．リンクは 5Al-2.5Sn ELI チタン合金[1]であり，CTE はベリリウムのものと非常に近い[2]．有限要素解析によると，実際に用いられた材料に対しては，

---

[1] ELI は extra-low interstitial の意味．（訳注）酸素，窒素，水素および鉄の含有率を特別に低く抑えている合金．

最悪の条件下（低温）において発生する応力は 2.65 MPa を超えないことがわかった．低温条件下において，微降伏応力を 24.1 MPa と仮定すると，安全率として約 9 が得られることになる．

これらの，一体のあるいは分離したフレクシャをもつミラーの例において，根底にある設計指針は以下のようなものである．①フレクシャアーム，あるいは形状的なアンダーカット，あるいはスロット（これらはフレクシャをなす）を入れることで，マウント応力をミラー面から分離する．②ミラーは組み込まれる構造より硬いバネとして設計する．このことで，変形はミラー面よりもマウント側で起こる．③可能であれば，ミラーは実使用条件と同じ条件で加工中も保持されるべきである．そうすれば，マウント応力は加工中も使用上も同条件となる．④マウント面は，光学面と同様の平面度，平行度が出ていなくてはならない．

次のことについて注意しておく．以上の設計原理の①によると，ミラーの剛性により，マウント中に，ミラーの剛体としての移動やシフトが起こりうる．この場合，組み込み後に調整できる準備をしておいたほうがよい．さらにいうと，この原理を厳密に守ろうとすると，最後の原理を必ずしも守らなくてよいという結果になる可能性がある．

10.4 金属ミラーの金属メッキ

アルミニウムやベリリウムなど，金属ミラーに用いられる材料は，内在する結晶性構造，軟らかさ，延性により，金属基板に直接高精度な光学鏡面を得ることは難しい．どちらの材料も，薄い金属層（ニッケルなど）を基材に施し，この層をSPDT 加工，あるいは研磨することで平滑な仕上げ面が得られるという利点がある．同様に，SiC の化学気相成長（CVD）や反応焼結法（RB）で形成された光学面は，CVD による純銅の薄膜を加えることで平滑度を向上させることができる．金メッキにより，様々な種類の金属基板に対して，赤外反射率を向上させられる．

面の平滑度は，基板と同じ材質をメッキすることでも，同様に向上させることができる．商標名である AlumiPlate 加工（アルミニウム基板にアモルファスアルミニウムをメッキする）は，その最たる例である．高エネルギーレーザー用途に用い

---

† 2　Vukobratovich ら [26] は，Ti-6Al-4V ELI 材がこれらのフレクシャにより適していると指摘している．これは，Carman と Katlin [27] およびほかの研究者により報告されたように，高い破壊強度をもっているためである．

450　第 10 章　金属ミラーの保持方法

られる銅およびモリブデンミラーの平滑性とダメージ耐性は，研磨前に基板と同じ
材質の薄いアモルファス層を堆積させることで向上させることができる．

　ミラーに最もよく用いられるメッキ材質は，ニッケルである．この目的には，二
つの基本的なプロセス（電解メッキおよび無電解メッキ）が利用できる．電解メッ
キ（ここでは EN と略する）は，0.76 mm かそれ以上の厚みにメッキすることが
できる．このロックウェル硬度は 50～58 である．このプロセスは単純だが，反応
速度は遅く，コート厚みの一様性を得ることは難しい．また，このプロセスは正確
な温度制御を必要としない．典型的には 60 ± 8℃が適切である．無電解メッキ（こ
こでは ELN と略する）は多孔質成分 11～13 ％を含むアモルファス材料である．こ
れは，より一様にメッキされ，より耐性が高く，プロセスは EN より機械的，電気
的に複雑ではない．不利な点としては，実用的な最大の厚みが約 0.2 mm であると
いう点であり，それにより，メッキ後の基板形状はメッキ前に非常に近いものにな
る．ELN の反応温度は約 93℃であり，これは EN より高い．温度は ± 3℃に制御
しなくてはならない．ロックウェル硬度は 49～55 であるが，熱処理によりいくら
か向上させられる．ELN の詳細な説明は，Hibbard[28]により与えられている．

　金属ミラーにおける基板とメッキ層の線膨張係数差は，仕上げが完了したミラー
の形状不安定性の一つの要因である．ベリリウム上に形成されたニッケルについて
は，その不一致は 2×10^{-6} m/m·K であるが，一方で，アルミニウム上のニッケ
ルの不一致はその 5 倍大きい．その結果起こるバイメタル効果は，高精度光学系に
おいてより顕著である．Vukobratovich ら[20]は，$\phi 18$ cm の ELN メッキされた
6061 アルミニウム凹ミラーにおいて，バイメタル効果を最小限に抑える可能な方
法について検討した．研究対象となったミラー形状を，図 10.27 に示した．平凹形
状（図(a)）を基準として，以下のような様々な設計を行った．曲げ応力に耐える
ために基板厚みを増加させる（図(c)），メニスカス形状にする（図(d)），断面を
対称形にすることで，曲げ効果を両面で同じ大きさ，逆向きに発生させる（図(e)），
そして，すべての形状において，基板両面に同じか，あるいは異なる厚みでニッケ
ルメッキを施すことである．図(b)に示す平面形状は，表裏面のニッケルメッキの
厚み差の影響についての一般的情報を得るために含められている．

　Barnes[30]により，閉形式および FEA をともに用いた解析が行われた．
Vukobratovich[20]は以下のように結論している．① FEA の結果はより正確だと
考えられているが，閉形式の結果は FEA の結果とよい相関は示さない．②もとの
形状からの変形ではなく，補正可能な収差成分（ピストンとフォーカス）と補正不

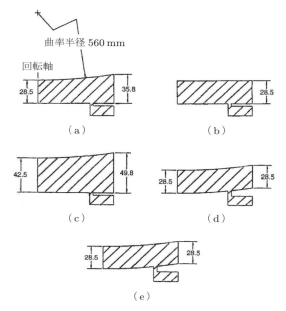

図 10.27 VukobratovichとMoonらにより検討がなされた，無電解ニッケルメッキにおけるバイメタル曲げ効果を決定するためのミラー配置（Vukobratovich[20]らによる）．

可能な収差成分からなる変形を決定する必要がある．③ミラー裏面のマウントのための拘束により，両面に等しい厚みのメッキを施すことでは，バイメタル効果による曲げ変形はむしろ増加する．④ミラー基板の厚み増加は役立たない．⑤基板を対称形状にすることで，たとえ裏面にメッキしなくても，曲げ量は顕著に減少する．検討完了後，Vukobratovichら[20]により採用されたミラー形状は，10.1節で解説されており，その形状は図10.14に示されている．

Moonら[29]は，Vukobratovichら[20]の研究結果を，アルミニウムとベリリウムの基板に，アルミニウムメッキとニッケルメッキ両方の場合を含めるように拡張した．ミラー配置（図10.27）についてもう一度検討する．Vukobratovichの検討結果では，アルミニウムメッキ付きアルミニウム基板の場合，表裏面に等しい厚みのメッキを施すのが最適であり，無電解ニッケルメッキ付きアルミニウム基板の場合は，表面だけにメッキを施し，ミラー基板を両凹形状にするのが最適であった．厚い基板およびメニスカス形状基板の場合にも，表裏面に等しい厚みのメッキを施すのがよいことがわかった．ベリリウム基板に無電解ニッケルメッキを施す場合，

452　第 10 章　金属ミラーの保持方法

表面のみにメッキを施すのが最良である．この結果は，すべてのミラー配置につい
て適用できる．

　無電解ニッケルメッキされたミラーの長期安定性を決める一つの要因として，
コートの内部応力が挙げられる．Paquin[31]は，この内部応力の堆積したニッケ
ルにおける多孔質成分に対する依存性について説明している．大部分の場合におい
て，多孔質成分に仕様を定める（典型的には約 12%）ことで，アニール後に応力
を 0 にすることができる．Hibbard[32-34]は，無電解ニッケルメッキの寸法不安
定性を最小化する方法の議論において，この要因についてほかの要因との間の考察
を行った．化学組成と熱処理条件を変えることで，与えられた運用温度中心におけ
る残留応力を 0 にできる．Hibbard[33]は，CTE，密度，ヤング率，多孔質成分
を含む無電解ニッケルメッキの，硬度に関する応力の依存性についての情報を提供
している．これらのパラメータはミラー設計をモデリングするうえで重要である．

　メッキによる応力は，基板材料と同じ金属片（試験片）の片側にメッキを施すこ
とで，容易に測定できる．Hibbard[33]はこの方法について説明している．一般的
に，この金属片は寸法 102 × 10.2 mm（4 × 0.4 in.），厚みが 0.76 mm（0.03 in.）
であるが，厚みは材料による．試験片は，相対する面が平面度誤差 25 μm を超え
ないように，平面かつ平行に研削されている．メッキによる応力が開放されること
で，試験片は曲げられる．曲げの量，すなわち応力は，試験片のエッジについて長
手側の形状の直線からのずれを顕微鏡で観察することで決定される．典型的なアル
ミニウム基板上の無電解ニッケルメッキによる曲げ量は 0.25～0.38 mm なので，
これは十分な精度で測定できる．

10.5　組み立て調整のための金属ミラーのインターフェース設計

　10.2 節で述べたように，光学面を機械加工するほかの方法に対して，SPDT に
は一体化した位置決めという顕著な利点がある．つまり，加工中にワーク（複数の
部品からなるシステムの一部品）を SPDT から取り外すことなく，インターフェー
ス面と光学面をワークに直接加工できるのである．このことにより，ほかのシステ
ム全体において，光学面の位置精度を最大限に正確に出すことができる．

　図 10.28 は，Gerchman[35]による，6 種のこの座標方式を備えた光学アセンブ
リを模式的に示したものである．各アセンブリは，少なくとも一つの SPDT によ
る部品間の機械的インターフェース面を有している．各部品は SPDT 加工されて

10.5 組み立て調整のための金属ミラーのインターフェース設計

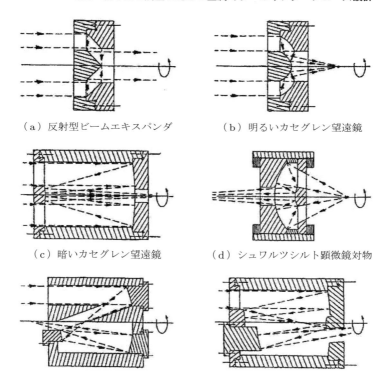

(a) 反射型ビームエキスパンダ　　(b) 明るいカセグレン望遠鏡

(c) 暗いカセグレン望遠鏡　　(d) シュワルツシルト顕微鏡対物

(e) 挿入された3板鏡系　　(f) 組み合わされた4板鏡系

図 10.28　SPDT加工された光学およびインターフェース面をもつ，6種のミラーアセンブリ．これらは組み立てにおいてほとんど，あるいはまったく調整が必要とされない（Gerchman[35]による）．

おり，この加工は，光学面を機械的インターフェース面に正確に位置決めする方法でなされている．矢印の曲線は，各系の回転対称軸を示している．一つ（図(e)）を除くすべてのミラーは，スパイダーサポートが一体加工されている．図(a)の系は，二つの共軸の円錐反射面（アキシコン）を光学面として備えている．そのため，これはリフラクシコンとよばれる．図(c)には全長が長くて暗いカセグレン式望遠鏡が示されており，これは三つの部品（ミラー2枚と間隔環）からなる，組み立てやすい光学系である．一方で，明るいカセグレン式望遠鏡が図(b)に示されているが，これはわずか2個の部品のみで構成でき，全長が非常に短い．反射顕微鏡対物（シュワルツシルト式対物）が図(d)に示されている．これも間隔環を備えており，フォーカス合わせが可能である．これは二つの押さえ環を用いて組み立てられる．ここで，光は右方向から左方向に進むことを注意しておく．図(e)に示す3枚鏡は

分離した軸外し光学面を備えており，これらの面は機械的基準面，あるいは軸周りの回転調整を可能にする位置決めピンを基準として SPDT 加工を行うことが必要である．これはまた，一体化された迷光防止のバッフルを備えている．図(f)に示す比較的複雑な系は，ほかの光学系がもつ特徴すべてを備えている．

図 10.28 のような光学系における機械的インターフェースは，調芯および光軸方向の芯出しを行うため，一般的に図 10.13 のような配置が可能である．以下のような場合には，各部品にかかる応力を最小限に抑えることができる．すなわち，径方向のインターフェースがきついはめ合いになっている場合，光軸方向のインターフェースを与える面が同一平面上に正確な平面であり，各部品の軸や平面に接触するトロイダル面に対して正確に垂直である場合，そして，ネジ拘束が接触面に対して芯が出ている場合である．

Morrison[36]により，次のような光学系の製作，組み立て，性能試験についての詳細な説明が与えられた．この光学系は，遮蔽のない 10 倍アフォーカル系であり，2 枚の放物面（そのうち 1 枚は軸外し）と二つの一体加工された迷光防止バッフルを含むハウジングよりなる．図 10.29 はこの光学系の断面図である．図 10.30 は主鏡の図であり，図 10.31 は副鏡の図である．

各ミラーは，反射面側に平面フランジを有しており，ハウジングの平行な端面に取り付けられるようになっている．インターフェース面と光学面は，光学軸に対して，位置およびチルトが最小になるよう高精度に SPDT 加工されている．平面は試験のセットアップのための基準面となる．ハウジング長さは，ミラー頂点間距離を調整するための要素である．端面は，$\lambda = 0.633\,\mu m$ に対して，平面度が $\lambda/2$ であり，平行度 0.5″，そして設計値からの長さ誤差が ± 0.127 mm 以内に収まってい

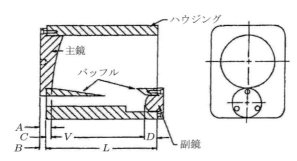

図 10.29 主鏡，副鏡およびハウジングからなる 10 倍アフォーカル望遠鏡の例．両方の光学面とすべての機械的インターフェース面は，それ自体の位置精度を高めるために SPDT 加工がなされている（Morrison [36] による）．

10.5 組み立て調整のための金属ミラーのインターフェース設計 455

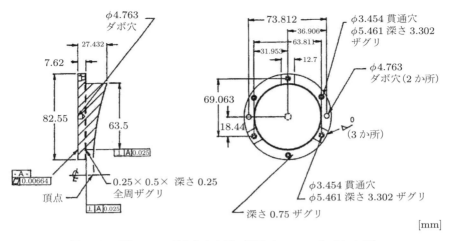

図 10.30 図 10.29 に示された主鏡の図面（Morrison[36]による）．

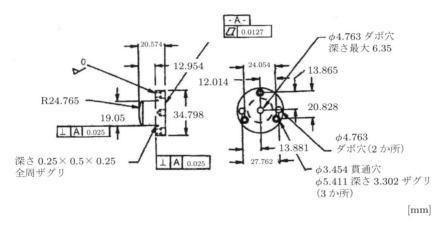

図 10.31 図 10.29 に示された副鏡の図面（Morrison[36]による）．

る．実際に測定された長さは±0.25 μm であった．すべての部品は，識別のためにシリアル番号管理されていた．

主鏡は，SPDT のためにサブプレート（固定治具）に固定される．このサブプレートは SPDT 加工機に真空チャックされるが，平面度が $\lambda/2$ に加工される（$\lambda = 0.633$ μm）．サブプレートの外周は，真円度±0.13 μm にまで加工されるが，これは，6個の精密治具（主鏡のピン穴に合致するよう，ピッチ円直径（PCD）50.8 mm の円上にそれぞれ 51.692 mm 離して開けられている）の中心出しのためである．中央のピン穴はこのときに加工される．同時加工を行うため，図 10.32 の

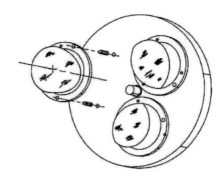

図 10.32　図 10.29 に示された軸外し主鏡を，3 個同時に SPDT 加工するための固定治具の模式図（Morrison[36]による）.

ように，3 個のミラー基盤がサブプレートにマウントされる．ここで，この配置は図 10.6 と機能的に同じであることに注意しておく．

　この組の光学面加工が終わったあと，実際の軸方向厚みの測定が精度 0.025 μm の精度で行われ，図 10.29 も寸法 A として記録される．設計値においては，この値は 13.970 mm である．そしてこのミラーは，中央の穴をセンタリングに用いて，個別にバキュームチャックされる．$A - B = 6.350 \pm 0.051$ mm になるまで，マウント用フランジを加工する．実際の寸法 C は，0.025 mm の精度で記録される．ハウジング長さ L もまた，0.025 mm の精度で記録される．

　副鏡は，中央の穴をセンタリングに用い個別にバキュームチャックされ，光学面が SPDT 加工される．その後，フランジが同じ配置で，D 寸法が $L - V - C$ の長さに等しくなるように加工される．すべてのミラーの加工は，組み込み時に自動的に正しい位置が出るよう，同じ方法で行われる．

　すべての重要な寸法は厳しい公差内で加工されているので，組み込み中に調整は必要ない．製造工程が光学調整を決定する．Morrison[36]によると，この望遠鏡は作業者により 30 分以内で組み立てることができると指摘された．

　SPDT 加工によるアライメント機能を備えた望遠鏡について，類似例がErickson ら[17]により与えられた．図 10.33 はこの望遠鏡を模式的に示したものである．すべての部材はアサーマル化のために A6061 アルミニウム材で作られている．SPDT と記載された面は，以下で説明するように SPDT 加工されている．直径 8 in. 主鏡は，図 10.17 と同じ原理の，局所的に絞られたフレクシャ構造により，光学面から分離された一体型マウントを有している．主鏡と副鏡には，SPDT 加工された参照球面が一体加工されているが，この球面は，図 10.33 に示すように，

10.5 組み立て調整のための金属ミラーのインターフェース設計　　457

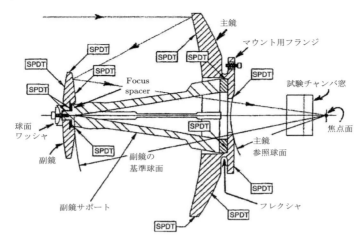

図 10.33　全アルミニウム製望遠鏡のオプトメカニカル配置図．光学面，機械的インターフェース，調整のための参照面は，無調整の単純な組み立てができるよう SPDT 加工されている（Erickson ら[17]による）．

望遠鏡自体の焦点に対して同心である．これらの面がどのように正確な加工と組み立てを容易にするかを示すために，部品加工のおもなプロセスをここで述べる．

　おおよその形状とサイズを従来の機械加工により行った後，副鏡は裏面（非光学面）を加工するため SPDT 加工機にマウントされる．そして，基板はひっくり返されて真空チャックされ，ミラー内径と外径，凸非球面，凹の参照球面，そしてフォーカス調整用のスペーサのための機械的なインターフェース面が加工される．

　以下に述べる主鏡の面は，一つの機械的セットアップで加工される．これらは，フランジ面の平面，凹の参照球面，凸のミラー裏面，そしてミラーの内径と外径である．そして基板はひっくり返され，フランジが SPDT のフェースプレートにマウントされる．基板はスピンドル軸に，精密加工された外径の振れが最小になるよう芯出しされる．そして，凹の非球面と副鏡サポートの加工が行われ，従来方向で加工した副鏡サポート外径にぴったりはまるようミラー内径が加工される．主鏡をスピンドル軸から取り外すことなく，副鏡サポートはネジ止めされ（図 10.33 には図示せず），外径，そして副鏡のための光軸方向のインターフェース面が加工される．このことにより，ミラー軸の正確なアライメントが保証される．

　主鏡と副鏡サポートからなるサブアセンブリをスピンドルから取り外した後，フォーカス用スペーサが所定の厚みと平行度に研削され，副鏡が組み込まれる．光学面の光軸方向の間隔が正しければ，追加されている参照球面（どちらも焦点と同

458　第 10 章　金属ミラーの保持方法

心にミラー上に SPDT 加工されている）の間に干渉縞が見える．著者らは，完成
した望遠鏡において $\lambda/4$ 未満（$\lambda = 0.633\,\mathrm{\mu m}$）の反射波面精度が，調整なしで得
られたことを指摘している．

参考文献

[1]　Saito, T.T. and Simmons, L.B., "Performance characteristics of single point diamond machined metal mirrors for infrared laser applications," *Appl. Opt.* 13, 1974:2647.

[2]　Saito, T.T., "Diamond turning of optics: the past, the present, and the exciting future," *Opt. Eng.* 17, 1978:570.

[3]　Sanger, G.M., "The Precision Machining of Optics," Chapt. 6 in *Applied Optics and Optical Engineering*, 10 (R. R. Shannon and J. C. Wyant, eds.), Academic Press, San Diego, 1987.

[4]　Rhorer, R.L. and Evans, C.J., "Fabrication of optics by diamond turning," Chapt. 41 in *Handbook of Optics*, 2nd ed., Optical Society of America, Washington, 1994.

[5]　Whitehead, T.N., *The Design and Use of Instruments and Accurate Mechanism, Underlying Principles*, Dover, New York, 1954.

[6]　Vukobratovich, D., Private communication, 2003.

[7]　Gerchman, M., "Specifications and manufacturing considerations of diamond-machined optical components," *Proceedings of SPIE* **607**, 1986:36.

[8]　Dahlgren, R. and Gerchman, M., "The use of aluminum alloy castings as diamond machining substrates for optical surfaces," *Proceedings of SPIE* **890**, 1988:68.

[9]　Ogloza, A., Decker, D., Archibald, P., O'Connor, D., and Bueltmann, E., "Optical properties and thermal stability of single-point diamond-machined aluminum alloys," *Proceedings of SPIE* **966**, 1988:228.

[10]　Gerchman, M. and McLain, B., "An investigation of the effects of diamond machining on germanium for optical applications," *Proceedings of SPIE* **929**, 1988:94.

[11]　Parks, R.E., "Introduction to diamond turning," *SPIE Short Course Notes*, SPIE, Bellingham, 1982.

[12]　Colquhoun, A., Gordon, C., and Shepherd, J., "Polygon scanners—an integrated design package," *Proceedings of SPIE* **966**, 1988:184.

[13]　Gerchman, M., "A description of off-axis conic surfaces for non-axisymmetric surface generation," *Proceedings of SPIE* **1266**, 1990:262.

[14]　Curcio, M.E., "Precision-machined optics for reducing system complexity," *Proceedings of SPIE* **226**, 1980:91.

[15]　Sweeney, M.M, "Manufacture of fast, aspheric, bare beryllium optics for radiation hard, space borne systems," *Proceedings of SPIE* **1485**, 1991:116.

[16]　Hedges, A.R. and Parker, R.A., "Low stress, vacuum-chuck mounting techniques for the diamond machining of thin substrates," *Proceedings of SPIE* **966**, 1988:13.

[17]　Erickson, D.J., Johnston, R.A., and Hull, A.B, "Optimization of the optomechanical interface employing diamond machining in a concurrent engineering environment," *Proceedings of SPIE* **CR43**, 1992:329.

[18]　Arriola, E.W., "Diamond turning assisted fabrication of a high numerical aperture lens assembly for 157 nm microlithography," *Proceedings of SPIE* **5176**, 2003:36.

[19]　Zimmerman, J., "Strain-free mounting techniques for metal mirrors," *Opt. Eng.* 20, 1981:187.

参考文献　459

[20] Vukobratovich, D., Gerzoff, A., and Cho, M.K., "Therm-optic analysis of bi-metallic mirrors," *Proceedings of SPIE* **3132**, 1997:12.

[21] Addis, E.C. "Value engineering additives in optical sighting devices," *Proceedings of SPIE* **389**, 1983:36.

[22] Ohl, R., Preuss, W., Sohn, A., Conkey, S., Garrard, K.P., Hagopian, J., Howard, J. M., Hylan, J., Irish, S.M., Mentzell, J.E., Schroeder, M., Sparr, L.M., Winsor, R.S., Zewari, S.W., Greenhouse, M.A., and MacKenty, J.W., "Design and fabrication of diamond machined aspheric mirrors for ground-based, near-IR astronomy," *Proceedings of SPIE* **4841**, 2003:677.

[23] Altenhof, R.R., "Design and manufacture of large beryllium optics," *Opt. Eng.* 15, 1976:2

[24] Schreibman, M. and Young, P., "Design of Infrared Astronomical Satellite (IRAS) primary mirror mounts," *Proceedings of SPIE* **250**, 1980:50.

[25] Young, P. and Schreibman, M., "Alignment design for a cryogenic telescope," *Proceedings of SPIE* **251**, 1980:171.

[26] Vukobratovich, D., Richard, R., Valente, T., and Cho, M., *Final design report for NASA Ames/Univ. of Arizona cooperative agreement No. NCC2-426 for period April 1, 1989-April 30, 1990*, Optical Sci. Ctr., Univ. of Arizona, Tucson, 1990.

[27] Carman, C.M. and Katlin, J.M, "Plane strain fracture toughness and mechanical properties of 5Al-2.5Sn ELI and commercial titanium alloys at room and cryogenic temperature," *Applications-Related Phenomena in Titanium Alloys*, ASTM STP432,

[28] American Society for Testing and Materials, 1968:124-144.
Hibbard, D.L., "Electroless nickel for optical applications," *Proceedings of SPIE* **CR67**, 1997:179.

[29] Moon, I.K., Cho, M.K., and Richard, R.M., "Optical performance of bimetallic mirrors under thermal environment," *Proceedings of SPIE* **4444**, 2001:29.

[30] Barnes, W.P., "Some effects of the aerospace thermal environment on high-acuity optical systems," *Appl. Opt.* 5, 1966:701.

[31] Paquin, R.A., "Metal Mirrors," Chapt. 4 in *Handbook of Optomechanical Engineering*, CRC Press, Boca Raton, 1997.

[32] Hibbard, D., "Dimensional stability of electroless nickel coatings," *Proceedings of SPIE* **1335**, 1990:180.

[33] Hibbard, D., "Critical parameters for the preparation of low scatter electroless nickel coatings," *Proceedings of SPIE* **1753**, 1992:10.

[34] Hibbard, D., "Electrochemically deposited nickel alloys with controlled thermal expansion for optical applications," *Proceedings of SPIE* **2542**, 1995:236.

[35] Gerchman, M., "Diamond-turning applications to multimirror systems," *Proceedings of SPIE* **751**, 1987:113.

[36] Morrison, D., "Design and manufacturing considerations for the integration of mounting and alignment surfaces with diamond-turned optics," *Proceedings of SPIE* **966**, 1988:219.

11 大口径非金属ミラーの保持方法

本章では，大きさが 0.89 m から 8.4 m の非金属ミラーのマウント方法を議論することにより，ミラーのマウント方法についての考察を続ける．ミラーの大きさが増すにつれ，ミラー重量の軽量化がますます重要になる．人工衛星用ミラーを除き，3点保持，コバ保持，ハブ保持ではここで考察するミラーは運用中に非常にたわみやすく，多点で保持する必要がある．軸方向のサポート（これは一般的にはミラー裏面から力がかかる），周方向のサポート（これは一般的にはコバから力がかかる），そして「位置決めのためのサポート」が，おもに設計上の問題点を引き起こす．ミラーの中には，これらの力がミラー基板内部の中立面（局所的に加わる重力によるモーメントがバランスする位置）にかかるように設計されるものもある．ここで説明する大口径ミラーは，天文学的用途を意図したものである．これまでの地上で用いる天体望遠鏡では，製造誤差，重力の影響，そして大気の擾乱の影響で様々な制限があったが，ここで説明する大口径のミラーの大半はこれらの制限を打破する新しい設計，製作，そして制御方法の恩恵を受けている．現在運用中の，あるいは開発中のミラーと同様に，歴史的に重要なミラーのマウント方法についても考察する．ミラーの光軸が固定された方向のもの，水平あるいは垂直のものについても考察を行う．大口径（〜8 m）のミラーに関しては，面形状あるいは結像性能を保つよう制御する駆動機構上に乗った薄いミラーについても考察を行う．このような「アダプティブミラー」の例（ジェミニ望遠鏡）について議論を行う．最後に，非常に成功した宇宙望遠鏡（ハッブル望遠鏡とチャンドラ望遠鏡）の大口径ミラーのマウント方法における特徴について概説する．

11.1 光軸が水平な用途における保持方法

光軸が水平，あるいは可変であって一時的に水平になるミラーについて，面が軸に対して回転対称でない形状に変形するという問題がある．軸が固定の例としては，実験用のセットアップが挙げられる．もし，ミラーが重力に対して，検査した方向

とをつねに同じ向きなのであれば，重力による形状誤差は，大部分，研磨工程において補正することができる．これは，ミラーの方向が変化する場合には不可能である．

重力によるミラー変形に関する古典的な論文（Schwesinger[1]）において，光軸が水平に支持されたミラーにかかる二つの力についての説明がなされている．第1のタイプは，径方向に向いた境界上の力である．これは引っ張りまたは圧縮力であり，ミラー周囲での位置により大きさが変化する．これは，図11.1(a)に示すようにミラー周囲に一様に分布しており，ミラーを伝わって各体積要素の重量を支持する．ミラー各点の変形量は，径方向に V_R，接線方向に V_ϕ，軸方向に V_Z である．ミラーの径を D_G，径方向厚みを t_A，エッジ厚みを t_E，そして重量を W とする．

ミラー断面形状が一様な厚みでない場合，すなわち図(b)で示すような凹形状，あるいは凸形状である場合，伝達した力は，ミラーを折り曲げるようなモーメントの原因にもなる．このモーメントの発生原理は図(c)に模式的に示されているが，この図においては，平均厚み $t + dt/2$ をもつ体積要素と，一方の面にかけられた力が径方向に伝達して反対の面に伝わっている様子が示されている．上方向と下方向の力は，軸方向に $dt/2$ だけずれているので，それによって，微小モーメントが発生する．ミラー全体でこれを積分することで，これらの要素は結果として $W\xi$ に等しい力を受ける．ここで，ξ は中立面（図(b)に点線で示されている）から重心までの距離である．この力は，曲げモーメント m_R の分布と，図(b)に示すようにミラーのエッジにおいてつり合う．このモーメントは，重力による2番目の力とし

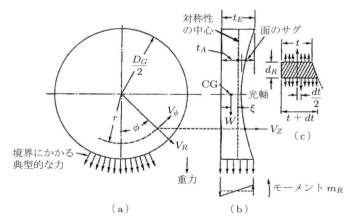

図11.1　軸が水平を向いた凹面ミラーに対する重力の影響(Schwesinger[1]による)．

462　第11章　大口径非金属ミラーの保持方法

て，ミラー面を曲げる方向にかかる．底面のエッジは上向きに曲げられ，最上部の
エッジは下に曲げられる．水平面内のエッジは傾かない．これは，一般的にミラー
形状を円筒形に変形させる．

　Schwesinger はこの面変形の計算理論を示し，これら二つの力による反射波面誤
差を計算した．せん断応力およびミラー中央の穴は考慮されていない．このような
制約条件はあるが，光軸が水平な場合において，様々な配置およびサイズのミラー
に対して一般的に用いられる機械的な保持方法についての利点・欠点の考察のため，
この理論を適用することとする．

11.1.1　V マウント

　図11.2～図11.4 は，軸が水平なミラーの重量を支える三つの方式を示したもの
である．これらにおいて，ミラー重量は，二つの円筒形の平行な柱（水平面より下
にあり，垂直軸に対して対称に配置されている）に対してミラーの縁が線接触する
ことにより，径方向に支持されている．この接触方法は，円筒を V ブロックで支
持する場合に似ている．柱における接触面には，ケブラー（アラミド繊維）のよう
なプラスチック材料を用いるのが有利である．これは，摩擦を減少させるのはもち
ろんのこと，わずかに弾性的なインターフェースや断熱性を期待してのことである．
大きいミラーに対しては，ローラーがしばしば摩擦軽減のために用いられる．ミラー
が円形の場合には，柱とミラーの縁の接触点は，異なる平行な軸をもった円筒形ど
うしの接触になる．矩形ミラーもこのようなマウントで支持できる．この場合，柱
における接触は円筒と平面の間でおこる．どちらの場合でも，ミラーの軸方向の位
置は，柱の下部において，きわめて軽くミラーをクランプすることで固定される．
局所的な曲げモーメントの発生を防止するため，マウントのバックプレート上にあ
るクリップとすぐ後ろにあるパッドは，ミラーに対して小さな面積でしか接してい
ないため，インターフェース面は必ずしも平行でなくてもよい．バネを用いてクラ
ンプする力を発生させてもよい．図11.2 において，第3の柱がミラー中央に設け
られている．これは，一般にはミラーに接しないが，揺れたときにミラーが落ちな
いようミラーの縁の表面に伸びるクリップを支えている．

　重力を垂線に対して ± 60°方向で支えている支持方法を，図11.2 に示す．図
11.3 の設計では，径方向のサポートは ± 45°である．これらの設計は，それぞれ
120°，90°の V マウントとよばれる．図11.2 に示す商用のマウントは，ミラー直
径が 9 cm から 25 cm のものに使用可能だが，一方で，図11.3 は直径 10 cm から

11.1 光軸が水平な用途における保持方法　463

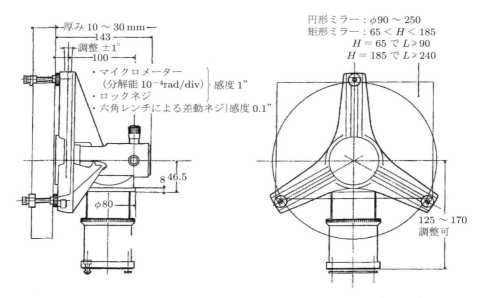

図 11.2　市販の直径 250 mm ミラー用 V マウント（Newport 社の厚意による）．

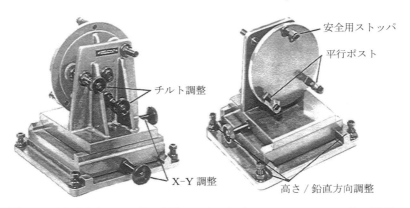

図 11.3　より大きなミラー用の市販 V マウント（John Unertl Optical 社の厚意による）．

76 cm といったより大きなミラーに対応できるよう製作されている．これらの設計はすべて，ミラー軸のチルトを調整する手段を備えている．図 11.3 に示された設計には，2 軸の平行移動調整も備わっている．

図 11.4 に示された（図 9.6 にスケッチされた）商用のミラーマウントは，上で述べたものよりも小さいが，これも V マウントである．ここで，ミラーは直径 1 in. であり，水平方向の二つの平行なプラスチック棒（典型的にはナイロンかデ

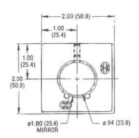

図 11.4　市販の直径 1 in. 用ミラーマウント（Newport 社の厚意による）．

ルリン製）の上に置かれる．これらの棒は，マウントプレートに開けられた穴の内径に設けられた窪みにはめ込まれている．ミラーはナイロン製のセットネジによって，ミラー上端を優しく押すことにより固定される．通常，この種のマウントにおいてミラーの光軸方向の位置は，セットネジを締め込む際にプレートに機械加工された棚部あるいはパッドに，手で軽く押し付けることによって決定される．摩擦力が光軸方向に対する制約である．

光軸が水平方向を向いたミラーが V マウントに組み込まれた場合，重力の影響による面の変形を示す．この影響は，普通はミラーが大きい場合にのみ顕著となる．軸方向の制約条件もまたミラーを変形させるが，注意深く位置決めを行い，軸が真に水平で，実験室のような穏やかな環境ならば，この力は大きくなることはない．

Schwesinger[1] によると，軸が水平なミラーが重力の変形を受けるとき，設計形状から測った波長単位の変形量の 2 乗平均平方根 δ_{rms} は以下の式で計算できる．

$$\delta_{\mathrm{rms}} = \frac{C_\kappa \rho D_G^2}{2 E_G \lambda} \tag{11.1}$$

ここで，C_κ は Schwesinger によって与えられた，6 種の特定のミラーマウント方法に対する係数であり，ρ と E_G はそれぞれミラー材料の密度とヤング率，D_G はミラー外径，λ は測定波長である．反射波面の rms 誤差は，面形状の誤差の倍になる．表 11.1 は Schwesinger が示した，3 種のとくに興味のあるマウント方法に対する C_κ の値と，式 (11.2) で定義される係数 κ の値である（Schwesinger の定義から少し記号を今回に合わせた）．

$$\kappa = \frac{D_G^2}{8 t_A R} \tag{11.2}$$

11.1　光軸が水平な用途における保持方法　　465

表11.1　式(11.1)により計算された Schwesinger による係数 C_κ. 光軸が水平方向に
向いた3種の異なるタイプについて, 特定の係数 κ に対する値を示した.

マウントの種類	C_κ			
	$\kappa = 0$ ——	$\kappa = 0$ F 値 = F/5	$\kappa = 0.2$ F 値 = F/2.5	$\kappa = 0.3$ F 値 = F/1.67
$\pm 45°$ V マウント	0.0548	0.0832	0.1152	0.1480
理想的なマウント	0	0.0018	0.0036	0.0055
ストラップマウント	0.00743	0.0182	0.0301	0.0421

ここで, R は光学面の曲率半径であり, ほかの値は以前に定義したものである.
Schwesinger は, 数値検討をよくある値である $D_G = 8t_A$ の場合に制限した. その
場合は, $\kappa = 0.5/$(ミラーの F 値) となる.

Vukobratovich[2]は, Schwesinger の係数 C_κ を, 以下の近似多項式に展開した.

$$C_\kappa = a_0 + a_1\gamma + a_2\gamma^2 \tag{11.3}$$

ここで, 定数 a_i は**表11.2**に示されており, γ は κ に等しい. ＊で示されているス
トラップマウントに対する値は, Vukobratovich によって得られた. ＊＊で示さ
れているストラップマウントに対する値は, Schwesinger によって係数 C_κ に対す
るフィッティングで得られた. 最後の二つの列は, $\kappa = 0.2$ に対し, C_κ の値を
Vukobratovich と Schwesinger の論文による値で比較したものである.

図11.5 は, 表11.1 に与えられた κ の各値について, 緑色光で測定した場合の
$2\delta_{rms}$ を, ミラー外径に対して図示したものである. ここで, ミラー材料はパイレッ
クスである. このポアソン比は 0.2 であり, これは Schwesinger が仮定した値と本
質的に等しい. このグラフを得るために用いた計算は例題11.1 のとおりである.
縦方向の点線は, $2\delta_{rms} = \lambda/14 = 0.071\lambda$ を示しており, これは, Born および
Wolf[4]によって説明がなされている Marechal[3]の判定条件によると, Rayleigh
の回折限界を示している. このグラフから読み取れることは, パイレックス製の完
全な平面ミラーにおいては, 重力による変形が唯一の誤差要因だとすると, 直径
144 cm までが回折限界性能の得られるサイズということになる. パイレックス製
の凹ミラーで, $\kappa = 0.3$（直径と厚みの比が8：1の場合, F 値1.7 に相当）の場合
では, 同様の性能を得るには, 外径は87.9 cm 以下である必要がある.

表 11.2 式(11.3)に用いられた Vukobratovich の係数値．値は円形ミラーで，軸が水平を向いており，異なる 5 種類のマウントに対する変形量の rms の係数値を示した (Vukobratovich[2]による)．

マウントの種類	a_0	a_1	a_2	Vukobratovich	Schwesinger
$\phi = 0°$ の点	0.06654	0.7894	0.4825	0.244	0.246
± 45° V マウント	0.05466	0.2786	0.1100	0.1148	0.1152
± 30° V マウント	0.09342	0.7992	0.6875	0.6348	—
ストラップマウント*	0.00074	0.1067	0.0308	0.0340	0.0301
ストラップマウント**	0.00743	0.1042	0.0383	0.0421	0.0421

注＊：アリゾナ大学の実験に基づく．
注＊＊：Schwesinger の理論に基づく．

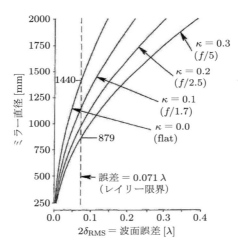

図 11.5 軸が水平方向のパイレックスミラーについて，緑色の光に対する rms 波面誤差の変化を示した図．ミラーは ± 45° の V マウントで保持されており，ミラー径に対する誤差値として，異なる Schwesinger の係数 κ に対する関数として示した．ミラーの厚みは直径の 1/8 とした．

例題 11.1　45° V マウントにマウントされた円形平面ミラーの面変形量（設計と解析には File 11.1 を用いよ）．

直径が $D_G = 1625.6$ mm，厚み $t_A = 203.2$ mm のパイレックス製ミラーが，45° V マウントに光軸が水平になるようマウントされている．
(a) Schwesinger の理論を用いて，ミラーが平面の場合における緑色の光に対する rms 波面誤差を求めよ．
(b) ミラーが F/2.5 の凹面鏡の場合に波面誤差はどうなるか．

解答

表 B.8(a) より $\nu = 0.2$, $\rho = 2.23\,\mathrm{g/cm^3}$, $E_G = 6.3 \times 10^4\,\mathrm{MPa}$ である．緑の光の波長は $0.546\,\mathrm{\mu m}$ である．波面誤差は $2\delta_\mathrm{rms}$ である．

(a) 表 11.1 より，$C_\kappa = 0.0548$ である．式(11.1) より

$$2\delta_\mathrm{rms} = \frac{2 \times 0.0548 \times 2.23 \times 162.56^2/1000}{2 \times (6.3 \times 10^4) \times (0.546 \times 10^{-3})} = 0.092\,\mathrm{waves}$$

となる．

(b) 表 11.1 より，$C_\kappa = 0.1152$ である．式(11.1) より

$$2\delta_\mathrm{rms} = \frac{2 \times 0.1152 \times 2.23 \times 162.56^2/1000}{2 \times (6.3 \times 10^4) \times (0.546 \times 10^{-3})} = 0.197\,\mathrm{waves}$$

となる．

図 11.5 を導いた計算と同じ方法で，ULE とゼロデュアについても同じ計算が繰り返し行われた．これは，パイレックスとは異なるヤング率と密度で起こりうる変化を示すためである．そのほかのパラメータはすべて不変である．図 11.6 は，直径と rms 波面誤差の関係を示している．ゼロデュアは最良の材料だと思われる．これは，第一に，パイレックスよりもヤング率が高いことに起因する．

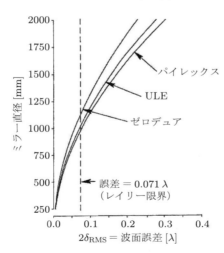

図 11.6 軸が水平方向のソリッドミラーについて，緑色の光に対する rms 波面誤差の変化を示した図．ミラー材質は，ゼロデュア，ULE，パイレックスとし，ミラーは ± 45° の V マウントで保持され，Schwesinger の係数は $\kappa = 0.2$ とした（球面の場合 F/2）．ミラーの厚みは直径の 1/8 とした．

Malvick[5]は，二つの穴の開いたソリッドミラーの弾性変形理論について研究を行った．一つは，スチュワード天文台における 230 cm 主鏡であり，もう一つは，アリゾナ大学の光科学研究所における実験用途に用いられた 154 cm の両凹ミラーである．彼の考察したケースの一つは，垂直軸から ± 30°離れたところに位置する二つのパッドにより，大きいほうのミラーを支えた場合である．ミラーの曲率半径を含む平面上にパッドの軸方向位置があれば，重力による変形量は図 11.7(a)のようになる．支持点の角度を ± 45°に変更すると，面形状は図(b)のようになる．面に内在する非点収差の量は後者の場合 1/3 程度に減少するが，面形状はより複雑になる．

上記で述べたミラーを支持するパッドは，垂直軸から ± 30°に位置し，ミラー重心から 5 cm 前方（つまり反射面側）に寄っている．これはおそらく，モーメントによりミラーが事故で前方に倒れることを防止するためである．Malvick はこの重心シフトの効果について検討を行い，重力とミラー裏面の支持体から生じる反力（径

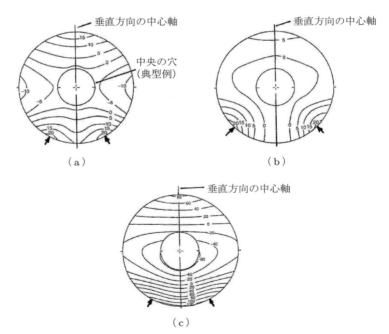

図 11.7 直径 230 cm のソリッドミラーが V マウントされている場合の面変形形状．それぞれ，水平から(a) ± 30°，(b) ± 45°の場合を示す．径方向の支持は重心位置に位置する．(c)支持方法は(a)と同じだが，支持パッドを重心から 5 cm 前方にずらした場合の変形（Malvick[5]による）．

方向の支持体のオフセットによるモーメントに対する）により，面形状が図(c)の
ようになることを発見した．この変形量は，図(a)および(b)によるものよりも約6
倍大きいものになる．

　これらの理論的評価により，ここで述べた単純なVマウントが，中程度のサイ
ズのミラーに対して十分精度のよい保持方法である理由がわかる．もちろん，これ
らの性能に関する予想は，ミラー軸が正確に水平であることを仮定している．地上
の重力場のもとでミラーを傾けることは，支持力の条件を変化させる．その場合は，
力の軸方向成分も考慮に入れる必要があるため，より洗練された径方向の配置が必
要となる．

11.1.2 多点エッジ支持

　Vukobratovich[6,7]は，ミラー中立面上の縁下部に，テコ機構により力を加え
ることで，軸が水平方向を向いたミラーの機械的支持方法が成り立つことを示した．
この種の支持方法で支持された円形ミラーの模式図を図11.8に示す．各機構は，
whiffletree機構である[†]．拘束力は，空間的に均一に8点に分布しており，その間
隔は図に示すように$180°/7 = 25.7°$である．横木を加えることで支持点を追加する
こともできる一方で，より単純な設計により，より少ない点で支持する設計も可能
である．

　矩形ミラーにおいて，軸がつねに垂直を向く場合，図11.9に模式的に示すように，
その底辺に多点支持を配置することで，2点から5点の直列配置サポートを実現で
きる．繰り返しであるが，設計を複雑にすることにより，支持点を追加できる．
Vukobratovich[7]によると，与えられたミラー長L_Mに対し，最適な支持点の間
隔Sは以下の式で与えられる．

$$S = \frac{L_M}{(N^2 - 1)^{\frac{1}{2}}} \tag{11.4}$$

ここで，Nは支持点の数である．式(11.4)を図11.9に示す四つの場合に適用し，
L_Mを93.320 mmとすると，リストに挙げたようなSの値が得られる．

　摩擦がないとすると，各テコ機構により離散的な接触点に対して力が一様に加わ
る．接触点が十分小さいならば，この設計はセミキネマティックと考えられる．摩

---

† 9.6節で定義している．

470　第11章　大口径非金属ミラーの保持方法

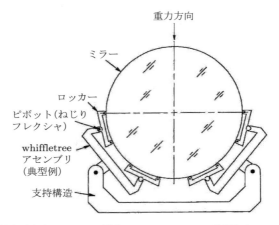

図11.8　軸が水平方向のミラーに対するwhiffletreeエッジ支持（Vukobratovich[7]による）．

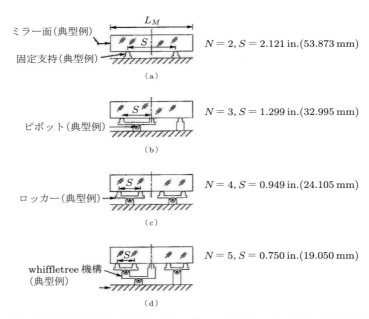

図11.9　光軸が水平を向いた矩形ミラー（$L_M = 93.320$ mm）に用いられる組み合わせwhiffletree機構のタイプ（Vukobratovich[7]による）．

擦があると，ミラーに非点収差が発生する．接触点にローラーを設けることで，摩擦による面変形を減少させることができる．

11.1.3 「理想的な」径方向支持

軸が水平の大口径円形ミラーについて「理想的な」支持方法が，円盤がその周囲にはたらく径方向に押し引き力によりバランスがとれた状態として，Schwesinger [1] により定義された．これらの力は，円盤の中心軸より下側を正とした極座標 ϕ について，$\cos\phi$ で変化する．中心線の底で径方向の力は最大の圧縮力となり，水平方向で 0 となり，その後は符号を変えてミラーの最上部に向かうにつれ値が大きくなる（引張り力となる）．図 11.10 はこの概念を，Malvick と Pearson [8] により解析された 4 m の穴開きミラーについて示したものである．等高線は等しいミラー変形量を示したもので，これは，重力により生じた縁でのモーメントにより，非点収差形状になっていることを示す．より小さい，ソリッドミラーを同様にマウントすると，もちろん値は小さいものの，同様の変形を示す．

Malvick と Pearson ら [8] による解析的方法は，中央に穴の開いた，大きなソリッドミラーに対して，圧縮力の効果はもちろん，せん断力の効果も示している．Day [9]，Otter ら [10]，Malvick [11] により開発されたテンソル形式で定式化された「動力学的緩和法」とよばれる解析的方法は，3 方向のつり合いの式と，六つの応力変形からなる 3 次元の弾性方程式である．ミラー体積は，「適した」数の直交しない曲線からなる要素に分割される．垂直方向の応力は要素中心に対して，せん断応力は要素の縁中央に対して，そして，変位は要素の面の中央に対して定義される．つり合いの式は，加速度と粘性によるダンピング項の集合である．時刻 t_0 における

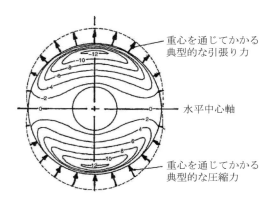

図 11.10　重力により変形したミラー面形状．直径 4 m のソリッドミラーで，光軸は水平を向いており，マウントは Schwesinger により定義された理想マウントであるとする．等高線は 10^{-6} cm 間隔（Malvick および Pearson [8] による）．

初期応力，変位，そして速度分布が仮定される．これらすべての分布が，後の時刻 t_1 に対して数学的に求められる．この計算過程が，要素の速度が無視できるほど小さくなるまで繰り返され，最後につり合った3次元物体の静的な変位が得られる．

Schwesinger[1]により与えられ，初期のVマウントに適用された，径方向にコサインで力が分布する理想的なマウント方法についてもまた，ある制約内で適用可能である．式(11.1)，(11.2)および表11.1が用いられる．すでに述べたように，Schwesinger の方法はせん断応力を含んでいないため，これによる結果はかなり楽観的である．しかしながら，もし，(実際にはそうではないが)「理想的な」マウントを実現できるならば，平面または曲率のついた十分大きなミラーで，回折限界以下の性能を得られることは明らかである．不幸にも，理想的なマウントを物理的に実現するのは，検討を行うよりも難しく，妥協が必要である．

図11.11 は，直径 46 cm のゼロデュア製のソリッドなメニスカス形状のミラーで，近似的に理想的なマウントで保持したときの力の分布である(このミラーの用途にはこの方法で成功した)．これは「大口径」ミラーではないが，ここでの議論におけるよい例である．

3点の押す力と，3点の引く力が，ミラーに接着された6個のフレクシャを通じて縁の底面と上面にかかっている(フレクシャは垂直軸に対して，極座標で0°と±45°に配置されている)．これらのフレクシャはすべて，ミラーの中立面内に位置する．これらのフレクシャは，径方向に対して垂直などの方向にも曲げられるようになっており，「硬い」セルに取り付けられている(図11.12 参照)．ここに示し

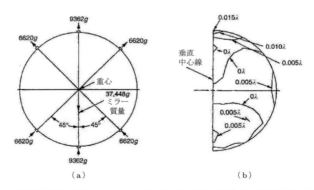

図 11.11 (a)光軸が水平のメニスカスミラーを支持するための近似的に理想的なマウントにおける力の分布，(b)波長 633 nm に対して，$\lambda/200$ の間隔で引いた等高線により示された面変形量(ASML Lithography 社の厚意による)．

11.1 光軸が水平な用途における保持方法　473

図 11.12　図 11.11 に示したミラーマウントの写真（ASML Lithography 社の厚意による）．

たミラーマウントは，干渉計測定用途であり，実際に装置に組み込まれる状態とは異なるが，測定と組み込みの配置は機能的には等価である．このミラーは球面鏡（$R = 61$ cm）であり，質量は設計値で 37.45 kg であった．

　反射面のベストフィット形状からの変形の等高線が，図 11.11(b) に示されている．線の間隔は，$\lambda = 633$ nm に対して $\lambda/200$ である．この面は，実質的に口径の大部分にわたって歪んでいないことに留意すべきである．径方向の力を注意深く決めることにより，量産時であってもこのレベルの性能を得ることができる．

11.1.4　ストラップとローラーチェインによる支持

　図 11.13 は，軸が水平なミラーのための典型的なストラップマウントを示す．これは，市販のマウントであり，ミラーの縁は垂直の板の上端に支えられた紐に支えられている．このストラップマウントは，縁でミラーを支えたときの非点収差を減少させるためのもので，Draper[12] により最初に説明がなされた．このミラーの支持方法は，当初，別の種類の光学素子を試験するために用いられたものであり，現在でもこの用途に用いられている．この方法を方位の変化するミラーに対して適用することは，これまでまったく成功していない．この方法は，ミラー軸が上方に向く光学系には適していないためである．

第 11 章 大口径非金属ミラーの保持方法

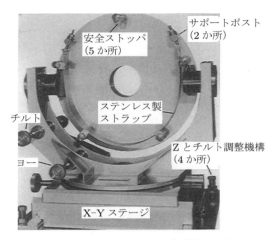

図 11.13 光軸が水平を向いたミラーのための典型的な市販ストラップマウント（John Unertl 社により発行された文献に基づく）．

Schwesinger[1]は，表 11.1 に示すように，様々な κ の値に対して，係数 C_κ を与えた．式(11.1)および式(11.2)とこれらのデータを用いて，せん断力の効果を除いて，任意のミラー外径に対する近似的な rms 形状誤差を見積もることができる．図 11.16 は，せん断力を考慮し，動力学的緩和法により計算された，典型的な大口径ソリッドミラーをストラップマウントによりマウントしたときの面変形量である．Vukobratovich[13]は，直径 1.5 m を超えるミラーを実際にこの方法でマウントしたときに測定される面変形量は，Schwesinger により 1954 年に発表された計算式で予想される値より，いくらか大きいことを報告している．この不一致は，少なくとも，ストラップとミラーの縁の間の摩擦力に起因している．ストラップマウントには，良好な性能と単純な方法という二つの利点があるため，光軸が水平の用途において，市販のマウントあるいは特注のマウントに広く用いられている．

より大きなミラーに対しては，2 本の鋼製のケーブルを用いた方法が成功している．Malvick[5]は，ストラップサポートをより狭いストラップに分割することで，ミラーの縁をより局所的に支えられるという利点について考察を行った．彼は，この二つのサポートの光軸方向の位置を注意深く調整することで，ミラーの縁において，面形状がお辞儀する効果を最小限にすることが可能なことを示した．このタイプの支持方法は，摩擦を減少させ，ミラーを光軸周りに回転することを許し，光軸方向の支持が不要になるという利点がある．Vukobratovich と Richard ら[14]がこの方法について述べている箇所を部分的に示す．

"ローラーチェインは，従来のバンド方法に比べて，第一にミラーの縁とチェインの間の摩擦を減らすという点で望ましい．プラスチック製のローラー，あるいは絶縁弾性層をローラーとミラーの縁の間に用いることは誤りである．プラスチック製のローラーは永久的な変形を起こし，時間を経るにしたがって摩擦力が増加する．ミラーの縁とローラーの間に弾性層を設けることによっても，摩擦は増加する．従来のローラーチェイン（大きな鋼製のローラーとともに，コンベヤ用のチェインとして販売されている）がより望ましい."

"ローラーチェインの利点は，市販のものが利用できることである．様々なチェインのサイズや耐荷重が選択でき，比較的安価である．特別なチェインのリンクを用いることで，スペーサや安全具の取り付けが可能になる．ローラーチェインサポートは，ミラーの縁の周りの空間をローラーチェインと同じ幅だけ確保すればよいので，非常にコンパクトになる．光学工場での検査において，ローラーチェインによりミラーの回転ができるため，非点収差の検査が容易になる."

"ローラーとミラーの縁の間が点接触であることで，高い接触応力が発生し，局所的な破壊に至る可能性があることが，ローラーチェインサポートの不利な点である．ローラーチェインに注意深く組み込むことと，調整を行うことで，ミラーの縁における局所的な破壊が起こる可能性を最小限にすることができる."

"チェインハンガーはチェインの端面処理に用いられるが，これによってミラーに対してチェインを調整でき，ミラーマウントのほかの部分に対して結合することができるようになる．これにより，三つの調整が可能になる．これらはミラー軸に対する二つのチェインの重心位置，二つのチェインの光軸方向の間隔，そして，ミラーのウェッジ角に対する垂直方向の調整である．上記調整要素を含む，直径 1.5 m ミラーに対する標準的なハンガーの設計が図（本書では図 11.14）に示されている．チェインハンガーの最上部には，サポートの安定性を保証するために，ユニバーサルジョイントが設けられている．また，二つのチェインハンガー（それぞれがミラーのそれぞれの面上にある）が設けられている．チェインハンガーはミラーマウントに取り付けられており，工場での検査においては，図（本書では図 11.15）に示すイーゼルとよばれる溶接によって組まれた部材に取り付

476　第11章　大口径非金属ミラーの保持方法

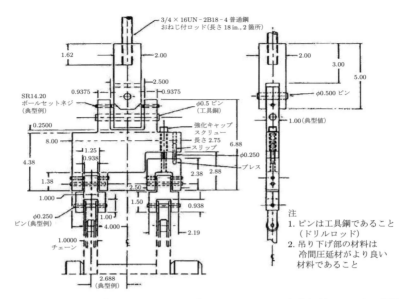

図11.14　ミラーサポートフレームに二重ローラーチェインを取り付けるための調整機構（VukobratovichおよびRichard[14]による）．

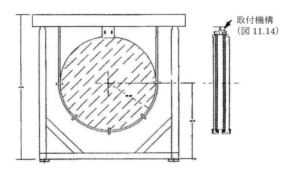

図11.15　典型的なダブルローラーチェインサポートにマウントされたミラーの図（VukobratovichおよびRichard[14]による）．

けられる．"

　直径1.54 m，セルビット製のソリッドミラーを，軸が水平なデュアルローラーチェインマウントに組み込んだときの面変形量について，Malvick[5]が解析を行っている．図11.16はその結果を図示したものである．VukobratovichとRichard[14]は，この設計のミラーの試験を行い，rms形状誤差が0.078λであることを報告している．

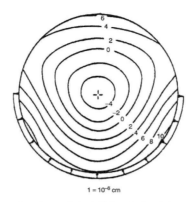

図 11.16　二重ローラーチェインにより支持された大口径ソリッドミラーの自重変形等高線図（Malvick[5]による）.

11.1.5　動力学的緩和法とFEA解析との比較

　大口径ミラーの重力による変形量を求めるために，MalvickとPearson[8]により用いられた動力学的緩和法（DR）は，長い間，ミラーとマウントに対する設計案や実際の設計に対する，唯一の計算方法であった．彼らの方法による結果は，直径2〜4mクラスのミラーとそのマウント設計において，光学技術者や天文学者にとって非常に有用であることが証明された．これによって得られる情報は，同じ方式でマウントされるより小さな，あるいはより大きなミラーにとっても有用であると考えられている．これは，一般には，変形形状は大きさによって変わらず，変形量が大きさに比例して変わるだけだからである．

　これらの設計上の問題に対して，有限要素法（FEA）とDR法が技術的に同じ結果を与えるかどうかを見極めるため，Hathewayら[15]はMalvickとPearson[8]が解析したのと同じミラーについて，ストラップマウントにマウントされた場合の変形量の再計算を行った．図11.17が解析に使ったミラーのモデルである．これは18°ごとに20等分された部分と，10個の輪帯，そして五つのほぼ平面な層（表面と裏面）からなる．全体のモデルは1000個の構造要素からなり，それぞれは8個の節と6面をもつ．どちらの場合にも2面角の対称性が仮定されている．FEAモデルは，MSC/O-POLYプリプロセッサで処理され，MSC/NASTRANソフトウェアを用いて解析された．これにより，面形状の変形量の計算はもちろん，100項までのゼルニケ多項式を面形状の解析に用いることができた．FEA解析による結果が図11.18(b)に示されている．この面の形状と変形量は，同じミラーとマウントの

478　第11章　大口径非金属ミラーの保持方法

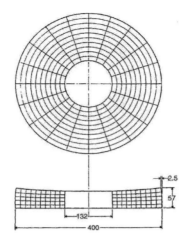

図 11.17　ストラップマウントで支持された大口径ソリッドミラーに対する，DR および FEA 解析に用いられる解析モデル（Hatheway ら[15]による）.

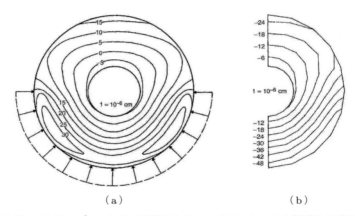

(a)　　　　　　　　　　(b)

図 11.18　ストラップマウントで支持された 4 m ミラーにかかる荷重およびその結果起こる面変形，(a)DR 法（Malvick および Pearson[8]による），(b) FEA（Hatheway ら[15]による）.

組み合わせについて，Malvick と Pearson によって示された図(a)と比較されるべきである.

Hatheway と共同研究者たちは，この研究結果を以下のように評価した.

- それぞれの結果の符号が逆になっている．これは，座標系の相違による．
- 変形量が 0 になる位置がわずかに異なっている，これは，剛体運動を制御するために用いられる支持点が異なることに帰着する.

- 全般的に面形状の変化自体は似ている．6回回転対称な変形量については，FEAの結果がDRの結果より小さくなっている．これは，DRモデルにおける，ミラーの縁のわずかな円錐形状が，FEAモデルでは除去されていることに起因する．この形状の相違は，FEAモデルにおいて縁に一様にかけられた力による軸方向の力をバランスさせるためである．
- 二つの場合における変形量のp-v値は非常に似ている（DRでは50×10^{-6} cm，FEAでは54×10^{-6} cm）．

これらの小さな相違点は認められるものの，Hatheway ら[15]は，これら二つの方法が本質的には同じ結果を与えるものであると結論づけた．この結果は非常に安心できるものである．というのは，もしそうでなければ，MalvickとPearsonの先行検討に基づいて設計された結果の多くに疑問を投げかけることになってしまい，彼らの検討結果を将来の設計に用いようとする意欲を削ぐことになるからである．

ミラーおよびそのマウントを解析するうえでのFEA法の非常に大きな利点として，結果をゼルニケ多項式で表現できるという点が挙げられる．図11.19はHatheway ら[15]により解析されたミラーについて，ゼルニケ多項式の最初の100項を示したものである．予想されるとおり最初の20項に集中しているが，85項と92項にも顕著な項が見られる．この理由については完全に理解されていないが，最初の20項の顕著な項の面積に対する比率を考慮すると，この二つの項の影響は小さい．

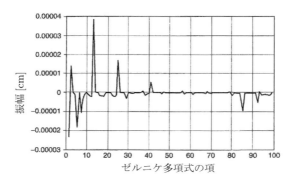

図11.19 図11.18で示したミラー形状変形量に対応するゼルニケ係数の大きさ（最初の100項）（Hatheway ら[15]による）．

11.1.6 水銀柱による支持法

もう一つの近似的に「理想的な」マウント法は，径方向を向いている，大きさが $1+\cos\phi$ に比例する圧縮力で，ミラーの径を支持する方法である．ここで，ϕ は下に向いた半径方向から測った角度である．図 11.20 は，Malvick と Pearson[8] によるものだが，図 11.10 で示した理想的なマウント法により解析したのと同じ 4 m ミラーに対して，加えられた力と面変形量を示すものである．このタイプの力の分布は，ミラーの縁と剛体のセルの壁の間に満たした円環状の水銀により支持することで，近似的に得られる．この管の幅は，近似的に水銀で満たされているとして，ミラーが浮くように決められる．典型的な設計では，ネオプレンコートされたダクロン®製の管により水銀を保持する．管の中心は，ミラーを転倒させるモーメントが発生しないように，ミラーの重心がある平面と一致する必要がある．軸方向に二つの水銀管を配置した設計が用いられ，成功している．水銀の管により，径方向に硬い支持点を用いる必要なく，ミラーを横方向に位置決めしている．水銀による径方向支持の明確な利点は，力が相対的に広い面積に分布していることにより，応力が最小化されることである．

Chivens[16] によると，直径 60 in.（1.5 m）のミラーが，水銀柱による径方向の支持方法により，軸精度 0.012 cm で保持されている．Vukobratovich と Richard [14] によると，この種のマウントは，いくつかの実用上の問題があることが指摘された．管の継ぎ目，液体を注ぐポート，そしてしわなどの形状誤差により，ミラー変形量がある程度影響される．また，液体は振動により揺れ動くため，この方法は

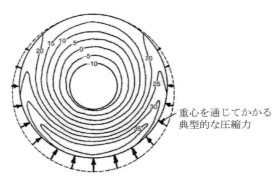

図 11.20 水銀柱を用いたエッジマウントで支持された，大口径ソリッドミラーの面変形量形状．等高線は 10^{-6} cm 間隔（Malvick および Pearson[8] による）．

11.2 光軸が垂直な用途における保持方法　　481

安定した環境でしか用いることができない．さらに，水銀自体の健康に対する悪影響についても考慮する必要がある．

11.2　光軸が垂直な用途における保持方法

11.2.1　一般的考察

軸を水平方向に固定したミラーマウントと関連して説明したように，軸を垂直方向に固定したミラーは，部品あるいは光学系の試験機材，および実験室に用いられる．円形のミラーの軸が垂直方向を向いている場合，重力はミラーの軸の周りに回転対称にはたらく．その場合，ミラー材料の重量に非回転対称な均質性誤差がある場合や，基板の構成要素に非対称な重量分布がない場合には，ミラーの変形は一般的には回転対称形状である．さらに，製作，検査，使用においてミラーの向きが固定されているとすれば，形状誤差は研磨により除去する（あるいは少なくとも，大いに減少させる）ことができる．

本節では，垂直な軸のミラーの異なる保持方法について考察する．エアバッグマウントの検討を最初に行う．この方法は，ミラーの裏面全体にわたり，かなり一様な力で保持することができる．離散的なエアバッグによるリング状の保持方法の説明も行う．そして，多点支持について考察を行うが，これは気体制御，流体制御，あるいはテコ機構により実現されうる．それぞれの例について説明する．大口径ミラーに対するヒンドルマウントについて説明を行う．

11.2.2　エアバッグによる軸方向の支持

エアバッグ，あるいは，浮袋による支持方法は，多くの天体望遠鏡の主鏡支持において，軸方向の力を主鏡裏面全体に分散させるために用いられてきた[16]．これには，大きく分けて二つのタイプがある．一つは，円形の大きな袋で支える方法，そしてもう一つは，径方向の二つあるいはそれ以上の輪帯で円環状に接触する方法である．これらのタイプを図11.21に模式的に示した．軸方向荷重を支えるために，離散的，かつ通常は円形に置かれたバッグによりミラー裏面を支える設計においては，これらのバッグは，後述する多点支持と同様にはたらく．

エアバッグは，典型的にはネオプレン，あるいはネオプレンコートされたPETによるシートを2枚，それらのエッジで貼り合わせることにより作られる．Vukobratovichにより，山頂の観測所のように高地で用いられるエアバッグにお

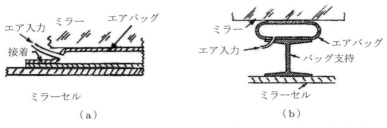

図 11.21　エアバッグミラーサポート．(a)浮袋タイプ，(b)リングタイプ．

いては，オゾン耐性をもつ特殊なネオプレンが必要であることが指摘された[16]．ミラーの位置と向きは，通常，3点あるいはより多くの硬い支持点で位置決めされるが，これらの点はエアバッグを貫通するシールされた穴を通じて，ミラーセルの裏面に投影されている．圧力レギュレータを通して，低圧ポンプによりエアバッグに空気が供給される．安全のため，エアバッグの周辺に柔らかい多数の支持点が設けられており，これにより，空気が供給されなくなって，ミラーが下がってきてもこれを支えるようになっている．

　径方向に厚みが非常に大きく変わる一つのエアバッグにより，ミラーを一様に保持するための力を作り出すように設計することは困難である．径方向に多数のエアバッグを設ければ，それぞれに異なる圧力をかけることができ，それによってこの変動に対応できる．必要とされる精度までの圧力の制御は，どのようなエアバッグシステムに対しても決して容易ではない．つまり，この問題は多数のエアバッグが絡むと複合的な問題となる．

　エアバッグ方式のミラー支持法の動的性能の限界は，ミラーを支持するために低い空気圧が必要とされるところに起因する．ミラー軸を急速に上げるような状況では，ミラーに対する適切な軸方向の支持を実現することは不可能である．というのは，このエアバッグサポート内の気圧は，低圧においては，このように迅速に変化することができないためである．この問題はミラーが静的に配置される場合には発生しない．よって，エアバッグサポート方式は，方向が固定された用途，たとえば，軸を垂直方向に向けてミラーの研磨や検査を行う場合などに用いられて成功してきた．

　MMT望遠鏡の予備部品として用いられた，直径 1.8 m，F値 2.7 の放物面鏡の製造工程において，この重量 544 kg のエッグクレートミラーでは，重量の 93% は口径全体を覆うネオプレン製エアバッグにおいて裏面から支持されており，残りの

11.2 光軸が垂直な用途における保持方法

7%は3本の自在継ぎ手パッドにより支持されていた．このエアバッグとパッドを図11.22に示す．このミラーを支持するための圧力は，わずか約1930 Paであった．このミラーは最初，球面形状に荒ずり・研磨された．これによって，圧力変化による面形状変化の効果の測定を通じて，エアバッグとサポートの重量分布の選択が可能となった．この重量分布により，ミラーにパッドが映り込む現象を適切な程度まで最小限にできるようになった[18]．

ミラー裏面に接するエアバッグ，あるいは浮袋は，ミラーを雰囲気温度に対して断熱する傾向にある．このことは，安定性の観点からは望ましくはないと考えられる．温度が急速に変化する場合，この断熱効果を温度制御系の設計において考慮することの必要性は明らかである．

非一様な重量分布に対して，浮袋は図11.23に示すように，3枚あるいはそれ以上のパイ型の一部を平行に組み合わせ，エアマニフォルドを形成するか，あるいは異なる圧力で膨らませて構成することもできる[16]．この種の設計では，硬い支持点は，各部分の継ぎ目に配置される．部分ごとの継ぎ目の間の狭い領域に支持する力がないことは，通常許容できる．

Doyleら[19]により，エアバッグ支持の設計途中のFEA解析のモデル作成において，ミラーの縁におけるエアバッグとミラーの接触形状を考慮に入れる必要があることが指摘されている．ミラーが回転対称形状であれば，図11.24(a)に示すとおり，エアバッグがミラーの縁で接するように圧力がはたらく．Doyleらは，これが正しくない場合，つまり，図(b)と(c)にそれぞれ示すように，エアバッグの膨らみが過大，または過小な場合において，どのような修正が適用されるかを示した．

図11.22　直径1.8 mミラーを研磨する際に用いられた，全口径浮袋タイプエアバッグの写真（アリゾナ大学光科学研究所の厚意による）．

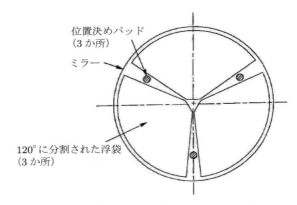

図 11.23 120°等配分割タイプの浮袋タイプエアバッグの背面模式図．拘束点も示されている（Chivens[16]による）．

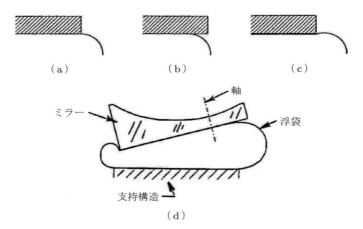

図 11.24 浮袋タイプエアバッグに可能なエッジ条件．(a)接線，(b)膨らみ過小，(c)膨らみ過大，(d)非対称ミラー（軸外し放物面）の場合を協調した図（Doyleら[19]による）．

彼らは，ミラーが非回転対称形状の場合，FEA モデルにどのように修正を加えるべきかも示した．このようなミラーの一つの場合が，図(d)に示す軸外し放物面である．

エアバッグ方式の変形として，ミラー基板それ自体をピストンとして，一つあるいは複数の曲げられるガスケット，あるいは O リングシールとともに，ミラーの縁，またはその近辺で閉じたセルを形成するという方法がある（図 11.25 を参照）．ポンプにより部分的に真空にすることにより，シールされた領域の圧力を下げられる．

11.2 光軸が垂直な用途における保持方法

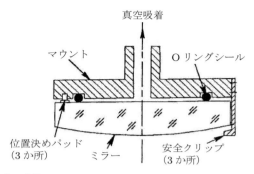

図 11.25 軸方向に支持された平凸ミラーを負の浮袋（真空）で支持する場合の概念図（Vukobratovich[7]による）．

ミラーの前後面での気圧差によりミラーの重量が支えられ，ミラーを三つの位置決めパッドに対して保持する（図にそのうちの一つが示されている）．Chivens[16]はこの方針について述べている．このような設計の一つが，ジェミニ望遠鏡の主鏡の支持に用いられている．このミラーには，複数の軸方向の支持点が用いられている．これは，向きが変えられる望遠鏡に用いられている．詳しくは11.3節で説明する．

Baustian[20]は，直径3.8 m ミラーの支持方法として，二つの円環状のエアバッグを用いた設計について説明している．この設計上の接触半径は，それぞれ $0.48R_{MAX}$ および $0.85R_{MAX}$ である．ここで，R_{MAX} は円盤の直径の半分である．望遠鏡の運用中，ミラーの光軸方向の位置は，$0.722R_{MAX}$ 輪帯に配置された三つの位置決めユニット（硬い点）で固定される．図 11.26 はミラーがセルに組み込まれた図であるが，図 11.21(b) はこのリングサポートを模式的に示している．内側および外側のエアバッグの径方向の幅は，それぞれ12.2 cmと13.0 cmである．正面図から見てとれるように，輪帯状のエアバッグは，分割して構成されている．これは，コスト削減と組み込みのためである．

図 11.27 は，MalvickとPearson[8]によるもので，直径4 mのミラーを，光軸が垂直な状態で，二つの同心形状のエアバッグによりリング状に支持した場合の面形状の対称な変形量を計算したものである．このリングの半径は，図 11.26 の例に示したものとほぼ同じである（$0.51R_{MAX}$ および $0.85R_{MAX}$）．口径の大部分にわたり，面形状の変化量のp-v値は 3×10^{-6} cm であった（緑の光に対して0.06λ）．

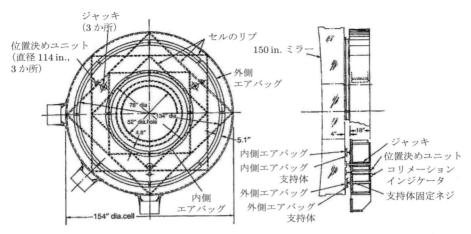

図 11.26 直径 3.8 m ミラーを支持するための二重輪帯エアバッグ支持機構．寸法は in. 単位（Baustian[20]による）．

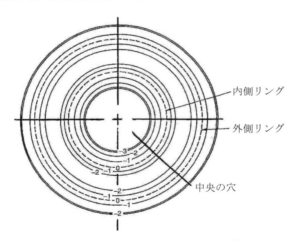

図 11.27 直径 4 m，光軸が垂直であり，点線で示す場所に位置する二つのリングにより支持されたミラーの変形量．等高線は 10^{-6} cm 間隔（Malvick および Pearson[8]による）．

11.2.3 計測用マウント

図 11.28 は，大口径ミラーの一部分を支持するためにミラー下部から支える一般的な支持機構を示している．これは，空気圧を用いたシリンダからなり，上面に回転する開口があり，それがミラーを支えるパッドを支持するようになっている．この機構を多数用いることで，軸が垂直な大口径ミラーのマウントが得られる．気圧

11.2 光軸が垂直な用途における保持方法　487

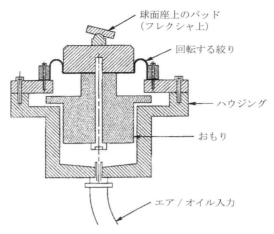

図 11.28　一般的な回転隔壁タイプの空気・流体アクチュエータ機構の図．大口径ミラーの局所的な光軸方向支持に用いられる．

図 11.29　いくつかの回転隔壁タイプ支持機構の写真．これは直径3.8 mのミラーを，光軸が垂直の状態で製作および試験するために用いられた（Cole [21]による）．

または油圧をそれぞれの支持装置で異なる値とすることにより，非一様な重量分布のかかるミラーの各部分にかかる力を補正することができる．図 11.29 は，この種の一般的な支持機構であって，円筒の圧力がかかったハウジングに取り付けられた円形の弁をもつ装置の集合を示している．金属の板は弁の上面に取り付けられており，ミラー裏面に接している（図示せず）[21]．

Hall[22]は，支持点の数 N に関する経験式を与えた．これは，直径約 100 in. ま

488 第 11 章 大口径非金属ミラーの保持方法

でのソリッドなミラーについて，離散的な支持点で支えたときに，形状変化を許容値 δ（waves 単位）に抑えるための支持点数である．若干簡略化すると，この式は次のようになる．

$$N = \frac{0.375 D_G^2}{t_A} \left(\frac{\rho}{E_G \delta} \right)^{\frac{1}{2}} \tag{11.5}$$

すべてのパラメータはすでに定義したものである，この式の例を例題 11.2 に示す．

例題 11.2　光軸が垂直な大口径ミラーを支持するために必要な離散点の数（設計と解析には File 11.2 を用いよ）．

直径 100 cm，厚み 14.288 cm の光軸が垂直を向いた合成石英製平行平板ミラーが，N 個の小さい面積で支持されるとする．面変形量が 0.633 μm の光に対して 0.01 waves を超えないための点の数を求めよ．

解答
表 B.8(a) より，$\rho = 2.205$ g/cm^3，$E_G = 7.3 \times 10^4$ MPa である．
式 (11.5) より

$$N = \frac{0.375 \times 100^2}{14.288} \sqrt{\frac{2.205}{\left(73000 \times 100 \times \frac{1000}{9.8} \right) \times (0.01 \times 0.633 \times 10^{-4})}}$$

$$= 17.94$$

すなわち 18 点である．

　ミラーは比較的剛であり，また近似的に平行平板である必要があるので，この式が適用できるミラーは（近似的に）均一な厚みをもつ形状，すなわち平行平板かメニスカスである必要があり，また，厚みと直径の比は 6：1 あるいはそれ以下でなければならない．ミラー面に曲率があり裏面が平面のミラー，シェルのように振る舞うメニスカスミラー，そして大口径のミラーについて，自重変形およびマウントに起因する歪みを計算するには，以上の条件を満たしていても，FEA による解析が最適である．これらの多くの例については，Mehta[23] による閉形式の方法でも評価が可能である．

　ミラー製造工程の最終段階の試験で用いられるミラー支持マウントは，しばしば「計測用マウント」と称される．一般的には，マウントは光学測定装置に対してミラー面を，軸が垂直の方向に安定して正確に，なおかつ再現可能に位置決めする必要が

11.2 光軸が垂直な用途における保持方法 489

ある．しばしば用いられる計測用マウントは，重力が0の状態を模擬するようになっている．典型的には，このようなマウントは，意図的に決められた3点（位置と向きを決める点に配置されている）からの変形量と支持点からの変形量が仕様値以内になるようにミラーを多点支持する．同様のミラー支持機構を，検査のときと同様に研磨時にも用いるのであれば，式(11.5)により支持点の数 N を計算する場合に，研磨ツールによる追加の力と補助的な重量を考慮に入れる必要がある．

計測用マウントとして，気圧または流体によるアクチュエータとカウンターウェイト，あるいはバネを用いた機械的なレバーを用いたものが最も一般的である．Cole[21]により，直径3.8mミラーを支えるのに適した36点の空気圧式マウントが示されている．

図11.30に，Cole[21]による，平凹ミラーの製作に用いる製造・検査のための複合装置を示した．計測マウントは，ミラー裏面と研削・研磨テーブルの間に位置する．このマウントは，ミラー製作と検査の両方において，ミラー支持を実現していた．これは，36個のアクチュエータパッドと，36個のゴム製クッションブロック，そして3個のレーストラック形状のエアベアリングよりなっている．

光学測定において，ミラーは36個のパッドの上に乗っている．そのうち外側リングの3個のパッドは意図的にしぼんでおり，薄いスペーサをミラーとのピストン方向にはさみこむことで，固い位置決めパッドの役割を果たしている．最大空気圧力は0.055MPaであるが，これは二つのリングの間でわずかに異なっており，36個のパッドすべてがミラーの質量と等しく分担して支持するよう調整されている．

研磨において，3個のスペーサは取り外され，ミラーは36個のパッドで浮かされる．重量4100kgの研磨ツールは，ミラー裏面を36個のクッションブロックで支えながらミラーに押し付けられる．Coleはツールの重量がブロックによって均等に支えられるよう，特別な配慮が必要であると指摘している．ミラー裏面とテーブルの上面は面どうしが一致するようにラップされており，ブロックは同じ高さになるよう研削されている．わずかな高さ誤差の影響を分散させるため，ミラーはマウント上で定期的に回転させられる．こうするには，薄い空気層の上でミラーを回転させるのがよく，そのためにミラーは3個のエアベアリングで持ち上げられる．回転が終わったら，ミラーはブロック上に下ろされ，研磨が再開される．研磨が完了したのち，ミラーは清掃され，36個のパッドにより検査のために再度浮かされる．検査によりミラー加工が終了したと判定されるまで，この工程は繰り返される．

ハッブル宇宙望遠鏡(HST)主鏡の製作の準備において，NASAは Perkin-Elmer

490　第11章　大口径非金属ミラーの保持方法

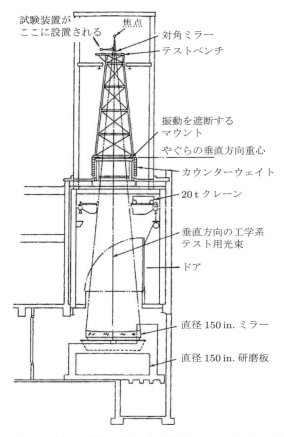

図11.30　大口径レンズをその場所で仕上げ，試験するための研磨・計測複合装置が組み込まれたテストチャンバ模式図（Cole[21]による）．

社に対し，提案された計測マウントの設計，研磨・検査複合装置，そして，コンピュータ制御研磨システムの実証を許可した．直径1.5 mで中央に$\phi 25$ cmの穴の開いたソリッドなULE製のミラーが，メニスカス形状に予備加工された．ここでメニスカス形状に加工したのは，厚みが9.7 cmであり，明るさF/2.3で，フルサイズの軽量化されたHSTの主鏡を模擬するためである．テスト加工の面形状の目標値は，$\lambda = 633$ nmに対して，$\lambda/60$ rmsであった．Montagninoら[24]は，仕様を満足させるために設計されたマウント（図11.31を参照）について説明している．図11.32は，加工途中に干渉計テストを行うために，テスト用のヤグラに位置するマウント上に乗ったミラーを示している．マウントはレールに取り付けられており，

11.2 光軸が垂直な用途における保持方法　491

図11.31　52点よりなる研磨・計測マウント．これは直径1.5 mのST主鏡を研磨・計測するために用いられた（Montagninoら[24]による）．

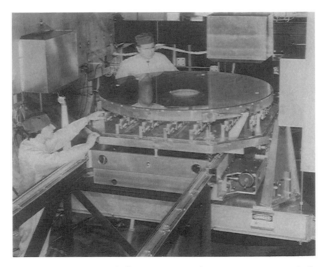

図11.32　直径1.5 mミラーと多点マウントの写真．これは，フルサイズのHST主鏡を製作するための製造・検査工程を実証するのに用いられた（BabishおよびRigby[26]による）．

製造場所と検査場所の間を，各要素の相対位置関係を乱すことなく容易に移動できるようになっている．

　マウントベースは，152 × 152 cm四方で厚み2.5 cmの，アニール済みアルミニウム鋳物でできた治具プレートである．アルミニウムが選択された理由は，寸法安定性，低コスト，そして軽量であることである．平行なリブ（高さ10.2 cm，中心

第 11 章 大口径非金属ミラーの保持方法

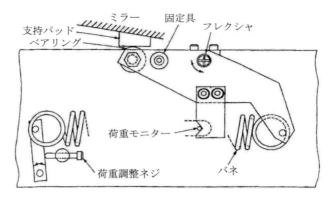

図 11.33 図 11.32 のマウントに用いられた支持機構の模式図（Goodrich 社の厚意による）．

20.4 cm）がベースプレート上面にマウントされる．これらは軸方向の重量を支持する機構とマウントする面となるとともに，ベースプレートの強度を増す．4 本の追加のリブが，ベースプレート裏面に，上面リブと直交する方向にボルト留めされ，直交方向の剛性を向上させている．

力の支持機構（そのうち一つが図 11.33 に示されている）は，非常に低いバネレートで設計されている．これにより，各支持機構が正確な力になるよう調整されたのち，わずかなミラーの位置変化やベースプレートの変形によってこの力が変わらないことを保証している．この低いバネレートは，従来の引っ張りバネにより荷重が加えられた，非線形リンクにより実現された．このリンク機構の負の力の分布は，バネの正の力の分布をほぼ打ち消している．この機構は，通常の移動範囲内で正，負，0 のバネレートをもつように設計されている．実際，0.35～0.525 N/mm の正のバネレートのときに最良の性能を発揮する．これにより，ミラーの位置をわずかに垂直方向に調整することで，三つの位置制御点（硬い点）におけるトータルの反力を調整することが可能になる．各リンク機構は，図 11.33 に示す一般的なフレクシャピボットにマウントされているが，これは摩擦とヒステリシスを最小にするためである．各機構による垂直方向の力は，各レバーの上端に取り付けられたベアリングによりミラーに伝達する．ミラーに伝わる力とモーメントの水平成分は最小になるよう設計されている [25]．

ミラー底面には，セルビット製の球状のボタン（直径 32 mm）が球面に接着されており，ベアリングに対する水平方向のインターフェースをなしている．これは，ベアリングが傾斜した面に接触した場合の横方向の力をなくすためのものである．

11.2 光軸が垂直な用途における保持方法 493

セルビットは，ULEミラーに取り付ける際の熱応力を最小限にするために選択された．結合部は圧縮応力がはたらくので，硬化収縮に伴いミラーにかかる応力を最小限にするため，また，製作工程のサイクルが終わった後，容易にボタンを外せるようにするため，柔らかい材質（シリコーンRTVゴム）が接着剤として用いられる．各機構には，ネジによりバネ力を調整する機構が付いている．調整ネジは，ミラーがマウントに組み込まれた状態でアクセスできる位置にある．

このように過度な荷重を変形によって吸収する機構では，ミラーの位置安定性は保証できない．ミラーの垂直方向の変位もまた，力を支える機構の精密な調整に影響を与える可能性がある．したがって，2番目の条件であるミラーの位置安定性のためには，精密な測定が必要である．これは，ミラーの縁に沿って3等配された硬い3点により得られる．これらの点の位置も，もちろん垂直方向の力をモニタすることが必要である．3点でミラーが固定されているので，各支持点での力の誤差の代数的な和が，位置決めする点に反作用としてはたらく．そのため，支持力の精密なキャリブレーションが必要である．このことにより，ミラーが所定の位置にある場合の支持力を，曲げ力に起因するミラーの形状誤差を許容以内に抑えるための力の上限値にまで制限することができるようになった．

ミラーの変形に対する感度解析により，ミラーの局所的な歪みを制約するには，三つの位置決め点の各点における反力を±0.11kg以内に抑えることが必要であるとわかった．この仕様を満たすためには，力を支持する機構の精密なキャリブレーションと，ミラーをマウントに組み込むときの精密なセンタリングが必要である．最終的な力のバランスは，ミラーの位置の調整と，位置調整機構の周りの力を若干小さくすることで得られる．この操作を行うためには，位置と力の計測装置は，位置を拘束するために点の周りの大きな力の勾配を得る能力と，力を0.0〜2.7kgまで計測する能力が必要とされる．

ミラー表面全体にかかる力の分布は，ミラー重量の測定値から3次元FEAを用いて計算された．誤差解析により，支持力のキャリブレーション，幾何学的パラメータ，熱ひずみおよびベアリングの摩擦における許容できる誤差が定められた．これらすべての変数に関して合理的な公差を設定することで，このマウントは要求どおり，測定時の形状誤差を$\lambda/60$ rms未満にできる見込みとなった．**図11.34**は研磨完了後のミラーについて，口径全面での干渉縞を示すものである．使われる開口は直径145cmであり，中心遮蔽は長さの比で30%であった．この縞をコンピュータ解析することで，所定の輪帯開口において，仕様に定められた品質が得られたこと

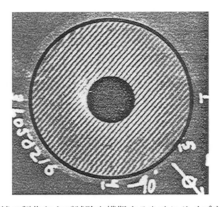

図 11.34 HST 主鏡の製作および試験を模擬するためにサイズを縮小して製作された，直径 1.5 m ミラーの干渉縞写真．ミラー面精度は 633 nm に対する測定値で，λ/60 rms であった（Montagnino[24]らによる）．

がわかった．

　研磨および検査中において，ミラーの横方向を精密に制御することは，ミラーに取り付けられ，マウントの位置制御点に対称に取り付けられたタンジェントバーにより行われた．このタンジェントバーは自在フレクシャであって，それぞれの端面における垂直および水平方向の力（これはミラー形状に影響する）を最小限におさえる．HST 主鏡を研磨するための力について，シミュレーション値，あるいは実際の値においても，コンピュータ制御による研磨方法（Babish および Rigby[26] 参照）によりミラーに加わる軸方向と横方向の力は，従来の研磨方法による力より，そもそもかなり小さかった．

　軸が垂直な大口径ミラーにおいて，計測マウント上で従来の研磨法によりかかる力を最小にするためには，ミラー支持機構に制約を設けなくてはならない．Hall[22] は，キャリブレーションされた圧縮バネ（大部分は非常に柔らかいピッチに浸すことで弱められている）の列を備えた研磨マウントを用いて，これに成功したことを報告している．図 11.35 はこのうち一つの支持機構を示すものである．

11.3　光軸方向が変化する用途のマウント

11.3.1　カウンターウェイトを備えたテコ形式のマウント

　図 11.36 は，典型的な大口径ソリッドミラーに用いられる，カウンターウェイトを備えたテコ機構を示す図である．この機構を，計算のうえで（通常は対称的に）

11.3 光軸方向が変化する用途のマウント

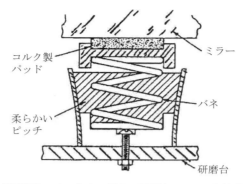

図 11.35 製作・測定複合マウント上で従来の研磨法でミラーを研磨する際に，ミラーを横方向に拘束できると実証されたダンプスプリング機構の模式図（Hall [22] による）．

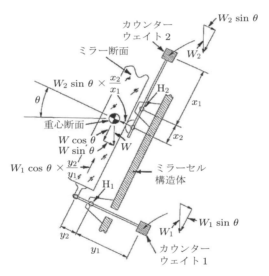

図 11.36 光軸方向および径方向の浮力を発生するのに用いられる典型的なテコ機構．力のベクトルは正しいスケールではない．

ミラーの裏面と縁の周りに並べることで，$\sin\theta$ に比例する軸方向の力と，$\cos\theta$ に比例する径方向の力が得られる．ここで，θ はミラー軸の傾き角である．カウンターウェイトの荷重 W_1 および W_2 は，ミラーセルにそれぞれ設けられた支点 H_1 と H_2 を通じて力を及ぼす．N 個のテコ機構は，ミラー重力の $1/N$ 倍を，それぞれテコ倍率 y_2/y_1 および x_2/x_1 倍をかけて支持する．典型的には，後者の比は 5：1〜10：1 の範囲にある．仰角が変化するにつれ，この支持力は一つの支持機構からほかの支

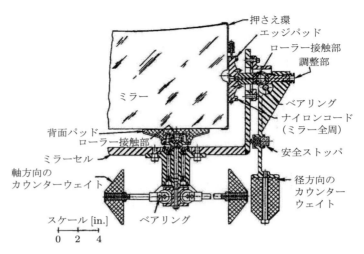

図 11.37 マクドナルド天文観測所における，直径 2.08 m 主鏡を支持するために用いられた機構の模式図（Meinel[27]による）．

持機構に自動的に変化する．

図 11.37 は，マクドナルド天文観測所[27]の直径 2.08 m ソリッド主鏡を支持するために用いられたテコ機構を示すものである．軸方向と径方向の支持機構は，大きな荷重がかかるローラー接触とベアリングを備えている．ローラー接触は温度変化時に移動できることを意図している．これらの接触とベアリングは，運用中に起こる小さい移動に抵抗する摩擦効果（スティック）に苦しめられた．

Franza と Wilson[28]は，ミラー支持機構は，不定位機構である必要があることを指摘した．すなわち，構造体の温度変化でレバー支点位置がわずかに変わっても，発生する力は本質的に一定でなくてはならない．これは次のように説明される．図 11.38 に示すように，典型的な軸方向支持機構の支点が距離 δy だけ移動すると，角度変化量 $\delta\theta$ は $\arcsin(\delta y/x_1)$ である．対応する力の変化量 δF は $F(1 - \cos\theta)$ となる．変化量 $\delta y = 1$ mm に対し，$x_1 = 100$ mm とすると，δF はわずか 0.005% である．伝わる力は本質的には不変である．

起こりうる深刻な問題として，ヒンジ部における摩擦が挙げられる．初期の設計に用いられた球およびローラーベアリングは，ミラーに加わる力の非対称性と再現不能性をもたらした．これは第一に，これらのベアリングは，ミラー面が微小回転しようとすると，摩擦によりくっつく性質があり，典型的にはミラーに非点収差が生じるからである．1960 年代に図 11.39 に示すのと同種のフレクシャベアリング

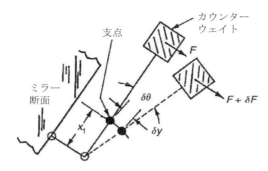

図 11.38　テコ機構の支点が δy ずれた場合に力の誤差 δF が発生する原理図（Franza および Wilson[28]による）．

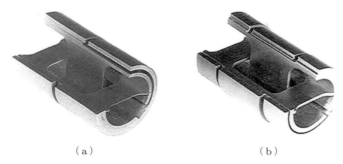

図 11.39　典型的なフレクシャピボット．(a)片持ち設計，(b)端が二重になった設計（Riverhawk 社の厚意による）．

が実用化されたことで，この問題はかなり低減した．初期のミラー支持機構の中には，新しい技術による機構にとってかわられたものもある．これにより，望遠鏡の性能は顕著に向上した．

　フレクシャベアリングは，Bendix 社により最初に開発された．本質的には同じ製品が，多くのメーカーにより長年にわたって製作されてきた．これは，現在では，ニューヨーク州ニューハートフォードにある Riverhawk 社で購入可能である．スリーブの一つは構造体に取り付けられ，もう一つが移動可能な部材に取り付けられる．典型的な変形範囲は±7.5°，±15°，そして±30°である．片持ち梁と両持ち梁の両方の構造が利用できる．これらは，典型的には 400 番台のステンレス製だが，特殊な用途には別の材料を用いることもできる．最大荷重の 30％を超えない範囲で用いれば，この機構の寿命は本質的には無限である．角度変化に伴うヒステリシスと横方向の軸移動量は非常に小さい．

498   第11章 大口径非金属ミラーの保持方法

裏面にリブが切られたミラーにおいては，同じテコ機構に軸方向と径方向の支持を組み込んでいるものもある．このタイプの典型例が，キットピーク国立天文台の望遠鏡と，パロマー山にあるヘール望遠鏡の大口径主鏡に用いられた．この設計を以下に述べるが，これは第一に歴史的意義のためである．

キットピーク望遠鏡

図 11.40 は，キットピーク望遠鏡において以前運用されていた，直径 2.13 m 主鏡のためのテコ機構の模式図である．分割されたカウンターウェイトが，軸方向と径方向の支持機構に用いられている．図 11.41 は，別の望遠鏡に用いられた類似の機構の写真である．後者の機能，また，両方の設計については，Baustian[29] により以下のように説明されている．

径方向の（重力）成分はユニット上部に位置するボールベアリングにより力が伝達され，また，ユニット下部に見えるディスク形状のカウンターウェイトが取り付けられた中央のテコの腕に支えられている．ミラー光軸方向の重力成分は中央部に位置するフランジにより支えられており，その荷重は各カウンターウェイトに取り付けられたプッシュロッド（3 個）を

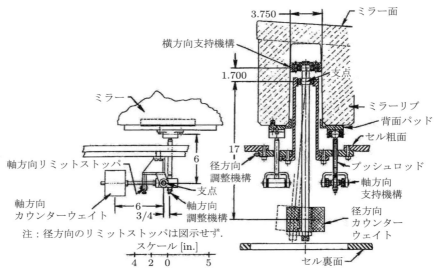

図 11.40　キットピーク国立天文台の望遠鏡における大口径主鏡を支持するための，軸方向（裏面）および径方向支持機構の図（Meinel[27] による）．

11.3 光軸方向が変化する用途のマウント　　499

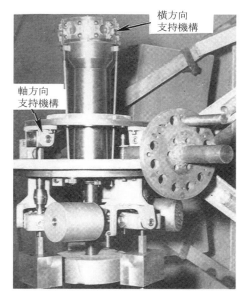

図 11.41　図 11.40 に示した機構どおりに機能する，軸方向および径方向支持機構の写真（Baustian[29]による）．

通じて伝達する．これらテコのカウンターウェイトの一つが写真中央前部に見える．長方形のカウンターウェイトは，軸方向荷重を支えるフランジを中立化させる補助のバランスウェイトであり，ミラー重心がずれようとする傾向を打ち消すためのものである（[28]の p.16 を参照）．

口径 5.1 m ヘール望遠鏡

　第二次世界大戦に先立ち，口径 5.1 m ヘール望遠鏡が設計されたとき，$D/t = 8.33$ の「軽量化」ミラーは，数個の点で支えるには剛性が十分ではないことが判明した．この対策として，裏面に多数のポケットを形成する形状に鋳込む目的で，パイレックス製のミラー母材（図 11.42 参照）が使われた．この設計では，径方向のサポートが，ミラー重心近傍の平面において写真に示された 36 個の円形のポケットに深くはまっている．軸方向のサポートが，これらの穴を取り巻いて，裏面の輪帯領域に設けられている．図 11.43 は，この機構のうち一つを示すものである．

　ここではミラーが天頂を向いているものとして，Bowen[30]によるこの機構の説明を以下に示す．

500 第 11 章 大口径非金属ミラーの保持方法

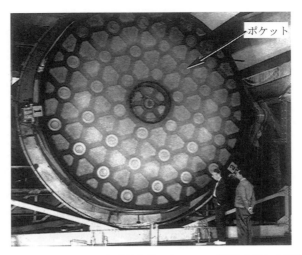

図 11.42 直径 200 in. のヘール望遠鏡主鏡におけるリブ構造を示した写真（Bowen [30] による）．

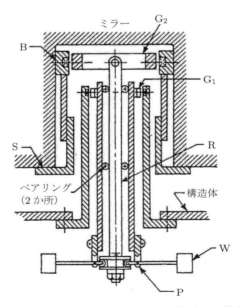

図 11.43 ヘール望遠鏡主鏡を支持するための，36 個結合した軸方向および径方向支持機構の一つ（Baustian[29] による）．

サポートリング B は，ミラー重心を通る光軸に垂直な平面においてミラーと接触している．ミラーが天頂から傾くと，この支持機構の下端面

（ウェイト W を含む）は，ジンバル G_1 周りにスイングしようとし，それによってジンバル G_2 を通じて光軸に垂直な方向にリング B に対して力が加わる．この支持機構に割りあてられたミラーの一部分に対してはたらく重力成分とこの力がつりあうよう，ウェイトとテコの調整がなされている．同様に，ウェイト W は，ロッド R に沿って力がかかるようベアリングを支点として回転するが，この力は，ジンバル G_2 を介してリング S に伝わる．このウェイトとテコの腕も同様に調整されているが，これは，ミラーの同じ部分に対して，光軸に平行な方向にかかる重力成分と，かかった力をバランスするためである．したがって，このミラーはこれら支持機構の上で浮いており，ミラーを通じていかなる力も伝達しない．

　ミラーの光軸の方向と位置を決定するため，外側の支持リングにおけるウェイトが，120°等配に配置され固定される．径方向に対しては，ミラーは 4 本のピンで位置決めされるが，これらのピンは，Coudé 平面を支持するための主鏡に開けられた穴から伸びた筒にマウントされている．これらのピンは，このミラーに開けられた直径 40 in. の穴に押し込まれている．これらは，パイレックスと鉄の線膨張係数差を補償するような材料で構成されており，光軸に平行な力の成分を打ち消すように，ボールベアリングを介して機能する．

11.3.2　大口径ミラーに対するヒンドルマウント
口径 10 m ケック望遠鏡主鏡
　ヒンドルマウントの一般的特徴は，口径約 89 cm（35 in.）までのミラーに対する文脈において 9.6 節で議論した．同様の方法でより大きなミラーをマウントするには，支持機構が必要である．たとえば，マウナケア山における口径 10 m のケック望遠鏡は，36 個のセグメントミラーを含んでいるが，それぞれが 36 個のヒンドルマウントにより支持されている．各セグメントミラーはゼロデュア製であり，厚みが 7.5 cm，点から点の外接円直径が 1.8 m であり，直径と厚みの比が 24:1 である．光学面としては，曲率半径約 35 m であるが，各面の実際の形状は非球面である．
　図 11.45 は典型的なマウントの一つの写真であり，一方で，図 11.44 は一つのセグメントに対するマウント配置を示したものである．3 本の whiffletree は，それぞれ，構造体に対して 3 点で接触しており，このセグメントミラーに対しては 12 点で接触している．フレクシャロッド（ミラー裏面に中立面までに開けられた非貫

502　第11章　大口径非金属ミラーの保持方法

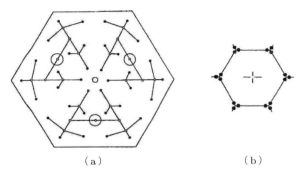

図 11.44　(a)ケック望遠鏡主鏡における一つのセグメントミラーの軸方向支持機構．3個の大きな円は軸方向のアクチュエータを示しており，42個の開いた円はフレクシャ支点を示す．また，閉じた円は36個の支持点を示す．(b) セグメントミラーのエッジセンサ（Mast および Nelson [31] による）．

図 11.45　3個のアクチュエータ（円筒形ハウジング）とテコ（径方向および接線方向を向いた棒）を示すためにケック望遠鏡主鏡のセグメントミラーを裏面から見た図．つり上げのための構造が中心に取り付けられている．エッジセンサの一部がミラーのエッジに見える（Terry Mast，カリフォルニア大学，リック観測所の厚意による）．

通穴を貫通する）が，後者に対するインターフェースを形成する．ミラーはメニスカス形状のため，この平面はシェルの中央面から 9.99 mm だけ前方に位置する．whiffletree の成分を結合するヒンジは，フレクシャ機構となっており，摩擦を伴わずに必要な回転を許すようになっている．

マウントとミラーの取り付け点の位置，および各 whiffletree の配置は，軸方向に重力がかかるとして，変形の rms 値を最小にするよう最適化された [31]．各支

持穴の底面において，フレクシャロッドはインバー製のプラグに取り付けられ，一方でエポキシによりゼロデュア製のミラーに接着されている（図 11.46 参照）．Iraninejad らは，エポキシ層の厚みがミラー面の変形量に非常に大きな影響を与え，その値が 0.25 mm のときに最良であることを示した[32]．

製造工程において，各セグメントミラーは均一な厚みをもつ直径 1.9 m，厚み 7.5 cm のメニスカス形状の円盤から加工を開始した．これらは，専用に開発されたミラーに応力をかける方法で，荒ずり，研磨が行われた[33-35]．光学面形状創成時，基板は，研削・研磨装置に対して裏面で支持される．ミラーの縁に結合されたテコ機構は，ミラーの縁周辺の特定の場所に特定のモーメントをかけるために，ウェイトにより荷重がかけられている．この加工機の断面図を図 11.47 に示す．球面形状に研磨されたのち，ミラーは加工機から取り外され，要求される六角形形状

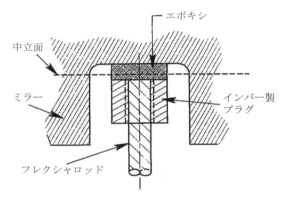

図 11.46　ケック主鏡のセグメントミラー内部に掘られた軸方向支持のためのインターフェースの配置（Iraninejad ら[32]による）．

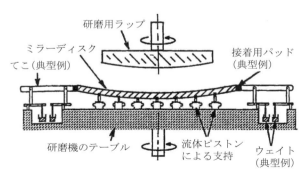

図 11.47　ミラーに応力をかけて研削および研磨を行う装置の概念図．ケック主鏡のセグメントミラー研磨に用いられた（Mast および Nelson[31]による）．

に切断される．理論的には，この状態でミラーは近似的に非球面形状に近いのだが，複合ミラーとしてのその部分に対応する非球面形状に厳密に対応するわけではない．望遠鏡口径を満たすためには，6種類の異なる非回転対称非球面形状が必要とされる．

ミラー基板における大域的な応力は切断工程において解放されるため，各六角形のセグメントミラーの形状は，要求される性能を確保するために形状修正を行う必要がある．切断工程後のスプリングバックはよい再現性があるため，局所的な研磨工程はバネにより補足される．このバネは，まとめて"warping harness"とよばれ，36個の軸方向サポートに組み込んだ場合に，セグメントミラーの残留形状誤差を弾性的に補正するためのものである[31]．図11.48は一つのwhiffletreeに取り付けられるバネの集合の位置を示したものである．類似のバネの集合が，各セグメントミラーに対するほかの二つのwhiffletreeに取り付けられる．各バネは，アルミニウムの棒材であり，サイズは4×10×100 mmである．それぞれの径方向の梁のピボットに二つのバネによりモーメントがかけられ，接線方向の梁のピボットにもう一つのバネにより追加のモーメントが加えられる．これらのモーメントは，加えられた力を棒材に取り付けたひずみゲージで測定しながら，セットネジで調整される．設計上の目標は，少なくとも1年間，標準的な温度範囲 $2 \pm 8℃$ において，天頂から水平までのすべての重力変化がかかった状態で，調整の安定性が5%より良好なことである．それぞれのセグメントミラーにおける18個のバネの調整にかかった時間は45分であった[31]．

軸方向支持は，レンズ面にモーメントをかけないよう，径方向に柔らかく設計す

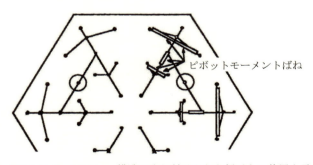

図11.48 図11.44のwhiffletree構造に取り付けられた板バネの位置を示す図．これはマウント後に研磨後のミラーの最終形状を修正できるようにするための曲がったハーネスを作り出すための機構である（MastおよびNelson[31]による）．

る必要があるため，ミラー側面方向から支持する別の支持機構が必要となる．Iraninejad ら[32]は，ケック望遠鏡セグメントミラーの支持機構の設計を行った．図 11.49 にこれらの支持機構の概念的な断面図を示す．望遠鏡光軸が水平の場合，セグメントミラーの重量は，0.25 mm 厚の曲げやすいステンレス製のダイヤフラム（これは，望遠鏡構造体から伸びた剛性の高い棒の中央に取り付けられる）により支えられる．このダイヤフラムの端面は，約 10 mm の厚みをもつインバーのリング材によりクランプされており，このリングは，セグメントミラー中央にざぐられた直径 254 mm の非貫通穴に接着されている．この円筒形の座ぐりとリングは，0.4 mm 厚の接線方向のフレクシャ（図 11.50 に示すように，6 個のインバー製のパッドが取り付けられている）により結合されている．この設計の特徴は，温度の揺らぎがあっても過剰なミラーのひずみが防がれることである．このパッドは薄いエポキシ層で接着されている．フレクシャとダイヤフラムの中心は，ミラー重心の乗る平面上に位置している．これは，ミラーの中央面から 2.2 mm だけ前方にある．こ

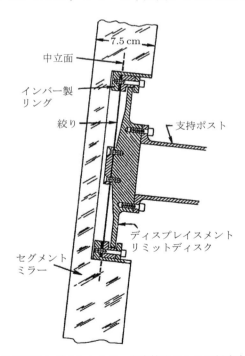

図 11.49 ケック主鏡のセグメントミラーを支持するための径方向支持機構の概念図．ミラー内部のへこみに取り付けられたリングに接触する接線方向のフレクシャは示されていない（Iraninejad ら[32]による）．

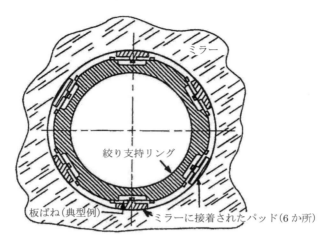

図 11.50 ケック主鏡セグメントミラーにおける，隔壁支持リングと中央の穴の間に位置するフレクシャのインターフェース（Iraniejad ら [32] による）．

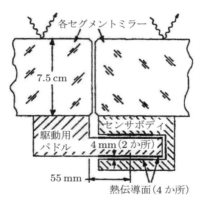

図 11.51 モザイク構成されたケック主鏡における，隣接するセグメント間のアライメント誤差を計測するのに用いられたエッジセンサの模式図（Minor ら [36] による）．

の位置は，ミラーの中立面とは正確に一致しないため，ミラー光軸が水平の場合には，小さな（だが許容可能な）モーメントがミラーに加わる．

セグメントミラーの径方向支持にダイヤフラムを用いることにより，連続するミラー面を形成するために，各セグメントミラーを隣接するミラーに対し調整し，軸方向の移動および任意の向きに傾けることが可能となる．各セグメントミラーの軸方向の向きおよび位置は，図 11.51 に示す 12 個のエッジセンサにより測定される．ここで，センサは図 11.44(b) に示すように，セグメントミラーの裏面に取り付け

られている．センサ本体は一つのミラーに付いており，駆動パドルは隣接するミラーに取り付けられる．パドルの各側面における狭い空気間隔は，部品の厳しい寸法公差と組み立て時の位置調整により注意深く制御される．駆動パドルのセンサ本体に対する位置変化は，静電容量の変化として検出される．プリアンプとADコンバーターからの信号は，隣接するミラーのアクチュエータに対する駆動信号に変換される．試験により，測定誤差は9 nm rmsであることが証明された[36]．これは，エラーバジェットに対しては十分に小さい値であった．センサ本体はミラーに取り付けられるため，望遠鏡の向きが重力に対して変化する機能が性能に大きな影響を及ぼさないよう，センサ質量は最小限に抑えられた．

望遠鏡のための主鏡の全面を形成するため，それぞれのセグメントミラーを調整するのに用いられるアクチュエータの一つを図11.52に示す．DCサーボモーターの左を貫通する10000ポジションのエンコーダーと，ボール側に乗ったナットを伴った1 mmピッチのインターフェース面に対するベアリングから，1本のシャフトが伸びている．ナットの右端面には小さなピストンがあり，蛇腹に入った鉱物油に押し込まれる．蛇腹の右端面に対しては，バネより大きな荷重をかけられるピストンがある．モーターの回転により駆動されるシャフトは，大きい側のピストンを押し，したがって出力シャフトと，付随するwhiffletreeの中心を，1パルス4 nmで送る．これによりミラーの相対位置精度7 nm rms以上を得ることができた[37]．

レーザービームエキスパンダ

直径1.52 m，溶融され鋳込まれたモノリシックなULEミラー基板で，高エネル

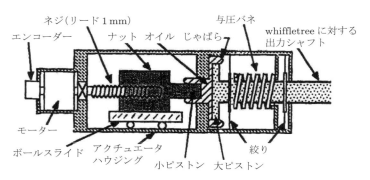

図11.52 ケック主鏡セグメントミラーの位置調整を行うためのアクチュエータ模式図（Mengら[37]による）．

ギー赤外レーザー光のための主鏡に用いる構造が図8.23に示されている．この構成要素は図8.21に示すとおりである．このコアのセルは7.6 cmの正方形である．メニスカス形状のミラーは，厚み25.4 cmであるので，D/t比は6：1である．外側および中央のリング（あるいは縁のバンド）は剛性を向上するためのものであり，外側のリングは径方向の支持手段である3本の接線方向の腕を取り付けるためのものでもある．

　このミラーの剛性は，ケック望遠鏡セグメントミラーよりも高く，天体望遠鏡装置向けのミラーよりも形状誤差に関しては感度が鈍いので，9点の軸方向ヒンドル支持機構が適切である．このマウント配置を図11.53に示す．図9.36に示す一般的な形式の9本のインバー製のボスが，ミラー裏面の，whiffletreeの三角板設置箇所を示す黒い点の位置に取り付けられる．強度を増すために，この9点の取り付け点近傍では，コア材の厚みが増やされている．これらのボスには，2軸のフレクシャが備え付けられている．すなわち，一方向の弾性運動は温度変化を吸収するようミラー中心を向いており，もう一方向は，この方向に直交している．このフレクシャは，ユニバーサルジョイントとしてはたらく．これと似た2軸フレクシャが，ボスと三角板の頂点を結ぶ短いロッドの端面に取り付けられている．これらのフレクシャは組み合わせにより，ミラーの位置誤差および外部から加わった加速度による位置ずれを吸収する．

　3本の接線方向の腕が，図11.53に示すようにこのミラーを横方法に支持している．これらの腕は，それぞれの端面にユニバーサルジョイントフレクシャを備えて

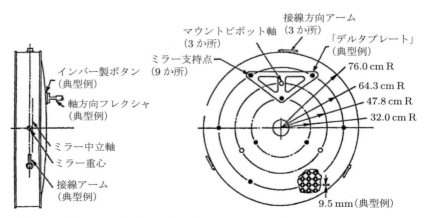

図11.53　図8.23に示したレーザービームエキスパンダに接触する，9点のヒンドルマウントの一般的配置図（Yoder[38]による）．

いる．降伏応力が非常に高いことと，疲労寿命特性が非常に優れていることから，これらのフレクシャにはチタンが用いられる．接線方向の腕は，ミラーの重心を通る平面上で取り付けられる．

SOFIA 望遠鏡

ヒンドルマウントの最後の例として，SOFIA 望遠鏡用の直径 2.7 m，F/1.19 の放物面軽量化ミラー（ゼロデュア製）の背面図を図 11.54 に示す（ミラーのスケッ

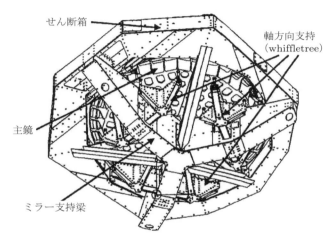

図 11.54　ヒンドルマウントに組み込まれた SOFIA 望遠鏡主鏡の裏面図（Erdmann ら [39] による）．

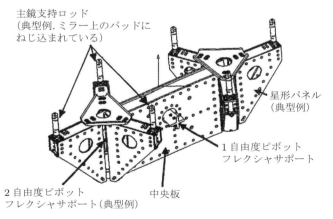

図 11.55　図 11.54 に示す SOFIA 主鏡マウントにおける一つの whiffletree 構造（Erdmann ら [39] による）．

510   第 11 章　大口径非金属ミラーの保持方法

チは図 8.36 参照). このマウントは，3 本の whiffletree を伴う 18 点の軸方向支持であり，そのうちの一つを図 11.55 に示す．このマウントの全体図の分解図を 11.56 に示す．ボス（あるいはパッド）に取り付けられたサポートロッドは，ミラー裏面に正三角形パターンでエポキシ接着されている．各ロッドの端面には，ユニバーサルジョイントフレクシャが取り付けられている．各ロッドの底面は，荷重を分散させる三角形の支持機構（図中「星形パネル」）に取り付いている．これらの星形パネルは，フレクシャを介して中央パネルに取り付けられており，それぞれのフレクシャは二つの自由度をもっている．一方，この中央パネルは，1 自由度のピボットベアリングを介して，3 本のセル支持梁のうちの一つに，その重心の場所に取り付けられている．セル支持梁はせん断箱に取り付けられている．この箱は望遠鏡構造体に，その重心の位置で，1 自由度フレクシャを介して 3 本のミラー支持梁の中

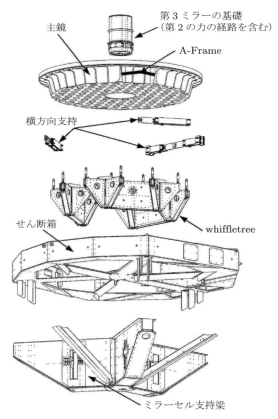

図 11.56　SOFIA 主鏡支持機構の展開図（Bittner ら [40] による）．

11.3 光軸方向が変化する用途のマウント

心に取り付けられている．セル支持梁がそのせん断箱に強固に取り付いている一方で，その箱は望遠鏡主構造に取り付けられている．

3本の接線方向を向いたアームが，ミラーを横方向に支持している．これらを図11.57に示す．各アームは径方向に柔らかいフレクシャを通じて，ブラケット（これは一方でせん断箱に取り付けられている）に取り付けられている．各アーム中央のパッドに取り付けられているのは，曲がったステンレス製のバイポッドである．図11.58は，縁に取り付けられたミラーのFEAモデルであり，このFEAモデルはバイポッドの特性を設計するために用いられた．解析の結果，ミラー接線方向以外のすべての向きに曲がる方向に望ましい柔軟性が得られた[41]．各バイポッドの端面は，4本のネジでミラーの縁に接着されたインバー製のパッドに取り付けられている．

SOFIA望遠鏡の通常の使用状態では，航空機（ボーイング747P）にウインドウなしで固定された状態で用いられるため，空気の流れの乱れにより，100 Hz以上の周波数で極端な振動が起きる．したがって，望遠鏡自体と，その部品すべての剛性は高い剛性をもたなくてはならない．これは，主鏡の軸方向および径方向の支持機構の設計を複雑にする原因となる．解析により，ミラーがマウントに組み込まれた状態での共振周波数は，約160 Hz以上であった．この望ましい性質は，カーボンファイバーにより補強された複合材（高剛性，低密度，低CTE）をマウントに高い割合で使用したことによる．用いられたほかの材料としては，鉄鋼とチタンである．このオプトメカニカル設計は，材料の選択，部品寸法，そして部品間のイ

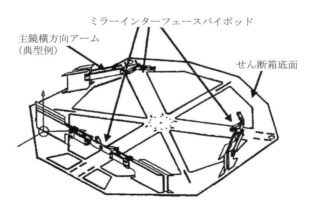

図11.57　SOFIA主鏡における，せん断箱構造に取り付けられた横方向支持機構（Erdmannら[39]による）．

512　第11章　大口径非金属ミラーの保持方法

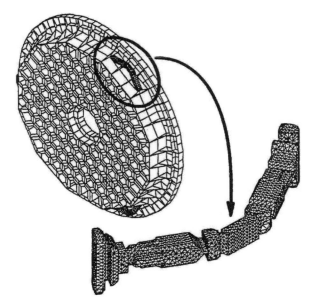

図 11.58　SOFIA 主鏡において，横方向支持機構のために取り付けられたバイポッドの一つにおける FEA モデル．このバイポッドには複数のフレクシャ構造が含まれる（Geyl ら[41]による）．

ンターフェースをうまく設計することにより，アサーマル化されている．ミラーの洗浄および再コートをマウントからはがすことなく行うために，ミラーマウントには低アウトガス材料を用いている．

　図 11.59(a)と(b)に，マウントされたミラーが天頂と水平を向いたときの波面誤差マップのコピーを載せた．これらの方向におけるミラーの rms 波面誤差は，それぞれ 278 nm と 283 nm であった．これらの値は素晴らしい値だと考えられる[41]．

　安全のための予防措置として，ミラーの中央の穴を貫通し，フランジをもった筒が SOFIA 望遠鏡の主鏡セルに取り付けられるよう設計されている．この構造（図11.60 参照）の機能は，通常はミラーに接触しないが，機体の緊急着陸時に万一軸方向と径方向の支持機構が破損した場合に機械的ストッパとしてはたらくよう，0.5 mm 離れた場所に位置する[39]．

11.3.3　空気圧および油圧マウント

　本項で述べる大口径ミラーの支持機構は，ミラーの複数の点に力を加えるために，空気圧および油圧アクチュエータを用いている．ミラーの剛性は高くなく，また，

11.3 光軸方向が変化する用途のマウント 513

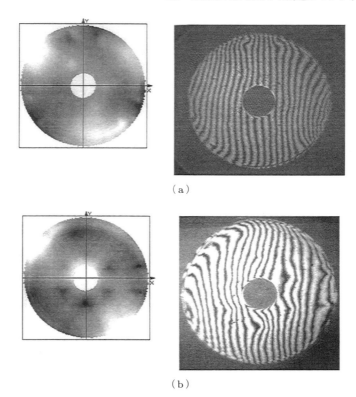

図 11.59 マウントされたSOFIA主鏡の波面誤差および干渉縞画像．(a)軸が垂直(天頂)方向を向いた場合，(b)水平を向いた場合（Bittnerら[40]による）．

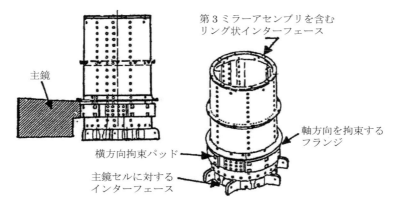

図 11.60 第3ミラーに取り付けられた，緊急着陸時に主鏡を安全に拘束するための支持機構に組み込まれた機能（Erdmannら[39]による）．

ミラーの質量分布は一様でないため，それぞれのマウント設計において，ある一つのアクチュエータが及ぼす力は，典型的にはほかのアクチュエータが及ぼす力とは異なる．それぞれの力は，実際にそれぞれの支持点で必要とされている値になるよう，直接モニタされ，付随するサーボモーターによりクローズループ制御されている．ミラーの位置および向きを決める手段も必要である．これは通常，軸方向および径方向の支持とは独立である．一時的および永久的なアライメント誤差，あるいは，熱効果による極端な寸法変化がマウント性能に不利な影響を及ぼさないよう，このマウントは固定されていない必要がある．

空気圧支持された大口径望遠鏡主鏡

技術情報が開示された数少ないこのタイプのミラーの一つが，カナリア諸島にあるスペイン国立観測所用にイギリスで設計された直径 4.2 m の平凹形状の天体望遠鏡のミラーである．これは FEA を用いて設計された最初の望遠鏡マウントである．D/t 比は 8：1 であり，これは，軸方向には 3 個の空気圧式リングアクチュエータにより支持されており，径方向には同一のカウンターウェイト式テコで支持されていた（図 11.61 参照）[42]．

リング 12，21，および 27 よりなる軸方向の支持機構は，それぞれ半径 0.798 m，1.355 m，および 1.880 m でミラーを支持している．これらの支持点は，直径 298.5 mm であり，力をミラー裏面面積の大部分に分散させるための円形のパッド

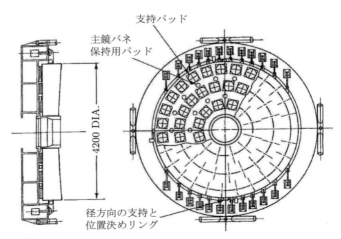

図 11.61　初期の直径 4.3 m ミラー支持機構の模式図（Mack[42]による）．

11.3 光軸方向が変化する用途のマウント 515

であった．ミラー断面を通る軸方向のマウントにおける応力分布の解析結果が，図 11.62 に示されている．真の放物面形状からのずれおよび焦点距離のずれは，それぞれ 3 nm 未満および 0.01 μm 未満であった．この性能は満足できると判定された．

径方向の支持機構は，FEA モデルである図 11.63 において，ミラーの縁に平行な押し引きの力をかけるよう配置されている．これらの力はすべて同じ大きさであり，等しい 12 個の垂直面内の重量を支えている．これらの力は，各面内の光学面の曲率半径を考慮に入れた重心方向を向いている．解析により，ミラーの下半分にかかる重力による正の変形が，上半分の同じ大きさの負の変形とつり合っていることが示された．このことは，反射波面の垂直面内におけるわずかな傾きを引き起こすが，真の放物面からの面形状ずれの最大値は，許容可能な 0.03 μm を超えなかった．図 11.64 は，光軸が水平の場合，引き起こされた応力がどの程度口径の下半分に集中するかを示している．

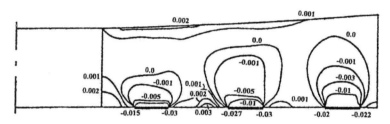

図 11.62　図 11.61 におけるミラー支持機構において，軸が垂直方向の場合にリングサポートより発生する応力の解析結果（Mack[42]による）．

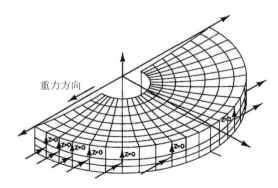

図 11.63　図 11.61 において重力による面形状誤差を解析するための 3 次元モデル（Mack[42]による）．

516   第11章　大口径非金属ミラーの保持方法

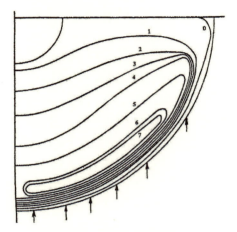

図11.64　図11.61のミラーにおいて，軸が水平の場合に重力により発生する応力分布（Mack[42]による）．

改造された「多面ミラー」望遠鏡

　ホプキンス山の多面ミラー望遠鏡(MMT)は，もともと，直径1.8 mの6枚のミラーをリング状に並べることで，有効直径4.5 mを得るものであったが，ミラー製作技術の向上により，現存する仰角ヨークと，わずかに改造した観測室内部に適合する最大の1枚鏡で再設計された[43]．直径6.5 mのホウケイ酸ガラス製ハニカムミラーで，F値1.25のものが，この目的のためにスピンキャスト法で制作された．このミラーは，ミラーの保持だけでなく，様々な機構上の機能を実現するセルにマウントされた．

　図11.65は，セルに入った新しい平凹ミラーを，仰角軸後部に取り付けられた付随品とともに示した図である．このミラーは軸方向および径方向に，104個の空気圧式アクチュエータ（図中ではBellofram と示されている）により支持されている．図11.66(a)は，ハニカム構造の一部をアクチュエータとともに示したものであり，それらのアクチュエータは独立に2本あるいは3本のwhiffletree 重力分散機構を通じて機能している[44]．図(b)は八角形のミラーセルに対する典型的なアクチュエータの位置を長方形の記号で示している．このセルは，小部屋を形成する高さ762 mm間隔の高いウェブにより補強されたトッププレートから構成される[45]．

　この小部屋は，アクチュエータおよびほかの機構からなっていて，取り外しできるカバーにより閉じられており，温度コントロールシステムの一部を形成するため，ウェブを通じた穴により互いに連結されている[45]．このシステムに対する戻り

11.3 光軸方向が変化する用途のマウント

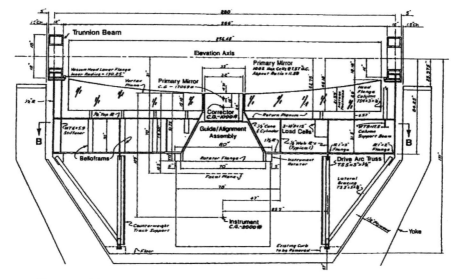

図 11.65　直径 6.5 m の新 MMT 主鏡がセルに組み込まれた図 (Antebi ら [43] による).

の高圧状態は，図 11.67 に示すようにミラー裏面とセルのトッププレートとの間の空間により形成される.

　離れて設置されたチラーとブロアからの圧縮空気は，各イジェクタノズルに強制的に注入され，ミラーセルから入力高圧室にエアーをくみ上げながらジェットイジェクタを通過する. 新しいエアーとミラーセルからくるエアーは，この高圧室から，換気ノズルの列を通じてミラーセル側に戻るよう排気される. 圧縮空気を注入できるよう，体積分率で約 10% の空気がセルから逃げるようになっている. ミラーのハニカムセルを通じたエアーの強制換気により，光学素子の温度は周囲より 0.15°C 以内に保たれ，また，温度不均一性は 0.1°C 以内に保たれる [46-48]. この値は，Pearson と Stepp，および Stepp らの望遠鏡性能に対する温度勾配の影響の研究 [49,50] によると，十分な値である. この新しい MMT 望遠鏡の温度コントロールおよびセンシングシステムの詳細については，Lloyd-Hart [48] および Dryden と Pearson の文献 [51] から知ることができる.

　すでに指摘したように，大部分のアクチュエータはミラーに，荷重分散板 (機能はその名のとおりである) を通じて接触している. この機構の図式を図 11.68 に示す. この荷重分散板は，インバーと鉄鋼からできており，その寸法はミラー材であるオハラ E6 ガラスの温度変形に合致する. 接触は，直径 100 mm の円盤を通じて

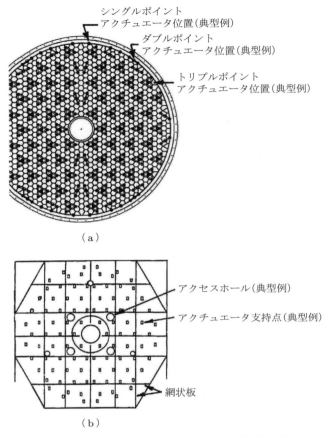

図 11.66 (a) MMTハニカムミラー基板の一部を支える支持点の配置（1～3個の荷重分散機構に乗っている）(Gray ら[44]による), (b) 図 11.65 の支持機構の B-B' における断面図（Antebi ら[43]による）.

行われるが，これは，線膨張係数を等しくするために同じバッチの鉄鋼から作られた二つの部品から構成される．下部の部品は，重量を最小限に抑え，荷重による変形を最適にするために，輪帯状の円錐形状である．上部の部品は，円盤を荷重分散板によるねじりから力学的に分離するために，絞られたロッドフレクシャ形状である．各円盤は 2 mm 厚みのシリコーンゴム接着剤（Dow Corning 社製 Type 93-076-2）でミラーに取り付けられており，この接着層の柔軟性により熱により誘起される応力が吸収され，また，荷重は柔らかく支えられる．

また，図 11.68 に示すように，ゴム製の固定されたストッパ（これは荷重分散板

11.3 光軸方向が変化する用途のマウント 519

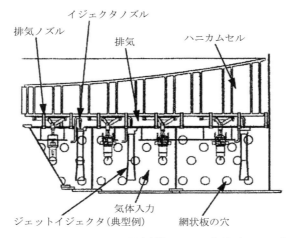

図 11.67 MMT ミラーセルにおける温度制御システム部材（West ら [45] による）．

の端面からわずかに離れた位置に配置される）が，圧空アクチュエータが運用中に故障した場合，あるいは，システムが機能しなくなった場合のミラーの拘束治具として配置される．これは市販のエンジンマウントであり，ドーナツ状のゴムを鋼製のシャフトに接着したものである．荷重分散板の端面に棚ボルトが結合されており，これらのストッパを用いる場合のせん断および軸方向の力を制限している．

アクチュエータ自体は圧力レギュレータ付きの空気圧シリンダと，力のフィードバックのためのロードセル，そして横方向の力とモーメントを遮断するためのボールデカップラから構成されている．図 11.69 は二つの基本的な配置を示した図である．左には二つの荷重分散板を有する 1 軸のアクチュエータがある．これは軸方向の力のみを及ぼす．右側には二つのアクチュエータが配置されており，一つは軸方向に，もう一つはミラーの裏面に対して 45°方向に力を及ぼす．後者の装置は 58 個付いている．これは，ミラー裏面近辺に対して径方向の力を及ぼし，ミラーの曲げはもちろん，モーメントももたらす．二つのアクチュエータの拡大図を図 11.70 に示す．

MMT ミラーはセルの中で，図 11.71 に示すように，硬い支持点により剛体として拘束されている．各支持点は調整可能だが，クランプされると，セルのバックプレートとミラー裏面を結ぶ硬いストラットとなる．これらのストラットは，ミラーの向きと位置を完全に決定するために，3 本のバイポッドとして配置されている．各ストラットにはロードセルが含まれており，アクチュエータにフィードバックさ

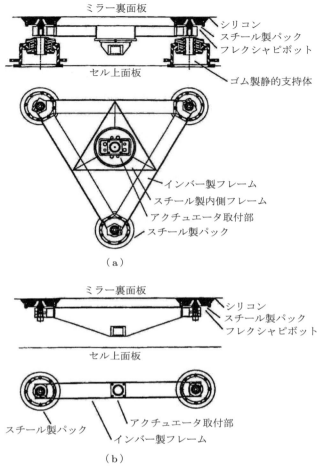

図 11.68　新 MMT 主鏡のための荷重分散機構．(a)三重構造，(b)二重構造．(Gray ら[44]による)

れる情報を与える．それぞれの硬い支持点からかけられる力がほぼ 0 になるよう調整がなされる．

ジェミニ望遠鏡

　ジェミニ望遠鏡における各直径 8.1 mm の ULE 製メニスカス主鏡は，これまでに説明したものとはかなり異なる設計である．光軸方向の支持機構は，一定の空気圧よりなっているが，この空気圧は厚み 220 mm のミラーと 120 個の保持機構（こ

11.3 光軸方向が変化する用途のマウント   521

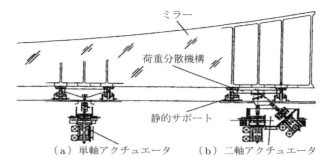

図 11.69　新 MMT 支持機構に用いられる支持機構．(a) 単軸アクチュエータ，(b) 二重軸アクチュエータ（West [45] による）．

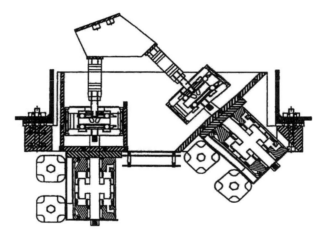

図 11.70　新 MMT において 58 か所用いられた二重軸アクチュエータの詳細（Martin ら [52] による）．

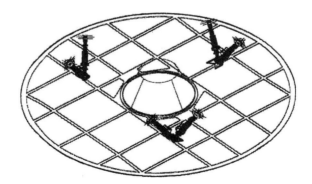

図 11.71　新 MMT 主鏡に対してミラーの位置と向きを決定するための固定点となる，6 本のストラットとバイポッドの配置（West [45] による）．

522　第 11 章　大口径非金属ミラーの保持方法

れはパッシブな油圧機構と，アクティブな空気圧アクチュエータを含む[54]）の，外側および内側の縁におけるシールにより保たれている．径方向の支持機構は，72個の油圧機構より構成され，これらの機構はミラーの縁に配置される．軸方向，径方向の支持機構はどちらも，油圧 whiffletree 機構をミラーの位置決めに用いている．望遠鏡が向きを変えるごとに，ミラーにわずかな平行移動と傾きを導入し，望遠鏡の残りの光学素子に対してミラーのアライメントを保つようにこれらの機構の調整が行われる．このマウントシステムは，熱による形状変化，すなわち，力の大きさ，角度，位置の誤差，径方向支持の誤差，空気圧力の誤差の補償も可能である．さらに，このシステムは，重力による副鏡のサグ変化の補償も可能であり，もし必要があれば，カセグレン望遠鏡モードで用いられる放物面形状から，リッチー–クレチアン望遠鏡モードで用いられる非球面形状へと主鏡形状を変化させることもできる[54]．

　ミラー重量の大部分は，「エアバッグ」機構によって軸方向に支えられている．これは，ミラーが一つの壁として，そしてセルがもう一つの壁としてはたらくことにより形成されている．ミラーの内側と外側における柔らかいゴム製のシールが，圧力のかかった領域を完全に密封している．ミラー重量の大部分を浮かせるために必要な圧力は，約 3460 Pa である．この圧力は，シールによる力も加わって，ミラーの面形状に対して約 100 nm の小さな球面収差を生じる．アクティブな支持システムによるこの誤差は容易に補償できる．

　ミラー重量の約 20 %が，120 個の支持および位置決め機構により支えられる．このことは，アクチュエータは，プッシュモードでのみ作動し，ミラーに結合（接着）する必要はないことを意味する．この設計により，再コートのためにミラーをセルから外す作業が非常に簡単になった．

　図 11.72 は，12 個，18 個，24 個，30 個および 36 個の接触点からなる 5 輪帯で設計された，120 個の接触点の配置である．各点に局所的にかかる力は，285 N から 386 N の間であり，これらは図 11.72 に示すとおり面の凹凸をもたらすが，その高さは約 10 nm rms である．これらの形状誤差は保持方法により決定され，変わらないものなので，研磨工程中において天頂に向けて局所的な研磨を施すことで補償でき，「裏写り」パターンは消える．0.5°から 75°に傾けて用いるときには，空気圧による制御を行い，それによって誤差が許容可能となる[54]．

　ジェミニ望遠鏡の主鏡アセンブリは，図 11.73 に示すとおり，セル，ミラーおよび軸方向と径方向のアクチュエータよりなる．溶接された鋼製のミラーセルはハニ

11.3 光軸方向が変化する用途のマウント　523

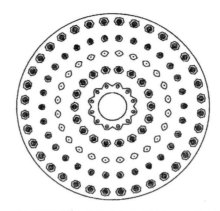

図 11.72　80％の一様な空気圧による軸方向の支持と，20％の局在した 120 点の支持点によるジェミニ主鏡の変形形状．空気圧力のシールによる効果は考慮されている．等高線は 10 nm 間隔であり，面形状は 54 nm p-v（10 nm rms）である（Cho[54]による）．

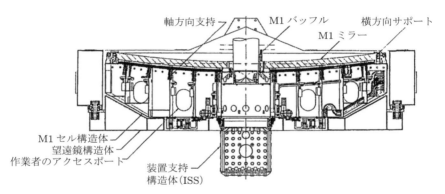

図 11.73　ミラーとアクチュエータを示したジェミニ主鏡とセルの模式図（Huang [55]による）．

カム構造になっており，余計な重量を増すことなく剛性を保つ（図 11.74）．これは，図 11.75 に示すように，セル半径の 60％の位置にある，俯角から 45°方向に向いた 4 本のバイポッドにより望遠鏡構造から支えられている．水平方向の荷重によるセルの変形は，Y 軸に対称であり，X 軸に非対称なので，このバイポッドの向きはそれに合わせて調整されている．これにより，ミラーの曲げ変形は最小限に抑えられる．さらに，通常の荷重状態では，望遠鏡のフレクシャはミラーを曲げない．セルの上面（ミラーはこの面に取り付いている）に対して，天頂および水平に向いている場合の最悪の変形形状を図 11.76 に示す．システム全体に対するこの部分の

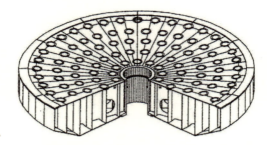

図 11.74　ジェミニ望遠鏡のミラーセルにおけるハニカム構造を示した断面図（Stepp ら [53] による）．

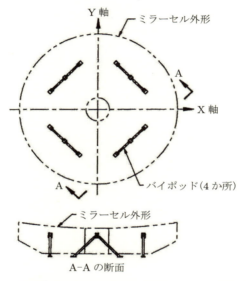

図 11.75　ジェミニ望遠鏡のミラーセルにおけるバイポッドの模式図（Stepp ら [53] による）．

セルの変形量は，許容可能なエラーバジェット内に収まることが，FEA 解析により示された [53,54]．

11.4　人工衛星搭載用大口径ミラーの支持方法

　宇宙空間用大口径ミラーの設計における（地上用ミラーとの）大きな相違点は，打ち上げ時に大きな加速度がかかること，軌道に到達した後に重力から解放されること，そして熱の影響である．最初の問題に関しては，振動衝撃が機構，あるいは

11.4 人工衛星搭載用大口径ミラーの支持方法　525

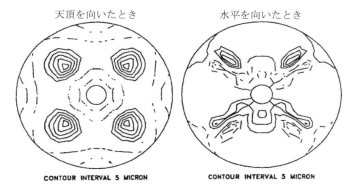

図11.76　4本のバイポッドマウンティング上における，ジェミニミラーセル上面の極端な重力変形の予想図（Steppら[53]による）．

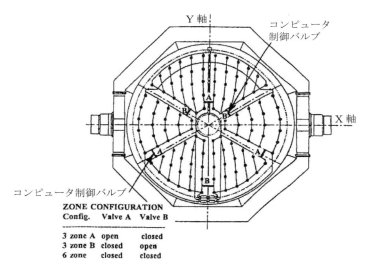

図11.77　ジェミニ主鏡マウントにおける3領域および6領域の流体支持システムの変形モード模式図（Huang[55]による）．

光学素子にダメージを与えないよう，ミラーマウントに対するロック機構，あるいはケージ機構が一般に必要となる．一方で，2番目の問題に関しては，光学素子は，地上での製造，検査とは異なる方法で運用中に保持する必要がある．運用中の温度分布は，あらかじめ予測していた値とは異なる可能性もある．これ以降で述べる設計例において，これらの条件に適用するための方法について説明する．

11.4.1 ハッブル宇宙望遠鏡

ハッブル宇宙望遠鏡の主鏡は，直径 2.49 m，厚み 30.5 cm の，図 8.23 に示す構造と似た溶融による一体成型構造体である．この材質は，Corning 7941 ULE である．ミラー開口は 2.4 m である．中央の穴は直径 71.1 cm である．表面と裏面のシートは，設計上 2.54 cm 厚であり，25.4 × 0.64 cm の厚みをもつリブに，中心間隔 10.2 cm で隔てられている．内側および外側の縁の帯は 0.64 cm 厚であり，リブと深さが等しく，円周上の補強をなしている．コア内に飛行時の支持機構（これは以下で述べる）が 3 か所に取り付けられており，ここは補強のために局所的にいくぶんか厚いリブを有している．このミラーの重量は 4078 kg であり，これは等価なソリッドミラー重量の約 25 % である．

製造および試験時に主鏡の共軸を鉛直方向に保持する多点支持機構は，11.2.3 項の縮小モデルについてで説明したとおりである．飛行モデルに対する 134 点の測定マウントの詳細についての追加事項は，Krim[25] により与えられた．解析により，この支持点の数は，ミラーが運用中に無重力状態になった状態を模擬するのに十分であることがわかった．実際のミラー部品の厚みは，この入力条件の要求から，ミラー支持の力分布を FEA を用いて決定することにより，超音波厚さ測定で ± 0.05 mm の精度でマッピングされた．

研磨が完了したのち，ミラーは計測マウントから実稼働用のマウントに乗せ換えられる．ここで，ミラーは 3 本のステンレス製のリンクにより軸方向に支持されるが，これらのリンクは図 11.81 に示すとおり，ミラー基板を 3 か所で貫通している．

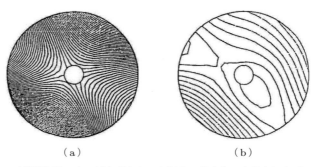

図 11.78 不規則な風による圧力がかかった場合の軸方向に支持されたジェミニ主鏡の変形形状 (a) 3 点のセミキネマティック保持の場合 (b) 6 点の過剰拘束保持の場合（Huang[55] による）．

11.4 人工衛星搭載用大口径ミラーの支持方法　527

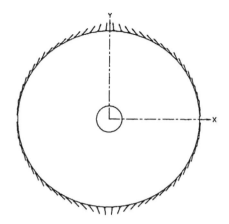

図 11.79　ジェミニミラーの縁にかかる径方向応力の分布（Cho[53]による）.

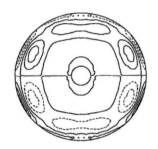

図 11.80　ジェミニミラーにおいて，径方向の支持方法を典型的な方法で最適化した場合の面形状．等高線間隔は 5 nm であり，面形状誤差は 38 nm p-v (5 nm rms) である（Cho[53]による）.

　この写真にはセルの構造も見てとれる．これは径方向に 3 本の接線方向の腕で支持されており，これらの腕はミラー裏面に接着されたインバー製のサドルに取り付けられている．これらの支持機構は図 11.81 では隠れている．
　図 11.82 はミラー裏面の模式図である．この詳細図は，1 本の接線方向の腕と，ブラケットに結合する U 字金具を示している．このリングは，接線方向の腕と軸方向のリンクとともに望遠鏡本体に取り付けられている．図 11.83 は，ミラーの光軸方向の支持機構の一つに対する模式的な断面図である．ミラーとメインリングとの関係は，この図でよりわかりやすくなっている．メインリングのための径方向の支持機構（接線方向の腕）は示されていない．
　図 11.82 には，また，ミラー裏面に接着された 24 個のボスの位置が示されている．これらは，軌道に投入された後に光学面形状を部分的に成型するために用いられる

528   第 11 章   大口径非金属ミラーの保持方法

図 11.81   コートの準備中のハッブル宇宙望遠鏡の主鏡正面図．内部セル構造と飛行用の軸方向支持体の前部端面が見える（Goodrich 社の厚意による）．

アクチュエータのためのインターフェースとしてはたらく．これらのアクチュエータでは，ボールネジを駆動してミラーに局所的に力を加えるために，ステッピングモータが用いられている．これらは，ミラーの面形状をリアルタイムに制御することを意図しているわけではなく，宇宙空間上で重力から解放されたときに予想される非点収差を補正するために設けられている．実際にはそのような誤差は生じなかったため，これらのアクチュエータは用いられなかった．不運にも，基板に用いられたコアの正方形形状の配置と，調整範囲の制限から発生したミラーの曲率あるいは球面収差は，この形状修正機構では修正できなかった．これらのパラメータの調整機構が備わっていれば，ミラー製造中に偶然起こった非球面化の問題を軌道上で解決できていたと考えられる．

　軸方向のミラー支持機構に関する説明を順に行う．図 11.83 によると，十字断面形状をもつフレクシャリンクが，二つの球面ベアリングに乗っている．一つのベアリングはメインリングのブラケットに取り付けられており，もう一つは，ミラーの裏面フェースシートに取り付けられている．フェースシートは，ミラーコアのセルに広がる外側と内側の板にクランプされている．この機構は，ミラー面上に 120°等配されており，全体としてミラーを軸方向に保持する．コーティング，望遠鏡への組み込み，輸送，衛星への積み込み，発射の各段階において，この設計はミラーを

11.4 人工衛星搭載用大口径ミラーの支持方法 529

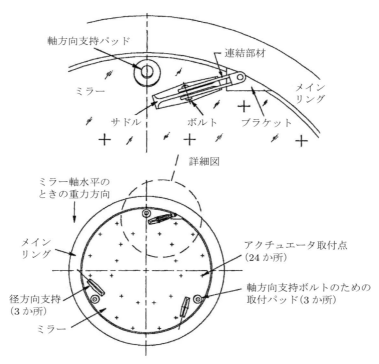

図 11.82 ハッブル宇宙望遠鏡裏面の模式図．軸方向と径方向の支持体だけでなく，アクチュエータ取付具も見てとれる（Goodrich 社により提供された図面による）．

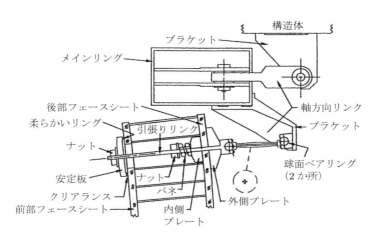

図 11.83 ハッブル主鏡の軸方向支持機構の模式図（Goodrich 社により提供された図面による）．

保持するために十分な剛性を有している．この機構はまた，宇宙空間において，重力の影響がなくなった場合にもうまく機能する．この望遠鏡を地上に戻すためにスペースシャトルで着陸する場合も考慮されている．保護板およびミラーのフェースシートを外側から固定するためのナットは，このような着陸時において軸方向の急速な加速度がかかる間，ミラーを軸方向に保持する固定具としての役割を果たす．ここで，保護板とミラー鏡面の間にはわずかな隙間があり，それぞれの間の緩衝材としての柔らかいパッドが設けられている．ミラーの前側への運動は安全に拘束されており，引っ張りリンクにより，力がブラケットに，それからメインリングと構造体に伝わるようになっている．

11.4.2 チャンドラX線望遠鏡

チャンドラ望遠鏡（以前は先端X線天体物理設備，Advanced X-ray Astrophysics Facility(AXAF)とよばれていた）は，NASAにより1999年に打ち上げられた．これは，二つのモジュール化されたサブアセンブリを有している．一つは，オプティカルベンチアセンブリ(OBA)であり，もう一つは高解像ミラーアセンブリ(HRMA)である．OBAは主となる円錐状の構造部品であり，1588 kgのHRMAを前方の端で支えており，476 kgの統合科学機器モジュール(ISIM)を後方の端で支えている．OBAは光バッフル，電子がX線センサに入らないように曲げる強い磁石，電子機器，ヒーター，そして配線を含む[56,57]．

光学系の配置は図11.84に示されている．これは4枚の同心ミラーの組（放物面

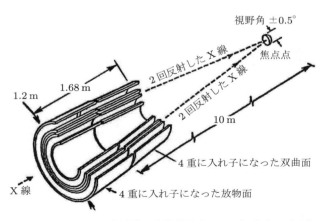

図11.84 チャンドラ望遠鏡の光学配置（Wynn [56] らによる）．

11.4 人工衛星搭載用大口径ミラーの支持方法　531

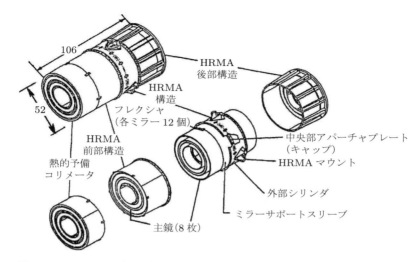

図 11.85　チャンドラ望遠鏡における高解像ミラーアセンブリ（HRMA）の光学機械配置（Olds および Reese ［57］による）．

およびそれに続く双曲面）よりなり，視野角（0.5°から 1.5°）に入射する X 線をとらえ，10 m 離れた焦点位置に結像する．この配置は，Wolter I 型ミラーとして知られている[58]．最大ミラー直径は 1.2 m である一方，最小ミラー径は 0.68 m である．各ミラーの長さは 0.84 m である．すべてのミラーはゼロデュアでできており，これが選択された理由は，低い CTE（$0 \pm 0.05 \times 10^{-6}$/℃），高い研磨性（表面粗さ 7 Å），そして，要求される円筒形形状の製造可能性である．ミラーは X 線の反射率を高めるために，イリジウムによりコートされた．

　各ミラーは，軸方向の重心において，12 本のチタン製フレクシャ（図 11.85 に示す方向を向いている）により支えられており，ミラーにエポキシで接着されたインバー製のパッドに取り付けられている[59]．当初このミラーは入れ子状の 6 枚の対で計 12 枚だったが，最終的には図のように 4 枚の入れ子の対（計 8 枚）まで減らされた．フレクシャは，グラファイトエポキシ製のミラーの支持スリーブにエポキシで接着されている．一方，これらのスリーブはアルミ製の中央にある開口プレートに取り付けられている．このプレートは，X 線を通すために径方向のスロットの開いた複数のリングを有する．外側のシリンダのインターフェースには，3 組のバイポッド（光学アセンブリをベンチに取り付ける役目．図示せず）で取り付けられている．

　望遠鏡アセンブリは，光軸上の点に置かれた 4 個すべてのミラーによって集光し

532 　第 11 章 　大口径非金属ミラーの保持方法

たX線を結像する（エネルギーの90％を直径0.05 mmの円内に集める）ためのものである．このことから，ミラーはチルト0.1″，シフトは共通光軸から7 μm以内が要求される．これらのミラーを重力による変形が残存しないようにマウントするため，それぞれのミラーは重力補償機構にまず取り付けられた．これらの補償機構は，精密ステッピングモータで駆動されるアクチュエータ（ミラーを各6自由度方向に0.1 μmの精度で移動できる能力がある）を備えた籠に取り付けられる．調整後，これらのミラーは，接着剤注入時の流体の圧力でミラーが動いてしまうことを防ぐため，エポキシで仮固定され，そののち，最終接着と硬化が行われる．アライメント誤差を検出するための治具建ては，チルト誤差0.01″，横ずれ1 μmを検出できる能力があった[57,60]．

　望遠鏡に対する温度制御系は，光学系内部を21℃に一定に保つよう設計されていた．この温度は，組み立て室の温度を模擬するものである．望遠鏡のそれ以外の部分は，観測中10℃に保たれていた．温度制御は，光学アセンブリの両端と温度制御された光バッフルに取り付けられた熱放射プレートを用いた，オンボードコンピュータにより行われた．断熱は，HRMAに対しては多層断熱材（MLI）で行われ，OBAに対しては，MLIと銀コートされたテフロンコートにより行われた．これらの断熱手段は太陽からの放射熱を反射し，その影響を除くためである．HRMAの前開口に対するドアは，打ち上げ時の汚染を防止するためのものだが，軌道投入後に開けられた後は，45°の視線方向から直接やってくる太陽光線から光学系を防御する目的でも用いられる．ISIMもまた断熱され，精密に温度制御がなされる[61]．

　望遠鏡全系は，スペースシャトル打ち上げ時の厳しい条件に耐えるよう設計されている．なお，打ち上げの間には，133450 Nもの荷重に相当する振動にさらされる可能性がある．構造体の安定性を確認するために，静的，あるいは動的なFEA解析が，設計プロセス全般を通じて行われた．これらの解析モデルを評価するため，望遠鏡の重要部品の模擬品に対して駆動力を実際に加えた実験モーダル解析が行われた．

参考文献

[1] Schwessinger, G., "Optical effects of flexure in vertically mounted precision mirrors," *J. Opt. Soc. Am.* 44, 1954:417.

[2] Vukobratovich, D., "Optomechanical system design," Chapter 3 in *Electro-Optical Systems Design, Analysis, and Testing*, 4, ERIM, Ann Arbor and SPIE, Bellingham, 1993.

[3] Maréchal, A., "Etude des effets combinés de la diffraction et des aberrations géométriques sur l'image d'un point lumineux," *Rev. Opt.* 26, 1947:257.

[4] Born, M. and Wolf, E., *Principles of Optics*, 2nd. ed., Macmillan, New York, 1964:468.

[5] Malvick, A.J., "Theoretical elastic deformations of the Steward Observatory 230-cm and the Optical Sciences Center 154-cm mirrors," *Appl. Opt.* 11, 1972:575.

[6] Vukobratovich, D., "Optomechanical design principles," Chapter 2 in *Handbook of Optomechanical Engineering*, A. Ahmad, ed., CRC Press, Boca Raton, 1997.

[7] Vukobratovich, D., *Introduction to Optomechanical Design*, SPIE Short Course SC014, 2003.

[8] Malvick, A.J., and Pearson, E.T., "Theoretical elastic deformations of a 4-m diameter optical mirror using dynamic relaxation," *Appl. Opt.* 7, 1968:1207.

[9] Day, A.S., "An introduction to dynamic relaxation," *The Engineer*, 219, 1965:218.

[10] Otter, J.R.H., Cassel, A.C., and Hobbs, R.E., "Dynamic relaxation," *Proc. Inst. Civil Eng.*, 35, 1966:633.

[11] Malvick, A.J., "Dynamic relaxation: a general method for determination of elastic deformation of mirrors," *Appl. Opt.*, 7, 1968:2117.

[12] Draper, H., "On the construction of a silvered glass telescope, fifteen and a half inches in aperture and its use in celestial photography," *Smithsonian Contributions to Knowledge*, 14, 1864.

[13] Vukobratovich, D., personal communication, 2004.

[14] Vukobratovich, D., and Richard, R.M., "Roller chain supports for large optics," *Proceedings of SPIE* **1396**, 1991:522.

[15] Hatheway, AE., Ghazarian, V., and Bella, D., "Mountings for a four meter class glass mirror," *Proceedings of SPIE* **1303**, 1990:142.

[16] Chivens, C.C., "Air bags," *A Symposium on Support and Testing of Large Astronomical Mirrors*, Crawford, D.L., Meinel, A.B., and Stockton, M.W., eds., Kitt Peak Nat. Lab. and the Univ. of Arizona, Tucson, 1968:105.

[17] Vukobratovich, D., private communication, 1992.

[18] Crawford, R. and Anderson, D. "Polishing and aspherizing a 1.8-m $f/2.7$ paraboloid," *Proceedings of SPIE* **966**, 1988:322.

[19] Doyle. K.B., Genberg, V.L., and Michels, G.J., *Integrated Optomechanical Design*, SPIE Press, Bellingham, 2002.

[20] Baustian, W.W., "Annular air bag back supports," *A Symposium on Support and Testing of Large Astronomical Mirrors*, Crawford, D.L., Meinel, A.B., and Stockton, M.W., eds., Kitt Peak Nat. Lab. and the Univ. of Arizona, Tucson, 1968:109.

[21] Cole, N., "Shop supports for the 150-inch Kitt Peak and Cerro Tololo primary mirrors," *Optical Telescope Technology Workshop, NASA Rept. SP-233*, NASA, Huntsville, 1970: 307.

[22] Hall, H.D., "Problems in adapting small mirror fabrication techniques to large mirrors," *Optical Telescope Technology Workshop, NASA Rept. SP-233*, NASA, Huntsville, 1970: 149.

[23] Mehta, P.K., "Nonsymmetric thermal bowing of flat circular mirrors," *Proceedings of SPIE* **518**, 1984:155.

[24] Montagnino, L., Arnold, R., Chadwick, D., Grey, L., and Rogers, G., "Test and evaluation of a 60-inch test mirror," *Proceedings of SPIE* **183**, 1979; 109.

[25] Krim, M.H., "Metrology mount development and verification for a large space borne mirror," *Proceedings of SPIE* **332**, 1982; 440.

534　第 11 章　大口径非金属ミラーの保持方法

[26] Babish, R.C., and Rigby, R.R., "Optical fabrication of a 60-inch mirror," *Proceedings of SPIE* **183**, 1979:105.

[27] Meinel, A.B. "Design of reflecting telescopes," *Telescopes*, G.P. Kuiper and B.M. Middlehurst, eds., Univ. of Chicago Press, Chicago, 1960:25.

[28] Franza, F., and Wilson, R.N., "Status of the European Southern Observatory new technology telescope project," *Proceedings of SPIE* **332**, 1982:90.

[29] Baustian, W.W., "The Lick Observatory 120-Inch Telescope," *Telescopes*, G.P. Kuiper and B.M. Middlehurst, eds., Univ. of Chicago Press, Chicago, 1960:16.

[30] Bowen, I.S., "The 200-inch Hale Telescope," *Telescopes*, G.P. Kuiper and B.M. Middlehurst, eds., Univ. of Chicago Press, Chicago, 1960:1.

[31] Mast, T., and Nelson, J., "The fabrication of large optical surfaces using a combination of polishing and mirror bending," *Proceedings of SPIE* **1236**, 1990:670.

[32] Iraninejad, B., Lubliner, J., Mast, T., and Nelson, J., "Mirror deformations due to thermal expansion of inserts bonded to glass," Proceedings of SPIE **748**, 206, 1987.

[33] Lubliner, J., and Nelson, J.E., "Stressed mirror polishing:1. A technique for producing non-axisymmetric mirrors," *Appl. Opt.* 19, 1980:2332.

[34] Nelson, J.E., Gabor, G., Lubliner, J., and Mast, T.S., "Stressed mirror polishing:2. Fabrication of an off-axis section of a paraboloid," *Appl. Opt.* 19, 1980:2340.

[35] Pepi, J.W., "Test and theoretical comparisons for bending and springing of the Keck segmented ten meter telescope," *Opt. Eng.* 29, 1990:1366.

[36] Minor, R., Arthur, A., Gabor, G., Jackson, H., Jared, R., Mast, T., and Schaefer, B. "Displacement sensors for the primary mirror of the W. M. Keck telescope," *Proceedings of SPIE* **1236**, 1990:1009.

[37] Meng, J., Franck, J., Gabor, G., Jared, R.; Minor, R., and Schaefer, B., "Position actuators for the primary mirror of the W. M. Keck telescope," *Proceedings of SPIE* **1236**, 1990:1018.

[38] Yoder, P.R., Jr., *Principles for Mounting Optics*, SPIE Short Course SC447, 2007.

[39] Erdmann, M., Bittner, H., and Haberler, P., "Development and construction of the optical system for the airborne observatory SOFIA," Proceedings of SPIE **4014**, 2000:302.

[40] Bittner, H., Erdmann, M., Haberler, P., and Zuknik, K-H., "SOFIA primary mirror assembly: Structural properties and optical performance," *Proceedings of SPIE* **4857**, 2003:266.

[41] Geyl, R., Tarreau, P., and Plainchamp, P., "SOFIA primary mirror fabrication and testing," *Proceedings of SPIE* **4451**, 2001:126.

[42] Mack, B., "Deflection and stress analysis of a 4.2-m diam. primary mirror of an altazimuth-mounted telescope," *Appl. Opt.* 19, 1980:1000.

[43] Antebi, J., Dusenberry, D.O., and Liepins, A.A., "Conversion of the MMT to a 6.5-m telescope," *Proceedings of SPIE* **1303**, 1990:148.

[44] Gray, P.M., Hill, J.M., Davison, W.B., Callahan, S.P., and Williams, J.T., "Support of large borosilicate honeycomb mirrors," *Proceedings of SPIE* **2199**, 1994: 691.

[45] West, S.C., Callahan, S., Chaffee, F.H., Davison, W., DeRigne, S., Fabricant, D., Foltz, C.B., Hill, J.M., Nagel, R.H., Poyner, A., and Williams, J.T., "Toward first light for the 6.5-m MMT telescope," *Proceedings of SPIE* **2871**, 1996:38.

[46] Siegmund, W.A., Stepp, L., and Lauroesch, J., "Temperature control of large honeycomb mirrors," *Proceedings of SPIE* **1236**, 1990:834.

[47] Cheng, A.Y.S., and Angel, J.R.P., "Steps towards 8 m honeycomb mirrors VIII: design

and demonstration of a system of thermal control," *Proceedings of SPIE* **628**, 1986:536.

[48] Lloyd-Hart, M, "System for precise thermal control of borosilicate honeycomb mirrors," *Proceedings of SPIE* **1236**, 1990:844.

[49] Pearson, E., and Stepp, L., "Response of large optical mirrors to thermal distributions," *Proceedings of SPIE* **748**, 1987:215.

[50] Stepp, L., "Thermo-elastic analysis of an 8-meter diameter structured borosilicate mirror," *NOAO 8-meter Telescopes Engineering Design Study Report No. 1*, National Optical Astronomy Observatories, Tucson, 1989.

[51] Dryden, D.M., and Pearson, E.T., "Multiplexed precision thermal measurement system for large structured mirrors," *Proceedings of SPIE* **1236**, 1990:825.

[52] Martin, H.M., Callahan, S.P., Cuerden, B., Davison, W.B., DeRigne, S.T., Dettmann, L.R., Parodi, G., Trebisky, T.J., West, S.C., and Williams, J.T., "Active supports and force optimization for the MMT primary mirror," *Proceedings of SPIE* **3352**, 1998:412.

[53] Stepp, L., Huang, E., and Cho, M., "Gemini primary mirror support system," *Proceedings of SPIE* **2199**, 1994:223.

[54] Cho, M.K., "Optimization strategy of axial and lateral supports for large primary mirrors," *Proceedings of SPIE* **2199**, 1994:841.

[55] Huang, E.W., "Gemini primary mirror cell design," *Proceedings of SPIE* **2871**, 1996: 291.

[56] Wynn, J.A., Spina, J.A., and Atkinson, C.B., "Configuration, assembly, and test of the x-ray telescope for NASA's advanced x-ray astrophysics facility," *Proceedings of SPIE* **3356**, 1998:522.

[57] Olds, C.R., and Reese, R.P., "Composite structures for the advanced x-ray astrophysics facility (AXAF)," *Proceedings of SPIE* **3356**, 1998:910.

[58] Wolter, H., *Ann. Phys.* 10, 1952:94.

[59] Cohen, L.M., Cernock, L., Mathews, G., and Stallcup, M., "Structural considerations for fabrication and mounting of the AXAF HRMA optics," *Proceedings of SPIE* **1303**, 1990:162.

[60] Glenn, P., "Centroid detector system for AXAF-I alignment test system," *Proceedings of SPIE* **2515**, 1995:352.

[61] Havey, K., Sweitzer, M., and Lynch, N., "Precision thermal control trades for telescope systems," *Proceedings of SPIE* **3356**, 1998:10.

12

屈折光学系，反射光学系，反射屈折光学系の調整

　性能が比較的低い，あるいは大量生産の光学機器は，通常 4.2 節で述べた「投げ込み」方式により組み立てられる．これは，本質的には光学部品を決まった場所に設置し，なんらかの方法で固定したら，できあがった結果がどうであっても許容するというものである．もし，より高い性能が要求されるのであれば，光学部品や機械部品に対する公差を厳しくすればよい．別の光学機器設計の方針として，公差は比較的緩く設定し，性能を向上するための調整を行うというのもある．マイクロリソグラフィ用投影レンズなど，最高の性能を求められるものにおいては，公差を可能な限り高いレベルに設定し，可能な最高性能を得るため，注意深く選択された部品に対して調整が行われる．

　この章は，ある光学素子や光学系のアライメントを行った後でアライメントを固定することは，光学性能を向上するための有効な方法であるという前提に立って書かれている．当然，厳しい公差と，調整機構，工具，固定手段，労力の間にはトレードオフの関係がある．この選択を行うため，ここで様々なアライメント技術について考察する．最初に，個々の光学素子をマウント内で調整する際に用いる方法について扱う．この議論は，2.1.2 項で議論した芯出しの技術と密接に関係しており，また，それを拡張したものである．そして，レンズ，ミラー，そしてそれらの組み合わせからなる光学系のアライメントについて考察する．スペースの制約から，これらのテーマについて個別に詳しく扱うことはできないが，その代わりに有効だと証明された方法をいくつか要約した．これらの大部分は過去の文献にすでに書かれている．読者が興味をもった話題については，より詳しい内容を調べられるよう，参考文献を可能な限り載せた．

　アライメントについては，誤差自体の測定と，誤差を許容可能な大きさまで何らかのメカニズムにより減少させるという，二つの密接に関連した視点がある．したがって，両方の技術についての考察を行う．後者について特筆すべきは，あらかじめ調整することで，機器に組み込んだときにはそれ以上の調整を必要としないモジュール構造である．単レンズのレベルでは，この構造はポーカーチップとよばれ

る．2枚かそれ以上のレンズが関係するときには，モジュール式サブアセンブリとよぶ．モジュール式設計により，組み立て時に必要な時間と労力を削減できる．この方法は，モジュール式設計による設計コスト，治具コスト，固定機構のコスト上昇分が大量生産により償却可能である場合，最もよく用いられる．

12.1 単レンズのアライメント

2.1.2 項において，レンズが芯取機の精密スピンドル軸に組み込まれて軸出しされる場合，円筒上の縁，面取り，そしてほかの構造を研削加工により創成する方法について説明した．また，このエッジ加工中に起きる芯取り誤差を測定するいくつかの方法についても説明した．レンズの縁の芯取り精度は，そのレンズがマウントに対してきついはめ合いで組み込まれる際に最も重要になる．その結果得られるエッジコンタクト設計（図 2.12 参照）においては，レンズのアライメントはそのはめ合いにより得られる．一方で，サーフェスコンタクト設計では，レンズのアライメントは，マウントの棚や類似した基準面に対し，円環状の接線に押し当てることで得られる（図 2.14 参照）．

サーフェスコンタクト方式のレンズ組み込み法がうまく機能するためには，レンズの縁の周りに径方向のクリアランスが十分確保されている必要がある（図 2.15 参照）．これは，レンズがマウントに対して正確にアライメントされる前に，縁がマウントに接触してしまわないようにするためである．レンズを基準面に対して保持するためにレンズに保持力が加えられているとき，この保持力は前後面のエッジ周りに均等に分布している必要がある．これらの設計の大部分は，保持力が加えられる前に，レンズがマウントの軸に合致するよう調整されることを前提としている．保持力が与えられない場合，3.9 節で述べた弾性体のリングや，3.10 節で述べたフレクシャマウントが用いられる．この場合，シール材や接着剤を塗布して固着が完了する前にレンズの調整が行われる．

ここで，サーフェスコンタクトされたレンズについて，軸方向の保持力の径方向成分のため，完全な芯出しは期待できないことに注意したい．これは，曲面に加わる径方向の力の差が小さくなるとき，摩擦力に打ち勝つのが困難になるためである．Smith[1] は，このような場合の芯出し精度の下限は，12.5 μm であることを指摘している．より高精度なレンズ芯出し方法においては，レンズはある種の固定軸に固定される．そして，たとえば外部的な機械的基準面に対して，正確な向きと位置

に，基準ビームあるいは干渉計に対して芯出しが行われる．いったん付随する評価装置により適切にアライメントできたことがわかれば，アライメントを保つためにレンズを機械的にクランプし，マウントにエラストマーを流し込むか，あらかじめ芯出しされたフレクシャに接着される．その後，固定軸を取り除くことが可能となる．

12.1.1 単レンズのアライメント

円筒形の空洞が機械加工された装置ハウジングの軸に対してレンズの中心を合わせる方法としては，レンズ外形と空洞内径の差の数値に等しい厚みをもつ3枚のシム，あるいはシックネスゲージを挿入する方法がある（図12.1参照）．レンズ自体の光軸に対して縁が正しく芯出しされるようにレンズがあらかじめ芯取りされていれば，アライメントはそれで完了する．アライメント監視装置により望ましい位置を規定する場合，シムはレンズの位置を空洞内径に対して一時的に位置決めするのには用いることができるが，ここで用いられるシムの各々の厚みを異なるものにする必要があるかもしれない．この場合，空洞内径はレンズの横方向の位置決めに対しては，主たる基準とはなりえない．

レンズの中心を，横方向の基準に芯出しする最も一般的な方法を，図12.2に示した．ここでは，4本のセットネジが径方向にネジの切ってあるハウジングの穴を貫いており，レンズの縁を軽く押さえている．すでに述べた外部のアライメントモニター装置を測定装置として用い，ネジを両側から押す方法でレンズの芯出しが行われる．いったん芯出しが行われると，レンズはネジ式押さえ環，フランジ，エラストマーリング，あるいはほかの方法により，その位置に保持される．ここで，4

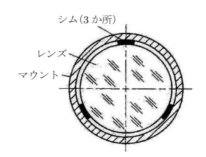

図12.1 レンズ周囲の空隙に等しい厚みのシムを挟むことにより，レンズをマウントあるいはハウジング内で芯出しする方法．その後レンズの位置は固定される．

12.1 単レンズのアライメント　539

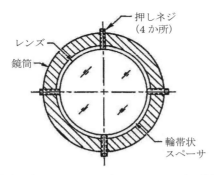

図 12.2　4 本の径方向を向いたセットネジにより，レンズを鏡筒あるいはハウジング内で芯出しする方法．

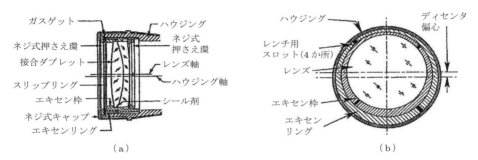

図 12.3　第二次世界大戦時の古い双眼鏡における対物レンズマウントの断面図（アメリカ陸軍の図面による）．

本のセットネジを用いれば，3 本のセットネジよりも，直交方向により独立した調整が可能になることに注意しておく．

　図 12.3 に 7 × 50 M17A1 軍用双眼鏡の対物レンズの断面を示す．これは，1940 年代初頭に設計され，第二次世界大戦および朝鮮戦争で大量に用いられた双眼鏡である．これは，今日の軍用あるいは民生用望遠鏡に多くの点で類似した設計である．対物レンズは焦点距離 192.989 mm，口径 50 mm（F/3.86）のガラスタイプ 511635 および 617366 よりなるダブレットであり，外形 ϕ52.019（+0/−0.102）mm，中心厚 14.503 ± 0.508 mm，設計上の縁厚は 10.312 mm である．

　このダブレットは，アルミニウム製セルの精密切削されたシャープコーナーに組み込まれる．このセルは外径が段付き加工され，内径の中心軸に対して偏心して切削加工されている．このセルはアルミニウムのリングに挿入される．このリングも，外径に対して内径が偏心した穴を有する．後者のリングは，双眼鏡を構成する一つの望遠鏡ハウジング（アルミニウム鋳物）に機械加工されたへこみに対してマウン

トされる．0.889 mm の厚みをもつ平らなゴム製ガスケットにより，レンズセルの外径，エキセンリング，そしてハウジングがシールされる．レンズをセルに固定する保持力は，アルミニウム製のネジ式押さえ環により与えられる一方，全体アセンブリ（ガスケット，薄いアルミニウム製スリップリング，ネジ式押さえ環を含む）はネジの切られたキャップで覆われる．薄い円環状のスリップリングは，押さえ環を締め込んだときにガスケットがよじれることを防止する．シール材が，隙間を埋めるために用いられる．

　組み立て中において，各望遠鏡の光軸を互いに平行にし，なおかつ，双眼鏡ヒンジに対するこれらの軸の水平・垂直方向の傾きを規格内にするように，レンズの軸はエキセンリングの組の異なる回転により横方向に調整される．同心の筒状の治具がエキセンリングを回転するのに用いられる．設計方法によっては，エキセンリングは互いに合致し，そして対物セルとも合致するよう，わずかな製造公差のばらつき内で選択が行われる．そのあと，この組は一つのユニットとして扱われる．

　通常は，双眼鏡には軸方向のフォーカス調整手段は設けられていない．対物レンズはセルの棚に突き当て，セルはハウジングの棚に突き当てられる．これに対してレチクルを備えた軍用双眼鏡では，通常，フリントレンズ後面頂点からレチクルまでの距離を決めるのに関連する部品に厳しい公差を与えることにより，あるいは，レチクルにネジによる軸方向の調整手段を設けることで，フォーカス精度が確保される．離れたターゲットとレチクル中心パターンとのパララックスを観察する際にこの調整を行うことで，問題となるフォーカス誤差は除去できる．規格外になったパララックスは，レチクルのフォーカス調整で補正される．

12.1.2　回転スピンドルを用いた方法

　単レンズをアライメントするためのより正確な方法として，回転スピンドルを用いる方法がある．回転スピンドルとは，振れがきわめて小さいエアあるいは流体ベアリング装置である．ここでは，個々のレンズの精密な軸出しについて，基本的な手法による 4 種の基本的な方法について考察する．

　1 番目の方法を模式的に図 12.4 に示す．図 (a) には，鏡筒に組み込まれるメニスカスレンズが示されている．この鏡筒はスピンドルのテーブルに取り付けられている．鏡筒のトロイダル面がレンズに対する機械的な基準となっており，ダイヤルゲージ，あるいは，エアゲージあるいは静電容量センサ（これらのほうがダイヤルゲージより望ましい）などのより精密なインジケータを用いて，基準面のスピンドル軸

12.1 単レンズのアライメント

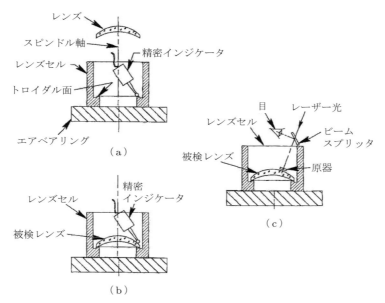

図 12.4 方法 1 を用いた単レンズのアライメント方法.

に対する相対的なアライメントが確認される．また一方で，レンズ外径をスピンドル軸に対して芯出しし，トロイダル面をスピンドル軸に対して合致させるために，芯出ししたうえで機械加工してもよい．SPDT による加工が，最も正確な面が得られる．このレンズをトロイダル基準面に落とし込むと，レンズの下面は自動的にスピンドル軸に対してアライメントされる．レンズの横方向の位置は，スピンドル軸をゆっくり回したときのレンズ上面の振れを最小にするように，直交方向に位置合わせがなされる．この移動が検出できないほど小さくなったとき，レンズはスピンドル軸に対してアライメントされている．そして，レンズは所定の位置に，押さえ環あるいはエラストマーにより固定される．

面の振れは精密インジケータにより測定できる（図(b)）．これには，高精度なダイヤルゲージか，電気式のインジケータが用いられる．Bayer[2] の報告によると，電気（静電容量）ゲージにより，0.13 μm のエッジの振れが測定できる．干渉計による方法も用いることができる．この方法は図(c)に示されている．干渉計はフィゾー型であり，レンズ近くに置かれ，レンズに近い曲率半径をもつ原器により干渉計キャビティが構成されている．図では，レンズ面と原器との距離は誇張されている．目（あるいは安全のためビデオカメラの使用が望ましい）によって見える縞の

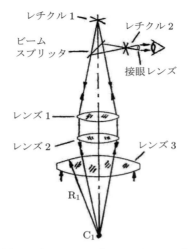

図 12.5 スピンドル軸上で回転するレンズのアライメント誤差を検出するための，オートコリメーションセットアップ（Bayer[2]による）．

形状は重要ではない．スピンドル軸をゆっくり回すと，干渉縞も移動する．

多くの場合，エラストマーによる固定方法が用いられるが，レンズを局所的に，短時間でわずかな量のUVエポキシを用いて固定したのち，より永久的な固定を目的とし，室温硬化型エポキシを用いることにより，レンズ保持が達成されている．この2ステップの接着法において，2回目の接着剤塗布の前にレンズと鏡筒をスピンドル軸から注意深く外すことにより，スピンドルをほかの用途に用いることができるようになる．

図12.5に，レンズが調整できているかどうかを判定する方法を示す．これはオートコリメータ法である．矢印はレンズと鏡筒のインターフェースを示す．ここで，十字線レチクル1を後ろから照明した光束は，ビームスプリッタを通過し，レンズ1によりコリメートされ，そして，調整されるレンズ3のR_1面曲率中心C_1に，レンズ2により集光される．R_1により反射されたビームは，レンズ2と1により，それぞれ再コリメートおよび集光される．そしてビームスプリッタにより反射され，十字線レチクル2の上にレチクル1の像を形成する．接眼レンズによりこの像は再度コリメートされ，目視観察できるようになる．サブアセンブリをスピンドル軸において回転させたときに，R_1面が振れるのであれば，レチクル1の像がレチクル2において移動するが，これは軸ずれ誤差を示している．もし，部品を透過で観察する必要があるのなら，中空スピンドル軸が必要となる．

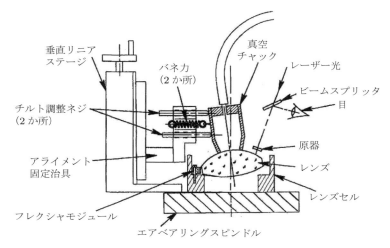

図 12.6　鏡筒内のフレクシャに対してレンズを調整する手法（方法 1）の模式図.

　レンズを鏡筒内で調整するためのより複雑な治具建てを，模式的に図 12.6 に示した．ここでは，レンズは鏡筒内に組み込まれた三つのフレクシャの間に挿入されることになっている．これらのフレクシャのうちの一つと，アライメント機構の 1 断面のみを図示している．水平面内の移動と，図に垂直な面内のチルトを実現する機構が必要である．レンズを挿入する前に，フレクシャのパッドがスピンドル軸に対して同心になるよう鏡筒を調整する．そして，レンズは真空チャックにより 5 軸のアライメント機構に取り付けられる．レンズはフレクシャ位置に対して調整され，正しい光軸上の位置にくるように下げられる．フィゾー干渉計を検査手段として用いることで，スピンドル軸を回してもレンズの上面が振れないよう，レンズの向きが微調整される．ここで，固定軸の機械的インターフェースにより，スピンドルの 360°回転はできないことに注意しておく．幸運にも，干渉縞パターンの動きは，小さな回転でも検出可能である．

　アライメント工程の次のステップは，レンズの下面のアライメントを確認することである．裏面にフォーカスできるよう補助レンズを備えた第 2 のフィゾー干渉計が利用される．この装置は図 12.6 には示されていない．繰り返しにより被検レンズの両面のアライメントが得られる．この工程が完了したのち，接着剤がフレクシャパッドに開けられたアクセス穴（図示せず）より注入され，永久的にレンズを固定する．固定後，サブアセンブリは固定治具から取り外すことができる．

　2 番目の方法において，これまでに学んだ通常の方法によって，レンズは従来ど

544　第12章　屈折光学系，反射光学系，反射屈折光学系の調整

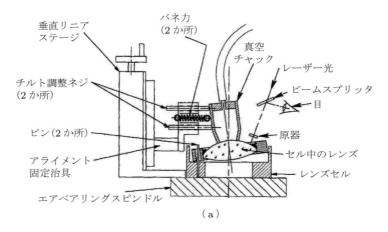

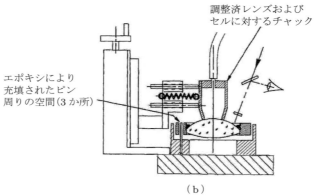

図12.7　方法2を用いてレンズとセルを鏡筒に対して芯出しするためのセットアップ．(a)初期セットアップ，(b)セルが調整され，接着剤固定の準備ができた状態．

おりセルに組み込まれており，このサブアセンブリは鏡筒内で調整され，固定される．図12.7(a)において，サブアセンブリは鏡筒内のアライメント固定具の所定の位置に置かれているが，最終調整はなされていない．ピンとクリアランス穴は，調整後，セルが鏡筒に対してピンの周りにエポキシを流し込むことで固定されることを示している．サブアセンブリの調整が，1番目の方法で述べたとおりになされる．そして，エポキシをピンの周りの穴に流し込み，硬化する．その後，この鏡筒，セル，レンズのサブアセンブリは固定治具から取り外される．このようにして部品を取り付ける工程は，「液体ピン」「プラスチックダボ」とよばれる．

3番目の方法において，セルは厳しい公差での仕上げ加工が終わっている（外径，

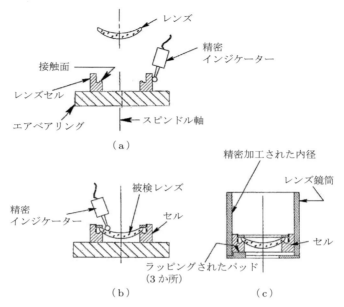

図12.8 方法3を用いてレンズとセルを鏡筒に対して芯出しするためのセットアップ.

縁の真円度，厚み，セル端面の平行度と平面度）．通常，同じ機械加工のセットアップにより，レンズとの適切なインターフェース面が機械加工される．これは，SPDTによる加工が最適である．これにより，セルが鏡筒，あるいは，レンズが用いられる光学機器筐体にぴったりはまることが保証される．このセルは精密スピンドルに図12.8(a)で示すようにマウントされている．レンズが図(b)に示すよう挿入され，方法1により位置調整がなされ，所定の位置に固定される．その結果できたサブアセンブリは，ポーカーのチップのように積み重ねるだけでアライメントが完結することから「ポーカーチップ」とよばれる．ポーカーチップはそれ以上のアライメントが必要なく，レンズ鏡筒あるいは装置に組み込まれ，所定の位置に固定される．図(c)はその結果できるアセンブリを示す．

4番目の方法において，セルは図12.9(a)に示すとおり，一部だけ最終的な寸法で仕上げられている．これが精密スピンドルに組み込まれ，芯出しがなされる．このスピンドル軸はSPDT加工機の軸でもあり，レンズをセルに組み込んでスピンドル軸に対してレンズを調整したのち，機上で未加工の面を仕上げ加工するためにこのようになっている．図中の「スペーサ」は，セル下面をダイヤモンドツールが通過するためのクリアランスを確保するためである．レンズが組み込まれ，すでに

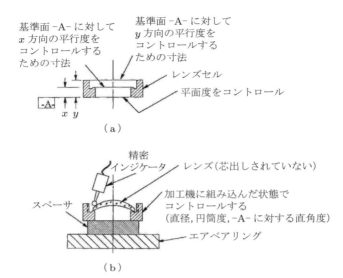

図12.9 レンズとセルを鏡筒に対してアライメントするためのセットアップ（4番目の方法）．

述べた方法でスピンドル軸に対してアライメントされる．そして，セルの機械加工が行われる．この機械加工で得られる寸法が図示されている．結果として得られる「ポーカーチップ」はそのまま組み込むことができる[†]．

12.1.3　点光源顕微鏡（PSM）を用いた方法

ParksとKuhn[3]の文献，あるいはParksの文献[4-6]において，点光源顕微鏡（PSM）をレンズの調整装置として用いたいくつかの方法が説明されている．図12.10は，この装置の外観である．この光学配置図は図12.11に示されている．この装置は二つの光源を備えている．装置の上部にある光源の一つは，直径 $4.5\,\mu m$，広がり角度 F/5 で，波長 633 nm のレーザーダイオードに結合されたシングルモードファイバにより作られる．この点光源に続くコリメートレンズは，顕微鏡に対して無限遠にある人工星を作る．この光源の点像が対物レンズの焦点面に形成される．PSMの中央にある光源は，赤 LED により照明されたすりガラスにより作られる拡散光源である．コンデンサレンズによりこの拡散光源の像を対物レンズの瞳に作ることで，ケーラー照明を実現する．これらの二つの光束を第一のビームスプリッ

[†] SPDTによりポーカーチップを作る追加の方法は15.3節で説明する．

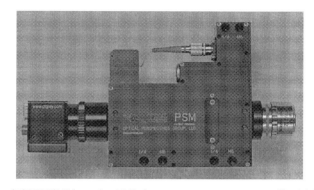

図 12.10　点光源顕微鏡(PSM)の写真（Optical Perspective Group 社の厚意による）．

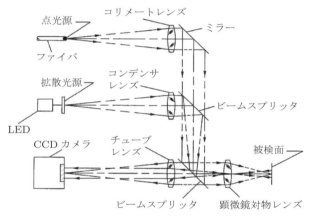

図 12.11　点光源顕微鏡(PSM)の光学配置図（Parks および Kuhn[3]による）．

タで合成し，第二のビームスプリッタで光束を対物レンズ側に曲げる．

　図 12.11 の一番下の図は，顕微鏡対物レンズの焦点面に置かれた面に反射され，CCD カメラに至る光束を示す図である．これはしばしば「キャッツアイ」とよばれる．もし被検面が平らな反射面で，光軸に近似的に垂直ならば，点光源からの光束は，CCD 上に点像として結ばれる．もし被検面が凸の球面（あるいは非球面の近軸領域）の反射面であり，その球芯位置が顕微鏡対物レンズの焦点面に位置していれば，点光源からの戻り光は CCD カメラ上では点像となる．もし，被検面が平面で拡散面ならば，拡散光源からの戻り光は，その面の像となる．カメラはこれらのどの像に対しても，電気的にモニター上に生成された十字線によって位置合わせできる．

通常，PSMは被検物に位置合わせし，様々な像の観察をするために3軸ステージにマウントされる．光軸方向のステージは，PSMにより曲率半径を測るための測長用手段として備え付けられている．たとえば図12.12(a)は，対物レンズの焦点面に，キャッツアイを作る凸の球面を示している．図(b)は，球芯に対する反射像をカメラのフォーカスを合わせるよう，PSMを球面に近づけた状態である．移動距離が球面の曲率半径である．凹面の曲率半径の測定も，この方法を単に応用するだけである．このPSMの機能は，光学素子に対する非接触な検査として，あるいは，ニュートンゲージの校正法としてとくに有用である．

PSMはレンズアセンブリ組み立ての際に，PSMをそれぞれの面の曲率中心に対し順番にフォーカスを合わせることで，アライメントエラーをモニターするのに用いることができる．レンズが精密スピンドル上にあれば，アライメント誤差をもった面からの戻り光の像は，スピンドルを回すにつれ振れ回る．二つの戻り光を観察するには，PSMかレンズのどちらかを光軸方向に動かす必要がある．

二つのPSMを使えば，レンズあるいはPSMのどちらも動かすことなく，両方の像の観察ができる．この方法を図12.13に示す．ここでは，メニスカス単レンズが，スピンドル上に置かれた鏡筒に組み込まれようとしている．PSM#1はR_1面の反射像を観察している一方，PSM#2はR_2面の反射像を観察している．スピンドル軸をゆっくり回すと，両方の像は振れ回るが，これは両方の面の調整誤差を示している．この誤差を調整するには，像の移動が最小になるようレンズを横方向移動させたり，鏡筒内で傾けたりする必要がある．そして，レンズは調整された位置

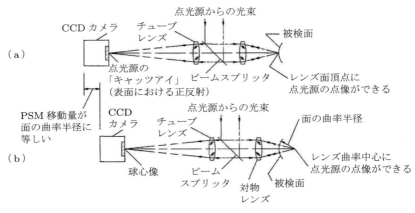

図12.12 PSMを用いて凸球面の曲率半径を測定する場合の模式図（Parks[5]による）．

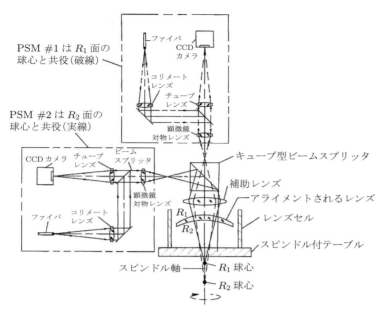

図 12.13　レンズの両面のアライメント誤差を測定するために用いられる二つの PSM (Parks[5]による).

で固定される．この方法は製造工程での利用に最適である．一つの治具建てで両方の面が観察できるためである．

ここで先ほど説明した工程は，図 12.5 における目視のオートコリメーション試験と原理的には類似していることに注意する．1024×760 ピクセルと，PSM に付随するソフトウェア（典型的には 0.1 ピクセルの像の動きも検出可能である）により，PSM による測定では，目視よりはるかに高い測定精度が得られる．ここで説明した内容以上の PSM 装置の応用については，参考文献[3-6]で説明がなされている．

12.2　組レンズアセンブリの調整

単レンズの調整に用いられる原理や技術のうち大部分は，共通の光軸上に多くのレンズが並んでいるより複雑な組レンズの調整にも用いられる．大部分の高精度光学系において，ガラスと金属は，砂ずり面でなく研磨面で接触する．図 12.14 は Hopkins[7]によるものだが，分離トリプレットで，各レンズと間隔環がウェッジ

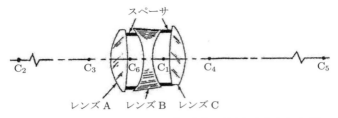

図 12.14 機械的誤差があるにもかかわらず，完全に芯出しされたトリプレットレンズ（Hopkins[7]による）．

をもっている極端な場合を示す．レンズの縁は円筒ではなく，間隔環は球面に接している．ここで間隔環の断面は，凸レンズにはその曲率に合致するよう，あるいは凹レンズには接線接触するように円筒形である場合もある．これらの誤差にもかかわらず，レンズのすべての曲率中心は共通軸上に乗っている．したがって，これらのレンズは正しく位置調整されているといえる．この状態にするために必要なことは，露出したレンズAとCに対して適切な光軸方向のインターフェースとなるマウント，すべてのレンズを横方向に動かす手段，そして，調整誤差を検出する手段のみである．Hopkins[7]は，丸い間隔環が望ましいが，これは組み立て時において空気間隔が測定でき，誤差を最小にできるのであれば，本質的ではない．後者の要求は必ずしも容易に達成できるわけではない．そのような場合，間隔環の真円度を保証する必要があると述べている．

12.2.1 アライメントテレスコープの利用

図 12.15 は，ハウジング内の共通光軸に対し，複数のレンズを調整するのに用いられる方法を模式的に示している．ここに示されたアライメントテレスコープは，∞から0（つまり，対物レンズから観察者の頭の後ろ）までの非常に広い物体位置にフォーカスが合わせられるよう，通常は大きなリレーレンズの移動範囲を備えている．このフォーカス機構は，焦点位置を全範囲移動しても，視軸が顕著に動かないように非常に精密に作られている．この種の望遠鏡を図 12.16(a) に示す．これは，図 (b) に示すような調整可能なマウントに組み込まれる．このマウントは，望遠鏡の視軸を任意の方向に向けられるよう，直交した3方向のチルト機構を備えている．垂直方向と水平方向の移動方法もなんらかの手段で設けられているが，図には示されていない．アライメントテレスコープにおいて，フォーカス調整時の視軸の振れは 0.5″ 以下である．十字線レチクルが接眼レンズの焦点面に置かれている．今の

用途では，この装置は，点光源を作るための外部光源を加えるという小変更が加えられている．図にはピンホールを照明するための光学系とタングステンランプが図示されている．PSM で用いられたような可視レーザーダイオードとシングルモードファイバを用いれば，より明るく遮蔽の少ない点光源が得られる．どちらの場合においても，この光源はアライメントされる面を照明する．

図 12.17 は，この装置の利用法を模式的に示したものである（寸法は正しくない）．図(a)において，第 1 レンズに入射し，R_1 面で反射した一つの光を示している．これがアライメントテレスコープに入射すると，反射された光は像 1 からくるように

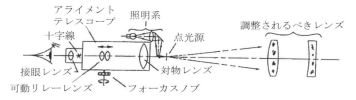

図 12.15　分離ダブレットのアライメント誤差を計測するために用いられたアライメントテレスコープ（Yoder[8]による）．

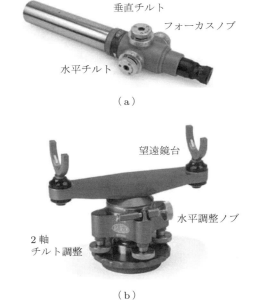

図 12.16　(a)アライメントテレスコープの写真，(b)アライメントテレスコープ用調整マウントの写真（Brunson Instrument 社の厚意による）．

552　第12章　屈折光学系，反射光学系，反射屈折光学系の調整

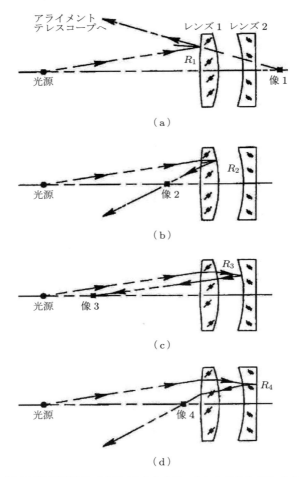

図12.17　図12.15の配置で，図12.16のようにマウントされたアライメントテレスコープによる，面1〜4による点光源の反射像（Yoder[8]による）．

見える．アライメントテレスコープの焦点をこの面に合わせ，像が望遠鏡の十字線にくるよう，望遠鏡の水平移動およびチルトを行う．そして，望遠鏡の焦点を R_2 面からくる像2に合わせ直し（図(b)），望遠鏡の位置を像1と像2の両方が十字線の中央にくるように，さらに調整する．このように調整すると，望遠鏡の光軸はレンズ1の軸と一致する．

望遠鏡の焦点が像3（これは R_3 面の反射像である）に合わせられると，レンズ2はレンズ1に対して独立に位置調整されているため，像3も十字線上にくる（図

(c)参照).最後に,焦点を像4に合わせ,これが十字線の中心にくるよう,レンズ2の位置が調整される(図(d)参照).そして,それぞれの像を観察するために順にフォーカスを合わせると,すべての像が中心にくるように見えるはずである.このことは,レンズ1の軸とレンズ2の軸が一致することを示している.

どの像がどの面からくるかを知る最も簡単な方法は,調整を行うレンズのノミナル状態(偏心していない状態)において,各面を反射面として取り扱い,望遠鏡のフォーカスを∞から0に移動させたときに像が出現する順番を確認することである.通常,近軸近似で十分である.図12.17は,右から左に反射する像の順番は1→4→2→3である.

ここで示した例に比べて非常に複雑な光学系も,この方法で調整することができる.各面からの反射が,ARコートの性能向上により暗くて見づらいようならば,レーザーを用いる必要がある.この種のレーザーを使う場合には,目に対するレーザー安全限界を超えないように注意を払う必要がある.

12.2.2 顕微鏡対物レンズの調整

顕微鏡に用いられるレンズ(そしてときにはミラー)は,焦点距離や曲率半径が短いことから,シフトとチルトに対してきわめて高い感度を有している.レンズの間隔の中には,性能を最良にするために非常に重要な間隔もあるため,厳しい公差によって管理されるか,あるいは組み立て途中に調整する必要がある.図12.18を参照し,Benford[9]が説明した典型的な屈折型対物レンズに対する調整方法について要約する.

3個すべてのレンズは,3.4節で述べた方法により,セルにカシメられている.洗浄後,これらのサブアセンブリは第1の間隔環(寸法は設計値)とともに,鏡筒内径に対して挿入される.最初の二つのセルは,この内径に対してぴったりとはまるが,第3のセルは径方向に大きなクリアランスを有する.図中「同焦点調整」とラベルの書かれた仮のスリーブが,レンズセル積み上げの軸方向の基準となるよう,主鏡筒にねじ込まれている.第2の間隔環が,第3セルの上に組み込まれ,同焦点ロックナットにより一時的に固定される.人工星(物体面に位置する軸上の点物体)の空中像の結像性能が高倍率で検査され,第1の間隔環(最初の二つのレンズの間に位置する)を,性能が最良になるよう,近い長さをもつ様々な在庫の中から選択して入れ替えることを繰り返す.この選択は,像の球面収差を最小にするためである.評価光学系を図12.19に示す.

554　第12章　屈折光学系，反射光学系，反射屈折光学系の調整

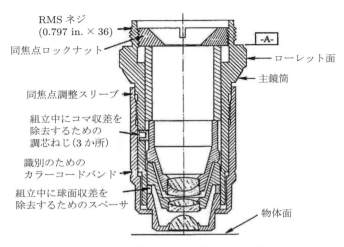

図 12.18　典型的な顕微鏡対物レンズ（Benford[9]による）．

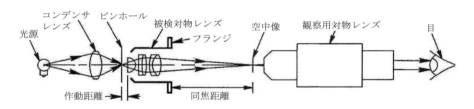

図 12.19　顕微鏡を検査，調整するために用いられるセットアップの模式図．

　対物レンズがスライドガラスとともに用いられる場合，標準的なスライドガラスが，被検レンズとピンホールの間に挿入される．ピンホールの代わりに，シングルモードファイバの取り付けられたレーザーダイオードを用いる場合もある．正しい寸法の間隔環の場合を図 12.20(a)に，正しくない寸法の間隔環の場合における点像の焦点内外像を図 12.20(b)に示す．

　調整中に用いられる仮の同焦点調整スリーブには，径方向に配置された3個のセットネジにより，第3のレンズセルを動径方向に押すことができるよう，アクセス穴を備えている．第3のレンズセルの位置は，これらのネジを回して，拡大された点像を観察しながら像が対称的になるよう調整される．この調整により，コマが最小化される．この調整が完了し，ネジを硬く締め付けたのち，仮のスリーブはアクセス穴のない最終形状のものに取り替えられ，調整状態を固定するよう硬く締め付けられる．

12.2 組レンズアセンブリの調整　555

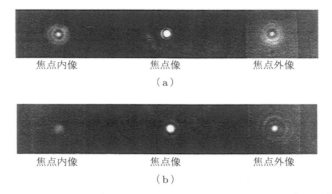

図 12.20 顕微鏡対物レンズ調整の際，球面収差を最小にするよう調整する典型的な場合における点像（焦点内像，焦点像，焦点外像）．(a) レンズ間隔が正しく調整されている場合（焦点外れの像がほぼ等しい），(b) レンズ間隔が正しく調整されていない場合（焦点外像ではリングが見えるが，焦点内像では見えない）(Benford[9]による)．

　同焦点調整スリーブは，主鏡筒の取り付け面 -A- から像が所定の位置にくるように調整される．すべてのレンズはこのように「同焦点調整」がなされる．すなわち，どの対物レンズも，フランジから像までの距離が共通である．そして，同焦点調整ナットが締め付けられる．そして，レンズの組み立て工程が完了したのち，レンズは最終検査に回され，性能が確認される．

　顕微鏡のための反射対物鏡は，一般的に屈折型より単純な構成をしている．シュワルツシルト対物鏡の設計では，対物鏡はたった 2 枚のミラーで構成されるためである．図 12.21 は，この対物鏡の一般的なオプトメカニカル設計を示す．第 2 ミラーセルの円筒面を押すセットネジは，性能を最適化するために，この短い焦点距離のミラーに対する軸出しに用いられる．通常は試料面にカバーガラスを用いない設計だが，複雑な設計を行えばカバーガラス厚を（ある制限内で）補償するため，(ローレットなどにより) 外部から無段階に軸方向の間隔を調整できる．

　Sure ら[10]は高倍率，高 NA 対物レンズの組み立て調整に付随する問題について説明している．ここで扱われた対物レンズは，248 nm ないしそれ以下の紫外線領域において，最新の半導体検査装置あるいはナノメートルオーダーの寸法を測定する用途で用いられる．とくに難しいのは，レンズ間の正しい空気間隔を得ることと，レンズのシフト調整中における光学系の性能評価である．波長が短く，透過光の光子エネルギーも高いことから，これらの対物レンズでは接合レンズは使えない．

556　第 12 章　屈折光学系，反射光学系，反射屈折光学系の調整

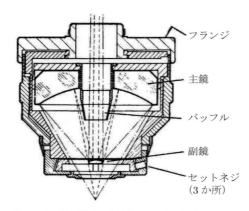

図 12.21　典型的な反射型顕微鏡対物レンズのオプトメカニカル配置図．

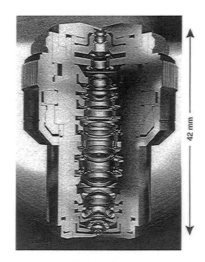

図 12.22　Leitz 製 15xDUV-AT 対物レンズ NA0.9 の断面図（Sure ら [10] による）．

　図 12.22 は典型的な高性能対物レンズ（Leitz 150x DUV-AT 対物レンズ NA0.9）の断面図である．この対物レンズは 17 枚の空気間隔を有する単レンズ（合成石英と CaF_2）から構成されており，物体面において 80 nm から 90 nm のサイズを詳細に観察できる．このレベルの性能を量産で得るには，次に説明する製造中の特別な検査工程と調整方法が必要となる．

　このレンズ設計に対して割りあてられた公差が，表 12.1 の右の列に示されている．これらの「限界の」公差すべてを満足させることは，ふつうの顕微鏡に適用される「典型的な」値に対して大きなコストが伴う．たとえばレンズ空気間隔を最大

12.2 組レンズアセンブリの調整

表 12.1 高性能 UV 対物レンズの製造公差 (Sure ら [10] による).

各レンズ部品に対する値	典型的な値	限界値
曲率半径誤差	5λ (*)	0.5λ
面精度誤差	0.2λ	0.05λ
表面粗さ (rms)	5 [nm]	0.5 [nm]
中心厚誤差	20 [μm]	2 [μm]
屈折率誤差	2×10^{-4}	5×10^{-6}
アッベ数誤差	0.8 [%]	0.2 [%]

アセンブリに関する値	典型的な値 [μm]	限界値 [μm]
偏芯	5	2
面の振れ	5	2
セルの鏡筒に対するクリアランス**	10	2
間隔誤差	5	2

注*:波長 λ はすべて 633 nm,注**:直径に対する値

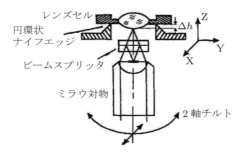

図 12.23 図 12.22 に示した対物レンズのサブアセンブリ検査に用いられた,ミラウ型干渉計の模式図 (Sure ら[10]による).

誤差 ±2 μm に抑えるには,レンズ位置は付随するマウントに対して ±1 μm 以内にコントロールされる必要がある.これには,干渉計を用いた調整方法が必要となる.

この対物レンズサブアセンブリの検査は,図 12.23 に示すとおり,ミラウ型干渉計を用いて行われる.マウントの基準平面は,オプティカルフラットを円環状のナイフエッジ上に置き,干渉計を移動させ,その面にフォーカスを合わせることにより位置決めされる.その後,オプティカルフラットは取り除かれ,測定されるべきサブアセンブリがナイフエッジ上に置かれる.干渉計のフォーカスはレンズ表面に合わせなおされる.ここで,干渉計は,レンズ面の法線方向に光が進むよう,2方向にチルトできるようになっている点に注意しておく.図中 Δh と書かれた寸法が ±0.2 μm の精度で測定され,設計からの要求値と比較される.公差内のサブアセ

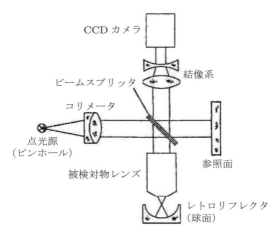

図12.24 図12.22に示した対物レンズの結像性能検査に用いられた，トワイマン–グリーン干渉計の模式図（Sureら[10]による）．

ンブリは対物レンズ製作に用いることができる．

図12.19で説明した目視による点像検査法を，より洗練した方法が図12.25に示されている．この方法は，一つあるいは複数のレンズを横方向に調整する際の波面収差計測に用いられる．図12.24はこの装置を模式的に示したものである．参照平面からの反射を遮蔽すると，作業者が調整を完了するまで結像光学系によりCCD上に形成された像がリアルタイムの動画で直接観察できる（1秒あたり約20フレーム）．被検レンズによるコマなどの波面収差は，像の非対称収差の原因となる．像が見た目上改善したら，参照側のビームと球面鏡からのビームを干渉させることで，フリンジパターンの高速フーリエ変換により波面収差による点像分布関数(PSF)が計算できる．

この方法については，Sureら[10]により要約されており，Heilら[11]によりさらに詳しく説明がなされている．要約すると，補正レンズを動かしてコマを補正している間の干渉縞を順に記録した結果として，図12.25に示したような干渉縞とそれに対応するPSFの組が得られるが，これは，次のように読み替えられる．最初，図(b)で2本であったコマが，最後(j)では0本にまで減少されている．より高次のコマのような波面収差（トレフォイル）が図(j)では観察されるが，これは被検レンズが完璧ではないことを示している．Sureら[10]は，自分たちがこの例を論文で取り上げたのは，フリンジパターンのみを用いるのでは得ることが難しい情報も，フリンジパターンとPSFを両方用いることで得る方法を示すためであったと指摘

12.2 組レンズアセンブリの調整　559

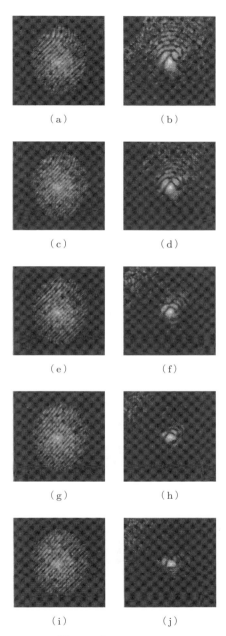

図 12.25　図 12.22 に示した対物レンズについて，266 nm における調整途中性能の記録．(a)(c)(e)(g)(i) は干渉縞，(b)(d)(f)(h)(j) はそれぞれ対応するPSF（Sure ら[10]による）．

している．

12.2.3 精密スピンドル上での組レンズ調整

精密なレンズアセンブリに対し，ほとんど完璧といってよい共軸性を得る方法が，Carnell ら [12] により説明されている．図 12.26 は，このアセンブリを単純化した断面図であり，これは，ドームを通して 110° という広角写真を撮るために用いられたレンズである．特定の歪曲量が得られるようレンズ設計がなされており，像全体にわたって設計値からのずれが数 μm という厳しい性能が要求された．

この性能を実現する方法とは，SPDT により正確に加工された真鍮のセルに，各レンズを個々にマウントするという方法である．各セルの内側に，レンズの球面に接するための，0.25 mm 半径に丸みをつけられた「ナイフエッジ」シート（実際はトロイダル面）が加工される．すべての機械加工とアセンブリは，セルをスピンドル軸から外さずに行われる．図 12.27 に示すように，芯が出ていることは，レンズとレンズ面近くに置かれた球面のテストプレートと間の干渉を観察することでモニターされる．この検査方法は，12.1.2 項で述べた方法と本質的に同じである．芯出しができていることは，スピンドル軸をゆっくり回したときに，干渉縞パターンが顕微鏡で見て動かないことで判定する．これは，用いたレーザー（典型的には $\lambda = 0.63\,\mu m$）の波長の何分の一か以内で芯出しができていることを示す．レンズはセルに対し，室温硬化型エポキシ（硬化後も若干の弾性を有する）で接着されている．エポキシ層の厚みは，今回意図した用途において，0.1 mm で十分であるこ

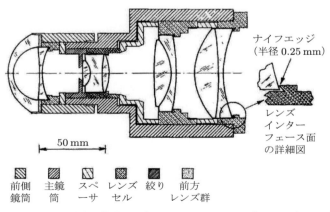

図 12.26 多数の群を非常に精密に調整する必要のあるレンズアセンブリの，簡略化した模式図（Carnell ら [12] による）．

12.2 組レンズアセンブリの調整　561

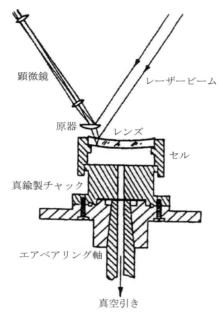

図 12.27　図 12.26 に示すレンズアセンブリの，各レンズに対する偏心を測定する治具建て（Carnell ら [12] による）．

とが報告されている．こうして個々に接着されたサブアセンブリは，追加調整を加えることなく，精密に中ぐりされた鏡筒に組み込まれる．評価において，著者らは，この系の共軸誤差は視野のどの点においても 1 μm を超えることがないことを報告している．

　この設計におけるダブレットおよびトリプレットも，似た方法により接着が行われた．一つのレンズが，凹面を上にして，先に述べた方法によりエアベアリング上で芯の出た真空チャックに取り付けられる．適切な量の接着剤が塗布され，第 2 のレンズを所定の位置に落とし込む．フィゾー干渉計により内部の面が平行になったことが確認できるまで，レンズを押して接着層の調整を行う．調整が完了すると上側のレンズエレメントは振れがなく回る．接着層によるウェッジは，軸方向の圧力を調整することで除去され，上側のレンズの芯出しは必要に応じて微調整される．Carnell ら [12] により参照された論文によると，ガラスと接着層の間の屈折率差は，フレネル反射が 1% 以上あれば，とくに補助なく目視で縞が観察できるとのことである．トリプレットの場合，この工程がもう一度繰り返される．

　さらに Carnell ら [12] は，光学系の収差は期待されたとおりであったことを報告

している．アセンブリをVブロック上で回転させたとき，軸上像の移動は，1 μmを超えなかったが，これは，機械軸に対して優れた回転対称性が得られていることを示している．

以上で述べたレンズをサブセルに組み込む方法の変形として，カシメ加工およびエラストマーによる固定も含まれる．ある場合には，レンズはあらかじめ機械加工されたセルに調芯して組み込まれ，またある場合には，各セルの円筒形の外周は，共軸に，また，レンズの軸と平行な状態にSPDTにより加工される．セルの外周は，同様に加工されたほかのセルとともに，共通の鏡筒に挿入されるよう，正しい外径に加工される．これらの方法は，12.1.2項で述べた単レンズの組み込みと調整と同様の方法である．

12.2.4 最終組み立てにおける収差の調整

それぞれのレンズをあらかじめ調整されたポーカーチップとして組み込む方法により，組み立ての最終段階においてセルの横方向および光軸方向の微調整による最適化が許されるレンズアセンブリにおいて，最終性能を非常に高めることができる．図12.28（図4.18も同様）では，第3レンズの収差寄与を変化させることで光学系の残存収差を補正できるようにするため，このレンズが3本の調整ネジで調整できるようになっている．この移動レンズは，設定された移動量で望ましい効果が得られるよう，補正すべき収差に対して十分な感度をもっている必要がある．一方で，このレンズは補正すべき収差やほかの収差に対して敏感過ぎてもいけない．感度が

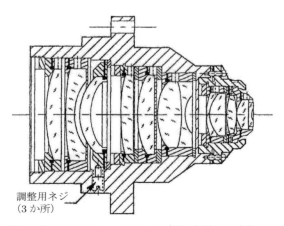

図12.28　最終組み立てにおいて，一つのレンズ群を収差を最適化するための調整要素として備えたレンズアセンブリの断面図（Vukobratovich[13]による）．

12.2 組レンズアセンブリの調整　563

高すぎると，調整があまりに難しくなってしまうためである．どのレンズを動かすべきかの選択は，光学設計者により公差解析の途中で行われる．レンズアセンブリの中には，複数の部品が「コンペンセータ」，すなわち各レンズはほかのレンズよりも一つの収差に影響を及ぼすものとして選択される場合もある．

　図12.29では，さらに高精度なレンズアセンブリを示す．このレンズアセンブリは，半導体を製造するためのフォトリソグラフィ用投影レンズの一部である．これは，12.1.2項で述べた方法4に従い，組み立てと調整が行われている．右側はレンズ形状を明確に示している．すべてのレンズは合成石英の単レンズである．詳細図に示すように，各レンズはセルに機械加工されたフレクシャにエポキシで接着されている．アライメントを確認した後，セルはその場でSPDT加工される．2個のセルを除き，すべてのセル外径は，それが挿入される鏡筒内径に対して，わずか数μmだけ小さく作られている．二つの例外は，上から第3レンズと第5レンズであるが，これらは調整の最終段階で性能を最適化するために，径方向のネジにより横移動できるようになっている．これらのセル外径は，調整ができるよう十分に小さくできている．

　厚い円環状のスペーサが，上から第3および第4レンズの間に設けられており，

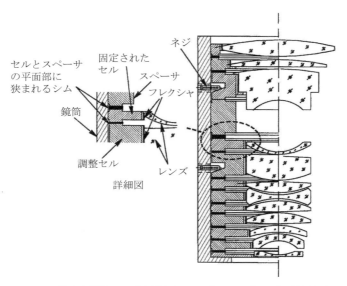

図12.29　二つの横方向調整レンズを備えたレンズアセンブリの部分的断面図．レンズは，対応するセルにポーカーチップとして組み込まれて調整されており，それぞれの外径は鏡筒内径に対して精密に加工される．

564   第12章 屈折光学系，反射光学系，反射屈折光学系の調整

空気間隔を調整できるようになっている．適切な厚みの薄い平行なスペーサ（図中では黒く，また寸法を誇張して示している）が各ポーカーチップの間に位置し，それぞれの空気間隔を公差内に抑えられるようになっている．典型的には，これらはCTEをそろえるため，セルや鏡筒と同じ材質で作られている．

図12.30は，図12.29のレンズにおいて，二つの横移動できるレンズの位置調整を行う際，その調整状態を観察するための干渉計を示している．この装置において，干渉縞は，参照平面と折り返し球面鏡からのそれぞれの反射光の干渉により形成され，キューブ型ビームスプリッタの上に配置されたビデオカメラにより観察される．各移動レンズの調整を繰り返した後，像の状態が記録される．

図12.31は，多数のレンズ（そのうち3個が収差補正レンズ）よりなるレンズ鏡筒を支持し，調整するための治具建てを模式的に示したものである．これらの補正

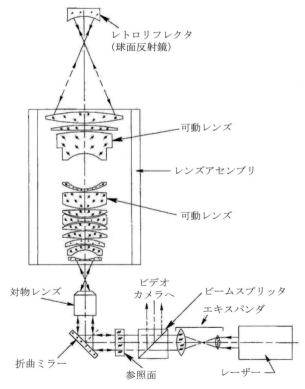

図12.30 図12.29に示すレンズアセンブリに対して，レンズの偏芯調整を行う間に用いられる試験装置．

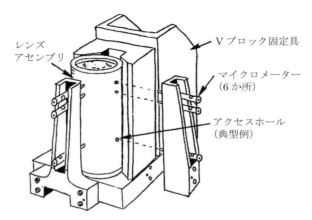

図 12.31 レンズ性能の最適化のために，3 か所の横方向調整機構を備えるレンズアセンブリに対する，試験用固定治具の模式図.

レンズは，「アクセス穴」として示された位置に対応する場所に位置する．調整レンズのポーカーチップをほかのレンズに対して横方向に動かすために，二つのマイクロメータにより駆動されるプッシュロッドが，これらの穴を各位置で貫通している．もとに戻す力は，レンズが移動する平面内でマイクロメータに対して対称の位置に開けられた穴を通じて，固定治具に取り付けられたバネ（図示せず）により加えられる．この設計により，マイクロメータは単純な押し引きモードで用いることができる．

この測定系において，鏡筒は V ブロック固定具にクランプされている．一方でこの V ブロックは，図 12.30 に示されたような干渉計に組み込まれる．全体性能に対する各レンズ移動の影響は，ほぼリアルタイムで評価される．最適化は，繰り返しの近似を通じて行われる．光学系の性能が最適化されると，移動レンズは，調整状態を保つために内部機構（図示せず）によって固定される．アクセス穴は，湿気やほこりが入らないようにシールされる．

レンズアセンブリの性能を最適化するため，一つあるいは複数のポーカーチップを，横方向の移動に加えて光軸方向にも移動させる必要がある場合もある．すでに述べた特注のシムをセル間に挟むことが，通常のアプローチである．セルと鏡筒にネジを切って動かすこと（接眼レンズのフォーカス調整のように）は，この場合実用的ではない．仮にこれを差動ネジとして設計しても，ネジによる移動分解能は非常に粗いためである．ネジの偏心誤差はレンズの共軸性に影響を及ぼす．さらに，レンズセルは光軸方向の位置調整を行う際，光軸周りに回転させるべきではない．

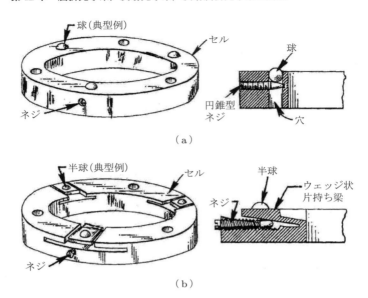

図 12.32　ポーカーチップ間の空気間隔を調整するための機構の概念図（Bacich [14] による）．

レンズあるいはセルに残ったわずかなウェッジは，レンズを通過する光の方向を変化させ，収差を増加させてしまう可能性があるためである．

　鏡筒の外から光軸方向の調整が行えるような機構について，Bacich[14]が説明している．図 12.32 はこのような機構の 2 例である．図(a)では，3 個のボールが 120°等配でレンズセル（ポーカーチップ）に開けられた垂直方向の穴に挿入されており，セルの壁を貫通するセットネジの円錐面上に乗っている．もう一つのセルは図示されていないが，3 個のボール上に乗っている．鏡筒に開けられた穴を通じてセットネジにアクセスし，それぞれを等しい角度だけ回すことにより，隣接するセルどうしの空気間隔をわずかに増減させることができる．図(b)では，セルの壁に開けられた 3 個のくさびをセットネジで駆動させることで，同様の結果が得られる．片持ち梁形状のくさび上に取り付けられた半球が，隣接するセル（図示せず）に接している．両方の場合において，セルは軸方向にロックされたときに調整状態が固定される．この調整手段を異なった量だけ用い，レンズをチルトすることは，セルの縁をそろえる設計でない場合（すなわち，各ポーカーチップがきついはめ合いで鏡筒に挿入されない場合）に限り推奨される．

　レンズの性能を最適化した後，各ポーカーチップをともに軸方向にクランプする

方法の一つを図 12.33 に示す．ここで，3 本のロッドが各セルの穴とシムを貫通し，鏡筒の下部エンドプレートのネジ穴にねじ込まれている．ナットが，ロッドの上端面に取り付けられている．ナットを締め付けると，ロッドに応力がかかり，セルは軸方向にずれることなく取り付けられる．というのも，セルのインターフェース面（パッド）は平面であり，光学系の機械軸に対して垂直だからである．

ポーカーチップ構造のレンズサブアセンブリを調整し，固定するためのもう一つの構想を図 12.34 に示す．ここでは組み込まれて調整される 3 個のセル（調整後の状態は図示していない）がサンプルとして示されている．これらのセルは，図 12.29 で示した機能を果たすポーカーチップサブアセンブリを積み上げた構造の一部である．各セルは上面と下面に複数のパッドを有する．これらのパッドは同一平円上に対し平行かつ平面に研磨されている．セルのパッド間には所定の間隔を保つようにシムが挟まれる．あるいは，二つのセル同士を接触させたとき，所定の間隔になるように機械加工されている．これらのレンズはセルの中でレンズの光軸が，セル外径に対して同軸かつパッド面に垂直になるよう幾何学的に調整されている．

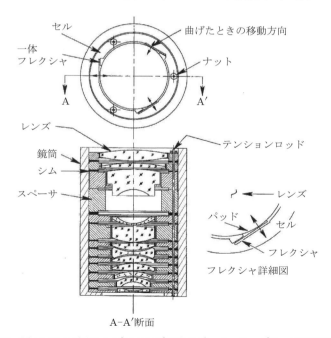

図 12.33　図 12.29 に示すレンズアセンブリ内のポーカーチップを，120°間隔に配置されたテンションロッドにより軸方向に挟み込み固定する手段．このレンズに対するフレクシャマウントの一部が示されている．

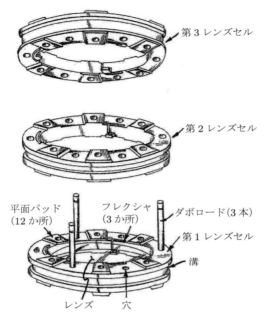

図12.34 3個のポーカーチップにおいて，接着剤を流し込むことにより，調整後に一つのセルに対しほかのセルを固定する手段を示す展開図(Bacich[14]による).

図12.34において，下部のセルには穴に3本のロッドが圧入，あるいはねじ込まれているが，これは，セルの上面のパッドで定められた平面に対して垂直になるためである．このロッドは，組み立てられると，中間と上のセルの穴を貫通する．組み立て時は下のセルは組み立ての基準となる．中間のセルは，このセルの光軸が基準の下セルの軸と合致するよう，横方向にスライドされる．この調整は，干渉による誤差検出手段を用いたエアベアリング-スピンドル軸により行われる．調整が完了すると，ロッドと上部セルの穴のクリアランスはエポキシにより充填され，硬化される．第3のセルがその上に乗せられ，第2のセルと同様の方法で調整が行われる．これもまたエポキシで固定される．アセンブリ中のすべてのレンズセルは，同じプロセスにより組み上げられる．

図12.35は，12枚のポーカーチップの積み上げを模式的に示したものである．それぞれの間に調整がなされ，エポキシとピンで固定されたのちに，これは完璧な光学アセンブリをなす．二つのセル（第5セルと第10セル）は，光学系全体の性能を最適化するため，光軸方向と径方向に移動できるようになっている．図12.30に示したような試験装置が利用できる．横方向調整を行うための固定治具としては，

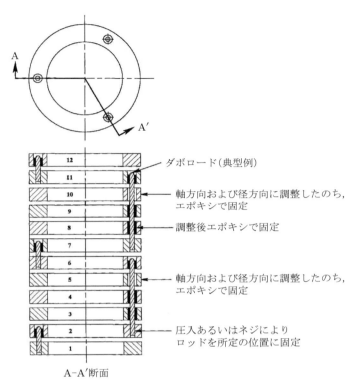

図 12.35 最終調整前に二つの調整を残し，ほかのポーカーチップを積み上げ，調整し，ダボに対してエポキシで固定した状態の模式図．調整後，これらのセルは所定の位置にエポキシで固定される（Bacich[14]による）．

図 12.31 が利用可能である．セル間に配置された特別に用意されたシム（図示せず）が，正しい空気間隔にするために用いられる．

図 12.35 において，調整に用いられる以外のセルはロッドにエポキシで固定される．このロッドは，セル 1，2，6，7，そして 11 に強固に固定される．組み立てのこの段階では，これらのセルは，ロッドの周りにエポキシを注入して固定する前に，あらかじめ共通光軸に対して位置決めされており，隣接するセルとの空気間隔も確立されている．図示するとおり，このアセンブリは，移動可能なセルを最終的に位置決めし，エポキシでロッドに固定する準備ができている．この工程が終わると，積み上げられた全体のアセンブリは，鏡筒を外部構造に取り付けるためのインターフェースとしてはもちろん，アセンブリを囲って外部から保護するための役割も兼ねて鏡筒に挿入される．

12.2.5 収差補正群の選択

高性能なレンズ系において，適切な収差補正群の選択方法について，Williamson[15]によって説明がなされている．彼は，図 12.36 に示したマイクロリソグラフィ用投影レンズを例にとり，説明と応用法について述べている．このレンズは，1/5 倍の縮小投影レンズとして設計された 18 枚構成であり，像側 NA は 0.42，像直径 24 mm をカバーする．収差調整は二つの段階で行われる．最初の段階は，曲率半径，レンズの厚み，屈折率に残ったわずかな測定誤差を減少させるための空気間隔（およびおそらくは曲率半径）の再計算である．面形状誤差およびイレギュラリティもまた考慮される．第二段階は，組み上げ後に，微調整した最終性能に対する結果を評価する間に，選択された補正群の位置を最適化することである．

Williamson[15]は，設計段階では 5 次あるいはより高次の収差は非常に注意深く抑えられているが，これらは，レンズ部品の小さな調整誤差に対しては，それほど影響を受けないことを指摘している．一方で，3 次収差は，これらの調整状態にとても強く影響される．したがって，補正群の選択には各レンズの感度（軸方向，横方向，および回転方向に対する 3 次球面収差，コマ，非点収差，歪曲）を決定することが重要である．これらの収差は，ゼルニケ多項式に対する係数として表現される．以下で述べる内容は，補正群選択プロセスにおける典型的な制約条件である．各補正群は，機構的に複雑になることを防ぐため，光軸方向にも，横方向にも移動量がわずかな量に制限されている．望ましくは，口径が最大のレンズは補正群として選択されるべきではない．これは，調整機構はアセンブリ全体の口径を大きくする傾向にあるが，このパラメータは通常，どのようなアセンブリに対しても最小限に抑えるべきであるためである．3 次収差の範囲では，チルトとシフトは同じ結果をもたらすため，シフトのみが考慮される．最後に，調整はレンズの分解を伴わずに行えなければならない．

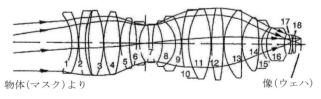

図 12.36　1/5 倍縮小マイクロリソグラフィ用投影レンズの光学配置図（Williamson[15]による）．

図12.37(a)は，各レンズを光軸方向に25 μmシフトさせたときの感度解析の結果を示す．レンズ4，7，16，そして17が，それぞれコマ，球面収差，非点収差，そして歪曲を補正するために最適である．図(b)は，レンズシフト5 μmに対する同様の解析結果である．レンズ5と6を一緒に動かせば，コマは両者の和として変化する一方で，非点収差への寄与はキャンセルし，歪曲変化は逆方向である．ダブレット8，9は，このサブアセンブリをシフトさせると，非点収差のみが顕著に動くという点でよい直交性をもっている．ダブレット14，15は歪曲補正に適している．これは偏心時に相対的に小さなコマと非点収差を発生させるためである．これらの結果から，適した補正群として，球面収差はレンズ7の光軸方向の移動，コマはレンズ5と6の同時シフト，非点収差はダブレット8，9シフト，そして歪曲はダブレット14，15シフトである．

本例では，歪曲を除く軸上および横方向の調整を繰り返し行うことで，結像性能

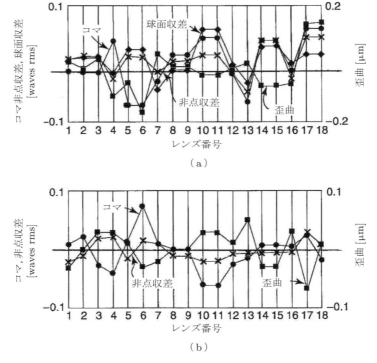

図12.37 図12.36の光学系についてのrms波面収差感度．(a)各レンズを光軸方向に25 μm移動させた場合，(b)各レンズを横方向に5 μm移動させた場合（Williamson[15]による）．

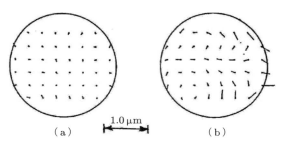

図 12.38　図 12.36 の光学系に対する残留歪曲の測定値．(a)補正後，(b)補正前．各ベクトルの長さは，下記に示されたスケールでの各位置での歪曲の大きさを示す（Williamson[15] による）．

が調整前に比べて顕著に改善したことが報告された．波面収差の補正が完了し，実際の露光テストにより歪曲測定が行われた後でレンズ系は干渉計に戻され，歪曲補正群を用いて歪曲を最小化させられた．最後に，すべての補正群を用いて波面収差が最適化された．測定された歪曲収差（視野の各点において，図示された長さのベクトルとして示されている）を図 12.38(a)に示す．補正前の歪曲（図(b)）と比べて，歪曲実測値の改善は非常に顕著である．

12.3　反射光学系の調整

本節では，反射による結像光学系のいくつかの例について，調整方法を要約する．（光学的ではなく）幾何学的な調整方法のみ議論する．干渉計による調整の最適化，そしてこの工程に必要な収差測定結果の定量化，および実際の星を物体として調整する方法は，複雑なのと，紙面の制約から本節には含まれない．Wilson[16] は後者の調整法について，詳しく取り扱っている．ここで議論される各例は，写真乾板あるいは CCD を用いた写真用対物鏡であり，接眼レンズは用いられない．ミラーのマウント方法および物体の追尾機構については考慮しない．

12.3.1　単純なニュートン望遠鏡の調整

図 12.39(a)は，筒状のハウジングに組み込まれた放物面主鏡と直角プリズムからなる，単純なニュートン望遠鏡を示す．接眼レンズは，入射瞳に近い伝統的な位置に示されたアダプタ内に挿入される．主鏡マウントは 2 軸方向にチルトできるようになっている一方，プリズムは光軸に沿った方向，光軸周りの回転，そして，図

12.3 反射光学系の調整   573

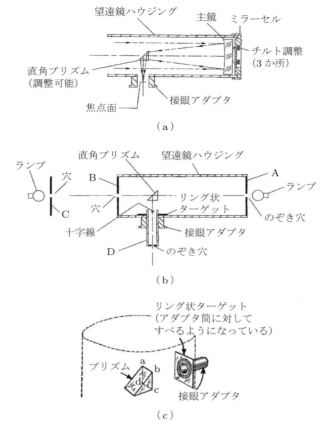

図 12.39　ニュートン望遠鏡に対する本文で提案した調整プロセスのスケッチ図．(a) 望遠鏡の完成図，(b) 調整の治具建て，(c) プリズムとアライメントターゲットの詳細（図(c)は McAdam[17]による．これらの著作権は Jeremy Graham Ingals and Wendy Margaret Brown(1996)に帰属する）．

の面に垂直な軸周りの回転ができるようになっている．望遠鏡の光学系と F 値は，アマチュア天文家が使う構成に典型的な値と仮定する．以下で述べるのは，McAdam[17]および Eliason[18]により，この種の光学系のアライメント方法について述べられた方法に大部分準拠している．より大口径な光学系には，より洗練されたアライメント方法が必要となる．それについては Wilson[16]を参照されたい．

図(b)において，部材 A, B および C は，望遠鏡鏡筒の入射側開口にぴったりはまるよう機械加工された金属の円盤である．各円盤には直径約 3 mm の穴が中央に開けられている．光源が，円盤 C と A から十分離れた位置に置かれている．部

574　第12章　屈折光学系，反射光学系，反射屈折光学系の調整

品Dは接眼レンズアダプタにぴったりはまり摺動する筒である．これには，内径で交差する十字線と，外側の端面の板に直径1～2mmののぞき穴が設けられている．

最初のステップは，プリズムを組み込んで，部品Dののぞき穴から見て大体中央にくるよう，光軸方向にプリズムを調整することである．白いボール紙（あるいはそれに類する材料）でできたターゲットが，穴とそれを取り囲む同心の黒い円と共に準備されるが，これはターゲットをD端面から摺動させて入れられるようになっている．これは図(c)を参照．このターゲットを組み込んだ後，円盤Aが組み込まれる．そのとき，リングターゲットが直角プリズムの正方形の面に反射されてできるゴースト像が，Dののぞき穴から観察できる．このリング像がプリズム面上で同心になるように，プリズムを望遠鏡光軸および紙面に垂直な軸周りに傾けられる．そして，プリズムの斜面による反射像がDののぞき穴から見えるよう，Aの穴を十分明るく裏から照明する．このとき，反射像が十字線の中心にくるよう，また，プリズムの正方形の面からの反射によるリング像が同心になるよう，プリズムの軸方向の位置とチルトを微調整する．そして，プリズムの調整状態は固定され，リングターゲットは取り除かれる．

円盤Bが設置され，円盤Cが望遠鏡光軸上で，主鏡の曲率中心より内側の短い距離に置かれる．横方向の位置は，円盤AおよびBの穴から観察する．そして，これらの円盤A，Bを取り除き，主鏡を設置する．そして主鏡は，照明されたCの穴の像がこの穴と同心になるよう傾けられる．これは，像が穴よりわずかに大きい場合，うまく機能する．ミラーの調整は固定され，調整が完了する．

使用中における望遠鏡の調整状態は，非常に高倍率の接眼レンズを用い，像中心の星に対してベストフォーカス前後のデフォーカス像が丸いかどうかで評価できる．そうでない場合，アライメントの補正が必要である．

12.3.2　単純なカセグレン望遠鏡の調整

典型的なカセグレン望遠鏡が，図12.40(a)に模式的に示されている．ここで考察する調整方法は，アマチュア天文家が用いる口径に適したものである．専門家が用いる装置に対する調整には，より進んだ方法をとる必要がある．これについては，Ruda[19]およびWilson[16]を参照せよ．

McAdam[17]およびLower[20]に従うと，その調整方法は，主鏡は穴を有しており，焦点面は主鏡を超えてアクセスできる位置にあるとの仮定に基づく．主鏡には3方向のチルト調整機構が設けられており，副鏡はスパイダーで支持されている．

12.3 反射光学系の調整　575

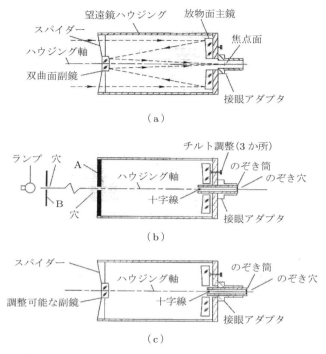

図 12.40　単純なカセグレン望遠鏡の調整．(a)完成状態の望遠鏡模式図，(b)主鏡のハウジングの軸に対するアライメント，(c)副鏡の調整．

　接眼レンズアダプタは，望遠鏡ハウジングの後部に位置するが，これは機械的にこのハウジングの軸と同軸に調整される．

　調整を開始するには，まず，主鏡と円盤 A を組み込む．このディスクは図 12.40(b)に示すように，中央部に直径 3 mm の穴を有している．十字線と直径 1～2 mm ののぞき穴を有する目視鏡筒を，接眼レンズアダプタに組み込む．もう一枚の円盤 B を望遠鏡光軸上，主鏡の曲率中心よりわずかに内側の位置に組み込む．目視鏡筒と円盤 B の穴を通じた観察により，この横方向の位置を調整する．そして後者の円盤は取り除かれる．ここで，これらの調整用治具はすでに述べた節で説明した治具と類似したはたらきをすることに注意しておく．

　まずスパイダーとセルが組み込まれる．製造工程において，副鏡のセルはスパイダーの外径と，セル中央に記されたマークとが機械的に同心である必要がある．このマークは望遠鏡ハウジングの軸と一致する必要があり，また目視鏡筒を通じて観察したときに，目視鏡筒の十字線中心とも一致する必要がある．そうでない場合，

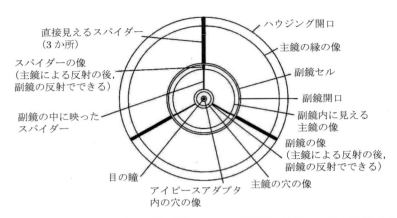

図 12.41　一般的なカセグラン式望遠鏡において，調整後に接眼レンズアダプタから覗いた場合の見え方の模式図．図のスケールは必ずしも正しくない．

この誤差が補正されるまでスパイダーは調整，改造，あるいはシムを挟んで調整する必要がある．そして，副鏡が組み込まれる．目視鏡筒から副鏡の開口を観察し，目視鏡筒端面，十字線の副鏡による像と，実際の十字線がそれぞれ同心になっていなくてはならない．これが成り立たない場合，副鏡はアライメントが取れるまでチルト調整される．そして，目視鏡筒は取り除かれる．

接眼アダプタから観察すると，多くの同心円が観察できる．図 12.41 は，一般的な系におけるそれらの見え方を示した図である．この説明図は必ずしも正しい縮尺ではない．これらのリング状の像は外側から内側の順に，望遠鏡ハウジングの入射側開口，主鏡の縁の反射像，副鏡セル，副鏡の開口，副鏡による主鏡の反射像，副鏡の像（主鏡に反射されたのち副鏡に再度反射された反射像），穴の主鏡による反射像，接眼レンズアダプタの反射像，そして自分自身の目の瞳である．これらの円が同心でない場合，主鏡のチルト（そしておそらくは副鏡も）を微調整する必要がある．いったん同心が出れば，調整は完了したということであり，調整状態は固定される．

12.3.3　単純なシュミットカメラの調整

古典的なシュミットカメラの模式図を図 12.42 に示す．これは，球面主鏡，非球面補正板（主鏡の曲率中心に置かれる），凸面形状のフィルム（乾板）ホルダ，そしてもちろん普通の望遠鏡ハウジング，光学素子マウント，および，フィルムまたは乾板を保持するスパイダー（図示せず）である．調整は，主鏡の 2 軸チルト調整

12.3 反射光学系の調整　577

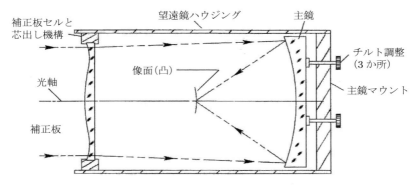

図 12.42　シュミットカメラのオプトメカニカル配置図．フィルムホルダを支持するスパイダーは図示せず．

と補正板の同心調整からなる．補正板のチルトは顕著な影響を及ぼさないので，調整は不要である．注意深い部品製作の結果，補正板の軸と機械的な軸が合致するのであれば，補正板の同心調整機構は不要である．

　光学系の調整は，通常3ステップからなる．主鏡を組み込み，12.3.1項のニュートン式望遠鏡で述べたのと同じ方法でハウジングに対して同心調整される．スパイダーが組み込まれ，機械的に調整される．補正板の同心調整が必要ならば，これは，写真によるフィルム上の像の"squaring"により行われる．このプロセスは，実際の星像あるいは，同口径のコリメーターを用いた人工星による近似の繰り返しである．この工程の詳しい説明はここでは行わないが，この工程は，結像性能と視野全体での均一性を注意深く観察し，像を最適化するように繰り返し調整を行う方法である．

　とくに興味深いシュミットカメラの例がPaul[21]の説明にある．これは開口直径12.7 cmであり，焦点距離10.2 cmのF値0.8の光学系である．フィルムホルダをマグネシウム製の軽量化された茎(stalk)で補正板中央に取り付けることで，スパイダーを不要にする設計であった．マグネシウムは，ハウジングに使われているステンレスの約2倍のCTEを有している．カメラは温度変化に対して自動的に軸出しされる．それぞれの茎は，事実上ハウジング直径の半分の長さのためである．スパイダーがないことで，像におけるスパイダーの回折効果を取り除くことができた．

578   第 12 章　屈折光学系，反射光学系，反射屈折光学系の調整

参考文献

[1] Smith, W. J., *Modern Optical Engineering*, 3 rd. ed., McGraw-Hill, New York, 2000.

[2] Bayar, M. "Lens barrel optomechanical design principles," *Opt. Eng.* 20, 1981:181.

[3] Parks, R.E., and Kuhn, W.P., "Optical alignment using the Point Source Microscope," *Proceedings of SPIE* **58770B-1**, 2005.

[4] Parks, R.E., "Alignment of optical systems," *Proceedings of SPIE* **634204**, 2006.

[5] Parks, R.E., "Versatile autostigmatic microscope," *Proceedings of SPIE* **62890J**, 2006:

[6] Parks, R.E., Precision centering of lenses," *Proceedings of SPIE* **6676**, 2007:TBD.

[7] Hopkins, R.E., "Some thoughts on lens mounting," *Opt. Eng.* 15 1976:428.

[8] Yoder, P. R., Jr., *Principles for Mounting Optics*, SPIE Short Course SC447, 2007.

[9] Benford, J.R., "Microscope Objectives," Chapter 4 in *Applied Optical and Optical Engineering* III, R. Kingslake, ed., Academic Press, New York, 1965.

[10] Sure, T., Heil, J., and Wesner, J., "Microscope objective production: On the way from the micrometer sale to the nanometer scale," *Proceedings of SPIE* **5180**, 2003:283.

[11] Heil, J., Wesner, J., Mueller, W., and Sure, T., *Appl. Opt., Optical Technol. Biomed. Opt.*, 42, 2005:5073.

[12] Carnell, K. H., Kidger, M. J., Overill, A. J., Reader, R. W., Reavell, F. C., Welford, W. T., and Wynne, C. G. (1974). "Some experiments on precision lens centering and mounting," *Optica Acta* 21:615.

[13] Vukobratovich, D., "Optomechanical Systems Design," Chapt. 3 in *The Infrared & Electro-Optical Systems Handbook*, IV, ERIM, Ann Arbor and SPIE, Bellingham, WA, 1993.

[14] Bacich, J.J., "Precision Lens Mounting," *U.S. Patent 4,733,945*, 1988.

[15] Williamson, D.M., "Compensator selection in the tolerancing of a microlithography lens," *Proceedings of SPIE* **1049**, 1989:178.

[16] Wilson, R.N., *Reflecting Telescope Optics II*, Springer-Verlag, Berlin, 1999.

[17] McAdam, J.V., "Collimation," Sect. C.1.1 in *Amateur Telescope Making, Book 2*, Willmann-Bell, Richmond, 1996:363.

[18] Eliason, C.W., "Collimation," Sect. C.1.1 in *Amateur Telescope Making, Book 2*, Willmann-Bell, Richmond, 1996:364

[19] Ruda, M., *Introduction to Alignment Techniques*, SPIE Short Course SC010, SPIE Bellingham (2003).

[20] Lower, H.A., "Collimating a Cassegrainian," Sect. C.1.3.1 in *Amateur Telescope Making, Book 2*, Willmann-Bell, Richmond, 1996:372.

[21] Paul, H.E., "Schmidt camera notes," Chapt. E.4 in *Amateur Telescope Making, Book 2*, Willmann-Bell, Richmond, 1996:451.

13

マウントによる応力の見積もり

13.1 一般的考察

　光学部品において，小さな面積に力が加わった場合には，つねに接触応力が発生する．この応力は力の大きさ，接触する両方の面の形状，光学面と機械面の間の接触面積(両方が弾性体として)，接触している材料に関連する機械的物性に依存する．この章では，Roark[1]の式に基づく理論を要約する．この理論は，多くの一般的に用いられる，ガラスと金属の間の接触（レンズ，ミラー，プリズムを含む）による圧縮応力を見積もるものである．その後，Timoshenko と Goodier[2]の関係式がこの圧縮応力に付随する引っ張り応力の見積もりに適用される．この引っ張り応力に関する定番の許容量に関しては，他文献に基づく内容を述べる．さらに回転対称なレンズの単純な場合について，保持のための保持力を回転非対称にかけた場合に，反対側の面に発生する応力および面形状についての近似を述べる．ここで与えられた応力の方程式を基本として導かれる解析モデルの結果は，実使用上においての条件を保守的に見積もったものであると信じられている．

　光学面上の狭い面積にかけられた圧縮力により，狭い面積の弾性変形，すなわちひずみが引き起こされ，これによりその面積では比例応力になる．もし，応力がその光学材料の破壊限界を超えた場合，損傷が発生する可能性がある．脆性材料の破壊限界を厳密に計算することは難しく，特定の条件下における統計的な破壊確率に頼らなくてはならない[3-12]．これらの研究についてのおもな結果と，ガラスにおける引張応力の限界値として広く経験的に知られている，6.9 MPa という値についての根拠を示す．さらなる近似として，非金属ミラー材料と光学結晶材料についても同じ限界値を仮定する．簡単のため，すべての光学材料をガラスとよび，すべての構造材料を金属とよぶ．応力はまた，ガラスを圧縮する機械材料内で蓄積する．この応力は，機械材料を安全に保つための適切な余裕があるか確認するため，金属の降伏応力（一般に 0.2%の寸法変化を引き起こす応力をいう）と比較される．非常に厳しい用途（長期間にわたって厳しい安定性が要求されるなど）においては，

580　第 13 章　マウントによる応力の見積もり

機械材料にかかる応力は，微降伏応力の値に制限される．

　運用中の環境条件は，つねに非破壊条件よりは厳しくならないため，損傷は関心外ではあるが，とはいえ性能に対する有害な効果が発生しうる．光学素子を保持する力は，光学面を変形させる（すなわち面をひずませる）可能性がある．こういった変形は光学性能を悪化させる可能性がある．面変形についての一般的な公差を設定するのは無意味である．この公差は光学系に求められる性能に依存し，また，その光学素子がどこに使われているのかにも依存するためである（この種の変形は，像の近くでは影響が小さいが，瞳近くではより影響が大きくなる）．面変形を，光学素子に加わった力だけから計算する閉じた式は，限られた場合にのみ用いることができる．有限要素法によりこの評価を行うことが最も適切と考えられる．このような方法については，本書の範囲を超える．

　運用中に起こるレベルの応力により発生するひずみは，複屈折を発生させることにより，偏光を用いる光学素子の性能を劣化させる．これは，材料の屈折率の局所的な変化であり，応力を受けた領域を通過する二つの直交する偏光方向の光の位相に影響を及ぼす．この影響の大きさは，光学素子に加わった応力の大きさ，材料の光弾性係数，そして材料内の光路長に比例する．この影響と適用可能な限界値を見積もる方法については，13.3 節で考察する．

13.2　光学素子の損傷に関する統計的予測

　本書の前半で，レンズ，ウインドウ，プリズム，小径ミラーについて，押さえ環，フランジ，そしてバネによる多くの保持方法の考察を行った．これらのそれぞれの設計では，ガラスと金属のインターフェース面において，金属部材は特定の形状をしている．実際のガラスと金属間の接触は「点接触」，「線接触」，そして特定の形状をした小さな面積であり，力はこれらを通じて光学素子に伝達する．この力は，光学素子および金属材料を変形させる（すなわちひずませる）．ひずみは $\Delta d / d$ で表され，ここで Δd は変形量であり，d は変形された部材のもとの寸法である．ひずみは無次元量である．ひずみは，力がかかる面とそれに対する面（光学素子を保持する反力を発生させる）のインターフェースの両側で発生する．必ずしもそうなるわけではないが，理想的には，かけられた力のベクトルがそれぞれの面に垂直に相対するインターフェース面を通過するように，各インターフェース面はお互いに反対側に位置する．

13.2 光学素子の損傷に関する統計的予測　　581

　フックの法則により，変形領域内およびその近傍で，応力に比例したひずみが発生する．この応力は，lb/in.^{2} あるいは Pa 単位である．たとえば次のようなプリズムを考える．このプリズムは，中央に円筒形のパッドを有する板バネにより，三角形形状に配置された同一平面上の三つの位置決めパッド上に押し付けられているとする．このようなプリズムは，4個のパッド上に圧縮応力と引張応力が発生する．この場合，板バネによりかけられた荷重の方向は，すべてのパッドに向いているわけではない．典型的には，この荷重は三角形パターンの重心を向いている．プリズムおよび位置決めパッドが取り付けられたベースプレートの剛性が十分高ければ，そのために発生する曲げモーメントは問題にはならない．もう一つ考えられる例として，レンズがセルの棚に対して押さえ環で保持力をかけられている状況があるが，この場合，押さえ環は有効開口の外の円環状の領域で押さえつける力を，レンズ研磨面にかけている．圧縮応力と引張応力は，接触している領域に隣接したガラス内に生じる．

　本節では，光学素子（レンズ，小径ミラー，ウインドウ，プリズムなど）における応力の蓄積について考察する．この応力は，関連する材料の破壊限界に対して比較される．応力による損傷の厳密な評価は，特定の条件においてすぐに起こる破壊と，遅れてやってくる破壊についての発生確率を決めるための統計的手法を利用する．これらの方法を用いるには，面の仕上げについての情報（つまり欠陥の有無，形状，大きさ，向き，そして位置）が必要である．欠陥は，ハンドリング，組み込み，使用によってはもちろん，光学面の研削と研磨工程でも発生する．外部環境への暴露も原因となる．

　応力下でのガラス部品の強度は，想定される応力レベルか，あるいはそれ以上の応力をかけて部品を数回テストすることで見積もられる．これにより，信頼性は確認できるが，その応力がかかった場合に破壊されないことの証明はできない．理想的には，この試験は使用条件を模擬するものでなければならない．もし，実際の部品を試験できないのであれば，対象となる部品と同じ材料でできており，その部品と同じ方法で加工された複数の試験片を使って試験するのが次善策である．得られたデータは，実際の部品に対してその部品が特定の応力に耐える能力があるかどうかの指標として，値がスケーリングされて用いられうる[9]．試験片の試験方法として，図 13.1 と図 13.2 に模式的に示すように，3点曲げ，4点曲げ，リングどうしの接触曲げなどの方法が行われる．三つめの方法が，光学ガラスに対してはより好まれるが，これは，試験片は実際の部品と同じく研磨された円盤だからである．

582　第13章　マウントによる応力の見積もり

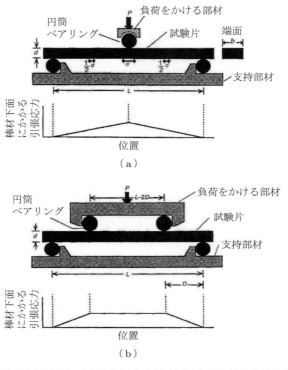

図 13.1　曲げ強度速度装置．(a)三点曲げ，(b)四点曲げ．黒い円は円筒の端面(Harris [9]による)．

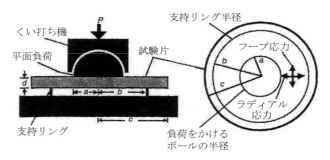

図 13.2　リング-リング強度試験装置．半径内では径方向と接線方向の応力は等しい（Harris[9]による）．

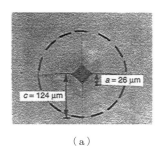
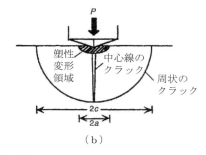

図 13.3 (a) ビッカース試験機で試験片に荷重 P を加えた場合のパターンの顕微鏡写真．点線は径方向のクラックが入った領域を示すために書き加えた．(b) 深さ c で材料に広がったクラックを伴う損傷領域の理想断面図（Harris[9] による）．

試験片による試験については，結晶ダイヤモンドツールの四角錐形状を押し付けるビッカース試験（図 13.3）や，ヌープ試験などが行われる．図 13.3 で硬さは変形部を囲む外周半径 a と材料内部へのクラック深さにより評価される．これらの試験方法は，Adler および Mihora[11] や Harris ら[9] の多くの著者により説明がなされている．実際の光学部品や試験片に対する測定結果がない場合，その製品と同じ材質の光学部品に対する典型的な製造方法，取り扱い方法で生じる経験的な表面粗さに基づいて寿命を推定することもできるが，その場合はより信頼性のおけない値となる．

与えられた応力のもとで光学部品が破壊されないかどうか予測する最もよい方法は，破壊メカニズムに従った以下の仮定で予測することである．①応力がかかると，光学面に存在する傷やカンは成長する傾向にある，②これらの面形状欠陥の特徴を調べる，あるいは仮定する，③応力の度合いを仮定する．光学面上の微視的な割れなどの傷が成長するということは，その傷の頂点において引張応力が集中するということに起因する．この集中した応力が強ければ，破壊が起こることが予想される．

傷が進行する速さは，かかった応力の強さと，傷のサイズに対して強い相関がある．乾燥環境（真空，あるいは極低温環境下）では，傷は，応力の閾値を超えるまでは進行しない．この閾値以上の一定の応力がかかると，傷は部品の破壊に至るまで成長する．傷が進行する速度は，その光学素子および傷の周囲の湿度に直接比例する[12]．傷は一定の応力下で，限界寸法に達するまで予想可能な割合で成長する．そして，おそらく光学素子は破壊される．予想どおり，この速さは材料によって変

わる．

　Fuller[8]らは次のように書いている．「ガラスに傷やカンを発生させるプロセスは，引き続き起こる傷の進行に影響する局所的な残留応力を発生させる」．この残留応力の分布により，光学素子では応力に耐える能力が大幅に減少する．

　Weibul[3]は，応力下の光学素子の寿命を定義するために非常に有用な理論的な方法を確立した．これは，その事象が起こる可能性の統計的確率に基づく．部品が連続した N 個の要素からなり，そのどれもが破壊される可能性があるとする．光学素子の要素の中で最も弱い部品が破壊されるとしたときの光学素子の破壊確率 P_F は，実験データ（たとえば試験片の集合が破壊される応力）から予想できる．

　Pepi[7]は一定の応力のもと，光学素子の破壊までの時間を見積もるために，Weibul 理論をどう使えばよいかを示した．彼の数学的取り扱いを示すグラフを図 13.4 に示す．材料は BK7 ガラスであり，相対湿度は高く，予想の信頼性は 99%，信頼係数は 95% であった．最も上の曲線は，米軍規格 MIL-O-13830A[13]におけるスクラッチ–ディグ 60-10 で実際に製造された面に対する値である．その下の 3 本の曲線は，徐々に厳しくなる条件により意図的にダメージが与えられた面に対する値である．2 番目の曲線は航空機の塵（速度 234 m/s）により 15°の角度で浸食された場合，3 番目の曲線は飛ばされた砂（速度 29 m/s）により 90°の角度で浸食された場合，そしてさらに下の曲線は，ビッカースダイヤモンドにより幅 50〜100 μm，長さ 20〜25 μm の傷を中央に一つだけ付けられた場合を示している．こ

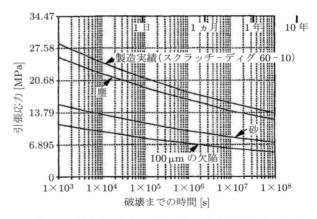

図 13.4　BK7 ガラスに対する，かかった応力と破壊までの時間のグラフ．これは，異なる度合いの面欠陥（信頼性 99%）に対して，95% の信頼区間で計算された（Pepi[7]による）．

13.2 光学素子の損傷に関する統計的予測

れは Pepi の意見であるが，特定の光学素子に関連する対応した情報がない場合，これらの曲線は一般的には，自然な（穏やかではない）環境下で用いられるほかの光学ガラスについても，注意して用いることができる．

Doyle と Kahan[10]は，直径 25.4 cm，厚み 1.9 cm の BK7 でできた補正板の破壊までの寿命を予想するため，似たような統計的方法を適用した．この補正板は，シュミット望遠鏡のためのもので，6 本のチタンでできた接線方向のフレクシャを縁に接着したアルミニウム製のセルに組み込まれている．この結果，図 13.5 のグラフが得られた．期待された 10 年の寿命（垂直の点線）および期待された破壊確率 10^{-5}（最も下の曲線）に基づき，フレクシャと板の縁の各接着箇所に対する，設計上の引っ張り応力 12.75 MPa（水平方向の点線）が求められた．ここで，この限界応力は Doyle と Kahan[10]で若干異なっており，Doyle[14]により与えられたように，計算はより洗練されたことが示されている．

Pepi[7]，Fuller ら[8]，Doyle および Kahan[10]，そして Doyle ら[14]による研究報告では，すべて注意深く加工された光学素子を用いているが，これらの光学素子の製作プロセスは，各研削段階で発生する表面下の傷を，より細かい砥粒を用いた次の段階で除去できるように組まれている．Stoll ら[15]は，最初にこのプロセスを説明し，「制御された研削」とよんだ．各段階での材料除去量は，前の平均砥粒径の 3 倍である．従来の加工プロセス（砥粒による除去量がきわめて小さい）

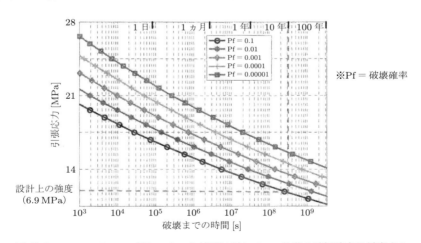

図 13.5　25.4 cm の BK7 製シュミット補正に対して，5 段階の破損確率に対応する引張応力をかけた場合の破壊までの時間曲線（Doyle および Kahan［10］による結果を Doyle[14]が改定したもの）．

586　第 13 章　マウントによる応力の見積もり

表 13.1　光学材料の荒ずり方法（従来法および制御された方法）についての典型的な一覧表（Stoll [15] らによる）.

| 操作 | 研磨剤 | 平均粒子径 | | 除去量 | | | |
| | | | | 従来の方法 | | 制御された方法 | |
		[mm]	[in.]	[mm]	[in.]	[mm]	[in.]
フライス加工	150 砥粒 ダイヤモンド	0.102	0.004	—	—	—	—
研剤	2F Al$_2$O$_3$	0.0304	0.0012	0.0381	0.0015	0.3048	0.0120
研剤	3F Al$_2$O$_3$	0.0203	0.0008	0.0177	0.0007	0.0914	0.0036
研剤	KH Al$_2$O$_3$	0.0139	0.00055	0.0127	0.0005	0.0609	0.0024
研剤	KO Al$_2$O$_3$	0.0119	0.00047	0.0076	0.0003	0.0406	0.0016
研磨	バーンサイト ルージュ	—	—	—	—	—	—

との比較が表 13.1 に示されている. 応力下での光学素子の寿命を最大限に伸ばすためには, つねにこの制御された研削によらなければならない.

13.3　許容応力に関する経験則

　実際の使用状態では, 光学面の研磨品質が通常不明なので, 統計的に破壊確率を解析しても必ずしも信頼できる値が得られるわけではない. ここで, 問題となりうるガラス内の応力レベルに関する経験則を適用する. 長年, これらは Shand の指針[16]による値（圧縮応力 345 MPa, 引張応力 6.9 MPa）に基づいていた. 前節で, 脆性材料に対しては引張応力のほうがより頻繁に破壊が起こることを示した. このことから, 設計上の決定をなす際には, 圧縮応力より引張応力に基づいて行うほうが適切だと思われる. すでに指摘したように, Doyle および Kahan[10]によると, ガラスに対する引張応力の許容値は 6.9〜10.34 MPa である. 保守的に考えると, この著者は 6.9 MPa を一般的なガラスが破壊されない引張応力の許容値とすることを推奨している.

　以下の大部分の応力計算は, Roark[1]によりガラスと金属のインターフェース面の圧縮応力を見積もるための方程式に適用される. Timoshenko と Goodier[2]は, これらのインターフェース面における接触応力は, 両方の材料における引張応力も伴っていることを指摘している. この応力は, 荷重により弾性圧縮された領域の境界で起こり, 径方向を向いている. この著者らは, 引張応力 S_T を与える式を,

13.3 許容応力に関する経験則　587

表 13.2　光学材料に対する引張最大応力と圧縮最大応力の比.

材料	ポアソン比	(S_T/S_C) / 式(13.1)	S_C/S_T
光学ガラス			
K10	0.192	0.205a	4.87a
BK7	0.208	0.195	5.14
LaSFN30	0.293	0.138a	7.25a
IR 結晶			
BaF$_2$	0.343	0.105a	9.55a
CaF$_2$	0.290	0.140	7.14
KBr	0.203	0.198	5.05
KCl	0.216	0.189	5.28
LiF	0.225	0.183	5.45
MgF$_2$	0.269	0.154	6.49
ALON	0.240	0.173	5.77
Al$_2$O$_3$	0.270	0.153	6.52
石英ガラス	0.170	0.220a	4.54a
Ge	0.278	0.148	6.76
Si	0.279	0.147	6.79
ZnS	0.290	0.140	7.14
ZnSe	0.280	0.147	6.82
ミラー材料			
パイレックス	0.200	0.200	5.00
オハラ E6	0.195	0.203	4.92
ULE	0.170	0.220a	4.54a
ゼロデュア	0.240	0.173	5.77
ゼロデュア M	0.250	0.167a	6.00a

注：a はグループ内で著しく高いまたは低い値であることを示す.

ガラスのポアソン比 ν_G と圧縮応力 S_C との関連で以下のように与えた.

$$S_T = \frac{(1 - 2\nu_G)S_C}{3} \tag{13.1}$$

表 13.2 において，この方程式を特定の光学ガラス，結晶，ミラー材料に適用した結果を示す．ガラスは，表 B.1 に示した 50 種のガラスのうち，最大と最小のポアソン比 ν_G をもつものと，どこにでもある BK7 を示した．結晶材は赤外光学系にしばしば用いられるものを表 B.1，B.4，B.7 から選択した．一方，ミラー材は非金属で非常によく用いられるものである（表 B.8(a)）．表 13.2 の右の列により，S_T は S_C の値を最低 4.54 から最高 9.55 で割った値であることが見てとれる.

588　第13章　マウントによる応力の見積もり

Crompton[17]は，光学メーカーの中には，光学と機械の接触面における S_T/S_C の比の経験値として，0.167 あるいは 1/6 を用いるところもあると報告している．Roark[1]は後の仕事で，Young[18]のように式として与えたわけではないが，$S_T \approx 0.133 S_C = S_C/7.52$ を機構部品に対する値として示している．本章において，式(13.1)を引張接触応力の見積もりに用いる．ポアソン比 ν の値が指定されていない場合，値として 1/6 を適用する．

　本章の最初に述べたように，引張応力 6.9 MPa という許容値を，非金属ミラーおよび光学結晶に適用する．簡単のため，光学材料をガラス，機構材料を金属ということにする．一般に安全係数として，最低 2 を用いることを推奨する．

　使用上におけるひずみによる応力は，複屈折の発生を通じて，偏光を用いる光学系における光学素子の性能を劣化させる．これは，局所的な屈折率の変化であって，応力のかかった領域を通過する二つの直交する偏光方向の光に対する光路長差を生じさせるものである．複屈折の許容値は普通，特定の波長で通過する平行（∥）と垂直（⊥）の光に対する許される光路長差として表される．Kimmel と Parks[19]によると，偏光計あるいは干渉計に対しては 2 nm/cm，フォトリソグラフィ用ないし天体望遠鏡などの精密光学系に対しては 5 nm/cm，カメラ，目視の望遠鏡，顕微鏡対物レンズに対しては 10 nm/cm，接眼レンズおよびビューファインダーに対しては 20 nm/cm を超えるべきではないとしている．コンデンサレンズあるいは照明光学系においては，より大きな複屈折が許容される．すべての場合において，材料の応力複屈折係数 K_S が，かかった応力とその結果生じる OPD との関係を与える．これには式(1.3)が適用される．簡単のため，式を再掲する．

$$\mathrm{OPD} = (n_{\parallel} - n_{\perp})t = K_S S t \tag{1.3}$$

ここで，t は材料の cm 単位の光路長，K_S は $\mathrm{mm^2/N}$ の単位をもつ定数，S は $\mathrm{N/mm^2}$ 単位の応力である．表 1.5 は 589.3 nm，21℃における K_S の値を表 B.1 の材料について並べたものである．この係数と光路長がわかれば，光学素子に対する応力の許容値を決めることは簡単な作業である．

　ここで，次のことに注意しておく必要がある．すなわち，マウントする力によって発生する面の変形と，それに関連する複屈折は，その力がかかる局所的な領域に最も顕著に見られるということである（Sawyer[20]を参照）．典型的には，これらの領域は開口に近いが開口の外にはある．したがって，おそらくは開口の大部分では顕著ではない．

13.4 点，線，面接触における応力発生

点接触は，球面形状の機械的パッドが，曲面または平面の光学面に対して接触するときに起こる．図13.6(a)は三つのラップされたパッドに対して，3本の片持ちバネクリップにより，平面鏡をマウントするために荷重を加えている状態の概念図である．各バネは球面状のパッドを有している．バネのたわみにより，9.1節で議論したように荷重が加わる．凸面あるいは凹面に対するパッド接触面は，図(b)および図(c)に示されている．このような形状をとりうるのはレンズとミラーに対してである．プリズムは典型的には平面形状である．平面形状に対するインターフェースとしては，ある種の凹光学面の縁に隣接する平面面取り，あるいは，凸光学面に用いられる段付き面取りでも見られる．

図13.7には，荷重 P が加わった状態で，パッドが光学面に接する三つの場合を示している．図(a)では，光学面，機械面ともに凸の球面である．図(b)では両面とも球面であるが，光学面は凹形状であり，機械面は凸形状である．図(c)では，光学面は平面であるが，一方で機械面は凸の球面である．いずれの場合でも，接触面は弾性的に変形し，半径 r_C の円形の接触領域を形成する．これらの接触領域の

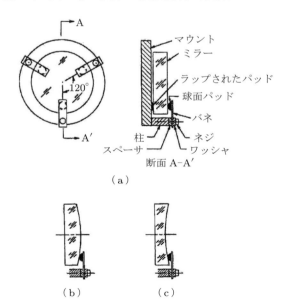

図13.6 球面によるパッドと光学素子の接触面．(a)平面光学素子，(b)凸レンズ面，(c)凹レンズ面．

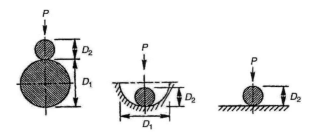

図 13.7　弾性体間の点接触に関して重要な寸法．図は，凸球面パッドが以下の面に接触する場合を示す．(a)凸レンズ面，(b)凹レンズ面，(c)平面．Pは印加された応力の合計．

面積は次の式で与えられる[†]．

$$A_{C\,\mathrm{SPH}} = \pi r_C^2 \tag{13.2}$$

この面積は，両面の形状および曲率半径，材料特性そして荷重に依存する．Roark [1]に従い，以下の式が適用される．

$$r_C = 0.721 \left(\frac{P_i K_2}{K_1}\right)^{\frac{1}{3}} \tag{13.3}$$

$$K_1 = \frac{D_1 \pm D_2}{D_1 D_2} \tag{13.4a}$$

凸面に対しては $+$，凹面に対しては $-$ を用いる．平らな面に対しては，以下の式を用いる．

$$K_1 = \frac{1}{D_2} \tag{13.4b}$$

$$K_2 = K_G + K_M = \frac{1-\nu_G^2}{E_G} + \frac{1-\nu_M^2}{E_M} \tag{13.5}$$

ここで，P_i は各バネに対する荷重 $= P/N$（N はバネの個数）を示しており，D_1 は光学面の曲率半径の 2 倍，D_2 はコンタクトパッドの曲率半径の 2 倍，そして E_G，E_M，ν_G，ν_M はガラスと金属に対するヤング率とポアソン比である．一般的には，図 13.7 の片方は光学素子（ガラス）であり，もう一方はパッド（金属）である．一般的には，それぞれ D_1 は曲率半径が大きい側の，D_2 は曲率半径が小さ

[†] A_C における添え字 SPH は球面接触を表す．適用されるほかの方式として，CYL，SC，TAN，TOR があるが，これらはそれぞれ，円筒接触，シャープコーナー接触，接線接触，そしてトロイダル接触を示す．

い側の物体に対する値である．いくつかの場合において，凹面形状のパッドを用いることは理論的には正しいが，普通は用いられない．

図 13.7 に示したすべての幾何学的配置において，接触領域における平均的な圧縮応力は次の式で与えられる．

$$S_{C\ \mathrm{AVG}} = \frac{P_i}{A_{C\ \mathrm{SPH}}} \tag{13.6}$$

図 13.8(a) に示された場合において，平面パッドと平面の光学面がぴったり接触することが仮定されている．応力のかかる領域 A_C はやはり式(13.2)で与えられるが，r_C はパッド直径の半分である（パッドは円形と仮定する）．式(13.6)はこの接触領域における平均的な応力を与える．凸形状のパッドにかかる力よりも，明らかに平面パッドにかかる応力の方が小さい．図(b)は調整がうまくいっていない（つまり傾いた）パッドが，光学面に非対称的に接触し，局所的な応力集中をもたらす様子を示している．これは望ましくないことであり，曲率の付いたパッドが望ましい理由である．

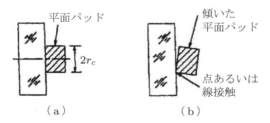

図 13.8 平面パッドと光学素子平面の接触．(a)面と面がぴったりと接触した場合，(b)調整不足（パッド傾き）により非対称に接触し，応力集中が発生した場合．

例題 13.1　様々な光学面に対して球面パッドが及ぼす応力（設計と解析には File 13.1 を用いよ）．

曲率半径 $R = 508$ mm の凸球面のパッドが，A6061 アルミニウム合金製の片持ちバネに取り付けられている．また，パッドが大口径の N-BK7 製レンズの研磨面に押し付けられている．光学面の曲率は(a) 406.4 mm の凸面，(b) 同じ曲率半径の凹面，(c) 平面であるとする．全体の力は 8.007 N であるとする．各場合における最大引張応力を求めよ．

592　第 13 章　マウントによる応力の見積もり

解答

表 B.1 と表 B.12 より

$$E_M = 6.826 \times 10^4 \,\text{MPa}, \qquad \nu_M = 0.332,$$

$$E_G = 8.274 \times 10^4 \,\text{MPa}, \qquad \nu_G = 0.206,$$

$$D_2 = 2 \times 508 \,\text{mm} = 1016 \,\text{mm}, \qquad P_1 = 8.007 \,\text{N}$$

であり，式(13.5)より

$$K_2 = \frac{1 - 0.206^2}{8.274 \times 10^4} + \frac{1 - 0.332^2}{6.826 \times 10^4} = 2.461 \times 10^{-5} \,\text{MPa}^{-1}$$

である．式(13.1)より

$$\frac{S_{T\,\text{SPH}}}{S_{C\,\text{SPH}}} = \frac{1 - 2 \times 0.206}{3} = 0.1960$$

である．

(a) $D_1 = 2 \times 406.4 = 812.8 \,\text{mm}$，式(13.4a) より

$$K_1 = \frac{1016 + 812.8}{1016 \times 812.8} = 0.0022/\text{mm}$$

となる．式(13.7)より

$$S_{C\,\text{SPH}} = 0.918 \times \left\{ \frac{0.0022^2 \times 8.007}{(2.461 \times 10^{-5})^2} \right\}^{\frac{1}{3}} = 36.9 \,\text{MPa}$$

よって，$S_{T\,\text{SPH}} = 36.9 \times 0.196 = 7.23 \,\text{MPa}$ となる．

(b) $D_1 = 2 \times 406.4 = 812.8 \,\text{mm}$，式(13.4a) より

$$K_1 = \frac{1016 - 812.8}{1016 \times 812.8} = -0.0002/\text{mm}$$

となる[†]．式(13.7)より

$$S_{C\,\text{SPH}} = 0.918 \times \left\{ \frac{0.0002^2 \times 8.007}{(2.461 \times 10^{-5})^2} \right\}^{\frac{1}{3}} = 8.52 \,\text{MPa}$$

よって，$S_{T\,\text{SPH}} = 36.9 \times 0.196 = 1.7 \,\text{MPa}$ となる．

(c) $D_1 = \infty$であり，それゆえ $K_1 = 1/D_2 = 0.000984$ である．式(13.7)より

$$S_{C\,\text{SPH}} = 0.918 \times \left\{ \frac{0.000984^2 \times 8.007}{(2.461 \times 10^{-5})^2} \right\}^{\frac{1}{3}} = 21.5 \,\text{MPa}$$

---

† 　負の符号は無視した．

13.4 点，線，面接触における応力発生 593

よって，$S_{T\,\mathrm{SPH}} = 36.9 \times 0.196 = 4.2\,\mathrm{MPa}$ となる.

光学面に接する球面パッドにより生まれる圧縮応力は，実際には接触領域で一様ではない. 最大接触応力は接触領域中心で生じ，領域の端にいくにつれ応力は減少する. Roark[1]による式(13.7)は，最大圧縮応力を見積もるために用いられる. 最大圧縮応力を $S_{C\,\mathrm{SPH}}$ とすると，

$$S_{C\,\mathrm{SPH}} = 0.918\left(\frac{K_1^2 P_i}{K_2^2}\right)^{\frac{1}{3}} \tag{13.7}$$

例題 13.1 は式(13.2)から式(13.7)を，凸光学面に球面パッドが接触している場合に適用した例である.

この例のような引張応力が，すでに述べた破壊限界応力である 6.9 MPa と比較してあまりに大きい場合，パッドの曲率半径を大きくする，あるいは（または両方）より望ましくは，バネの数を増やすとよい.

光学素子を固定するのに球面パッドを有するバネを用いる代わりに，機械的なインターフェースとして凸形状の円筒パッドを用いることもできる. 典型的には，このようなパッドはバネの端面と平行に向いており，光軸方向の長さはバネの幅 b に等しくなる. あるいは，円筒の軸は片持ち梁としての板バネに対して任意の便利な方向に向いていてもよい. 円筒パッドは凹光学面に用いることはできない. これは，円筒と凸球面の点接触は，弱い軸方向の荷重によって生じるので，より大きな荷重をかけると，弾性体は変形し，接触は小さな領域で起こるからである.

接触応力の観点からは，光学面が凸形状のとき，球面に接する円筒面の場合の利点は小さい. 利点は光学面が平面の場合に大きいものとなり，したがって，第一に円筒パッドを用いるべきはレンズの平面，ミラーあるいはウインドウの場合，曲率のついたレンズあるいはミラーの平面あるいは段付き面取りの場合，プリズム面の場合である. 図13.9は後者の二つの例を示している. 図(a)は両持ちバネに円筒パッドがあり，プリズムに荷重を与えており，図(b)はプリズムをベースプレート上に固定するための３本の柱あるいはピンに対する接触である.

円筒パッドあるいはピンに対し，平面が接触している場合は図13.10のように幾何学的にモデル化される. パッドの長さはバネの幅 b であり，曲率半径は R_{CYL} であるとする. D_2 は R_{CYL} の２倍である. 面はバネごとに全荷重 P_i で押し付けられているので，単位長さあたりの荷重 p_i は P_i/b である. 短い側の線接触に沿って起

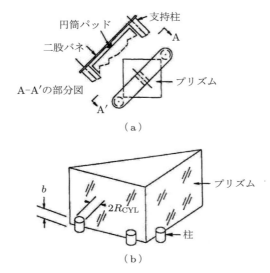

図 13.9 (a) 中央に円筒形パッドを備えた両持ちバネにより応力が加わったプリズム，(b) ベースプレート上 3 本の円筒ピンに位置決めされたプリズム．荷重を加えるバネは図示されていないが，ベース近辺においてプリズム長辺の面で押し付けられている．

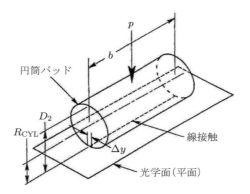

図 13.10 円筒パッドと光学素子平面の間の接触面に対する解析モデル．パラメータ p は接触長さにおける単位長さあたりの荷重である．

こる最大圧縮応力 $S_{C\,\mathrm{CYL}}$ は次の式で与えられる．

$$S_{C\,\mathrm{CYL}} = 0.564 \left(\frac{p_i}{R_{\mathrm{CYL}} K_2} \right)^{\frac{1}{2}} \tag{13.8}$$

ここで，K_2 は式 (13.5) で与えられ，また，引張応力については，式 (13.1) が対応

する.

変形領域における平均応力は，パッドあたりの全荷重を面積で割ることにより決定される．幅は次の式で与えられる.

$$\Delta y = 1.600 \left(\frac{K_2 p_i}{K_1} \right)^{\frac{1}{2}} \tag{13.9a}$$

ここで，K_1 は $1/D_2$（式（13.4b））であるが，これは，D_1 は平面の光学面に対しては無限大のためである．$D_2 = 2R_{\mathrm{CYL}}$ なので，式（13.9a）を書き直すと

$$\Delta y = 2.263 (K_2 p_i R_{\mathrm{CYL}})^{\frac{1}{2}} \tag{13.9b}$$

となる．変形領域の面積は

$$A_{C\,\mathrm{CYL}} = b\Delta y = 2.263 b (K_2 p_i R_{\mathrm{CYL}})^{\frac{1}{2}} \tag{13.10}$$

となる．この面積における平均応力は次のようになる.

$$S_{C\,\mathrm{AVG}} = \frac{P_i}{A_{C\,\mathrm{CYL}}} \tag{13.11}$$

例題 13.2 は，円筒パッド付きのバネが平面の光学面に荷重を与えるときの，引張応力のピーク値と平均値の計算である.

図 13.9（b）に示したプリズムのように，光学素子に対する位置決めピンに対する接触応力を見積もることも可能である．各ピンの b とピンの直径 $2R_{\mathrm{CYL}}$ がわかっている必要がある．一般的には，1 本のピンに接触しているときの応力のほうが，2 本のピンへの接触の場合より大きな応力となる．位置決めピンは，入射面と射出面における，有効開口（CA）のちょうど外側に位置する．位置決めピンの反対側の面に対して，ピンのおおよそ中点に対応する高さで，荷重がかけられる．図 13.11（a）では，両持ちバネによってかけられる荷重は，ペンタプリズム底面に対して垂直方向を向いている．図 13.8（b）においては，荷重は長手面に対して垂直方向である．Yoder[21] はこのタイプの解析方法と，ピンに向いた力の分布を最適化するための応力の方向の設定方法について説明している．ピンにおける応力の低減方法としては，接触長さ b とピンの半径 R_{CYL} を増加させることもある．これらの変更は，プリズムの開口内でケラレが起こらないようにするという要求で制限を受ける．ピンを増やす変更は，望ましいセミキネマティックな設計から外れる方向にあるので，実行可能ではない．荷重を減らすのはひずみを減らすのに役立つ変更ではあるが，加速度に対する要求仕様を緩める必要がある.

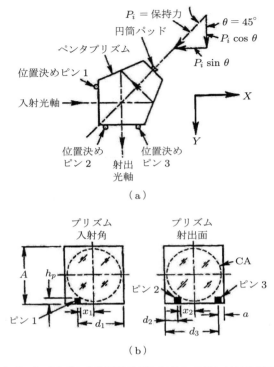

図 13.11　(a)ペンタプリズムを位置決めピンに対して押し付ける荷重，(b)プリズムにおける入射面・射出面の外での位置決めピンの配置（Yoder[21]による）．

　プリズムを円筒形のピンで位置決めするすべてのマウント配置においても，ピンの面がプリズムと平行であることが本質的に重要である．ピンが製造誤差でわずかに倒れている場合，ガラス面における局在した応力集中が発生する可能性がある．Yoder[12]は位置決めピンを図 13.12 のように配置することを提案している．図(a)におけるピンは「球面ピン」として購入して利用可能だが，図(b)におけるピンは，従来の円筒ピンの頂上にさらに円筒を付け加えた特注品である．上部の円筒は長い凸の球面形状になっており，プリズムに接するようになっている．この設計の利点は，接触面の曲率半径を非常に長くとれることであり，それによって荷重がかかったときの接触応力を非常に減らすことができる．一方で，球面ピンの曲率半径は相対的に小さい．双方の設計において球面に平面が接触する場合に与えた式が，応力を見積もるために適用可能である．またどちらの設計でも，従来の円筒ピンで行われたように，ベースプレートに開けた位置決め穴にピンを圧入することができる．

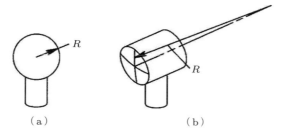

図 13.12 円筒形以外の位置決めピン．(a)従来のボールピン，(b)円筒形だが光学素子に接触する面が長い曲率半径の球面になっているピン（Yoder [21] による）．

ピンの角度誤差に対する許容量は，プリズムに対する接触がパッド中心あるいは中心付近で起こるように決められる．

例題 13.2 平面光学素子に接触する円筒パッドにおける最大および平均応力（設計と解析には File 13.2 を用いよ）．

A6061 製で，曲率半径が 304.8 mm，長さ $b = 3.175$ mm の円筒パッドを考える．これが N-BK7 製プリズムの平面に対して 18.534 N で押し付けられているとする．(a)ガラス面における最大引張応力および(b)平均引張応力を求めよ．

解答

表 B.1 および表 B.12 より

$$E_M = 6.826 \times 10^4 \text{ MPa}, \quad \nu_M = 0.332$$
$$E_G = 8.274 \times 10^4 \text{ MPa}, \quad \nu_G = 0.206$$

である．単位長さあたりの力は

$$p_i = \frac{P_i}{b} = \frac{18.534}{3.175} = 5.837 \text{ N/mm}$$

となる．式(13.4b)より

$$K_1 = \frac{1}{D_2} = \frac{1}{2 \times 304.8} = 0.0016/\text{mm}$$

であり，式(13.5)より

$$K_2 = \frac{1 - 0.206^2}{8.274 \times 10^4} + \frac{1 - 0.332^2}{6.826 \times 10^4} = 2.461 \times 10^{-5} \text{ MPa}^{-1}$$

となる．

598　第 13 章　マウントによる応力の見積もり

(a) 式(13.8)より

$$S_{C\,\text{CYL}} = 0.564 \times \left(\frac{5.837}{304.8 \times 2.461 \times 10^{-5}} \right)^{\frac{1}{2}} = 15.7\,\text{MPa}$$

式(3.1)より

$$S_{T\,\text{CYL}} = \frac{(1 - 2 \times 0.206) \times 15.7}{3} = 3.1\,\text{MPa}$$

となる.

(b) 式(13.9a) より

$$\Delta y = 2.263 \times \left(\frac{2.461 \times 10^{-5} \times 5.837}{0.0016} \right)^{\frac{1}{2}} = 0.671\,\text{mm}$$

となる. 式(13.10)より

$$A_{C\,\text{CYL}} = 0.671 \times 3.175 = 2.13\,\text{mm}^2$$

となる. 式(13.11)より

$$S_{C\,\text{AVG}} = \frac{18.534}{2.13} = 8.7\,\text{MPa}$$

となるので, 式(13.1)より

$$S_{T\,\text{AVG}} = \frac{(1 - 2 \times 0.206) \times 8.7}{3} = 1.7\,\text{MPa}$$

を得る.

これらの応力は 6.9 MPa より小さく, 許容可能である.

13.5　円環状の接触面における最大接触応力

円形の光学素子を面接触のマウント方法で組み込んだときの接触応力は, 押さえ環やフランジにて発生するが, このときの応力は荷重, 光学面の曲率半径, 接触面の幾何学的形状, そしてマウントに関わる材料の物理特性に依存する. この力は一般的には温度で変化する. 応力の温度変化は第 14 章で考察する.

レンズとマウントの材料は弾性的なので, 軸方向の応力は, 光学面の外周近辺の狭い円環状の変形領域の中心線 (ここで金属とガラスが接触している) で最大値 S_C をとる. この中心線は, 光軸から半径 y_C の高さに位置する. レンズ内での応力は, この中心線から遠ざかる (つまり光軸に近づく) につれ, 徐々に減少する. 図 13.3 はこれを解析するためのモデルである. 直径 D_1 の大きな円筒は光学面を

13.5 円環状の接触面における最大接触応力

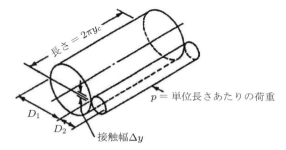

図 13.13 凸の機械的拘束面(小さなシリンダ)と凸レンズ面(大きなシリンダ)の間の接触をモデル化した,円環状の面接触に関する解析モデル.

表し,一方で D_1 はマウントのインターフェース面を表す.両方の円筒は,$2\pi y_C$ に等しい長さをもち,これは半径 y_C の円の周長である.両方の円筒は,図示するように互いに線状の応力 p (つまり単位長さあたりの荷重)で押し付けられている.弾性変形する領域の円環の幅は Δy で表され,これは式(13.9a)で与えられる.光学面は,図 13.13 に示した光学図において凸面として示されている.もし面が凹面である場合,図の小さい円筒は,大きな円筒の内側で接することになろう.そうでない場合,幾何学的配置は変わらない.

この長方形の変形領域における平均圧縮応力は,式(13.12)を用いて計算できるが,一方で式(13.13)は最大圧縮応力を与える.パラメータ p は線上の応力(つまり単位長さあたりの接触力)である.式(13.12)における Δy は式(13.9a)で与えられる.

$$S_{C\,\text{AVG}} = \frac{P}{A_C} = \frac{P}{2\pi y_C \Delta y} = \frac{p}{\Delta y} \tag{13.12}$$

$$S_C = 0.798 \left(\frac{K_1 p}{K_2}\right)^{\frac{1}{2}} \tag{13.13}$$

ここで,パラメータ K_1 は式(13.4a)で与えられ,符号は光学面が凸か凹かに依存する.平面の場合の K_1 は式(13.4b)で得られる.パラメータ K_2 は式(13.5)で与えられる.パラメータ K_1 については,以下の項で可能な機械的インターフェース面の配置との関連で議論する.

式(13.13)を式(13.12)で割ることで,$S_C/S_{\text{AVG}} = 0.798/1.600$ であることが容易に示せる.したがって,レンズ,ウインドウ,あるいはミラーに対して,縁近辺に発生する最大応力は,つねに平均応力の 1.277 倍である.繰り返しになるが,引張応力 S_T は式(13.1)を適用することで得られる.

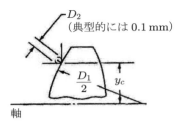

図 13.14　凸レンズ面に接触するセルのシャープコーナーの断面図

13.5.1　シャープコーナー接触における応力

シャープコーナー接触は，以前に平面と円筒面との接触として説明されたが，この円筒面は機械部品上に半径 0.05 mm 程度のオーダーで精密に機械加工されている（Delgado および Hallinan [22] 参照）．ガラスに高さ y_C で接触している小さなエッジの様子を図 13.14 に模式的に表す．交わる機械面の角度は，図に示すように 90°であってもよいが，90°より大きいことが望ましい．鈍角のエッジ角度は，通常より滑らかに加工でき，応力が集中する欠陥（穴やバリ）の数を，より小さい角度のものより少なくできる．図 13.13 に示した解析モデルが適用される．

シャープコーナーの D_2 の値をつねに約 0.004 in.（0.1 mm）とすると，式(13.4a)にこの値を代入することで，$K_{1\,SC} = (D_1 \pm 0.004)/0.004 D_1$ (in. 単位) が得られる．凸面あるいは凹面の光学面で，曲率半径が 0.2 in.（5 mm）より大きいものについては，D_2 の値を無視することができ，K_1 は定数 250/in.（あるいは 10/mm）となる．この近似による誤差は 2% を超えない．

例題 13.3 には，シャープコーナー接触の場合の典型的な計算例を示す．

例題 13.3　シャープコーナー接触における最大および平均応力（設計と解析には File 13.3 を用いよ）．

$D_G = 78.745$ mm，$R_1 = 457.2$ mm，$R_2 = 1828.8$ mm の両凸ゲルマニウム製レンズを考える．このレンズが A6061 製セルに半径 $y_C = 38.1$ mm の高さでシャープコーナー接触しているとする．
(a) 保持力が 88.964 N の場合，それぞれの接触面にかかる引張応力を求めよ．
(b) 接触面における平均引張応力を求めよ．

解答

(a) 表 B.6 より　$E_G = 1.037 \times 10^5$ MPa, $\nu_M = 0.278$, 表 B.12 より　$E_M =$

6.826×10^4 MPa, $\nu_M = 0.332$.

すでに定義したように,

$$p = \frac{88.964}{2\pi \times 38.1} = 0.372 \text{ N/mm}$$

式(13.5)より

$$K_2 = \frac{1 - 0.278^2}{1.037 \times 10^5} + \frac{1 - 0.332^2}{6.826 \times 10^4} = 2.193 \times 10^{-5} \text{ MPa}^{-1}$$

であった.

両方の曲率半径は 5.080 mm より大きいため, $K_{1\,SC} = 10$/mm である. したがって式(13.13)より, 各面に対して

$$S_{C\,SC} = 0.798 \times \left(\frac{10 \times 0.372}{2.193 \times 10^{-5}} \right)^{\frac{1}{2}} = 328.47 \text{ MPa}$$

の圧縮応力がかかる. 式(13.1)より, 各面に対して

$$S_{C\,SC} = \frac{(1 - 2 \times 0.278) \times 328.47}{3} = 48.6 \text{ MPa}$$

の引張応力がかかる.

(b) 本文で述べたように, 平均の軸方向引張応力は, (ピーク値)/1.277 で与えられる. つまり, 本例では各面に対し $48.6/1.277 = 38$ MPa の平均引張応力となる.

これらの応力は, レンズの強度として提案した許容値である 6.9 MPa を大きく超える. したがって許容不可能である.

13.5.2 接線接触における応力

接線接触の断面図と解析モデルを図13.15に示す. このインターフェースは以前, 球面レンズと円錐の機械面との接触として説明した. このタイプのインターフェースは凹面に使うことはできない. 式(13.13)が $S_{C\,TAN}$ の計算に用いられる. 式(13.5b)によると, K_1 は $1/D_1$ だが, ここで D_1 は光学面の曲率半径の 2 倍であり, p と K_2 はシャープコーナーの場合と同じである. 例題 13.4 は例題 13.3 で考察した例と同じ光学面に対する, 接線接触の場合の計算である.

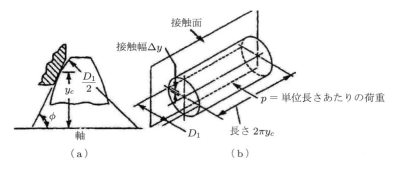

図 13.15　(a)接線接触する金属面と凸面の間の接触面の断面図，(b)この接触面の解析モデル．

例題 13.4　接線接触における最大および平均応力（設計と解析には File 13.4 を用いよ）．

$D_G = 78.745$ mm，$R_1 = 457.2$ mm，$R_2 = 1828.8$ mm の両凸ゲルマニウム製レンズを考える．このレンズが A6061 製セルに半径 $y_C = 38.1$ mm の高さで両面が接線接触しているとする．保持力が 88.964 N の場合，それぞれの接触面にかかる最大引張応力を求めよ．

解答

表 B.6 より $E_G = 1.037 \times 10^5$ MPa，$\nu_M = 0.278$，表 B.12 より $E_M = 6.826 \times 10^4$ MPa，$\nu_M = 0.332$．

すでに定義したように，

$$p = \frac{88.964}{2\pi \times 38.1} = 0.372 \text{ N/mm},$$

式(13.5)より

$$K_2 = \frac{1 - 0.278^2}{1.037 \times 10^5} + \frac{1 - 0.332^2}{6.826 \times 10^4} = 2.193 \times 10^{-5} \text{ MPa}^{-1}$$

であった．

(a) R_1 面に対する接線接触について，

$$K_{1\,\text{TAN}} = \frac{1}{D_1} = \frac{1}{2 \times 457.2} = 0.0011/\text{mm}$$

である．

式(13.13)より，各面に対して

$$S_{C\,\text{TAN}} = 0.798 \times \left(\frac{0.0011 \times 0.372}{2.193 \times 10^{-5}} \right)^{\frac{1}{2}} = 3.44\,\text{MPa}$$

の圧縮応力がかかる．式(13.1)より，各面に対して

$$S_{T\,\text{TAN}} = \frac{(1 - 2 \times 0.278) \times 3.44}{3} = 0.51\,\text{MPa}$$

の引張応力がかかる．

(b) R_2 面に対する接線接触について，

$$K_{1\,\text{TAN}} = \frac{1}{D_1} = \frac{1}{2 \times 1828.8} = 0.00027/\text{mm}$$

式(13.13)より，各面に対して

$$S_{C\,\text{TAN}} = 0.798 \times \left(\frac{0.00027 \times 0.372}{2.193 \times 10^{-5}} \right)^{\frac{1}{2}} = 1.72\,\text{MPa}$$

の圧縮応力がかかる．式(13.1)より，各面に対して

$$\text{S}_{T\,\text{TAN}} = \frac{(1 - 2 \times 0.278) \times 3.44}{3} = 0.25\,\text{MPa}$$

の引張応力がかかる．

これらの応力は 6.9 MPa よりかなり小さく，許容可能である．

例題 13.4 の結果を例題 13.3 と比較すると，最大接触応力の観点から，シャープコーナー接触に対する接線接触の利点がわかる．シャープコーナー接触の許容できない応力から，まったく許容可能な応力にまで減らすことができ，さらにハードウェア的コストの上昇分は非常に小さく押さえられるため，この機械的インターフェースの変更は非常に正当化できるものである．

13.5.3 トロイダル接触における応力

3.8.3 項において，トロイダル形状（あるいはドーナツ形状）の機械的な面が球面レンズに接触している状態について説明した．図 13.13 を再度適用し，K_1 を，凸または凹面に対して計算した式(13.4a)の値，D_1 を光学面の開口半径の 2 倍，D_2 をトロイド面の断面曲率 R_T の 2 倍とする．光学面に接するトロイダル面は，通常凸形状である．トロイドの曲率半径 R_T が非常に小さいという限定された場合，シャープコーナー接触と等価になる．もし，R_T が非常に大きく，レンズ面が凸形状の場合，これは接線接触と等価になる．凸形状のトロイドしか凹面に接触させる

604 第 13 章 マウントによる応力の見積もり

ことはできない．また，R_T が大きく，光学面の曲率半径と等しい場合は，球面接触と等価になる（3.8.4 項を参照）．

例題 13.5 は例題 13.3 あるいは例題 13.4 と同じ光学面に対して，凹凸両方の面がトロイダル接触している場合の最大接触応力を計算した例である．13.5.6 項で説明する理由により，凸面に対しては $R_T = 10R_1$，凹面に対しては $R_T = 0.5R_2$ と仮定する．

ここで，例におけるトロイダル接触を用いたインターフェースの場合の最大引張応力は，どちらもシャープコーナー接触の場合より非常に小さくなっており，凸面（R_1）に対しては接線接触と同等であることに注意したい．平均応力についてもまた，接線接触と非常に近い値である．トロイダル接触は凹面に対してもよい結果を与えるので，任意の面形状に対するマウント設計の場合にも，オプトメカニカル設計として望ましいタイプの設計であることがわかる．

例題 13.5　トロイダル接触における最大応力（設計と解析には File 13.5 を用いよ）．

$D_G = 78.745$ mm，$R_1 = 457.2$ mm，$R_2 = 1828.8$ mm のメニスカス形状のゲルマニウム製レンズを考える．このレンズの両面が，A6061 製セルに半径 $y_C = 38.1$ mm の高さでトロイダル接触しているとする．ここで，R_1 面における R_T を，$R_T = 10R_1 = 4572$ mm，また R_2 面における R_T を，$R_T = 0.5R_2 = 914.4$ mm とする．保持力が 88.964 N の場合，それぞれの接触面にかかる最大引張応力を求めよ．

解答

表 B.6 より $E_G = 1.037 \times 10^5$ MPa，$\nu_M = 0.278$．表 B.12 より $E_M = 6.826 \times 10^4$ MPa，$\nu_M = 0.332$．

すでに定義したように

$$p = \frac{88.964}{2\pi \times 38.1} = 0.372 \text{ N/mm,}$$

式 (13.5) より

$$K_2 = \frac{1 - 0.278^2}{1.037 \times 10^5} + \frac{1 - 0.332^2}{6.826 \times 10^4} = 2.193 \times 10^{-5} \text{ MPa}^{-1}$$

であった．

（a）R_1 面に対するトロイダル接触について，

$$D_1 = 2 \times 457.2 = 914.4 \, \text{mm}, \qquad D_2 = 2 \times 4572 = 9140 \, \text{mm}$$

式（13.4a）より

$$K_{1\,\text{TOR}} = \frac{914.4 + 9140}{914.4 \times 9140} = \frac{1}{2 \times 457.2} = 0.0012/\text{mm}$$

である.

式（13.13）より，各面に対して $S_{C\,\text{TOR}} = 0.798 \times \{0.0012 \times 0.372/(2.193 \times 10^{-5})\}^{1/2}$ $= 3.60 \, \text{MPa}$ の圧縮応力がかかる. 式（13.1）より，各面に対して

$$S_{T\,\text{TOR}} = \frac{(1 - 2 \times 0.278) \times 3.60}{3} = 0.53 \, \text{MPa}$$

の引張応力がかかる.

（b）R_2 面に対するトロイダル接触について，

$$D_1 = 2 \times 1828.8 = 3657.6 \, \text{mm}, \qquad D_2 = 2 \times 914.4 = 1828.8 \, \text{mm}$$

式（13.4a）より

$$K_{2\,\text{TOR}} = \frac{3567.6 - 1828.8}{3567.6 \times 1828.8} = 0.00027/\text{mm}$$

である.

式（13.13）より，各面に対して $S_{C\,\text{TAN}} = 0.798 \times \{0.00027 \times 0.372/(2.193 \times 10^{-5})\}^{1/2} = 1.72 \, \text{MPa}$ の圧縮応力がかかる. 式（13.1）より，各面に対して

$$S_{C\,\text{TAN}} = \frac{(1 - 2 \times 0.278) \times 3.44}{3} = 0.25 \, \text{MPa}$$

の引張応力がかかる.

これらの応力は 6.9 MPa よりかなり小さく，許容可能である.

13.5.4 球面接触における応力

凸レンズ面あるいは凹レンズ面に対する球面接触（3.8.4 項で議論した）は，保持力を広い輪帯状の領域に分散させるため，ほぼ応力フリーである. 面の曲率半径がぴったり合致する場合（つまり数波長以内），接触応力は全保持力を接触している輪帯の面積で割った値と等しい. この面積は相対的に大きいため，応力は小さく無視できるであろう. もし面がぴったり合致しない場合，接触状態は劣化し，狭い輪帯状あるいは線接触，つまりシャープコーナー接触になりうる. これらの状態は，

606　第13章　マウントによる応力の見積もり

高い応力が発生する可能性があるため，どちらも望ましくない．ほかのインターフェース形状も利用可能であり，簡単に創成され，またより安価であるため，球面接触はさほど用いられない．

13.5.5　平面面取り接触

3.8.5 項にて平面面取り接触を考察した．平面面取りは，機械的基準として用いられ，なおかつレンズ光軸に対して正確に垂直な場合，機械面に対してぴったり接触しうる．球面接触と同様，接触面積が大きく，保持力（全保持力/接触面積）によって決まる接触応力はそもそも小さいため，応力は無視できる．しかしながら，接触面が正しく平面かつ平行でない場合には，接触面積は減少し，接触応力は増加する．極限状態では，線接触（すなわちシャープコーナー接触）が発生する．この場合，局在した高い応力が発生する可能性につながる．

13.5.6　接触タイプに対するパラメトリックな比較

図 13.16(a) は，曲率半径に対して，それぞれの機械的接触についての軸方向の引張応力を比較したものである（凸面 $R = 254\,\mathrm{mm}$，直径 $38.1\,\mathrm{mm}$，保持力 $0.175\,\mathrm{N/mm^2}$ でレンズの縁近辺の輪帯状で保持）．レンズは BK7 でできており，マウントは A6061 アルミニウム合金とする．広い範囲をプロットするため，応力と機械面の曲率半径を対数軸で表示する．左側のシャープコーナー接触（垂直方向点線）に近づくほど短い曲率半径の特性を表すようになり，右にいくにつれ，接線接触の場合に漸近的に近づく．これらの極限の間には，無限個のトロイダル接触が存在する．小さな円は，接線接触の場合の応力からのずれが 5% 以内の「望ましい」トロイダル曲率半径 $R_T = 10R$ を示す．これについては Yoder[23] を参照せよ．

図(b) は同様の関係を凹面について示した面である．ほかのパラメータはすべて図(a) と同じである．垂直な点線は同様に，シャープコーナー接触を示している．トロイダル接触のエッジ R が面の曲率半径と合致する状態の限界（球面接触）に近づくにつれ，応力は減少する．円はとりあえず決めた「望ましい」最小トロイダル曲率半径 $0.5R$ に対応する（この状態において，凸面に対し同じ保持力がかかった状態の $R_T = 10R$ 場合における応力に打ち勝つ）．これらの図において示された関係として，シャープコーナー接触の場合の接触応力は，ほかのいかなる接触タイプよりも決定的に大きいことがわかる．

図 13.17(a) は，同じレンズに対して線形の保持力（全保持力）が 1.75×10^{-4}

13.5 円環状の接触面における最大接触応力　607

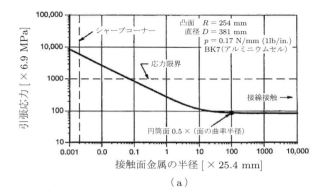

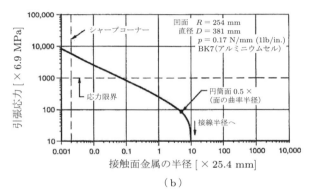

図13.16　金属側の接触半径の関数としての接触引張応力の変化．(a)凸面に力がかかる場合の典型例，(b)凹面に力がかかる場合の典型例．設計寸法は図に示すとおりである（Yoder[24]による．著作権はInforma plcの一部門であるTaylor and Francis Group LLCに帰属する．許可を得て再掲）．

~1.75 N/mm² まで変化したときに何が起こるかを示している．図(b)は，ほかのパラメータはすべて同じだとして，凹面に対する関係を示している．一般的に，いかなる接触タイプ，光学面 R に対して，光学面にかかる全保持力 P が P_1 から P_2 に変化したとき，その結果の応力変化は $(P_2/P_1)^{1/2}$ で起こる．保持力が10倍変化すると，応力は $10^{1/2} = 3.162$ の割合で起こる．

図13.18(a)と(b)は，図13.17に示す軸方向の引張方向の接触応力が，曲率半径を10倍ずつ変えたときに，凸の場合と凹の場合でどう変わっていくかをそれぞれ示す図である．荷重は定数（$p = 0.175$ N/mm）とする．シャープコーナー接触の場合，応力は面の曲率半径と符号（つまり凸か凹か）によらず，それぞれの図の左端に示された垂直の直線であることが見てとれる．面タイプによる相違は，トロイ

608　第13章　マウントによる応力の見積もり

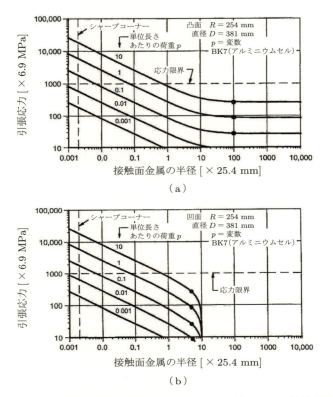

図 13.17　金属側の接触半径と，単位長さあたりの力の関数としての接触引張応力の変化．(a)凸面に力がかかる場合の典型例，(b)凹面に力がかかる場合の典型例．設計寸法は図に示すとおりである（Yoder[24]による．著作権はInforma plcの一部門であるTaylor and Francis Group LLCに帰属する．許可を得て再掲）．

ダル面の曲率半径が長くなった場合に顕著になる．その極限は接線接触と，凸面と凹面に対する球面接触である．繰り返しになるが，各曲線上に小さな丸印で示した点は，機械部品側の望ましい断面曲率半径（凸面の場合 $10R$，凹面の場合 $0.5R$）である．もちろん，これらの望ましい最小断面曲率半径より大きな曲率半径を用いれば，接触応力を減らせる．そのため，R_Tの正方向の許容誤差は緩い．トロイダル面の曲率半径の減少により応力は増大する．丸印で示した，R_Tに近い応力の値は一般に非常に小さいため，応力のわずかな増加は許容できる．多くの場合，R_Tの負方向の許容誤差もまた，非常に緩い．R_Tの値として，±100%の誤差も許容することができる．このことにより機械部品の検査が単純になる．

13.5 円環状の接触面における最大接触応力

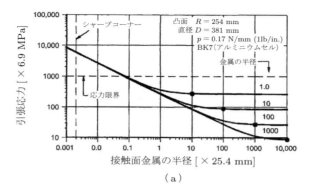

(a)

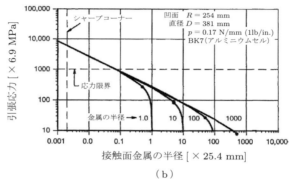

(b)

図 13.18 金属側の接触半径と、レンズ面の曲率半径の関数としての接触引張応力の変化．(a)凸面に力がかかる場合の典型例，(b)凹面に力がかかる場合の典型例．設計寸法は図に示すとおりである（Yoder[24]による．著作権はTaylor and Francis Group LLC, Informa plcの一部門に帰属する．許可を得て再掲）．

接線（円錐）接触は，トロイダル接触よりもわずかに容易に，また安価に製作可能なので，すべての凸面に対して接線接触を用いることが望ましい．さらにいうと，曲率半径 R の凹面に対しては，つねに半径 R_T が近似的に $0.5R$ に等しいトロイダル接触を用いることを推奨する．これらの接触形状によると，シャープコーナー接触と比較して，軸方向の接触応力を顕著に減少させられる．

もし，ほかのパラメータすべてを変更せずに，光学面の曲率半径が R_i から R_j へと変化すると，長い曲率半径のトロイダル接触の場合，対応する接触応力はもとの $(R_i/R_j)^{1/2}$ 倍に変化する．したがって，図 13.17(a)と(b)で示すように，10：1 のステップで曲率半径を増加させてゆくと，応力は $(1/10)^{1/2} = 0.316$ の割合で減少する．

13.6 非対称にクランプされた光学素子の曲げの効果

円形の光学素子（レンズ，ウインドウ，あるいは小径のミラー）を，押さえ環あるいはフランジによる保持力で，マウントの棚あるいはほかの機械的拘束箇所にマウントした場合，かかる力と拘束力は反対向きとなる（つまり，光軸から同じ高さで両側からかかる）．そうでない場合には，曲げモーメントが光学素子の接触領域の周りに発生する．このモーメントは，図 13.19 に示すように，ある面がより凸面になるように，また，ほかの面がより凹面になるように光学素子を変形させる．この光学面の変形は，光学性能に不利な影響を与える可能性がある．一般的には，同じ効果が円形ではない光学素子を非対称にクランプした場合にも発生する．

光学部品が曲げられたとき，より凸形状に変化する面は引っ張られており，他方の面は圧縮されている．光学材料は圧縮されたときより引っ張られたときのほうがより容易に破壊されるので（とくに面に傷がある場合，表面下にダメージがある場合），モーメントが大きい場合には急激な破壊が起こる可能性がある．この場合，以前に述べた引張応力に関する経験的な許容値 6.9 MPa を適用する．

13.6.1 光学素子における曲げモーメント

Roark[1]の式は，薄い平行平板（図 13.19 参照）に基づいているが，この式を使ったモデルが長い曲率半径をもつ単純な形状のレンズに適用できることが，Bayer

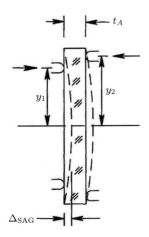

図 13.19　光学素子の異なる高さに保持力と拘束力をかけた場合の，曲げモーメントを見積もるための幾何学的配置．

13.6 非対称にクランプされた光学素子の曲げの効果 611

[25] により指摘されている．ここで，この類似性を円形のウインドウおよび穴の開いていない小径ミラーに拡張する．近似の程度は，部分的には，面の曲率半径に依存する．より曲率がきついと，光学素子の剛性が平面板の剛性より高くなるので，計算精度を悪化させる傾向にある．

面における引張応力 S_T は，曲げる力により面をより凸に変形する．この量は近似的に次の式で与えられる．

$$S_T = \frac{K_6 K_7}{t_E^2} \tag{13.14}$$

$$K_6 = \frac{3P}{2\pi m} \tag{13.15}$$

$$K_7 = 0.5(m-1) + (m+1)\ln\frac{y_2}{y_1} - (m-1)\frac{y_1^2}{2y_2^2} \tag{13.16}$$

ここで，P は全保持力，m はポアソン比の逆数，t_E は縁厚あるいは中心厚（どちらか小さいほう），y_1 は小さい側の接触高さ，そして y_2 は大きい側の接触高さである．曲げモーメントによる破壊の可能性を小さくするには，接触高さをできる限り等しくするべきである．光学素子の厚みを増すこともまた，破壊の危険性を下げる．以下の例題 13.6 は，光学素子の曲げ応力をどうやって見積もるかを示す．

例題 13.6　非対称にクランプされた光学素子にはたらく曲げ応力（設計と解析には File 13.6 を用いよ）．

直径 508 mm，厚み 63.5 mm の合成石英製平面ミラーにおいて，一方の面が高さ $y_1 = 241.3$ mm で，もう一方の面が高さ $y_2 = 250.952$ mm でトロイダル形状の棚に接触している．低温の場合にかかる力を 8900 N とするときの曲げ応力を求めよ．

解答

表 B.5 より，合成石英のポアソン比 ν_G は 0.17 なので，$m = 1/0.17 = 5.882$ である．
式 (13.15) より，$K_6 = 3 \times 8900/(2\pi \times 5.882) = 722.4$ N となる．
式 (13.16) より

$$
\begin{aligned}
K_7 &= 0.5 \times (5.882 - 1) + (5.882 + 1) \times \ln\frac{250.952}{241.3} \\
&\quad - (5.882 - 1) \times \frac{241.3^2}{2 \times 250.952^2} \\
&= 0.454
\end{aligned}
$$

612 第13章 マウントによる応力の見積もり

となる.

式 (13.14) より $S_T = 722.4 \times 0.454/63.5^2 = 0.08\,\mathrm{MPa}$ となる.

この応力は,提案した限界応力 6.9 MPa よりはるかに小さく,問題にはならない.

13.6.2 曲げられた光学素子のサグ変化

曲げモーメントが非対称な輪帯状のマウントにより加わったとき,図 13.19 に示した平行平板中心においてサグ深さ変化 Δ_{SAG} が発生する.以下の式は,この値を計算するために Roark [1] により与えられた.

$$\Delta_{\mathrm{SAG}} = \frac{K_8 K_9}{t_E^3} \tag{13.17}$$

$$K_8 = 3P\frac{m^2 - 1}{2\pi E_G m^2} \tag{13.18}$$

$$K_9 = \frac{(3m + 1)y_2^2 - (m - 1)y_1^2}{2(m + 1)} \tag{13.19}$$

パラメータの意味は前述のとおりである.面の変形量が許容可能か判定するには,光学面の変形量 Δ_{SAG} を許容値(たとえば $\lambda/2$ や $\lambda/20$)と比較すればよい.例題 13.7 にはこれらの式の使用法を示す.

例題 13.7 非対称にクランプされた光学素子の面変形(設計と解析には File 13.7 を用いよ).

直径 508 mm,厚み 63.5 mm の合成石英製平面ミラーにおいて,一方の面が高さ $y_1 = 241.3\,\mathrm{mm}$ で,もう一方の面が高さ $y_2 = 250.952\,\mathrm{mm}$ でトロイダル形状の棚に接触している.低温の場合にかかる力を 8900 N とするとき,面の中心部分における変形量は何 mm か,また波長 633 nm に対して何波長か.

解答

表 B.5 より,$E_G = 7.3 \times 10^4\,\mathrm{MPa}$ であり,ν_G は 0.17 なので,$m = 1/0.17 = 5.882$ である.

式 (13.18),(13.19) および式 (13.17) より,

$$K_8 = \frac{3 \times 8900 \times (5.882^2 - 1)}{2\pi \times (7.3 \times 10^4) \times 5.882^2} = 0.0565\,\mathrm{mm}^2$$

$$K_9 = \frac{(3 \times 5.882 + 1) \times 250.952^2 - (5.882 - 1) \times 241.3^2}{2 \times (5.882 + 1)}$$
$$- 241.3^2 \times \left(\ln\frac{250.952}{241.3} + 1 \right)$$
$$= 4152.8 \, \text{mm}^2$$

となる．よって，

$$\Delta_{\text{SAG}} = \frac{0.0565 \times 4152.8}{63.5^3} = 9.17 \times 10^{-4} \, \text{mm} = 1.45\lambda \quad (\lambda = 633 \, \text{nm})$$

である．

例題 13.7 に示したマウント方法の例は，応力（例題 13.6 から）の値が十分小さくても，実用に供するには不足と考えられる．この設計は，y_1 と y_2 を等しくすることにより，改善される可能性がある．

参考文献

[1] Roark, R.J., *Formulas for Stress and Strain*, 3rd ed., McGraw-Hill, New York, 1954.
[2] Timoshenko, S.P. & Goodier, J.N., *Theory of Elasticity*, 3rd ed., McGraw-Hill, New York, 1970.
[3] Weibull, W.A., "A statistical distribution function of wide applicability," J. Appl. Mech. 13, 1951:293.
[4] Wiederhorn, S.M., "Influence of water vapor on crack propagation in soda-lime glass," J. Am. Ceram. Soc. 50, 1967:407.
[5] Wiederhorn, S.M., Freiman, S.W., Fuller, E.R., Jr., and Simmons, C.J., "Effects of water and other dielectrics on crack growth, *J. Mater. Sci.* 17, 1982:3460.
[6] Vukobratovich, D., "Optomechanical Design," Chapter 3 in *The Infrared and Electro-Optical Systems Handbook* 4, ERIM, Ann Arbor and SPIE Press, Bellingham, 1993.
[7] Pepi, J.W., "Failsafe design of an all BK7 glass aircraft window," *Proceedings of SPIE* **2286**, 1994:431.
[8] Fuller, E.R., Jr., Freiman, S.W., Quin, J.B., Quinn, G.D., and Carter, W.C., "Fracture mechanics approach to the design of aircraft windows: a case study," *Proceedings of SPIE* **2286**, 1994:419.
[9] Harris, D.C., *Materials for Infrared Windows and Domes*, SPIE Press, Bellingham, 1999.
[10] Doyle, K.B. and Kahan, M., "Design strength of optical glass," *Proceedings of SPIE* **5176**, 2003:14.
[11] Adler, W.F., and Mihora, D.J., "Biaxial flexure testing: analysis and experimental results," *Fracture Mechanics of Ceramics* 10, Plenum, New York, 1992.
[12] Freiman, S., *Stress Corrosion Cracking*, ASM International, Materials Park, OH, 1992.
[13] MIL-O-13830A, *Optical Components for Fire Control Instruments: General Specification Governing the Manufacture, Assembly and Inspection of*, U.S. Army,

614   第13章　マウントによる応力の見積もり

1975.

[14] Doyle, K.B., private communication, 2008.

[15] Stoll, R., Forman, P.F., and Edelman, J., "The effect of different grinding procedures on the strength of scratched and unscratched fused silica," *Proceedings of Symposium on the Strength of Glass and Ways toImprove Iit*, Union Scientifique Continentale du Verr, Florence, 1961.

[16] Shand, E.B., *Glass Engineering Handbook*, 2nd ed., McGraw-Hill, New York, 1958.

[17] Crompton, D., *private communication*, 2004.

[18] Young, W.C., *Roark's Formulas for Stress and Strain*, 6th ed., McGraw-Hill, New York, 1989.

[19] Kimmel, R.K. and Parks, R.E., ISO 10110 Optics and Optical Instruments—*Preparation of Drawings for Optical Elements and Systems, 2nd ed.*, Optical Society of America, Washington, 2004.

[20] Sawyer, K.A., "Contact stresses and their optical effects in biconvex optical elements," *Proceedings of SPIE* **2542**, 1995:58.

[21] Yoder, P.R., Jr., "Improved semikinematic mounting for prisms," *Proceedings of SPIE* **4771**, 2002:173.

[22] Delgado, R.F. and Hallinhan, M., "Mounting of optical elements," *Opt. Eng.* 14; 1975:S-11.

[23] Yoder, P.R., Jr., "Axial stresses with toroidal lens-to-mount interfaces," *Proceedings of SPIE* **1533**, 1991:2.

[24] Yoder, P.R., Jr., *Opto-Mechanical Systems Design*, 3rd. ed., CRC Press, Boca Raton, 2005.

[25] Bayar, M., "Lens barrel optomechanical design principles," *Opt. Eng.* 20, 1981:181.

14

温度変化の効果

　温度変化は光学部品と光学システムに対し，無数の変化を引き起こす．その変化には，曲率半径，空気間隔とレンズ厚み，光学材料と周囲の空気の屈折率変化，そして機構部材の寸法変化が含まれる．これらの影響は，デフォーカスと，場合によってはシステムのアライメント誤差を引き起こす傾向がある．ここでは，これらの影響を減少するために光学機器をアサーマル化するための，パッシブあるいはアクティブな技術について考察する．アセンブリを構成する光学部品と機構部品の寸法変化は，クランプ力（荷重）の変化を引き起こす可能性がある．この力の変化は光学素子と機構部品の接触において，接触応力に悪影響を及ぼす．高温において接触力を失うことが原因で生じる光学部品の位置ずれや，低温における軸方向と径方向の応力の累積についても考察を行う．これらの問題は，注意して対応しないと深刻な影響をもたらすが，注意深くオプトメカニカル設計を行うことで，大部分は除去，あるいは大幅にその量を減らすことができる．軸方向あるいは径方向の温度勾配が，光学性能にどのように影響を及ぼすかについても手短に考察する．最後に，温度変化による接着結合のせん断応力について議論する．

14.1　反射光学系におけるアサーマル化の方法

　アサーマル化とは，温度変化に対して，光学設計，マウント設計，機構設計により光学機器の性能を安定化させる設計過程である．本節では，議論の対象を光軸方向のデフォーカスの効果に限定するが，これは，パッシブでもアクティブにでも，設計，材料，寸法の選択により補正できるものである．

14.1.1　同一材料による設計

　光学素子と機構部品をすべて同じ材料で構成した反射光学系は，屈折光学素子を含む光学系よりも優れている．一例が赤外宇宙観測衛星（IRAS）の望遠鏡である[1,2]．これは，極低温まで冷却されたリッチー–クレチアン式望遠鏡であり，

NASAにより1983年に打ち上げられた．すべての構造部材と光学素子はベリリウムで構成されていた．この望遠鏡については，10.3節において，金属ミラーのフレクシャマウントの文脈で説明した．図14.1は，そのオプトメカニカル系を模式的に示したものである[†]．望遠鏡において，結像に関係する部材はすべて同じCTEを有しているため，地上での製作および組み立て工程の温度と，宇宙空間における極低温状態との差は，すべての部材と空気間隔を同じように変化させる．このような光学系を「アサーマル」とよぶが，これは温度変化が焦点位置や結像性能に影響を及ぼさないためである．像の大きさにはわずかな変化が生じる．図10.33に示した，すべてアルミニウムでできた望遠鏡も同様のアサーマル特性を示す[3]．

反射光学系（たとえば2枚のミラーが光軸方向に離れた配置されたカセグレン式望遠鏡やグレゴリー式望遠鏡）において，ミラーはULEあるいはゼロデュアのような低膨張材で，構造部材はアルミニウムのように，より高いCTEをもった部材で構成されることが一般的である．このような光学系では，温度が変化すると，一般に焦点位置は内側あるいは外側に移動する．ミラーと構造部材が異なるCTEを有している場合，より柔軟なアサーマル設計が理論的に可能である．これは，構造部材が長さも材質も異なる場合に，よりあてはまる．

多くの場合，材料は温度特性よりもほかの特性（たとえば，加工性，コスト，密度）などによって選択されるので，温度変化の効果を減らすためにほかの方法を採

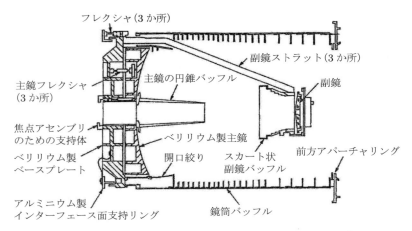

図14.1　IRAS望遠鏡における開口61 cm全ベリリウム製望遠鏡のオプトメカニカル配置図（ScheribmanおよびYoung[1]による）．

[†] この図は，図4.35および図10.24でも示している．

用しなくてはならない．可能な方法の一つとして，一つまたは複数のミラーの位置をアクティブに制御することが挙げられる．光学系内の温度分布を測定し，モータードライブ機構により，ミラーの空気間隔および最終像位置を調整する．より適した，しかし複雑な方法に，フォーカス位置あるいは結像性能を検出し，光学系全体の性能を最適にするようミラー位置を調整するやり方がある．どちらの方法もそれなりの労力を要するので，利用できない場合がある．その場合，パッシブなアサーマル化が好ましい手段となる．

14.1.2　メータリングロッドおよびトラス

　静止気象衛星(GOES)に用いられる口径 12.5 in.（31.1 cm）のカセグレン式望遠鏡は，2 枚のミラーの軸上空気間隔をパッシブに制御するため，「メータリングロッド」を用いている．図 14.2 に示すように，6 本のインバー管が，副鏡を保持するスパイダーと主鏡を保持するセルを結合している．主鏡のマウントと副鏡のスパイダーはアルミニウムでできている．副鏡のマウントは 9.1 節で説明した．この光学系は，軸方向にアサーマルである．これは，衛星軌道が地球の陰に出入りする際の温度変化（1～54℃）まで変化しても，構造部材のための異なる金属材料によってミラーの軸上間隔が一定に保たれるためである[4,5]．

　これを実現するための方法が，図 14.3 に模式的に示されている．凡例に示すように，材料は低 CTE と高 CTE のものがある．ミラーの頂点はスケッチの点に示されている．プラスとマイナスの符号は，温度が上がったときにミラーの空気間隔にどのように影響するかを示している．それぞれの変化は，部材のどちら側に隣接

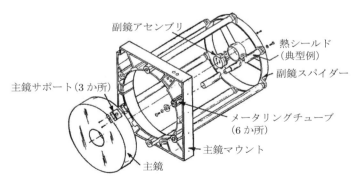

図 14.2　パッシブにアサーマル化された GOES 望遠鏡の図（Zermehly および Hookman[5]による）．

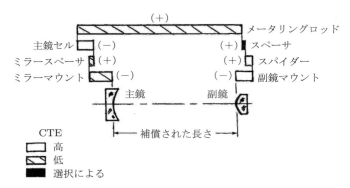

図14.3 パッシブに補償された GOES 望遠鏡構造のモデル（Zermehly および Hookman[5]による）.

する部材が結合しているかによる．各寄与（各部材の長さ × CTE × 温度変化）を数学的に加えることで，ミラーの空気間隔が決まる．さらに，副鏡マウントにおけるスペーサを組み立て時のわずかな変化を吸収するように選択する．それぞれを総合した結果は，温度変化があっても空気間隔は自動的に一定になる．

このような設計においては，温度が一様に分布していることを仮定する．温度を制御するために，熱放射率を最大にするよう外側の面が黒く塗られ，熱放射率を最小にするよう内側の面に金メッキが施されたアルミニウムの熱シールドを主要部品（メータリングロッドを含む）に配置する．これらのシールドは構造部材ではないため，温度補正機構には直接入ってこない．

大口径反射光学系において，アサーマル化されたトラスはしばしばミラーの間隔を決めるのに用いられる．一例が，ハッブル望遠鏡の副鏡に用いられたトラスである．このトラスは，48個の管とエポキシで強化された3個のグラファイトファイバーでできたリングよりなる．管は2.13 mの長さであり，直径6.17 cmである．これは，CTE = $0.45 \pm 0.18 \times 10^{-6}$/℃であることが求められている[6]．McCarthy と Facey[7]は，どのようにして製作されたチューブの CTE を測定し，トラス内の特定の箇所に用いられるためにグループ分けするかについて説明している（図14.4 参照）．たとえば，高い CTE をもつグループほど，運用中の温度変化が小さな，主鏡に隣接する領域に配置される．

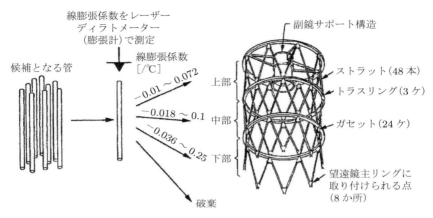

図 14.4 ハッブル宇宙望遠鏡のメータリングトラス構造のため実測された CTE に基づいて選択された管（McCarthy および Facey[7] による）.

14.2 屈折光学系におけるアサーマル化の方法

屈折系および反射屈折系には，全反射系よりも複雑なアサーマル化の問題がある．温度変化に応じた構造部材や透過部材の寸法変化に伴って，屈折率の変化も起きるためである．顕著な温度効果が予想される場合，一般的に採用される光学系設計上の指針としては，これらの影響を極力少なくする光学設計を行うこと，そして，残った温度効果を打ち消すような機械設計を行うことである．ここでの議論は，アサーマル設計の作業における，1次近似理論についてである．ここで示すことは設計指針であって，詳細な設計過程を述べたものではない．

ここで鍵となるパラメータは，すべての材料の CTE と，光学材料の屈折率 n_G，および屈折率の温度係数である．周辺の媒質が真空でない限り，媒質（通常は空気）の屈折率の温度変化も考慮に入れる必要がある．これらの屈折率変化を分離するためには，ガラスの絶対屈折率 $n_{G\,ABS}$ を，次の式を用いて空気屈折率に対するガラス相対屈折率 $n_{G\,REL}$ として（ガラスカタログに温度と波長でリスト化されているように）求める．

$$n_{G\,ABS} = n_{G\,REL} \times n_{AIR} \tag{14.1}$$

ここで，15℃における n_{AIR} は，Edlen[8] により与えられた式(14.2)で計算できる．

$$n_{AIR\,15} \times 10^8 = 6432.8 + \frac{2949.810}{146 - \frac{1}{\lambda^2}} + \frac{25540}{41 - \frac{1}{\lambda^2}} \tag{14.2}$$

620　第14章　温度変化の効果

ここで，波長 λ は μm 単位である.

Penndorf[9]によると，空気屈折率 n_{AIR} は温度に対して次の割合で変化する.

$$\frac{\mathrm{d}n_{\text{AIR}}}{\mathrm{d}T} = \frac{-0.003861\,(n_{\text{AIR 15}} - 1)}{1 + 0.00366T^2} \tag{14.3}$$

ここで，T はセ氏単位の温度である．20℃において，$\mathrm{d}n_{\text{AIR}}/\mathrm{d}T$ および $n_{\text{AIR}} - 1$ は表14.1に示す値をとる.

Jamieson[10]は，与えられた波長と温度における薄肉単レンズの焦点距離 f が，温度変化 ΔT により次の式に従い変化することを示した.

$$\Delta f = -\delta_G f \Delta T \tag{14.4}$$

この式において，δ_G はガラスの「温度に対するデフォーカス係数」であり，次の式で定義される.

$$\delta_G = \frac{\beta_G}{n_{G\ \text{ABS}} - 1} - \alpha_G \tag{14.5}$$

ここで，β_G はガラスカタログから得られる $\mathrm{d}n/\mathrm{d}T$ と同じである.

式(14.4)は，長さが L で CTE の値が α の部材についての，長さ L が温度で変化する割合の式 $\Delta L = \alpha L \Delta T$ と同じ形をしている．パラメータ δ_G は，物性と波長のみに依存する．線膨張係数 α_G はすべての屈折部材で正であり，光学ガラスについては，およそ $1.5 \times 10^{-5} \sim 0.4 \times 10^{-5}$ の値をとる．小さな δ_G を有するガラスは，温度上昇に伴う曲率半径増大による焦点距離増加が屈折率増加に伴う焦点距離減少とつりあっている．パラメータ δ_G の値は，光学プラスチックと赤外光学材料に対しては，光学ガラスよりも極端な値となる．Jamieson[10]は185種のSchottガラス，14種の赤外光学材料，4種の光学プラスチック，そして4種のマッチングオイルに対して δ_G の値のリストを作った.

正の δ_G を有する焦点距離 f の薄肉単レンズが，図14.5のように，CTE $= \alpha_M$

表14.1　温度20℃における各波長 λ に対する $\mathrm{d}n_{\text{AIR}}/\mathrm{d}T$ および $n_{\text{AIR}} - 1$.

波長 [nm]	$\mathrm{d}n_{\text{AIR}}/\mathrm{d}T$ [/℃]	$n_{\text{AIR}} - 1$
400	-9.478×10^{-7}	2.780×10^{-4}
550	-9.313×10^{-7}	2.732×10^{-4}
700	-9.245×10^{-7}	2.712×10^{-4}
850	-9.211×10^{-7}	2.701×10^{-4}
1000	-9.190×10^{-7}	2.696×10^{-4}

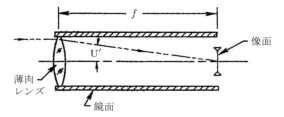

図 14.5　熱的に補償されていない単純なレンズとマウントからなる系の概念図.

を有し，長さが $L = f$ の単純な（補償されていない）鏡筒にマウントされている状況を考える．温度変化 $+\Delta T$ により，鏡筒は $\alpha_M \Delta T L$ だけ伸びる．同時に，レンズの焦点距離は $\delta_G \Delta T f$ だけ伸びる．もし材料を $\alpha_M = \delta_G$ となるよう選択できれば，この光学系はアサーマルであり，像の位置はすべての温度に対して鏡筒の端にとどまる．もし $\alpha_M \neq \delta_G$ ならば，温度変化によりデフォーカスが生じる．この光学系において近い CTE の材料を選ぶことは，必ずしも光学系全体をアサーマルにすることにはつながらない．

温度補償されていない薄肉単レンズにおけるデフォーカスは，以下のように見積もられる．BK7 でできた $f = 100$ mm の薄肉単レンズが，A6061 アルミニウム合金製の長さ 100 mm の鏡筒に，図 14.5 のようにマウントされているとする．そのとき，像面は鏡筒の端部に位置する．温度が $+40$℃ 変化したとしよう．表 B.12 によると，$\alpha_{Al} = 23.6 \times 10^{-6}$/℃ である．よって，$\Delta L_{Al} = (23.6 \times 10^{-6}) \times 100 \times 40 = 0.0944$ mm である．パラメータ δ_G は BK7 ガラスに対応するものだとして，$\delta_G = 4.33 \times 10^{-6}$/℃ であり，式(14.4) によると，$\Delta f = (4.33 \times 10^{-6}) \times 100 \times 40 = 0.0174$ mm である．鏡筒端面に対する像のデフォーカスは，$0.0944 - 0.0174 = 0.0770$ mm である．このデフォーカス量は多くの用途において顕著な値である．

14.2.1　パッシブアサーマル化

実際のレンズ（つまり厚みのあるレンズ）系をアサーマル化する一つの方法として，レンズの設計を，適切な光学ガラスの選択を通じて，要求される結像性能が温度に対して極力変化しないように行うことが挙げられる．そして，複数の異なるCTE をもつ材料を組み合わせることで，マウントの寸法変化をバックフォーカス（つまり像までの距離）の変化 ΔT に対してつり合わせるように設計する．図 14.6 に示す設計原理に基づき，特定の長さの異なる材料（インバー，アルミニウム，チタン，ステンレス，グラファイトエポキシなどの複合材，ファイバーガラス，テフ

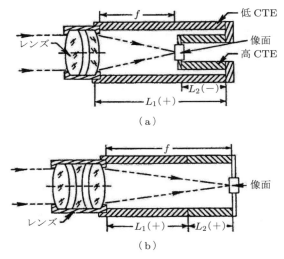

図14.6 レンズから像までの距離に対して，二つの材料をマウントに用いることで鏡筒をアサーマル化する模式図．(a) 逆向き接続，(b) 直列接続 (Vukobratovich[11]による).

ロン・ナイロン・デルリンなどのプラスチック）を組み合わせることで，正の変化でも負の変化でも作り出すことができる．

Vukobratovich[11]は，2種の材料を組み合わせて，デフォーカスの温度係数 δ_G，CTE値 α_1, α_2，焦点距離 f の光学系を熱的に補償する方程式を与えた（ここでは少し書き直してある）．

$$\delta_G f = \alpha_1 L_1 + \alpha_2 L_2 \tag{14.6}$$

ここで，

$$L_1 = f - L_2, \qquad L_2 = f\frac{\alpha_1 - \delta_G}{\alpha_1 - \alpha_2}$$

である．ここで用いた幾何学的なパラメータは図14.6による．

Povey[12]により，赤外光学系においてアサーマル化を目的とする部品移動のために，さまざまな程度に効果があるとされてきたパッシブ機構がリスト化されている．ここで与えられた機構は，固定されたレンズと軸方向に移動可能なセンサを結合する多数の部材を備える．結合部材の長さとCTEは，ある温度範囲において焦点位置を一定に保つように設計されていた．設計に含まれるのは次の要素である．①特定のCTEをもつ金属あるいはそのほかの材料でできた棒材あるいは管，②二

つあるいはそれ以上の異なる CTE をもつ部材を直列に接合したもの，③二つあるいはそれ以上の異なる CTE をもつ部材を互いに向かい合うように接合したもの（つまり回帰的な構成），④脚およびベースに用いられる，異なる CTE をもった材料の組み合わせによる 2 本脚，⑤ 3 個あるいはそれ以上の同心状のリングで，光学素子のセルの周りに巻かれ，分割された端面に取り付けられ，一方の端面は固定され，もう一方の端面は，フォーカス機構を駆動するリングギアに取り付けられているもの，⑥適切に選択されたワックスあるいは液体を充填した円筒で，ピストンと結合し，駆動群に取り付けられたもの，⑦形状記憶アクチュエータ．アクティブセンサについては，Povey により [12] で言及されている．機構②および③は図 14.6 に概念図を示した．

Ford ら [13] は，NASA の多視野イメージングスペクトル放射計（MISR）を構成する 9 枚のレンズ各々に用いられた興味深い温度補償機構について，非常に詳しく説明している．この装置の科学的な目標は，人工衛星テラにおいて，設計上は 2000 年の運用開始以来 6 年間，極軌道上で 4 波長を用いた大域的な大気粒子，雲の移動，地表の BRDF[†]，そして地球の太陽に照らされた側の植生変化を観測することである．これらのレンズの一つを図 14.7 に示す．図 14.8 には，デジタル素子による撮像面を，温度変化のもとでもベストフォーカスに保つための焦点補償機構を示す．各レンズのフランジと補償機構は直列に取り付けられている（図 14.9 参照）．

この設計における検知器の像面に対する位置最適化は，異なる材料からなる 1 組

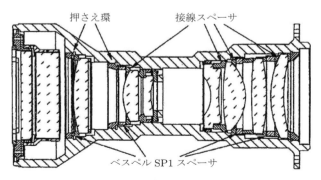

図 14.7　典型的な MISR レンズアセンブリの断面図（Ford ら [13] による．NASA/JPL/Caltech の厚意により再掲）．

[†] 双方向反射率分布関数を意味する．

624   第14章　温度変化の効果

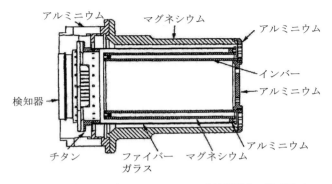

図14.8　MISRレンズアセンブリに用いられる温度補償構造の模式図（Fordら[13]による．NASA/JPL/Caltechの厚意により再掲）．

図14.9　MISRカメラエンジニアリングモデルの写真（Fordら[13]による．NASA/JPL/Caltechの厚意により再掲）．

の同心チューブを，温度変化による長さ変化を予測可能な値で足し引きするよう，異なる端面で結合することにより達成された．

　この設計において，温度が上がったときに全長が短縮する傾向をもつ部品を構成するために，低いCTEをもつ材料（インバーとファイバーグラス）が用いられた．一方で，全長が増加する傾向をもつ部品を構成するためには，高いCTEをもつ材料（アルミニウムとマグネシウム）が用いられた．同じ補償機構の設計では，4種の焦点距離（EFL = 59.3, 73.4, 95.3, 123.8 mm）のすべてのレンズに対して，すべての温度範囲で完璧な温度補償は達成できないことがわかったが，1種類の妥

協した設計であっても，性能の劣化は許容範囲と思われた．

　MISR カメラの検知器は，熱電素子により−5 ± 0.1℃に冷却される．これは周囲の構造から断熱されていた．検知器のハウジングは放射率を小さくするために金コートが施されており，冷却された構造はファイバーグラス（この材料は熱伝導率の小ささのため選択された）の薄い管にマウントされていた．そして，このファイバーグラス管は，低い放射率をもつアルミニウムコートされたマイラにより覆われていた．アセンブリ中のほかの管部材は，高い熱伝導率を得るため，金属製であった．

　カメラとレンズアセンブリに間に生じる温度勾配は，温度補償機構が誤った温度に対してフォーカス補正を行う原因となりうることが認識されていた．レンズハウジングとカメラアセンブリが，熱伝導率の悪いスペーサで結合されていることはとくに関心がもたれた．さらに，冷却装置と検知器のプリアンプから熱を取り除く必要があった．温度を安定化させるため，特別な温度コントロールハードウェア（図 14.9 参照）が設計され，システムに付け加えられた．このハードウェアは，熱伝導率の高いアルミニウム合金 A7073 でできており，レンズとカメラハウジングの間を熱的にブリッジし，電気系および冷却系からの熱を取り出すための突起にクランプされている．柔らかい純アルミニウム製のシムにより，これらの結合部の間の熱伝導率を最大にしている．そして，熱はレンズハウジングから装置の構造体に伝わり，外部に放熱される．

　近年のレンズ設計ソフト（たとえば CODE V）は，設計者がほとんど手間をかけることなくアサーマル設計ができるようになっている．ソフトには熱モデル機能と，一般的に用いられる多くの光学材料，機械材料（ミラー材料を含む）の熱・機械的特性が保存されている．設計基準値は基準温度（たとえば 20℃）での値であると考えられる．アサーマル設計は以下のように進められる．

①温度範囲の最高温度と最低温度における空気屈折率を計算する．
②ガラスカタログには，空気に対するガラスの相対屈折率が記載されているので，空気屈折率を掛けることで絶対屈折率に換算する．
③温度範囲の端において，ガラス屈折率を，ガラスカタログの dn/dT の値を用いて計算する．
④温度範囲の端において，ガラスの CTE の値を用いて，レンズの曲率半径を計算する．

⑤温度範囲の端において，ガラスおよび機構材料の CTE を用いて，空気間隔と部材の厚みを計算する．
⑥温度範囲の端においての光学系性能を計算し，それぞれの温度におけるベストフォーカス面位置を求める．
⑦部品の空気間隔を適正値にもっていく，あるいは像位置を適切値にもっていくような構造・機構設計を行う．
⑧軸上の間隔を補正する機械的補償手段を含めて，設計基準状態と温度の両端での性能を評価する．

　もし，オプトメカニカル設計が適切ならば，温度変化を与えた後の性能も許容可能である．この設計過程において大部分のステップは，設計ソフトにより自動的に処理されるが，設計者は鍵となる部分（たとえば，配置，材料，そして金属部品の寸法など）の決定に参加する必要がある．
　この設計プロセスが単純な（手動設計の）場合にどう適用されるかを示すため，Friedman[14]により行われた解析（焦点距離 $f = 60.96$ cm，F/5 の航空カメラの性能を 20℃から 60℃で最適化する）を例にとって要約する．図 14.10 はこのレンズ系を模式的に示したものである．このカメラの温度は，考察する各温度において安定化されているとする．要求される仕様は，全温度範囲において，性能が 10% 以上劣化しないことである．
　Friedman の解析では，レンズのバックフォーカス(BFL)は，20℃における値 365.646 mm から 60℃における値 365.947 mm まで単調に増加し，変化量 ΔBFL は 0.303 mm である．これらの温度の極限において適切な性能を保証するために，フィルム面の調整が必要である．図 14.6(a)に示した加算タイプのバイメタル設計を，アルミニウム合金 A6061 とステンレス SUS416（ステンレス）を，レンズマウントから像面（フィルム面）までのスペーサとして順に組み合わせて構成する．

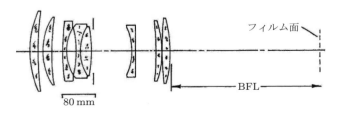

図 14.10　焦点距離 $f = 60.96$ cm，F/3.5 航空カメラの光学配置図（Friedman[14]による）．

14.2 屈折光学系におけるアサーマル化の方法　627

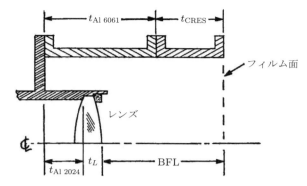

図 14.11　アサーマル構造の模式的構造図（Friedman[14]による）．

表 14.2　パッシブ補償設計に用いられたパラメータ（Friedman[14]による）．

成分	材質	CTE [×10⁻⁶/℃]	20℃での長さ [mm]	ΔT [℃]
スペーサ 1	Al 6061	23.6	154.102	40
スペーサ 2	SUS416	9.9	不明	—
レンズマウント	Al 2024	23.2*	154.102	—
レンズ	ガラス	6.3	15.252	—

注＊：この値は表 B.12 の値とはわずかに異なる．

この配置を図 14.11 に示す．ほかのパラメータを表 14.2 に示す．

図 14.11 の幾何学的配置より，以下の関係式を得る．

$$(\alpha_{\text{Al 6061}} t_{\text{Al 6061}} + \alpha_{\text{SUS}} t_{\text{SUS}} - \alpha_{\text{Al 2024}} t_{\text{Al 2024}} - \alpha_G t_L)\Delta T = \Delta_{\text{BFL}}$$

$$t_{\text{Al 6061}} + t_{\text{SUS}} = t_{\text{Al 2024}} + t_L = 535.00$$

表 14.2 のデータをこの関係式に代入することで，以下を得る．

$$236 t_{\text{Al 6061}} + 99 t_{\text{SUS}} = 112462.54$$

これらの関係式を連立して解くことにより，Friedman は，$t_{\text{Al 6061}} = 434.289$ mm，$t_{\text{SUS}} = 100.711$ mm を得た．これらの値はカメラの機構設計に用いられた．

ベストフォーカスおよび最低・最高温度における性能は，多色の光学伝達関数 MTF を用いて評価された．ここで，MTF は像面での 1 mm あたりのラインペアの本数としての空間周波数であり，マイナスブルーフィルタを加えた太陽光の波長分布で計算した．その結果を，図 14.12(a) と (b) に示している．特定のフィルム（Panatomic-X, Type136）の応答特性も同じグラフに示している．フィルムの応答特性の曲線の MTF 曲線に対する交点は，像点の位置（軸上および軸外 6°の放

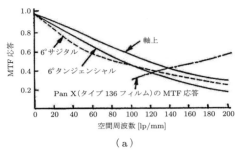

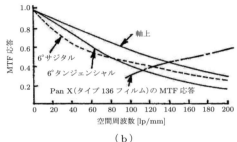

図 14.12　温度補償された光学系の多色 MTF．(a) 最小温度（20℃），(b) 最高温度（60℃）（Friedman[14]による）．

表 14.3　温度補償された光学系とフィルムからなる系における，$f = 60.96$ cm 対物レンズの解像力（Friedman[14]による）．

半視野角	解像力 [lp/mm] 20℃	60℃	MTF 変化 [Δ%]
軸上	140	140	0
6°（サジタル方向）	126	123	−2
6°（タンジェンシャル方向）	122	113	−9

射方向と接線方向）により異なっており，これがレンズおよびシステムの特定の温度における解像性能を示している．これらの解像特性の予想値を表 14.3 に要約して示した．この結果から，今回の設計が所定の温度範囲において性能を満足することを示している．したがって，この光学系はアサーマルであると考えられる．

14.2.2　アクティブアサーマル化

光学系の焦点位置をアサーマル化するための可能な方法として，一つあるいは複数の光学素子をアクティブに制御することが考えられる．このような光学系では，

14.2 屈折光学系におけるアサーマル化の方法 **629**

光学系内部の温度分布を測定し，モーター駆動機構によって，あらかじめ定められたアルゴリズムによりミラーあるいはレンズを片方ずつ，または同時に動かすことでバックフォーカス位置を最適位置に移動させる．

システム設計の観点からは，より好ましいが複雑な方法として，フォーカスの先鋭度または像全体の結像性能を検知し，性能最適化のため，一つあるいは複数の光学素子の位置をアクティブに制御することが考えられる．どちらの方法も，労力を要し，おそらくは簡単に実現できない．

Fischer と Kampe[15]により，アクティブ温度補償光学系の一例について説明がなされた．この例は，8～12 μm 帯で用いられる軍用 FLIR センサに取り付けられる 5:1 倍のアフォーカルズームアタッチメントである．光学系に対する要求仕様を表 14.4 に，要求仕様を満たすように開発された光学系を図 14.13 に示す．ほかのより小さなレンズ群で固定群と指定された群と同様，最初の群は固定されている．指定された移動群は，群 1（空気間隔のあるダブレット）と群 2（シングレット）である．これらのレンズは，第 2 の小さな固定群同様，すべてゲルマニウム製である．それ以外のレンズは ZnSe 製である．この第一の目的は色収差補正である．この設計には，4 枚の非球面レンズが含まれる．この設計は，指定された範囲の距離

表 14.4 アクティブにアサーマル化されたズームアタッチメントに対する要求仕様
（Fischer および Kampe[15]による）．

パラメータ		要求仕様	
		周囲環境	0 および 90℃
倍率		0.9～4.5 倍	
F 値		f/2.6	
スペクトル幅		8.0～11.7 μm	
ズーム全域移動に必要な時間		2 秒以内	
MTF（回折限界に対する値）	軸上	≥ 85%	≥ 77%
	0.5 視野	≥ 75%	≥ 68%
	0.9 視野	≥ 50%	≥ 45%
光学系全長		131.82 mm	
直径		139.7 mm	
目標重量		2.26 kg	
アサーマル化		0～50℃で焦点を維持	
ひずみ		≤ 5%	
目標範囲		150～∞ m	
ケラレ		なし	

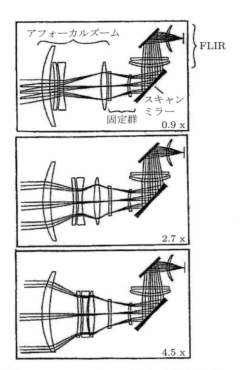
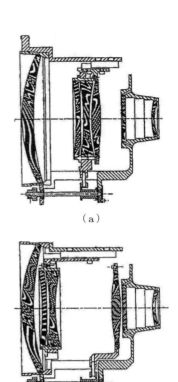

図 14.13 アフォーカル3倍ズーム光学系の光学配置図（Fischer および Kampe [15] による）．

図 14.14 ズームレンズのオプトメカニカル配置断面図．(a)高倍率(4.53倍)，(b)低倍率(0.93倍)(Fischer および Kampe[15]による)．

にある物体に対して，移動群の位置を最適化することで，特定の温度においてすべての要求仕様を満足する．

アサーマル化は，移動群をガイドロッド（図 14.14 に示すようにリニアベアリングを貫通している）にマウントし，それらを二つのステッピングモーターと，それにより駆動される平歯車の列（図 14.15 に模式的に示す）により独立に駆動することで達成される．モーターはそれぞれ，個別のマイクロプロセッサ（運用時）または，外部 PC（試験時）により制御された．システムの電気系は，組み込まれた消去可能 ROM（EPROM）に保存された参照テーブルにより，室温において適切なレンズ位置の設定を決める．レンズハウジングに取り付けられたサーミスタにより，

14.2 屈折光学系におけるアサーマル化の方法

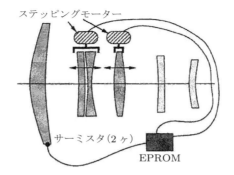

図 14.15 図 14.14 に示すズームレンズ系にアサーマル化のために用いられた温度検知およびモーター駆動システム（Fischer および Kampe[15]による）．

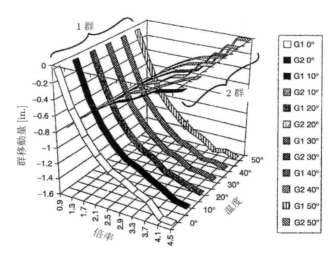

図 14.16 倍率と温度（0～50℃の範囲）の関数として示されたズーム群の移動（Fischer および Kampe[15]による）．

アセンブリの温度を測定する．このセンサからの信号を電気的に処理し，EPROMに記録された参照テーブルからフォーカスに対する温度効果を補正するためのレンズ位置を決定する．補正のための信号がモーターを駆動し，測定された温度において最適な結像性能になるような位置にレンズを移動する．レンズ群は，倍率，物体距離範囲，そして温度の関数として移動量が変化する．それらを図 14.16 に示した．

632　第 14 章　温度変化の効果

14.3　保持力に対する温度変化の効果

　光学材料と機構材料は通常異なる CTE をもっており，そのため，温度変化に比例して保持力変化が生じる．Yoder[16]はこの関係を次のように定量化した．

$$\Delta P = K_3 \Delta T \tag{14.7}$$

ここで，係数 K_3 はその設計において温度に対して保持力が変化する割合である．この因子は，その設計の「温度感度係数」といってよい．これは通常マイナスの符号をもつ．与えられたオプトメカニカル設計に対して係数 K_3 の値を知ることは，温度変化の方向に応じて ΔP をアセンブリの保持力に対して足し引きすることで，実際の温度における保持力が見積もれるようになるという利点がある．摩擦がない場合，この保持力はすべてのレンズのすべての面において，一つの押さえ環あるいはフランジにより棚に押し付けられた場合と等しい．

　与えられた設計において，用いられたすべての材料はわかっているので，すべてのガラスと機械の接触面において，式(13.5)を用いて，適用可能な係数 K_2 の値を決定することができる．複数のレンズを含むアセンブリにおいて，様々なレンズの弾性係数と温度特性は異なるので，それによってそれぞれの係数 K_2 の値は異なる．機械面との接触のタイプ，光学面の曲率半径，そして各面への荷重がわかれば，係数 K_1 の値を式(13.4)によって求めることができる．その面での軸方向の接触応力 S_C は式(13.13)によって見積もられ，それに対応する引張応力は式(13.1)で見積もられる．一般に，ある与えられたレンズの二つの面における応力は，異なる曲率半径，あるいは異なる形状，または機械面との接触形状が異なれば異なった値をとる．したがって，係数 K_1 の値を求めるためにこれらの変数が用いられるのである．

14.3.1　軸方向の寸法変化

　もし α_M が α_G より大きいならば（通常はそうなる），与えられた温度上昇 ΔT において，マウントは光学素子よりも膨張が大きい．そのとき，温度 T_A（典型的には20℃）の場合の保持力 P_A に対して保持力は小さくなる．もし温度が十分高くなってしまうと，保持力は消失する．もしレンズがほかの方法（エラストマーシール材など）で固定されていなければ，レンズは外部加速度による力でマウント内において自由に移動してしまう．保持力がなくなるまで高くなった温度を T_C とすると，この温度は

$$T_C = T_A - \frac{P_A}{K_3} \tag{14.8}$$

となる．温度がこの値に上昇するまで，マウントはレンズに接触し続ける．さらに温度が上昇すると，マウントとレンズの間には軸方向の空間ができる．この隙間はレンズ間隔誤差の設計上の許容値を超えてはならない．

一般的な組レンズアセンブリにおいて，温度 T が T_C より高くなった場合，軸方向の空間増加量 $\Delta_{\mathrm{GAP}\,A}$ は次の式で近似できる．

$$\Delta_{\mathrm{GAP}\,A} = \sum_{i=1}^{n} (\alpha_M - \alpha_i) t_i (T - T_C) \tag{14.9}$$

図 14.17 に単レンズアセンブリ，接合ダブレットアセンブリ，分離ダブレットアセンブリを模式的に示した．これらの場合，式(14.9)は次のようになる．

$$\Delta_{\mathrm{GAP}\,A} = (\alpha_M - \alpha_G) t_E (T - T_C) \tag{14.10}$$

$$\Delta_{\mathrm{GAP}\,A} = \{(\alpha_M - \alpha_{G1}) t_{E1} + (\alpha_M - \alpha_{G2}) t_{E2}\} (T - T_C) \tag{14.11}$$

$$\Delta_{\mathrm{GAP}\,A} = \{(\alpha_M - \alpha_{G1}) t_{E1} + (\alpha_M - \alpha_S) t_S + (\alpha_M - \alpha_{G2}) t_{E2}\} (T - T_C) \tag{14.12}$$

ここで，添え字 S はスペーサを意味する．それ以外の項はすでに定義したとおりである．

もし，単レンズあるいはレンズアセンブリにかけられた保持力が非常に大きい場合，あるいは，係数 K_3 が非常に小さい場合，式(14.8)によって計算された T_C は T_{MAX} を超える可能性がある．この場合，$\Delta_{\mathrm{GAP}\,A}$ は負となり，温度範囲 $T_A \leq T \leq T_{\mathrm{MAX}}$ においてガラスと金属の接触は決して失われない．

ほぼすべての用途において，異なる線膨張によって生じる軸方向あるいは径方向のギャップ内におけるレンズの位置と向きの小さな変化は問題にならない．しかしながら，レンズと金属の基準面との間に空間があって大きな加速度（振動または衝撃）がレンズにかかる場合，加速度によってガラスと金属の接触面において損傷が生じる可能性がある．継続する振動がかかった場合に発生するこの損傷(フレッティング，表面損傷とよばれる）は，Lecuyer[18]によって報告され，これまで多くの場合に経験された．このおそれをできるだけ少なくするには，レンズアセンブリを，最大加速度がかかった場合でもレンズを金属接触面に対して保持できるよう，最高温度 T_{MAX} においても十分に保持力が残るような高い値になるよう設計することが

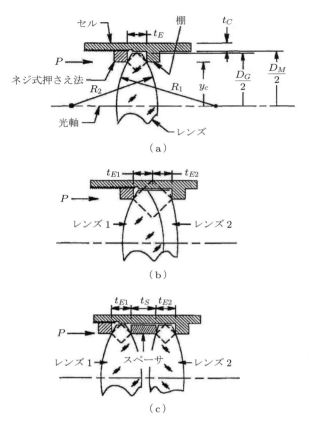

図 14.17 レンズマウントの模式図．(a)単レンズ，(b)接合ダブレット，(c)分離ダブレット（Yoder [17] による．著作権は Informa plc. の一部門である Taylor and Francis Group LLC に帰属する．許可を得て再掲）．

推奨される．すでに示したように，ポンド単位では軸方向加速度 a_G において質量 W のレンズを拘束するための保持力は，単純に $W \times a_G$ である．SI 単位では，この保持力（N 単位）は $9.8066\,Wa_G$ である（W は kg 単位）．最高温度 T_{MAX} においても適切な保持力を得るためには，アセンブリに対する保持力は，必要な最小の保持力と，温度上昇による保持力減少分の値の和でなくてはならない．

たとえば，0.11337 kg のレンズが，最大温度 71.1℃，最大加速度 15 G においてマウントにフランジによって保持される必要があるとする．ここで，係数 K_3 の値を -1.599 N/℃と仮定し，組み立てが 28℃で行われるとする．温度変化は 51.1℃である．最高温度 T_{MAX} において打ち勝つべき軸方向の力は 16.681 N である．T_A

から T_{MAX} になったときに減少する保持力は -81.847 N である．したがって，アセンブリに必要な全保持力 P_A は，$16.681 - (-81.847) = 98.528$ N である．最高温度で最大加速度がかかった場合でも，レンズが動かないといってよい．レンズは棚と接触し続けているからである．同様の理由から，最低温度 $T_{MIN} = -62$ ℃になったときの保持力は，$P_A + K_3(T_{MIN} - T_A) = 230.194$ N となる．低温における引張応力は，以前に示唆した許容値を超えないことを確認しておくべきである．

14.3.2 係数 K_3 の見積もり

　この種の見積もりを可能とするための係数 K_3 の値は，サブアセンブリのオプトメカニカル設計と，関連する材料特性に依存する．単純なレンズとマウントの配置であっても，これを定量化することは難しい．たとえば，図 14.18(a) に模式的に示した設計を考える．ここで，両凸レンズがセル内において，棚と押さえ環の間で，設計値の保持力によって軸方向にクランプされているとする．ガラスと金属の接触面は図ではシャープコーナーとされているが，実際の設計では円錐（接線）接触がより望ましい．保持力によりレンズ内に発生する接触応力は，図 14.19 に示すよう

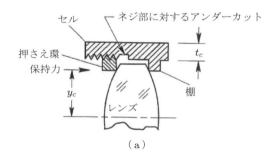

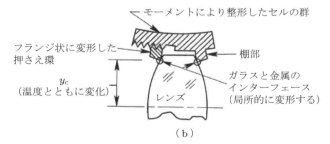

図 14.18　単純な方法でマウントされた両凸レンズの模式図．(a) 設計値，(b) 因子 K_3 に影響を与える温度変化（低下）によるいくつかの効果（Fischer ら [19] による）．

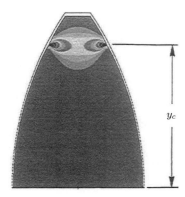

図 14.19　図 14.18(a) のように保持力が加わった場合の，レンズ内における応力分布の FEA 解析（Genberg[20] による）．

に分布している．これは，Genberg[20] により FEA で示された．

Yoder と Hatherway[21] は，温度変化 ΔT が起きたときに，設計上次のような機械的な変化が起こり，設計で決まる係数 K_3 の固有の値に寄与することを確認した．ただし，ここでは $\alpha_M > \alpha_G$ と仮定している．

- 高さ y_C での（レンズの）圧縮
- レンズ縁における厚み t_C のセルの壁の伸長
- セルの弱い部分（ネジ部，アンダーカット部）の伸長
- ガラス面 R_1，R_2 の接触部における局所的な変形
- 押さえ環，棚の接触部における局所的な変形
- 押さえ環，棚のフランジ形状の変形
- レンズの縁におけるセルの壁の，保持力による軸対称なモーメントに起因する「糸巻き」形状の変形
- ネジ結合部における曲がりやすさ
- レンズおよび機構部品の非等方的な系方向の寸法変化
- 機構部品およびガラス面の不確定的な凹凸
- 摩擦の効果

これらの効果のうちいくつかは，図 14.18(b) に模式的に示した．

接合ダブレット（図 14.17(b)），および中間リングによる空気間隔を有する複数枚レンズ（図 14.17(c)）に対するマウント設計は，より複雑になり，さらなる弾性効果をもつようになる．以前の K_3 に関する議論では，この著者らは最初の二つ

の要素（ガラスの体積圧縮およびセルの壁の伸長）のみを考慮した[16,17,22-24]．この理論はK_3に関する第1次近似と考えられるが，その内容を以下に要約する．

14.3.2.1 体積の効果のみの考慮

保持力によりマウントされた任意のレンズ面に関する係数$K_{3\,\text{BULK}}$は，次の式で近似できる．

$$K_{3\,\text{BULK}} = \frac{-\sum_{i=1}^{n}(\alpha_M - \alpha_i)t_i}{\sum_{i=1}^{n}C_i} \tag{14.13}$$

ここで，係数C_iは，サブアセンブリにおけるある弾性部材の機械的コンプライアンスである．レンズについては，これは$(2t_E/E_G A_G)_i$で近似され，セルについては$(t_E/E_M A_M)_i$，間隔環については$(t_S/E_S A_S)_i$で近似できる．これらの項の各意味は，A_iを除き明確なはずである．ここで，A_iはガラスおよび金属部材の応力を受ける領域の断面積である．図14.20から図14.22は，これらの項を図示したものである．式(14.14)から式(14.15b)は，それぞれA_MおよびA_Gを定義する式である．

$$A_M = 2\pi t_C \left(\frac{D_M}{2} + \frac{t_C}{2}\right) = \pi t_C (D_M + t_C) \tag{14.14}$$

ここで，D_Gはレンズの外径であり，D_Mはレンズ縁における内径，そしてt_Cはレンズの縁に隣接するセルの壁の厚みである．

レンズについては，以下の二つの場合のいずれかがあてはまる．もし$(2y_C + t_E) \leq D_G$ならば，圧縮される領域（図14.21におけるダイヤモンド形状の領域）は完

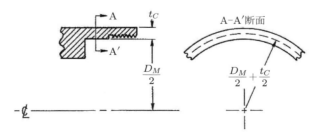

図14.20　レンズマウントにおいて，応力がかかった領域の断面積を近似するために用いられる幾何学的関係（Yoder[16]による）．

638 第14章 温度変化の効果

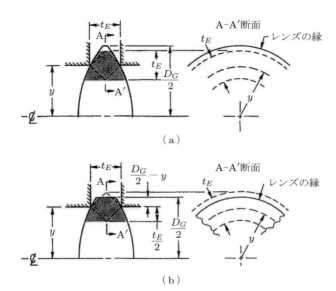

図 14.21 レンズ内で応力が作用する領域の断面積を決定するための幾何学的関係．(a)完全にレンズの縁内に分布する場合，(b)レンズの縁で切られている場合（Yoder[16]による）．

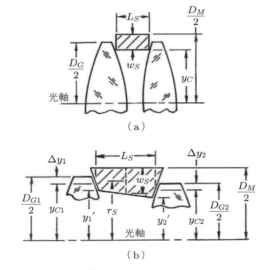

図 14.22 典型的なスペーサの模式図．(a)シャープコーナー接触を有する円筒タイプ，(b)接線接触を有するテーパータイプ（Yoder[16]による）．

全にレンズの縁に対して内側にあり，式(14.15a)が適用される．レンズ中心厚 t_E は接触する高さ y_C から測られる．この高さはレンズ両面で同じだと仮定する．もし $(2y_C + t_E) \geq D_G$ なら，応力の作用する領域はレンズの縁によって制限され，式(14.15b)が用いられる．

$$A_G = 2\pi y_C t_E \tag{14.15a}$$

$$A_G = \frac{\pi}{4}(D_G - t_E + 2y_C)(D_G + t_E - 2y_C) \tag{14.15b}$$

単レンズの場合，式(14.13)による K_3 の表現は以下のようになる．

$$K_{3\,\mathrm{BULK}} = \frac{-(\alpha_M - \alpha_G)t_E}{\dfrac{2t_E}{E_G A_G} + \dfrac{t_E}{E_M A_M}} \tag{14.16}$$

すでに示したように，分母の項はレンズとセルの機械的コンプライアンスである．

図 14.17(b) のようにセルにマウントされた接合ダブレットについては，式(14.13)を以下のように書き直せる．

$$K_{3\,\mathrm{BULK}} = \frac{-(\alpha_M - \alpha_{G1})t_{E1} - (\alpha_M - \alpha_{G2})t_{E2}}{\dfrac{2t_{E1}}{E_{G1} A_{G1}} + \dfrac{2t_{E2}}{E_{G2} A_{G2}} + \dfrac{t_{E1} + t_{E2}}{E_M A_M}} \tag{14.17}$$

図 14.17(c) のようにセルにマウントされた分離ダブレットについては，式(14.13)を以下のように書き直せる．

$$K_{3\,\mathrm{BULK}} = \frac{-(\alpha_M - \alpha_{G1})t_{E1} - (\alpha_M - \alpha_S)t_S - (\alpha_M - \alpha_{G2})t_{E2}}{\dfrac{2t_{E1}}{E_{G1} A_{G1}} + \dfrac{t_S}{E_S A_S} + \dfrac{2t_{E2}}{E_{G2} A_{G2}} + \dfrac{t_{E1} + t_S + t_{E2}}{E_M A_M}} \tag{14.18}$$

ここで，A_S はスペーサの断面積であり，t_S は軸方向の長さである．

図 14.22 はスペーサの二つの設計例を示している．図(a)は断面形状が長方形であり，壁の厚みが w_S である．また，図(b)は断面がテーパー形状であり，壁の厚みは輪帯形状の平均値である．式(14.19)から式(14.24)は，式(14.18)で用いられる輪帯形状の面積を決定するための式である．これらの式に対しては，接触タイプが異なる場合，あるいは 1 枚または複数のレンズ面が凹面である場合には，適切に変更する必要がある．

単純な円筒形のスペーサについては，

$$w_{S\,\mathrm{CYL}} = \frac{D_M}{2} - (y_C)_i \tag{14.19}$$

640　第 14 章　温度変化の効果

が適用できる．また，単純なテーパー形状のスペーサについては，

$$\Delta y_i = \frac{(D_G)_i}{2} - (y_C)_i \tag{14.20}$$

$$y'_i = (y_C)_i - (\Delta y)_i \tag{14.21}$$

$$w_{S \text{ TAPER}} = \frac{D_M}{2} - \frac{y'_1 + y'_2}{2} \tag{14.22}$$

が適用できる．どちらの場合でも

$$r_S = \frac{D_M}{2} - \frac{w_S}{2} \tag{14.23}$$

$$A_S = 2\pi r_S w_S \tag{14.24}$$

となる．ほかのスペーサ設計についても同様の式が成り立つ．

14.3.2.2　ほかの影響の考慮

本節のはじめにおいて，レンズをマウントする場合，マウントに対する K_3 に影響しうる体積効果以外の要因についていくつか列挙した．ここでは，これらの要因をどのように設計の解析に用いるかについて説明する．

ガラスと金属面の局所的な変形：Young[25] は，中心からの断面直径 D_1 と D_2 の円筒形の平面に対し，同時に荷重 p が加わったときの変形量 Δx を計算するための式を以下のように与えた．図 13.13 はこの場合の幾何学的モデルを示す．この寸法変化により，ガラスと金属両方の局所的な弾性変形を以下の式で説明できる．

$$\Delta x = \frac{2p(1-v^2)}{\pi E}\left(\frac{2}{3} + \ln\frac{2D_1}{\Delta y} + \ln\frac{2D_2}{\Delta y}\right) \tag{14.25}$$

この式は，ヤング率 E およびポアソン比 v が両方の材質で等しいと仮定している．この仮定は，光学素子をマウントする場合は一般的に成り立たない．しかし，ここで要求される正確性のためには，両方の材料の平均値を用いることが適切である．以前定義した線形な荷重は $P/2\pi y_C$ であった．ここで P は全荷重，y_C は金属がレンズ面と接触する高さである．接触部における変形領域の幅 Δy は式 (13.9a) で与えられていたが，利便性を考えてここでもう一度示す．

$$\Delta y = 1.600\left(\frac{K_2 p_i}{K_1}\right)^{\frac{1}{2}} \tag{13.9a}$$

接触部の面形状の変化は両面同時に起きる．これらは，二つのバネ（機械的コンプライアンスが以下の式で与えられる）を直列に結合したかのように振る舞う．

$$C_D = \frac{\Delta x}{P} \tag{14.26}$$

セル内の単レンズの場合，よりよい近似のためには，この機械的コンプライアンスを式(14.16)の分母に，ガラスと金属の体積効果に対応する機械的コンプライアンス加えればよい．

押さえ環と棚の変形効果：棚部はそのままで，ネジ式押さえ環がセルの壁に対して，ネジによって硬く固定されていると仮定すれば，これらは3.6.2項で述べた円形の連続的なフランジのように，荷重によって Δx だけ変形する．ここでは，利便性のため，該当する式(3.38)から式(3.40)を再掲する．

$$\Delta x = (K_A - K_B)\frac{P}{t^3} \tag{3.38}$$

ここで，

$$K_A = \frac{3(m^2 - 1)\left(a^4 - b^4 - 4a^2b^2 \ln \dfrac{a}{b}\right)}{4\pi m^2 E_M a^2} \tag{3.39}$$

$$K_B = \frac{3(m^2 - 1)(m + 1)\left(2 \ln \dfrac{a}{b} + \dfrac{b^2}{a^2} - 1\right)\left(b^4 + 2a^2b^2 \ln \dfrac{a}{b} - a^2b^2\right)}{4\pi m^2 E_M\{b^2(m + 1) + a^2(m - 1)\}} \tag{3.40}$$

である．ここで，P は全荷重，t は押さえ環あるいは棚の軸方向の長さ，a および b は片持ち梁をなす部分の内径および外径，m はポアソン比 ν_M の逆数，そして E_M はフランジ材質のヤング率である．

　押さえ環および棚部の機械的コンプライアンス C_R および C_S は，以下の式で与えられる．

$$C_i = \frac{(\Delta x)_i}{P} = \frac{K_A - K_B}{t_i} \tag{14.27}$$

K_3 のよりよい近似のためには，式(14.27)によって得られた両方の値を式(14.16)の分母における K_3 に加える．厚み $(t)_i$ は相対的に大きいので，C_R および C_S の値は間違いなく小さく，それほど K_3 の値を変化させない．同様に，ΔT により生じ

るこれらの部材の曲げ応力は小さく，考慮に入れる必要はない．

結合部径方向の寸法変化効果：図 14.23 は温度が ΔT だけ上昇した場合，押さえ環とレンズの結合部および棚とレンズの結合部がどのように変化するかを模式的に示したものである．結合部の位置は径方向外側に Δy_C だけ変化するが，これは，線膨張係数差 $\alpha_M > \alpha_G$ によるものである．レンズは結合部において角度 ϕ_i だけ傾いているので，結合部は軸方向にそれぞれ Δx だけ移動する．

以下の式が適用できる．

$$\phi = 90° - \arcsin \frac{y_C}{R} \tag{14.28}$$

$$\Delta y_C = (\alpha_M - \alpha_G) y_C \tag{14.29}$$

$$\Delta x = \frac{-\Delta y_C}{\tan \phi} \tag{14.30}$$

これらの寸法変化は，それぞれの面とマウントの結合部で生じる．よって，凸レンズに対しては，K_3 のためには各面に対して Δx を計算し，式 (14.16) の分子のみに加えなくてはならない．光軸方向の温度による寸法変化は，すでに分母に対して考慮されていたからである．与えられた温度変化 ΔT に対し，凸面と凹面では逆符号の Δx をもつ．平面に対しては Δx は 0 であり，K_3 には影響しない．このことは同心メニスカスレンズにもあてはまるが，これは，一面の効果が他方の面の効果で打ち消されるためである．

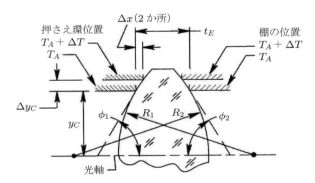

図 14.23　レンズマウントにおける径方向の寸法変化（Yoder および Hatheway [21] による）．

14.3 保持力に対する温度変化の効果 **643**

K_3 **見積もりのための方法**：対称形の両凸レンズが温度 T_{MAX} において調整状態を保つために必要な保持力を見積もる目的で，上記で説明した単レンズと単純なセルに対して K_3 を見積もるための方法が，[21]で用いられている．K_3 に影響するいくつかの要因は，上記および参考文献で考察されているとおり，アセンブリにかかる保持力 P_A にも依存する．正しい保持力 P_A の値を直接求める方法はないため，繰り返し近似法が用いられる．P_A および K_3 に想定される初期値をそれぞれの効果に対する正しい符号を用いて計算する．対応する残りの保持力は，$P'_A = P_A - K_3(T_{\mathrm{MAX}} - T_A)$ である．この残存量は間違いなく望ましい値とは異なるので，第2次近似における新たな P_A の値を得るために，保持力における正または負の不一致量を加える必要がある．数回の計算サイクルによって，誤差が小さくなるはずであり，その計算の後計算は完了する．これらの繰り返し計算には，コンピュータによるスプレッドシートが便利である．

　本文やほかの文献で説明された単レンズおよびそのマウントの設計を分析する方法は，組レンズの設計においても適用することができるが，この計算過程はおそらく非常に複雑であり，数学的に大変である．K_3 の値を見積もる方法を知らずに済ますため，あるいはその値を決定するうえで数学的困難を避けるため，設計者はしばしばそのサブアセンブリに対する K_3 の値を，温度に対してあまり変化しないような設計にする場合がある．次項では，設計原理を示すため，この設計についていくつかの例を説明する．

14.3.3 アサーマル化と軸方向の機械的コンプライアンスの利点

　光学アセンブリにおける K_3 の値を影響がなくなるまで減少させることは，温度変化における寸法変化がパッシブにアセンブリ内部で補償されるように軸方向にアサーマルに設計することと等しい．図 14.24 に分離トリプレットの設計例を示す．図(a)は温度変化について考慮していない設計であることがわかる．図(b)では間隔環と押さえ環による構造が説明されている．用いられた材料は非常に一般的なものである．関連する寸法が図で与えられている．このサブアセンブリは，20℃から71.1℃の温度増加（$\Delta T = 51.1$℃）と同様，$T_{\mathrm{MIN}} = -62$℃までの温度低下にも耐えられる．

　図(a)の点 A から点 B までの軸方向長さは，$L_{\mathrm{AB}} = t_{E1} + t_{S1} + t_{E2} + t_{S2} + t_{E3}$ で表されるが，ここで，t_E は接触高さ y_C におけるレンズエッジの厚さである．厚

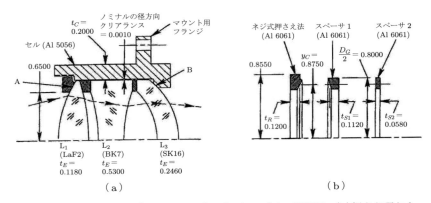

図 14.24 (a) 分離トリプレットレンズサブアセンブリの配置図，(b) 押さえ環およびスペーサに関する詳細図．寸法は in. 単位（Yoder[17] による．著作権は Informa plc の一部門である Taylor and Francis Group LLC に帰属する．許可を得て再掲）．

表 14.5 図 14.24 に示すサブアセンブリの温度 T_A, T_{MAX}, T_{MIN} におけるレンズ，スペーサ，セルの壁の軸方向寸法（Yoder[17] による．著作権は Informa plc の一部門である Taylor and Francis Group LCC に帰属する．許可を得て再掲）．

要素	材料	T_A における寸法 t_i [in.]	CTE [in./in. × 10⁻⁶]	T_{MAX} における寸法 t_i [in.]	T_{MIN} における寸法 t_i [in.]
レンズ L_1	LaF2	0.118000	4.5	0.118049	0.117921
スペーサ S_1	Al 6061	0.112000	13.1	0.112135	0.111783
レンズ L_2	BK7	0.530000	3.9	0.530190	0.529694
スペーサ S_2	Al 6061	0.058000	13.1	0.058070	0.057888
レンズ L_3	SK16	0.246000	3.5	0.246079	0.245873
L_{AB}（光路長）	—	1.064000	—	1.064523	1.063158
L_{AB}（セル長）	Al 6061	1.064000	13.1	1.065282	1.061937
ΔL（光路長）	—	—	—	+0.000523	−0.000842
ΔL（セル長）	—	—	—	+0.001282	−0.002063
$\Delta(\Delta L)$	—	—	—	+0.000759	−0.001221

注：$T_A = 20℃$，$T_{MAX} = 71.1℃$，$T_{MIN} = -62℃$．

み t_S は，同じ高さ y_C における間隔環の厚さである．組み立てられた状態におけるこれらの厚みを，表 14.5 の各列に示した．ここで，小数点 6 桁目まで示されているが，これはこの精度で寸法が管理されるべきというわけではないことに注意しておく．設計理論を示すための計算では，小さな数どうしの差をとるが，有効数字がこの桁まで与えられているのは，その際の丸め誤差を減らすためである．組み立て

温度 T_A におけるもとの設計における全長 L_{AB} は，27.02560 mm である．温度が $\Delta T = 33.3333$°C 上昇した場合，各部材の長さは $t_i\, \alpha_i\, \Delta T$ だけ伸びる．各 α の値は表の4番目の列に示されている．ここで，L_{AB} は 0.01328420 mm だけ伸びることに注意する．セルの壁における点Aから点Bまでの長さもまた温度上昇にともない伸びる．温度 T_{MAX} において，この値は $L_{AB} \times \alpha_{CELL} \times \Delta T = 27.05816$ mm であり，したがって 0.03256280 mm 伸びたことになる．これにより，線膨張のギャップ 0.01927860 mm が起こる．この差分は，ある一つの接触面で起こる場合もありえるし，あるいは，各エレメントに分布して起こる場合もありうる．この分布は設計では制御できない．このような軸方向のギャップが存在する場合，アセンブリにかけられた保持力は最早レンズを拘束しないので，外部から加わった加速度で自由に動くことになる．

温度が T_{MIN} まで低下した場合，図 14.24(a) の各要素は，表 14.5 の最終列のように収縮する．L_{AB} における長さの差分 0.03098800 mm が生じる（レンズと間隔環を合算した収縮よりもセルの収縮のほうが大きい）．これにより，レンズと間隔環における圧縮が増加し，セルの壁には引張応力が生じることが予想される．

図 14.24 における設計は，軸方向へのアサーマルにより改善できる可能性がある．これを図 14.25 に示した．ここでは，一部の機械部品における金属材料に，ガラスの CTE に近い CTE をもつものを選択することで，高温において軸方向に空間が生じる傾向を減少させた．変更点は，SUS416 をセル材料に用い，SUS303 を第2の間隔環として置き換えたことである．ノミナルの長さ L_{AB} はセル長と光学全長

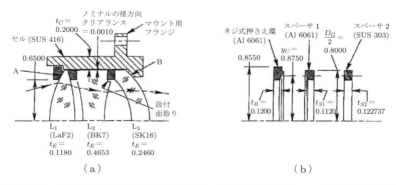

図 14.25 (a)図 14.24 に示す分離トリプレットレンズサブアセンブリの変更された設計の配置図，(b)押さえ環およびスペーサに関する詳細図．寸法は in. 単位（Yoder[17]による．著作権は Informa plc の一部門である Taylor and Francis Group LCC に帰属する．許可を得て再掲）．

646   第 14 章　温度変化の効果

（optical track length ＝ レンズとスペーサの長さの累積）で等しい値になるべきで
あるが，ここでは第 2 の間隔環の長さが 1.473200 mm から 3.117342 mm に変更
されている．光学設計を変更することなく，第 2 の間隔環の寸法をこのように増加
させる設計に変更することは可能である．第 2 レンズの右面に段付き面取りを研削
により施せば，レンズの中心厚も軸方向の空気間隔も変更する必要がなくなる．あ
るいはレンズ 2 およびレンズ 3 により小さい段付き面取りを施すことでも同じ結
果を得ることができるが，これはコストを上昇させ，利点も少ない．第 3 レンズに
完全な段付き面取りを施すのは望ましくない．このような加工をすると，レンズの
縁厚が過剰に小さくなるためである．

　設計上の寸法および温度によるこれらの変化を表 14.6 に列挙した．最後の 2 列
で示したように，$\Delta(\Delta L)$ のパラメータは T_{MAX} と T_{MIN} において 0 になる．

　ここで得られた結論は厳密には正しくない．というのは，温度変化による効果の
うちのいくつかを無視しているためである．この仮定によって，ガラスと金属の接
触高さ y_C（図 14.23 参照）の径方向の寸法変化と，保持力がかかった状態での押
さえ環の弾性変形がひきおこされる可能性がある．考察した例では，いずれの影響
もそれほど顕著ではないと考えられる．

　図 14.24 のレンズアセンブリ設計を改善するもう一つの方法として，軸方向の機

表 14.6　図 14.25 に示すサブアセンブリの温度 T_A, T_{MAX}, T_{MIN} におけるレンズ，ス
ペーサ，セルの壁の軸方向寸法（Yoder[17]による．著作権は Informa plc
の一部門である Taylor and Francis Group LCC に帰属する．許可を得て
再掲）．

要素	材料	T_A における寸法 t_i [in.]	CTE [in./in. $\times 10^{-6}$]	T_{MAX} における寸法 t_i [in.]	T_{MIN} における寸法 t_i [in.]
レンズ L_1	LaF$_2$	0.118000	4.5	0.118049	0.117921
スペーサ S_1	Al 6061	0.112000	13.1	0.112135	0.111783
レンズ L_2	BK7	0.465263	3.9	0.465430	0.464994
スペーサ S_2	CRES 303	0.122737	9.6	0.122845	0.122563
レンズ L_3	SK16	0.246000	3.5	0.246079	0.245873
L_{AB}（光路長）	CRES 416	1.064000	—	1.064538	1.063134
L_{AB}（セル長）	—	1.064000	5.5	1.064538	1.063134
ΔL（光路長）	—	—	—	＋ 0.000538	−0.000866
ΔL（セル長）	—	—	—	＋ 0.000538	−0.000866
$\Delta(\Delta L)$	—	—	—	＋ 0.000000	−0.000000

注：T_A=20℃，T_{MAX}=71.1℃，T_{MIN}=−62℃．

14.3 保持力に対する温度変化の効果　647

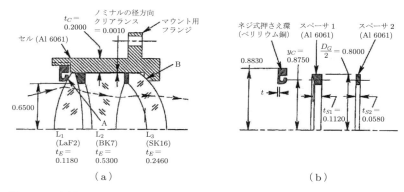

図 14.26　(a) 押さえ環において，軸方向コンプライアンスを大きくするために，図 14.24 に示す設計を改変したもの，(b) 押さえ環およびスペーサに関する詳細図．寸法は in. 単位（Yoder[17] による．著作権は Informa plc の一部門である Taylor and Francis Group LCC に帰属する．許可を得て再掲）．

械的コンプライアンスを大きくすることが挙げられる．このアプローチを図 14.26 に示す．セルと間隔環の材料はもとの設計と同じだが，軸方向に剛だった押さえ環が，弾性をもつフランジに変更されており，レンズ L1 に向かって伸びたリングの部分を曲げることで組み立て時の保持力がかけられるようになっている．押さえ環において弾性をもつ部分の厚み t およびその部分の円環状の寸法は，適切な変形量の範囲内で要求される保持力が加えられるよう，また，曲げられたフランジに過度の応力が加わらないよう選択される．

この変更された設計がどのように機能するか確認するため，設計上，要求される保持力が加わったとき，弾性のある押さえ環の変形量が 0.5 mm である必要があると仮定しよう．表 14.5 によると，T_A から T_{MAX} までの温度変化により，光学全長とセル長を比較すると線膨張差 0.02 mm が生じる．この長さは，押さえ環のたわみの 4% である．フランジの変形量と荷重との間には線形の関係があるので（式 (3.38) を参照），アセンブリの保持力は T_{MAX} において同じ量だけ減少する．同様に，T_{MIN} においては，線膨張係数差により，光学全長と比較して，押さえ環の変形量が 0.03 mm 減少する方向に収縮する．この長さ変化はフランジの変形量の 6% であり，アセンブリの保持力は T_{MIN} においてこの量だけ増加する．これらの変化は，レンズアセンブリの想定される用途においてそれほど顕著でないと考えられる．

軸方向に機械的コンプライアンスをもたせたもう一つのレンズマウントの例が，Stevanovic と Hart[26] により解説されている（図 14.27 を参照）．これは，オー

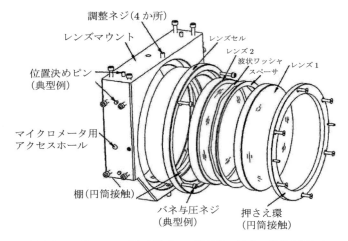

図14.27　軸方向に柔軟なレンズ拘束構造と，機械的な軸出し機構を備えたレンズアセンブリの展開図（StevanovicおよびHart[26]による）．

ストラリアの国立大学であるキャンベラ大学の天文学および天体物理学科で，チリのジェミニ望遠鏡（Gemini South Adaptive Optics Imager, GSAOI）における多重共役アダプティブオプティクス（Multi-Conjugate Adaptive Optics, MCAO）で使用される近赤外カメラのために設計された．剛性の高いフランジタイプで，最外部のレンズに対して円錐接触する押さえ環が，2枚のレンズをセルの円錐形の棚に対して軸方向に押し付けクランプしている．波状のワッシャが従来型の間隔環とともにレンズの間に組み込まれており，あらかじめ予想可能な軸方向の機械的コンプライアンスを与える．アセンブリにおけるレンズは，InfrasilとCaF_2であり，直径が170 mmである．これらはカメラにおける最大径のレンズである．より小さなレンズに対してのマウント方法もこれと類似の方法である．理論的には，運用温度70 Kにおいてクリアランスが0になるように，室温での組み立て時におけるレンズのクリアランスの値が正しく決まっている．このことにより，機械的にセル内径に対してレンズを軸出しするべきである．

図14.27に示したアセンブリ設計における有用な特徴として，レンズセルは組み立て後でも調整できるということが挙げられる．4本のセットネジによりアセンブリにおいてセルの横方向を調整できる．マウントの横には穴が開いており，マイクロメータによりセルの位置を測定できる．著者らは調整されたセルをその位置に固定する方法については言及していない．

14.4 リムコンタクト設計における径方向の影響 649

　Stevanovic と Hart[26]はまた，レンズマウントについて，運用温度までの冷却中に，寸法変化の遷移について詳細な解析を行った．すべての部材は同じレートで冷却されるわけではなく，時間的あるいは空間的な温度分布のため線膨張差の影響が生じる．発表された解析では，想定される温度推移において，光学素子がダメージを受けないような保守的な設計が示されている．温度安定後，調整状態はもとに戻る．

14.4　リムコンタクト設計における径方向の影響

　温度が上昇したとき，レンズと間隔環の周りの径方向のクリアランスは増加する傾向にあり，一方で温度が低下したときには縮まる傾向にある．アセンブリにおいてクリアランスが小さい場合，ある低い温度においてクリアランスが消失し，セルのフープ応力はもちろん，径方向の応力が発生する．温度が上昇した場合，アセンブリにおける径方向クリアランスは増加する．もし，保持力がレンズを固定するのに不十分な場合，この空間においてレンズのシフトとチルトが変化する．任意の設計に対して径方向の寸法変化を求めることができ，どの程度の問題が生じるかの度合いを評価できれば，設計に役立つだろう．

　図 14.24(a)の設計において，**表 14.7** に示した値を用いてこれらの影響を決定できる．表には，径方向の寸法と興味のある 3 パターンの温度についての変化が示されている．材料と CTE は表 14.5 に示されている．表 14.7 の 4 番目の列により，T_{MAX} での（光学素子直径）/2 と（セル内径）/2 の値がわかる．これらの差が径方

表 14.7　図 14.24 に示すサブアセンブリの，温度 T_A, T_{MAX}, T_{MIN} におけるレンズ，スペーサ，セルの壁の径方向寸法（Yoder[17]による．Informa plc の一部門である Taylor and Francis Group LCC に著作権は帰属する．許可を得て再掲）．

要素	T_A における外半径 [in.]	T_{MAX} における外半径 [in.]	T_{MAX} における偏心 [in.]	T_{MIN} における外半径 [in.]	T_{MIN} における偏心 [in.]
レンズ L_1	0.800000	0.800331	0.001634	0.799467	-0.000020
スペーサ S_1	0.800000	0.800964	0.00100	0.798449	0.001000
レンズ L_2	0.800000	0.800287	0.001678	0.799538	-0.000091
スペーサ S_2	0.800000	0.800964	0.001000	0.798449	0.000100
レンズ L_3	0.800000	0.800258	0.001707	0.799586	-0.000139
セル内径	0.80100	0.801965	—	0.799447	

注：T_A=20℃, T_{MAX}=71.1℃, T_{MIN}=−62℃.

650　第14章　温度変化の効果

向のクリアランス差である．軸方向に拘束されていない場合，部品のシフトがこの
量だけ生じうる．アセンブリにおける設計上のクリアランス 0.025 mm は，すべて
のレンズで顕著に増加する．二つの間隔環の径方向のクリアランスは変化しないが，
これは，間隔環はセルと同じ A6061 でできているためである．すでに学んだように，
線膨張差のため T_{MAX} において保持力が存在しないので，レンズが偏心することが
予想される．また振動のもと，レンズ面にフレッティングとよばれる損傷が発生す
る可能性がある．温度が運用条件に戻ると，保持力は復活し，レンズは偏心したま
ま拘束される．もし，この偏心が設計で決まる許容値を超えると，システム性能は
劣化する可能性がある．

　また，表 14.7 の 6 列目でわかるように，温度が T_{MIN} まで下がった場合には偏心
しないことを示している．符号が負であることは，セルはガラスを圧縮することを
示している．繰り返しではあるが，間隔環のクリアランスは，間隔環がセルと同じ
材質なので等しく収縮するため変化しない．図 14.25 で示した改善設計において，
これらの変化はより小さいことが期待される．というのは，SUS416 と光学ガラス
との間の線膨張差がより小さいためである．

14.4.1　光学素子における径方向の応力

　従来のレンズ，ミラー，ウインドウその他に対するリムコンタクトのマウント方
法は，低温下において光学素子に径方向の応力をもたらす．ある温度 ΔT 降下した
とき，光学素子にはたらく径方向の応力の大きさ S_R は，以下の式で見積もられる．

$$S_R = - K_4 K_5 \Delta T \tag{14.31}$$

ただし，

$$K_4 = \frac{\alpha_M - \alpha_G}{\dfrac{1}{E_G} + \dfrac{D_G}{2E_M t_C}} \tag{14.32}$$

$$K_5 = 1 + \frac{2\Delta r}{D_G \Delta T(\alpha_M - \alpha_G)} \tag{14.33}$$

である．ここで，D_G は光学素子の外径，t_C は光学素子の縁の外側のマウントの壁
の厚み，そして Δr はアセンブリにおける径方向のクリアランスとする．ΔT は温
度低下の場合マイナスであることに注意する．また，$0 < K_5 < 1$ である．もし Δr
が $D_G \Delta T(\alpha_M - \alpha_G)/2$ より大きいと，リムコンタクトとなるため，光学素子はマ

14.4 リムコンタクト設計における径方向の影響　651

ウントの内径では拘束されず，径方向の応力はこの温度低下 ΔT 内では発生しない．例題 14.1 と例題 14.2 において，これらの式の使用例を示す．

14.4.2　マウント壁面における接線方向の応力（フープ応力）

リムコンタクト保持された光学素子に対する線膨張差のもう一つの結果として，以下の式に従って与えられる応力が発生する．

$$S_M = \frac{S_R \dfrac{D_G}{2}}{t_C} \tag{14.34}$$

ここで，すべての記号はすでに定義したものと同じである．

この式を用いることで，光学素子に加わる応力が，弾性限界を超えないか，また保持するのに十分強いかどうかを判断することができる．もし，マウント材質の降伏応力が S_M より大きいならば，安全率が存在する．典型的な計算例が例題 14.1 と例題 14.2 に載っている．

例題 14.1　光学素子にはたらく径方向応力およびマウントのフープ応力の見積もり（設計と解析には File 14.1 を用いよ）

直径 60.554 mm の SF2 製レンズが，SUS416 製のセルに 5.08×10^{-3} mm の径方向クリアランスでマウントされている．組み立ては 20℃ で行われる．セルの壁は，レンズの縁の部分で 1.575 mm の厚みをもっている．$-62℃$ において，レンズにはたらく径方向応力とセルの壁面にはたらくフープ応力を求めよ．

解答

表 B.1 と表 B.12 より

$$E_G = 5.50 \times 10^4 \text{ MPa}, \qquad \alpha_G = 8.4 \times 10^{-6}/℃,$$

$$E_M = 2.00 \times 10^5 \text{ MPa}, \qquad \alpha_M = 9.9 \times 10^{-6}/℃,$$

$$\Delta T = -62 - 20 = -82℃$$

である．

式 (14.32) および式 (14.33) より

652   第 14 章　温度変化の効果

$$K_4 = \frac{9.9 \times 10^{-6} - 8.4 \times 10^{-6}}{\dfrac{1}{5.50 \times 10^4} + \dfrac{60.554}{2 \times (2.00 \times 10^5) \times 1.575}} = 0.0138$$

$$K_5 = 1 + \frac{2 \times (5.08 \times 10^{-3})}{60.554 \times (-62 - 20) \times (9.9 \times 10^{-6} - 8.4 \times 10^{-6})} = -0.3641$$

となる.

　式(14.31)より

$$S_R = -0.0138 \times (-0.3641) \times (-82) = -0.412 \, \text{MPa}$$

となる.

　K_5 の符号が負であることは，レンズに応力がはたらかないことを示しているが，これは，レンズの縁がセルに接触しないためである. 応力の符号が負であることも，このことを確認する結果である.
セルにはたらくフープ応力は，式(14.34)で与えられる.

$$S_M = \frac{(-0.412) \times \dfrac{60.554}{2}}{1.575} = -7.92 \, \text{MPa}$$

この値は負であり，フープ応力も発生しない.

例題 14.2　拘束されたミラーにはたらく径方向応力およびマウントのフープ応力
（設計と解析には File 14.2 を用いよ）.

　直径 508 mm のオハラ E6 ガラス製ミラーが，A6061-T6 製のセルに 5.08×10^{-3} mm の径方向クリアランスでマウントされている. 組み立ては 20℃で行われる. セルの壁は，レンズの縁の部分で 5.08 mm の厚みをもっている. −62℃において，レンズにはたらく径方向応力とセルの壁面にはたらくフープ応力を求めよ.

解答

　表 B.1 と表 B.12 より

$$E_G = 5.86 \times 10^4 \, \text{MPa}, \qquad \alpha_G = 2.7 \times 10^{-6}/\text{℃},$$

$$E_M = 6.83 \times 10^4 \, \text{MPa}, \qquad \alpha_M = 23.6 \times 10^{-6}/\text{℃},$$

$$\Delta T = -62 - 20 = -82\text{℃}$$

である.

式(14.32)および式(14.33)より

$$K_4 = \frac{23.6 \times 10^{-6} - 2.7 \times 10^{-6}}{\dfrac{1}{5.86 \times 10^4} + \dfrac{508}{2 \times (6.83 \times 10^4) \times 5.098}} = 0.0279$$

$$K_5 = 1 + \frac{2 \times (5.08 \times 10^{-3})}{508 \times (-62 - 20) \times (23.6 \times 10^{-6} - 2.7 \times 10^{-6})} = 0.0988$$

となる.

式(14.31)より

$$S_R = -0.0279 \times 0.0988 \times (-82) = 2.26 \,\text{MPa}$$

となる.

この応力はミラー基板に対していかなる危険ももたらさない.

セルにはたらくフープ応力は式(14.34)で与えられる.

$$S_M = \frac{2.26 \times \dfrac{508}{2}}{5.08} = 113 \,\text{MPa}$$

表 B.12 によると,A6061-T6 の降伏応力 S_γ は 262 MPa であり,安全率は 262/113 = 2.3 である.これは許容可能である.

14.4.3 高温時における径方向クリアランスの増加

光学素子とマウントの間の径方向クリアランス設計値を Gap_R で定義する.この寸法は,温度上昇 ΔT により ΔGap_R だけ増加する.この変化量は次の式で見積もられる.

$$\Delta\text{Gap}_R = (\alpha_M - \alpha_G)\frac{D_G \Delta T}{2} \tag{14.35}$$

もし,(高温時に起こりうるように)軸方向の拘束がない場合,セル内径と光学素子外径の間に径方向クリアランス Gap_R があることによって,縁がエッジ厚み t_E の直径方向反対側でマウントに接触するまで光学素子にロール回転(つまり横方向軸周りのチルト)が生じる.このロール回転角は以下の式で見積もられる.

$$\text{Roll} = \arctan\frac{2\text{Gap}_R}{t_E} \tag{14.36}$$

654 第 14 章 温度変化の効果

可能性のある光学素子のロール回転の計算は，例題 14.3 に示されている．

例題 14.3　高温における光学素子周囲の径方向クリアランス増大と，それにより起こりうるチルト量（設計と解析には File 14.3 を用いよ）．

例題 14.2 における直径 508 mm のミラーアセンブリにおいて，$T_{\text{MAX}} = 71.1$℃ における径方向のクリアランス増大を求めよ．組み立て時のクリアランスは 5.08×10^{-3} mm である．ミラーはオハラ E6 ガラス製，セルは A6061-T6 アルミニウム合金製である．ミラーの厚みは 63.5 mm であり，$\Delta T = 71.1 - 20 = 51.1$℃，$\alpha_G = 2.7 \times 10^{-6}$/℃，$\alpha_M = 23.6 \times 10^{-6}$/℃である．

解答

式（14.35）より

$$\Delta\text{Gap}_R = (23.6 \times 10^{-6} - 2.7 \times 10^{-6}) \times \frac{508 \times 51.1}{2} = 0.271 \text{ mm}$$

である．

温度 T_{MAX} における径方向クリアランスは，$0.00508 + 0.271 = 0.276$ mm である．

式（14.36）より

$$（チルト量）= \arctan\frac{2 \times 0.571}{63.5} = 0.5°$$

となる．

14.4.4 レンズの軸精度を保つための，径方向への機械的コンプライアンスの導入

14.2.1 項において，MISR レンズアセンブリの設計について説明した．この設計では，押さえ環とそれによって拘束されるレンズとの間に，ベスペル SP-1（デュポン製ポリイミド樹脂）製のスペーサを有する．これらの高 CTE を有するスペーサーの厚みは，温度の上限において，レンズを通じた全長（光学全長）とハウジングの全長を本質的に等しく保つように決められている．この設計は，図 14.24 で述べた方法と同様の軸方向アサーマル設計になっている．MISR レンズはまた，すべてのレンズの周りに輪帯状の弾性をもつ間隔環を有する．これらの間隔環は図 14.28 に示すような構成になっている．これらもまた Vespel SP-1 でできている．これらの間隔環の外径は，セル内径に対して締まりばめになっており，一方で，間隔環内径はレンズ外径に対してわずかな締まりばめになっている．各間隔環の設計

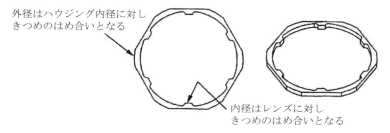

図 14.28 MISR レンズアセンブリにおいて，レンズの共軸性を保証するために用いられたベスペル VP-1 スペーサリングの構造（Ford ら [13] による．NASA/JPL/Caltech の厚意により再掲）．

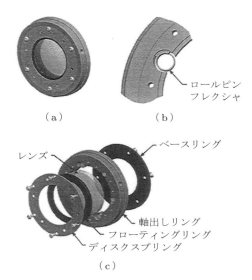

図 14.29 軸方向および径方向の両方にコンプライアンスをもつレンズマウント．(a) 組み立て状態，(b) 径方向フレクシャの詳細図，(c) 展開図（Barkhauser ら [27] による）．

は，六つの外側と内側の突起の間でフレクシャ性をもつようになっている．径方向の力が，すべての温度において，間隔環より対称的に与えられるので，これらの中心は良好に保たれる．

図 14.29 は，単レンズに対して軸方向に柔軟性をもち，また，径方向にも柔軟性をもつもう一つの設計例である．この設計は Barkhauser ら [27] によるもので，国立天文観測所（WIYN）におけるキットピーク 3.5 m 望遠鏡の高解像度赤外カメラに用いられた．軸方向の線膨張係数差は，円盤状のバネによるフレクシャで補償さ

656　第 14 章　温度変化の効果

れている（図 3.21 の連続フランジに類似）．6 本のネジによりこのバネが止められている．浮いたリングは，バネとレンズの間のスペーサとしてはたらく．この厚みは，保持力を与えるバネの変形量を決定する．

　この設計において，径方向の線膨張係数差は，詳細図(b)に示した 6 本の「ロールピン」フレクシャにより補償される．これらのフレクシャはアルミニウム製のセンタリングリングの内径において，図 3.43 における径方向のフレクシャと同様，放電加工によって加工される．しかしながら，この場合はレンズの縁はフレクシャに接着されず，レンズの縁に加えられたあらかじめ定められた径方向の力によって，対称的に拘束されている．この力は，機械加工中の寸法制御で決定される．

　レンズの芯出しを行うもう一つの方法が，15.20 節に示されている．この設計は非常に洗練された 16 個のバネからなる設計であり，ジェームズ-ウェッブ宇宙望遠鏡の NIRCam における結晶材レンズのうち一つの軸を出すのに用いられる．

14.5　温度勾配の効果

　温度勾配は，光学機器におけるすべての点が同じ温度とは限らない場合（空間的勾配），あるいは光学機器におけるある部分の温度が時間とともに変化する場合に生じる（時間的勾配）．空間的勾配は，軸方向あるいは径方向でも起こりうるし，両方の勾配が同時に同じアセンブリ内で起こる可能性もある．温度勾配は，周囲環境の変化，装置のある温度の場所からほかの温度環境の場所への移動，太陽あるいは局所的な熱源の移動などの結果起こる．光学機器が一定の温度環境のもとで長時間置かれると（温度慣らし），温度は一定になろうとし，温度勾配は小さくなる．多くの種類の光学機器についての解析と試験による経験では，中くらいの大きさの装置では，温度が安定するまで数時間を要する．ある条件下では，光学機器は決して定常状態に到達しない．これは，光学機器が時間変動する温度環境下に置かれている場合に通常生じる．

　光学機器の中には，その用途の一部として急速な温度変化に晒されるものもある．これは熱衝撃とよばれる．大部分の場合において，この種の光学機器は，ある温度からほかの温度まで急激に冷却あるいは加熱された場合でも，仕様どおりの性能を発揮する必要がある．このようなアセンブリについては，Stubbs と Hsu[28]により説明がなされている．これは室温から − 153℃以下まで，150℃の温度幅が 5 分以内に冷却される赤外線センサであった．このアセンブリには，直径 26 mm のゲ

14.5 温度勾配の効果　657

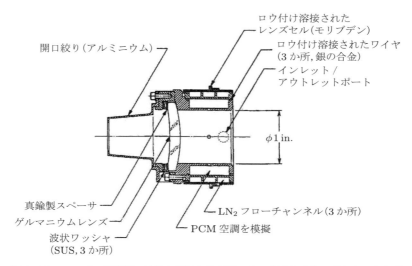

図 14.30　レンズの縁近傍の接触を通じた熱伝導による急速な冷却に耐えうるよう設計がなされたレンズアセンブリの断面図（Stubbs および Hsu [28] による）.

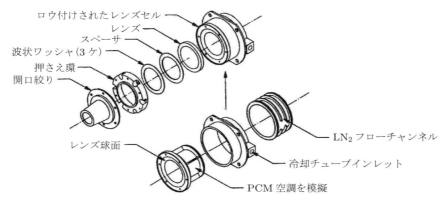

図 14.31　図 14.30 のレンズアセンブリの展開図（Stubbs および Hsu [28] による）.

ルマニウム製単レンズが含まれており，マウントにおける輪帯状のインターフェースにより熱伝導が起きる．図 14.30 はこの対物レンズの模式的断面図であり，図 14.31 はこの装置の分解図である．

マウントはモリブデン TZM[†] であり，CTE $= 5.5 \times 10^{-6}$/K であるが，これはゲルマニウムの CTE（4.9×10^{-6}/K）とつり合うためである．前面（凹面）の平

---

† （訳注）モリブデン，チタン，ジルコニウム，炭素でできた合金.

658　第 14 章　温度変化の効果

面面取りを真鍮製の平らな間隔環に密着させることと，後面（凸面）のレンズ面に
ぴったり合致する球面状の機械的インターフェースにより，最大限，熱伝導効率を
高めている．後者の面は，研削された後に，レンズ面の曲率に対して，120 K にお
いて 633 nm に対するニュートン誤差が 11 本以内になるように作られた原器を用
いて研磨されている．3 枚の波状ワッシャとそれに続くネジにより固定されたフラ
ンジ状の押さえ環により，組み立て時の保持力 245 N が加えられている．著者らは，
室温における保持力は 0.78 MPa であり，したがって接触面積は約 322 mm^2 と予想
されることを指摘している．このような広い接触面積により，保持力による応力は
最小限に抑えられ，空間的な温度分布もまた最小限に抑えられている．

　3 本の熱流路がハウジング外部の円筒面に機械加工されており，円筒形の中身の
詰まったカバーが，これらの露出した流路にロウ付けされている．そして，中身の
詰まった排熱チューブが，このカバーに対して径方向にロウ付けされている．「PCM†
空調を模擬」と示された領域は，液体窒素により冷却された後に，装置温度を 25
分以内に安定化させる用途の相転移物質のための空間である．冷却剤ラインは，径
方向のチューブに，Epibond エポキシ（タイプ 1210A/9615-10，CIBA-Geigy
Fruane Aerospace Products 社製）により接着されている．

　このレンズアセンブリモデルの干渉計による試験で，このレンズは運用中に熱衝
撃と温度勾配がかかっても，あるいは圧縮応力によっても，レンズ面のひずみは過
度に大きくないことが判明した．このアセンブリの実験室内における温度試験でも，
冷却剤を流し始めた後の温度の時間推移も，試算に対してよく合致することがわ
かった．さらに，レンズの温度も，期待どおりに 25 分で 100 K に安定した．

　急速な温度変化とそれによる熱衝撃にかかわるそのほかの状況として，温暖な駐
機場から極寒の地球外環境に移動された航空カメラの例がある．このような過酷環
境においてはほとんどの場合，長時間にわたってカメラ機構の十分な動作や光学性
能が発揮されない．軌道上の科学光学機器には，温度に対して厳しい設計上の問題
がある．大部分の場合においては，過剰になった熱は運用の一部において，外空間
に放射される．

　レンズ，ウインドウ，フィルタ，プリズムといった屈折部材，および大口径の天
文用ミラーは，温調空気を面に対してあるいは基板の置かれた空間に吹き付けるこ
と，1 面あるいは複数の面に対して施された伝導性コートに電流を流すこと，ある

---

†　（訳注）PCM = phase change material，相転移物質．

いはマウントからの熱伝導により，温度安定化がなされる．ウインドウおよびフィルタを加熱する例は第5章で説明した．典型的には，小径あるいはほどほどの外径のミラーは，マウントや，裏面に取り付けられた熱伝導装置を通じた伝導により冷却（あるいは加熱）される．高エネルギーレーザー用途に用いられるミラーの熱は，一般に，基板内の熱交換経路にクーラント液を流すことで温度がコントロールされる．大口径の地上天体望遠鏡に用いられるミラーは，裏面に取り付けられたヒーターあるいはクーラー，または，裏面に対して温調空気を流すことで温度安定化がなされる．後者の一例は，11.3.3項で説明された新MMT望遠鏡の主鏡である．マウントあるいは開口周辺からの熱伝導により温度コントロールがなされる光学部品は，温度勾配に悩まされる傾向があるので，面が非対称にひずむ可能性がある．

Hatheway[29]は，アルゴンイオンレーザーについて，レーザーキャビティの外径に接する熱交換機を通じた空気の流れにより，レーザーがどのように冷却されるか説明している．図14.32(a)は熱くなった水平方向のレーザーキャビティ周りの熱の自然対流の様子を示す．垂直方向の温度勾配が大きくなると，構造体が曲がることでキャビティのエンドミラーが傾き，その結果，図14.32(b)に示すようにビームが垂直面内で偏向する．レーザーを安定にさせ，重力に対してどの方向でも使えるようにするためには，温度勾配を最小限に抑える必要がある．この目的は，アセンブリを，空気を流して冷却することで達成でき，また，ロウ付けおよびフリット接合されたレーザーキャビティにおけるシーリングの一体性が保たれる．

図14.33は，このように改良したレーザーの構造を模式的に示したものである．これは，直径1mmの穴が中央に開けられた酸化ベリリウムのロッド周りに組み立てられている．タンクに溜められたアルゴンガスが，エンドミラーに挟まれたキャビティに満たされており，カソードとアノード間が電気的に励起されると，レーザー発振する．このレーザー発振器の設計は，キャビティ空間内に2500Wと，カソード

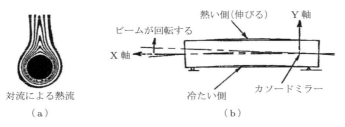

図14.32　自然熱対流の効果．(a)ビーム方向，(b)軸が水平を向いたガスレーザーにおいて，温度勾配の制御が不適切な場合（Hatheway[29]による）．

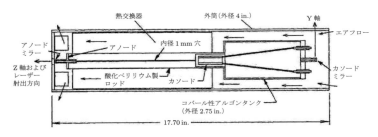

図 14.33　改良された強制空冷機構を有するガスレーザーの模式的配置図（Hatheway[29]による）．

のヒーター分の 100 W の消費電力を必要とする．当初よりレーザーは冷却を行わないと動作しないことが知られていた．この問題に対処するため，高効率のアルミニウム製熱交換器がロッドの周りでチューブ内径に収められる利用可能なスペース内に収まるように設計された．遠心力ファンが水深 1 in. に対応する圧力に相当する空気の流れを作り出すために設けられた．このようにして要求仕様が満たされた．

14.5.1　径方向の温度勾配

単レンズにおける径方向の温度勾配の一般的な場合が図 14.34 に示されている．このレンズは空気中にあり，レンズの縁に近い部分が光軸近傍よりも ΔT だけ暖かいとする条件下におかれているとする．光軸近傍の温度，レンズ厚み，そして屈折率は本質的に一定で，それぞれ T_A, t_A, n_A であるとするが，レンズの縁においては，それらが $T_A + \Delta T$, $t_A + \Delta t$, $n_A + \Delta n$ となるとする．Jamieson[10] は次のように指摘している．すなわち，光軸に沿った温度勾配を無視すると，点 A と点 B を結ぶ任意の光線の，光軸に沿った長さに対する光路長差は OPD $= (n - 1) t_A - (n + \Delta n - 1)(t_A + \Delta t)$ となる．二つの式，$\Delta n = \beta_G \Delta T$ と $\Delta t = t_A \alpha_G \Delta T$ が成

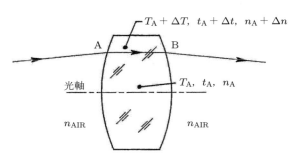

図 14.34　レンズエレメントにおける一般的な径方向温度勾配．

り立つので，$\mathrm{OPD} = \{\beta_G + (n_A - 1)\alpha_G\} t_A \Delta T$ を得る．ここで，$\beta_G = \mathrm{d}n/\mathrm{d}T$ であり，この値はガラスのデータシートに記載されている（たとえば図 1.7 を参照）．

式は以下のようになる．

$$\mathrm{OPD} = \{(n_A - 1)\alpha_G + \beta_G\} t_Z \Delta T = (n_A - 1)(\gamma_G t_A \Delta T) \tag{14.37}$$

$$\gamma_G = \alpha_G + \frac{\beta}{n_A - 1} \tag{14.38}$$

例題 14.4 にこの式の用例を示す．

パラメータ γ_G はガラスに対する熱温度係数であり，空間的な温度変化に対する感度を示している．Jamieson[10] は，大部分の光学ガラスについて，γ_G は $5 \times 10^{-6}/℃$ から $25 \times 10^{-6}/℃$ の値をとると指摘している．Schott，オハラ，HOYA の弗珪クラウン（FK）とリン酸クラウン（PK）は例外である．Jamieson[10] は γ_G の値を様々な屈折部材についてリスト化している．中には，γ_G の値が小さい，あるいは，負の値をとるガラスもあり，これらにより光学系の温度勾配感度を下げられる．光学プラスチックと，いくつかの赤外線透過材料は，より大きな γ_G の値をとる（とくにゲルマニウムが顕著）．プラスチックについては，熱伝導率と熱容量の値が小さいため，これらの材料は空間的な温度分布に対して非常に敏感である．ゲルマニウムの熱伝導率と熱容量は高いため，ゲルマニウム製レンズは，温度分布が一様でなくてもさほど問題にならない．しかしながら，ゲルマニウムは熱暴走に支配される．これは，ゲルマニウムが温まれば温まるほど，光をより吸収するようになるということを意味する．透過率低下は $100℃$ から始まり，$200℃$ から $300℃$ 間で急激に低下することが公表されている．熱暴走により，光学素子が損傷に至る場合もある．係数 γ_G の高い材料と低い材料を組み合わせることで温度勾配感度を減らせる．液体はときにレンズ間の空気間隔に満たすことで，光学系をよりアサーマルに近づけるために用いられる [10,30]．

例題 14.4　典型的な薄いレンズにおける径方向温度勾配効果の見積もり（設計と解析には File 14.4 を用いよ）．

厚み $3.5\,\mathrm{mm}$ の薄いレンズで，縁の温度が中心より $2℃$ 高くなっている．レンズの材質は (a)BK7 ガラス，(b)SF11 ガラス，(c)ゲルマニウムとする．波長は，ガラスレンズに対しては $\lambda = 0.546\,\mathrm{\mu m}$，ゲルマニウムレンズに対しては $10.6\,\mathrm{\mu m}$ とする．屈折率を $n_{\lambda\,\mathrm{BK7}} = 1.5187$，$n_{\lambda\,\mathrm{SF11}} = 1.7919$，$n_{\lambda\,\mathrm{Ge}} = 4.0000$ とする．それぞれの場合における OPD を求めよ．

662　第 14 章　温度変化の効果

解答

Jamieson によると

$$\gamma_{G\,\text{BK7}} = 9.87 \times 10^{-6}/\text{℃} ,$$

$$\gamma_{G\,\text{SF11}} = 20.21 \times 10^{-6}/\text{℃} ,$$

$$\gamma_{G\,\text{Ge}} = 136.3 \times 10^{-6}/\text{℃}$$

である．式(14.37)より

$$\gamma_{G\,\text{BK7}} = 9.87 \times 10^{-6}/\text{℃} ,$$

$$\gamma_{G\,\text{SF11}} = 20.21 \times 10^{-6}/\text{℃} ,$$

$$\gamma_{G\,\text{Ge}} = 136.3 \times 10^{-6}/\text{℃}$$

である．式(14.37)より

(a) $(1.5187 - 1) \times 9.87 \times 10^{-6} \times 3.5 \times 2 = 3.584 \times 10^{-5}\,\text{mm} = 0.07\lambda$
 (@0.546 μm)

(b) $(1.7919 - 1) \times 20.21 \times 10^{-6} \times 3.5 \times 2 = 1.12 \times 10^{-4}\,\text{mm} = 0.20\lambda$
 (@0.546 μm)

(c) $(4.0000 - 1) \times 136.3 \times 10^{-6} \times 3.5 \times 2 = 2.86 \times 10^{-3}\,\text{mm} = 0.27\lambda$
 (@10.6 μm)

と求められる．これらの OPD は，多くの用途において考慮に入れる必要があるほど大きい．

　Jamieson[10]はさらに次のことを指摘している．すなわち，式(14.37)と薄肉近似は，概略設計における材料選択と，想定される温度勾配の影響を見積もるのには非常に役立つが，最終設計の目的には十分な精度ではない．最終設計においては，レンズの各ゾーンにおける屈折率と厚みの値を予想するため，実際の温度分布を入力して光線追跡を行い，実際の結像性能をシミュレーションする必要がある．

　反射光学系においては屈折が起こらないため，径方向の温度勾配は，曲率半径とサグ深さが光軸からの高さに応じて変化すること（つまり光学面形状の変形）により起こる．レンズ設計プログラムは，この効果を，光学面が非球面化しているとして評価が可能である．これらの結像性能に及ぼす影響は，設計プログラムを用いれば容易に決定できる．

14.5.2 光軸方向の温度勾配

　光学素子（ウインドウ，レンズ，プリズムなど）における光軸方向の温度勾配は，太陽光やレーザーなど入射光の吸収によって起きる．この勾配により光学素子の曲げが生じる．Barnes[31]は，宇宙用光学系における熱の影響の古典的な取り扱い方法を与えた．軸方向に一様な放射を受けると，平行平板のウインドウは浅い同心状のメニスカス形状に変化する．この平均曲率は$C = 1/R = \alpha q/k$で与えられる．ここで，αは材料の線膨張係数，qは単位面積あたりの熱量，kは材料の熱伝導率である．中心厚tがRに比べて小さい場合，この弓なりになったウインドウのパワーPは次の式で与えられる．

$$P = \frac{n-1}{n} \times \left(t\,\frac{q}{k} \right)^2 \tag{14.39}$$

　この式を用いて，Barnes[31]は次のことを示した．すなわち，低高度軌道における300 Kで用いられる光学系において，厚み2.5 cmのウインドウが太陽放射の15％を吸収する場合，開口径2.9 mまでは焦点距離の変化がレイリー限界$\lambda/4$の許容値以下に収まるために無視できる．この限界の口径は，吸収熱量が一定の場合，ウインドウ厚みの平方根に反比例する．

　ウインドウや望遠鏡の補正板のエッジマウントを通じた温度勾配は，口径ごとに異なる光路長差を発生させる．これは，光学素子の屈折率はもちろんのこと，機械的な厚み変化にも起因する．一般的に，応力がガラス内部に蓄積され，複屈折が生じる．しかしこれらの効果は小さい．

　Barnes[31]の論文内で説明された解析方法の使い方を説明するため，彼は縁が断熱されてはめ込まれた平面形状のクラウンガラス製ウインドウで，厚み3.0 cm，口径61 cmの例を与えている．地球を向いた衛星軌道において高度960 kmで用いられた場合，このウインドウは浅い凹レンズとなり，径方向で軸上からの相対瞳高さが9割の位置で光路長差がゼロになる点が分布する形状となるが，ゾーナル収差のピークは相対瞳6割から7割，すなわち使用状態における可視光で0.5λ p-vの範囲に分布している．これが，口径55 cm，F/5の光学系で用いられた場合，この変形は光学系のフォーカスシフト45 μmを引き起こす．このシフトは，この光学系におけるレイリー限界$\lambda/4$のおよそ2倍である．このゾーナル収差は，リフォーカスしても光学系の収差を悪化させる．Barnesは，この光学系のウインドウよりも，かなり（約25％）大きな口径のウインドウを用いることで，コンピュータによる

664　第14章　温度変化の効果

温度制御に頼ることなく，光学系の収差をより許容できる値まで減少できると結論づけている．ウインドウの厚みを薄くすること，あるいはマウントとウインドウの間の断熱性を高め，熱伝導をより小さくすることにより，この種の温度勾配の効果を小さくできる．

Vukobratovich[11]は，定常状態の軸方向の温度勾配にミラーが晒された場合の曲率半径が，以下の式で与えられることを示した．

$$\frac{1}{R_0} - \frac{1}{R} = \frac{\alpha}{k}q \tag{14.40}$$

ここで R_0 と R は，それぞれもとの曲率半径と新しい曲率半径であり，α はミラーの CTE，k は熱伝導率，q は単位面積あたりの熱吸収量である．式(14.40)における比 α/k は定常状態における熱変形係数であり，表 B.9 に様々なミラー媒質についての値が列挙されている．温度勾配に対して抵抗があるという点で望ましいミラー材料は，この係数の値が小さいものである．

14.6　接合された光学素子における温度変化により引き起こされる応力

7.5 節と 9.2 節において，プリズムと小径ミラーの接着方法について考察した．このような光学素子とマウントの間の結合において応力の原因となるものは，おもに三つある．これらは，接着剤の硬化収縮，光学素子をマウントからせん断方向に引きはがす方向にはたらく加速度，そして高温・低温環境下における線膨張・収縮差である．最後の影響は，接合ダブレットや接合プリズムにおける光学面の間の結合で発生する．これらの影響を手短に考察しよう．

硬化収縮は典型的には接着層の各方向において数％の量であり，おそらくは装置が使用されているうちは継続する．接着剤が，光学素子とマウントの両方に対し，接触領域前面で接着力が強いと仮定すると，接着層は隣接する光学素子およびマウントに対して応力を与える．この応力はふつう小さいが，光学素子を曲げる方向にはたらく．光学素子が薄すぎる場合，この応力により光学性能が劣化するほど光学面形状が顕著に変形する．これが起こらないようにするには，光学素子の厚みを十分厚くすること，接着剤を硬化収縮が極力小さいものに選定すること，そして接着の横方向の寸法を極力小さくすることに留意しなくてはならない．ミラーの場合については，高剛性の材料（すなわちヤング率の値が大きいもの）を利用することも助けとなる．接合された光学部品では，接着面積は開口からの要求で決定される．

14.6 接合された光学素子における温度変化により引き起こされる応力　665

接合部に対して垂直に向き，接合部を引き延ばす方向にはたらく加速度は，破壊を引き起こすのに十分な力をもたらす可能性がある．接着強度（およそ 13.8 MPa から 17.2 MPa）は光学材料の引張強度 6.9 MPa よりも大きいため，大きな引張応力がかかる場合，ガラスが破壊される．最悪の状況は，極端な温度環境下において材料の線膨張差が発生している状態で，加速度の影響がかかる場合である．

温度変化により接合部にもたらされる影響は，光学材料の CTE である α_1，α_2 と接着剤の CTE である α_e の差により生じる．一般的な場合である $\alpha_e \gg \alpha_1 > \alpha_2$ において，二つの材料における線膨張差はすべての部材に対して応力を生じさせる．接合された光学部品の破壊は，ときには，接合部における過大なせん断応力に原因がある場合がある．この効果により光学素子に発生する応力を，有限要素法の利用により予想することもありうるが，これは本書の範囲を超える．

Vukobratovich[32] は，二つの異なる材料でできた薄い板の接合の間に，組み立て時の温度と異なる温度になった場合の寸法変化の差により発生するせん断応力を見積もるため，Chen と Nelson[33] により開発された解析的方法に関する取り組みを必要とした．この理論は，ガラスと金属の接合あるいはガラスどうしの接合に適用できる．関連する方程式[†] は以下のとおりである．

$$S_S = \frac{2(\alpha_1 - \alpha_2)\Delta T S_e I_1(x)}{t_e \beta (C_1 + C_2)} \tag{14.41}$$

ただし，

$$S_e = \frac{E_e}{2(1 + \nu_e)} \tag{3.63}$$

$$\beta = \left\{ \frac{S_e}{t_e} \left(\frac{1 - \nu_1^2}{E_1 t_1} + \frac{1 - \nu_2^2}{E_2 t_2} \right) \right\}^{\frac{1}{2}} \tag{14.42}$$

$$x = \beta R \tag{14.43}$$

$$C_1 = -\frac{2}{1 + \nu_1} \left\{ \frac{(1 - \nu_1) I_1(x)}{x} - I_0(x) \right\} \tag{14.44}$$

$$C_2 = -\frac{2}{1 + \nu_2} \left\{ \frac{(1 - \nu_2) I_1(x)}{x} - I_0(x) \right\} \tag{14.45}$$

[†] 本書初版では，このテーマに関する取り扱いは，Chen と Nelson の，単一の軸に沿っての応力に関する理論に基づいていた．ここで，2 枚の薄い接着層で接合された板の軸対称な応力の最大値について彼らの定式化を適用する．応力は光軸上で 0 となり，縁で最大値をとる．板は曲がらないと仮定する．

である．ここで，S_S は接合部におけるせん断応力，α_1, α_2 は接合された二つの部品，ΔT は組み立て温度からの差，S_e は接着剤のせん断弾性係数，R は接着剤横方向直径の半分（ここでは接着領域は円と仮定），t_e は接着層の厚さ，E_1, ν_1, E_2, ν_2, E_e, ν_e は 3 種類の材質のヤング率とポアソン比，t_1, t_2 は部品の厚み，$I_0(x)$, $I_1(x)$ は第 1 種変形ベッセル関数である．この関数は，図 14.35 に $0 < x < 5.0$ の範囲でプロットされているものである．例題 14.5 から例題 14.7 では，$I_0(x)$, $I_1(x)$ の値はこの図から近似している．より大きな x の値については，出版社 HP 掲載のデータを参照されたい．$I_0(x)$, $I_1(x)$ は以下の多項式で計算される．

$$I_0(x) = a_0 + b_0 x^2 + c_0 x^4 + d_0 x^6 + e_0 x^8 + f_0 x^{10} \tag{14.46}$$

$$I_1(x) = a_1 x + b_1 x^3 + c_1 x^5 + d_1 x^7 + e_1 x^9 + f_1 x^{11} \tag{14.47}$$

それぞれの式における係数は，表 14.8 に示されている．

図 7.21 において，接着されたプリズムとマウントが破壊された状態を示したが，これにおける応力を，例題 14.5(a) において式 (14.41) から式 (14.45) を用いて見積もったところ，約 8.31 MPa であった．これは，第 13 章で述べたガラスの引張応力に関する許容値 6.89 MPa を超える．したがってプリズムは，とくに表面下の潜傷を取り除くような特殊な研削が行われない場合，極端な温度環境下で破壊のおそれがある．以前説明したプリズムマウント設計で指摘したように，ガラスのプリズ

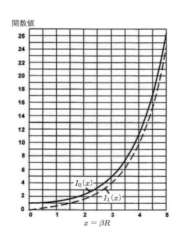

図 14.35　第 1 種変形ベッセル関数 $I_0(x)$, $I_1(x)$ の $0 < x < 5$ における数値．このグラフから読み取れる数値は例題 14.5 で用いられるが，これは CTE が大きく異なるベースプレートとプリズム間の接着におけるせん断応力を見積もるのに用いられる．

14.6 接合された光学素子における温度変化により引き起こされる応力 667

表14.8 $I_0(x)$, $I_1(x)$ を計算するための式(14.46)および式(14.47)
における定数 a_0, ..., f_0 および a_1, ..., f_1 の値

a_0	1.00000	a_1	5.00000×10^{-1}
b_0	2.50000×10^{-1}	b_1	6.25000×10^{-2}
c_0	1.56250×10^{-2}	c_1	2.60417×10^{-3}
d_0	4.27350×10^{-4}	d_1	5.42535×10^{-5}
e_0	6.78168×10^{-6}	e_1	6.78168×10^{-7}
f_0	1.17738×10^{-10}	f_1	5.65140×10^{-9}

ムは低温試験中にひびが入った．これを回避するため，各接着の接着面積を小さく
し，正三角形の三つのスポットとその中心に一つのスポットのように配置を変更し
た．これらのスポットは直径 6.35 mm であった．例題 14.5(b) では，T_{MIN} におけ
るこの大きさのスポットで生じる応力は 2.23 MPa と，破壊を引き起こさないと予
想される小ささまで減少した．新しい接着方法で接着されたサブアセンブリの低温
試験を行ったところ，この新しい設計は成功であったことがわかった．

例題 14.5　CTE 差がある場合の接着されたプリズムにおける応力（設計と解析
には File 14.5 を用いよ）．

図 7.21 に示すキューブ形状のプリズムが合成石英でできており，チタン製ベー
スに 3M 2216 エポキシで接着されているとする．プリズム面の幅は 35 mm であ
る．ベースの厚みは 26.695 mm である．接着領域は円形で，厚み 0.102 mm，直
径 $2R$ が 35 mm である．

（a）接着領域におけるせん断応力がプリズムにかかる応力と等しいとした場合，
温度変化 $\Delta T = -50℃$ の結果発生する応力を求めよ．

（b）接着領域が $2R = 6.35$ mm の 4 個の小円（正三角形の 3 点と中央の 1 点）に
置き換えるとする．これらの小面積における温度変化 $\Delta T = -50℃$ の結果発生
する応力を求めよ．

解答

表 B.1，表 B.12，表 B.14 より

$$\alpha_M = 8.8 \times 10^{-6}, \qquad E_M = 11.4 \times 10^4\,\mathrm{MPa}, \qquad \nu_M = 0.31$$

$$\alpha_G = 0.58 \times 10^{-6}, \qquad E_G = 7.3 \times 10^4\,\mathrm{MPa}, \qquad \nu_G = 0.17$$

$$E_e = 6.9 \times 10^2\,\mathrm{MPa}, \qquad \nu_e = 0.43$$

668　第14章　温度変化の効果

である.

式(3.63)より $S_e = 6.9 \times 10^2 / 2(1 + 0.43) = 2.41 \times 10^2$ MPa，式(14.42)より

$$\beta = \left\{ \frac{2.41 \times 10^2}{0.102} \left(\frac{1 - 0.31^2}{11.4 \times 10^4 \times 26.695} + \frac{1 - 0.17^2}{7.3 \times 10^4 \times 35} \right) \right\}^{\frac{1}{2}} = 0.04 \text{ /mm}$$

である.

(a) 図14.35より $x = \beta R = 0.04 \times (35/2) = 0.7$ では $I_0(x) = 1.10$，$I_1(x) = 0.40$ である．式(14.44)および式(14.45)より

$$C_M = -\frac{2}{1 + 0.310} \times \left\{ \frac{(1 - 0.310) \times 0.4}{0.70} - 1.1 \right\} = -1.077$$

$$C_G = -\frac{2}{1 + 0.170} \times \left\{ \frac{(1 - 0.170) \times 0.4}{0.70} - 1.1 \right\} = -1.070$$

である．式(14.41)より

$$S_S = \frac{2 \times (8.8 \times 10^{-6} - 0.58 \times 10^{-6}) \times (-50) \times (2.41 \times 10^2) \times 0.4}{(-1.177 - 1.070) \times 0.102 \times 0.04}$$

$$= -8.64 \text{ MPa}$$

の応力が発生する.

(b) 図14.35より，$x = \beta R = 0.04 \times (6.35/2) = 0.127$ では $I_0(x) = 1.01$，$I_1(x) = 0.08$ である．式(14.44)および式(14.45)より

$$C_M = -\frac{2}{1 + 0.310} \times \left\{ \frac{(1 - 0.310) \times 0.08}{0.127} - 1.01 \right\} = -0.878$$

$$C_G = -\frac{2}{1 + 0.170} \times \left\{ \frac{(1 - 0.170) \times 0.08}{0.127} - 1.01 \right\} = -0.832$$

である．式(14.41)より

$$S_S = \frac{2 \times (8.8 \times 10^{-6} - 0.58 \times 10^{-6}) \times (-50) \times (2.41 \times 10^2) \times 0.08}{(-0.878 - 0.832) \times 0.102 \times 0.04}$$

$$= -2.27 \text{ MPa}$$

の応力が発生する.

　ChenとNelson[33]の理論の最も一般的な適用先として，大きく異なるCTEをもつガラスどうしの接合が挙げられる．好適な例として，図14.36(a)に模式的に示した直径90 mmの接合ダブレットを示す．この光学設計は，光学性能上の理由

14.6 接合された光学素子における温度変化により引き起こされる応力 669

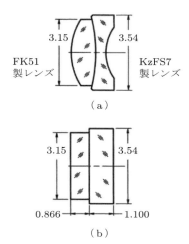

図14.36 (a)CTEが大きく異なるガラスどうしの接着ダブレット模式図，(b)低温試験のために製作された2枚の平面板によるモデル．

から，SchottのFK51とKzFS7を必要としている．低温環境下（−62℃）における破壊の可能性が懸念されたが，これはそれぞれのCTEが13.3 ppm/℃および4.9 ppm/℃と顕著に異なるためである．1970年当時，この設計を検証する解析的方法は存在しなかった．要求される多数のレンズを作り，試験中に破壊されるリスクを負うよりも，より安価な模擬用サンプルが製作された．2枚の平行平板で，レンズエレメントを模擬した材料と厚みを有するものが接合された（図14.36(b)を参照）．図14.37は，最低温度に下げる途中で何が起きたかを示している．両方の基板は試験中に損傷した．

類似したCTEをもつガラスを用いて再設計を行うよりも，この問題を解決するより柔らかい接着剤を見つけるための検討が始められた．Sylgard XR-63-489（電子基板のための防湿コート剤で，以前Dow Corning社により製造された）が選択された．これは，光学系の用途では十分な透過率を有しており，従来の光学接着剤より硬化後に柔らかく，さらに厚い接着層で用いることができるためである．追加の接着サンプルを用いて低温試験を行ったところ，この方法は成功であり，ダブレットはそれ以上の遅れなく生産が行われた．

例題14.6は，もとの設計（接着剤込み）において，ChenとNelsonの理論を用いてせん断応力がどのように見積もられるかを示している．光学接着剤のヤング率，ポアソン比，接着層の厚みはすぐには利用できないため，仮定が入っている．寸法

図14.37 低温試験の対象として接合ダブレットを模擬するために厚いガラス板どうしを光学的に接着したサンプルの写真．ガラスにおける大きなCTE差のため，両方のガラス板における破壊が起こっている（Yoder[17]による．著作権はInforma plcの一部門であるTaylor and Francis Group LLCに帰属する．許可を得て再掲）．

は，図14.6(b)からとられた．組み立て時に対する温度差$\Delta T = -100$℃では，58.8 MPaの応力が生じると見積もられている．アセンブリは温度差-62℃よりずっと前に破壊されると予想される．この例では，$I_0(x)$，$I_1(x)$の値は図14.33からとられた．ダウンロードデータのFile 14.6によると，最低温度における応力は約58 MPaと見積もられる．これらの結果はよく一致する．発生する応力を6.9 MPaに抑える温度差を見出すのは，簡単な練習問題である．File 14.6を何度か手動で近似することにより，ΔTは約-27.7℃であることがわかる．

例題14.6　非常に大きなCTE差がある場合の接着レンズにおける温度変化による応力（設計と解析にはFile 14.6を用いよ）．

図14.36(b)に示す接合ダブレットの温度試験のため，FK51とKzFS7の2枚の平行平板からなるモデルを考える．これは光学接着剤により接合されている．接着領域の直径は$2R = 80$ mmとする．クラウンガラスとフリントガラスの厚みはそれぞれ21.996 mm，27.940 mmとする．$\Delta T = -82.2$℃の温度変化のもとで発生するせん断応力を求めよ．

解答

1992年のSchottカタログより

$\alpha_{G1} = 12.7 \times 10^{-6}$/℃，　　$E_{G1} = 8.1 \times 10^4$ MPa，　　$\nu_{G1} = 0.274$

14.6 接合された光学素子における温度変化により引き起こされる応力　671

$$\alpha_{G2} = 4.9 \times 10^{-6}/℃, \qquad E_{G2} = 6.8 \times 10^4 \,\text{MPa}, \qquad \nu_{G2} = 0.293$$

$$E_e = 1.1 \times 10^3 \,\text{MPa}, \ \nu_e = 0.43, \ t_e = 0.025 \,\text{mm}$$

と仮定する．式(3.63)より

$$S_e = \frac{1.1 \times 10^3}{2(1 + 0.43)} = 3.86 \times 10^2 \,\text{MPa}$$

式(14.42)より

$$\beta = \left\{ \frac{3.86 \times 10^2}{0.025} \left(\frac{1 - 0.274^2}{8.1 \times 10^4 \times 21.996} + \frac{1 - 0.293^2}{6.8 \times 10^4 \times 27.940} \right) \right\}^{\frac{1}{2}}$$

$$= 0.124 \,/\text{mm}$$

である．

図14.35 より，$x = \beta R = 0.124 \times (80/2) = 4.93$ では $I_0(x) = 24.5$, $I_1(x) = 22.8$ である．
式(14.44)および式(14.45)より

$$C_{G1} = -\frac{2}{1 + 0.274} \times \left\{ \frac{(1 - 0.274) \times 22.8}{4.93} - 24.5 \right\} = 33.191$$

$$C_{G2} = -\frac{2}{1 + 0.293} \times \left\{ \frac{(1 - 0.293) \times 22.8}{4.93} - 24.5 \right\} = 32.839$$

式(14.41)より

$$S_S = \frac{2 \times (12.7 \times 10^{-6} - 4.9 \times 10^{-6}) \times (-82.2) \times (3.86 \times 10^2) \times 22.8}{(33.191 - 32.839) \times 0.025 \times 0.124}$$

$$= 54.8 \,\text{MPa}$$

のせん断応力が生じる．

　これと同じ手続きを，ほかの接合ダブレットに対する解析にも用いることができる．図14.38 の設計について考察しよう．これは 7 × 50 双眼鏡に用いられる典型的なものである．寸法と硝種は図に示すとおりである．しかしながら，通常（もしあっても）ほとんど線膨張収縮差に関しては考慮されないにもかかわらず，これらのガラスはほとんど等しい線膨張係数をもつ（それぞれ $7.74 \times 10^{-6}/℃$ および $8.28 \times 10^{-6}/℃$）．例題14.7 では，$-62℃$ においてせん断応力が 1.93 MPa であることを示す．この応力は一般的にこの用途においては許容可能である．

第 14 章 温度変化の効果

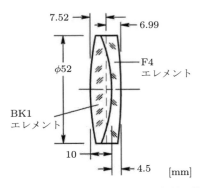

図 14.38 7 × 50 双眼鏡対物レンズに用いられるで一般的な接合ダブレットレンズの模式図．ガラスはほぼ等しい CTE を有する．低温時の応力は例題 14.7 で見積もられる．

例題 14.7 ほぼ同じ CTE の場合の接着レンズにおける温度変化による応力（設計と解析には File 14.7 を用いよ）．

図 14.38 に示す接合タブレットの温度試験のため，BK1 と F4 の 2 枚の平行平板からなるモデルを考える．これは光学接着剤により接合されている．$\Delta T = -82.2°C$ の温度条件の下で発生するせん断応力を求めよ[†]．

解答

図 14.38 より，$2R = 52.0192$ mm，$t_1 = 7.5184$ mm，$t_2 = 6.985$ mm である．1992 年の Schott カタログにおいて，BK1 と F4 の物性は以下のとおりである．

$$\alpha_{G1} = 7.74 \times 10^{-6}/°C, \qquad E_{G1} = 7.4 \times 10^4 \text{ MPa}, \qquad \nu_{G1} = 0.210$$

$$\alpha_{G2} = 8.28 \times 10^{-6}/°C, \qquad E_{G2} = 5.5 \times 10^4 \text{ MPa}, \qquad \nu_{G1} = 0.225$$

$$E_e = 1.1 \times 10^3 \text{ MPa}, \ \nu_e = 0.43, \ t_e = 0.025 \text{ mm}$$

と仮定する．式(3.63)より

$$S_e = \frac{1.1 \times 10^3}{2(1 + 0.43)} = 3.86 \times 10^2 \text{ MPa}$$

式(14.42)より

[†]（訳注）原著本文では問題文が欠落しているので，図 14.38 の説明をもとに補った．

14.6 接合された光学素子における温度変化により引き起こされる応力

$$\beta = \left\{ \frac{3.86 \times 10^2}{0.025} \left(\frac{1 - 0.210^2}{7.4 \times 10^4 \times 7.5184} + \frac{1 - 0.225^2}{5.5 \times 10^4 \times 6.985} \right) \right\}^{\frac{1}{2}}$$
$$= 0.254 \text{ /mm}$$

図 14.35 より $x = \beta R = 0.254 \times (52.0192/2) = 6.62$ では $I_0(x) = 98.66$, $I_1(x) = 102.38$ である．式(14.44)および式(14.45)より

$$C_{G1} = -\frac{2}{1 + 0.210} \times \left\{ \frac{(1 - 0.210) \times 102.38}{6.62} - 98.66 \right\} = 142.88$$

$$C_{G2} = -\frac{2}{1 + 0.225} \times \left\{ \frac{(1 - 0.225) \times 102.38}{6.62} - 98.66 \right\} = 141.51$$

式(14.41)より

$$S_S = \frac{2 \times (7.74 \times 10^{-6} - 8.28 \times 10^{-6}) \times (-82.2) \times (3.86 \times 10^2) \times 102.38}{(142.88 - 141.51) \times 0.025 \times 0.254}$$
$$= 1.94 \text{ MPa}$$

である．

せん断応力が接着面積の大きさに依存することを確認するのは興味深いであろう．与えられたレンズ設計に対して，様々なスケールファクターをかけ，応力 S_S を各場合について計算する．材料，接着厚み，そして ΔT は一定のままであるとする．付属のダウンロードデータはこの種のパラメトリック解析にとくに有効である．図 14.38 と例題 14.7 に示したもとの設計を初期値としても用いて，スケールファクター 0.5 から 2 の範囲に対してせん断応力 S_S を決定した．この結果を図 14.39

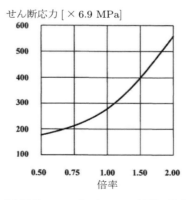

図 14.39　図 14.38 に示す類似のレンズにおいて，材料，接着層厚み，ΔT を変更せずに比例拡大・縮小を行った場合の接合部せん断応力変化．

674   第 14 章　温度変化の効果

にプロットする．一般的に接着面積が増加すると応力は増大し，スケールファクターに対して非線形に変化する．これは，もちろん設計の一例である．ほかの設計では異なった挙動を示す．

　説明を裏付ける細かい事柄として，二つのガラス部品の中心厚（式(14.42)における t_1 と t_2）をどのように決定するかという点がある．この選択方法についての技術的基礎がないため，この著者は中心厚を面頂点から接合面におけるサグ深さの半分の点までの長さとして定義することを提案している．図 14.38 において，これらの寸法は点線からの距離であり，それぞれ 7.52 mm と 6.99 mm である．これらの値は β の計算に盛り込まれる．

　本節のテーマから離れる前に，いくつかの注意点を述べておくのが適切である．Chen と Nelson [33] の方法は不完全であり，厳密ではないことが最近わかった [34]．さらに，この方法により見積もられるせん断応力は，光学素子における引張応力とは対応しない．したがって，第 13 章で述べた経験則である許容値 6.9 MPa を，本章で示した方程式で得られる結果に適用することは，厳密には適切ではない．FEA によるモデリングによると，ガラス内の引張応力は，接合面にせん断応力とはまったく異なる値になる場合も一部にはあるという証拠がある [35]．

　近似であり，ほかの解析的方法や計画的な実験によるものではないにもかかわらず，本節で述べた解析方法は，サブアセンブリ中のガラス-ガラス間やガラス-金属間の結合で大きく CTE が異なる場合に対する予備的な見積方法としては潜在的に有用である．このような場合の新しい設計に対しては，サブアセンブリは指定された低温および高温の限界値において完全な試験を行う必要がある．これは，軍用や航空用の過酷な用途に晒される光学系に対してはとくに重要である．多くの場合において，コストを最小限に抑えるために，設計の最初においては，図 14.36(b) で示したような代用品を用いた試験が可能である．

参考文献

[1]　Schreibman, M., and Young, P., "Design of Infrared Astronomical Satellite (IRAS) primary mirror mounts," *Proceedings of SPIE* **250**, 1980:50.

[2]　Young, P., and Schreibman, M., "Alignment design for a cryogenic telescope," *Proceedings of SPIE* **251**, 1980:171.

[3]　Erickson, D.J., Johnston, R.A., and Hull, A.B., "Optimization of the opto-mechanical interface employing diamond machining in a concurrent engineering environment," *Proceedings of SPIE* **CR43**, 1992:329.

[4]　Hookman, R., "Design of the GOES telescope secondary mirror mounting," *Proceedings of SPIE* **1167**, 1989:368.

[5] Zurmehly, G.E., and Hookman, R., "Thermal/optical test setup for the Geostationary Operational Environmental Satellite Telescope," *Proceedings of SPIE* **1167**, 1989:360.

[6] Golden, C.T. and Speare, E.E., "requirements and design of the graphite/epoxy structural elements for the Optical Telescope Assembly of the Space Telescope," *Proceedings of AIAA/SPIE/OSA Technology Space Astronautics Conference: The Next 30 Years*, Danbury, CT, 1982:144.

[7] McCarthy, D.J. and Facey, T.A., "Design and fabrication of the NASA 2.4-Meter Space Telescope, *Proceedings of SPIE* **330**, 1982:139.

[8] Edlen, B., "The Dispersion of Standard Air," *J. Opt. Soc. Am.*, 43, 339, 1953.

[9] Penndorf, R., "Tables of the Refractive Index for Standard Air and the Rayleigh Scattering Coefficient for the Spectral Region between 0.2 and 20 μ and their Application to Atmospheric Optics," *J. Opt. Soc. Am.* 47, 1957:176.

[10] Jamieson, T.H., "Athermalization of optical instruments from the optomechanical viewpoint," *Proceedings of SPIE* **CR43**, 1992:131.

[11] Vukobratovich, D., "Optomechanical Systems Design," Chapter 3 in *The Infrared & Electro-Optical Systems Handbook*, 4, ERIM, Ann Arbor and SPIE, Bellingham, WA, 1993.

[12] Povey, V. "Athermalization techniques in infrared systems," *Proceedings of SPIE* **655**, 1986:563.

[13] Ford, V.G., White, M.L., Hochberg, E., and McGown, J., "Optomechanical design of nine cameras for the Earth Observing System Multi-Angle Imaging Spectro-Radiometer, TERRA Platform," *Proceedings of SPIE* **3786**, 1999:264.

[14] Friedman, I., "Thermo-optical analysis of two long-focal-length aerial reconnaissance lenses," *Opt. Eng.* 20, 1981:161.

[15] Fischer, R.E., and Kampe, T.U., "Actively controlled 5:1 afocal zoom attachment for common module FLIR," *Proceedings of SPIE* **1690**, 1992:137.

[16] Yoder, P.R., Jr., "Advanced considerations of the lens-to-mount interface," *Proceedings of SPIE* **CR43**, 1992:305.

[17] Yoder, P.R., Jr., *Opto-Mechanical Systems Design*, 3rd ed., CRC Press, Boca Raton, 2005.

[18] Lecuyer, J.G., "Maintaining optical integrity in a high-shock environment," *Proceedings of SPIE* **250**, 1980:45.

[19] Fischer, R.E., Tadic-Galeb, B., and Yoder, P.R., Jr., *Optical System Design*, 2nd ed., McGraw-Hill, New York and SPIE Press, Bellingham, WA, 2008.

[20] Genberg, V.L., private communication, 2004.

[21] Yoder, P.R. Jr., and Hatheway, A.E., "Further considerations of axial preload variations with temperature and the resultant effects on contact stresses in simple lens mountings, *Proceedings of SPIE* **5877**, 2005.

[22] Yoder, P.R., Jr., "Parametric investigations of mounting-induced contact stresses in individual lenses," *Proceedings of SPIE* **1998**, 1993:8.

[23] Yoder, P.R., Jr., "Estimation of mounting-induced axial contact stresses in multi-element lens assemblies," *Proceedings of SPIE* **2263**, 1994:332.

[24] Yoder, P.R., Jr., *Mounting Optics in Optical Instruments*, SPIE Press, Bellingham, WA, 2002.

[25] Young, W.C., *Roark's Formulas for Stress and Strain*, 6th. ed., McGraw-Hill, New York, 1989.

[26] Stevanovic, D. and Hart, J., "Cryogenic mechanical design of the Gemini south adaptive

676   第 14 章　温度変化の効果

optics imager (GCAOI)," *Proceedings of SPIE* **5495**, 2004:305.

[27] Barkhouser, R.H., Smee, S.A., and Meixner, M., "optical and optomechanical design of the WIYN high resolution infrared camera, *Proceedings of SPIE* **5492**, 2004::921.

[28] Stubbs, D.M. and Hsu, I.C., "Rapid cooled lens cell," *Proceedings of SPIE* **1533**, 1991:36.

[29] Hatheway, A.E., "Thermo-elastic stability of an argon laser cavity, *Proceedings of SPIE* **4198**, 2000:141.

[30] Andersen, T.B., "Multiple-temperature lens design optimization," *Proceedings of SPIE* **2000**, 1993:2.

[31] Barnes, W.P., Jr., "Some effects of aerospace thermal environments on high-acuity optical systems, *Appl. Opt.* 5, 1996:701.

[32] Vukobratovich, D, private communication, 2001.

[33] Chen, W.T. and Nelson, C.W., "Thermal stress in bonded joints," *IBM J. Res. Develop.* 23, 1979:179.

[34] Hatheway, A.E., Alson E. Hatheway, Inc., private communication, 2008.

[35] Barney, S., Lockheed-Martin Missiles and Fire Control, private communication, 2008.

15 ハードウェア設計例

本章では，20例の光学機械のハードウェア設計例を示すが，その中には，単レンズから複合レンズ，反射屈折光学系，プリズムはもちろん，ミラーと回折格子の設計も含まれる．本書ですでに述べた概念や設計上の特徴について，しばしば振り返りを行う．これらの例の多くは，ほかの文献でより詳しく，また実際の用途に応じて説明がなされている．とくに興味のある例について，読者が調べられるよう参考文献を用意している．

15.1 赤外線センサ用レンズアセンブリ

図 15.1 に焦点距離 69 mm，F/0.87 の対物レンズのオプトメカニカル設計が示されている．単レンズはシリコンだが，一方で，ダブレットレンズのうち第1レンズはシリコンで，第2レンズはサファイヤである．凹面における平面面取り部の倒れ角は，アセンブリの機械軸に対して良好な偏心精度を保つために，単レンズでは10″，接合レンズでは30″に抑えられている．

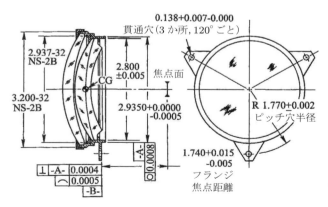

図 15.1 赤外センサ用トリプレットレンズアセンブリの正面図および断面図．寸法は in. 単位（Goodrich 社の厚意による）．

セルはインバー 36 でできており，前加工の後の温度サイクル（160℃から室温）の後でも安定している．基準となる外径 -A- とマウントのためのインターフェース面である -B- フランジの耳は，光学系の中の関連する部品についてのアライメントを保つため，外径と光軸からの直交度について厳しく公差設定がなされている．レンズは最大 0.005 mm のクリアランスを保ってセル内で玉押し加工され，SUS303 の押さえ環で軸方向に固定される．押さえ環を締め込む前に，レンズはそれぞれ光軸に対して，軸上像の対称性と外径 -A- に対する像の偏心を最良にするために位相調整される．コリメートされた赤外光をレンズにより集光させ，レンズの焦点面に置かれた特定の小さな軸上の開口を通過する光量と，焦点面での全光量を比較することで最終像の評価を行う．

15.2　民生用中赤外線対物レンズシリーズ

図 15.2 は，標準的な民生用赤外カメラに取り付けられ，様々な用途に用いられる F/2.3 の対物レンズシリーズの写真である[1]．これらは 3～5 μm の波長帯においてほぼ回折限界に設計されており，表 15.1 に示す光学的・機械的特徴を有する．

これらのアセンブリの典型的な構成図を，図 15.3 の断面図として示した．機構部品は A6061-T6 アルミニウム合金であり，レンズはシリコンとゲルマニウムである．赤外線透過フィルタ，コールドストップ，ウインドウ，検知器は，レンズとは別のユーザーにより準備されたデュワー槽に含まれる．各レンズは GE 製 RTV

図 15.2　焦点距離 13～100 mm，中赤外域のために設計された F/2.3 の市販レンズアセンブリの写真（Janos Technology 社の厚意による）．

15.2 民生用中赤外線対物レンズシリーズ

表 15.1 図 15.2 に示した市販中赤外レンズの仕様（Janos Technology 社の厚意による）．

焦点距離 [mm]	視野角 [°]	長さ [mm]	直径 [mm]	重量 [g]
13	±38.9	46.8	57.1	<227
25	±22.8	46.8	57.1	<227
50	±11.8	46.8	61.9	<213
100	±6.0	107.6	117.3	<880

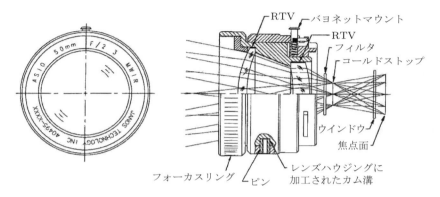

図 15.3 図 15.2 に示したレンズのうち一つの断面図（Janos Technology 社の厚意による）．

Type655 シーラントにより固定されている．組み立て中において，RTV が塗布されるセルと各レンズの縁は，接着力を向上させるため，GE 製プライマー SS4155 により処理されている．プライマーをレンズに塗布する際には特別な注意が必要である．プライマーが偶然レンズの研磨面に接触してしまうと，ダメージを与えてしまうためである．塗布後，レンズは，その平面面取り部がセルに設けられた棚に接触するように組み込まれ，マウントの機械軸に対して ±30 μm 以内にシムにより芯出しがなされる．調整が終わった後，RTV が液体ディスペンサにより塗布され，接着剤メーカーの指定に従い硬化が行われる．その後，押さえ環が組み込まれる．これはレンズに顕著な保持力を与えるものではないが，レンズを特定する情報を書き込む場所として便利な場所となる．

レンズハウジングはカメラに対してバヨネットにより取り付けられる．解放機構は図に示されている．ローレット環を回すことで，レンズのフォーカス調整が行われる．具体的にはレンズハウジングを固定されたマウントボディの中で回転させることで，ボディに固定されたピンがはめ合いする円筒形のカム溝により，レンズが

680　第 15 章　ハードウェア設計例

光軸方向に駆動される．物体空間の幅（結像性能により決定される）としては，それぞれの焦点距離（13 mm，25 mm，50 mm，100 mm）に対して，無限から 50 mm，150 mm，425 mm，1750 mm までである．フォーカスは，先端が柔らかいセットネジにより固定される（図示せず）．

$\mathbf{15.3}$　SPDT によるポーカーチップサブアセンブリの組み立て調整

　レンズをマウントする際，とくに高い寸法と調整精度は，SPDT を用いることにより達成される．SPDT プロセス[†]において，特別に準備されたダイヤモンドツールにより，極小の切り込み量で加工が行われる．被加工物は，高精度スピンドル（空気または油圧ベアリング）に固定され回転される．ツールは加工面上で，高精度なリニアステージまたは回転ステージにより駆動される．リアルタイムの干渉計型制御システムが，ツールの位置と方向精度をつねに保証するために用いられる．レンズをマウントに組み込むために SPDT プロセスを用いることの利便性の詳細については，Erickson ら[2]，Rhorer および Evans[3]，Arriola[4] により説明がなされている．

　典型的なレンズとセルからなるサブアセンブリに対して，レンズの組み込み，調整，仕上げ加工に SPDT を用いることの例として，次のような「ポーカーチップ」サブアセンブリを作り出すことを考えよう．このレンズは，開口最小直径 76.2 mm，中心厚 16.942 ± 0.102 mm，曲率半径が 161.925 ± 0.025 mm および 259.080 ± 0.050 mm であるメニスカス形状の BK7 レンズである．このレンズは，A6061 アルミニウム合金製のセルに，3.9 節で説明したアサーマルな方法でエラストマーによりポッティングされるとする．このセルの外径は，光軸に対する同軸度 0.012 mm 以内，平行度が 10″ 以内に加工されなくてはならない．セルの軸方向厚みは 29.2354 ± 0.0051 mm であり，セルの前後端面の平行度は 10″ 以内である．セルの外径は 101.6 ± 0.0051 mm であり，光軸に対して同軸度が 0.0125 mm 以内でなくてはならない．望ましいアセンブリ形状を図 15.4 に示す．

　ここで説明する工程がうまくいくためには，図 15.5 に示すようなセンタリングチャックを用いる必要がある．この装置は通常真鍮で作られるが，これは，SPDT により非常に容易に精密な寸法が出せるためである．この方法で創成される面は図

---

†　10.1 節参照．

15.3 SPDTによるポーカーチップサブアセンブリの組み立て調整

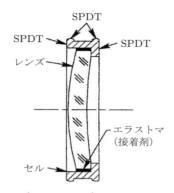

図 15.4 本文中で説明したポーカーチップモジュール．SPDTで加工する面が示されている．

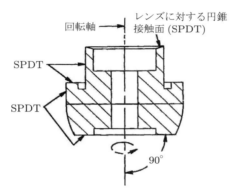

図 15.5 SPDT加工機に対するレンズのインターフェース部のために設計されたセンタリングチャック．SPDTと指定された面は，同じセットアップで最高精度に加工される．

に示している．これらはすべて同じセットアップで製作されるので，高い相対精度が保証される．円錐状のインターフェース面は，レンズと凸面に対して十分高い角度精度で切削加工される．

このセンタリングチャックは，SPDT装置のスピンドルに取り付けられたベースプレート上の受け口にぴったりはまるように作られる．この座面は，空気の通り道のための窪みを有しており，チャックを真空で固定できる．加工されたレンズはチャックに固定のためのワックスで取り付けられている（図15.6参照）．レンズはワックス（あるいは接着剤）が固まる前にスピンドルに対して芯出しするために横方向に動かされる．最初の芯出しは，機械的な精密ダイヤルゲージなどで行われ，

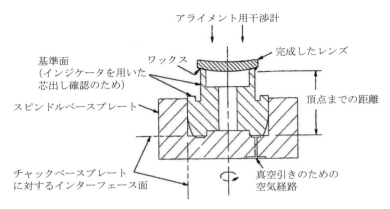

図 15.6　SPDT 加工機のスピンドルに，干渉計を用いて芯出しした後にワックスで固定されたレンズとともに組み込まれたセンタリングチャック．

最終的には 12.1.2 項で説明したようなフィゾー干渉計による方法で芯出しされる．図に示した頂点からの距離は，機械加工された面の軸方向の位置を出すために，後の工程で用いられる．

レンズがマウントされるセルは，図 15.7 に示すようにレンズの縁に被せられる．このセルは SPDT 加工される面以外は最終形状に仕上げられている．セルはスピンドルに対し機械的に芯出しされ，図示するようレンズにワックスで固定される．

次に続くステップは，チャックとレンズのサブアセンブリをスピンドルから取り外し，図 15.8 に示すよう水平にひっくり返すことと，エラストマー（典型的にはRTV ゴム）をレンズ外径とセル内径の間に注入することである．この空洞にエラ

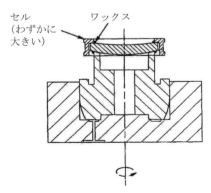

図 15.7　レンズ上部において，スピンドル軸上部に対して芯出しされ，レンズにワックスで固定されたセル（部分的に加工が終わっている）．

15.3 SPDTによるポーカーチップサブアセンブリの組み立て調整

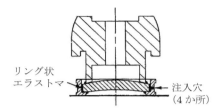

図15.8 スピンドルから取り外され，エラストマー注入のために水平面上に逆さまに置かれたチャックとレンズ．

ストマーが完全に充填されるよう，四つの径方向に開けられた穴が注入用に用いられる．この操作はサブアセンブリをひっくり返すことなく行わねばならないことに注意しておく．エラストマーは硬化している間，重力により拘束されていなければならないためである．この取り外し可能なチャックを用いることで，エラストマー硬化中にSPDTを別の用途に用いることができる．

エラストマーが完全に硬化した後，サブアセンブリをスピンドルのベースプレートに戻し，セルの露出した面を最終寸法に加工する（図15.9参照）．サブアセンブリをチャックから取り外す前に，レンズの軸がその時点で出ていると干渉計で保証することが推奨される．取り外しは，ワックスを優しく温めて溶かすことで行う．最後に，実用に供するために，このサブアセンブリの清掃と検査，パッキングが行われる．

もし，レンズ材料それ自体がSPDTで加工できるなら，光学面の仕上げもSPDTで行える．このような材料としては，赤外で用いられる光学結晶といくつ

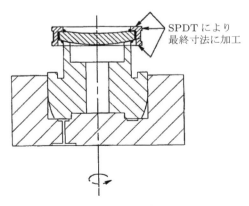

図15.9 チャックとレンズ-セルサブアセンブリ．SPDT軸に戻され，セルの指定された面が最終的に仕上げ加工される．

かのプラスチック材料がある（表15.2を参照）．従来の光学面の創成方法である研削・研磨と比較すると，このプロセスの重要な利点としては次が挙げられる．①荒加工の済んだレンズ基盤をSPDTのベルにマウントし，形状加工と仕上げ加工が行える，②第1面をスピンドル軸のベルで位置決めすることで，第2の屈折面と縁，面取りが最小限のウェッジ誤差と偏心誤差で加工できる，③片面あるいは両面の非球面加工が可能である，そして④光学面と非光学面を加工する速度が速い．

このプロセスの基本的なステップを図により説明するため，適切な円筒形の光学材料の母材が，固着ワックスによりSPDTのスピンドル上のベルに取り付けられた状態を示す（図15.10）．レンズの最終形状は図に示されたとおりである．レンズの凸面（点線）が適切な曲率半径と仕上げ状態に機械加工される．そして，母材はスピンドルから取り外され，ワックスを用いて図15.11に示すようにベルに再度取り付けられる．レンズの凹面，縁，そして両側の面取りが創成され，仕上げ加工される[†]．そして，レンズは要求された偏心精度と面の肌を満たしているか検査される．完成したレンズはベルから取り外され，清掃され，再度検査された後パッキ

表15.2　SPDT加工により最終仕上げ加工が可能な結晶材料．

テルル化カドミウム	KTP	フッ化ストロンチウム
フッ化カルシウム	フッ化マグネシウム	セレン化亜鉛
ヒ化ガリウム	シリコン*	硫化亜鉛
ゲルマニウム	塩化ナトリウム	
KDP	フッ化ナトリウム	

注：*はダイヤモンド工具を急速に摩耗させる．

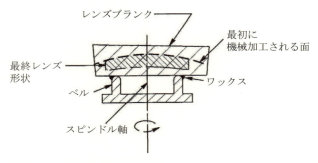

図15.10　第1面の成型と最終仕上げを行うために，SPDTスピンドル軸のベルにマウントされた結晶光学材料．

[†] たとえば図10.7に示す多軸SPDT加工機を利用することにより，非球面も高精度に創成できる．

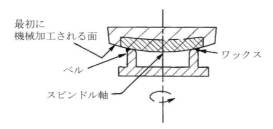

図 15.11 図 15.10 に示す部分的に加工されたレンズが，第 2 面の成型・最終仕上げ，縁，面取りを加工するために，SPDT スピンドル軸のベルにマウントされている様子．

ングされる．

15.4　2 視野赤外追尾光学系アセンブリ

　Guyer ら[6]は，SPDT 加工された結晶材レンズを用いて，極低温に冷却され，波長帯 4~5 μm で機能する 2 視野切り替え式赤外画像ミサイル追尾光学系について説明を加えている．この追尾装置の光学系は図 15.12 に示されている．この光学系は，材料の温度特性と寸法変化を有効に用い，結像性能を回折限界以上に保つように光学的なパワーを分散させることにより，略アサーマルな光学系に設計されている．この光学系は，変倍光学系をその内部に有しており，横軸を中心に回転させることにより，補足と追尾の 2 モードの視野を切り替えるようになっている．回転ソレノイドにより，変倍光学系を一つのポジションからもう一つのポジションに切り替える運動を実現している．

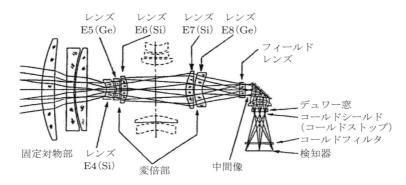

図 15.12　2 視野赤外トラッカーアセンブリの光学配置図（Guyer ら[6]による）．

表 15.3 図 15.12 の光学系における変倍系の組み込み感度解析結果（Guyer ら[6]による）.

要素	チルト [arcsec]	軸方向変位 [μm]	横方向変位 [μm]
E4	6	10	15
E5	6	5	10
E6	6	10	10
E7	10	15	20
E8	10	15	20

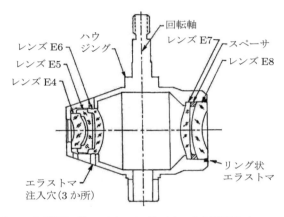

図 15.13 IR トラッカ変倍サブシステムのオプトメカニカル配置図（Guyer ら[6]による）.

この光学系の各レンズはダイヤモンド切削加工されている．変倍光学系の各レンズは，それぞれ1面の非球面を有する．表 15.3 は，変倍光学系において，各レンズのチルトと軸方向および径方向の変位に対する，感度解析により得られた許容誤差を示す．エラストマーを用いたフィレット接着により，レンズは光軸方向に固定される．サブアセンブリの反対側の空気間隔のあいたトリプレット（レンズ E4 から E5）はより精密な軸出しが必要であるので，レンズの機械的なマウント面はほかの光学面と同じ装置セットアップでダイヤモンド切削されている．これらのレンズは，偏心誤差を防ぐため一体として固められ，一緒にマウントされている．さらに，アルミニウム合金製ハウジングにおけるこれらのレンズのための機械的インターフェース面は，レンズの加工精度と整合させるために，ダイヤモンド加工されている．E6 レンズの径方向クリアランスは約 2.5 μm であった．このレンズ群は，エラストマーを図 15.13 に示す 3 個のアクセス穴より注入して固定されている．設計と製造における予防策により，このセンサの製造と利用が問題なく行われた．

15.5 2視野切り替え式赤外線カメラアセンブリ

図 15.14 は，3〜5 µm の赤外線カメラで用いられるもう一つの 2 視野レンズアセンブリの写真である．このレンズについては，Palmer と Murray[1] により説明がなされた．この光学系は焦点距離 50 mm と 250 mm であり，両方の設定でほぼ回折限界性能を有する．このレンズは全長 321.3 mm であり，ほぼ円筒形の形状をしている．最大の横方向寸法は高さ 126.8 mm であり，幅 133.0 mm である．このアセンブリの重量は 3.75 kg である．

図 15.15 は，この対物レンズの光学機械概念図である．ある焦点距離（視野）から別な視野へのセッティングへの切り替えは，2 枚のレンズよりなるセルアセンブリを先軸方向にスライドすることによりなされる．フォーカス調整はアセンブリ中の 1 枚のレンズよりなる，もう一つのセルを光軸方向に移動させることで行われる．焦点距離の切り替えは DC モーターにより行われ，フォーカス調整はステッピングモーターにより行われる．それぞれの機構は，リングギアを取り付けた円筒カムを平歯車で回転させる機構である．カムのらせん状のスロットがセルに取り付けられたピンに噛み合い，カムが回るにつれ，これらのセルが駆動される．また，ピンはハウジング内の固定部のスロットに噛み合うことでレンズの回転運動を防いでおり，それによって一定のボアサイト調整状態を保つ．摺動面は 0.4 µm に仕上げられていて，硬質アルマイト処理がなされており，また，潤滑はなされていない．径方向のクリアランスは典型的には ±12 µm である．IR カメラとのインターフェースはバヨネットマウントである．

図 15.14 2 視野 IR カメラ対物レンズアセンブリの写真（Janos Technology 社の厚意による）．

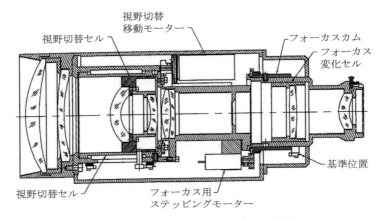

図 15.15　図 15.14 に示した 2 視野 IR カメラアセンブリの断面図（Janos Technology 社の厚意による）.

このアセンブリのメインハウジングは A6061-T6 アルミニウム合金であり，レンズはシリコンとゲルマニウムである．大きめのレンズはネジ式押さえ環により拘束され，棚に対して位置決めされる．これらのレンズの間の間隔環は一番外側のレンズの座面にもなっている．残りのレンズは GE RTV-655 シール材を縁全周に回して固定される．

15.6　パッシブに安定化された 10：1 ズームレンズアセンブリ

図 15.16 には焦点距離 15～150 mm，F/2.8 のズームレンズアセンブリ（名称 Bistovar）が示されているが，この寸法は全長約 172 mm，直径 155 mm である．ハウジングのカメラ側は，可視光用ビデオカメラのための標準的な C マウントのインターフェースが切られており，画面直径は 11 mm である．レンズの焦点位置は無限遠に固定されており，開口は 10：1 以上の範囲で電気的に変更が可能である．F 値は F/2.8 から F/16 まで虹彩絞りを駆動させることで変更できる．設計どおりなら，レンズアセンブリは約 1600 g である．重量軽減は求められていない．

この光学系は，順に，入射面において四つのレンズエレメントからなるパッシブな像安定化システム（補正幅 ±5°），7 枚よりなる 5：1 ズーム光学系，5 枚よりなる 2 ポジションのエクステンダー光学系，そして Shott GG475（マイナスブルーフィルタ）よりなる．ズーム範囲全域で 20 lp/mm に対する多色平均の MTF は軸

15.6 パッシブに安定化された 10：1 ズームレンズアセンブリ

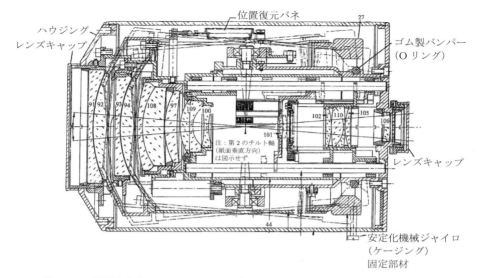

図 15.16 視野安定化された 10：1 可視ズームレンズアセンブリのオプトメカニカル配置図（Bista Research 社の厚意による）.

上と 9 割視野で，回折の効果も含めてそれぞれ 69％と 25％である．

5：1 変倍系における二つのズームレンズ群（部材 109 と 100 および 101）の移動は，モーター駆動の円筒カム（部材 44）により同期しているが，このカムは，アセンブリに用いる特定のレンズに対して機械加工がなされている．第 3 群（部材 102, 110, 105）は，主ズーム径がリミットに達したとき，2：1 倍のエクステンダー光学系として機能するよう同じカムの別のスロットにより制御される．レンズ 108, 97, 106 は固定されたままである．

二つの分離ダブレット（それぞれ平凹レンズと平凸レンズを含む）が像安定化サブシステムをなす．それぞれのダブレットにおいて，同心形状に曲率のついた面は非常に接近している．凸の単レンズ（部材 92 と 94）は軽量化された鏡筒（部材 23）に取り付けられており，この単レンズは二つの直交するジンバル軸にそれぞれボールベアリングを支点として取り付けられている．カメラ側の鏡筒端面に取り付けられたカウンターウェイトが，横 2 方向のレンズのバランスをとっている．

このアセンブリに用いられるレンズの大部分が従来の方法で，アルミニウム合金のセルに収められ，押さえ環で固定されている．いくつかのガラスと金属の接触面は球面であるが，残りはシャープコーナーである．面取りされたあるレンズ（部材 100）は，隣接するダブレット（部材 109）の平面面取りに直接接触している．支

点中心に移動するレンズ（部材 92 と 94）は，接着剤（Ciba-Geigy アラルダイト 1118 エポキシ）で接着されているが，これは押さえ環のためのスペースがないためである．

15.7 焦点距離 90 mm，F/2 投影レンズアセンブリ

図 15.17 は，焦点距離 90 mm，F/2 の映画用投影レンズアセンブリの断面図である．ここでは，単レンズのみが用いられているが，これは，使用中に非常に高い温度がかかり，接合ダブレットは損傷を受けてしまうためである．ケラレを最小限に抑え，画面端でも高い照度を確保するために物理的な口径が大きいレンズが用いられる．50 lp/mm に対する MTF は，画面中心で 70％ 以上だが，半径方向と接線方向の平均 MTF は画面端で 30％ まで低下する．レンズの像面湾曲はフィルムがフィルムゲートを通過する際の自然な円筒状の像面湾曲と一致しており，これにより水平端の像をシャープに保っている．このレンズに意図されている使用方法のうえで，虹彩絞りは必要とされておらず，そのためこのレンズは固定した F 値で用いられる．

図から見てとれるように，このアセンブリの機械的構成は従来の構造である．すべての金属部品は陽極酸化処理されたアルミニウム合金である．鏡筒は，中央部でインロー部を有するネジにより結合された二つの部品から構成される．口径の大きな側から第 1，2，3 レンズとして，第 1 レンズは鏡筒の棚にネジ式押さえ環により押し付けられている．第 2 レンズと第 3 レンズは鏡筒の右側から挿入され，スペーサを用いることなく，ともに棚に対してネジ式押さえ環で押し付けられる．この場

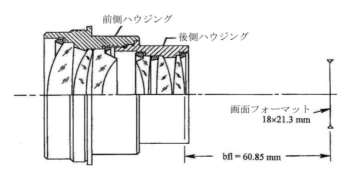

図 15.17　$f = 90$ mm，F/2 の映画撮影用レンズアセンブリ（Schneider Optics 社の厚意による）．

合，押さえ環はレンズの縁に設けられた段付き面取りを押している．最も外側の第6レンズは，アセンブリの最も小さい側のレンズであるが，棚にネジ式押さえ環で押し付けられている．第4および第5レンズは，順に従来設計の間隔環を挟んでもう一つの押さえ環で固定されており，この押さえ環はまた，第4レンズの段付き面取りにはまり込んでいる．

15.8 ソリッド反射屈折光学系

「ソリッド」な反射屈折光学系（図 15.18）は，コンパクトで耐久性があり，環境変化にも安定で，長焦点距離の 35 mm 判一眼レフ用として設計された[7]．本質的には，この光学系は，カセグレン式光学系における主鏡と副鏡の空間を所望の性能を満たすガラスで満たした設計である．機械的安定性のため，光学面が近接して結合されているにもかかわらず，結像性能は非常によい．大きい光学素子において，縁が比較的大きいことにより，レンズ鏡筒との接触長さが確保できる．ミラーのテレフォト効果により，全長は焦点距離と比較して非常に短い．このレンズが長焦点距離にもかかわらず短いことは，図 15.19 を見ても明らかである．

このレンズのいくつかのバージョンが，航空宇宙用途と市販用に製作された．ここに示したレンズは，焦点距離 1200 mm であり，無限遠にフォーカスしたとき F/11.8，そして，24 × 36 mm のフォーマットをカバーする（半画角は 1.03° である）．第5から第10レンズは，バローレンズ[†]のように，収差補正のためのフィールドレンズとして，また，焦点距離を伸ばすはたらきをする．この光学系は虹彩絞りを

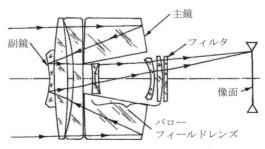

図 15.18　$f = 1200$ mm，F/11.8 のソリッドカタディオプトリックレンズアセンブリの光学配置図（Goodrich 社の厚意による）．

[†] バローレンズとは，望遠鏡で用いられ，焦点距離を増すために一つあるいは複数の強い負のパワーをもつレンズを有し，それによって倍率を増大させるためのレンズとして定義される．

692 第 15 章 ハードウェア設計例

図 15.19 初期型のソリッドカタディオプトリックレンズが，35 mm カメラに乗せられ，設計者によって評価が行われている様子の写真（Juan L. Rayces の厚意による）．

有しておらず，調光は露出条件の変更かフィルタによって行われる．最後のレンズの後に続くフィルタは，この目的のために容易に交換可能である．

図 15.20 はこのアセンブリの展開図である．すべての金属部品はアルミニウムである．マウント用フランジは三脚にマウントされ，カメラはアダプタに取り付けられる（図では詳細は略している）．最も大きな光学部品は，主鏡とともに内部にある棚に押し付けられており，2 枚のレンズと主鏡は一つの押さえ環により固定され

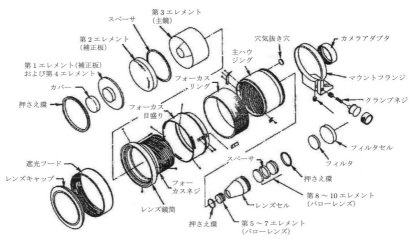

図 15.20 ソリッドカタディオプトリックレンズアセンブリの展開図（Goodrich 社の厚意による）．

る．バロー（フィールド）レンズはセルにマウントされるが，このセルはメインハウジングの後方にある板にねじ込まれる．フォーカスリングは回しやすい約1/3回転によって，14-start Acme ネジに結合したレンズ鏡筒を，焦点位置 7 m まで焦点を合わせることが可能である．ガラスと金属の接触面はシャープコーナータイプである．許容誤差を制御することにより，レンズと主鏡は玉押ししなくても組み込めるようになっている．

15.9　全アルミニウム製反射屈折光学系アセンブリ

図 15.21 は，焦点距離 557 mm，開口 242.174 mm，F/2.3 の赤外反射屈折光学系である[1]．このレンズは，8～12 µm の波長帯で機能するよう設計されている．三脚にマウントされた写真が示されている．このアセンブリ後方にある長方形の物体は赤外カメラである．

図 15.22 はこのアセンブリの正面図と側面の断面図を示している．ミラーと機構部品は A6061-T6 アルミニウム合金製であるが，一方でレンズはゲルマニウム製である．このアセンブリのすべての光学面とオプトメカニカルな接触面は，最高のアライメント精度が得られるように，SPDT 加工されている．主鏡裏面は軽量化のためポケットがフライス加工されている．反射面は，清掃のときの保護のため，

図 15.21　アルミニウムミラーおよびアルミニウム製構造部材による，焦点距離 557 mm，F/2.3 のカタディオプトリックレンズアセンブリ（Janos Technology 社の厚意による）．

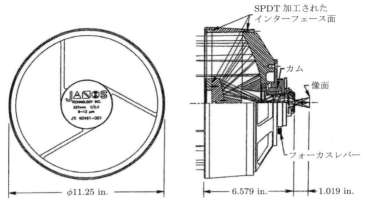

図 15.22　図 15.21 に示した赤外カタディオプトリックレンズアセンブリの正面図および断面図（Janos Technology 社の厚意による）．

シリコン単層膜がコートされている．反射率は 8〜14 μm 帯で 98％以上であり，この用途に対しては，面は十分に滑らかである．

　軸方向の位置と光学部品のチルト調整は組み立ての際不要であるが，これは，SPDT により高い精度が得られるためである．副鏡の芯出しは干渉計によってなされる（屈折部材を組み込む前に調整される）．ミラーがひずんでないか確認するため，同じセットアップで波面誤差を測定する．レンズは RTV655 で固定される．内部のバッフルにより迷光が低減される．レンズアセンブリは，図に示されたフォーカスレバーによる手動回転で，様々な距離の物体にフォーカスが合わせられる．このリングを回すことによりらせん状のカムが駆動され，レンズが回転することなく，レンズは光軸方向に移動される．

15.10　反射屈折型スターマッピング対物レンズアセンブリ

　図 15.23 に模式的に示されているのは，反射屈折型レンズアセンブリであって，人工衛星の挙動をモニターするためのスターマッピングセンサのために開発されたものである．図 15.24 にこのアセンブリの写真が示されている．この光学系は，焦点距離 25.4 cm，F 値 1.5，視野角 ±2.8°，そして検知器として CTD（charge transfer device）を有する．

　球面主鏡と副鏡により構成されたカセグレン式望遠鏡の像は，2 枚の全面を用いる補正レンズにより最適化されている．このうち 1 枚のレンズは非球面を有し，全

15.10 反射屈折型スターマッピング対物レンズアセンブリ

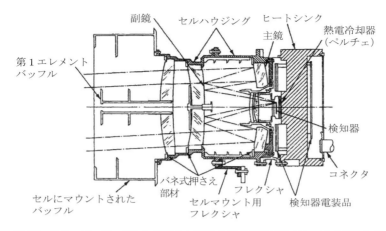

図 15.23 スターマッパー用レンズアセンブリの模式的断面図（Cassidy[9]による）．

図 15.24 スターマッパー用レンズアセンブリの写真（Cassidy[9]による）．

視野において星像のスポットサイズが等しくなるように設計されている（Bystrickyおよび Yoder[10]を参照）．分離型ダブレットによるフィールドレンズ群は，球面収差と色収差，軸外収差の制御に役立っている．

副鏡は，内部の補正レンズの第 2 面にミラーコートされている．焦点位置は，主鏡裏面から 36mm 後ろに位置するが，これはペルチェによって冷却された検知器アレイとそれに隣接するヒートシンクのためのスペースを得る目的である．

主鏡筒の材料にはインバー材が用いられているが，これは，熱による膨張収縮の影響を最小限にするためである．鏡筒の露出した面にはさびを防ぐためクロムメッキが施されている．鏡筒は人工衛星本体のアルミニウム構造体にフレクシャによっ

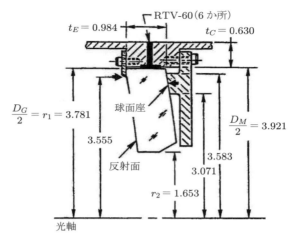

図 15.25　スターマッパー用レンズアセンブリ主鏡のマウント．単位は in.

てマウントされているが，これは結像性能や，センサと衛星の高度制御システムとの間のアライメントに，温度変化が影響を及ぼさないようにするためである．

　2 枚の補正レンズは，お互いの球面に対して正確に芯出しされた平面面取りをもつ．これらのレンズは独立した平面板バネにより固定されている．径方向を向いた鏡筒の壁を貫通するネジと，レンズの縁に接するベアリングにより，レンズの軸出しがなされている．調整後，RTV60 エラストマーが径方向に開けられた複数の穴より，レンズの縁と鏡筒内径の間に注入されている．エラストマー硬化後，調整ネジは取り外され，穴はエラストマーで封をされている．

　同心メニスカス形状の表面鏡である主鏡は，バネクリップにより，3 か所の球面状の棚（主鏡筒に取り付けられた後ろ側のマウントプレートに切削加工された後，ラッピングされている）に対してエッジクランプされている．このミラーは図 15.25 に示すように，ミラー周囲 6 か所から局所的に注入された RTV60 によりさらに固定されている．接触高さの相違により生じる引張応力およびそれによって生じる曲げモーメントは，ミラーの寿命に悪影響を及ぼさず，なおかつ，使用条件下で顕著な面変形も生じさせなかった．

　フィールドレンズは，4.3 節で説明した方法でセル内に組み込まれている．このサブアセンブリの光軸方向位置は，現物に合わせて加工した，セルのフランジとハウジング後部の間に位置する間隔環（図示せず）により調整される．フォーカルプレーンアレイ，ヒートシンク，冷却用ペルチェ，そしてレンズアセンブリに搭載さ

れる電気部品は，図 15.23 に示すように，フレクシャを用いて組み付けられている．フォーカルプレーンアレイの光軸方向位置は，各フレクシャの取り付け場所に位置する，現物合わせされた間隔環で調整が行われる．

15.11 焦点距離 3.8 m，F/10 反射屈折対物レンズ

比較的単純な反射屈折光学系の断面図が図 15.26 と図 15.27 に示されている．このレンズは，焦点距離 3.8 m で F/10 である．これらの図はそれぞれ，前半部と後半部（カメラ側）を示している．この光学系は，70 mm フォーマットのミッチェル映画用カメラにより，発射時のミサイルを撮影することを意図している．これは高射砲用マウントに取り付けられるよう設計されているが，これは経緯方向に角度を変えて目標を追尾できるようにするためである．運用中，高速に視角を変えられるようにするため，重量は制限されていた．

この光学系はカセグレンタイプで，主鏡の曲率中心に位置する 2 枚の補正レンズと，軸外収差を補正するために像面近傍に配置された分離トリプレットを有する．このレンズは平坦な ±0.6° の視野角を有する．

このレンズアセンブリの機械的構成としては，それぞれ補正レンズと副鏡を保持する前部のアルミニウム製セルと，主鏡とフィールドレンズを保持する後部ハウジ

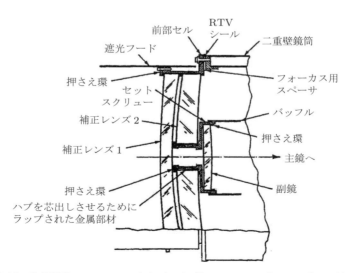

図 15.26　焦点距離 3.8 m，F/10 カタディオプトリックレンズアセンブリの断面図．

698　第15章　ハードウェア設計例

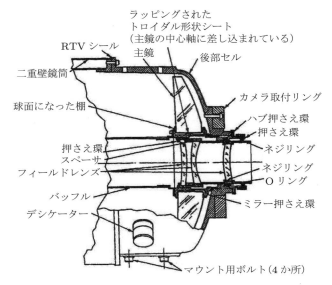

図15.27　図15.26のカタディオプトリックレンズアセンブリの後部（カメラ周り）断面図.

ングよりなる．後部ハウジングはアルミニウム鋳物であり，高射砲マウントに取り付けられ，カメラを支持している．前部ハウジングは，内部が断熱された2重のアルミニウムチューブにより，後部ハウジングに接続されて支持されている．軽量化された遮光管が前部の開口より前方に伸びている．アセンブリは太陽光を反射するため白色に塗装されている．

　前側セルにおいて，フランジ形状の押さえ環により，2枚のレンズが軸上間隔を確保するための間隔環を挟んで棚に押し付けられている．レンズの縁におけるガラスと金属の接触面は，局所的に1枚，あるいは複数枚の薄いマイラテープ (0.025 mm厚) を局所的なパッドとして挟んである（図15.28(a)参照）．このテープシムの厚みは，ハウジングを精密回転テーブルの上に軸を垂直にして置き，ゆっくりテーブルを回転したときの振り回りを測定することで決定される．適切なシムを挟んで芯出しが終わった後，調整状態を固定するために押さえ環が組み込まれる．そして副鏡がセルに組み込まれるが，これは第2レンズの中央の穴にあらかじめ取り付けられている．このセルのレンズへのインターフェース，およびミラーのセルへのインターフェースは，マイラ製シムが挟まれている（図15.28(b)参照）．3本のセットネジにより，副鏡はテーブルの回転軸（すなわちレンズ光軸）に対して芯出しされ

15.11　焦点距離 3.8 m，F/10 反射屈折対物レンズ　　699

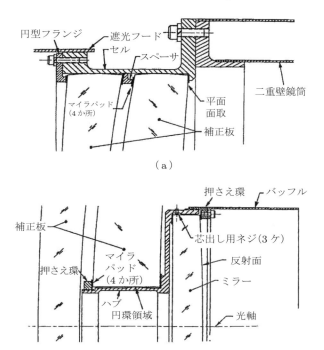

図 15.28　前部とカメラ周りのレンズにおける，マイラパッドによるガラスと金属の接触面詳細図．(a)補正レンズ縁部，(b)副鏡マウント部．

る．調整が完了した後，押さえ環が所定の位置に締め込まれ，セットネジは取り除かれる．

　後部ハウジングにおいて，主鏡はハブにマウントされ，球面形状にラップされたフランジの棚とネジ式押さえ環に挟まれている．このミラーの芯出しを行うため，円筒形状のハブにおける凸トロイダル形状のシートが，主鏡の中央の穴内径にぴったりはまるようにラッピングされている．一方，ハブは後部ハウジングに，もう一つのネジ式押さえ環により軸方向にクランプされている．ハブとミラーの接触面を除き，すべての光学素子とマウントの接触は，図 15.29(a)に示すようにマイラパッドが挟まれている．

　中央の空気間隔が正しい値になり，補正レンズが光軸に垂直になるまで，アセンブリ前部のフォーカス調整が行われる．横方向の調整は，前側ハウジングの位置をチューブアセンブリ端面に対して，取り付けボトルのガタ内で位置調整を繰り返すことで行われる．調整完了後（これは高倍率の点像観察で判定される），シムは研

700　第15章　ハードウェア設計例

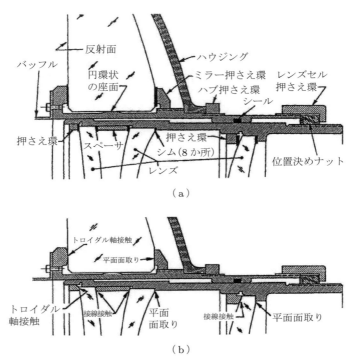

図 15.29　(a) 接触面にマイラシムを用いていることを示す後部(カメラ周り)詳細図，
　　　　　(b) シムを用いないもう一つの構成．

削によって寸法を合わせて作られた永久的な間隔環に交換される．

　フィールドレンズアセンブリは4.3節で説明した玉押し加工により組み込まれており，後部ハウジングのハブに取り付けられている．軸方向の位置が機械的に測定され，ハブの最後部に取り付けられたネジ式リングを回すことで，設計値に調整される．そしてカメラに対するインターフェースが取り付けられ，製造プロセスで残存した誤差への対策を行うための実写テストに基づき，正しいバックフォーカスに調整される．

　図15.29(b) に主鏡とフィールドレンズの光学素子とマウントの接触法についての別の設計を示す．類似の設計が，アセンブリ前部において，補正レンズと副鏡の光学素子のマウントに対しても有用となりうる．この場合，マイラシムは用いられていない．つまり，第3章で議論したように光学面との接触が適切だとわかっている方法（接線接触，トロイダル接触，平面接触）などが採用されている．この場合，マイラパッドを挟まなくても，アセンブリ全体を通じて，マウントに伴う応力は許

容可能である.

図 15.27 においては,アセンブリ後部のハウジングにデシケーターが組み込まれている.この装置は,温度変化に伴う内部圧力の変化により,装置の空気が入れ替わることを可能にしている.前部と後部のアセンブリをつなぐ管は,顕著な圧力差に耐えられるほど高い剛性にはなっていない.これを強固にかつ剛性高く設計すれば,重量があまりに大きくなり,重量制限を守ることができなくなる.ハウジングと外部との間の自由な空気の流れを許すことで,圧力に耐えるためのハウジングは不要になる.デシケーターの機能は,夜間に温度が下がり内部の圧力が下がったとき,ハウジング内部に湿気が入るのを防ぐためである.デシケーターにはダストフィルターも組み込まれており,ほこりやほかの汚染物質が入るのを防いでいる.

15.12 DEIMOS スペクトログラフのためのカメラアセンブリ

Mast ら[11]は DEIMOS (deep imaging multiobject spectrograph) について解説しているが,これは,ハワイのマウナケア山にあるケック 2 望遠鏡の一部の分光イメージスペクトログラフである.これは,100 個もの対象物を同時に 0.39～1.10 μm の範囲で分光できる能力をもつ.この系の対物レンズの視野角は 16.7′(スリット長)であるが,これは口径 10 m の望遠鏡焦点面における 730 mm の像面サイズと等価である.検知器は 2×4 枚の格子状に並べた 8 枚の CCD であり,それぞれが 2048×4096 のピクセル数(1 ピクセル 15 μm)[12]をもつ.600～1200 本/mm ピッチの連続した回折格子が,必要とされる分散を作り出す.

この光学系を図 15.30 に示す.これは 5 群 9 枚のレンズよりなり,最も大きいレンズは直径 330 mm である.焦点距離は 381 mm であるので,物体面における

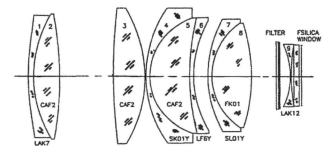

図 15.30 DEIMOS 分光器カメラの光学系(Mast ら[11]による).

プレートの大きさは角度 1′ あたり 125 μm である．この光学系は 3 面の非球面を含み，材料は図示のとおり．CTE の組み合わせと，3 枚のもろい CaF_2 は，レンズを組み込むうえで非常に複雑な問題を引き起こす．温度 −4〜6 ℃の範囲で破損しないことが指定されている．この一つの解決策は，接合レンズ（第 1, 3, 4 群）の内部を液体で満たすことである．これらのシムによって作り出された空間は非常に小さい（0.076〜0.152 mm）．これらの空間は，指定された破壊されない温度範囲での温度変化に対応するため，袋に液体が排出される必要があった．Hilyard ら[13]により，材料選択の基礎となる実験結果が報告された．液体としては，Cargille LL1074，袋としては，エーテルを基礎とするポリエチレンフィルム，液体の漏れを防ぐ O リングとしては，Viton 製 VO763-60 または VO834-70，シール材として GE 製 RTV560，そしてシムとしてはマイラが用いられた．これらの材料は，互いに，そして光学ガラスと CaF_2 に対して使用可能であることが証明された．袋は接着剤の使用を避けるため熱によりシールされた．

このカメラ光学系のオプトメカニカルなレイアウト図を図 15.31 に示す．鏡筒はいくつかの SUS303 製のスペーサ（これはレンズ間の空気間隔を確保するための部品である）を含む．レンズはリング形状の SUS 製の枠に組み込まれている．図 15.30 に示すフィールドフラットナー（レンズ 9）と合成石英製のウインドウは，検知器（別の真空容器にマウントされている）のアセンブリの一部である．フィルタは，図 15.30 に示されているが，分離してマウントされたフィルタホイールに含

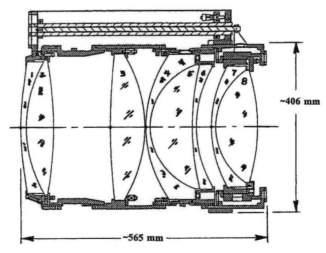

図 15.31　DEIMOS 分光器カメラのオプトメカニカル配置図（Mast ら[11]による）．

15.12 DEIMOS スペクトログラフのためのカメラアセンブリ   703

まれる．シャッター（図示せず）は，光路中においてフィルタ近傍に位置する．

CaF$_2$ レンズはアルミニウムリング内にある RTV リング内部にマウントされているが，一方で，このアルミニウムリングは SUS303 セルに組み込まれている．セルはリングに対してわずかに締まりばめ（約 75 µm）となっている．この構成により，結晶性の材料を任意の温度において圧縮された状態に保っている．これは，予想される最低温度において材料が引張状態になることを防いでいる．引張状態では，結晶粒界に沿った破壊が起こるためである．この設計の数学的基礎については Mast[11] により説明がなされている．組み立て状態（20℃）における応力は 0.13 MPa である．これは，最低温度 − 20℃において 0.04 MPa に減少する．

Optical Research Associates 社が行った誤差解析および許容誤差のバジェット解析により，レンズ群のチルトはわずか 50″ 以下，ディセンタは 75 µm，そして間隔誤差は 150 µm 以下でなくてはならないことが示された（すべて 2σ の値）．3 枚のレンズにおける非球面の光軸に対するディセンタは 350 µm 程度であることが知られていた．これらの誤差と組み立て中にシステムのどこかに残存する誤差によらず適切な性能を確保するため，第 4 群レンズが横方向に調整可能なように設計された．4 個のフレクシャがこのレンズ群のマウントに組み込まれた．2 個の直交方向の調整ネジと，与圧を加えるバネがこの調整のために組み込まれた．可能な最大移動量はすべての方向に 500 µm である．フレクシャ部分は強い応力のかかる負荷点となりうるため，このレンズのセルには 17-4PH 析出硬化系ステンレス鋼（SUS630）が用いられた．

接合レンズ群におけるレンズは，軸方向にマイラ製シム（セルの棚に局所的に機械加工された平面パッド上にある）と，バネにより与圧されたデルリンの押さえ環の間に固定されている．接合レンズ群における外側のレンズは，隣接する金属部品に対して GE-560 RTV エラストマーによりシールされている．これらのシールは，レンズを径方向に支持し，液体をダムのように保持する．多くの場合，輪帯状のエラストマー層は，Mast ら [14] により開発されたように，径方向にアサーマル性を与えるように厚みが選択されている．例外は最後のダブレットだが，これは，異なるステンレス鋼 (17-4PH) の温度変化によりよくマッチするよう，接着層の厚みがより厚くなっている．

使用温度 −4〜6℃ の範囲にわたり，分光した像に対して一定のスケールファクターを保つため，最後のレンズ群を温度の関数として光軸方向に動かさなくてはならないことがわかった．これは，セルをバイメタルでできたコンペンセーター（図

15.31 に示すデルリンの管と同心のインバーの棒よりなる）に取り付けることで行われる．セルはフレクシャに取り付けられ，この移動が可能になっている．このコンペンセーターの CTE は 0.036 mm/℃である．

15.13　軍用多関節型望遠鏡に用いられるプリズムのマウント方法

装甲戦闘車（戦車）の主砲は通常，標的の捕捉と射撃のため，以下で述べる二つの光学機器のうちの一つを用いて砲手により操作される．主となる照準眼鏡は旋回砲塔の屋根を貫通しているが，第二の照準眼鏡は主砲に沿って機械的リンクにより取り付けられており，旋回砲塔前方を貫いて突き出している．ここでは後者のタイプに典型的な実施形態をここで議論する．考察する望遠鏡は，多関節配置の設計である．つまり，前部が主砲の仰角とともにスイングする一方で，後部が固定（これは砲手が大きく頭を動かすことなくつねに接眼レンズを覗けるためである）されているようにするため，中央部近傍でヒンジになっている．砲手が頭を動かす必要がないという条件は，設計が成功するかどうかにとって非常に重要である．接眼レンズの後にくる目の位置は，標的を見るためには数 mm の範囲に正確になくてはならないにもかかわらず，砲手が頭を動かす余裕は，とくに垂直方向に制限されているからである．

図 15.32 は，光学系を模式的に示したものである．倍率は 8 倍で固定であり，物

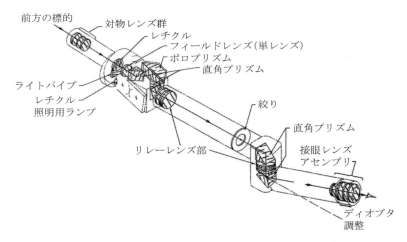

図 15.32　腕式望遠鏡の光学配置（米国陸軍の厚意による）．

15.13 軍用多関節型望遠鏡に用いられるプリズムのマウント方法　705

体側の視野角は約 8° である．射出瞳径は 5 mm なので，入射瞳径は 40 mm である．望遠鏡ハウジングの直径は，全長を通じて約 63.5 mm であるが，プリズムハウジングは当然ながら若干大きくなっている．大きく離れたリレーレンズにより正立像を作るとともに，対物レンズ焦点面から接眼レンズ焦点面まで像がリレーされる．二つのプリズムアセンブリが図に示されている．最初のアセンブリは，任意の仰角に対してヒンジ機構の内部で像を正しい正立像に保つ 3 個のプリズム（一つの直角プリズムとポロプリズム）を含む．第 2 のプリズムアセンブリは，二つの直角プリズムからなり，光軸を垂直方向にオフセットさせるとともに，水平方向に 20° 偏向させ，射手の目の位置に対して接眼レンズが便利な場所にくるようにしている．

多関節メカニズムが図 15.33 に示されている．一つ目の直角プリズムは「直角プリズムハウジング」に組み込まれている（図 15.34 参照）．このプリズムはブラケットに接着されており，ブラケットは 2 本のネジと 2 本のピンによりプレートに取り付けられており，プレートはハウジングに 4 本のネジで順に取り付けられている．組み立て調整後，ネジの上からカバーが取り付けられ，所定の位置にシールされる．ハウジングの "W" と記載された面は，レチクルハウジングの端面に取り付けられる．

第 2 の直角プリズムは「ハウジング（正立レンズ）」に，図 15.35 に示すように組み込まれている．このプリズムもまた，2 本のネジと 2 本のピンによりプレートに取り付けられているブラケットに接着されており，このプレートはハウジングにしっかりとネジ止めされている．図の注釈はプリズムの調整に対する要求事項を示している．"W" と記載された面は図 15.34 と同じものである．調整後，ネジの上のカバーはシールされる．

図 15.33 に示すように，ポロプリズムは分離されたハウジングに含まれており，望遠鏡の反対側に位置するギアハウジングとともに，望遠鏡前部と後部の機構的リンクを形成する．ギアトレーンの作用により，望遠鏡前部と後部の間の中間の角度にプリズムの向きが保たれる．この角度関係により正立像が保たれる．ポロプリズムハウジングは硬化ステンレス鋼により作られているが，これは，角度方向の運動に対してベアリングとしてはたらくためである．アセンブリにおける回転方向のジョイントは，はめ合う部品間の溝にはめ込まれた，潤滑された O リングによりシールされている．プリズムはブラケットに接着されているが，このブラケットは二つのスロットにはまった 2 本のネジによりカバーに取り付けられている．接着されたプリズムアセンブリをハウジングに組み込んだ後，プリズムがスロット内で移動させられることにより，アセンブリ中の光路長調整が行われる．その後ネジが固定され，

第15章 ハードウェア設計例

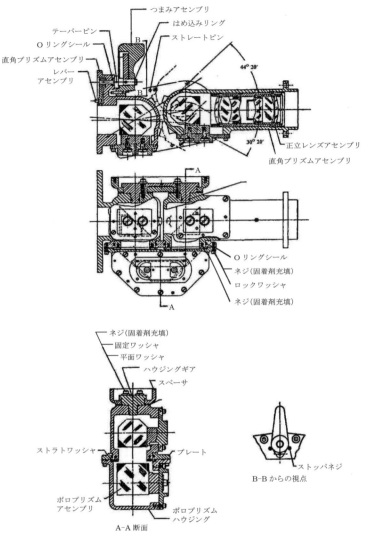

図 15.33 腕式望遠鏡の腕機構 (米国陸軍の厚意による).

プレートはピンで所定の位置に留められる．そして保護用カバーが組み込まれる．

15.14 双眼鏡のためのポロ正立プリズムモジュラー設計

第二次世界大戦および朝鮮戦争において用いられた市販双眼鏡の後継機として

15.14 双眼鏡のためのポロ正立プリズムモジュラー設計

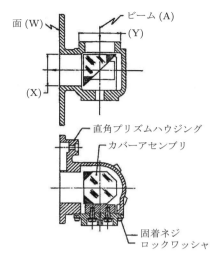

図 15.34 第1直角プリズムアセンブリ（米国陸軍の厚意による）．

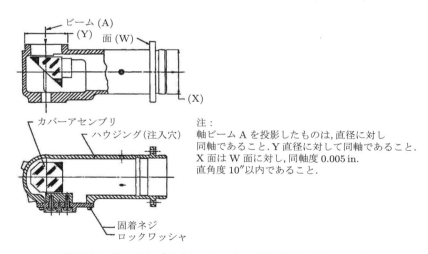

注：
軸ビーム A を投影したものは,直径に対し同軸であること．Y 直径に対して同軸であること．
X 面は W 面に対し,同軸度 0.005 in.
直角度 10″以内であること．

図 15.35 第2直角プリズムアセンブリ（米国陸軍の厚意による）．

1950年代から開発が始まった，米国陸軍用 7×50 双眼鏡 M19 を図 4.30 と図 4.31 に示した．この双眼鏡は完全に新しい設計であり，以前の設計と比較して結像性能が向上し，重量およびサイズも顕著に軽減され，また大量生産性，信頼性とメンテナンス性を備えている．これらの利点は，双眼鏡のモジュラー設計（双眼鏡はわずか5個のオプトメカニカルなサブアセンブリによりなり，すべての部品は互いに互換性があり，清浄な環境下において特別な工具を用いることなく交換可能である

[15,16])によるものである．モジュラー設計により，今後も同様の利点が期待できるので，ここでは，あらかじめ調整されたポロの正立系がどうやって調整されて本体ハウジングに組み込まれるかを非常に詳しく説明することにする．このような作業は，詳細なオプトメカニカル設計，利用可能な光学的な治具建て，そして製造中の特別な注意に大きく依存する．

M19双眼鏡のポロプリズムアセンブリの図と写真を，図15.36と図15.37に示す．プリズムは内部全反射を確保するため高屈折率ガラス（ガラスコード649938）でできており，また，ケラレなく体積と重量を最小にするため，テーパーが付けられている．

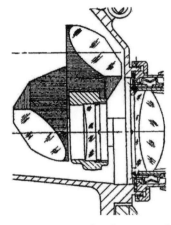

図15.36 M19双眼鏡（図4.31）の正立プリズムアセンブリ，ブラケット，レンズとレチクルの組み込み方法を示すオプトメカニカル断面図（米国陸軍の図面より引用）．

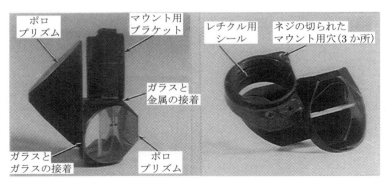

図15.37 接着されたポロプリズムサブアセンブリ．

15.14 双眼鏡のためのポロ正立プリズムモジュラー設計　709

　組み立て工程の最初のステップは，ダイキャスト製のアルミニウムブラケットに，MIL-A-4866 に従い，固定具に正確な許容誤差内で一つのポロプリズムを接着（たとえば Summers Milbond などで）することである．この固定具により，プリズムが双眼鏡ハウジング内で，マウント面のインターフェースに対して正しい場所と向きに位置することが保証される．接着剤が硬化した後，プリズムとブラケットのサブアセンブリは第2の精密固定具に固定される．紫外硬化型接着剤（Norland61）が，プリズム斜面の適切な位置に塗布される．第2のプリズムが第1のプリズムに対して，入射光軸と射出光軸が平行で正しい距離だけ離れているよう位置決めされる．この調整には光学的な測定装置が用いられる．さらに，第2のプリズムは接合面内で回転調整が行われる．これは光軸周りの像の回転を正しく調整するためである．ビデオカメラとモニターが用いられたが，これは作業者のために，プリズムアセンブリにおいて，プリズムの位置と傾きの関係を示すためのものである．作業者はまず，レチクル像がモニター上に映し出された許容誤差を示す矩形内にくるまで，第2のプリズムの横方向の調整を行う．そして，像をこの範囲内に収めながら，やはりモニター上に映し出されたチルト基準に対して倒れを調整するよう，プリズムをわずかに回転させる．いったん調整が完了すると，プリズムは固定具にクランプされる．調整場所の隣に置かれた紫外ランプにより，接着剤硬化が行われる．硬化後，同じ治具建てにより，硬化工程の後でも調整状態が保たれているかどうかの確認が行われる．

　両方のハウジングは，同一の薄い壁をもつ，ビニールで覆われたアルミ鋳物から加工が開始され，右と左のそれぞれの形状に機械加工される．壁の厚みはノミナルで 1.524 mm（0.06 in.）であった．この上から，厚み 0.38 mm の柔らかいビニールコートが，接眼レンズ，プリズムアセンブリ，対物レンズといった重要な箇所の機械加工の前に施される．接眼レンズとプリズムアセンブリのための座面は，機械加工工程中に機械的に基準出しがなされた．通常，これらは剛性が高く，固定された部材であるため，許容誤差が非常に厳しいにもかかわらず，特段問題は生じない．しかしながら，ハウジングの薄い壁は非常に不利な条件となった．さらに，ハウジング面は柔らかいビニールコートのため，外観上のダメージを与えることなくしっかりとクランプすることはできなかった．十分な歩留まりを達成するためには，すでに機械加工され，ビニールコートが施されていない面に精巧な固定治具を設ける必要があった．

　プリズムアセンブリが組み込まれるハウジングの機械加工は，互換性を確保する

ためのモジュールの精度にとっては重要なステップである．各単眼鏡のヒンジピンの，中央線に対する光軸水平方向および垂直方向のコリメーション（発散角と傾斜度）に対する要求は，対物レンズの穴に対して径方向に 0.0127 mm 以内である．対物レンズの座と光軸に対する直角度への要求精度は，対物レンズの座周りでの測定で 0.0051 mm 以内である．さらに，対物レンズの座は，正しいフランジバックを確保するため，光軸方向に正しい位置にある必要がある．これらの精度を達成するためには，光学的調整方法より，ハウジングを機械加工のために正しく位置決めする必要がある．

ハウジングは，CNC 旋盤（アライメントをモニターするための光を通す中空スピンドル軸を有する）に直接マウントされた．正しい位置へのアライメントは非常に困難で時間のかかる作業だったので，加工機の利用効率は低かった．加工機の利用可能時間のうち，わずかな割合だけが実際に機械加工に用いることができ，大部分の時間はハウジングのアライメントに費やされた．この方法は大量生産には許容できなかったため，採用されなかった．

最終的に開発された方法は，ハウジングを，機械加工のための固定具を有する移送治具に固定することであった．その方法では，ハウジングは，オフラインの調整ステーションで，光学的な調整治具を用いて固定具の所定の位置に固定される．そして，この固定具を CNC 旋盤のスピンドルに移送し，機械加工が行われる．セッティングと機械加工を平行して行えるよう，複数の固定具が準備される．

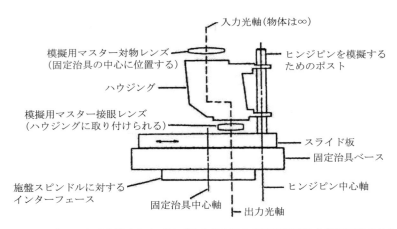

図 15.38　あらかじめ調整されたプリズムを組み込んだ双眼鏡筐体を機械加工するために用いられる，プリズム調整と保持のための固定治具（Trsar ら[15]による）．

15.14 双眼鏡のためのポロ正立プリズムモジュラー設計　711

調整ステーションにおいて用いられた固定具と光学的な調整方法を，図 15.38 に模式的に示す．固定具のベース面は，固定具の中心線をスピンドルの回転軸と一致させるため，旋盤のスピンドル軸にぴったりはまるよう設計されていた．この方法により，対物レンズの座は固定具の中心線と同軸に加工できる．固定具の上面には横方向にスライドできるプレートが設けられた．このプレートには，双眼鏡のヒンジピンを模擬するポストが立てられており，ポストの中央線はつねに固定具の中央線と平行である．

調整ステーションにおける光学系（図 15.38 には示されていない）は，光軸（これは固定具の軸と一致していた）に沿って無限遠のターゲットを作るためのものである．基準となる対物レンズが，調整ステーションの固定された位置に同軸にマウントされる．対物レンズは，ハウジング内の像面位置にターゲット像を形成する．この像が基準となる接眼レンズ（一時的にハウジングに固定された）を通じて，像をビデオモニターに映し出すことで，ビデオカメラを用いて観察される．正しいフランジバックを確保するための対物レンズ座の加工は，ベストフォーカス像がビデオモニター上に映し出されるよう，ハウジングをヒンジ軸に対して上下させることで行われた．固定具上におけるハウジングの軸方向の位置決めが終わっても，コリメーションのための横方向の調整が残っていた．

ハウジングとプリズムからなるモジュールのコリメーションに対する要求は，ヒンジピンの中央線から射出光軸が傾斜面内（図 15.38 に垂直な面）で ±5′ 以内，図の面内で 5〜17′ 以内であった．このとき，ヒンジピンと固定具の中心線は平行なので，コリメーションに対する要求は，固定具の中心線に対する値が用いられた．フォーカス調整の後，ハウジングとスライドプレートからなるアセンブリは横方向（2 方向）に，固定具ベースと基準対物レンズに対して，コリメーション条件が要求値内になるよう調整が行われる．これはターゲット像がビデオモニター上に示された許容範囲に位置するかどうかで判定される．そしてスライドプレートは固定具に対してロックされ，このアセンブリは対物レンズ座の加工のため CNC 旋盤に移送される．

同様の工程が，接眼レンズのインターフェース面の加工のためのハウジングの位置決めに用いられた．その結果，あらかじめアライメントされたプリズムアセンブリを用いると，双眼鏡の片側アセンブリを形成するためにいかなる対物レンズといかなる接眼レンズに対しても適切に精度よく合致するハウジングが得られた．そして，左と右のアセンブリはとくに調整することなく，ヒンジに対して適切なアライ

メントが得られた．

15.15 スペクトログラフイメージャのための大口径分散プリズムのマウント

Sheinis ら[17]により説明されているように，ケック2望遠鏡における10 m 口径のカセグレン焦点で利用するために開発された，エシャレットスペクトログラフイメージャ(ESI)には，二つの大きなプリズム（それぞれ約25 kg）がクロスディスパージョンのために備わっている．スペクトログラフの光学系については，Eppsと Miller[18]，Sutin[19]らにより説明がなされている．

運用状態において光学的な安定性を確保するため，様々な荷重や温度条件下でも，スペクトログラフのノミナルの光軸に対して，プリズムの角度はある固定された角度を保っていなくてはならない．ここには，重力，温度により惹起された光学素子移動，応力により惹起された光学面の変形，そして，温度により惹起された光学素子の屈折率変化が含まれる．ESI の主要な構成部品が図15.39 に示されている．ESI は3種の観測モードを有する．中程度の分解能のエシャレットモード，低分解能のプリズムモード，そして，イメージングモードである．あるモードから別のモー

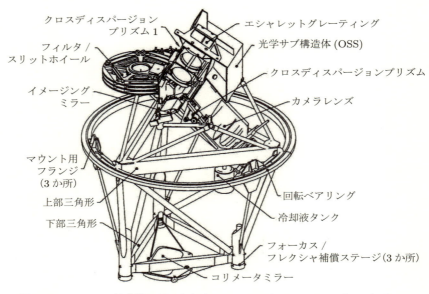

図15.39　ケック2望遠鏡に用いられたエシャレットスペクトログラフとイメージャー光学系の主要部品（Sheinis ら[17]による）．

15.15 スペクトログラフイメージャのための大口径分散プリズムのマウント

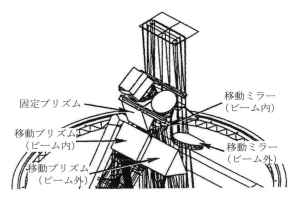

図 15.40　固定および可動分散プリズムを示す ESI のほかの方向からの図 (Sutin [19] による).

ドへ切り替えるには，図 15.40 に示すように，プリズムを光束から退避させなくてはならない．プリズムは 1 軸ステージにマウントされている．直接イメージングモードに切り替えるためには，ミラーが光束内に挿入される．

　ESI の設計思想は，可能な限り静定構造あるいはスペースフレーム構造を利用することで特徴づけられる．静定構造とは，剛体の 6 自由度を 6 個の構造要素（ここではストラット，外部に 6 節点で結合している）で拘束する構造である．3 対以上の節点を用いることは性能劣化につながる可能性がある．ストラットは圧縮または引張モードのみで用いられる．したがって，ストラットの変形は長さに対して線形であるが，これは，ストラットまたは板が曲げモードで用いられた場合に，部材の長さの 3 乗に比例するのとは対照的である．ほかの例として，Radovan ら [20] の説明に出てくる，これは ESI の傾き補正のためのアクティブなコリメータがある．また，Bigelow および Nelson [21] により，装置全体の骨格となるスペースフレームの説明が与えられている．このタイプのマウント方法は，ストラットの結合点にモーメントが一切かからないという特徴をもつ．これにより，ある一つの構造部材のひずみは，第 1 の部材にマウントされた第 2 の部材（すなわち光学素子）に対して，応力を発生させることなく，位置の変化のみ引き起こす，という望ましい利点を持つことになる．

　ESI において，クロスディスパージョンプリズムはコリメート光の中に置かれる．したがって，第 1 次近似においては，プリズムのわずかな平行移動は瞳の移動のみをもたらし，像の移動は引き起こされない．しかしながらプリズムのチルトにより，

714　第15章　ハードウェア設計例

像の移動，クロスディスパージョンの方向変化，クロスディスパージョン量の変化，アナモルフィック倍率の変化，そして歪曲の増加といった現象が組み合わさって起こる．プリズムに対して最も重要な安定性の評価基準は，プリズムのピッチとロール角度（tip and tilt）の制御であり，水平移動の許容誤差は非常に大きい．ESI の感度としては，X，Y，Z 軸周りのプリズム回転 1″ あたりの像移動としては，それぞれ，±0.013″，±0.0045″，そして ±0.014″ である．スペクトログラフの性能としては，2 時間の画像蓄積時間において，像移動量がフレクシャの制御なしで ±0.06″，制御ありで ±0.03″ である．プリズム移動に割りあてられた全誤差に対する許容可能なパーセンテージとして，感度計算より X，Y，Z 軸周りにそれぞれ ±1.0″，±2.0″，±1.0″ を要求するのが合理的な選択である．ケック望遠鏡の運用温度範囲は 2±4℃ であり，マウナケア山頂における温度範囲は −15〜20℃ である．

　この装置は，運用温度範囲全域において，上記の水平方向と回転方向の仕様を満足する必要がある．したがって，このプリズムマウントは，運用温度範囲においてチルトに対してアサーマルに設計されており，応力は運用温度および輸送温度範囲において許容範囲以下である必要がある．さらに，プリズムにかかる応力に注意を払う必要がある．接着部，あるいはガラスの破壊が起こる可能性への配慮だけでなく，ガラスにかかる応力が対応する場所の屈折率を局所的に変化させる現象（つまり複屈折であり，波面ひずみをもたらす）への配慮が必要である．ガラスの破壊に対する設計上の保証としては，輸送，地震，駆動誤差，望遠鏡のほかの部材（たとえばクレーン）への衝突に対して見積もられた応力が許容範囲内である必要がある．マウント設計について同様に重要な要求事項として，以下のものが挙げられた．① 測定されうるヒステリシス（フレクシャをオープンループ制御した場合の精度への制限となる）を最小限に抑えること，② プリズムチルトに対して，初期組み立て時の 1 回限りの調整により，30′ の範囲の調整が可能であること，③ プリズムを再コートのために取り外せること，また，再度取り付け時に調整状態が再現することである．

　ESI の設計において，すべての光学素子とアセンブリ（ただしコリメータミラーを除く）は，光学サブ構造体（オプティカルストラクチャ，OSS）とよばれるプレートにマウントされる．プリズムは OSS に，6 本のストラットにより取り付けられていた．実際のプリズム取り付け構造は二つの部品から構成されていた．一つはパッドであり，プリズムに恒久的に取り付けられる．もう一つは，ストラットに恒久的

15.15 スペクトログラフイメージャのための大口径分散プリズムのマウント

に取り付けられ，パッドに対してははめ合いで取り外しできる部材である．これによりプリズムはサポートシステムに対して簡単に，繰り返し再現性高く組み込むことができた．

固定および可動式のプリズムマウント設計を，それぞれ図 15.41 と図 15.42 に示した．ストラットに連結された部材は各プリズムに対して非光学的面の 1 点でタンタル製パッドを通じて連結されている．タンタルの CTE（$6.5 \times 10^{-6}/℃$）は，BK7 プリズムの値（$7.1 \times 10^{-6}/℃$）と非常にマッチしている．ストラットは OSS（固定プリズムの場合）かあるいは移動ステージ（可動プリズムの場合）に直接取り付けられている．ただし移動ステージはその一端が OSS にボルトで留められている．固定および可動プリズムにおいて最も大きな屈折面の大きさは，それぞ

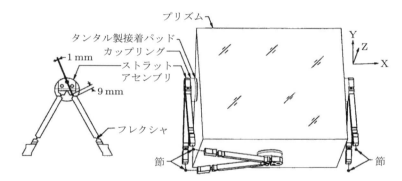

図 15.41　固定プリズムアセンブリ．6 本のストラットマウント構造が見てとれる（Sheinis ら[17]による）．

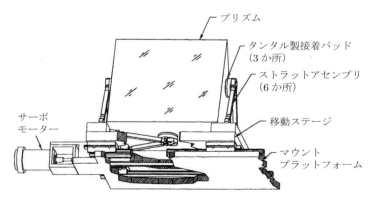

図 15.42　移動プリズムアセンブリ．6 本のストラットマウント構造と駆動ステージが見て取れる（Sheinis ら[17]による）．

716　第15章　ハードウェア設計例

れ 36.0 × 22.8 cm と 30.6 × 28.9 cm である．硝子長は 80 cm より大きいため，屈折率はプリズム全域で非常に高い均質性が必要であった．プリズムはオハラ社の BSL7Y で作られており，均質性の測定値は ±2 × 10⁻⁶ より良好であった．この値は,その時点で達成できるこのサイズのガラスで最良値であると考えられていた．

　ストラットの各組は，1 本の研削された鋼製の筒から削りだされた．各ストラットのはたらきにより，全体で 6 自由度を拘束していなければならないため，4 自由度（1 方向の回転，各フレクシャの対に対して 1 方向の平行移動）を除去する目的で，交差するフレクシャが各ストラットの端面に対して切り込みを入れることで作られている．第 5 の自由度である軸方向の回転については,ストラットとフレクシャの組み合わせが低いねじり剛性を有していることにより除去される．

　フレクシャの厚みと長さは，プリズム自身にもたらされる応力がプリズム自身の重量によりパッドの結合点に及ぼす応力より小さくなるように，また，ストラットの剛性をできるだけ高くしつつ，調整全域において材料の弾性限界内に収まるように設計された．パッドの面積は自重による応力が 0.125 MPa になるよう選択された．ガラスの引張応力が 7 MPa であること[21]を考慮すれば，この安全率は 50 である．ガラスと金属の接着剤は，Hysol EA9313 であり，その厚みは 0.25 mm であり，Iraninejad ら[22]により行われたケック主鏡におけるセグメントミラー接着剤結合方法の開発における値が用いられた．この選択の妥当性を確認するため，様々な運用温度において，BK7 とタンタル，BK7 と鋼材の接合に対して過剰な応力試験が行われた．いくつかの BK7 サンプルは，プリズムへの要求仕様と同等の仕上げ状態に研磨された．これらはタンタルと鋼材のパッドに，実際のプリズムマウントと同様の方法で機械的に接合された．これらのアセンブリを対象に，装置で予想される応力値を用い，10 回以上の引っ張りとせん断に対する試験を行った．試験治具に対し，マウナケア山頂の温度範囲全域の変動について，20 回から 30 回のサイクル試験が行われたが，破損したサンプルはなかった．その後，クロスニコルの配置で結合部の応力複屈折の試験が行われた．波面誤差は，タンタル製のパッドにおいて指定されたエラーバジェット内であったが，鋼製のパッドにおいてはエラーバジェットを外れていた．そして，タンタルが接合部のパッド材料として指定された．ここで，タンタルと BK7 の CTE 差は 0.6 × 10⁻⁶/℃である．一方で，別の文献では，6Al-4V チタン合金（CTE 差 1.7 × 10⁻⁶/℃）がよくマッチすると報告されたことに言及しておく[23]．

15.16 FUSE スペクトログラフにおける回折格子のマウンティング

深紫外線スペクトル探査船(FUSE)とは，低高度軌道の天体科学観測衛星であり，905 μm から 1195 μm のスペクトル幅を高い分解能で観察するために設計されたものである．図 15.43 は，スペクトログラフの光学配置を模式的に示したものである[24]．光は，4 枚の軸はずし放物面鏡（図示せず）により集光され，4 枚のスリットミラー（これは，可動入射スリットとして機能すると同時に，可視の星像を精密位置誤差検出センサ（図示せず）に導く）に集光される．このスリットを透過した発散光は，4 個のホログラフィック回折格子アセンブリ(GMA)により回折，集光される．スペクトルは二つのマイクロチャンネルプレート検知器に集光される．軌道上での運用温度は 15°C から 25°C であるが，破壊されない温度範囲は −10°C から 40°C である．観測の間，温度は 1°C 以内に安定化される．

4 個の回折格子は，同じサイズの 276 × 275 × 68.1 mm である．これらは，Corning 7640 合成石英，クラス 0，グレード F でできている．この材料は，CTE が低いことと，ホログラフィック回折格子を製作するプロセスが適用可能なことから選択された．リブパターンの機械加工は図 15.44 に示した．これは各基盤の重量

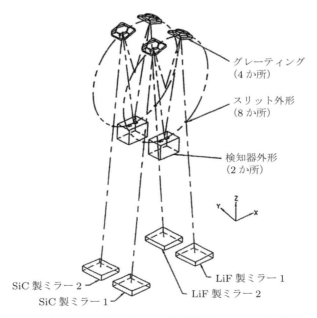

図 15.43　FUSE スペクトログラフの光学配置（Shipley ら[24]による）．

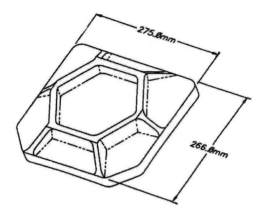

図 15.44　回折格子基板の裏面．機械加工された構造が見てとれる（Shipley ら[24]による）．

軽減のため，裏面に加工された．二つの角は落とされたが，これは，望ましいカバー形状に干渉しないためである．強度確保と破壊防止の要求として，回折格子が切られて，この波長帯に最適化された LiF と SiC コートを施した後，酸による基盤のエッチングが必要であった．

インバーマウントブラケットは，Hysol EA9396 エポキシによる接着で固定された．試験により，接着強度は一貫して 21.6 MPa 以上であることが示されたが，34.5 MPa を超えるサンプルもいくつかあった．接着強度はこの用途に適切な値以上であった．

ガウス分布とワイブル分布を用いた統計手法により計算された破壊確率は，決定的なものではなかった[25]．回折格子の非光学面が研磨されていないことが，この問題に対して非常に大きく影響した．万全を期して，機械的インターフェースは保守的に設計がなされた．すなわち，設計のすべての段階で，有限要素法を徹底的に用いて評価が行われた．設計上で大きく進歩した点の一つとして，図 15.45 と図 15.46 に示す曲げピボットの追加が挙げられるが，これは径方向のフレクシャに直交する方向の剛性を下げる役割を担っている．このピボットの追加により，機構の高さ方向の寸法を保ったまま，径方向のフレクシャブレードの長さを短くできた．

図 15.46 は，曲げピボットが組み込まれた状態の詳細を示している．各ピボットは外部と内部のピボットハウジング，二つの直径 15.875 mm のはんだ付けされた片持ち梁フレクシャピボット，そして 8 個の剣先セットネジより構成される．各ピボットの位置はセットネジで固定されるが，これらは各片持ち梁フレクシャの端面

15.16 FUSEスペクトログラフにおける回折格子のマウンティング

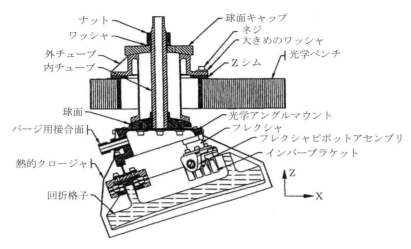

図 15.45　グレーティングマウントアセンブリの断面図．調整機構が見てとれる（Shipley ら [25] による）．

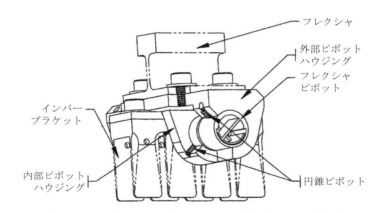

図 15.46　グレーティングマウント設計における可撓性ピボットの詳細図（Shipley ら [25] による）．

に2か所加工された浅い円錐形状の窪みに押し付けられる．グレーティングマウントの試作機とフライトモデルに対して，厳しい振動試験を行うことで，この設計の妥当性が証明された．

図 15.45 で示した，径方向のフレクシャと外側の管状の中央に位置する構造体の間に位置するウェッジ形状の光学アングルマウントは，装置の座標軸に対して回折格子を正しい方向に向ける役割を果たしている．スペーサ（Zシム）は，外部の管と光学ベンチとの間に，光軸方向の調整のために用いられる．外部の管は，最上部

および底面の球面座に接触している．このことで，アライメント固定具に設けられた外部のモーターで駆動するネジを用いて，角度方向の微調整ができるようになっている．この調整は，アセンブリの最上部にあるナットを締め付けることでクランプされる．回折格子背面に取り付けられた光学キューブは，複数のセオドライトとともに調整手段として用いられる．

チタンはグレーティングマウントにおいて非常によく用いられるが，これは，高い強度と比較的低いCTEを有するためである．フレクシャを除くすべてのチタン部材は陽極酸化処理が施されている[26]が，これは，はめ合いする面の間の摩擦を減少させることと，アセンブリの洗浄を容易にするためである．図15.45に示す凸球面と球面座金は17-4PHステンレス鋼（SUS630）で，ナットはSUS303，ZシムはSUS400番台のステンレス鋼で作られている．

15.17 スピッツァー宇宙望遠鏡

単一材料で構成された望遠鏡を有する宇宙空間で用いられる赤外線観測施設の一つとして，スピッツァー宇宙望遠鏡[27,28]（以前は宇宙赤外望遠鏡施設（SIRTF）として知られていた）が挙げられる．この構造を図15.47に示す．直径85 cm，F/12であり，全体が軽量化ベリリウムで構成された望遠鏡である．主鏡はハブにマウントされ，シングルアーチ設計である．これは衝撃粉砕プロセスにより作られ

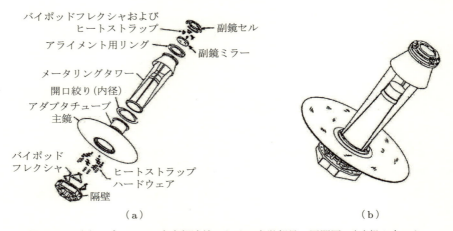

図15.47 (a) スピッツァー宇宙望遠鏡における光学部品の展開図，(b) 組み立てられた望遠鏡（Chaneyら[30]による）．

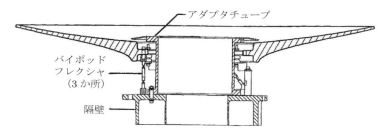

図 15.48　主鏡ハブマウント構造の模式図（Coulter ら[29]による）.

た粒径約 7.2 μm の I-70H ベリリウム粉末で製作されている．これは，熱間等方圧加圧法により，理論上密度の 99.96% まで圧縮されている．完成したミラーの面積密度は 26.6 kg/m^2 である．このマウント配置は，図 15.48 に模式的に示されている[29]．

低温環境下における望遠鏡の光学的パラメータは，表 15.4[30]に示されている．Schwenker ら[31,32]は，望遠鏡光学性能の試験方法と試験結果について説明している．28 K における試験では，低温環境下での形状誤差は 0.067 μm rms であった．別の試験では，ベリリウムの CTE は 28 K 以下で顕著に変化はしないので，温度を運用温度である約 5 K まで冷却しても光学性能は劣化しないはずであった．使用波長の赤外域でのベリリウム基板反射率が高いことを考慮し，ミラーにコートは施されなかった．

NASA はこの観測施設を 2003 年 8 月に打ち上げた．これは太陽を中心として 1AU 天文単位の距離で，地球に後続する位置で運用されたが，この位置は，地球からの熱入力を減らすこと，施設の太陽光パネルからの熱入力を遮ること，そして装置からの熱放射を外界に放出するのに役立った．ここで，この光学系の熱設計が独特であることに着目したい．熱設計および性能保証についての文献として，Lee ら[33]，Hopkins ら[34]，Finley ら[35]によるものなどが挙げられる．

スピッツァー観測施設では，科学観測装置のみが極低温下に囲われている．以前の赤外観測施設，たとえば IRAS では，望遠鏡と観測装置の両方が真空のクライオスタットに囲われているため，大容量の冷却液を運び込むことが必要だった．今回の新たな観測設備では，観測装置の大部分は，軌道投入まで外気温，外気圧と同じ環境下に置かれるが，軌道に乗ると，速やかに約 40 K にパッシブに冷却され，自動的に真空になる．これらの利点により，冷却液（超流動ヘリウム）の必要性を大幅に減らすことができた．打ち上げ時の冷却液は 360 L 必要と予想されたが，こ

722　第15章　ハードウェア設計例

表15.4　極低温におけるスピッツァー望遠鏡の光学パラメータ
（Chaney ら[30]による）.

パラメータ	単位	値（5 K まで）
系全体		
焦点距離	cm	1020.0
F 値	—	F/12
後方焦点距離	cm	43.700
フィールド径	arcmin	32.0
スペクトル幅長	μm	3～180
絞り位置	—	主リム部
絞り外径	cm	85.000
絞り内径	cm	32.000
オブスキュレーション	—	37.6%
主鏡		
形状	—	双曲面
曲率半径（凹）	cm	204.000
コーニック定数	—	−1.00355
クリアアパーチャ	cm	85.000
F 値	—	F/1.2
副鏡		
形状	—	双曲面
曲率半径（凸）	cm	29.434
コーニック定数	—	−1.5311
クリアアパーチャ	cm	12.000

れは，装置を約5.5 K まで，焦点面検知器を1.5 K まで少なくとも2.5 年間冷却し続けるための量である.

　図15.49 は，望遠鏡，科学観測機器，クライオスタット，冷却液要求装置，衛星バス，太陽電池パネル，シールド，そして付属装置とともにシステムの断面を示したものである．複合機器チャンバ(MIC)は四つの装置のうち，冷却された装置を収納している（図15.50 参照）．Lee ら[33]によると，チャンバは直径84 cm，高さ21 cm である．これはヘリウムタンクの前方ドームに取り付けられている．MIC 内部では，ピックオフミラーが光をそれぞれの検知器アレイに導く．検知器からの信号は，冷却された領域内で再処理され，小型のリボンケーブルにより衛星バス内の電気系パッケージに送られる．ヘリウムタンクは，熱伝導の小さいアルミナとエポキシにより構成されたトラスにより，衛星バスに対して支持されている.

15.17 スピッツァー宇宙望遠鏡　723

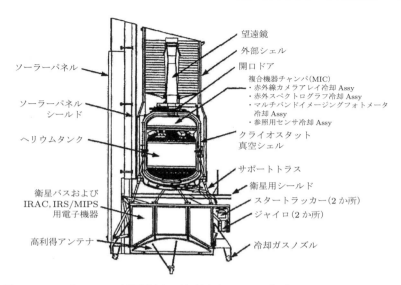

図 15.49　スピッツァー観測装置の断面図（Fanson ら[27]による．NASA/JPL/Caltech 社の厚意により再掲）．

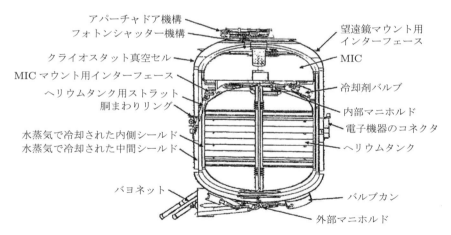

図 15.50　スピッツァー観測装置のためのクライオスタット断面図（Lee ら[33]による）．

観測衛星の科学観測装置は以下のとおりである．

● 赤外カメラアレイ(IRAC)：これは二つの隣接する 5×5′ 視野をカバーする広い視野を有する．これらの視野はビームスプリッタにより 3.6 μm および 5.8 μm，4.5 μm および 8.0 μm の波長帯の二つの像に分離される．すべてのア

レイは 256 × 256 ピクセルを有する．3.6 μm および 5.8 μm 帯の検知器はインジウムアンチモンであるが，5.8 μm および 8.0 μm の検知器はヒ素がドープされたシリコンである．

- 赤外スペクトログラフ（IRS）：これは4個の分離したスペクトログラフモジュールよりなる．二つの低分解能チャンネルは，5.3〜14 μm 帯と 14〜40 μm 帯で，それぞれ分解能 $\lambda/\Delta\lambda$ が 60 から 120 で用いられ，二つの高分解能チャンネルは 10〜19.5 μm 帯と 19.5〜37 μm 帯でそれぞれ分解能 $\lambda/\Delta\lambda$ が 600 で用いられる．短波長域のセンサはインジウムアンチモンであり，長波長域のセンサはヒ素ドープシリコンである．

- SIRTF のためのマルチバンドイメージングフォトメーター（MIPS）：MIPS により，24 μm，70 μm，160 μm を中心とする波長における像観察と測光が可能である．24 μm 帯のセンサは，128 × 128 ピクセルのヒ素ドープシリコンである．70 μm 帯のセンサは，32 × 32 ピクセルのガリウムドープゲルマニウムであり，160 μm 帯は 2 × 20 ピクセルの応力のかかったガリウムドープゲルマニウムである．これら3個のセンサはすべて同時に天空を観察する．

　視線キャリブレーションおよび参照用センサ（PCRS）は，熱に起因する望遠鏡，スタートラッカー，そしてジャイロスコープ（誤差 1σ が 0.14″ に相当）の間の機械的なドリフトを補償するため，MIC の中に設けられている．つまり，これは，観測所の座標系と J2000 天文参照絶対座標系とを結びつけ，観測開始時の高精度なオフセット動作を定義する（Mainzer らの文献[36]を参照）．Tyco スターカタログに登録されたリファレンス星と外部にマウントされたスタートラッカー[37]を同時に観察することにより，これらの系の相対的なアライメントが確立される．オフセット設定は，観察対象を用いる科学観測機器の視野中心にもってくることで達成される．

　これらすべての冷却されたアセンブリは，図 15.51 に模式的に示すように，安定したオプティカルベンチとなるアルミニウム製ベースプレートの上に位置している．リブのついた薄いアルミニウム製ドームは，MIC のためのきついライトカバーをなしている．光シャッターがカバー頂点に取り付けられている．高純度銅でできた熱伝導ストラップが，これらの温度に敏感な装置から熱を取り去るため，装置とヘリウムタンク頂上の間に取り付けられている．これらのストラップは，ぴったりと閉じられたライトカバーを貫通している．

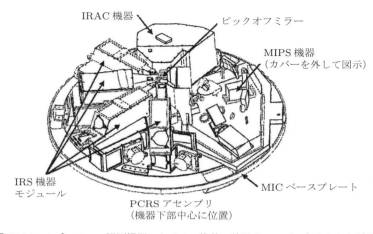

図 15.51　スピッツァー観測機器における，複数の装置チャンバに収められた科学観測装置の配置（Fanson ら [27] による．NASA/JPL/Caltech 社の厚意により再掲）．

15.18　モジュール化設計によるデュアルコリメータアセンブリ

Stubbs ら [38,39] により，高い性能をもつシンプルな光学装置が設計された．この装置は，コンパクトで安定した二つの屈折型コリメータであり，二つの光ファイバからの光を，横方向に距離 36.27 mm を隔てた二つの平行な直径 5.6 mm のコリメート光に変換するものである．一つの光束はリファレンス光であり，もう一つの光束は高精度ヘテロダイン測定系に用いられた．図 15.52 は完成した装置を示す．これは，固定治具に対して位置決めされるよう設計されているため，交換可能なモジュールとなりうる．すなわち，配置，オプトメカニカルなインターフェース，性能においては同一メーカーで製造されたモジュールと同一であり交換可能である．そして，複数のユニット（あるいはモジュール）を重ねることで，1次元あるいは2次元のコリメータの列を形成できた．この設計がなされた動機は，設計の単純さ，最小部品，組み立て調整の容易さ，そして長期間の安定性である．

アセンブリ全体の寸法は，幅 53 mm，高さ 38 mm，長さ 74 mm であった．全体重量は 0.74 kg であった．用途としては，重量を極小にする要求はなかったため，従来の機械加工法が用いられ，壁の厚みは厳しいものではなく，材料は密度最小というより CTE 最小で選択された．図 15.53 はアセンブリの部分的な断面図を示したものである．金属部材は 36 インバー材でできていた．レンズは市販の接合ダブ

第15章 ハードウェア設計例

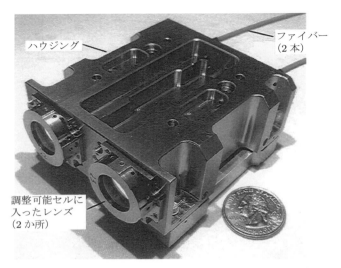

図 15.52　屈折型デュアルコリメータ（Stubbs ら[38]による）.

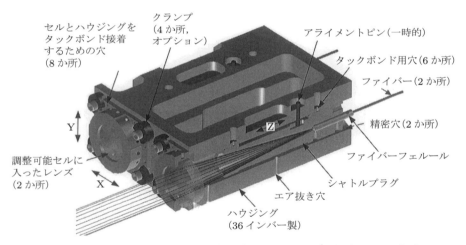

図 15.53　図 15.52 に示すモジュールのオプトメカニカル配置図（Stubbs ら[38]による）.

レットレンズであった．光学的な解析によると，動作温度 20±1℃において，透過波面収差が 0.01λ p-v より小さければ許容可能であるとわかった．

　レンズは，セルにマウントされ，セルに開けられた 8 個の穴を通じて接着剤を注入し，Dow Corning 社製 6-1104 シリコーンシール材で点状に接着することで，所定の位置に固定された．これらの穴は，レンズの光軸方向にわずかに傾いており，

15.18 モジュール化設計によるデュアルコリメータアセンブリ

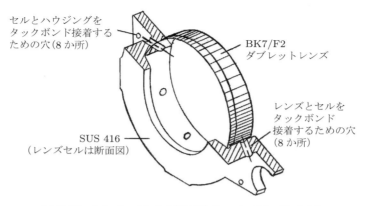

図 15.54　レンズマウントの断面図（Stubbs ら [38] による）.

シーラントの硬化収縮によってレンズを軸方向の基準面に押し付けるようになっている（図 15.54 参照）．レンズを固定するのに押さえ環は必要ではなかった．レンズセルは，アライメント中はスプリングクランプによりハウジングに対して固定され，その後，8 か所でエポキシによりボタン状に接着された．

各光ファイバの端面はセラミックのフェルールを有しており，これらはシャトルプラグにエポキシで 6 個の穴からの接着剤で接着されていた．このときフェルールはシャトルプラグ挿入時に回転され，シャトルプラグ頂点にある位置決めスロットを基準として偏光面を正しい向きに向けられた．これらの位置決めスロットは，プラグを固定する接着剤が硬化する間，ハウジング上端に一時的に挿入される位置決めピンと噛み合わせて固定しておくためのものである．これらのプラグはハウジングに正確に開けられた 2 本の穴に滑り込み，フォーカス調整後にボタン状の接着で固定される．レンズおよびシャトルプラグの固定には，Epibond 1210A/9861 エポキシ接着剤が使用された．

光学アライメント固定具は，レンズセルの調整およびフォーカシングにおける，ハウジング内のシャトルプラグの調整に用いられた．この固定具は，光学部品を横方向と角度方向にそれぞれ移動させるため，精密ステージとゴニオメーター，および接着による結合部が硬化するまでこれらの部品を保持するクランプを備えていた．図 15.55 から図 15.57 は固定具と，これらの調整に用いられるステージを示している．

この装置の調整は，クリーンルーム内のオプティカルベンチで行われた．レンズセルは図 15.55 に示すように，ハウジング前部の XY ステージで支持されていた．

728　第15章　ハードウェア設計例

図 15.55　アライメント用固定治具の正面図．ビームポインティングとビーム品質を最良にするようレンズセルを調整するためのステージが見える（Stubbsら[38]による）．

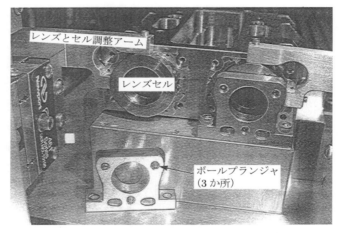

図 15.56　コリメータモジュールのためのレンズセルアライメント機構拡大図（Stubbsら[38]による）．

各セルは，固定具のベースプレートにブロックを介して取り付けられた．ブラケット上の3個のボールプランジャを用い，ハウジング内の平らなデータム面に対して取り付けられた．図 15.56 はわかりやすさのため，一つのブラケットを外した状態でこの配置を拡大した写真である．XYステージは，射出レーザー光束を平行にし，水平方向に正しい間隔を出すために用いられた．その後，セルはハウジングにクラ

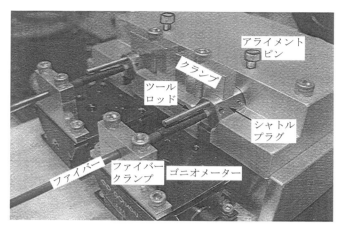

図 15.57 アライメント固定治具の背面図．入力ビームをレンズに対して調整するためのゴニオメーターが見える（Stubbsら[38]による）．

ンプされ，ボタン状の接着で固定された．エポキシが硬化したのち，クランプは取り除かれた．

ハウジング後部では，図 15.57 に示すように，ファイバからの射出光線がゴニオメーターを用いて，光線がレンズ開口中心を通るように傾けられた．シャトルプラグはフォーカスのために，図 15.55 に示す Z ステージにより精密に調整された．精密調整の間，ビーム観察カメラと波面センサにより，ビーム品質の評価が行われた．このようにして，このモジュールに対して回折限界性能を機械的に繰り返し得ることができた．

15.19 JWSTの近赤外カメラにおけるレンズマウント方法

近赤外カメラ(NIRCam)は，非常に離れた銀河を観察するためジェームズ-ウェッブ宇宙望遠鏡(JWST)とともに用いられた．宇宙空間に設置する観測系は，地上における望遠鏡に対して，後者に補償光学系がついていたとしても，めざましい利点があると期待されている[40]．カメラのオプトメカニカル設計が正しく機能するかについては，LiF，BaF_2，ZnSe などによって作られたレンズが，約 300 K から極低温（約 35 K）における運用温度までの温度変化に適合できるような低応力保持方法をいかに実現できるかどうかにかかっている．これらの結晶材は，この用途に適切な赤外領域（0.6〜5 μm）を透過するが，機械的強度は弱い．したがって，

730　第15章　ハードウェア設計例

これらの結晶材は機械的観点からより望ましくないとされているが，光学設計の観点からは，広波長域の色消し設計を達成するためにこれらを組み合わせて用いることにより，ほかの結晶材より非常に優れた特性を得ることができる[41]．本節では，LiFによる光学素子のマウント方法を説明するが，これはマウントに伴う力に対して最も敏感なものだからである[42]．ここでは，この用途の外径70～94 mmのレンズについて，運用温度においてレンズ間のアライメントを要求精度である50 μm以内に収めることに関する説明を加えるが，それ以外の光学設計については取り扱わない．

　考慮の必要があるLiF材料の特性として，CTE（300 Kでは約37 ppm/Kだが，35 Kではこの値が約0.5％変化する），低い見かけの弾性限界（約11 MPa），そして立方晶構造に由来するヤング率とポアソン比の顕著な方向依存性が挙げられる．機械的負荷があると，結晶格子は特定の方向に対して滑り現象を起こすため，力の方向と絶対値に対しては制御が必要である．結晶の変形に対する研究[43]によると，応力の上限は約5 MPaである．設計の初期段階において，LiFレンズは2 MPaを超える応力がかかってはならないと決められた．

15.19.1　LiFレンズに対する軸方向の拘束方法

　単レンズの光軸方向の運動を拘束する従来の保持構造については，第3章で議論した．これには，押さえ環方式（図3.17），連続したフランジリング方式（図3.21），そして多数の片持ちバネクリップ構造（図3.23）がある．後者の構造をより洗練させ，LiF光学素子を保持するために設計され，Kvammeら[44]により説明された構造が，図15.58に示されている．12個の6A-l4Vチタン合金でできた軸方向に柔らかいバネは，レンズ面のエッジ周囲に並んでおり，金属と結晶の直接の接触を避けるため0.5 mm厚のわずかに柔らかい材料（ネオフロン，フッ素樹脂）を介してレンズに押し付けられている．レンズの逆側の面は，平らにラップされたベースプレートの上面の内側のエッジに乗っている．JWST打ち上げ時の環境条件から，全荷重は54 Gを基準とすることが決められた[45]．保守的に見て，12個のバネのうち5個のバネのみが打ち上げ時にレンズを実際に固定すると仮定しても，解析によると，各バネは荷重16.24 Nを支えればよく，レンズの結晶粒界に対する臨界せん断応力は0.25 MPaに過ぎない．各バネに加わる荷重は，スプリング下部のパッド底面と中央リング上面との間のスペーサにより，要求されるバネ変形量を作り出すことにより制御される．

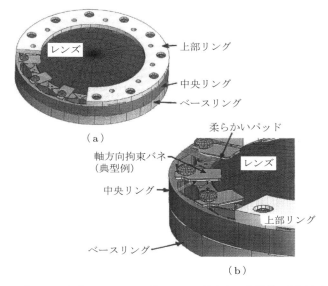

図 15.58　プロトタイプのマウント設計における軸方向固定機構，(a)断面図．(b) 拡大図（Kvamme ら[44]による）．

15.19.2　LiF レンズの径方向拘束に関する設計概念

　NIRCam における LiF レンズは，図 9.5 において小さなミラーに対する径方向拘束の例として示したのと同様に，径方向にセル内径の二つの固定したパッドに対してバネで荷重がかかる方法で保持されている．この簡単なマウントモデルによる実験により，LiF レンズの調芯を保つために十分な荷重をかけると，面が顕著にひずむことが明らかになった．その後，図 15.59 に示す径方向に柔らかい調芯リングの開発が行われた．これはレンズの縁とセル内径に，図 14.28 に示す Vespel 調芯リングと同様の方法で組み込まれるものである．

　このリングは 6A-14V チタン合金によりできており，放電加工プロセスにより，径方向に柔らかく，これによってレンズの縁を押し付ける 12 個のひし形状のバネが加工されている．この径方向に柔らかいリングは，図 15.61 に示した中心リングを形成している．薄い Neoflan 製の円環形状のリングは，結晶材が金属と直接接触するのを遮断している．繰り返しになるが，打ち上げ時にレンズを保持するため，各バネにかかる荷重は 16.24 N に設定されている．対称性から，レンズは運用中，偏心がよい状態に保たれていなくてはならない．このことを確認するための試験は 15.19.4 項で説明する．

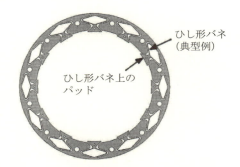

図15.59 ダイヤモンド要素よりなる12個のパッドから構成された，レンズの縁とセル内径の間の径方向固定機構．これはプロトタイプ設計に用いられた図15.58の中央リングである（Kvammeら[44]による）．

15.19.3 レンズマウントに対する解析および実験による評価

FEA解析によると，軸方向および径方向の荷重をかけた際，最悪の場合のレンズにかかる応力は約0.5 MPaであることが示された．同様の解析をダイヤモンド形状のバネと，典型的な軸方向のバネに対して実施した．各バネに対して，打ち上げ時に発生する最大応力は許容可能であることが示された．

LiFレンズに対する軸方向および径方向の設計が適切かどうかは，マウントされたレンズに対して適用可能な耐振動仕様に対する評価方法に基づき，ランダム振動試験を実施することで行われた[45]．振動前後でレンズの反射波面精度の測定を行い，顕著な変化がないことが示された．このことは，結晶格子のずれが起こっていないことの証明となった．

15.19.4 飛行モデルの設計と初期試験

2007年に，Kvammeら[46]により，改良された第2世代のLiFレンズのマウント設計が報告された．この設計は，直径94 mmのレンズが組み込まれたフライトモデルとして使用することを意図していた．これは，16個のダイヤモンド形状の径方向のバネと，16個の軸方向の片持ちバネを有していた．図15.60は径方向の拘束用リングを示しており，一方で，図15.61は一つの軸方向に対する拘束の構造を示している．

レンズを新たなマウントに組み込む途中，レンズが割れてしまった．設計を確認したところ，セルのベースプレートとダイヤモンド形状のバネを含むリングが，これらを固定するネジによってかかった力で変形していることがわかった．各ネジに

15.19 JWSTの近赤外カメラにおけるレンズマウント方法

図15.60 ダイヤモンド型要素よりなる16個のパッドから構成された,径方向固定リングのアイソメトリック図.これは第2世代設計に用いられた(Kvammeら[46]による).

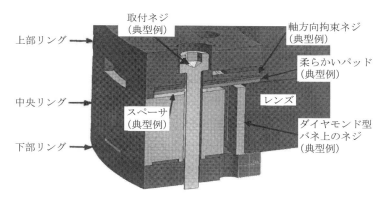

図15.61 第2世代の設計に用いられた軸方向固定機構のアイソメトリック図（Kvammeら[46]による).

おける隙間をなくしたところ,この問題は軽減した.

16本のバネ中7本のバネしか荷重を支えないと仮定してこの設計の有限要素解析を行ったところ,光学素子にかかる最大応力は約0.69 MPaであった.これはあらかじめ定められた上限の応力2 MPaに鑑みて許容可能であった.これに対応する一つのダイヤモンド形状のバネにかかる応力は357 MPaであり,これはチタンの降伏応力に対して安全率を見ても十分小さいことがわかった.

レンズマウントの設計に対する温度解析は,打ち上げ後の温度低下に集中して行われたが,この温度低下はレンズに対して温度勾配の原因となりうるものであった.このことは,レンズが熱衝撃で破壊されるのではないかと疑問視された.解析では,

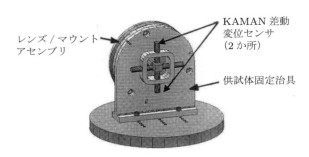

図 15.62　指定された振動を加えた際のレンズ偏芯を測定するための試験用固定具（Kvamme ら [44] による）．

最悪の場合約 1 K の温度勾配が起こることが示された．この値は，ダメージを起こすほど大きいわけではないと考えられた．300 K から 60 K までのレンズマウントの試験では何もダメージが起きず，驚くべきことに，低温ではレンズの面形状がわずかに改善された．この改善は試験後も残存したが，冷却によって，レンズがマウント内でより望ましく永久的な向きに移動したことの結果であった [47]．

　振動後および低温サイクル後にレンズの中心がずれないかの試験が行われた．試験のセットアップを図 15.62 に示す．ダミーのアルミニウム製レンズが LiF の代わりに用いられたが，これはアルミニウムが実質 LiF と等しく，よい質量上の模擬となるためである．アルミニウム製の，正方形断面の棒が，レンズ各面の中心に取り付けられた．試験中のレンズ移動を数値で測定するため，KAMAN 差動変位センサが取り付けられた．実際の 3 軸の加速度を測定するため，加速度センサが固定具に取り付けられている．試験用固定具は振動試験機に取り付けられ，特定の振動スペクトルに従って試験される．最初の試験実施中，一方向に 5 μm のレンズ移動が測定された．引き続き試験を行ったところ，レンズの位置は安定しており，それ以上の位置変化は指摘されなかった．このことは，レンズは一つのパッド上に落ち着き，追加の振動試験を行っても同じ中心位置に戻ってくることを示している．

15.19.5　長期安定性試験

　レンズマウント設計の長期間の安定性を評価するため，直径 70 mm と 94 mm のレンズが，上述したような方法で試作設計に組み込まれ，干渉計での評価が行われた．これらは数か月にわたり定期的に再試験された．面精度はこれらの試験を通じて本質的には変化なかった．

15.19.6 さらなる開発

NIRCam の工学的試験装置の機構設計，組立工程，試験とその結果についての機械工学的考察そして，オプトメカニカルな性能については，Kvamme と Jacoby により概説されている[48]．

15.20 シリコンフォームコア技術を用いたダブルアーチミラー

シリコンは非常に滑らかな光学表面を形成でき，CTE は小さく，熱伝導率は高い．これらの性質はすべて，高性能かつ温度変化に対して鈍感なミラーを作るのに望ましい．1999 年から 2005 年までの期間にわたってのシリコンフォームコア（軽量化のため，単結晶シリコンのフェースシートと CVD シリコンによる被覆とともに用いられた[49-56]）の開発について，8.6.3.6 で要約を行った．低密度シリコンフォームを利用することで，ミラー重量が減り，ダブルアーチ形状をとったとしても，従来のソリッド基板に対して剛性が顕著に向上した．現在のシリコンフォームコア技術を用いたミラーについて，特別な例をここで説明する．

図 15.63(a) において，直径 55 cm，F/1 の古典的なダブルアーチ形状で製作された放物面ミラーが示されている．Goodman と Jacoby[57] はこれを，同じ図 (b) に示した三つの部品からなる，エポキシ接着されたアセンブリであると説明している．SLMS ミラー[†]（図 (a)）はメニスカス形状で，厚みが 3.175 cm であり，中央に直径 12.7 cm の穴を有する．光学面は，表面粗さが 1 nm rms 以下であり，表面欠陥は 40/20，理想的な放物面からの形状誤差が，633 nm の波長で 0.035λ rms 以内であった．反射率は，1.315〜1.319 µm 帯，1.06〜1.08 µm 帯，633 nm でそれぞれ 99.92 %，99.00 %，90 % であった．コア材は，ソリッド材の 10〜12 % の密度であった．Si の被覆は，コア全体にわたり厚み 1.27 mm であった．

凸球面形状のミラー裏面は，対応する凹面形状の C/SiC マウントにエポキシにより接着され，厚み 8.71 cm，重量 12.5 kg のアセンブリとなる．ちなみにゼロデュア材でできた同じ寸法のソリッドミラー（図 15.64 に断面図を示す）は，重量約 20.86 kg であった．これは，ソリッドな設計と比較して，60 % の重量軽減になっ

---

† SLMS とは軽量化シリコンミラー（Silicon lightweight mirrors）のことであり，Schafer Corporation 社の登録商標である。

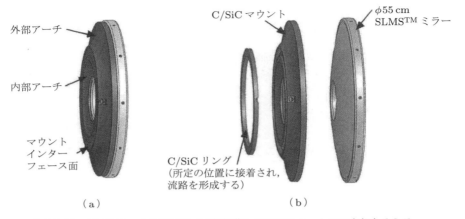

図 15.63 ダブルアーチ設計に基づく軽量化シリコンフォームコアよりなるミラー.(a)完全なアセンブリ,(b)ミラーアセンブリを構成するために接着される 3 部品(Goodman および Jacoby[57]による).

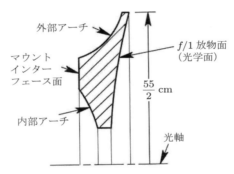

図 15.64 図 15.63(a)に示した図と同じ寸法のソリッドなダブルアーチミラーの半断面図(Goodman および Jacoby[57]による).

たことを示す.

　この軽量化ミラーの物理的特性は,高エネルギーレーザー光源からの,光を広げて向きを変えるための主鏡に用いる場合に重要である[58-61].コーティングはレーザー波長に対してとくに効率が高いが,エネルギーの一部は吸収されてミラーが温められる.このタイプのレーザーは,ビームの伝搬エリアにおいて均一な強度分布ではないため,ミラー面上での温度分布も非一様となる.図 15.65 はこのレーザーからの典型的な輪帯状のビーム強度を示している.ミラーの CTE が小さいことから,吸収された熱量の非一様な分布がミラーの光学性能に及ぼす影響は小さく,この設計はアサーマルといってよい.図 15.66(a)は,50 W のレーザーパワーで 50

15.20 シリコンフォームコア技術を用いたダブルアーチミラー　　737

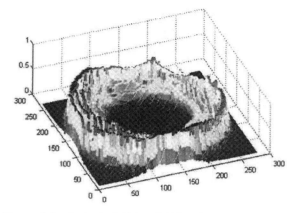

図 15.65　図 15.63(a)のミラーに入射する非対称な高エネルギーレーザービーム強度分布の 3 次元図（Goodman および Jacoby[57]による）．

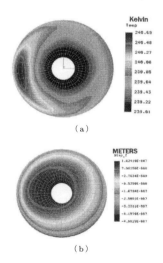

図 15.66　(a)図 15.65 に示すレーザー強度分布が入射した際のシリコンミラーに予見される温度上昇，(b)温度上昇により予見されるミラー変形形状（Goodman および Jacoby[57]による）．

秒間照射後の光学面における温度分布の理想的な予想値（つまり熱損失がない）を示したものである．図(b)は予想される面変形の p-v 値であり，一方で表 15.5 は，この面変形に対するゼルニケ係数である．ここで，ピストン，チルト，フォーカスが支配的な誤差であることに注意しておく．波長 633 nm における p-v 誤差は 0.81λ である一方，rms 誤差は同じ波長で 0.17λ である．

738　第 15 章　ハードウェア設計例

表 15.5　図 15.63(a) に示す Si/Si フォームミラーアセンブリに，図 15.65 で示すレーザー強度分布が入射した際に生じると予見される面変形量のゼルニケ成分分解（Goodman と Jacoby[57] による）.

成分	係数	成分	係数
ピストン	-3.73×10^{-2}	コマ X（5 次）	8.56×10^{-3}
チルト X	-9.80×10^{-2}	コマ Y（5 次）	3.55×10^{-3}
チルト Y	1.08×10^{-1}	トレフォイル Y（高次）	2.07×10^{-3}
フォーカス	-2.60×10^{-1}	ペンタフォイル Y	-3.19×10^{-3}
非点収差 X（3 次）	2.99×10^{-2}	ヘキサフォイル X	1.58×10^{-3}
非点収差 Y（3 次）	1.24×10^{-2}	テトラフォイル X（高次）	1.06×10^{-2}
トレフォイル X	-1.10×10^{-2}	非点収差 X（7 次）	-3.38×10^{-3}
コマ X（3 次）	2.81×10^{-2}	球面収差（5 次）	-2.98×10^{-2}
コマ Y（3 次）	9.20×10^{-3}	全液面収差値	-4.20×10^{-8}
トレフォイル Y	-1.28×10^{-3}	波面最大値（HeNe 波長）	2.37×10^{-1}
テトラフォイル X	1.11×10^{-2}	波面最小値（HeNe 波長）	-5.78×10^{-1}
非点収差 X（5 次）	-4.86×10^{-3}	波面 p-v 値（HeNe 波長）	8.15×10^{-1}
球面収差	-4.42×10^{-2}	平均波面誤差（HeNe 波長）	-2.17×10^{-2}
非点収差 Y（5 次）	-1.13×10^{-3}	点の数	3853
テトラフォイル Y	-1.13×10^{-3}	合計	-8.36×10
ペンタフォイル X	-2.72×10^{-3}	rms 波面誤差（HeNe 波長）	1.74×10^{-1}
トレフォイル X（高次）	3.04×10^{-3}	2 乗和	7.36×10^{-4}

　この新たなミラー設計における特徴は，CSiC マウント内部に熱交換マニフォルドを設ける対策である．これは，高エネルギーレーザー用途においてハードウェア性能を向上するために用いられる一方で，上記の性能予想では利用できない場合，レーザー光が当たっている間の温度上昇制御のための冷却液循環を目的とする．冷却液流路は，3 個の分割された弓型の領域に分割され，それぞれに入出力コネクタが設けられている．このマニフォルドは図 15.63 に示す SiC のリングを接合し，マウント背面における輪帯形状のへこみを形成したものである（**図 15.67** の断面図を参照）.

　機械的には，この接合で形成されたミラー-マウント-冷却液流路アセンブリは，最低次の固有振動数が約 1027 Hz であった．Peng ら[62] は，このシリコンフォームは，外乱に対する共鳴を防ぐよいダンピング特性を有していることを示した．この図 15.63(a) に示すアセンブリは，インバー製のボス（図示せず）を通じて，CSiC 製マウントのインターフェース面にエポキシで接着されている.

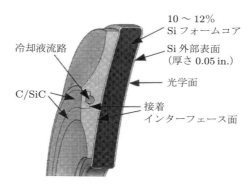

図 15.67　図 15.63 に示す Si/Si フォームよりなるミラーアセンブリの半断面図（Goodman および Jacoby [57] による）．

参考文献

[1] Palmer, T.A. and D.A. Murray, Private communication, 2001.
[2] Erickson, D.J., Johnston, R.A., and Hull, A.B., "Optimization of the optomechanical interface employing diamond machining in a concurrent engineering environment," *Proceedings of SPIE* **CR43**, 1992:329.
[3] Rhorer, R.L. and Evans, C.J., "Fabrication of optics by diamond turning," Chapter 41, in *Handbook of Optics*, 2nd ed., II, 1995.
[4] Arriola, E.W., "Diamond turning assisted fabrication of a high numerical aperture lens assembly for 157 nm microlithography," *Proceedings of SPIE* **5176**, 2003:36.
[5] Sanger, G.M., "The precision machining of optics," Chapter 6 in *Applied Optics and Optical Engineering* 10, 1987.
[6] Guyer, R.C., Evans, C.E. and Ross, B.D., "Diamond-turned optics aid alignment and assembly of a dual field infrared imaging sensor," *Proceedings of SPIE* **3430**, 1998:109.
[7] Rayces, J.L., Foster, F., and Casas, R.E., "Catadioptric system," U.S. Patent 3,547,525, 1970.
[8] *Dictionary of Science and Technology*, C. Morris, ed., Academic Press, San Diego, 1992.
[9] Cassidy, L.W., "Advanced stellar sensors - a new generation," in *Digest of Papers, AIAA/SPIE/OSA Symposium, Technology for Space Astrophysics Conference: The Next 30 Years*, American Institute of Aeronautics and Astronautics, Reston, VA, 1982:164.
[10] Bystricky, K.M., and Yoder, P.R., Jr., "Catadioptric lens with aberrations balanced with an aspheric surface," *Appl. Opt.* 24, 1983:1206.
[11] Mast, T., Faber, S.M., Wallace, V., Lewis, J., and Hilyard, D., "DEIMOS camera assembly," *Proceedings of SPIE* **3786**, 1999:499.
[12] Mast, T., Brown, W., Gilmore, K., and Pfister, T., "DEIMOS detector mosaic assembly," *Proceedings of SPIE* **3786**, 1999::493.
[13] Hilyard, D.F., Laopodis, G.K., and Faber, S.M., "Chemical reactivity testing of optical fluids and materials in the DEIMOS Spectrographic Camera for the Keck II

740 第 15 章 ハードウェア設計例

Telescope," *Proceedings of SPIE* **3786**, 1999::482.

[14] Mast, T., Choi, P.I. Cowley, D., Faber, S.M., James, E., and Shambrook, A., "Elastomeric lens mounts," *Proceedings of SPIE* **3355**, 1998::144.

[15] Trsar, W.J., Benjamin, R.J., and Casper, J.F., "Production engineering and implementation of a modular military binocular," *Opt. Eng.*, 20, 1981:201.

[16] Yoder, P.R., Jr., "Two new lightweight military binoculars," *J. Opt. Soc. Am.*, 50, 1960:491.

[17] Sheinis, A.I., Nelson, J.E., and Radovan, M.V., "Large prism mounting to minimize rotation in Cassegrain instruments," *Proceedings of SPIE* **3355**, 1998:59.

[18] Epps, H.W., and Miller, J.S., "Echellette spectrograph and imager (ESI) for Keck Observatory," *Proceedings of SPIE* **3355**, 1998:48.

[19] Sutin, B.M., "What an optical designer can do for you AFTER you get the design," *Proceedings of SPIE* **3355**, 1998:134.

[20] Radovan, M.V., Nelson, J.E., Bigelow, B.C., and Sheinis, A.I., "Design of a collimator support to provide flexure control on Cassegrain instruments," *Proceedings of SPIE* **3355**, 1998.

[21] Bigelow, B.C., and Nelson, J.E., "Determinate space-frame structure for the Keck II Echellete Spectrograph and Imager (ESI)," *Proceedings of SPIE* **3355**, 1998:164.

[22] Iraninejad, B., Lubliner, J., Mast, T., and Nelson, J., "Mirror deformations due to thermal expansion of inserts bonded to glass," *Proceedings of SPIE* **748**, 1987:206.

[23] Yoder, P.R., Jr., *Opto-Mechanical Systems Design*, 3rd ed., CRC Press, Boca Raton, 2005.

[24] Shipley, A., Green, J.C., and Andrews, J.P., "The design and mounting of the gratings for the Far Ultraviolet Spectroscopic Explorer," *Proceedings of SPIE* **2542**, 1995:185.

[25] Shipley, A., Green, J., Andrews, J., Wilkinson, E., and Osterman, S., "Final flight grating mount design for the Far Ultraviolet Spectroscopic Explorer," *Proceedings of SPIE* **3132**, 1997:98.

[26] Tiodize Process Literature, Tiodize Co., Inc., Huntington Beach, CA.

[27] Fanson, J., Fazio, G., Houck, J., Kelly, T., Rieke, G., Tenerelli, D., and Whitten, M., "The Space Infrared Telescope Facility (SIRTF), *Proceedings of SPIE* **3356**, 1998:478.

[28] Gallagher, D.B., Irace, W.R., and Werner, M.W., "Development of the Space Infrared Telescope Facility (SIRTF)," *Proceedings of SPIE* **4850**, 2003:17.

[29] Coulter, D.R., Macenka, S.A., Stier, M.T., and Paquin, R.A., "ITTT: a state-of-the-art ultra-lightweight all-Be telescope," *Proceedings of SPIE* **CR67**, 1997:277.

[30] Chaney, D., Brown, R.J., and Shelton, T., "SIRTF prototype telescope," *Proceedings of SPIE* **3785**, 1999:48.

[31] Schwenker, J.P., Brandl, B.R., Burmester, W.L., Hora, J.L., Mainzer, A.K., Quigley, P.C., and Van Cleve, J.E., "SIRTF-CTA optical performance test," *Proceedings of SPIE* **4850**, 2003:304.

[32] Schwenker, J.P., Brandl, B.R., Hoffman, W.F., Burmester, W.L., Hora, J.L., Mainzer, A.K., Mentzell, and Van Cleve, J.E., "SIRTF-CTA optical performance test results," *Proceedings of SPIE* **4850**, 2003:30.

[33] Lee, J.H., Blalock, W., Brown, R.J., Volz, S., Yarnell, T., and Hopkins, R.A., "Design and development of the SIRTF cryogenic telescope assembly (CTA)," *Proceedings of SPIE* **3435**, 1998:172.

[34] Hopkins, R.A., Finley, P.T., Schweickart, R.B., and Volz, S.M., "Cryogenic/thermal system for the SIRTF cryogenic telescope assembly," *Proceedings of SPIE* **4850**,

2003:42.

[35] Finley, P.T., Oonk, R.L., and Schweickart, R.B., "Thermal performance verification of the SIRTF cryogenic telescope assembly," *Proceedings of SPIE* **4850**, 2003:72.

[36] Mainzer, A.K., Young, E.T., Greene, T.P., Acu, J., Jamieson, T., Mora, H., Sarfati, S., and VanBezooijen, R., "The pointing calibration & reference sensor for the Space Infrared Telescope Facility, "*Proceedings of SPIE* **3356**, 1998:1095.

[37] van Bezooijen, R.W.H., "SIRTF autonomous star tracker," *Proceedings of SPIE* **4850**, 2003:108.

[38] Stubbs, D., Smith, E., Dries, L., Kvamme, T., and Barrett, S., "Compact and stable dual fiber optic refracting collimator," *Proceedings of SPIE* **5176**, 2003:192.

[39] Stubbs, D.M. and Bell, R.M., "Fiber optic collimator apparatus and method," *U.S. Patent No. 6,801,688*, 2004.

[40] Krist, J.E., Beichman, C.A., Trauger, J.T., Rieke, M.J., Someretein, S., Green, J.J., Horner, S.D., Stansberry, J.A., Shi, F., Meyer, M.R., Stapelfeldt, K.R., and Roellig, T.L., "Hunting planets and observing disks with the JWST NIRCam coronagraph," *Proceedings of SPIE* **6693**, 2007.

[41] Jamieson, T.H., "Decade wide waveband optics," *Proceedings of SPIE* **3482**, 1998:306.

[42] Kvamme, E.T., Earthman, J.C., Leviton, D.B., and Frey, B.J., "Lithium fluoride material properties as applied on the NIRCam instrument," *Proceedings of SPIE*, **59040N**, 2005.

[43] Johnson, W.G., and Gilman, J.J., "Dislocation velocities, dislocation densities, and plastic flow in lithium fluoride," *J. Appl. Phys.*, 30, Feb. 1959.

[44] Kvamme, E.T., Trevias, D., Simonson, R., and Sokolsky, L., "A low stress cryogenic mount for space-borne lithium fluoride optics," *Proceedings of SPIE* **58770T**, 2005.

[45] Goddard Environmental Vibration Specification *GEVS-SE Rev.A*, 1996.

[46] Kvamme, E.T., and Michael Jacoby, "A second generation low stress cryogenic mount for space-borne lithium fluoride optics," *Proceedings of SPIE* **669201**, 2007.

[47] Huff, L.W., Ryder, L.A., and Kvamme, E.T., "Cryo-test results of NIRCam optical elements," *Proceedings of SPIE* **6692**, 2007:6692G.

[48] Kvamme, E.T. and Jacoby, M., "Opto-mechanical testing results for the Near Infra-red camera on the James Webb Space Telescope," (To be published in *Proceedings of SPIE* **7010**, 2008).

[49] Fortini, A.J., "Open-cell silicon foam for ultralight mirrors," *Proceedings of SPIE* **3786**, 1999:440.

[50] Jacoby, M.T., Montgomery, E.E., Fortini, A.J., and Goodman, W.A., "Design, fabrication, and testing of lightweight silicon mirrors," *Proceedings of SPIE* **3786**, 1999:460.

[51] Goodman, W.A. and Jacoby, M.T., "Dimensionally stable ultra-lightweight silicon optics for both cryogenic and high-energy laser applications," *Proceedings of SPIE* **4198**, 2001:260.

[52] Jacoby, M.T., Goodman, W.A., and Content, D.A., "Results for silicon lightweight mirrors (SLMS)," *Proceedings of SPIE* **4451**, 2001:67.

[53] Goodman, W.A., Müller, C.E., Jacoby, M.T., and Wells, J.D. "Thermo-mechanical performance of precision C/SiC mounts," *Proceedings of SPIE* **4451**, 2001:468.

[54] Goodman, W.A., Jacoby, M.T., Krödel, M., and Content, D.A., "Lightweight athermal optical system using silicon lightweight mirrors (SLMS) and carbon fiber reinforced silicon carbide (Cesic) mounts," *Proceedings of SPIE* **4822**, 2002:12.

742　第 15 章　ハードウェア設計例

[55] Jacoby, M.T., Goodman, W.A., Stahl, H.P., Keys, A.S., Reily, J.C., Eng, R., Hadaway, J.B., Hogue, W.D., Kegley, J.R., Siler, R.D., Haight, H.J., Tucker, J., Wright, E.R., Carpenter, J.R., and McCracken, J.E., "Helium cryo testing of a SLMS™ (silicon lightweight mirrors) athermal optical assembly," *Proceedings of SPIE* **5180**, 2003:199.

[56] Eng, R., Carpenter, J.R., Foss, C.A., Jr., Hadaway, J.B., Haight, H.J., Hogue, W.D., Kane, D., Kegley, J.R., Stahl, H.P., and Wright, E.R., "Cryogenic performance of a lightweight silicon carbide mirror," *Proceedings of SPIE* **58680Q**, 2005.

[57] Goodman, W.A. and Jacoby, M.T., "SLMS athermal technology for high-quality wavefront control," *Proceedings of SPIE* **6666**, 2007:66660Q.

[58] Paquin, R. A., "Properties of Metals," Chapt. 35 in *Handbook of Optics*, 2nd ed., Vol. II, Optical Society of America, Washington, 1994.

[59] Jacoby, M.T. and Goodman, W.A., "Material properties of silicon and silicon carbide foams, *Proceedings of SPIE* **58680J**, 2005.

[60] Boy, J. and Krödel, M., "Cesic lightweight SiC composite for optics and structures," *Proceedings of SPIE* **586807**, 2005.

[61] Krödel, M., Cesic "Engineering material for optics and structures," *Proceedings of SPIE* **58680A**, 2005.

[62] Peng, C.Y., Levine, M., Shido, L., Jacoby, M., and Goodman, W., "Measurement of vibrational damping at cryogenic temperatures for silicon carbide foam and silicon foam materials," *Proceedings of SPIE* **586801**, 2005.

付録 A 単位の変換係数

米国慣用単位(USC)から SI 単位系への変換を容易にするため，本書において一般的に使われるいくつかの物理量に対する変換係数を列挙する．ここで挙げた係数を USC で表記された量に掛ければよい．逆方向の変換は，同じ係数で割ればよい．

■長さの変換

- インチ[in.]をメートル[m]に変換するには，0.0254 を掛ける．
- インチ[in.]をミリメートル[mm]に変換するには，25.4 を掛ける．
- インチ[in.]をナノメートル[nm]に変換するには，2.54×10^7 を掛ける．
- フィート[ft]をメートル[m]に変換するには，0.3048 を掛ける．

■質量の変換

- ポンド[lb]をキログラム[kg]に変換するには，0.4536 を掛ける．
- オンス[oz]をグラム[g]に変換するには，28.3495 を掛ける．

■力あるいは荷重の変換

- ポンド[lb]をニュートン[N]に変換するには，4.4482 を掛ける．
- キログラム[kg]をニュートン[N]に変換するには，9.8066 を掛ける．

■単位長さあたり荷重の変換

- [lb/in.]を[N/mm]に変換するには，0.1751 を掛ける．
- [lb/in.]を[N/m]に変換するには，175.1268 を掛ける．

■バネのコンプライアンスの変換

- [in./lb]を[m/N]に変換するには，5.7102×10^{-3} を掛ける．

744　付録 A　単位の変換係数

■温度あたり荷重変化の変換

- [lb/°F]を[N/℃]に変換するには，8.0068 を掛ける．

■圧力，応力，ヤング率の変換

- [lb/in.^{2}] (psi)を[Pa] (N/m^2)に変換するには，6894.757 を掛ける．
- [lb/in.^{2}] (psi)を[MPa]に変換するには，6.8948×10^{-3} を掛ける．
- [lb/in.^{2}] (psi)を[N/mm^2]に変換するには，6.8948×10^{-3} を掛ける．
- [気圧] (atm)を[MPa]に変換するには，0.1013 を掛ける．
- [気圧] (atm)を[lb/in.^{2}]に変換するには，14.7 を掛ける．
- [Torr]を[Pa]に変換するには，133.3 を掛ける．

■トルクあるいは曲げモーメントの変換

- [lb in.]を[Nm]に変換するには，0.11298 を掛ける．
- [oz in.]を[Nm]に変換するには，7.0615×10^{-3} を掛ける．
- [lb ft]を[Nm]に変換するには，1.35582 を掛ける．

■体積の変換

- [in.^{3}]を[cm^3]に変換するには，16.3871 を掛ける．

■密度の変換

- [lb/in.^{3}]を[g/cm^3]に変換するには，27.6804 を掛ける．

■加速度の変換

- 加速度単位[g]を[m/s^2]に変換するには，9.80665 を掛ける．
- [ft/sec^2]を[m/s^2]に変換するには，0.3048 を掛ける．

■温度の変換

- カ氏温度[°F]をセ氏温度[℃]に変換するには，32 を引いて 5/9 を掛ける．
- セ氏温度[℃]をカ氏温度[°F]に変換するには，9/5 を掛けて 32 を加える．
- セ氏温度[℃]を絶対温度[K]に変換するには，273.1 を加える．

材料の物理的性質

ここでは，様々な資料から得られた材料の性質について述べる．以下の内容が含まれる：

- 表 B.1　　　50 種の Schott 光学ガラスの機械的特性
- 表 B.2　　　7 種の Schott 耐放射線ガラスの機械的特性
- 表 B.3　　　代表的な光学プラスチックに関する光学・機械特性
- 表 B.4　　　アルカリ金属，アルカリ土類金属フッ化物のオプトメカニカル特性
- 表 B.5　　　IR 透過ガラスおよび酸化物のオプトメカニカル特性
- 表 B.6　　　ダイヤモンドおよび代表的な IR 透過半導体のオプトメカニカル特性
- 表 B.7　　　IR 透過カルコゲナイドのオプトメカニカル特性
- 表 B.8(a)　非金属ミラー材料の機械特性
- 表 B.8(b)　金属および複合材ミラー材料の機械特性
- 表 B.9　　　とくにミラー設計に関連する特性の数値比較
- 表 B.10(a)　ミラーに用いられるアルミニウム合金の特性
- 表 B.10(b)　一般的なアルミニウム合金の調質状態
- 表 B.10(c)　アルミニウム複合材の特性
- 表 B.10(d)　グレードごとのベリリウムとその特性
- 表 B.10(e)　主要な SiC 材料のタイプ
- 表 B.11　　金属複合材と樹脂複合材の比較
- 表 B.12　　光学機器に用いられる金属材料の機械特性
- 表 B.13　　一般的な光学接着剤の典型的特性
- 表 B.14　　代表的な構造用接着剤の典型的特性
- 表 B.15　　代表的なエラストマーシール材の典型的特性
- 表 B.16　　赤外ウインドウ材料の最小破壊強度

付録 B　材料の物理的性質

表 B.1　50 種の Schott 光学ガラスの機械的特性

ランク (参照値)	ガラス名	国際ガラスコード	ヤング率 E_G [lb/in.²]	[MPa]	ポアソン比 ν_G	線膨張係数 α_G [1/F]	[1/C]	$K_G = (1 - \nu^2)/E_G$ [in.²/lb]	[1/Pa]	密度 ρ [lb/in.³]	[g/cm³]
1 (b)	N-FK5	487704	9.00E+6	6.20E+4	0.232	5.1E-6	9.2E-6	1.05E-7	1.53E-11	0.089L	2.45L
2 (a)	K10	501564	9.44E+6	6.50E+4	0.190L	3.6E-6	6.5E-6	1.02E-7	1.48E-11	0.091	2.52
3 (a)	N-ZK7	508612	1.0E+7	7.00E+4	0214	2.5E-6L	4.5E-6L	9.54E-8	1.34E-11	0.090	2.49
4 (a)	K7	511604	1.0E+7	6.90E+4	0.214	4.7E-6	8.4E-6	9.52E-8	1.38E-11	0.091	2.53
5 (a)	N-BK7	517642	1.2E+7	8.20E+4	0.206	3.9E-6	7.1E-6	8.05E-8	1.17E-11	0.091	2.51
6 obsolete	BK7	517642	1.17E+7	8.20E+4	0.208	3.9E-6	7.1E-6	8.18E-8	1.18E-11	0.091	2.51
7 (a)	N-K5	522595	1.03E+7	7.10E+4	0.224	4.6E-6	8.2E-6	9.24E-8	1.34E-11	0.094	2.59
8 (a,b)	N-LLF6	532489	1.05E+7	7.20E+4	0.211	4.3E-6	7.7E-6	9.15E-8	1.33E-11	0.091	2.51
9 (a)	N-BaK2	540597	1.03E+7	7.10E+4	0.233	4.4E-6	8.0E-6	9.18E-8	1.33E-11	0.103	2.86
10 (a)	LLF1	548459	8.71E+6	6.00E+4	0.208	4.5E-6	8.1E-6	1.10E-7	1.59E-11	0106	2.94
11 (a)	N-PSK3	552635	1.22E+7	8.40E+4	0.226	3.4E-6	6.2E-6	7.85E-8	1.14E-11	0.105	2.91
12 (a)	N-SK11	564608	1.15E+7	7.90E+4	0.239	3.6E-6	6.5E-6	8.23E-8	1.19E-11	0.111	3.08
13 (a)	N-BAK1	573575	1.06E+7	7.30E+4	0.252	4.2E-6	7.6E-6	8.84E-8	1.28E-11	0.115	3.19
14 (a)	N-BaLF4	580538	1.12E+7	7.70E+4	0.245	3.6E-6	6.5E-6	8.42E-8	1.22E-11	0.112	3.11
15 (a)	LF5	581409	8.56E+6	5.90E+4	0.223	5.1E-6	9.1E-6	1.11E-7	1.61E-11	0.116	3.22
16 (a)	N-BaF3	583466	1.19E+7	8.20E+4	0.226	4.0E-6	7.2E-6	8.00E-8	1.16E-11	0.101	2.79
17 (a)	F5	603380	8.42E+6	5.80E+4	0.220	4.4E-6	8.0E-6	1.13E-7	1.64E-11	0.125	3.47
18 (a)	N-BaF4	606437	1.23E+7	8.50E+4	0.231	4.0E-6	7.2E-6	7.68E-8	1.11E-11	0.104	2.89
19 (a)	F4	617366	8.13E+6	5.60E+4	0.222	4.6E-6	8.3E-6	1.17E-7	1.70E-11	0.129	3.58
20 (a)	N-SSK8	618498	1.22E+7	8.40E+4	0.251	4.0E-6	7.2E-6	7.69E-8	1.12E-11	0.118	3.27
21 (a)	F2	620364	8.27E+6	5.70E+4	0.220	4.6E-6	8.2E-6	1.15E-7	1.67E-11	0.130	3.61
22 (a)	N-F2	620364	1.19E+7	8.20E+4	0.228	4.3E-6	7.8E-6	7.97E-8	1.16E-11	0.096	2.65
23 (b)	N-SK16	620603	1.29E+7	8.90E+4	0.264	3.5E-6	6.3E-6	7.21E-8	1.04E-11	0.129	3.58
24 (a)	SF2	648339	7.98E+6L	5.5E+4L	0.227	4.7E-6	8.4E-6	1.19E-7H	1.72E-11H	0.139	3.86
25 (a)	N-LaK22	651559	1.31E+7	9.00E+4	0.266	3.7E-6	6.6E-6	7.12E-8L	1.03E-11L	0.135	3.73
26 (b)	N-BaF51	652450	1.32E+7	9.19E+4	0.262	4.7E-6	8.4E-6	7.06E-8	1.03E-11	0.120	3.33

表 B.1 50 種の Schott 光学ガラスの機械的特性 （つづき）

ランク (参照値)	ガラス名	国際ガラスコード	ヤング率 E_G		ポアソン比 ν_G	線膨張係数 α_G		$K_G = (1 - \nu^2)/E_G$		密度 ρ	
			[lb/in.²]	[MPa]		[1/F]	[1/℃]	[in.²/lb]	[1/Pa]	[lb/in.³]	[g/cm³]
27 (b)	N-SSK5	658509	1.28E+7	8.80E+4	0.278	3.8E-6	6.8E-6	7.23E-8	1.05E-11	0.134	3.71
28 (a)	N-BaSF2	664360	1.22E+7	8.40E+4	0.247	3.9E-6	7.1E-6	7.71E-8	1.12E-11	0.114	3.15
29 (a)	SF5	673322	8.13E+6	5.60E+4	0.233	4.6E-6	8.2E-6	1.16E-7	1.69E-11	0.147	4.07
30 (a)	N-SF5	673322	1.26E+7	8.70E+4	0.237	4.4E-6	7.9E-6	748E-8	1.08E-11	0.103	2.86
31 (a)	N-SF8	689313	1.28E+7	8.80E+4	0.245	4.8E-6	8.6E-6	7.23E-8	7.07E-11	0.105	2.90
32 (a)	SF15	699301	8.71E+6	6.00E+4	0.235	4.4E-6	7.9E-6	1.09E-7	1.57E-11	0.147	4.06
33 (a)	N-SF15	699302	1.31E+7	9.00E+4	0.243	4.4E-6	8.0E-6	7.21E-8	1.04E-11	0.105	2.92
34 (a)	SF1	717295	8.13E+6	5.60E+4	0.232	4.5E-6	8.1E-6	1.16E-7	1.69E-11	0.161	4.46
35 (a)	N-SF1	717296	1.31E+7	9.00E+4	0.250	5.1E-6	9.1E-6	7.18E-8	1.04E-11	0.109	3.03
36 (b)	N-LaF3	717480	1.39E+7	9.60E+4	0.286	4.2E-6	7.6E-6	6.66E-8	9.66E-12	0.150	4.14
37 (a)	SF10	728284	9.29E+6	6.40E+4	0.232	4.2E-6	7.5E-6	1.02E-7	1.48E-11	0.155	4.28
38 (a)	N-SF10	728285	1.26E+7	8.70E+4	0.252	5.2E-6	9.4E-6	7.42E-8	1.08E-11	0.110	3.05
39 (b)	N-LaF2	744449	1.39E+7	9.60E+4	0.288H	4.5E-6	8.1E-6	6.73E-8	9.76E-12	0.155	4.30
40 (b)	LaFN7	750350	1.16E+7	8.00E+4	0.280	2.9E-6	5.3E-6	7.94E-8	1.15E-11	0.158	4.38

表 B.1　50種のSchott光学ガラスの機械的特性（つづき）

ランク (参照値)	ガラス名	国際ガラスコード	ヤング率 E_G		ポアソン比 ν_G	線膨張係数 α_G		$K_G = (1-\nu^2)/E_G$		密度 ρ	
			[lb/in.²]	[MPa]		[1/F]	[1/C]	[in.²/lb]	[1/Pa]	[lb/in.³]	[g/cm³]
41 (b)	N-LaF7	749348	1.39E+7	9.60E+4	0.271	4.0E-6	7.3E-6	6.65E-8	9.65E-12	0.135	3.73
42 (b)	SF4	755276	8.13E+6	5.60E+4	0.241	4.4E-6	8.0E-6	1.15E-7	1.68E-11	0.173	4.79
43 (b)	N-SF4	755274	1.31E+7	9.00E+4	0.256	5.3E-6H	9.5E-6H	7.16E-8	1.04E-11	0.114	3.15
44 (a)	SF14	762265	9.44E+6	6.50E+4	0.231	3.7E-6	6.6E-6	1.00E-7	1.45E-11	0.164	4.54
45 (a)	SF11	785258	9.58E+6	6.60E+4	0.235	3.4E-6	6.1E-6	9.87E-8	1.43E-11	0.170	4.74
46 (a)	SF56A	785261	8.27E+6	5.70E+4	0.239	4.4e-6	7.9E-6	1.14E-7	1.65E-11	0.178	4.92
47 (a)	N-SF56	785261	1.32E-7	9.10E+4	0.255	4.8E-6	8.7E-6	7.08E-8	1.03E-11	0118	3.28
48 (a)	SF6	805254	7.98E+6L	5.50E+4L	0.244	4.5E-6	8.1E-6	1.18E-7	1.71E-11	0.187H	5.18H
49 (a)	N-SF6	805254	1.35E+7	9.30E+4	0.262	5.0E-6	9.0E-6	6.90E-8	1.00E-11	0.122	3.37
50 (a)	LaSFN9	850322	1.60E+7H	1.10E+5H	0.286	4.1E-6	7.4E-6	5.76E-8	8.35E-12	0.160	4.44
比(高/低)			1.75		1.51	2.12		2.07		2.11	2.12

ガラス選択は以下の文献による：(a) Walker, B.H., *The Photonics Design and Applications Handbook*, Lauren Publishing, Pittsfield, 1993: H-356; and (b) Zhang, S. and Shannon, R.R., *Opt. Eng.* 34, 1995: 3536

表 B.2　7種の Schott 耐放射線ガラスの機械的特性

ランク (参照値)	ガラス名	国際ガラスコード	n_d	ν_d	ヤング率 E_G		ポアソン比 ν_G	線膨張係数 α_G		密度 ρ	
					[lb/in.²]	[MPa]		[1/°F]	[1/°C]	[lb/in.³]	[g/cm³]
1	BK7G18	520636	1.51975	63.58	1.19E7	8.2E4	0.204	3.9E-6	7.0E-6	0.091	2.52
2	LF5G19	597399	1.59655	39.89	8.12E6	5.6E4	0.242	5.9E-6	10.7E-6	0.108	3.30
3	LF5G15	584408	1.58397	40.83	8.70E6	6.0E4	0223	5.1E-6	9.1E-6	0.105	3.23
4	K5G20	523568	1.52344	56.76	9.86E6	6.8E4	0.222	5.0E-6	9.0E-6	0.084	2.59
5	LAK9G15	691548	1.69064	54.78	1.58E7	10.9E4	0.284	3.5E-6	6.3E-6	0.112	3.43
6	F2G12	621366	1.62072	36.56	8.41E6	5.8E4	0.220	4.5E-6	8.1E-6	0.117	3.60
7	SF6G05	809253	1.80906	25.28	7.98E6	5.5E4	0.244	4.3E-6	7.8E-6	0.169	5.20

耐放射線ガラスデータシート (Schott North America 社) より

表 B.3 代表的な光学プラスチックに関する光学・機械特性

名称	n_d	CTE [×10⁻⁵/℃]	密度 [g/cm³]	最大使用可能温度 [℃]	熱伝導率 [cal/(sec·cm·℃ × 10⁻⁵)]	24 時間での吸水率 [%]
ポリメチルメタクリレート	1.4918	6.0	1.18	85	4-6	0.3
ポリスチレン	1.5905	6.4-67	1.05	80	2.4-3.3	0.03
メチルメタクリレートとスチレンのコポリマー	1.564	5.6	1.13	85	4.5	0.15
ポリメチルメタクリレート	1.5674	6.4	1.07	75	28	0.28
スチレンアクリロントリル	1.5855	6.7	1.25	120	4.7	0.2-0.3
ポリメチルペンテン (PMP)		11.7	0.835	115	4.0	0.01
ポリアミド (ナイロン)		8.2	1.185	80	5.1-5.8	1.5-3.0
ポリアリレート		6.3	1.21		7.1	0.26
ポリスルホン		2.5	1.24	160	2.8	0.1-0.6
CR39	1.504		1.32	100	4.9	
ポリエーテルサルホン		5.5	1.37	200	3.2-4.4	
PCTFE		4.7	2.2	200	6.2	

Lytle, J.D., "Polymeric Optics", Chapter 34 in *OSA Handbook of Optics II*, 2nd ed., McGraw-Hill, New York, 1995 より.

表 B.4　アルカリ金属、アルカリ土類金属フッ化物のオプトメカニカル特性

物質名(記号)	屈折率 (波長λはμm単位)	(dn/dT)相対 (波長λはμm単位) & 20 to 40C [×10⁻⁶/°C]	CTE α [×10⁻¹⁰/°C]	ヤング率 E [×10⁴ MPa]	ポアソン比 v_G	密度 ρ [g/cm³]	ヌープ硬さ	$K_G = (1 - v_G^2)/E_G (\times 10^{-5})$ [1/MPa]
フッ化バリウム (BaF₂)	1.463 @ 0.63 1.458 @ 3.8 1.449 @ 5.3 1.396 @ 10.6	−16.0 @ 0.63	6.7 @ 75K	5.32	0.343	4.89	82 (500 g load)	1.659
蛍石 (CaF₂)*	1.4679 @ 0.248 1.4317 @ 0.706 1.4285 @ 1.060 1.411 @ 3.8 1.395 @ 5.3	−10.4 @ 1.060	18.4	7.6	0.260	3.18	158	1.227
臭化カリウム (KBr)	1.555 @ 0.6 1.537 @ 2.7 1.529 @ 8.7 1.515 @ 14	−41.9 @ 1.15 −41.1 @ 10.6	25.0 @ 75K	2.69	0.203	2.75	7 (200 g load)	3.564
塩化カリウム (KCl)	1.474 @ 2.7 1.472 @ 3.8 1.469 @ 5.3 1.454 @ 10.6	−36.2 @ 1.15 −34.8 @ 10.6	36.5	2.97	0.216	1.98	7.2 (200 g load)	3.210
フッ化リチウム (LiF)	1.394 @ 05 1.367 @ 3.0 1.327 @ 5.0	−16.0 @ 0.46 −16.9 @ 1.15 −14.5 @ 3.39	5.5 @ 77K 7@20C	6.48	0.225	2.63	102-113 (600 g load)	1.465

表 B.4 アルカリ金属、アルカリ土類金属フッ化物のオプトメカニカル特性 (つづき)

物質名（記号）	屈折率（波長λは μm 単位）	(dn/dT)相対（波長λは μm 単位）& 20 to 40℃ [×10⁻⁶/℃]	CTE α [×10⁻¹⁰/℃]	ヤング率 E [×10⁴ MPa]	ポアソン比 ν_G	密度 ρ [g/cm³]	ヌープ硬さ	$K_G = (1 - \nu_G^2)/E_G(\times 10^{-5})$ [1/MPa]
フッ化マグネシウム (MgF₂)	1.384 @ 0.40** 1.356 @ 3.80** 1.333 @ 5.30**	+0.88 @ 1.15	14.0 (∥) 8.9 (⊥)	16.9	0.269	3.18	415	0.549
塩化ナトリウム (NaCl)	1.525 @ 2.7 1.522 @ 3.8 1.517 @ 5.3	−36.3 @ 3.39	39.6	4.01	0.28	2.16	15.2 (200 g load)	2.298
KRSS	2.602 @ 0.6 2.446 @ 1.0 2.369 @ 10.6 2.289 @ 30	−254 @ 0.6 −240 @ 1.1 −233 @ 10.6 −152 @ 40	58	1.58	0.369	7.37	40.2 (200 g load)	5.467

* この値は、Schott 社 Lithotec-CaF₂ カタログより（マイクロリソグラフィ光学系用の CaF₂）.

** 複屈折性材料。○は常光線を意味する。

出典：P.R. Yoder, Jr., *Opto-Mechanical Systems Design*, 3rd ed., CRC Press, Boca Raton, 2005; W.J. Tropf, M.E. Thomas, and T.J. Harris, "Properties of crystals and glasses," Chapt. 33 in *OSA Handbook of Optics*, 2nd ed., Vol. II, McGraw-Hill, New York, 1995.

表 B.5　IR 透過ガラスおよび酸化物のオプトメカニカル特性

物質名 (記号)	屈折率 (波長 λ は μm 単位)	$(dn/dT)_{相対}$ (波長 λ は μm 単位) & 20 to 40C [$\times 10^{-6}$/°C]	CTE α [$\times 10^{-10}$ /°C]	ヤング率 E [$\times 10^4$ MPa]	ポアソン比 ν_G	密度 ρ [g/cm³]	ヌープ硬さ	$K_G = (1 - \nu_G^2)/E_G (\times 10^{-5})$ [1/MPa]
酸窒化アルミニウム (ALON)	1.801 @ 0.5 1.779 @ 1.0 1.761 @ 2.0 1.653 @ 5.0		5.65 30-200°C	32.3	0.24	3.69	1850 (200g load)	0.292
サファイヤ (Al₂O₃)*	1.684 @ 3.8 1.586 @ 5.8	13.7	5.6 (∥) 5.0 (⊥)	40.0	0.27	3.97	1370 (1000g load)	0.232
合成石英 (コーニング 7940)	1.561 @ 0.193 1.460 @ 0.55 1.433 @ 2.3 1.412 @ 3.3	10-11.2 @ 73K 0.58 @ 273-473K	-0.6 @ 73K 0.58 @ 273-473K	7.3	0.17	2.202	500 (200g load)	1.333

* 複屈折性材料

出典：P.R. Yoder, Jr., *Opto-Mechanical Systems Design*, 3rd ed., CRC Press, Boca Raton, 2005; W.J. Tropf, M.E. Thomas, and T.J. Harris, "Properties of Crystals and Glasses," Chapt. 33 in *OSA Handbook of Optics*, 2nd ed., Vol. II, McGraw-Hill, New York, 1995.

754　付録 B　材料の物理的性質

表 B.6　ダイヤモンドおよび代表的な IR 透過半導体のオプトメカニカル特性

物質名（記号）	屈折率（波長λは μm 単位）	(dn/dT)相対（波長λは μm 単位）& 20 to 40℃ [×10⁻⁶/℃]	CTE α [×10⁻¹⁰/℃]	ヤング率 E [×10⁴ MPa]	ポアソン比 ν_G	密度 ρ [g/cm³]	ヌープ硬さ	$K_G = (1-\nu_G{}^2)/E_G$ (×10⁻⁵) [1/MPa]
ダイヤモンド(C)	2.382 @ 2.5 2.381 @ 50 2.381 @ 10.6		-0.1 @ 25K 0.8 @ 293K 5.8 @ 1600K	114.3	0.069 (CVD)	3.51	9000	0.094
アンチモン化インジウム(InSb)	3.99 @ 8.0	4.7	4.9	4.3		5.78	225	
ガリウムヒ素(GaAs)	3.1 @ 10.6	1.5	5.7	8.29	0.31	5.32	721	1.090
ゲルマニウム(Ge)	4.055 @ 2.7 4.026 @ 3.8 4.015 @ 5.3 4.00 @ 10.6	424 @ 250-350K	2.3 @ 100K 5.0 @ 200K 6.0 @ 300K	10.37	0.278	5.323	800	0.890
シリコン(Si)	3.436 @ 2.7 3.427 @ 3.8 3.422 @ 5.3 3.148 @ 10.6	130	2.7-3.1	13.1	0.279	2.329	1150	0.704

出典：P.R. Yoder, Jr., *Opto-Mechanical Systems Design*, 3rd ed., CRC Press, Boca Raton, 2005; P.M. Amirtharaj and D.G. Seiler, "Optical Properties of Semiconductors," Chapt. 36 in OSA *Handbook of Optics*, 2nd ed., Vol. II, McGraw-Hill, New York, 1995.

表 B.7 IR 透過カルコゲナイドのオプトメカニカル特性

物質名(記号)	屈折率 (波長λは μm単位)	(dn/dT)相対 (波長λは μm単位) & 20 to 40C $[\times 10^{-6}/{}^\circ\text{C}]$	CTE α $[\times 10^{-6}/{}^\circ\text{C}]$	ヤング率 E $[\times 10^4\,\text{MPa}]$	ポアソン比 ν_G	密度 ρ $[\text{g/cm}^3]$	ヌープ硬さ	$K_G =$ $(1-\nu_G{}^2)/$ $E_G(\times 10^{-5})$ $[1/\text{MPa}]$
三硫化ヒ素 (As_2S_3)	2.521 @ 0.8 2.412 @ 3.8 2.407 @ 5.0	85 @ 0.6 17 @ 1.0	26.1	1.58	0.295	3.43	180	5.778
$Ge_{33}As_{12}Se_{55}$ (AMTIR-1)	2.605 @ 1.0 2.503 @ 10.0	101 @ 1.0 72 @ 10.0	12.0	2.2	0.266	4.4	170	4.224
硫化亜鉛 (ジンクサル ファイド, ZnS)	2.36 @ 0.6 2.257 @ 3.0 2.246 @ 5.0 2.192 @ 10.6	63.5 @ 0.63 49.8 @ 1.15 46.3 @ 10.6	4.6	7.45	0.29	4.08	230	1.229
ジンクセレン (ZnSe)	2.61 @ 0.6 2.438 @ 3.0 2.429 @ 5.0 2.403 @ 10.6	91.1 @ 0.63 59.7 @ 1.15 52.0 @ 10.6	5.6 @ 163K 7.1 @ 273K 8.3 @ 473K	7.03	0.28	5.27	105	1.311

出典：P.R. Yoder, Jr., *Opto-Mechanical Systems Design*, 3rd ed., CRC Press, Boca Raton, 2005; W.J. Tropf, M.E. Thomas, and T.J. Harris, "Properties of Crystals and Glasses," Chapt. 33 in *OSA Handbook of Optics*, 2nd ed., Vol. II, McGraw-Hill, New York, 1995.

表 B.8(a)　非金属ミラー材料の機械特性

材料名 (記号)	製造者	CTE α [$\times 10^{-6}$/°C] ([$\times 10^{-6}$/°F])	ヤング率 E [$\times 10^4$ MPa] ([$\times 10^6$ lb/in.²])	ポアソン比 ν	密度 ρ [g/cm³] ([lb/in.³])	比熱容量 C_P [J/kg·K] ([Btu/ lb·°F])	熱伝導率 k [Btu/hr·ft·°F]	ヌープ硬さ [kg/mm²]	最良面粗さ (Å)
Duran 50	Schott	3.2 (1.8)	6.17 (8.9)	0.20	2.23 (0.081)	835 (0.20)	1.02 (0.59)		
Pyrex 7740	Corning	3.3 (1.86)	6.30 (9.1)	0.2	2.23 (0.081)	1050 (0.25)	1.13 (0.65)		~5
ホウケイ酸クラウン E6	Ohara	2.8 (1.5)	5.86 (8.5)	0.195	2.18 (0.079)				~5
合成石英	Corning or Heraeus	0.58 (0.32)	7.3 (10.6)	0.17	2.205 (0.080)	741 (0.177)	1.37 (0.8)	500	~5
ULE 7971	Corning	0.015 (0.008)	6.76 (9.8)	0.17	2.205 (0.080)	766 (183)	1.31 (0.76)	460	~5
Zerodur	Schott	0 ± 0.05 (0 ± 0.03)	9.06 (13.6)	0.24	2.53 (0.091)	821 (0.196)	1.64 (0.95)	630	~5
Zerodur M	Schott	0 ± 0.05 (0 ± 0.03)	8.9 (12.9)	0.25	2.57 (0.093)	810 (0.194)	1.6 (0.92)	540	~5

出典は製造者データシートおよび以下の文献による：W.P. Barnes, Jr., "Optical Materials - Reflective," Chapt. 4 in *Applied Optics and Optical Engineering*, VII, Academic Press, New York; R.A. Paquin, "Materials Properties and Fabrication for Stable Optical Systems," *SPIE Short Course Notes SC219*, Bellingham, 2001.

表 B.8(b)　金属および複合材ミラー材料の機械特性

材料名（記号）	CTE α [×10⁻⁶℃] ([×10⁻⁶/℉])	ヤング率 E [×10⁴MPa] ([×10⁶ lb/in.²])	ポアソン比 ν	密度 ρ [g/cm³] ([lb/in.³])	比熱容量 C_P [J/kg·K] ([Btu/lb·℉])	熱伝導率 k [Btu/hr·ft·℉]	ヌープ硬さ [kg/mm²]	最良面粗さ (Å)
アルミ合金 A6061-T6	23.6 (13.1)	6.82 (9.9)	0.332	2.68 (0.100)	960 (0.23)	167 (96)	30-95 Brinell	~200
ベリリウム I-70A	11.3 (6.3)	28.9 (42)		0.08 (0.067)	1820 (0.436)	194 (112)		60-80*
ベリリウム O-30H	11.46 (6.37)	30.3 (44)	0.08	1.85 (0.067)	1820 (0.436)	215-365* (125-211)	80 Rockwell B	15-25
無酸素銅**	16.7 (9.3)	11.7 (17)	0.35	8.94 (0.323)	385 (0.092)	392 (226)	40 Rockwell F	40
モリブデン合金 TZM	5.0 (2.8)	31.8 (46)	0.32	10.2 (0.368)	272 (0.065)	146 (84.5)	200 Vickers	10
シリコンカーバイド RB-30% Si	2.64 (1.47)	31.0 (45)		2.92 (0.106)	660 (0.16)			
シリコンカーバイド RB-12% Si	2.68 (1.49)	37.3 (54.1)		3.11 (0.112)	680 (0.16)	147 (85)		
シリコンカーバイド CVD	2.4 (1.3)	46.6 (67.6)	0.21	3.21 (0.116)	700 (0.17)	146 (84)	2540 Knoop (500g load)	
SXA metal matrix of 30% SiC in 2124 Al***	12.4 (6.9)	11.7 (17)		2.90 (0.105)	770 (0.18)	130 (75)		
グラファイト エポキシ	0.02 (0.01)	9.3 (13.5)		1.78 (0.064)		35 (20)		

* スパッタ、** 無酸素銅、SiC 平均粒子径は 3.5 μm (Composite Material 社)
出典：Manufacturer's data; W.P. Barnes, Jr., "Optical materials -Reflective," Chapt. 4 in *Applied Optics and Optical Engineering*, VII, Academic Press, New York; R.A. Paquin, "Materials Properties and Fabrication for Stable Optical Systems," *SPIE Short Course Notes SC219*, Bellingham, 2001.

表 B.9　とくにミラー設計に関連する特性の数値比較

材料	荷重と自重変形に関連する特性因子				熱変形特性	
	$(E/\rho)^{1/2}$ 同じ形状・寸法での共振周波数	ρ/E 同じ形状・寸法での変形質量	ρ^3/E 同じ質量での変形量	$(\rho^3/E)^{1/2}$ 同じ変形量のための質量	熱伝導度（定常状態）	熱拡散係数（遷移状態）
望ましい値	大	小	小	小	小	小
パイレックス	5.3	3.53	1.76	0.420	2.92	5.08
Ohara E6	5.2	3.72	1.71	0.420		
合成石英	5.7	3.04	1.46	0.382	0.36	0.59
ULE	5.5	3.30	1.59	0.401	0.02	0.04
ゼロデュア	6.0	2.78	1.78	0.422	0.03	0.07
ゼロデュア M	5.9	2.89	1.91	0.437	0.03	
Al 6061	5.0	3.97	2.90	0.538	0.13	0.33
Al Metal matrix*	6.3	2.49	2.11	0.459	0.10	0.22
Be I-70H/I-220H	12.5	0.64	0.22	0.149	0.05	0.20
Cu, OFHC	3.6	7.64	61.1	2.471	0.53	0.14
Glidcop™	3.8	6.80	53.1	2.305	0.05	0.17
36 インバー	4.2	5.71	37.0	1.924	0.10	0.38
スーパーインバー	4.3	5.49	36.3	1.906	0.03	0.12
モリブデン	5.6	3.15	32.8	1.812	0.04	0.09
シリコン	7.5	1.78	0.97	0.311	0.02	0.03
SiC: HP alpha	11.9	0.70	0.72	0.268	0.02	0.03
SiC: CVD beta	12.0	0.69	0.71	0.267	0.02	0.03
SiC: RB-30% Si	10.7	0.88	0.73	0.270	0.01	0.03
SUS 304	4.9	4.15	26.5	1.629	0.91	3.68
SUS 416	5.2	3.63	22.1	1.486	0.34	1.23
チタン合金 6Al-4V	5.1	3.89	7.63	0.873	1.21	3.03

* 30% SiC. 出典：P.R. Yoder, Jr., *Opto-Mechanical Systems Design*, 3rd ed., CRC Press, Boca Raton, 2005; R.A. Paquin, "Materials properties and fabrication for stable optical systems." *SPIE Short Course Notes SC219*, Bellingham, 2001.

表 B.10(a)　ミラーに用いられるアルミニウム合金の特性

合金タイプ	形態	硬化処理	注記
A1100	鍛造	不可	純アルミ，低強度，SPDT 可
A2014/2024	鍛造	可	高強度，高延性，マルチフェース，メッキが必要
A5086/5486[†1]	鍛造	不可	アニール後に適度な硬度，溶接可能，大きな板材として加工可能
A6061	鍛造	可	低合金（合金元素の総量が 5 質量%以下の合金），汎用，適度な硬度，溶接可能，SPDT 可，メッキ可，すべての材料形態供給可
A7075	鍛造	可	最高強度，通常はメッキされる，ほかの合金より温度に対する強度の感度が高い
B201	鋳造	可	砂あるいは金型による鋳造，高強度，SPDT 可
A356/357	鋳造	可	砂あるいは金型による鋳造，適度な強度，最も一般的な形態，寸法安定性のためには圧延加工を行う
713/Tenzalloy[†2]	鋳造	可	砂あるいは金型による鋳造，適度な強度
771（慣例で 71A）	鋳造	可	砂型による鋳造，適度な強度，高い安定性，高価な鋳造工程が必要，最も機械加工が容易

†1 （訳注）日本では入手不可能．
†2 （訳注）JIS では AC4C

760 付録 B 材料の物理的性質

表 B.10(b) 一般的なアルミニウム合金の調質状態

記号	説明
F	製造したままの状態. 熱条件のコントロールあるいはひずみ硬化現象も特段適用されていない冷間加工, 熱間加工あるいは鋳物加工により加工.
O	アニールされた状態. アニールされた最低強度の鍛造品, あるいは延性と寸法安定性向上のためのアニールされた鋳造品に適用.
H	ひずみ硬化処理 (鍛造品のみ). 追加の熱処理有無にかかわらず, ひずみ硬化処理の行われた製品に適用される.
W	熱処理. 固溶化熱処理後, 室温で自然時効する合金にのみ適用される不安定な調質である.
T	F, O, H 以外の安定した調質状態を作り出すための熱処理. 追加の熱処理有無にかかわらず熱処理された製品に適用される. この調質あるいは複数の数字の後に続く

出典：Adapted from Boyer, H.E. and Gall, T.L., Eds., Metals Handbook-Desk Edition, Am. Soc. for Metals, Metals Park, OH, 1985

表 B.10(c)　アルミニウム複合材の特性

特性	装置用グレード	光学用グレード	構造用グレード
マトリックス合金	6061-T6	2124-T6	2021-T6
SiC の体積パーセント	40	30	20
SiC 形態	粒子状	粒子状	ウィスカー状
CTE[×10^{-6}/K]	10.7	12.4	14.8
熱伝導率[W/m・K]	127	123	not available
ヤング率[MPa]	145	117	127
密度[g/cm^3]	2.91	2.91	2.86

出典：W. R. Mohn and D. Vukobratovich, "Recent applications of metal matrix composites in precision instruments and optical systems." *Opt. Eng.* 27, 1988: 90.

表 B.10(d)　グレードごとのベリリウムとその特性

特性	O-50	I-70-H	I-220-H	I-250	S-200-H	O-30-H
酸化ベリリウムの最大含有率 [%]	0.5	0.7	2.2	2.5	1.5	
粒子サイズ[μm]	15	10	8	2.5	1.5	7.7
2%降伏応力[MPa]	172	207	345	544	296	295-300
微降伏応力[%]	10	21	41	97	34	24-25
伸び[%]	3.0	3.0	2.0	3.0	3.0	3.5-3.6

出典：R.A. Paquin, "Metal mirrors," Chapt. 4 in *Handbook of Optomechanical Engineering*, CRC Press, Boca Raton, 1997; Brush Wellman, Inc., Elmore, OH; and T. Parsonage, *private communication*.

表 B.10(e)　主要な SiC 材料のタイプ

SiC のタイプ	構造・成分	密度(%)	製造プロセス	特性	注記
熱間プレス	>98% α+ほか	>98	熱した型で粉体をプレス	高い E, ρ, k_{LC} MOR, 比較的低い k	単軸形状のみ、サイズが限定
熱間静圧プレス	>98% α/β+ほか	>99	閉じたプリフォームに熱した高圧ガスを注入	高い E, ρ, k_{LC} MOR, 比較的低い k	複雑な形状可能、サイズは設備で制限
化学気相成長	100% β	100	熱した心棒に気相成長	高い E, ρ, k, 比較的低い MOR, k_{LC}	薄いシェルまたは板材、積み上げ形状可能
反応焼結	50~92% α+シリコン	100	鋳物を作り、あらかじめ成型する。ポーラス状のプリフォームにシリコンを浸透させる	比較的低い E, ρ, k, MOR, 最も低い k_{LC}	最初から複雑な形状が可能、大きなサイズ、特性はシリコン成分に依存

注：MOR は破壊弾性係数（modulus of rupture）

出典：R. A. Paquin, "Materials properties and fabrication for stable optical systems," *SPIE Short Course Notes*, SC219, 2001.

表 B.11　金属複合材と樹脂複合材の比較

〈金属複合材〉

材料	利点	欠点	典型的な用途
SiC/Al （不連続な SiC 粒子）	等方的 蓄積されたデータ 同質量の場合、アルミニウム合金と比較して 1.5 倍の剛性	大部分は溶接不可 機械加工可能だが、ツール摩耗が激しい 従来のアルミニウム合金に比べて低延性	トラス接手 ブラケット ミラーおよび光学ベンチ
B/Al （連続したホウ素繊維）	重量と比較して高強度 低 CTE	非等方性 航空宇宙用の実績が少ない 高価	トラス部材

〈樹脂複合材〉

材料	利点	欠点	典型的な用途
アラミド/エポキシ （たとえば、ケブラー あるいは Spectra fiber とエポキシ複合材）	衝撃に強い グラファイトエポキシと比較して低密度 重量と比較して高強度	吸湿 アウトガス 低圧縮強度 負の CTE	太陽電池アレイの構造体 レーダードームカバー
カーボンエポキシ （高強度炭素繊維）	重量と比較して非常に高強度 重量と比較して高剛性 低 CTE 航空宇宙用実績	アウトガス（複合材による） 吸湿（複合材による）	トラス部材 サンドイッチパネルのフェースシート 光学ベンチ
グラファイトエポキシ （高剛性繊維）	重量と比較して非常に高剛性 重量と比較して高強度 低 CTE 高熱伝導性	圧縮強度が低い 小さな歪みでも破壊に至る 吸湿 アウトガス（複合材による）	トラス部材 サンドイッチパネルのフェースシート 光学ベンチ モノコック構造の円筒
ガラスエポキシ （連続したガラス繊維）	低電気伝導性 製造プロセスが確立	グラファイトエポキシに比べて高密度 グラファイトエポキシに比べて低い強度と剛性	プリント基板 レーダードーム

出　典：Jaratm, 7.Y., Heymans, K.J., Wendt, R.G., Jr., and Sabin, R.V., "Conceptual Design of Structures," Chapter 15 in Spacecraft Structures and Mechanisms, Sarafin, T.P., ed., Microcosm Inc, Torrance and Kluwer Academic Publishers, Boston, 1995: 507 より）

付録 B　材料の物理的性質

表 B.12　光学機器に用いられる金属材料の機械特性

材料	CTE α [$\times 10^{-6}$/°C] ([$\times 10^{-6}$/°F])	ヤング率 E [$\times 10^4$ MPa] ([$\times 10^6$ lb/in.²])	降伏応力 S_Y [$\times 10$ MPa] ([$\times 10^3$ lb/in.²])	ポアソン比 ν_M	密度 ρ [g/cm³] ([lb/in.³])	熱伝導率 k [W/m·K] ([Btu/hr·ft·°F])	硬度	$K_M = \dfrac{(1-\nu_M^2)}{E_M}$ ($\times 10^{-11}$ m²/N) [$\times 10^{-8}$ in.²/N]
アルミニウム合金 A1100	23.6 (13.1)	6.89 (10.0)	3.4-15.2 (5-22)		2.71 (0.098)	218-221 (126-128)	23-24 Brinell	
アルミニウム合金 A2024	22.9 (12.7)	7.31 (10.6)	7.6-39.3 (11-57)	0.33	2.77 (0.100)	119-190 (69-110)	47-130 Brinell	1.22 (8.41)
アルミニウム合金 A6061	23.6 (13.1)	6.82 (9.9)	5.5-27.6 (8-38)	0.332	2.68 (0.097)	167 (96.5)	30-95 Brinell	1.30 (8.99)
アルミニウム合金 A7075	23.4 (13.0)	7.17 (10.4)	10.3-50.3 (15-73)		2.79 (0.101)	142-176 (82-102)	60-150 Brinell	
アルミニウム合金 A356	21.4 (11.9)	7.17 (10.4)	17.2-20.7 (25-30)		2.68 (0.097)	150-168 (87-97)	60-70 Brinell	
ベリリウム S-200	11.5 (6.4)	27.6-30.3 (40-44)	20.7 (30)		1.85 (0.067)	220 (127)	80-90 Rockwell B	
ベリリウム I-400	11.5 (6.4)	27.6-30.3 (40-44)	34.5 (50)	0.08	1.85 (0.067)	220 (127)	100 Rockwell B	3.28 (2.37)
ベリリウム I-70A	11.3 (6.3)	28.9 (42)		0.08	1.85 (0.067)	194 (112)		3.28 (2.37)
ベリリウム O-30H	11.46 (6.37)	30.3 (44)		0.08	1.85 (0.067)	215 (125)	80 Rockwell B	3.28 (2.27)
無酸素銅	16.9 (9.4)	11.7 (17)	6.9-36.5 (10-53)	0.343	8.94 (0.323)	391 (226)	10-60 Rockwell B	7.54 (5.16)
ベリリウム銅 (BeCu)	17.8 (9.9)	12.7 (18.5)	107-134 (155-195)	0.285	8.25 (0.295)	107-130 (62-75)	27-42 Rockwell C	7.23 (4.97)
真鍮 (C3604)	20.5 (11.4)	9.65 (14.0)	12.4-35.9 (18-52)	0.32	8.50 (0.307)	116 (67)	62-80 Rockwell B	9.30 (6.41)

表 B.12　光学機器に用いられる金属材料の機械特性（つづき）

材料	CTE α [×10⁻⁶/°C] ([×10⁻⁶/°F])	ヤング率 E [×10⁴ MPa] ([×10⁶ lb/in.²])	降伏応力 S_Y [×10 MPa] ([×10³ lb/in.²])	ポアソン比 ν_M	密度 ρ [g/cm³] ([lb/in.³])	熱伝導率 k [W/m·K] ([Btu/hr·ft·°F])	硬度	$K_M = (1-\nu_M^2)/E_M$ (×10⁻¹¹ m²/N) [×10⁻⁸ in.²/N]
銅260	20.0 (11.1)	11.0 (16)	7.6-44.8 (11-65)		8.52 (0.308)	121 (970)	55-93 Rockwell B	
36 インバー	1.26 (0.7)	14.1 (2.4)	27.6-41.4 (40-60)	0.259	8.05 (0.291)	10.4 (6.0)	160 Brinell	0.662 (4.57)
スーパーインバー	0.31 (0.17)	14.8 (21.5)	30.3 (44)	0.29	8.13 (0.294)	10.5 (6.1)	160 Brinell	0.629 (4.34)
マグネシウム合金 AZ-31B-H24	25.2 (14)	4.48 (6.5)	14.5-25.5 (21-37)	0.35	1.77 (0.064)	97 (56)	73 Brinell	1.95 (13.5)
マグネシウム合金 M1A	25.2 (14)	4.48 (6.5)	12.4-17.9 (19-26)		1.77 (0.064)	138 (79.8)	42-54 Brinell	
SUS304	14.7 (8.2)	19.3 (28)	51.7-103 (75-150)	0.27	8.0 (0.29)	16.2 (9.4)	83 Rockwell B 42 Rockwell C	0.48 (3.31)
SUS416	9.9 (5.5)	20.0 (29)	82.7-106 (120-154)	0.283	7.8 (0.28)	24.9 (14.4)	83 Rockwell B 42 Rockwell C	0.46 (3.17)
チタン合金 6Al-4V	8.8 (4.9)	11.4 (16.5)		0.34	4.43 (0.16)	7.3 (4.2)	36-39 Rockwell C	0.79 (5.47)
CESiC®	2.6 @ 330K (1.4 @ 68°F) <0.5 @ <90K	23.5 (34.1)			2.65 (0.095)	~135 (~77)		

出典：R.A. Paquin, "Materials properties and fabrication for stable optical systems," *SPIE Short Course SC219*, 2001; Muller, C., Papenburg, U., Goodman, W.A., and Jacoby, M., *Proceedings of SPIE 4198*, 2001:249; T. Parsonage, *private communication*, 2004.

表 B.13　一般的な光学接着剤の典型的特性

キュア(硬化)後の屈折率	1.48 to 1.55 @ 25°C
CTE α	
@ 27～100°C	$\sim63\times10^{-6}$ /°C (35×10^{-6} /°F)
@ 100～200°C	$\sim56\times10^{-6}$ /°C ($\sim31\times10^{-6}$ /°F)
せん断弾性率	~386 MPa ($\sim5.6 \times 10^{4}$ lb/in.^{2})
ヤング率	$\sim1.1 \times10^{3}$ MPa ($\sim1.6\times10^{5}$ lb/in.^{2})
ポアソン比	~0.43
キュア(硬化)中収縮	$\sim4\%$
粘度(硬化前)	275 to 320 cP
密度	~1.22 g/cm^3 (~0.044 lb/in.^{3})
硬度(硬化後)	~85 (Shore D)
真空中のトータルマスロス(TML)(アウトガス)	$<3\%$

表 B.14 代表的な構造用接着剤の典型的特性

材料 (メーカーコード)*	推奨硬化時間	硬化剤粘度 [cP]	せん断強度 [MPa] ([lb/in.²])@℃	可使温度範囲 [℃] ([°F])	CTE α [×10⁻⁶/℃] ([1×10⁻⁶/°F])	接合厚さ [mm] ([in.])	ヤング率 E [MPa] ([lb/in.²])	ポアソン比 ν
One-part epoxies								
2214 Regular Gray (3M)	60 min @ 121	Thixotropic paste (aluminum filled)	20.7 (3000) @ -55 31.0 (4500) @ 24 31.0 (4500) @ 82 10.3 (1500) @ 121 2.7 (400) @ 177	-53 to 121 (-63 to 250)	49 (27) @ 0 to 80℃		~5170 (~7.5×10⁵)	
Two-part epoxies								
Milbond 1:1 wt. mix ratio (SO)	3 hr @ 71 7 day @ 25		17.7 (2561) @ -50 14.5 (2100) @ 25 2.3 (1070) @ 70	-54 to 70 (-65 to 158)	62 @ -54 to 20 (72 @ 20 to 70)	0.381 ± 0.025 (0.01 ±0.001)	592 (85,900) @ -50℃ 158 (23,000) @ 20℃	
2216 B/A Gray 2:3 vol. mix ratio (3M)	30 min @ 93 2 hr @ 66 7 day @ 24	~80,000	13.8 (2000) @ -50 17.2 (2500) @ 24 2.3 (400) @ 82 1.3 (200) @ 121	-55 to 150 (-67 to 302)	102 (57) @ 0 to 40℃ 134 (74) @ 40 to 80 ℃	0.102 ± 0.025 (0.004 ± 0.001)	~6.9×10⁴ (~1.0×10⁵)	~0.43
2216 B/A Translucent 1:1 vol. mix ratio (3M)	60 min @ 93 4 hr @ 66 30 day @ 24	~10,000	20.7 (3000) @ -55 13.8 (2000) @ 24 1.4 (200) @ 82 0.7 (100) @ 121	-55 to 150 (-67 to 302)	81 (45) @ -50 to 0℃ 207 (115) @ 60 to 150 ℃	0.102 ±0.025 (0.004±0.001)	~6.9×10⁴ (~1.0×10⁵)	~0.43

表 B.14 代表的な構造用接着剤の典型的特性（つづき）

材料（メーカーコード）*	推奨硬化時間	硬化剤粘度 [cP]	せん断強度 [MPa] ([lb/in.²])@℃	可使温度範囲 [℃] ([℉])	CTE α [×10⁻⁶℃] ([×10⁻⁶℉])	接合厚さ [mm] ([in.])	ヤング率 E [MPa] ([lb/in.²])	ポアソン比 ν
Urethanes								
3532 B/A Brown 1:1 vol. mix ratio (3M)	24 hr @ 24	30,000	13.8 (2000)@ -40 13.8 (2000)@24 2.1 (300) @ 82		~0.127 (~0.005)			
U-05FL off-white 2:1 vol. mix ratio (L)	24 hr @25 & 50% RH		5.2 (7.5) @ 25			0.076 to 0.229 (0.003 to 0.009)		
UV Curing								
349 Single component (L)	UV cure @ 100 mW/m² Fix: <8 sec @ ~0 gap Full: 36 sec @ 0.25 gap	~9500	11.0 (1600)	-54 to 130 -65 to 266	80 (44)	<0.35 (<0.014)		
OP-30 Single-component low stress (DY)	UV cure @200 mW/cm² 10 to 30 sec	400	5.2 (750)	<150 (<302)	111 (62) @ 125℃		17.2 (2500)	
OP-60-LS Single component <0.1% shrinkage (DY)	UV cure @<300 mW/cm² 5 to 30 sec	80,000	31.7 (4600)	-45 to 180 (-50 to 350)	27 (15) @ < 50℃ 66 (37) @ > 50℃		6900 (1.0×10⁶)	
Cyanoacrylates								
460 (L)	Fix: 1 min @ 22 Full: 24 hr @ 22 @ 50% RH	45	11.7 (1700)		80 (44)	Very small		

* メーカーコード：(3M) は 3M，(SO) は Summers Optical，(DY) は Dymax，(L) は Loctite のこと．

付録 B　材料の物理的性質　　769

表 B.15　代表的なエラストマーシール材の典型的特性

材料（メーカーコード）*	推奨硬化時間	硬化剤粘度 [P]**	硬化後ショアA硬さ	可使温度範囲 [℃]（[℉]）	25℃、3日後の収縮 [%]	揮発物または TML[%] after hrs@℃	CTEα [×10^{-6}/℃]（[×10^{-6}/℉]）	引張強度 [MPa]（[lb/in.²]）
一液式シリコーン剤								
732 (DC)	24 hr @ 25 & 50% RH (0.125 bead)	320 g/min 0.125 in. orifice @ 90 lb/in.² air pressure	25	-60 to 177 (-76 to 350) continuous <204 (400) intermittent		acetic acid		2.2 (325)
RTV112 (GE)	24 hr @ 25 for 3 mm thickness	200	25	<204 (400) continuous <260 (500) intermittent	1.0	acetic acid	270 (150)	2.2 (325)
二液式シリコーン剤								
93-500 10:1 wt. mix ratio (DC)	7 day @ 77% 50% RH		40	-65 to 200 (-85 to 392)	nil	0.16 @ 24 hr @ 125 & <10^{-6} Torr	300 (167)	
RTV88 200:1 wt.mix ratio*** (GE)	24 hr @ 25 & 50% RH	8800	58	-54 to 260 (-65 to 500) continuous <316 (600) intermittent	0.6	methanol	210 (111)	5.7 (830)

表 B.15 代表的なエラストマーシール材の典型的特性 （つづき）

材料（メーカーコード）*	推奨硬化時間	硬化剤粘度 [P]**	硬化後ショア A 硬さ	可使温度範囲 [℃]（[℉]）	25℃、3日後の収縮 [%]	揮発物または TML[%] after hrs@℃	CTE α [×10⁻⁶/℃]（[×10⁻⁶/℉]）	引張強度 [MPa]（[lb/in.²]）
RTV560 200:1 wt. mix ratio (GE)	24 hr @ 25 & 50% RH	300	55	−115 to 260 (−175 to 500)	1.0		200 (110)	4.8 (690)
RV8111 ~33:1 wt. mix ratio (GE)	<72 hr @ 25 & 50% RH	99	45	−54 to 204 (−65 to 400)	1.0	methanol	250 (140)	24 (350)
ほかの製品								
EC801B/A polysulfide (3M)	tack free: <72 hr @ 25 full cure: 1 wk @ 25	viscous liquid	>35 to 60 (40 Rex)	−54 to 82 (−65 to 180)				

* メーカーコード：(DC) は Dow Corning, (GE) は General Electric, (3M) は 3M Corp. ** ポアズ (Poise). *** Vacuum de-aerate before use.

表 B.16 赤外ウィンドウ材料の最小破壊強度*

材料	S_F [MPa]	S_F [lb/in.²]
フッ化マグネシウム（単結晶）	142	20,500
フッ化マグネシウム（多結晶）	67	97,100
サファイア（単結晶）	300	43,500
硫化亜鉛（ジンクサルファイド）	100	14,500
ダイヤモンド（CVD）	100	14,500
ALON	600**	87,020**
シリコン	120	17,400
蛍石	100	14,500
ゲルマニウム	90	13,000
合成石英	60	8700
ジンクセレン	50	7250

* ここでの値は、面の仕上げ、製造方法、材料純度、試験方法、試験片サイズによる。
出典：D. Harris, *Materials for Windows and Domes, Properties and Performance*, SPIE Press. Bellingham, WA. 1999.
** 以下との個人的なやり取りで更新された値：D. Harris, U.S. Naval Warfare Center, 2008.

付録 C ネジ式押さえ環のトルクと保持力の関係

ネジ式押さえ環は傾斜のある面を移動する物体として振る舞う．図 C.1 はこの幾何学的関係と物体にはたらく力を示す．ここでは，Boothroyd と Poli の[1]文献の第 10 章に従って近似式を導出する．

水平方向の力の釣り合いは，$F = \mu N \cos\phi - N \sin\phi = 0$ である．ここで，μ は摩擦係数である．

N についてこれを解くと

$$N = \frac{F}{\mu \cos\phi + \sin\phi} \tag{C.1}$$

を得る．

垂直方向の力のつり合いは，$P + \mu N \sin\phi - N \cos\phi = 0$ である．

N についてこれを解くと

$$N = \frac{P}{-\mu \sin\phi + \cos\phi} \tag{C.2}$$

を得る．式(C.1)と式(C.2)を等しいとおき，F について解くと

$$F = \frac{P(\sin\phi + \mu \cos\phi)}{\cos\phi - \mu \sin\phi}$$

これを $\cos\phi$ で割って

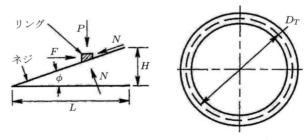

図 C.1

$$F = \frac{P\left(\tan\phi + \mu\right)}{1 - \mu\tan\phi}$$

ここで，H をネジピッチ，L をネジの周長，そして D_T をネジのピッチ円直径（PCD）とすると，$\tan\phi = H/L = H/\pi D_T$ が成り立つので，

$$F = \frac{\dfrac{PH}{\pi D_T}}{\dfrac{1 - \mu H}{\pi D_T}}$$

となり，押さえ環にかかるトルクは

$$Q = F\frac{\dfrac{PD_T}{2}\left(H + \pi\mu D_T\right)}{\pi D_T - \mu H}$$

となる．ネジ山の半角を γ とすると，これらは互いにくい込み，摩擦を $1/\cos\gamma = \sec\gamma$ の係数で増大させる．この係数は $60°$ のネジでは，1.155 である．よって

$$Q = P\frac{D_T}{2} = \frac{\left(H + \pi\mu D_T\right)\times 1.155}{\pi D_T - \mu H \times 1.155}$$

ここで，$H \ll D_T$ なので，これは十分無視できて，

$$Q = P\frac{D_T}{2} = \frac{\pi\mu D_T \times 1.155}{\pi D_T} = \frac{1.155 PD_T\mu}{2} = 0.577 PD_T\mu$$

となる．しかしながら，もう一つ考慮しなければならない項がある．それは，押さえ環とレンズの間の摩擦により説明する項であり，その大きさは $Q_L = P\mu_G y_C$ である．この項を最初の項に加え，y_C を $D_T/2$ で近似する．その結果以下を得る．

$$Q = 0.577 PD_T\mu_M + P\frac{\mu_G D_T}{2} = PD_T(0.577\mu_M + 0.5\,\mu_G)$$

よって

$$P = \frac{Q}{D_T(0.577\mu_M + 0.5\mu_G)} \tag{C.3}$$

となる．

　傾斜のついたアルマイト面に対してアルマイト面をゆっくり滑らせたときの摩擦係数 μ_M を測定すると約 0.19 である．同様に BK7 ガラスをアルマイト面に対して滑らせて測定を行うと μ_G は約 0.15 である．これを式（C.3）に代入することで，以下を得る．

$$P = 5.42 \frac{Q}{D_T} \tag{C.4}$$

Vukobratovich[2]，Kowalski[3]，そして Yoder[4]は，この式を通常次のように書けると述べている．

$$P = 5 \frac{Q}{D_T} \tag{C.5}$$

式(C.4)と式(C.5)との相関は8%以内である．実際の状況下での摩擦係数がこの精度で正確にわかっているかどうかは疑わしい．

参考文献

[1] Boothroyd, G., and Poli, C., *Applied Engineering Mechanics*, Marcel Dekker, New York, 1980.

[2] Vukobratovich, D., "Introduction to optomechanical design," in *SPIE Short Course Notes* SC-014, 1993.

[3] Kowalskie, B.J., "A user's guide to designing and mounting lenses and mirrors," *Digest of Papers, OSA Workshop on Optical Fabrication and Testing, North Falmouth, MA*, Optical Society of America, Washington, 1980: 98.

[4] Yoder, P.R., Jr., *Opto-Mechanical Systems Design* 3rd ed., CRC Press, Boca Raton, 2005.

付録 D 過酷環境下での光学素子および光学機器の試験方法要約†

1 冷却，加熱，および湿度試験

試験チャンバ内において，以下の方法および条件が規定されている．

- 方法 10（冷却試験）
  温度 0～-65℃の範囲で，10 段階の厳しさのうち 1 段階を 16 時間行う．
- 方法 11（乾燥条件下での加熱試験）
  温度 10～63℃，相対湿度 40％未満の範囲で，4 段階の厳しさのうち 1 段階を 16 時間行う．温度 70℃あるいは 85℃，相対湿度 40％未満で 6 時間の条件で 2 回の追加試験を行ってもよい．
- 方法 12（高湿下での加熱試験）
  温度 40℃，相対湿度 92％で，5 段階の厳しさのうち 1 段階を 16 時間から 56 日間行う．温度 55℃，相対湿度 40％未満で 6 時間あるいは 16 時間の条件で 2 回の追加試験を行ってもよい．
- 方法 13（結露試験）
  温度 40℃，相対湿度約 100％で，5 段階の厳しさのうち 1 段階を 16 時間から 16 日間行う．
- 方法 14（緩慢な温度サイクル試験）
  高温 40℃～低温-65℃から高温 85℃～低温-65℃の間の 9 段階の厳しさ，（温度変化レート 0.2～2℃/分）のうち 1 段階を 5 サイクル行う．
- 方法 15（急速な温度サイクル，熱衝撃試験）
  5 段階の厳しさ（高温 20℃～低温-10℃から高温 10℃～低温-65℃の間の 5 段階の厳しさ，10 kg 以内の装置に対しては 20 秒，それ以上の装置に対しては 10 分）のうち 1 段階を 5 サイクル行う．極端な温度においては安定するまでその状態に留めておく．

---

† 付録 D の内容は ISO9022 による．

776   付録 D   過酷環境下での光学素子および光学機器の試験方法要約

● 方法 16（高湿温度サイクル試験）

3 段階の厳しさ（低温 23℃，相対湿度 82％から高温 40℃，相対湿度 92％，とくに相対湿度が定められていない場合は，低温 23℃〜高温 70℃）のうち 1 段階を 5〜20 サイクル行う．

2   機械的な応力試験

衝撃試験機，加速度印加装置，あるいは電気力学的加速装置における大気環境下の試験条件が以下のように規定されている．

● 方法 30（衝撃試験）

加速度 10〜500 G，周期 0.5〜18 msec の半正弦波形状の加速度の範囲で 8 段階の厳しさのうち 1 段階を，各方向に 3 回加える．

● 方法 31（振動試験）

加速度 10〜40 G，周期 6〜18 msec の半正弦波形状の加速度の範囲で 8 段階の厳しさのうち 1 段階を，各方向に 1000〜4000 回加える．

● 方法 32（落下転倒試験）

高さ 25〜100 mm の落下の範囲で 3 段階の厳しさのうち 1 段階を，各コーナーに対して行い，それに加えて各エッジ周りの転倒を行う．

● 方法 33（自由落下試験）

試料の質量に応じて 25〜1000 mm の範囲の高さから 2〜50 回，運送用の箱あるいは保護なし（そのように設計されている場合）で落下させる．

● 方法 34（跳ね返り試験）

15〜180 分の間で 3 段階の厳しさのうち 1 段階を，振動試験機において振幅 25.5 mm，周波数 4.75 Hz の振動を加える．

● 方法 35（静的加速試験）

5〜20 G の間で 3 段階の厳しさのうち 1 段階を，各方向に対して 1〜2 分加える．

● 方法 36（周波数を正弦波形状に掃引する振動試験）

以下に示す範囲の内で 10 段階の厳しさのうち，1 段階を用いる．

振幅 0.035〜1 mm，加速度 0.5〜5 G，加速度変化 1 octave/min，
最低周波数範囲 10〜55 Hz（船，重量物，一般工業用）

最高周波数範囲 10〜2000 Hz（航空機あるいはミサイル）

この試験は，3 段階の厳しさ（10〜90 分）のうち 1 段階において，周波数掃引試験あるいはあらかじめ規定された固有振動数での加速度試験を，各軸に対して行った後に続けて実施してもよい.

● 方法 37（ランダム振動試験）

20〜2000 Hz の周波数範囲のランダム振動で，パワースペクトル密度 0.001〜0.2 g^2/Hz の範囲の 26 段階の厳しさのうち 1 段階を，9〜90 分加える.

3　食塩水噴霧試験

光学機器が塩分を含んだ大気に晒される場合，用いられる部品あるいは材料の代表的なサンプルについての試験が必要である. 装置の完成品試験は例外的な場合のみである. 試験は，実際の食塩水の暴露に対して信頼に足る模擬的な試験とは考えられていないが，適切かそうでないかの指針にはなる. 方法 40 が以下のように定められている.

試験チャンバ内の容量は少なくとも 400 L であり，試験中は 30℃ に温められていなくてはならない. 試料に対して噴霧が衝撃的に直接当たることや，試料上に結露が垂れるのを防ぐ対策が必要である. 真空によりプラスチック製のノズルを通じて，あらかじめ決められた 1 時間あたりレートの 5% 食塩水が噴霧される. 内容物は高純度である必要があり，溶液の pH は制御されていなくてはならない. 7 段階の厳しさのうちから 1 段階の試験を，2 時間から 8 日の間隔で実施する.

4　低温低気圧試験

方法 50 では，加熱されない航空機・ミサイルに搭載される機器，あるいは，山頂において運用または輸送される機器が晒される条件を模擬するため，低圧チャンバ（結露および霜が下りる場合，およびそれらがない場合の両方）内で試験される装置が規定されている. 高度 3500 m に対応する条件−25℃，気圧 60 kPa から，高度 31000 m に対応する条件 65℃，気圧 1 kPa までの 8 段階の厳しさのうち 1 段階の試験を 4 時間行う条件が定められている.

5 塵埃暴露試験

方法52に規定されたこの試験では，駆動部品の機能を損なう，あるいは光学面の許容できない摩耗の原因となる，吹き付けられるほこりに対する試料の耐久性を評価する．とくに規定されていない場合，光学面は暴露試験中カバーで覆われている．このほこりは，少なくとも純度97％のSiO₂でできた鋭いエッジをもつ粒子である．粒子径は0.045～0.1 mmであり，大部分（90％）は0.071 mmより小さい．

6～34時間の暴露，速度8～10 m/sの空気に，1 m³あたり5～15 gの砂を含むという範囲で3段階の厳しさが規定されている．温度は18～28℃で相対湿度は25％より小さく保たれる．

6 滴下，雨滴試験

試験チャンバに対して以下の条件が規定されている．

● 方法72（滴下試験）

カルシウムあるいは塩分を除いた水滴を，0.35 mmの穴の開いた板から試料に対し，1 m以上の高さで滴下する．試料は試験チャンバ内で回転させられる．暴露時間1～30分間，雨量1.5～5.5 mm/minの範囲で，9段階の厳しさが規定されている．

● 方法73（一定の強さの雨）

回転する試料に対して，雨量5～20 mm/minで，時間10～30分の雨を模擬するため，試験チャンバ内にシャワーヘッドが準備される．

● 方法74（横なぐりの雨）

試料に向いた風による横なぐりの雨を模擬するため，速度8～33 m/sの範囲で6段階の厳しさが規定されている．暴露時間は10～30分である．雨量は2～10 mm/minの範囲とされる．

7 高圧，低圧，浸漬試験

以下の試験方法が規定されている．

付録 D　過酷環境下での光学素子および光学機器の試験方法要約　779

● 方法 80（内部高圧）

13 段階のうち 1 段階の厳しさの試験を 10 分間行う．条件は 100 Pa または 400 Pa の圧力差で，内圧が 75% 低下（最も緩い条件）から 2% 低下（最も厳しい条件）の範囲と規定されている．

● 方法 81（内部低圧）

試料に対する外界が高圧である条件を除き，上記試験と同一条件である．

● 方法 82（浸漬試験）

試料を 1〜400 m 水中に 2 時間沈める．

8　太陽放射

方法 20 では，太陽のエネルギーを表す 6 波長で定められたエネルギーレベル（W/m²）で試料を照らすことのできる試験チャンバにおける試験が規定されている．もしオゾンが生じるようなら，これを取り除く必要がある．2 段階の厳しさ（1 kWh/m²，24 時間サイクルを 1〜5 回，チャンバ温度は 25〜55℃ まで変化，相対湿度は 25% 未満）により試料を照射する．代表的な試料に対しては，より長い時間（240 時間）の二つの追加試験が行われるが，これは，光化学作用の影響と，人工的なエージングの効果を評価するためである．

9　正弦波振動と乾燥高温あるいは乾燥低温試験の同時試験

以下の試験方法が規定されている．

● 方法 61（正弦波振動と乾燥高温の同時試験）

40〜63℃（相対湿度 40% 未満）の範囲での 3 段階の試験チャンバ温度，0.035〜1 mm の間の振幅，0.5〜5 G の加速度，周波数掃引レート 1 octave/ 分，周波数（最低）10〜55 Hz，（最高）10〜2000 Hz の範囲で，13 段階の厳しさが規定されている．この試験に続いて，10〜30 分の間で 3 段階の厳しさが規定された各軸方向の固有振動数（周波数掃引試験で確定される）における振動試験を行ってもよい．

● 方法 62（正弦波振動と冷却の同時試験）

冷却 −10〜−65℃，相対湿度 40% 未満の範囲において，方法 61 で定められ

780　付録 D　過酷環境下での光学素子および光学機器の試験方法要約

た振幅，加速度，周波数と同じ条件で 17 段階の厳しさが規定されている．適用可能な仕様に対してはこの試験に続いて，10～30 分の間で 3 段階の厳しさが規定された各軸方向の固有振動数（周波数掃引試験で確定される）における振動試験を行ってもよい．どの厳しさの試験を選択するかについては，天文用，工業用，地上車両用，船舶用あるいは，航空機，ミサイル，特定用途といった観点からの指針が与えられている．

10　カビの成長試験

　方法 85 では，代表的な試料（マウントされた光学素子，材料，コート面など）を 28～84 日間，温度 29℃，高湿に保たれた閉鎖チャンバ内で放置することが規定されている．完成品の試験はとくに規定された場合のみ行う．試験において，主要な 10 種類のカビの胞子を植え付けることが要求されている．滅菌された帯状のフィルタ紙にカビを植え付け，試験試料に並べてチャンバ内に配置する．試験が有効であるか確認するには，チャンバ内で 7 日後に，フィルタ紙にカビの成長が見えていなくてはならない．試験の結論を出すにあたり，すべての試料にカビの成長と物理的ダメージ（コートに対するダメージ，面の腐食）があるかどうかの確認を行う．もし光学性能に対するダメージの可能性を試験することが規定されているなら，コントロール群は，同じ期間，同じ温度，同じ湿度でカビのない条件に晒される必要がある．試験の結果を出すにあたり，これらはカビを植え付けたサンプルと比較される．

　ここで，一連の環境試験が結果に影響を及ぼす可能性があることに言及しておく．カビ成長試験は，塩水噴霧試験やほこりへの暴露試験の後に続いて行うべきではない．塩分はカビの成長を抑制するし，ほこりはカビのための栄養素となりうるためである．

11　腐食試験

　代表的なサンプルを，周囲環境における規定された物質を十分にしみこませたフェルトパッドを接触したマウントされた光学素子，材料サンプル，あるいはコート面として準備する．完成品の試験は，とくに規定されている場合のみ行う．試験後の評価は，目視できない性能劣化から，構造上の重大な損傷までの 5 段階の損傷

付録 D　過酷環境下での光学素子および光学機器の試験方法要約　　781

レベルに分類されている．基本的な試験は以下のとおりである．

- 方法 86（基礎化粧品の物質と人工的な手汗）

　　パラフィンオイル，グリセリン，ワセリン，ラノリン（保湿油），コールド
クリーム，そして人工的な手汗に 1〜30 日晒し，その後検査を行う．

- 方法 87（実験室の化学物質）

　　硫酸塩，硝酸塩，塩酸塩，酢酸，そして水酸化ナトリウムなどの様々な化学
物質を水で希釈し，10〜120 分晒す．同様に，エタノール，アセトン，キシレ
ンに 5〜60 分晒す．その後検査を行う．

- 方法 88（製造工場の原材料）

　　油圧オイル，合成油，冷却潤滑剤，そして汎用の洗剤に 2〜16 時間晒し，
その後検査を行う．

- 方法 89（航空機および船舶燃料，オイル）

　　ガソリン，燃料油，潤滑油，油圧オイル，ブレーキフルード，防氷剤，凍結
防止剤，消火剤，洗剤，アルカリ，そして酸性バッテリー液などのうち，規定
された物質に接触させ，その後検査を行う．

12　衝撃試験，揺動試験，自由落下試験と，乾燥条件下での温度試験の組み合わせ

高温あるいは低温条件下で，衝撃試験機，加速試験機あるいは電気力学的な揺動
試験機による試験を行う方法が以下に規定されている．

- 方法 64（高温乾燥下での衝撃試験）

　　各 3 方向に対して，加速度 15〜500 G，周期 1〜11 msec にわたる半正弦波
として規定された 15 段階の厳しさの衝撃のうち 1 段階を，40〜85℃の範囲の
4 段階，相対湿度 40％未満で行う．

- 方法 65（高温乾燥下での揺動試験）

　　1000〜4000 回の各方向に向いた，加速度 15〜500 G にわたる周期 6 msec
の半正弦波として規定された 8 段階の厳しさの衝撃のうち 1 段階を，43〜
63℃の範囲の 3 段階，相対湿度 40％未満で行う．

- 方法 66（低温乾燥下での衝撃試験）

各 3 方向に対して，加速度 15〜500 G，周期 1〜11 msec にわたる半正弦波として規定された 25 段階の厳しさの衝撃のうち 1 段階を，−10〜−65℃の範囲の 6 段階，相対湿度 40％未満で行う．

● 方法 67（高温乾燥下での揺動試験）

1000〜4000 回の各方向に向いた，加速度 10〜25 G にわたる周期 6 msec の半正弦波として規定された 14 段階の厳しさの衝撃のうち 1 段階を，−10〜−65℃の範囲の 6 段階，相対湿度 40％未満で行う．

● 方法 68（高温乾燥下での自由落下試験）

輸送コンテナ，あるいはそのように設計されている場合は，保護されていない状態 100〜1000 mm までの質量に応じて定められた高さから，2〜50 回の落下試験を行う．40〜85℃の間の 3 段階の温度，相対湿度 40％未満が適用される．

● 方法 69（低温下での自由落下試験）

輸送コンテナ，あるいはそのように設計されている場合は，保護されていない状態 100〜1000 mm までの質量に応じて定められた高さから，2〜50 回の落下試験を行う．−25〜60℃間の 3 段階の温度，相対湿度 40％未満が適用される．

13 結露，霜，氷結試験

結露（方法 75），霜（方法 76）あるいは氷結（方法 77）は，チャンバ内の急速な温度変化，あるいは冷えたチャンバから室温に急速に試料を移動した場合に起こる結果である．装置部品は，この試験の間，霜あるいは氷から保護されている必要がある．各試験は三つのステップで行われる．

① 10〜−25℃の範囲で定められた 5 段階のうち 1 段階で，温度を安定させる．
② 温度が安定するまで 30℃，相対湿度 85％に晒す（結露させる），あるいは氷の厚みが 75 mm に達するまで−5〜−25℃で霧を吹きかける（氷を形成する）．
③ 30℃，相対湿度 85％に晒し安定させる．

索　引

■人　名

Addis　142
Adler　583
Ahmad　126, 128
Altenhof　443
Altman　132
Arriola　436, 680
Ashby　367
Ashton　184
Avizonis　196

Babish　494
Bacich　127, 128, 566
Barho　364
Barkhauser　655
Barnes　450, 663
Bauer　133
Baustian　485, 498
Bayer　116, 117, 148, 149, 541, 610
Beckmann　302
Benfold　553
Betensky　173
Bigelow　713
Bolker　170
Boothroyd　772
Born　465
Bowen　499
Brewster　269
Bridges　402, 403, 404
Brockway　138
Bruning　129
Bystricky　695

Carman　449
Carnell　560, 561
Cayrel　363
Chen　665, 668, 669, 674
Chivens　170, 480, 485
Cho　333
Cole　489
Colquhoun　430
Content　368

Cottis　210
Cox　22
Crompton　588

Dahlgren　428
Day　471
Delgado　104, 600
DeVany　38
Doyle　484, 585, 586
Draper　473
Dryden　517
Dunn　205
Durie　275

Edlen　619
Edwards　348
Eliason　573
Engelhaupt　8, 38, 325
Epps　712
Erickson　436, 456, 680
Eshbach　13
Evans　426, 428, 680

Facey　618
Field　207
Finley　721
Fischer　36, 629
Ford　623
Fortini　351, 352
Franza　497
Friedman　626, 627
Fuller　209, 584, 585

Genberg　118, 296, 636
Gerchman　428, 429, 431, 432, 452
Geyl　363
Ginsberg　33
Goodier　579, 586
Goodman　350, 354, 735
Gould　362
Guyer　685

Hadjimichael 368
Hagan 402, 403, 404
Hall 487, 494
Hallinan 104, 600
Harris 203, 204, 207, 209, 215, 583
Hart 647, 649
Hatheway 477, 478, 479, 636, 659
Haycock 194
Heil 558
Herbert 118
Hibbard 450, 452
Hilyard 702
Hindle 421
Hobbs 344
Høg 412
Holmes 196
Hookman 383
Hopkins 116, 137, 314, 549, 550, 721
Hsu 656
Huse 126, 128

Iraninejad 503, 505, 716

Jacob 32
Jacobs 84
Jacoby 350, 352, 353, 354, 735
Jamieson 620, 660, 661, 662

Kahan 585, 586
Kampe 629
Karow 38, 52
Kaspereit 230
Katlin 449
Kimmel 25, 57, 588
Kingslake 215, 269
Klein 196
Kowalski 774
Krim 526
Kuhn 546
Kvamme 730, 732, 735

Laikin 22
Lecuyer 633
Lee 721, 722
Lipshutz 273
Lloyd-Hart 517
Loomis 196
Lower 574
Lyons 368, 401

Lytle 132

Mainzer 724
Malacara 38
Malvick 468, 471, 474, 476, 477, 478, 479, 480, 485
Mammini 394
Marechal 465
Mast 701, 703
McAdam 573, 574
McCarthy 618
McCay 13
McClelland 368
McLain 429
Mihora 583
Miller 119, 122, 712
Mischke 390
Mohn 367
Montagnino 490
Moon 451
Morrison 454, 456
Mrus 396
Murray 155, 687

Nelson 665, 668, 669, 674, 713
Nord 138
Nunn 170

Ogloza 429
Otter 471

Palmer 155, 196, 687
Paquin 20, 30, 32, 325, 351, 362, 452
Parks 18, 25, 36, 57, 430, 546, 588
Patrick 396
Paul 577
Pearson 471, 477, 478, 479, 480, 485, 517
Penndorf 620
Pepi 209, 584, 585
Pickles 207
Plummer 36, 133
Poli 772
Pollard 366
Povey 622, 623

Radovan 713
Rayleigh 465
Rhorer 426, 428, 680
Richard 123, 125, 150, 474, 476, 480

Rigby 494
Roark 97, 98, 101, 102, 210, 282, 388, 417, 579, 586, 588, 590, 593, 610, 612
Robachevskaya 325
Rodkevich 325
Ruda 574

Saito 426
Sanger 430
Sawyer 588
Schubert 322
Schwesinger 461, 462, 464, 471, 472, 474
Scott 160
Shannon 22
Sheinis 712
Shingy 390
Simmons 426
Simons 355
Singer 426
Smith 33, 224, 230, 537
Sonders 13
Sparks 210
Stachiw 205
Stanghellini 364
Steel 128
Steinberg 8
Stepp 517
Stevanovic 647, 649
Stoll 585
Stone 366
Strong 63, 384
Stubbs 656, 725
Sunne 215, 218
Sure 555, 558
Sutin 712

Tadic-Galeb 36

Valente 123, 150
Voedodsky 347
Vukobratovich 9, 125, 152, 162, 209, 210, 367, 368, 384, 394, 414, 419, 428, 449, 450, 451, 465, 469, 474, 476, 480, 481, 622, 664, 665, 774

Walker 22
Weibul 584
Weilder 196
Wellham 173

Westort 139
Whitehead 426
Willey 33, 36
Williamson 570, 571
Wilson 497, 572, 574
Wolf 465

Yoder 19, 41, 403, 595, 596, 606, 632, 636, 695, 774
Young 588, 640

Zaniewski 368
Zhang 22

■英 数
1100 番台 29
17-4PH 析出硬化系ステンレス鋼 703
1 液型のエポキシ 31
1 次の色収差 261

2024 番 29
2 液型のエポキシ 31
2 視野赤外追尾光学系アセンブリ 685
2 視野切り替え式赤外線カメラアセンブリ 687
2 次の色収差 261
2 層マルチコート 320
2 チャンネル短波長赤外分光器 165
2 枚鏡ペリスコープ 313

356 合金 29
36 インバー材 408, 725
3M Precision Optics 社 171
3M 製 EC801 161

45°俯視プリズム 250
4Al-4V 215

5：1 アフォーカルズームアタッチメント 186
5Al-2.5Sn ELI チタン合金 448

6-1104 シリコーン 394
6-1104 シリコーンシール材 726
6061 番 29
6Al-4V チタン 408, 150

7×50 M17A1 軍用双眼鏡 539
7×50 双眼鏡対物レンズ 672
7051 番 29

786　索引

7941 ULE　526

8 × 20 小型双眼鏡　184

ALON　218
AlumiPlate 加工　449
Amporox P　367
AN　39
ANSI B1.1-1982　92
ANSI Y14.5　57
AWJ プロセス　349
AXAF　530

BaF₂　729
Baker-Nann "Satrack" カメラ　168
Bayer の式　117
Bistovar　688
Boulder Damage Conference　196
Boulder Damage Symposia　14

Cargille LL1074　702
CD のピックアップレンズ　170
CD プレイヤー　188
CE　39
charge transfer device　694
CIBA-Geigy Fruane Aerospace Products 社　658
Ciba-Geigy アラルダイト 1118 エポキシ　690
CM　39
CMM　402
CMP　39
CNC 芯取機　57
CODE V　625
CODE V リファレンスマニュアル　22
Corning Glass Works 社　338, 341
Cox　23
CRES　30
CS　39
CTD　694
CVD　39, 449

D（ディオプタ）　178
DC93-500　32
DEIMOS　701
DEIMOS スペクトログラフ　701
Dow Corning 社 ULE　327
Dow Corning 社製エラストマー 93-500　150

EC-801　31

EC2216 B/A　117, 298, 392, 408
ECM　39
EDM　39
ELN　39, 450
ELNiP　39
ELN メッキ　368
EN　450
Epibond 1210A/9861 エポキシ接着剤　658, 727
EPROM　188, 630
ERO　53
ESI　712

F/3.6，ズーム比 10 倍（f = 25～250 mm）のレンズ　184
f = 60.96 cm，F/5 の航空カメラ　626
FEA 解析　477
FIM　51
FLIR　154
FLIR システム　196
FR　36
FUSE　717
FUSE スペクトログラフ　717

G10 ファイバガラスエポキシ　214
Gain　177
Gapasil-9　216
GE RTV-655 シール材　688
GE-560 RTV エラストマー　703
GG475　688
GL　39
GMA　717
GOES　383, 617
GR　39
GSAOI　648

HCR　400
Herbert の式　118
Hextek 構造　345
HIP　39
HRMA　530
HST　489
Hysol EA9313　716
Hysol EA9396　718

IEC　18
IM　39
Incusil-15 合金　217
Incusil-ABA 合金　216

IPD　259
IRAC　723
IRAS　445, 615, 721
IRMOS　442
IRS　724
ISO10109　18
ISO10110　57
ISO9022　18

J2000 天文参照絶対座標系　724
JWST　364, 729

KAMAN 差動変性センサ　734
KAO　356
Kawacki-Berylco HP-81 ベリリウム　446
Kodak Ektagraphic スライドプロジェクター (モ
　デル EF-2)　81

LAGEOS　257
LBT　338, 357
LD コリメータ　103
Leitz 150x DUV-AT 対物レンズ NA0.9　556
LiF　729
LLLTV カメラ　197
LLLTV システム　196
LOS　241
LRR　229
LTR　404

M19 双眼鏡　162, 182, 188
MCAO　648
MgF_2 シングルコート　320
MIC　722
MIL-A-4866　709
MIL-HDBK-141　169, 230
MIL-S-23586E　117
MIL-STD-1540　19
MIL-STD-210　18
MIL-STD-510　16
MIL-STD-810　18
MIPS　724
MISR　623
MISR レンズアセンブリ　654
MMT 望遠鏡　357, 516, 659
Moore Nanotechnology Systems 社　432
MSC/NASTRAN ソフトウェア　477
MSC/O-POLY プリプロセッサ　477
Muench の式　118
M ネジ　94

NANOTECH 350FG　432
National Photocolor 社　369, 370
NIRCam　656, 729
Norland61　709
OAO-C　340
OBA　530
OPD　34
O リング　66, 188, 193

PCD　64
PCRS　724
Perkin Elmer 社　170
PL　39
PMMA　131
PSD　9
PSM　546

RB　449
Roark の式　101
Roark の理論　417
RTV　116
RTV Type655 シーラント　679
RTV3112　117
RTV560　702
RTV566　383
RTV60　696
RTV60 エラストマー　696
RTV655　694
RTV732　116
RTV88　117
RTV エラストマ　32

Schott Glawerke 社　338
Shand の指針　596
SiC　29
SiC　310
SIRTF　414
SIRTF　724
SL　39
SLMS ミラー　735
SMR　402
SOFIA 望遠鏡　356, 422, 509
SPDT　38, 39, 680
SPT　39
SS4155　679
stain code　36
Steward Mirror Laboratory 社　338
Summers Milbond　709
SUS316　153

788　索引

Swarovski Optik 社　184
Sylgard XR-63-489　669

Tinslay 研究所　365
TIR　227
Torr　5
Tyco スターカタログ　724
Type 93-076-2　518
TZM　202, 359

ULE　309, 408
ULE 製メニスカス主鏡　520
UNC　94
UNF　94
U 字型マウント　301

Viton 製 VO763-60　702
Viton 製 VO834-70　702
VLT のためのベリリウム製副鏡　363
V コート　320
V マウント　462
V 溝マウント　382

Weibul 理論　584
whiffletree 機構　469
WIYN　655
Wolter I 型ミラー　531

X 線　14

ZnSe　729
Z 係数　52

■あ 行
アウトガス　6
アキシコン　453
アキシコンプリズム　253
アクティブアサーマル化　628
アクリル　31, 131
アクリロニトリル　131
アクロマティックプリズム　261
アサーマル化　148, 615, 616
アサーマルマウント　118
アダプティブオプティクス　357
アダプティブミラー　460
アッベ数　21
アッベ数誤差　557
アッベ型ポロプリズム　237
アッベタイプ A　242

アッベタイプ B　242
アッベの正立プリズム　237
アナモルフィックプリズム　268
アナモルフィックプロジェクター　103
アナモルフィック倍率　268
アニール工程　24
アフォーカルズームアタッチメント　629
アミチ・ペンタ正立系　246
アミチプリズム　233
アライメント　35
アライメントテレスコープ　550
アライメント誤差　615
アライメント光学系　245
荒ずり　38
アルゴンイオンレーザー　659
アルファ線　14
アルミニウム　621
アルミニウム合金　29
アルミニウム合金 A6061　155
泡　21

イメージローテータ　239, 311
医用・工業用内視鏡　82
インクルージョン　192
インジウム製ガスケットワイヤー　195
インジェクション加圧モールド法　131
インバー　29, 30, 621

ウインドウ　2, 192
ウェッジプリズム　222
宇宙空間用大口径ミラー　524
ウレタン　116

エアバッグ　481
液体ピン　544
エシャレットスペクトログラフイメージャ
　712
エッグクレート　340
エッジコンタクト　537
エッチング　40
エポキシ　31, 116
エポキシ接着剤 3M 2216A/B　152
エラストマー　65, 116
エラストマーによる固定　562
エラストマーによる接着　376
エラストマーのシール　66
エラストマー保持　148
エレメントチルト　35
円環状の接触面　598

円錐断面形状の両凸レンズ　75
円筒状プレス型　83
円筒接触　590

凹形状のソリッドミラー　77
欧州宇宙機関　165
応力　20
応力腐食割れ　13
オートクレーブ処理　362
押さえ環　92
押し出し　40
オハラ E6 ガラス　338, 517
オプティカルウェッジ　48, 263
オプティカルコンタクト　376
オプティカルバー　258
オプティカルベンチアセンブリ　530

■か　行
加圧シール材　68
カーブジェネレーター加工機　430
回折格子　3, 717
回転スピンドル　540
カイパー空中天文台　356, 360, 425
化学気相成長　449
化学フライス加工　40
拡大鏡　170
隠れたキズ　209
カシメ　82
カシメ加工　562
過剰拘束　47
ガスケット　66
カセグレン式望遠鏡　383, 522, 574, 616
片持ちバネ　286
合致式距離計の視野プリズム　257
カビ　15
カビの成長試験　780
ガボール型　215
カメラ　188
カメラレンズ　170
ガラスどうしの接合　668
ガラスにおける引張応力の限界値　588
カルコゲナイド　28
ガルバニック腐食　13
間隔誤差　557
環境試験　17
環状オレフィンコポリマー　131
干渉計　188, 564
干渉フィルタ　211
ガンマ線　14

機械的クランプ　376
機械的な応力試験　776
キットピーク国立天文台　442, 498, 655
キネマティック　46, 271
キネマティックマウント　271
逆転プリズム　242
キャッツアイ　547
キャップ　74
吸引カップ　58
吸湿性　28
吸収カットオン・カットオフフィルタ　214
キューブプリズム　46, 62
キューブ型ビームスプリッタ　231
球面接触　112, 605
球面ピン　596
共軸系　48
狭帯域バンドパスフィルタ　214
曲率半径誤差　557
キルティング　350
近赤外カメラ　729
金属発泡コアミラー　366
金属マトリックス　29

くさび作用　13
屈折率　21
屈折率　35
屈折率誤差　557
屈折率の温度特性係数　21
クライオスタット　721
グラファイトエポキシ　309, 621
グラファイトファイバー　618
クラムシェルマウンティング　173
クランプリング式　97
グレード B プレクシガラス　205
クロム酸化膜　30
軍用多関節型望遠鏡　704
形状創成　38
計測用マウント　488
携帯電話のカメラレンズ　170
ケック 2 望遠鏡　701, 712
ケック望遠鏡　422
結露，霜，氷結試験　782
ケブラー　462
ケルビンクランプ　64
顕微鏡　188
顕微鏡対物レンズ　553
研磨　38

高圧，低圧，浸漬試験　778

790　索引

高解像ミラーアセンブリ　530
光学ガラス　21
光学結晶　28
光学式距離計　245
光学接着剤　31
光学素子の清浄度　192
口径 10 m ケック望遠鏡主鏡　501
口径 5.1 m ヘール望遠鏡　499
口径 6.5 m マゼラン望遠鏡　349
公差設定　33
公差バジェット　33
光軸　48
合成結晶　28
降伏強度　20
コート　38
コーナーキューブ　256
コーン　74
国立天文観測所　655
コバール　394
コペルニクス軌道上実験室　340
固有振動数　7
コンデンサレンズ　81
コントロールされた荒ずり　199
コンフォーマルウインドウ　199
コンペンセータ　153, 258, 563

■さ 行
サーフェスコンタクト設計　60, 537
サーミスタ　188
最外下光線　229
再帰反射プリズム　257
細目ネジ　94
サジッタ誤差　36
差動ネジ　175
座標測定器　402
参照用センサ　724
残留内部応力　209
残留ひずみ　22

ジェームズ・ウェッブ宇宙望遠鏡　364, 425,
　656, 729
ジェミニ望遠鏡　460, 485, 520, 648
シェル　2, 192, 214
紫外硬化型　31
実効 CTE　118
失透　25
自動芯出し　53
視度調整　178
シフト　35

シャープコーナー接触　104, 590, 600
シュミット―ペシャンプリズム　250
シュミットカメラ　168, 576
シュミットプリズム　250, 302
シュワルツシルト対物鏡　555
消去可能 ROM　630
衝撃試験, 揺動試験, 自由落下試験と, 乾燥条件
　下での温度試験の組み合わせ　781
衝撃粉砕プロセス　720
焦点外像　555
焦点距離 3.8 m, F/10 反射屈折対物レンズ
　697
焦点像　555
焦点調整用ウェッジ　267
焦点内像　555
食塩水噴霧試験　777
シリコン　309
塵埃暴露試験　778
シングルアーチ　331
シングルアーチ設計　720
シングルポイントダイヤモンドターニング
　425
人工衛星テラ　623
人工星　553
深紫外線スペクトル探査船　717
真鍮　30
芯取り　38
芯取り　48
芯取り　49
芯取機　48
水銀柱による支持法　480

推奨硝種　24
ズーム機能　184
スキャンヘッドアセンブリ　292
スキャン系　103
スキャン光学系　241
スクラッチ―ディグ　209
スタートラッカー　724
スチュワード天文台　468
スチレン　131
ステンレス　29
ステンレス　621
ステンレス鋼　30
ストラップ　473
ストラップマウント　473
スナップリング　85
スネルの法則　221
スピッツァー宇宙望遠鏡　720

索引　791

スプリング式マウント　81
スペイン国立観測所　514
スペクトログラフイメージャ　712
スポッティングテレスコープ　223
スライディングウェッジ　266
スライドガラス　554
スライドプロジェクター　81
スリップリング　93
寸法不安定性　32

制御された研削　585
正弦波振動と乾燥高温あるいは乾燥低温試験の同
　時試験　779
静止気象衛星　383
静止気象衛星　617
成層圏赤外線天文台望遠鏡　356
青銅　29
精密機械加工　425
精密スピンドル　560
精密ダイヤモンドターニング　425
正立レンズ　1
石英　309
赤外宇宙観測衛星　615
赤外カメラアレイ　723
赤外スペクトログラフ　724
赤外線宇宙天文台　445
赤外センサ用トリプレットレンズアセンブリ
　677
赤外線分光器　442
接眼レンズ　1
接合　38
接合メニスカスレンズで平凹レンズ側がより大き
　いもの　75
接合メニスカスレンズで平凸レンズ側がより大き
　いもの　75
接線接触　107, 386, 590, 601
セミキネマティック　271
セミキネマティックマウント　46, 273
ゼラチンフィルタ　211
セラミックス　367
セルの鏡筒に対するクリアランス　557
セルビット製　397
セルビット製ミラー　355
ゼロデュア　309, 338, 408
ゼロ位相銀コート　404
全アルミニウム製反射屈折光学系アセンブリ
　693
センタリングチャック　436
先端 X 線天体物理設備　530

旋盤加工による組み立て　145
旋盤タイプの SPDT 装置　430
全プラスチック製レンズアセンブリ　172
全振れ　51
前方監視型赤外線装置　154
線膨張係数　20

双眼鏡　188, 223
双眼鏡のモジュラー設計　707
双眼接眼プリズム系　259
ソーラーシミュレーター　439
測量機　188, 245
ソラリゼーション　27
ソリッド反射屈折光学系　691
ソルボセイン　278, 380

■た　行
ターンバックル　411
大口径双眼望遠鏡　338, 357
耐候性　22
耐酸性　36
耐熱ガラス　81
タイプ 1210A/9615-10　658
対物レンズ　1
耐放射線ガラス　14
太陽放射　779
多視野イメージングスペクトル放射計　623
多重共役アダプティブオプティクス　648
多条ネジ　179
脱ガス　6
ダハ面　233
ダブプリズム　222, 238, 293
ダブルアーチミラー　335
ダブルダブプリズム　222, 239, 293
玉押し　136
多面ミラー望遠鏡　516
弾性ガスケット　188
鍛造　40
鍛造アルミニウム　359
単層コート　25

力　19
チタン　29, 31, 621
チャンドラ X 線望遠鏡　460, 530
中空コーナーリフレクタ　400
中心厚誤差　557
中性子線　14
鋳造　39, 40
超流動ヘリウム　721

索引

ツメ　82

ディアスポロメーター　265
低温低気圧試験　777
ディスク　74
滴下，雨滴試験　778
テッサータイプ　176
テフロン　622
デュアルコリメータアセンブリ　725
デュポン製ポリイミド樹脂　654
デルタプリズム　248, 293
デルリン　382, 464, 622
デローテータ　311
点光源顕微鏡　546
電子線　14
テンパックス　346

銅　309
透過率　35
等偏角　261
等偏角プリズム　235
動力学的緩和法　471, 477
ドーム　2, 192, 214
凸形状のソリッドミラー　77
ドライN2　194
トラス　617
トロイダル接触　109, 386, 590, 603
トワイマン―グリーン干渉計　558
トンネルダイヤグラム　220

■な　行
ナイトビジョンゴーグル　170
内部ウェッジ　53
ナイフエッジシート　560
内部全反射　227
内部反射アキシコンプリズム　253
ナイロン　382, 464, 622
投げ込み　136
投げ込み　536
投げ込み構造　144
並目ネジ　94

二重デュワー壁　194
ニトロセルロース　369
ニュートン原器　33
ニュートン望遠鏡　572
ニロ　196
認証試験　18

ヌープ試験　583
ネオプレン　481
ネオプレンコート　480
ネオプレンコートされたPET　481
ネジ式押さえ環　92, 772
熱拡散係数　20
熱間等方圧加圧法　362, 721
熱硬化型　31
熱線吸収フィルタ　212
熱伝導率　20
熱容量　20

ノンキネマティック　271, 291, 384

■は　行
パージ　12, 188
排気用の溝を有するプラスチックモールドによる
　スペーサ　142
バイメタル効果　362, 450
パイレックス　81, 346
バウエルンファイントプリズム　250
パッシブアサーマル化　621
パッシブに安定化された10：1ズームレンズア
　センブリ　688
ハッブル宇宙望遠鏡　460, 526, 619
発泡コア構造　350
バネクリップ　377
梁状のクリップ　63
バローレンズ　691
バワーズ型　215
パワースペクトル密度　9
板金　40
反射屈折型スターマッピング　694
反射対物鏡　555
反応焼結法　449

ビームコンバイナ　231
光信号処理光学系　103
光弾性係数　20
非キネマティック　47, 64
微降伏強度　20
ひずみ　20
ビッカース試験　583
ピッチ円直径　64
ビューファインダー　170
標的追尾システム　196
表面粗さ　557
ビルドアップ　339
ヒンドルマウント　421, 501

ファイバーガラス　621
フィールドレンズ　2
フィルタ　2, 192
フィルタホイール　212
封止　188
フープ応力　651
フォーカス機構　175
複屈折　25
複合機器チャンバ　722
複合フランジをもつ凹トロイダルミラー　165
腐食　15
腐食試験　779
二股になったスプリング　63
ブツ　21
フックの法則　581
物性　35
フッ素ゴム製のOリング　188
部品チルト　35
フライカッタータイプのSPDT　430
ブラウニング　25
プラスチック　28, 29
プラスチックダボ　544
プラスチック製のスペーサ　142
プラナータイプ　158
フランクフォードプリズム　252
フランジタイプの押さえ環　97
プリズムの収差寄与　230
フリット　344
フリット接着　339
プリンター　188
プリントスルー　350
振れ　53
フレクシャ　65, 376
フレクシャブレード　128, 405
フレクシャマウント　125, 306, 404, 537
フレッティング　13
フレネル損失　25
フロートガラス　346
ブロードバンドマルチコート　320
プロジェクター　170
分割して製作されたフレクシャモジュール
　126
分光イメージスペクトログラフ　701
分光器　188
分散式の係数　21
分散プリズム　222, 259

平凹レンズ　75
米国民間連邦航空規則　209

米国陸軍用7×50双眼鏡M19　707
平凸レンズ　75
平面パッド　62
平面面取り接触　606
ヘール望遠鏡　338
ヘキサポッド機構　357
ペシャンプリズム　244
ペシャンプリズム　293
ベスペルSP-1　654
ヘッドマウントディスプレイ　170
ペリクル　369
ベリリウム　29, 30, 309, 359
ベル　49
ベルビルワッシャ　396
偏芯　557
ペンタダハプリズム　246
ペンタプリズム　245, 281
ペンタミラー系　396

ポアソン比　20
放電ワイヤーカット　127
ホウ珪酸クラウンガラス　309
ポーカーチップ　136, 536, 545
ポーカーチップサブアセンブリ　680
ポーカーチップ間の空気間隔を調整するための機
　構　566
補正板　168
ポッティング　65
ホットドッグ効果　4
ポラロイドカメラSX-70　133
ポリウレタン　31
ポリエーテリルイミド　131
ポリエステル　369
ポリエチレン　369
ポリカーボネイト　31, 131
ポリシクロヘキシルメタクリレート　131
ポリスチレン　131
ポリスルフィド　216
ポリメチルメタクリレート　205
ホログラフィック回折格子アセンブリ　717
ポロ正立プリズム　235, 706
ポロの正立プリズムアセンブリ　291
ポロプリズム　224, 235, 277
ポロプリズム型正立望遠鏡　224
ポンピング現象　5

■ま　行
マイクロリソグラフィ用投影レンズ　536, 570
マウント　46

マクストフ　215
マクドナルド天文観測所　496
摩耗　15
マルチアパーチャウインドウサブアセンブリ
　198
マルチバンドイメージングフォトメーター
　724
マンジャン鏡　317

ミッチェル映画用カメラ　697
密度　20
脈理　21
ミラウ型干渉計　557
民生用中赤外線対物レンズ　678

無酸素銅　359

メイヨール望遠鏡　442
メータリングロッド　410, 617
メニスカスレンズ　75
眼幅　259
メルトデータ　21
面形状　35
面間距離　35
面精度誤差　557
面チルト　35
面の仕上げ　35
面の振れ　557
メンブレン　358
面を分離するためのタブを有する薄いプラスチッ
　ク製スペーサ　142

モーメント　47
モールド技術　28
モジュール化　136
モジュラー構成　162
モネル　362
モノリシック構造　341
モリブデン　202, 309
モリブデン TZM　657

■や 行
ヤトイネジ　82
ヤング率　20

ユニバーサルジョイント　306, 410
ユニファイネジ　94
陽極酸化処理　199, 720
溶接　339
溶融モノリシック構造　340

■ら 行
ランダム振動　9
リスリーウェッジプリズム　264
リッチー−クレティアンタイプ　167, 446, 522,
　615
利得　177
リフラクシコン　453
リムコンタクト設計　57, 649
両凹で両側に平面取りを有するレンズ　75
両凹レンズ　75
両凸レンズ　75
両持ちバネ　286
リレーレンズ　2

励起　10
冷却，加熱，および湿度試験　775
レーザーコピー機　188
レーザーダメージ　14
レーザービームエキスパンダ　507
レーザー距離計　196
レーザー閾値　14
レトロリフレクタ　402, 404
レマンプリズム　253
ロウ付け　339
ローラーチェイン　473
ロールピン　656
ロックウェル硬度　450
ロムプリズム　238

訳者略歴

田邉貴大（たなべ・たかお）
2005 年　東京工業大学理工学研究科数学専攻修士課程修了
2005 年　株式会社トプコン入社
2016 年　伯東株式会社入社
2017 年　昭和オプトロニクス株式会社（現：京セラ SOC 株式会社）入社
　　　　　現在に至る
　　　　　博士（工学），技術士（機械部門）
　　　　　専門分野：レンズ設計，光学機械設計

監訳者略歴

豊田光紀（とよだ・みつのり）
1999 年　東北大学大学院工学研究科応用物理学専攻修士課程修了
1999 年　株式会社ニコン入社
2003 年　東北大学多元物質科学研究所 研究員
2005 年　東北大学多元物質科学研究所 助手
2007 年　東北大学多元物質科学研究所 助教
2018 年　東北大学多元物質科学研究所 客員准教授
2018 年　東京工芸大学工学部メディア画像学科 准教授
2022 年　Institut d'Optique Graduate School, Laboratoire Charles Fabry
　　　　　客員教授
2022 年　東京工芸大学工学部工学科 教授
　　　　　現在に至る
　　　　　博士（工学）

光学機械設計ハンドブック
オプトメカニカルデザインの実用的手法

2025 年 4 月 28 日　第 1 版第 1 刷発行

訳者　　　田邉貴大
監訳　　　豊田光紀

編集担当　村上　岳（森北出版）
編集責任　富井　晃（森北出版）
組版　　　双文社印刷
印刷　　　中央印刷
製本　　　ブックアート

発行者　　森北博巳
発行所　　森北出版株式会社
　　　　　〒 102-0071　東京都千代田区富士見 1-4-11
　　　　　03-3265-8342（営業・宣伝マネジメント部）
　　　　　https://www.morikita.co.jp/

Printed in Japan
ISBN978-4-627-15781-1

MEMO

MEMO

MEMO

MEMO

MEMO